新型彩电上门维修速查手册系列

高清彩电上门维修速查手册

孙德印　主编

机 械 工 业 出 版 社

本书从上门维修的需要出发，收集了高清彩电维修的常用必备资料。全书共分5章。第1章为高清彩电机型与集成电路配置速查，相当于本书的索引和连接，提供了高清彩电的机心、机型和集成电路配置资料；第2章为高清彩电常用集成电路速查，提供了高清彩电中常用的开关电源电路，图像、音频、扫描处理电路，伴音功放电路、场输出电路，微处理器控制电路的图文资料；第3章为高清彩电速修与技改速查，提供了高清彩电常见易发的软件故障、硬件故障排除方法和技改方案；第4章为高清彩电总线调整方法速查，提供了国产高清彩电的总线调整方法资料。

全书均以图、表的方式编写，资料齐全、图文并茂、便于携带、方便查阅、易于操作，既可作为维修资料比对数据，又可作为单元电路图使用，是广大读者、特别是家电维修人员学习、查阅、维修高清彩电的必备工具书。

图书在版编目（CIP）数据

高清彩电上门维修速查手册/孙德印主编．—北京：机械工业出版社，2012.8

（新型彩电上门维修速查手册系列）

ISBN 978-7-111-39266-8

Ⅰ.①高⋯ Ⅱ.①孙⋯ Ⅲ.①高清晰度电视－彩色电视机－维修－手册 Ⅳ.①TN949.17-62

中国版本图书馆CIP数据核字（2012）第171661号

机械工业出版社（北京市百万庄大街22号 邮政编码100037）
策划编辑：刘星宁 责任编辑：江婧婧
版式设计：霍永明 责任校对：樊钟英
封面设计：陈 沛 责任印制：杨 曦
保定市中画美凯印刷有限公司印刷
2012年10月第1版第1次印刷
184mm×260mm·25.5印张·6插页·686千字
0001—3000册
标准书号：ISBN 978-7-111-39266-8
定价：68.00元

前　言

当前，数字高清彩电的维修已经进入高峰期，但社会上已有的相关书籍和维修资料较少，特别是有关高清彩电完善的实用性的手册还不多见，广大维修人员急需能适应当前维修高清彩电要求的实用维修手册。为满足维修人员维修高清彩电的需要，笔者编写了这本《高清彩电上门维修速查手册》。

由于社会服务事业的发展，目前的家电维修多为上门服务。上门维修时，由于条件的限制，不可能将所需的集成电路资料和电视机图样都带上。本书从上门维修的需要出发，收集了高清彩电常用集成电路维修数据、总线系统调整资料和常见故障速修与技改方案，并提供了以集成电路为核心的单元电路图，做到了图文并茂，既可作为维修资料比对数据，又可作为单元电路图使用。全书共分5章，几乎包含了维修高清彩电所需要的全部资料，力争做到一书在手，高清彩电全修。

第1章：高清彩电机型与集成电路配置速查。第1章相当于本书的索引和连接，使用本书时，根据所修高清彩电的机型，先在第1章中查阅其所用机心和集成电路配置，根据其配置的集成电路型号，在第2章中查阅所修机型集成电路的应用电路和维修数据；根据所修高清彩电机型所用的机心，在第3章中查阅到所修机型和所用机心同类机型的常见故障速修方法和技改方案，排除高清彩电的软、硬件故障；在第4章和第5章中查阅所用机心的总线调整方法和总线调整项目。

第2章：高清彩电常用集成电路速查。本章提供了高清彩电中常用的开关电源电路，图像、音频、扫描处理电路，伴音功放电路，场输出电路，微处理器控制电路的图文资料。一是提供了集成电路内部框图与外部应用电路合二为一的电路图，并标出了各种输入、输出的信号名称和走向，使读者对整个集成电路内外结构做全面的了解，便于追踪信号流程进行检测和维修；二是多数集成电路提供了两个以上应用机型的维修数据，便于维修时测试比对。

第3章：高清彩电速修与技改方案速查。本章提供了高清彩电常见易发的软件故障、硬件故障排除方法和技改方案，特别是提供了有关功能设定、模式设定数据出错引发的奇特的软件故障和因厂家设计欠缺引发的硬件故障排除方法。软件故障速修多来自一线的维修经验，技改资料多为厂家内部技改方案，由售后服务部门掌握，很少外流，资料十分珍贵。

第4章：高清彩电总线调整方法速查。本章提供了国产高清彩电的总线调整方法，以及近几年面世的新型家电下乡高清彩电的总线调整方法，供维修高清彩电软件故障时参考。

本书由孙德印主编。其他参加编写的人员有刘玉珍、孙铁强、王萍、孙铁瑞、孙铁骑、于秀娟、陈飞英、孙铁刚、孙玉华、孙玉净、孙世英、孙德福、孔刘合、许洪广、张伟、张锐锋等。本书在编写过程中，浏览了大量家电维修网站有关高清彩电的内容，参考了家电维修期刊、家电维修软件和彩电维修书籍中与高清彩电有关的内容，由于参考的网站和期刊书籍较多，在此不一一列举，一并向有关作者和提供热情帮助的同仁表示衷心的感谢！由于编者的水平有限，错误和遗漏之处难免，希望广大读者提出宝贵意见。

编　者

目　录

X

第1章 高清彩电机型与集成电路配置速查

第一章相当于本书的索引和连接，使用本书时，根据所修高清彩电的机型，先在第一章中查阅其所用机心和集成电路配置，根据其配置的集成电路型号，在第二章中查阅所修机型集成电路的应用电路和维修数据；根据所修高清彩电机型所用的机心，在第三章中查阅到所修机型和所用机心同类机型的常见故障速修方法和技改方案，排除常见的硬件故障；在第四章和第五章中查阅到所用机心的总线调整方法和总线调整项目，排除因调整项目数据出错引起的软件故障。该章内容由于来源复杂，部分机型、机心和集成电路配置信息可能有误，查阅时以所修机型实际电路为依据。

1.1 长虹高清彩电机型与集成电路配置

机心/系列	小信号处理电路	电源电路	场输出电路	伴音功放电路	代 表 机 型
CDT-1/CHD-1 机心	M37281、PW1235、VPC3230D、TDA9332-N3、TDA9883、TDA9178、TDA6111Q、MSP3415G 等	STR-F6656	LA7846N	TA8256BH	CHD34181、CHD3490、CHD3615、CHD3215、CHD29181、CHD2990 等高清彩电
CDT-2/CHD-2 机心	HM602、SAA7117A 或 SAA7119A、HTV118 或 HTV128、TDA9332、NJ-W116X、AD9886、TDA6111Q 等	STR-F6656	LA7846N	TA8256BH	CHD25155、CHD25158、CHD-29100C、CHD29100C（F12）、CHD-29100W、CHD29155、CHD29156、CHD29156（F19）、CHD29158、CHD29166（F13）、CHD29166（F20）、CHD29168、CHD2917-DV、CHD29666、CHD2995（AB0）、CHD29S18（F19）、CHD32366、CHD34100C、CHD34100C（F12）、CHD34100W、CHD34155、CHD-34156（F19）、CHD34156（F13）、CHD34166（F13）、CHD34166（F20）、CHD34666、CHD3418S 等高清彩电
CHD-2B 高清机心	HTV180、OM8380 或 TDA9332、TDA6111Q、NJW1165 等	STR-W6756	STV8172A	TFA9842J	CHD25155（F27）、CHD25800、CH-D28800、CHD29168（F27）、CHD-29155（F27）、CHD25155（F27）、CHD29918（F27）、CHD29915（F27）、CHD29156（F27）、CHD-34155（F27）、CHD29800H、CHD29800H（Z）、CHD29876、CHD34J15S（F27）、CHD34156（F27）、CHD34J18S（F27）等高清彩电

（续）

机心/系列	小信号处理电路	电源电路	场输出电路	伴音功放电路	代表机型
CHD-3 高清机心	M30622SPGP 或 M30620SPGP、SVP EX11［208］、SVPLEX、TDA9332 或 OM8380、NJW1168 等	STR-F6656 或 STR-W-6756	LA7846N	TA8256BH	CHD34188、CHD34200、CHD-34218、CHD34300、CHD32200、CHD32218、CHD32300、CHD29-188、CHD29218、CHD29200、CHD-32600、CHD29300、CHD29600、CHD28300、CHD28600 等 "天翼" / "天际" 系列高清彩电
CHD-5 高清机心	M37225 或掩膜片 CH19T05002 或 CH19T0501、NV320P、TDA9332、VPC3230D、MSP3410 或 MSP3413G、TDA9178、TDA6111Q 等	STR-F6656	LA7846N	TA8256H	CHD3615、CHD3415、CHD3415（A）、CHD3418、CHD3488、CHD-3490、CHD3495、CHD3498、CHD-3498（A）、CHD3215、CHD2915、CHD2915（A）、CHD2918、CHT-2919、CHD2983、CHD2988、CHD-2990、CHD2992、CHD2992（A）、CHD2995、CHT2998、CHD2998（A）等高清彩电
CHD-6 高清机心	T5BB7- 6H99 或 TM11-C23I1/TMI1-23I1（A）、SVP-CX12、T55-B7-6H99、IRF1540N、NJW1168、TB1307、LM2422/LM2451 等	STR-W6756	LA7846N 或 STV9381	TA8256BH	CHD28300（F29）、CHD-29300（F29）、CHD29600（F29）、CHD30300（F29）、CHD32600H、CHD32366（F29）、CHD32300（F29）、CHD32366（F29）、CHD-32600（F29）等高清彩电
CHD-7 机心	TDA9332、TDA9178、TDA9371、TDA9370 或 TDA9371、M37161FP、PW1235、MST9883B 或 MST9885B、TA1287、M50472、NJW1147M、M5218AP、TDA6111Q 等	STR-F6656	TDA8359J	TA8256BH	CHD3495、CHD3418T、CHD-3418ST、CHD34156、CHD34166、CHD3495、CHD2995、CHD29156、CHD2915（B）、CHD29166、CHD-2918T、CHD2918ST、CHD2590、CHD29S18 等高清彩电
CHD-8 机心	MST5C26-LF、OM8380 或 TDA-9332、TDA6111Q 等	FSCQ1265 RTYDTU	STV8172A	TFA9842AJ/N1	CHD29366H、CHD29366、CH-D29600H、CHD29900S、CHD-28300（F32）、CHD28600（F32）、CHD24866、CHD26600、CHD-30300（F32）、CHD34300（F32）、CHD32366（F32）、CHD29300（F46）等高清彩电
CHD-10 机心	HTV192、TB1307NG、TDA6111Q、HP192、TM11-C23I1A 等	STR-W6756	STV8172A 或 LA78141	TFA9842J	CHD29300（F56）、 CHD28800（F56）、CHD 24866（F60）、CHD-29800（F56）、CHD25800（F56）、CHD28300（F56）、CHD29156（F56）、CHD29155（Z）、CHD29300（Z）、CHD29876（F56）等高清彩电
DT-1 高清机心	P87C766、TDA9321H、TDA9332H、MSP3410、TDA7429S、TDA9178、P-CA8516、SAA4991、SAA4977、SAA-4955、TDA9429S 等	STR-S6709 HIC1015	TDA8351	TA8256HV	DT2000、DT2000A、DT2000D 等健康 100 系列彩电和长虹 PF29DT18、PF24T18B、PF34-TD18 等锐驰系列高清彩电

机心/系列	小信号处理电路	电源电路	场输出电路	伴音功放电路	代 表 机 型
DT-2 高清机心	CCZ005H 或掩膜后 CHT1401、LA7566S、VPC3230D、MSP34100、TA75458P、TDA6111Q 等	STR-F6656	TDA8351	TA8211AH TA8213K	DP29C50、DP29C50W 等高清彩电
DT-5 高清机心	M37225ECSP、TDA9332H、VPC-3230D、NV320、M52036SP、MSP-3413G、TDA8601、TDA9178、TDA-9332H、TDA6111Q 等	STR-F6656	LA7846N	TA8256H	CHD3415、CHD3418、CHD-3488、CHD3498、CHD34100、CHD3489、DP3415、CHD2983、CHD2995、CHD2989、CHD2915、CHD2918、CHD2919、CHD2988、CHD2992、CHD2998、DP2915、CHD2500、CHD2590、CHD2595、CHD2595M 等高清彩电
DT-6 背投机心	P87C766、PCA8515、TDA9178、TDA9181、CH78T0601、TDA9321-H、TDA9332H、PCA8515、SAA4977、SMP3410、TDA7429S、STK392、TDA74298、TPA6032AH、TDA6111-Q 等	STR-F6658B	TDA8351	TA8200H	43PDT18、51PDT18、61PTD18P 等"精显"系列背投彩电；DP3488、DP3488A、DP3489、DP-3498、DP3898A、DP4388A、DP-4388、DP4388-01、DP4888、DP-5188、DP5188A、DP5189、DP6188、DP6188A、DP6588 等"精显王"系列高清背投彩电
DT-7 高清机心	TDA9370PS 或 OM8370PS/N3、HY57V64162、NJW1147M、VCP-3230、MST9885B 或 AD9985DS/AD9883A、M52472P、TC90A49D、M37161EFFP、TDA9332H 等	STR-F6656	TDA8359J	TA8256H	CHD3418ST CHD3418T、CHD-3495、CHD34166、CHD34156、CHD2590、CHD2995、CHD-29156、CHD29166 等高清彩电

1.2 康佳高清彩电机型与集成电路配置

机心/系列	小信号处理电路	电源电路	场输出电路	伴音功放电路	代 表 机 型
98 系列倍频彩电	P87C766、MSP3410D、TDA9143、TDA9170、TDA4780、TEA6415、TDA9151、TDA9177、SDA9189X、组件 IPQ、UV1316、TDA6111Q 等	TDA4605-3、TDA6405	TDA8351	N1001、N1003	T3898、T3498 等数码自尊系列倍频彩电
AS 系列	MST5C26-LF、TDA8380、TDA6111-Q、TDA9881TS 等	FSCQ1265RT	TDA8172A	TDA2616	P25AS390、P25AS529、P28AS-520、P28AS566、P29AS216、P29-AS217、P29AS281、P29AS520、P29AS386、P29AS390、P29AS528、P29AS529、P29AS566、SP29808、SP29AS818、SP29AS391、SP29-AS566、P30AS319、P32AS520、P32AS391、P32AS319、P34AS-216、P34AS386、P34AS390、SP21-AS529、SP21AS636A、P21AS281 等 AS 系列高清彩电

4

机心/系列	小信号处理电路	电源电路	场输出电路	伴音功放电路	代表机型
BM 系列	MST-5C31、PMC25L010、AT24C16、TDA11135PS 或 TDA12155PS 等	STR-W6756 或 FSCQ-1265RT	LA78040 或 STV9325	TDA2616	SP21BM818、SP29BM828、P25-BM606、P29BM606、SP21BM529、SP24808、SP24808A、P24BM819、P29BM661、P29BM858、P34B-M383 等 BM 系列高清彩电
FG 系列	SDA555X、DPTV-3D/MV、MSP-3463G-B3、SDA9380、VPC3230D、FLI2300、AD9883A 或 MST9883B、KM432S2030C、P15V330A、TDA-6111Q 等	KA5Q1265RF	STV9373FA	TDA2616	P29FG282、P29FG188、P29-FG188U、P29FG108、P29FG058、P29FG188U2、P29FG297、P28-FG298、P28FG298（16：9）、P28-FG298U（16：9）、P32FG298、P32-FG298（16：9）、P32FG298U、P32-FG298U（16：9）、P34FG218、P34-FG218U、P34FG109、P34FG189、P34FG217 等 FG 系列高清彩电
FM 系列	M37281、PW1235 或 PW1233A、MST9883B、SID2500 或 KA2500、TB1274AF、TDA9116 或 TDA9118、TA1343N、LM2426 或 LM2423 等	KA5Q1265RF	TDA8177F	TDA2616	P29FM186、P29FM105、P29-FM216、P29FM296、P29FM297、P34FM296、P31FM292 等 MF 系列高清彩电
FT 系列	SDA555XFL、DPTV-3D/MV、MSP-3463G-B3、TDA9808、BA7657、SDA-9380、TDA6111Q 等	TDA16846	STV9379FA	TDA8946J 和 TDA8945S	P29FT188、P34FT189 等 FT 系列高清彩电
I 系列	MOT98C02A、MSP3463G、DPTV-MV6720、SID2500、TDA4472、AT-F16V88-15PC、SID2511、TDA6111Q 等	TDA16846	STV9379FA	TDA2616	P2958I、P2902I、P2916I、P3460I 等 I 系列高清彩电
MK9 机心	P87C766BDR（CKP1401S）、MSP-3410D-CS、SDA9288X-E-D2、TDA-9332H、TDA9181、SAA4977A、SAA-4991、SAA4955、SAA4956、TDA-8310、TDA6111Q 等	STR-6709A	LA7846N	TDA2616×2	A2910、A2911、A2981、A2986、A2991、P2901、PD292、P2916、T2910、T2911、T2912、T2912-BC、T2915、T2999、T3412ID、T3498ID、DT298、DT292、WA2986 等机型。其中 A2991、A2911、DP292 具有画中画功能；DP-292 增加了 DVD 播放机；WA-2986 具有信息网络解码功能
MV 系列	SDA555X、DPTV-MV6720、MST-9883B、TDA9333H、BA7657、NJW-1166、IS42S16100C1、TDA6111Q、TDA9808 等	KA5Q1265RF	TDA8177F	TDA2616	P29MV102、P29MV103、P29-MV217、P29MV281、P29MV-390、P25MV282、P34MV160、P34MV393、DT29MV297 等 MV 系列高清彩电
M 系列	M37281、STV6888、AMT02400、TA1343N、TB1274AF、MST9883B 和 PW1225、SID2500A、LM2429 等	KA5Q1265RF	TDA8177F	TDA2616	P2905M、P29FM105、P29FM-186 等 M 系列高清彩电
P2919 彩电	SDA55X、SAA4998H、SDA9380、BA7657、TDA4979A、SAA7118H、MSP3463G 等	KA5Q1265RF	STV9379FA	TDA2616	P2919 等高清彩电

机心/系列	小信号处理电路	电源电路	场输出电路	伴音功放电路	代 表 机 型
ST 系列	M30622SPGP、SVP-EX11、TB-1306FG、 LA75520NVA、 NJM-1166L、TDA6111Q、57GLCXKH-C02 等	KA5Q1265	TDA8177	TDA2616	P29ST217、P29ST386、P29ST-390、 P28ST319、 P34ST390、P30ST319、P25ST390、P34ST-386、SP29ST391、 P32ST319、P32ST319VOD、P25ST281、P25-ST281VOD、P29ST216、P29-ST281、P29ST281VOD、P29S-T386VOD、P32ST298、P29ST-528、 P31ST292、 SP32ST391、P34ST216 等 ST 系列高清彩电
TG 系列	FLI8530、TB1307、LM2423TE、NJW1185、LA75520K 等	FSCQ1265RT	STV8172A	TDA2616	P29TG383S、P29TG529E、P28-TG529E、SP29TG529E、SP29-TG636A、P29TG383、 P29TG-528、P29TG529、P32TG520、SP-32TG529E、P34TG383 等 TG 系列高清彩电
TM 系列	PW106-10、TB1306 或 TB1307、PW9010、LM2423 或 LM2426、LA-75520、R2S15900 等	CQ1265RT	TDA8177	TDA2616	P34TM297、SP29TM529、P32-TM319H、P32TM529H、P30TM-319、 SP32TM319H、 P29TM-297、P29TM319、P28TM319、P28TM520、P28TM529、SP28-TM529、SP32TM520、SP32TM-529、SP29TM520、P34TM296、P29TM296、SP32TM391、SP29-TM391 等 TM 系列高清彩电
TT 系列	T5BS4-9999、SVP-CX12、TB1307、LM2423、NJW1185、TDA9881TS 等	FSCQ1265RT	STV8172A	TDA2616	SP32TT520、SP29TT520、P28-TT520、P29TT390、T29TT566、SP32TT520 等 TT 系列高清彩电
T 系列	SDA555XF1、TDA9808、DPTV-3D/MV-6730、MSP3463G-B3、BA-7657、SDA9380、SAA7118H、SAA-4979H、TDA6111Q 等	TDA16846	STV9379FA	TDA8944/TDA8946	P2902T、P2903T、P2906T、P2908T、P3218T、P3460T、P3409T、P3411T、P3618T、P2919、P29FT188、P34FT189 等 T 系列高清彩电

1.3　海信高清彩电机型与集成电路配置

机心/系列	小信号处理电路	电源电路	场输出电路	伴音功放电路	代 表 机 型
G2 + VSOC + HY158 机心	HTV158-64QFP、TA1343N、TM-PA8897/99 等	FSCQ1265RT	LA78041	AN17821A	HDP2908D 等高清彩电
GS50 高清机心	FLI8120、GS50 高清机心等	5Q1265RF	TDA8177	TDA7495S	HDP2911DH、 HDP2919DH、HDP2566 等高清彩电
GS 二代高清机心	FLI8120、FLI2300、HY57V64322、TB1306 等	5Q1265RF	TDA8177	TDA7497	HDP2911D、HDP2911GB、HDP-2966H、HDP2977HM、HDP3-411D、HDP3411GB 等高清彩电

（续）

机心/系列	小信号处理电路	电源电路	场输出电路	伴音功放电路	代 表 机 型
GS一代高清机心	TMP88CS34N 或 HISENSEDTV-004、F112300、TDA9332、MST-9883ADC、HY57V643220、TVP-5147 等	5Q1265RF	TDA8177	TDA7497	HDP2911G、HDP2911H、HDP-2919H、HDP2919G、HDP2978H、HDP3411、HDP3411G、HDP-3411H、HDP3419H、HDTV-3211、HDTV-3277H、 HDTV-3278H 等高清彩电
HDTV-1高清机心	M37281EKSP、DPTV-3D、KB2511、TA1316AN、TA1219N 等	STR·A6359	TDA8177	TDA7497	HDTV-3202、HDTV-3211、HD-TV-3601 等高清彩电
HDTV-2高清机心	80C552、KA2500、KB2511、DP-TV-DX/DPTV-3D、TA1219N 等	TDA4605-3	TDA8177	TA8256H	HDTV-3201 等高清彩电
HISENSE 或 ASIC 高清机心	HISENSE DTV-005/HISENSE DTV-006、VPE1X 倍频芯片、MST9883、HY57V643220、OM8380H 或 TDA-9332、TVP5147、TDA7439 等	5Q1265RF	TDA8177	TDA7497	HDP2902G、HDP2919CH、HD-P2978M、HDP3419CH、HDP2968-CH、HDP2978CH、HDP2883、HDP2877、HDP2869、HDP2933、HDP2966、HDP2967、HDP2969、HDP2978M、HDP2988C、HDP30-33、HDP3419CH 等高清彩电
HY60 机心	HTV180、LA75503、TB1237 或 TB1306AFG、TDA7442D 等	5Q1265 或 CQ1465RF	STV9378A 或 TDA8177	TFA9842	HDP2167D、HDP2433、HDP-2568D、HDP25R69、HDP2833D、HDP2869N、HDP2908N、HDP-2969N、HDP2976、HDP2976X、HDP2977D、HDP2988N、HDP-29A22、HDP29A51、HDP29R68、HDP29S69 等高清彩电
IDREAMA 高清机心	IDREAMA 方案、I-dreama 倍频芯片等	5Q1265R	TDA8177	TFA9842	HDP2111G、HDP2166H 等高清彩电
MST 高清机心	MM502、M61266、MST5C16、TDA9333H、LM2425、TDA7439 等	5Q1265RF	TDA8177	TDA7497	HDP2511G、HDP2568、HDP-2907M、HDP2910、HDP2977、HDP3406M 等高清彩电
NDSP 高清机心	M37274EFSP 或 TELE-VIDEO 2002-001、NV320、TDA7439、TDA9808、VPC3230D、TDA9332-H、TDA7439 等	KA3S0680R KA7630	TDA8351	TDA2616	DP2999、DP2902H、DP2908S、DP2990、DP2996、DP2999G、DP3490、DP3499、TDC2901 等高清彩电
NDSP 倍频机心	M37274EFS、NV320、TDA7439、TDA9808、M32L1632512A、TDA-9332H、VPC3215C 等	KA3S0680R KA7630	TDA8351	TDA2616	ITV-2901C、ITV-2911、ITV-2911H、ITV-2988 等倍频彩电
PHILIPS 高清机心	M37281EKSP 或 HISENSEDTV-001、SAA4979H、SAA4993H、TDA-7439、SAA4955HL、SAA7118、TDA9332、TDA8601、TA1370 等	5Q1265RF	TDA8177	TDA7497	HDP2902D、HDP2906D、HDP-2908、HDP2911、HDP2999D、HDP3406D、HDP3411 等高清彩电
PHILIPS 倍频机心	M37274EFSP 或 TELE-VIDEO 2002-002、TDA9332H、SAA4979H、TDA7439、SAA7118H、TDA9808 等	KA3S0680R	TDA8351	TDA2616	TDF2901、DP2906G 等飞利浦倍频彩电

（续）

机心/系列	小信号处理电路	电源电路	场输出电路	伴音功放电路	代表机型
SIEMENS 倍频机心	TMP87CS38N 或 TMP87PS38N、MVCM41C、TA1218N、SDA9489X、TDA4780、SDA9255 或 SDA9400、VPC3210、SDA9280、CIP3250A、SDA9362、TDA6111Q、TA1267F 等	STR-F6656	TDA8351	TA8256	DP2988/F/H、DP2999G、DP-3488、ETV2988、HDTV-3201、TDC3488、TDF2900、TDF2901、TDF2918、TDF2966、TDF2988、TDF2988G、TDF29001-3D 等高清彩电
SVP 机心	T5BB7-6H99、SVP-CX12、TB-1306、LV1117N 等	FSCQ1465	STV9378A	TDA7495S	HDP2966BH、HDP3233、HDP-3269（超薄）等高清彩电
TRIDENT 高清机心	SDA555XF1 或 HISENSEDTV-003、DPTV-MV、TDA9885、TDA-9332、PI5V330、TDA9883、TA1343、TDA6111Q、MSP3460G 等	STR-G9656	TDA8351	TDA7497	HDP2902H、HDP2906H、HD-2906CH、HDP2910L、HDP-2919、HDP2906CH、HDP3406H、HDP3410L 等泰鼎高清彩电
TRIDENT 倍频机心	TMP87PS38N（80C552）、DPTV-DX/DPTV-3D、TA1219N、KB-2500、KB2511 等	TDA4605-3	TDA8177	TA8256H	DP2988G、DP2988H、DP3488 等泰鼎倍频彩电
USOC + HY 机心	USOC-LA76933、HTV158、LV-1116N、TC4053BP 等	FSCQ1265RT	LA78041 或 LA78045	AN7522 或 AN7523	HDP2188D 等高清彩电
三洋 PW 倍频机心	LA76930、PW1225、MST9883 或 MST9885、LV1116、TDA9116、KA2500 等	KA5Q1265RT	LA7846N	LA4282	DP2908U、DP2910L 等三洋倍频彩电

1.4 海尔高清彩电机型与集成电路配置

机心/系列	小信号处理电路	电源电路	场输出电路	伴音功放电路	代表机型
3D 机心	M37281、TDA9112A、DPTV-3D、AD9883、TA1343N、KA2500、3D 梳状滤波电路等	STR-F6656	TDA8172	TDA7497	29F6G-AN、29F6G-PNT、34-F2A-T、34T2A-P、34T2A-P（A）、34T2A-P（E）、D34FV6H-CN、34F2A-T（G）等高清彩电
883/MK14 机心	M37281、LA75503、TDA9332、ST3500 或 SAA4955 + P15V330 或 SAA4979H + SAA7118H 等	KA3S0880 KA7630	TDA8351	TDA2616	29F3A-N、29F5D-TA（G）、29-FA6-PN、29FV6-PH2、D29FV6-H-C、29F8D-PY（G）、29F9G-PN、34F9-PN、29F9K-PY、34-F8A-HD、34F9K-PY、34FV6-PH、D34FV6H-C 等 833 机心高清彩电；29F7A-PN（G）、29F9G-PN（G）等 833 + VGA 机心高清彩电；36F9K-ND（G）、D34FV6H-CN、32F3A-N、32F-3A-N（G）等 833A 机心高清彩电；29F7A-PN（C）等 833 + SAA4955 + P15V330 机心高清彩电

（续）

机心/系列	小信号处理电路	电源电路	场输出电路	伴音功放电路	代表机型
GENESIS 机心	TB1306、FLI2300、FLI8120 等	5Q1265RF	STV9379A	TDA8947J	D32FA9-AKM、29FA9-AK、D32FA9-AK、D28FA11-AK、D29-FA11-AKM、D29FA9-AKM、D32-FA11-AKM、D34FA9-AKM、D34-FV6-AK 等高清彩电
MST5C26/AKM 机心	MST5C26、TVP5147、TDA8380、TDA9332、LA75503 等	KA5Q0765	TDA8117	TDA7497 或 AN7522N	D21FA11-AM、29F9D-PY、D29-FA10-AKM、D29FA12-AKM、D29-MK1、D29KB1、D29MB1 等高清彩电
LA76930 + PW1225 机心	LA76930、PW1225、LV1116、MST9883 等	KA5Q1265RF	LA7846N	LA4282	N29FV6 H-D、29F5D-TB、29F-5D-TA 等高清彩电
MK14 机心	M37274、TDA4780、TA1218AN、MSP3410D、TDA9808、TDA6111Q 等	STR-S6709	TDA8351	TA8256H	29FB、29FBL、29FC 等高清彩电
MST5C16 机心	MST5C16、LA76818、TDA7439、TDA9116 或 MST5C16、TVP5147、HY57V161620、TDA9332 等	5Q1265	LA78041	TDA7497	25FV6H-B、D29FV6H-A8、D26-FV6H-A8H、D24FA11-A、D28FA11-A、29F9D-PY、D34FA9-A、D34F-V6-AK、D25FV6H-A8、D25FV6H-F、D29F5D-TA、D29FV6H-F、D29-FV6H-A8H、D29FV6H-PR、29F7A-PN、29F9G-PN（双色）、59F9K-PY、D29FA3-A、D29FA10-AKM、34F2A-T、D34FV6H-CN、D34FV6-A8、D34FV6-A8K、D34FA8-K、34F9A-PN、34T2A-P 等高清彩电
NDSP 机心	M37281 或 M37225ECSP、TDA-9332H、PW1230、VPC3230D、TDA-9808、TDA6111Q 等	MC44608	LA7846N	TDA7057AQ、TDA7056B	29F8A-N、29F9D-PY、32F3A-N、34F9K-ND、26F9K-ND 等高清彩电
PW1210 机心	PW1210、PW1210（NV320）、TDA9332H 等	MC44608P40			D29F6-C 等高清彩电
PW1225 机心	LA76930、PW1225、LV1116、TDA9116、MST9883 等	KA5Q1265RF	LA7846N	LA4282	N29FV6H-D、29F5D-TA（B）、29F6G-PNT(A)、34T2A-P(B)、34T2A-P（C）、D34FV6H-CN（A）等高清彩电
PW1230 机心	M37281、TDA9874、PW1230等	—	LA7846	—	29F6G-PNT 等高清彩电
PW1235 + 1265 机心	M37160 或 M37281、PW1235、MST9886、M61264、LM1269、TDA7439、TDA9116、KA2500、TA1343N、TDA9112 等	STR-F6656	TDA8172	TDA7497	D29FV6H-F、29F6G-PNT、D34FV6H-CN、34T2A-P（B/C/E）等高清彩电
ST720P 机心	M37281、TDA9332、LA75503、STV3500、LV1116、TDA933X、STV6688、TDA6111Q、TDA9874-APS 等	5Q1265RF	TDA8177	TDA7497	D29FV6-A8K、D29FV6-A、D34FV6-A、D34FV6-AK 等高清彩电
TDA9808T 机心	TMP87CK36N、TDA9808T、MSP-3410、TDA4687、TDA9160 等 G 机心	STR-S6709	TDA8350Q	TA8218AH	HG-2560V、HG-2569N、HG-2569PN、HG-2948、HG-2988N、HG-2988P、HG-2988PN 等 100Hz 倍场高清彩电

（续）

机心/系列	小信号处理电路	电源电路	场输出电路	伴音功放电路	代 表 机 型
TDA9808 机心	M37280、TDA9808、SAA4979、SAA7118 等	KA5Q1265RF	LA7846N	LA4282	29F5D-TA、29F6G-PN、29F8D-PY、29F9B-PY、29F3A-RY、29-F3A-PY、29F7A-PN、29F8D-PY（N）、29F9K-PY、34F8A-PN、29-F9B-PY（N）、29FSD-FV、34F-5D-PY、34F3A-PN、34F3A-PN（G）等100Hz 倍场高清彩电
华亚机心	HM602、TDA9332H、LA75503、LV1116、ST3500、HTV125、TVP-5147、AP8306Q 等	5Q1265RF	TDA8177	TDA7497	D29F9K-V6、29F3A-PY、29F-9D-PY、34F9K-PY、D25FV6-A8K、29F9D-PY（双色）、34F9K-PY（双色）等高清彩电
泰霖机心	M61264FP、M37160M8 等	分离件	LA78040	TDA7263L	21T5D-T（双色）等高清彩电

1.5 创维高清彩电机型与集成电路配置

机心/系列	小信号处理电路	电源电路	场输出电路	伴音功放电路	代 表 机 型
3D20/3D21 机心	HM602、AD80087、HTV025、TW-9906-09、TDA9332、TDA6108 等	分离件	STV9383	LA42352	21T98HT、21T92HT、21T16-HT、21T18HT、21D18HT、21D-93HT、21D88HT、21D9BHT 等高清彩电
3I01 机心	VCP3215、DDP6610、TDA6111Q、OSD3050、TDA9808、TEA6415C、MSP3410D 等	STR-F6553	IC301	TDA2616	29TMDA、29SDDV 等高清彩电
5I01 机心	CCZ3005、MSP3410D、TEA5415C、TDA9808、VPC3215C、 OSD3050、DDP3310B、TDA6111Q 等	STR-S6709A	TDA8351AQ	TDA7269 和 TDA7298	5I01 机心高清彩电
5D01 机心	P83C766(Q83C652) 或 P83C652、SAA7283ZP、SDA9187-2X、TDA-4670、TDA8540、TDA9143、TDA-9151、TDA9860、TDA6101Q 等	STR-S6709	STV9379	TDA2616	2982-100、2928-100 或 100-2928、100-2982 双频等数码100 系列彩电
5D20 机心	ST92196A/B、TDA9808、TDA-6111Q、 MSP3410G、 TDA9111、KA2500、TEA5114A、NJM2192 等	ST6709	STV9379	TDA2616	29TPDP、29TMDP、29TIDP、29TJDP、 29TFDP、 34TJDP、34TIDP、34TPDP 等高清数码彩电
5D25、5D26 机心	ST92196A/B、DPTV-6630、TDA-6110Q、 MSP3410G、 TDA9111、KA2500、L7566 等	ST6709	STV9379	TDA2616	29TMDP、29TIDP、34TPDP 等高清数码彩电
5D28 机心	TMP93CS45、DPTV-3D、DSP-PCB、TA1316、TDA9112、TDA-9859、TDA6110Q 等	ST6709	STV9379	TDA2616	34TIDP 等大屏幕高清数码彩电
5D30 机心	M37280、TDA9177、TDA9808、TA1218、MSP3410G、TDA4780、GAL16V8C、MV320P 等	STR-S6709	TDA8351	TA8256H	29TFDP、29TMPP 等高清数码彩电

（续）

机心/系列	小信号处理电路	电源电路	场输出电路	伴音功放电路	代 表 机 型
5D60 机心	KS88C8424 或 KS88C8432、KS-88P8432、MSP8849、LA75665M、KA2500、TDA9115、N2192、DPTV、AN5891K、MSP3410D 等	STR-F6656	LA7846	TA8256	29HIDA、29HDDH、29ITDA、29TBDA 等高清彩电
5D66 机心	MSP8849、DPTV-6630 等				29TBDP 等高清彩电
5D70 机心	M37274ESSP、TDA9332H、VCP-3230D、NV320 等	KA5Q1265 KA7631	TDA8351	TDA2616	29TIPP、291TJDP、29TWDP 等高清彩电
5D76 机心	M37274ESSP、DPTV-6630、PW-1235、TDA9332、TDA7439、VPC-3230D 等	STR-F6656	LA7846	TA8256	29TPDP、29TIPP、29TJDP 等高清彩电
5D78 机心	M37274ESSP、TDA9111、KA-2500、ST92196、TEA5114、DPTV 数字处理芯片 等	ST6709	STV9379	TDA2616	29T61DP、34TPDP 等高清彩电
5D90 机心	M37225M6 或 M37225ECSP、DDP3210D、VPC3215、LV1116、L7566、TEA6415C、TDA6111Q等	STR-S6709	TDA8351AQ	TDA7269A 和 TDA7298	29T62DI 等高清彩电
5M01 机心	MSP3410D、TDA6111Q、TDA-9808、TA1218AN、M37274、TEA-5114A、TDA4780、GAL16V8C、VCP3210A、SDA9253、SDA9362 等	STR-S6709	TDA8351	TA8256H	5M01 机心高清彩电
5M10 机心	TDA9177、GAL16V8、M37274、TDA4780、MSP3410D、TDA9808、SDA9400-1、VCP3215C、SDA9362、SDA9280、TA1218AN 等	STR-S6709	TDA8351	TDA8256	5M10 机心高清彩电
6T19 机心	TB1306、HTV125、NJW1180F、SM602、ADV7402/3 等	FSCQ1565	STV8177	TA8246	32D98HP 等高清彩电
6T18 机心	HY602、KA2500、TDA9116、HTV110T、MST9883B、TB1216、TC90A69A、TA1343N 等	STR-W6756	TDA8177	TA8246H	28T90HT、29T86HT、29TWHT、29T83HT、29T95HT 等 高清彩电
6D35 机心	TDA7442、LM2429、LM2485、STV6888、LM1269、MST3388、SVP-EX256、M30620SPGP、MST-3383 等	KA5Q12-65RF	TDA8177	TDA7256SA	6D35001G、6D35001T、6D-35011G、6D35011T、6D3528-BS 等高清彩电
6D50 机心	TVP5147、LM1269、ST6888、ICM10、TDA7442、LA75582 等	FSCQ12-65RT	TDA8177	TA8246AH	29D9BHT 等机心高清彩电
6D66 机心	MST5C28、LA75503、LM1269、LM2452、STV9118 等	FSCQ1265	TDA8177	TDA7266SA	28T17HT、30T17HM、32T88-HS 等高清彩电
6D72 机心	M37274、M37281、TDA9332H、VPC3230、V330、PW1235、TDA-7439、AD9883、LV1117 等	KA5Q1265 KA7631	LA7846	LA4278	29T60HD、29T61HD、29T68-HD 等高清彩电
6D76 机心	M37281、DPTV 数字芯片、TDA-9332H、TDA9883、V330、TA1343-N 等	KA5Q1265	LA7846	LA4278	29T60HT、29T61DP、34T66-HD 系列高清彩电

机心/系列	小信号处理电路	电源电路	场输出电路	伴音功放电路	代表机型
6D81 机心	MTV230MV、TDA7442、LA75503、IV0302、KM432S2030C、NJM2192、TVP5147、LM1269、ST6888 等	FSCQ1265	TDA8177	TA8246AH	25T88HT、29T61HT、29T66HT、29T81HT、29T84HT 等高清彩电
6D91 机心	LA76931、LA76931、LM1246、LV1117、STV6888、IV0301 等	STR-G9656	TDA8177	LA4278	25T88HT、25T86HT、29T84HT、29T66HT、29T68HT、29T81HT 等高清彩电
6D92 机心	LA76930、PW1235、LM1246、TDA9118、MST9886、PI5V330、LM2492 等	FSCQ12-65RT	STV9388	LA4278	25T86HT、25T88HT、29T60HT、29T61HT、29T66HT、29TPHD、29TPHT 等高清彩电
6D95 机心	OPT-S3P8849、KS88C8432、STV-6888、MST9883 或 AD9883、LM-1269NA、LV1116、LA7566S 等	STR-G9656	—	LA4278	29T63HD、29T66HD、29TBHD、29TMHD、29TIHD、29TWHD、34TIHT 等高清彩电
6D96 机心	OPT-S3P8849、LM1269、LV1116、STV6888、LA7566S、SVP12 等	FSCQ12-65RT	STV9388	LA4278	28T88HT、29T65HT、29T68HT、29T86HT、33T88HT、34T68HT、34SIHT 等高清彩电
6D97 机心	LV1116、SIV688B、KS88C8432、LA7588、LM1269 等	STR-G9656		LA4278	34T81HM、34T81HT、29T66HM、29T86HM 等高清彩电
6P16 机心	M37281、TDA1370、TDA9332、NJM2700、SAA7118H、TDA4979H、SAA4993HL、TDA7439 等	KA5Q1265	TDA4863AJ	TDA2616	25T86HD、28T88HT 等高清彩电
6P18 机心	M37161FP、TDA12067H、TDA9333、PW1230 等	STR-W6756	TDA4863AJ	TDA7266 或 TDA7497	29TIMK、33T88HT、29T88HT、25T88HT、25T98HT、34T91HT 等高清彩电
6P28 机心	TDA6111Q、TDA9333、G3962M、K9656M、SAA4910X、TDA12063、OM8380 等	STR-W6756	TDA4863AJ	TDA7266	29T92HT 等高清彩电
6P30 机心	FLI2300、FLI8125、TDA9333、OM8380 或 AD9880KST 等	KA5Q1265RF	STV9379	TDA2616	29T81HP、29T98HP、34T98HP 等高清彩电
6P50 机心	TDA12067H、ISL59885、74HCT-123、4052 等	STR-W6756	TDA4863AJ	TDA7266	29T16HN 等高清彩电
6P60 机心	I-DREAMA WPS2、NJM2700、TC4052、LV1116、LM2425、LA-75503 等	STR-G9656	TDA8177	TDA8944J/AJ	29T16HN、25T16HN 等高清彩电
6M35 机心	MST3383、M30620SPGP、LM1269、LA75503、TDA7442、STV6888、SVP-EX256、W27B040 等	KA5Q1565RF	TDA8177	TDA7266SA	29T93HM、30T88HS、34T88HM、34T93HM 等高清彩电
6M20 机心	DS88CP4504 或 KS88C4504、DP-TV-3D、TA1218、TDA9112、TA1343、TA1316AN、NJM2700 等	KA5Q1565RF UC3842	LA7846	AN7585	29TPHD、34TPHD、34T60HD 等高清彩电
6M23 机心	PD4811650、TDA9112、TA1218、TA1316、TDA6111Q、TA1343、NJM2700 等	KA5Q1265RF UC3842	LA7846	AN7585 或 AN5277	29TPHT、32FWHT、32T88HT、34T88HD、34T86HT、34TPHT、36T88HT 等高清彩电
6M31 机心	MTV230MV、TDA7439、LM1269、LA75503、LM2429、TVP5147、ST6888、MST3288 等	KA5Q1565RF	TDA8177	TDA7266SA	29T81HS、32T88HS、34T86HS 等高清彩电

1.6　厦华高清彩电机型与集成电路配置

机心/系列	小信号处理电路	电源电路	场输出电路	伴音功放电路	代表机型
100Hz 变频机心	TMP87CM38 或 TMP87CM38N、SAA4977H、TDA9321、SAA4991-WP、TDA9332H、KS2501、BH-3868FS、TEA6420、SAA5700、TDA-7198T、SAA4955 等	—	—	—	XT-29F6、XT-34F6 等 F 系列变频彩电
DPTV 变频机心	KS88C4504、DPTV-IX、DPTVP-RO、KB2511B、CON32、KA2500、JS-SA1232X、TEA5114A、TDA-6111Q 等	TDA16846、TNY254	LA7846N	AN7582Z	S2516、S2915、S2916、S2917I、S2917、S2925、S293、S2935、S2937、S2937B、S2955、S2958C、S3417、S34L、34LI、S3435、S3435V 等 S 系列变频彩电
HDTV 高清机心	M37225M6 和 WT60P1、TDA4856、SDA9400、VPC3230D、DDP3310-B、TL494、M52756、CXA2089Q、M52348SP、MSP3410D、TDA-4886、TDA6120Q、MTV021 等	KA3842 TNY255	TDA8359	TDA2616	HT-3261、HT-3281D、HT-3281W、HT-3281H、HT-3681D、HT-3681W、HT3681H、HT3281、HT-3281H、HT-3281W、HT3281-SW、HT3681、HT-3681D、HT-3681 H、HT-3681W、HT-3661 等 HT 系列高清彩电
HT-T 系列	M37281、SD9380、PW1235、AD9883、TDA6110Q、LA7565B、LA72700V、NJW1142L、S1I907B、M52791FP、PI5W330 等	STR-G9656	LA78041	TA8246BH	HT3281T、HT3681T、HT2966-T、HT3466T 等 T 系列彩电
MMTV 高清机心	M37225M6、WT60P1、VPC3230-D、SDA9400、DDP3310B、TDA-4856、M52348SP、M52756SP、MSP3410G、TDA6120Q 等	KA3842	TDA8359	TDA2616	MT-34F1、MT-34F1A、MT-29F1、MT-29F1A、MT2928、MT3418、MT-3861、MT-3461、MT-2981、MT-2981A 等 MT 系列多媒体彩电
MT-2928 彩电	KA2500、KA2511B、TDA6111Q、KS88C4504、ATF16V8B 等	TDA16846、TNY254	LA7846N	AN7582Z	MT-2928 等高清彩电
MT-2968 彩电	TC3468-0407227（M37161 EFSP 435A000）、PW1226、AD9883、M61266 或 M61264、M61519FP、HEF4052BP、STV9118 或 STV9211 等	STR9656	LA78041	TA8246BH	MT-2968 等高清彩电
MT-3468M 彩电	HM602、AD9985、STV9211、STV9118、P15V330、HTV115T、NJW1142L、TB1261AF 等	STR-G9656	LA78041	TA8246AF/BH	MT-3468M 等高清彩电
P 系列 变频机心	M37225M6、TDA8843 或 OM-8839、TDA9860 等	分离件	TDA8351	TDA7057AQ	P2936 等 P 系列变频彩电
TF/TS 系列 LA76930 高清机心	LA76930、MST9883、PW1225/6、TDA9116、STV9118、KA2500、LV1116 等	KA5Q0565RT	LA78041 或 LA78040	TA8426 或 LA4267	MT2935A、MT3435A、TF2955、TS2130、TS2135、TS2550、HT-3261TS 等 MT 和 TF、TS 系列高清彩电

（续）

机心/系列	小信号处理电路	电源电路	场输出电路	伴音功放电路	代表机型
TR 系列 数字机心	TVP5147/6、MST5C18A、MTV412、TC4052BP、R2S15900SP、M52760-E、TB1306F、TDA6111Q 等	STR-G9656	TDA8177	TA8246BH	TR2978、TR2987、TR2988、TR3488 等 TR 系列数字彩电
TU 系列	SVP-CX12、T5BS4-9999、FAN-7311、TB1306FG、R2S10401SP、R2S15903SP 等	STR-G9656	TDA8177	TA8246BH	TU29107 等高清彩电
TW 系列	TB1306FG、R2S15903SP、R2S-10401SP、SVP-CX12、T5BS4-9999、FAN7311D 等	STR-G9656	TDA8177	TA8246BH	TW29107、TW2996、TW3466 等 TW 系列高清彩电
U 系列 变频机心	M37225ECSP、VPC3230D、SDA9400、DDP3310B、SDA9489X、CXA2089Q、MSP3410、BH3868BFS 等	TDA4605 TNY254P	TDA8351	TDA2616×2	U29FI、U29E、U34FI、U34E、U29F、U34F、U2928、U3418 等 U 系列变频彩电
V 系列 高清机心	80C552、SDA9380、DPTV-3D、M52756、BH3868FS、CXA2089-Q、VCP3226E 等	TDA16846	TDA8359N2	AN7583	V2939、V2951、V2951W、V-3426、V328、V3451、V3451W、V368 等 V 系列高清彩电

1.7 TCL 高清彩电机型与集成电路配置

机心/系列	小信号处理电路	电源电路	场输出电路	伴音功放电路	代表机型
DPTV 机心	KS88C4504 或 KS88C4505、KZ-22686、KA2500、KA2511B、TDA-9808、TDA9874、VPD3226 数字模块等	KA5Q1265 KA7630	TDA8177	TDA7497 或 TDA2009A	HiD2992i、HiD29168P、HiD-29286P、HiD2988i、AT2927i、AT2970i、AT2988i、AT2935i、AT2970P、HiD292S.P、AT3486i、HiD3460i、HiD34286P 等如画系列彩电
GU21 机心	TMP88CS38/UD2、NJW1168、FLI2300、HY57V643220C、TDA-9332H、VPC3230D、AD9883、P15V330、TDA6111Q 等	TDA16846	TDA8177	TDA8946 和 TDA8945S	HiD29158H、HiD29158R、HiD-29158HR、HiD29A61H、HiD-29A71、HiD29A171H、HiD29-A81H、HiD28A91、HiD28A91H、HiD29B03H、HiD32181H、HiD-32A90、HiD32A90H、HiD32A91、HiD32A01H、HiD32A01、HiD-34158HE、HiD34158H、HiD34158-HR、HiD34A01H、HiDA61H、HiD34A71、HiD34A71H、HiD34-A81H、HD28B03、HD29158R、HiD29B03H、HD29B05、HD32-B03、HD32B05、HD34158R、HiD31181H、HiD34B03H 等数字窗系列彩电
GU22 机心	TMP88CS38/UD2、FLI8125、TDA-9333、TDA6111Q、NJW1166B 等	TDA16846	TDA8177	TDA8946 和 TDA8945S	HD29805A、HD29A61、HD-34805A、HiD28803H、HiD32803-H、HiD29805H、HiD34805H、HD29A61、HD29A71、HD29803、HD34A61、HD34A71、HD34803 等高清彩电

（续）

机心/系列	小信号处理电路	电源电路	场输出电路	伴音功放电路	代 表 机 型
HDTV/DTV 机心	TCL M10、TA8776N、TA8747、TDA9181、M52036SP、CXA1779-P、74LS123、TA8759BN、TDA9808 等	—	—	LA4282 和 TDA2009A	HDTV3480、HDTV3480GI、HDTV2990B、HDTV2990、DTV-2912B、DTV2990、DTV2000、DTV3480、DTV2912V 等 HDTV/DTV 系列高清彩电
HY11 机心	HTV025、HM602、HV206、TB-1306AF、LA75503、STV9388、LM2451TB、PI5V330、LM75503、LM2451、SDRAMM12L16161A 等	分离件	STV9380	LA42352	21V18SP、HD21V18SP、29V-18SP、HD21M62S、HD21V18SP、HD25M62、HD25V18P 等高清彩电
HY80 机心	HTV180、SST39VF040、M12-L16161A-7T、TDA9881TS、TB-1307FG、LM2451 等	FSCQ1265RT	TDA8177	TDA7495SSA	HD29E64S、HD29M63S、HD-29V18SP、HD29V19SP、HD-E64S 等高清彩电
HY90 机心	HTV190、HP801、TB1307 等	FSCQ1265RT	LA78141	TDA7495	HD29E64S、HD29M63S、HD-29H91S 等高清彩电
IV22 机心	ENME0509、TVP5147M1、CF-1018C、TB1307FG、TDA9881、R2S159、LM2451 等	FSCQ1265RT	TDA8177 或 STV8172A	TDA7495	HD28M62、HD28V18、HD-28V18D、HD29276A、HD29-M62S、HD29M63S、HD29E64-S、HD29V18SD、HD29M71、HD32V18SD 等高清彩电
MS12 机心	MST5C26、LM2451、TB1306A-FG、TDA9885G、HP800、G960-T63U、TB1307FG、HTV025、CAT-9883、PI5V330、HM602、LA-75503 等	FSCA1265RT	STV9380V	TDA7266SA	HD21M62S、HD21M62US、HD21V18SB、HD25V18PD 等高清彩电
MS21 机心	MST5C16、OM8380、TDA9332-H、TDA12063H、TDA6111Q 等	KA5Q1265RF	TDA8177	TDA7495	HiD29158HB、HiD29B03H、HiD29B06H、HiD34B06H、HiD-34158HB、HD25181、HD29A41-A、HD29A51、HD29A61、HD29-A71、HD29A71I、HD29A81、HD28B03I、HD29B3I、HD29-B06、HD29181、HD29208、HD-29806、HD31181、HD31A41、HD32B03I、HD34A41、HD34-A51、HD34A61、HD34A71、HD34A71I、HD348031、HD34-806、HD34181、HD34B03、HD34B03I、HD34B06、29A2P、29A3P、34A3P、29V88P、32E-88、32V6P、34A3P 等高清彩电
MS22 机心	TDA9881、MST5C26-LF、TB-1306AFG、PS25LV040、LM2451 等	FSCQ1265RT	TDA8177 或 STV 8172	TDA7496SA	29A2PB、29A3PB、29V12PB、29V16PB、29V88PB、HD28B03A、HD28H61、HD29276、HD29A71I、HD29C06、HD29C41、HD29H61I、HD29C81、HD29M73、HD29DC41、HD32B68I、32V6PB、34A3PB、HD34C41 等高清彩电

（续）

机心/系列	小信号处理电路	电源电路	场输出电路	伴音功放电路	代表机型
MS23 机心	CF1080C、TVP5147、ENME-0509、TB1307FG、TDA9881、KM-432S2030C、LM2451 等	FSCQ1265RT	TDA8177	TDA7495	HD29H73S、HD29M76、HD-32M62S、HD29M62S、HD28V-18P、HD29E64S、HD32V18SP、HD29276A 等高清彩电
MS25 机心	TDA12063H、MST5C16A、TDA-9332H、TDA8380 等	FSCQ1265RT	TDA8177	TDA7269SA	HD32H61S、HD29803S、HD-32803S 等高清彩电
MS36 机心	MST5C36 集成了 VIF/SIF + Decoder + Scaler + Deinterlace + CPU + DGC + HDMI 等功能模块。	FSCQ1265RT	STV8172A	TDA7266SA	HD29H91S、29E64S 等高清彩电
MV22 机心	TMP93CS45F、PI5V330、DPTV-MV6720 或 DPTV-MV、AD9883、NJW1168、STV6888、STV9211 等	KA5Q1265RF	TDA8177	TDA7497	HiD25A61H、HiD28211H、HiD-28A21H、HiD29A41H、HiD29128H、HiD29128HB、HiD25A61H、HiD29-A51H、HiD29A21H、HiD29A51H、HiD29208H、HiD29181P、HiD29181-HB、HiD29211H、HiD29286HB、HiD29181HB、HiD31181HB、HiD-31181H、HiD31A41H、HiD34281H、HiD34181P、HiD34A51H、HiD342-86HB、HiD34181HB、HiD34281-HB、HiD34286PB 等数字窗高清彩电
MV23 机心	M30622SP 或 M30620SPGP、SVP-EX [208]、TMPA8809、PW1225A、STV9118、TAD9883、NJW1168、STV6888、STV9211 等	KA5Q1265RF	TDA8177 或 STV8172A	TDA7497	HD29128、HD29211、HD29189、HD29276、HD29A21、HD29A41、HiD29128H、HiD29211H、HiD-29286HB、HiD29181HB、HiD29208-H、HiD29A21H、HiD29A41H、HiD29A41HB、HiD29A51H、HiD-25A61H、HiD31181HB、HD34189、HD34189PB、HD34281、HD34281H、HD34276、HD34276PB、HD34A41、HiD34A41HB、HiD34181HB、HiD34-A51H、HiD34286HB、S34A1P、29V1PA、29V2PB、34V1PA 等高清彩电
N21 机心	TMPA8809 或 TMPA8829、PW-1225、KA2500、MST9883、NJM-1142L、NT6828、TDA9116 或 STV-6888、PI5V330、TDA9181、TDA-6111Q 等	TDA16846	TDA8177	TDA7266	HiD29189PB、HiD29206P、HiD29181H、HiD29228、HiD-29189、HiD29158SP、HiD29166-PB、HiD29276PB、HiD29181PB、HiD34158SP、HiD34181H、HiD-34181PB、HiD34189PB、HiD34276-PB、29V1P、34V1P 等高清彩电
N22 机心	N76828K、TMPA8809 或 TM-PA8829、PW1225、KA2500、MST-9883、NJM1142L、NT6828、TDA-9116、TDA9181、TDA6111Q 等	TDA16846	TDA4864AJ 或 TDA8177	TDA7266 和 TDA8945S	HiD29206H、HiD29206G、HiD-276HB、HID25181H、HID29189H、HID29158SP、HID29206PB、HID-29189PB、HID29276PB、HID29276-H、HID29A21、HID34189H、HID-34158PB、HID34189PB、HID34276-PB、HID29228、HID34276H、34V1P 等高清彩电

(续)

机心/系列	小信号处理电路	电源电路	场输出电路	伴音功放电路	代表机型
NDSP 机心	TCL M10 或 MP88CS38N、TDA-9178、TDA9332、M62438FP、TDA-7349、TDA8332N、TDA9181、TDA-9875、TDA9143、TDA4665、VPC-3230D、NV320-P、M52036SP、TDA-8601、TDA8755、LA7566、TA8747、TDA6111Q 等	TDA16846	TDA8172	TDA7266 和 TDA8945S	HID299.P、HiD299D、HiD-25192P、AT2911P、HiD29276P、HiD29189P、HiD299S.P、HiD-2990P、HiD2990PSE、HiD29192E、HiD2990S.E、HiD291S.P、HiD-29166P、HiD2966S.E、HiD296S.P、HiD296SB E、HiD329S P、HiD3239SW、HiD3239SW.P、HiD-34189P、HiD34728P、HiD348P、HiD348W.P、HiD348S.P、HiD-346B.E、HiD3460BE、HiD34276P、HiD34181E、HiD3418I、HiD-34189P、HiD360SW、HiD360W.P、HiD361SW、HiD38215P、HW42-A61 等高清彩电
NU21 机心	TMP98CS38 或 TMP88CS38N、PW1235A、AD9883 或 MST9883-B110、TDA9332H、VPC3230D、PI5V330、TDA6111Q、NJW1136-L 等	TDA16846-2	TDA8177	TDA8945S 和 TDA8946	HiD28A81、HiD29181H、HiD-29181PE、HiD29208SP、HiD29-A61、HiD29A81、HiD29158SP、HiD34A61、HiD34158SP、HiD-34A81、HiD34181PB、HiD34181-H、HiD38215P、HiD361SW 等高清彩电
NV21 机心	TMP98CS38 或 TMP88CS38N、TAD9883、PW1235、TDA9332H、VPC3230D 等	TDA16846	TDA8177	TDA8945S 和 TDA8946	HiD28A81、HiD29181H、HiD-29181PE、HiD29208SP、HiD29-A61、HiD34A61、HiD29A81、HiD29158SP、HiD34158SP、HiD-34A81、HiD34181PB、HiD34181-H、HiD38215P、HiD361SW 等高清彩电
P21 机心	M37281、SAA4979、SAA-4998H、SAA7118H、TA1370、TDA-7439、TDA9322H、TDA9808、TDA-6111Q 等	KA5Q1265RF-YDTU	TDA8177	TDA2616 和 TDA2009A	HiD34286H、HiD29286H、HiD34286H、HiD29168H、HiD-34168H、HiD29208R、HiD29207-P、HiD29208P、HiD29208P-BCP、HiD29A51、HiD34A51、HiD29168H 等高清彩电
PH73/D 机心	OM8373 或 OM8376、HCF4052、HTV158 等	FSCQ1265RF	STV9380A	TDA7496SA	25V19、29V19、21V18P、21-V19、21V20UP、25V18P、29V-19P、29V29P、HD21E64S、HD-21H73US、HD21H73S、HD21-M76S、HD21V18USP、D21M71S、D21H73S、D25M86、HD21V19-SP、HD25M62、HD25V-18PB、HD29B68、HD29M71、HD29-M75、HDH29C64、N21V19、N25V19、NT21H73S、NT21M63S、NT21M71N、NT25M63 等高清彩电
PW21 机心	PW60B、TB1306、BD3888FS、TDA9881、TDA6111Q 等	FSCQ1265RT	TDA8172	TDA7495	HD29B68IA 等高清彩电

注：表中 "－" 表示无该集成电路资料信息。

第 2 章 高清彩电常用集成电路速查

2.1 开关电源电路

2.1.1 FSCQ0565、FSCQ0765、FSCQ1265、FSCQ1565 电源电路

FSCQ0565、FSCQ0765、FSCQ1265、FSCQ1565 是日本 FAIRCHILD 半导体公司在本世纪初推向市场的新型电源厚膜块，四种型号的内部结构、引脚功能和应用电路基本相同，只是输出功率不同，代换时应引起注意。该厚膜块内含基准电压源、精密误差放大器、比较放大器、振荡器、驱动器和许多逻辑电路以及大功率场效应开关管等。该厚膜块利用上述电路可实现脉冲形成，脉冲放大，宽度调整（稳压控制）、过电流保护、过电压保护、过热保护等多种功能，而且还具有外围元器件少、工作可靠、效率高、输出功率大等优点。它应用在长虹、康佳、海信、创维、TCL 等高清彩电中，应用时有的在型号前部省去 FSCQ，有的型号尾部增加 R 或 RT、RF、RP、RTYDTU 等字符。

FSCQ0565、FSCQ0765、FSCQ1265、FSCQ1565 引脚功能以及 FSCQ1265RT 在创维 6D90 机心 29R81HT 高清彩电、长虹 CHD-8 机心中应用时的维修数据见表 2-1。FSCQ1265RT 在长虹 CHD-8 高清机心中的应用电路如图 2-1 所示（见文后插页）。

表 2-1 FSCQ0565、FSCQ0765、FSCQ1265、FSCQ1565 引脚功能和维修数据

引　脚	符　　号	功　　能	长虹 CHD-8		创维 6D90			
			电压/V		电压/V		电阻/kΩ	
			开机	待机	开机	待机	黑笔测	红笔测
1	DRAIN	内部开关管漏极	295	300	298	302	500	4.5
2	GND	内部开关管源极和控制电路接地	0	0	0	0	0	0
3	VCC	内部控制电路供电输入	18.5	12.5	18.8	17.2	500	4.5
4	FB/OCP	稳压控制电路输入	1.08	0.25	1.2	0.15	200	5.4
5	SYNC	同步脉冲锁定输入	5.6	0.25	5.4	0.25	1.4	1.4

2.1.2 STR-S6709 和 HIC1015 电源电路

STR-S6709 开关电源厚膜电路应用于长虹 DT-1、海尔 MK14 机心以及创维 5I01、5D01、5D20、5M01、5M10 多种机心开关电源中，其内部电路包含大功率开关管、启动电路、振荡电路、驱动电路、闭锁电路、基准电路等开关电源基本电路，设有完善的过电流保护电路、过电压保护电路、过热保护电路电路。

HIC1015 是新型混合式厚膜电路，内含误差采样放大电路、待机控制电路、保护电路，应用于长虹 DT-1 机心等开关电源中。

STR-S6709 引脚功能和在长虹 DT-1 机心、创维 5D 系列机心中应用时的维修数据见

表 2-2；HIC1015 引脚功能和在长虹 DT-1 机心中应用时的维修数据见表 2-3。STR-S6709 和 HIC1015 在长虹 DT-1 机心中的应用电路如图 2-2 所示（见文后插页）。

表 2-2 STR-S6709 引脚功能和维修数据

引脚	名称	功能	长虹 DT-1 机心				创维 5D 系列机心			
			对地电压/V		对地电阻/kΩ		对地电压/V		对地电阻/kΩ	
			开机	待机	红笔测	黑笔测	开机	待机	红笔测	黑笔测
1	C	内部开关管集电极	307	320	11.2	2.0	300	310	∞	12.5
2	E	内部开关管发射极	0	0	0	0	0.01	0	0	0
3	B	内部开关管基极	−0.2	−0.4	4.2	5.1	−0.2	−0.4	6.7	5.5
4	SINK	驱动电流反馈输入	0.9	0	5.2	81.2	0.6	0.02	40.2	6.5
5	DRIVE	驱动电流输出	1.2	0.1	5.2	85.6	1.1	0.05	39.1	6.0
6	OCP	过电流保护检测	0.05	0.05	0.1	0.1	0	0.01	0.1	0.1
7	F/B	稳压控制输入	0.2	0.2	6.6	8.3	0.2	0.2	11.5	8.5
8	INH	延迟导通控制输入	1.0	0.2	1.1	1.1	1.1	0.1	1.0	1.0
9	VIN	启动、工作电压输入	8.1	6.1	5.3	1.1	7.9	6.1	81.2	6.5

表 2-3 HIC1015 引脚功能和维修数据

引脚	功能	对地电压/V		对地电阻/kΩ	
		开机	待机	红笔测	黑笔测
1	+B 电压采样输入	115.2	65.2	3.4	18.3
2	过电流保护检测输入	115.2	65.2	3.7	19.0
3	误差放大和待机控制输出	24.1	5.1	3.4	18.3
4	空脚	0	0	0	0
5	基准电压输入	6.2	6.2	7.5	51.2
6	过电流保护输入	0	0	9.6	20.4
7	接地	0	0	0	0
8	待机采样电压	0.1	6.6	7.0	10.2
9	开关机控制信号输入	0.6	0	5.0	5.6
10	空脚	—	—	—	—
11	空脚	10.1	0	6.1	13.2
12	行电源控制输出	—	—	—	—
13	接地	0	0	1.8	2.0
14	阈值输入	5.0	5.0	3.3	3.9
15	电源	4.6	0.3	6.6	10.2
16	保护控制信号输出	0	0	0	0
17	接地	0	0	0	0

2.1.3 KA3842、KA3843、KA3844B、KA3845B 电源电路

KA3842、KA3843、KA3844B、KA3845B 是性能优异的单端激励方式的开关电源控制芯片，内部电路与引脚功能基本相同，只是输出功率有差异，代换时应引起注意。内含振荡器、基准电压发射器、电压检测电路、内部偏置电路、误差放大器、电流检测电路和激励输出电路等。KA3842 应用于厦华 HDTV、MMTV 高清机心主电路开关电源中。

KA3842、KA3843、KA3844B、KA3845B 引脚功能以及 KA3842 在厦华 HDTV 机心高清彩电中应用时的维修数据、KA3842 典型应用数据见表 2-4。KA3842 在厦华 HDTV 机心 HD-3281D 高清彩电中的应用电路如图 2-3 所示（见文后插页）。

表 2-4　KA3842 引脚功能和维修数据

引　脚	符　号	功　能	KA3842			KA3843
			对地电压/V	对地电阻/kΩ		对地电压/V
				正　测	反　测	
1	COMP	比较电压	3.0	7.5	14.5	3.5
2	VFB	电压反馈输入	2.5	9.2	8.2	2.5
3	I IN	过电流保护输入	0.06	1.3	1.4	0.68
4	RC	外接 RC 电路	2.0	6.8	12.0	1.2
5	GND	接地	0	0	0	0
6	OUT	激励脉冲输出	2.6	7.6	17.0	2.2
7	VCC	VCC 供电输入	14.2	6.0	53.2	11.7
8	VMF	参考电压	4.9	3.9	3.7	5.0

2.1.4　KA3S0680R、KA3S0880R 和 KA7630、KA7631 电源电路

KA3S0680R、KA3S0880R 是日本仙童（FAIRCHILD）公司生产的开关电源厚膜电路，两者内部电路和引脚功能基本相同。内部含有大功率场效应晶体管和基准电压源、振荡器、精密误差放大器、比较放大器、缓冲放大器、逻辑电路及软启动电路，具有过电流、过热、过电压、欠电压等保护检测电路。该电源具有工作频率宽、效率高、工作稳定、外接元器件少、保护功能完善等特点，应用于海信 NDSP、PHILIPS 倍频机心和海尔 883/MK14 高清机心开关电源中。

KA7630、KA7631 是一种既能输出 5.1V 又能输出 8V 的双电源稳压电路，两者内部电路和引脚功能基本相同。内设稳压电路、复位电路，为微处理器和小信号处理电路提供工作电压，内部具有过热保护和过电流保护功能。应用于海信 NDSP、海尔 MK14/883、创维 5D70、6D72 和 TCL DPTV 等高清机心开关电源二次低压供电电路中。

KA3S0680R、KA3S0880R 引脚功能以及 KA3S0680R 在海信 NDSP 高清机心中应用时的维修数据、KA3S0880R 典型应用数据见表 2-5；KA7630、KA7631 引脚功能以及 KA7630 在海信 NDSP 高清机心中应用时的维修数据、KA7631 典型应用数据见表 2-6。KA3S0680R 和 KA7630 在海信 NDSP 高清机心中的应用电路如图 2-4 所示。

表 2-5　KA3S0680R、KA3S0880R 引脚功能和维修数据

引　脚	符　号	功　能	KA3S0680R				KA3S0880R
			对地电压/V		对地电阻/kΩ		对地电压/V
			开机	待机	红笔测	黑笔测	
1	DRAIN	内置功率开关管漏极	285	296	3.8	∞	310
2	GND	接地	0	0	0	0	0
3	VCC	电源供电和供电检测	16.2	15.1	3.5	∞	20.0
4	FB	稳压控制信号输入	1.1	0.2	6.0	200	1.9
5	SYNC	同步触发脉冲输入	6.3	3.8	55.2	29.2	7.3

表 2-6　KA7630、KA7631 引脚功能和维修数据

引　脚	符　号	功　能	KA7630			KA7631
			对地电压/V	对地电阻/kΩ		对地电压/V
				负　测	正　测	
1	Vin1	供电电压 1 输入	12.0～15	5.4	1.6	13.1
2	Vin2	供电电压 2 输入	12.0～15	6.1	2.2	13.1
3	DEL CAP	外接滤波电容	1.8	7.5	5.2	2.9
4	DISABLE	受控电压输出控制信号输入	3.3	10.4	5.1	4.2

（续）

引　脚	符　　号	功　能	KA7630 对地电压/V	KA7630 对地电阻/kΩ 负　测	KA7630 对地电阻/kΩ 正　测	KA7631 对地电压/V
5	GND	接地	0	0	0	0
6	RESET	CPU 复位信号输出	4.5	20.0	3.6	5.1
7	CONTROL	12V 稳压电路控制信号输出	0	—	5.2	0.5
8	OUTPUT2	8V 受控电压输出	8.0	2.4	2.1	9.0
9	OUTPUT1	5V 不受控电压输出	5.0	6.0	2.3	5.1
10	OUTPUT3	12V 受控电压输出	0 或 12.0	6.2	4.4	未用

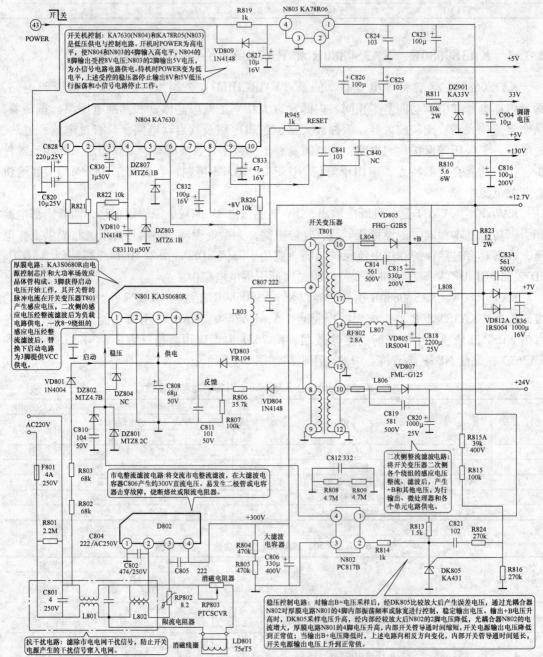

图 2-4　KA3S0680R 和 KA7630 在海信 NDSP 高清机心中的应用电路

2.1.5　KA5Q0565、KA5Q0765、KA5Q1265、KA5Q1565 电源电路

KA5Q0565、KA5Q0765、KA5Q1265、KA5Q1565 是日本仙童（FAIRCHILD）公司生产的新型电源模块，四种型号的内部结构、引脚功能和应用电路基本相同，只是输出功率不同，代换时应引起注意。内含振荡器、比较电路、延时电路、推动电路和大功率场效应晶体管，具有过电压、过电流、过热保护功能。应用在康佳 FG、FM、MV 系列，海信 MST、GENESIS-Ⅰ、GENESIS-Ⅱ、PHILIPS、HY60 机心，海尔 MST5C26、PW1225 机心，厦华 TF、TS 系列，TCL DPTV、MS21 机心等多款高清彩电中。应用时有的在型号前部省去 KA，有的在型号尾部增加 RT、RF 字符。

KA5Q0565、KA5Q0765、KA5Q1265、KA5Q1565 引脚功能以及 KA5Q1265RF 在康佳 FG系列 P29FG282 高清彩电、海信 GENESIS-Ⅰ 机心中应用时的维修数据见表 2-7。KA5Q1265RF 在康佳 ST 系列变频彩电中的应用电路如图 2-5 所示（见文后插页）。

表 2-7　KA5Q0565、KA5Q0765、KA5Q1265、KA5Q1565 引脚功能和维修数据

引　脚	符　号	功　能	康佳 FG 系列				海信 GENESIS-Ⅰ 机心		
			电压/V		电阻/kΩ		电压/V	电阻/kΩ	
			开机	待机	红笔测	黑笔测		红笔测	黑笔测
1	DRA IN	内部场效应晶体管漏极	291	302	4.1	500	298	3.9	∞
2	GND	内部场效应晶体管源极	0	0	0	0	0	0	0
3	VCC	电源输入	25.5	11.5	3.4	500	16.2	3.5	∞
4	FB	反馈信号输入	1.3	0.3	5.6	500	1.1	5.8	205
5	SYNC	同步信号输入	5.3	0.5	0.5	0.5	6.2	5.5	31.5

2.1.6　STR-F6553、STR-F6654、STR-F6656 电源电路

STR-F6553、STR-F6654、STR-F6656 是日本三肯公司开发的彩电开关电源厚膜电路，三种型号的内部结构、引脚功能和应用电路基本相同，只是输出功率不同，代换时应引起注意。内含大功率 MOSFET 和振荡、稳压控制电路，具有过电压、过电流、过热保护功能。应用在长虹 CHD-1/2-3/5/7、DT-2/5/7 机心，海信 SIEMENS 倍频机心，海尔 3D、PW1225机心，创维 3I01、5D76 机心等高清彩电中。应用时有的在型号中省去 F 字符，有的在型号尾部增加 S、F 等字符。

STR-F6553、STR-F6654、STR-F6656 引脚功能以及 STR-F6656 在长虹 CHD 系列高清机心、三洋 CK29F60P 高清彩电中应用时的维修数据见表 2-8。STR-F6656 在长虹 DT-5 高清机心中的应用电路如图 2-6 所示。

表 2-8　STR-F6553、STR-F6654、STR-F6656 引脚功能和维修数据

引　脚	符　号	功　能	长虹 CHD 机心		三洋 CK29F60P			
			电压/V		电压/V		电阻/kΩ	
			开机	待机	开机	待机	红笔测	黑笔测
1	FB/OCP	稳压控制/过电流检测输入	2.31	0.25	1.95	1.1	0.7	0.7
2	S	开关管源极	0	0	0.1	0	0	0
3	D	开关管漏极	315	317	290	300	4.0	500
4	VCC	小信号工作电源	17.8	17.3	18.8	6.45	3.6	∞
5	GND	接地	0	0	0	0	0	0

22

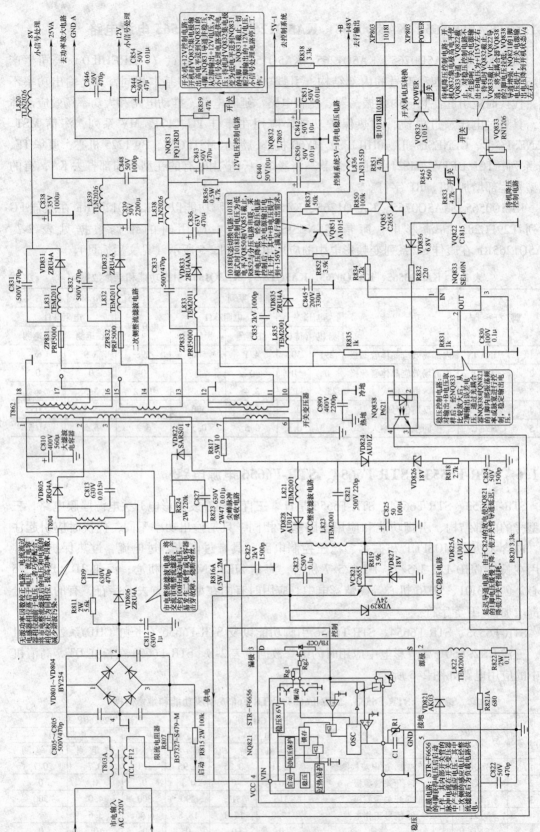

图 2-6　STR-F6656 在长虹 DT-5 高清机心中的应用电路

2.1.7 SSTR-G9656 电源电路

STR-G9656 是日本三肯公司开发的系列彩电开关电源厚膜电路。内含启动、振荡、锁存、驱动电路和大功率调整管，具有过电压、过电流、过热保护功能。应用在海信 TRIDENT 高清机心，创维 6D91、6D95、6D97、6P60 系列机心，厦华 HT-T、TR 系列等高清彩电中。应用时有的在型号中去 G 字符，有的在型号尾部增加 A、G 等字符。

STR-G9656 的引脚功能和在创维 6P60 机心、创维 6D 系列机心、厦华 TC-2968 高清彩电中应用时的维修数据见表 2-9。STR-G9656 在创维 6P60 机心高清彩电中的应用电路如图 2-7 所示（见文后插页）。

表 2-9 STR-G9656 引脚功能和维修数据

引　脚	符　号	功　　能	创维 6P60 机心			厦华 TC-2968	创维 6D 机心
			电压/V	对地电阻/kΩ		电压/V	电压/V
				黑笔测	红笔测	开机	开机
1	D	内置开关管漏极	289	1000	5.6	289	300
2	S	内置开关管源极	0.05	0	0	0.05	0.08
3	GND	接地	0	0	0	0	0
4	V IN	控制电路电源输入	18.4	4000	6.6	20.0	10.0
5	OCP/FB	稳压输入/过电流检测输入	2.0	0.6	0.6	1.95	1.75

2.1.8 STR-W6756 电源电路

STR-W6756 是新型开关电源厚膜电路，内含稳压控制电路和大功率场效应晶体管，具有过电压、过电流、过载保护功能。应用在长虹 CHD-2B、CHD-6、CHD-10 机心，创维 6T18、6P18、6P28、6P50 机心等高清彩电中。应用时有的在型号中去 W 字符，有的在型号尾部增加 A 等字符。

STR-W6756 引脚功能和在创维 6P18 机心 25T98HT 高清彩电、长虹 CHD-2B 机心高清彩电中应用时的维修数据见表 2-10。STR-W6756 在创维 6P18 机心高清彩电中的应用电路如图 2-8 所示（见文后插页）。需要说明的是该系列厚膜电路为 7 个引脚，其中 2 脚为空脚，增强 1、3 脚之间的绝缘与耐压，部分应用电路将 2 脚省略，引脚编号变成 6 个引脚，维修时应注意。

表 2-10 STR-W6756 引脚功能和维修数据

引　脚	符　号	功　　能	长虹 CHD-2B 机心		创维 25T98HT			
			电压/V		电压/V		对地电阻/kΩ	
			开机	待机	开机	待机	红笔测	黑笔测
1	D MDSFET	内部 MOS 管漏极	295	305	303	306	4.1	∞
2	S/GND	内部 MOS 管源极	0	0	0	0	0	0
3	VCC	启动与工作电源输入	18.2	10.2	18.2	15.0	3.8	∞
4	SS/ADJ	软启动与过电流保护	0.1	0.36	0.2	0.1	6.4	10.2
5	FB	误差输入与间歇振荡控制	1.3	3.2	1.3	1.6	7.1	350
6	OCP/BD	过电流反馈与导通时间调整	0.6	0	0.75	0.3	0.1	0.1

2.1.9 TDA16846 电源电路

TDA16846 是飞利浦公司推出的开关电源稳压控制电路。内含振荡电路、比较误差放大电路、门电路、稳压控制和驱动电路，其振荡频率可采用固定方式，也可采用同步方式或自由调整方式，具有一、二次级过电压、欠电压保护，功率管过电流保护功能。应用在康佳 FT、I、T 系列，厦华 DPTV 变频机心、V 系列，TCL GU21/22、N21/22、NDSP 机心等高清彩电中。

TDA16846 引脚功能和在康佳 I 系列 P2958I 高清彩电、厦华 V 系列 V3451 高清彩电中应用时的维修数据见表 2-11。TDA16846 在康佳 T 系列变频彩电中的应用电路如图 2-9 图所示（见文后插页）。

表 2-11　TDA16846 引脚功能和维修数据

引　脚	符　号	功　能	康佳 P2958I				厦华 V3451		
			电压/V		对地电阻/kΩ		电压/V	对地电阻/kΩ	
			开机	待机	红笔测	黑笔测		红笔测	黑笔测
1	OTC	断路时间控制	2.7	2.6	5.9	10.2	2.0	33.5	7.6
2	PCS	一次电流检测	1.6	1.6	6.1	160	2.1	—	7.0
3	RZL	过零检测输入	1.2	0.6	4.0	4.0	1.5	3.3	3.4
4	SRC	软启动输入	5.5	5.4	6.1	10.8	5.6	21.2	8.0
5	OCL	光电耦合输入	2.5	1.9	6.0	36.1	3.1	2.0	2.0
6	FC2	故障比较器 2	0	0	0	0	0	0	0
7	SYC	固定/同步输入	5.0	5.0	6.2	14.0	5.5	133	7.6
8	NC	空脚	0	0	∞	∞	0	∞	∞
9	REF	参考电压/电流	5.0	5.0	6.3	14.0	5.5	134	7.6
10	FC1	故障比较器 1	0	0	0	0	0	0	0
11	PVC	一次电压检测	2.2	2.4	5.6	26.2	4.4	60.2	7.4
12	GND	接地	0	0	0	0	0	0	0
13	OUT	输出驱动	1.8	1.0	4.5	4.7	4.0	4.5	4.5
14	VCC	电源	10.7	10.1	3.9	122	12.2	200	4.6

2.1.10　TDA4605 和 TNY254P、TNY255 电源电路

TDA4605 是控制大功率 MOSFET 的稳压控制电路，内含参考电压、电压检测、启动脉冲发生器、比较器、逻辑控制、电流检测、驱动输出等电路，具有过电压、过电流保护功能。应用在厦华 DPTV、HDTV 机心、U 系列变频彩电开关电源中。

TNY254P、TNY255 是小型开关电源厚膜电路，两者内部电路和引脚功能基本相同。内部集成了 700V 的 MOSFET，振荡、稳压、驱动电路，高压开关电流源，限流和热关断电路，可独立完成电源开关振荡过程，同时其内部还设有过电流、过热、过电压保护电路等。应用于康佳 T3498/3898 变频彩电，厦华 HDTV 机心、U 系列、V 系列高清彩电副电源中。

TDA4605 引脚功能以及在厦华 U 系列高清彩电、康佳 T3498/3898 变频彩电中应用时的维修数据见表 2-12；TNY254P、TNY255 引脚功能以及 TNY254P 在厦华 U 系列高清彩电、TNY255 在厦华 MT34F1A 变频彩电中应用时的维修数据表 2-13。TDA4605 和 TNY254P 在厦华 U 系列彩电中的应用电路如图 2-10 所示。

表 2-12　TDA4605 引脚功能和维修数据

脚　号	符　号	功　能	厦华 U 系列				康佳 T3498			
			对地电压/V		对地电阻/kΩ		对地电压/V		对地电阻/kΩ	
			开机	待机	红笔测	黑笔测	开机	待机	红笔测	黑笔测
1	V2	稳压控制信号输入	0.5	0	0.2	0.2	0.4	0	0.6	0.6
2	I1	一次电流输入	1.2	2.5	5.4	130	1.2	5.6	21.2	14.0
3	V1	一次电压检测输入	3.2	0.2	2.4	2.3	2.3	0	7.0	7.0
4	GND	接地	0	0	0	0	0	0	0	0
5	OUT	激励脉冲输出	3.0	0	2.1	2.1	2.8	0	5.0	5.6
6	VS	启动电源及电源检测信号输入	13.1	0.9	3.7	16.5	12.0	8.5	17.0	6.9
7	SOFA	软启动外接充放电电路	1.6	0	5.7	8.3	1.4	0.9	18.0	15.6
8	FB	振荡器反馈输入	0.4	0	5.2	7.4	0.4	0	10.2	10.4

表2-13　　TNY254P 引脚功能和维修数据

引　脚	符　　号	引脚功能	TNY254P			TNY255		
			对地电压/V	对地电阻/kΩ		对地电压/V	对地电阻/kΩ	
				正　测	反　测		正　测	反　测
1	BYPASS	外接滤波电容	0.65	7.2	245	0.7	7.5	255
2	SOURCE	内部 MOSFET 源极	0	0	0	0	0	0
3	SOURCE	内部 MOSFET 源极	0	0	0	0	0	0
4	ENABLE	稳压控制信号输入	5.6	8.5	4.3	−5.0	498	∞
5	DRAIN	内部 MOSFET 漏极	301	7.6	4000	312	252	64.0
6	SOURCE	内部 MOSFET 源极	0	0	0	0	0	0
7	SOURCE	内部 MOSFET 源极	0	0	0	0	0	0
8	SOURCE	内部 MOSFET 源极	0	0	0	0	0	0

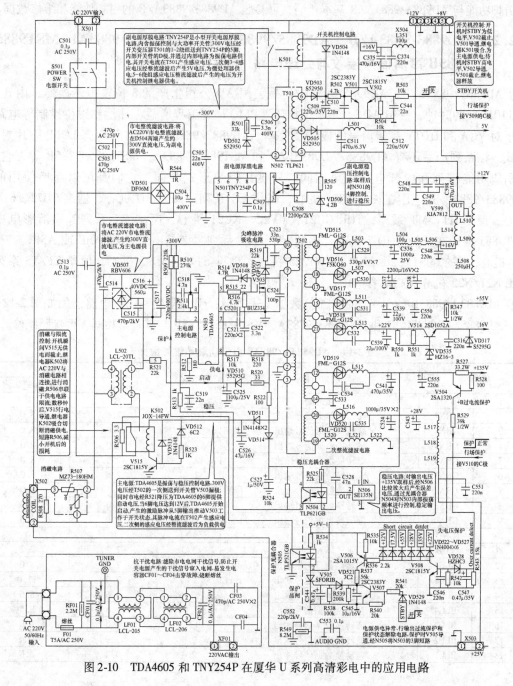

图 2-10　　TDA4605 和 TNY254P 在厦华 U 系列高清彩电中的应用电路

2.2 图像、音频、扫描处理电路

2.2.1 AD80087 图像和扫描处理电路

AD80087 是图像和扫描小信号处理电路，应用于创维 3D20/3D21 机心高清彩电中。

AD80087 在创维 3D20/3D21 机心高清彩电中的应用电路如图 2-11 所示。行同步信号从 64、66 脚输出，送入数字核心处理电路，13.5MHz 的时钟脉冲信号从 67 脚输出，送入后级电路。其引脚功能与 AD9883/9883A/B 基本相同，可参照 AD9883/9883A/B 的引脚功能和维修数据。

2.2.2 AD9883/9883A/B、AD9985/9985B/D、MST9883/9883A、MST9885/9885B 高清信号接收与处理电路

AD9883/9883A/B、AD9985/9985B/D 是美国 AD 公司生产的 8 位模拟转换器，内含一个 110MHz 的时钟、三组 ADC、一个锁相环（PLL）、可编程增益、补偿和钳位控制等电路，用于对 VGA 和 HDTV 高清信号的接收及处理。AD9883/9883A/B 采用 80 脚 LQFP 贴片封装形式。该系列产品还有 AD9885/AD9885B/D 和 MST9883/9883A、MST9885/9885B 等，它们的引脚功能排列和内部电路完全相同，只要其封装形式相同，它们是可以互换使用的。AD9883/9883A/B 应用在长虹 DT-7 机心，康佳 FG 系列，海尔 3D 机心，创维 6D72、6D95 机心，厦华 HT、MT 系列，TCL GU21、MV22、NU21 机心，厦华 MT 系列等高清彩电中；MST9883 应用在长虹 CHD-7 机心，康佳 FM、MV 系列，海信 GS、HISENSE 或 ASIC、三洋 PW 机心，海尔 MST5C26/AKM、PW1225 机心，创维 6T18、6D95 机心，厦华 TF/TS 系列，TCL N21/N22 机心等高清彩电中。

AD9883A/9883B 的引脚功能和维修数据见表 2-14；引脚排列和内部电路框图如图 2-12 所示。AD9885/AD9885B/D 和 MST9883/9883A、MST9885/9885B 与其基本相同，可参照维修。

表 2-14　AD9883A/9883B 引脚功能和维修数据

引　脚	符　号	功　能	电压/V	对地电阻/kΩ 黑笔测	对地电阻/kΩ 红笔测
1	GND	接地端	0	0	0
2	GRN7	绿转换数据信号输出	0.14	2.6	8.0
3	GRN6	绿转换数据信号输出	2.38	2.6	8.0
4	GRN5	绿转换数据信号输出	2.44	2.0	8.0
5	GRN4	绿转换数据信号输出	2.44	2.0	8.0
6	GRN3	绿转换数据信号输出	2.44	2.6	8.0
7	GRN2	绿转换数据信号输出	3.0	2.6	8.0
8	GRN1	绿转换数据信号输出	3.26	2.0	8.0
9	GRN0	绿转换数据信号输出	1.22	2.0	8.0
10	GND	接地端	0	0	0
11	VDD	+3.3VA 供电端	3.3	2.2	2.2
12	BLU7	蓝转换数据信号输出	0.12	2.0	8.0
13	BLU6	蓝转换数据信号输出	2.37	7.0	11.0
14	BLU5	蓝转换散据信号输出	2.45	2.6	8.5
15	BLU4	蓝转换数据信号输出	2.44	2.6	8.5
16	BLU3	蓝转换数据信号输出	12.5	2.0	8.0
17	BLU2	蓝转换数据信号输出	2.4	3.9	21.8
18	BLU1	蓝转换数据信号输出	2.4	3.0	8.0

（续）

引　脚	符　号	功　能	电压/V	对地电阻/kΩ	
				黑 笔 测	红 笔 测
19	BLU0	蓝转换数据信号输出	2.0	2.6	8.0
20、21	GND	接地端	0	0	0
22、23	VDD	+3.3VA 供电端	3.3	3.6	8.0
24、25	GND	接地端	0	0	0
26、27	AVD	模拟电路 3.3VG 供电	3.3	2.6	8.0
28	GND	接地端	0	0	0
29	COAST	锁相环 COAST 信号输入	0.06	6.9	20.0
30	HSYNC	行同步信号输入	0.25	0.1	0.1
31	VSYNC	场同步信号输入	0.02	2.6	8.0
32	GND	接地端	0	0	0
33	FILT	锁相环滤波	1.55	2.6	8.0
34、35	PVD	锁相环供电	3.3	4.0	28.0
36	GND	接地	0	0	0
37	MIDSCV	RGB 钳位参考电压	0.4	3.2	4.6
38	CLAMP	钳位脉冲电压输入	0	7.5	26.0
39	AVD	+3.3VG 供电	3.3	2.6	8.5
40、41	GND	接地	0	0	0
42	AVD	+3.3VG 供电	3.3	2.6	8.5
43	BAIN	蓝模拟信号输入	0.3	0.05	0.05
44	GND	接地	0	0	0
45、46	AVD	+3.3VG 供电	3.3	6.8	17.0
47	GND	接地	0	0	0
48	GAIN	绿模拟信号输入	0.3	0.05	0.05
49	SOGIN	绿基色同步信号输入	0.6	2.6	8.5
50	GND	接地	0	0	0
51、52	AVD	+3.3VG 供电	3.3	4.8	28.0
53	GND	接地	0	0	0
54	RAIN	红模拟信号输入	0.05	6.1	10.05
55	AO	地址串行线输入	3.3	3.8	30.0
56	SCL	串行时钟线	3.3	3.8	30.0
57	SDA	串行数据线	3.3	3.8	30.0
58	REFBYPASS	内置参考电压形成	1.3	2.6	8.0
59	AVD	+3.3VG 供电	3.3	4.2	28.0
60、61	GND	接地	0	0	0
62	AVD	+3.3VG 供电	3.3	4.2	28.0
63	GND	接地	0	0	0
64	VSOUT	场同步信号输出	0.01	4.0	28.0
65	SOGOUT	位于绿限幅器同步输出	0.24	4.2	28.0
66	HSOUT	行同步信号输出	0.08	4.2	30.0
67	DATACK	数据时钟信号输出	1.65	4.2	30.0
68	GND	接地	0	0	0
69	VDD	+3.3VA 供电	3.3	4.0	30.0
70	RED7	红转换数字信号输出	3.0	2.4	8.0
71	RED6	红转换数字信号输出	3.0	4.8	30.0
72	RED5	红转换数字信号输出	3.0	4.8	30.0
73	RED4	红转换数字信号输出	3.0	4.8	30.0
74	RED3	红转换数字信号输出	3.0	4.8	30.0
75	RED2	红转换数字信号输出	3.0	4.8	30.0
76	RED1	红转换数字信号输出	3.0	4.8	30.0
77	RED0	红转换数字信号输出	3.0	4.8	30.0
78、79	VDD	+3.3VA 供电	3.3	4.2	30.0
80	GND	接地	0	0	0

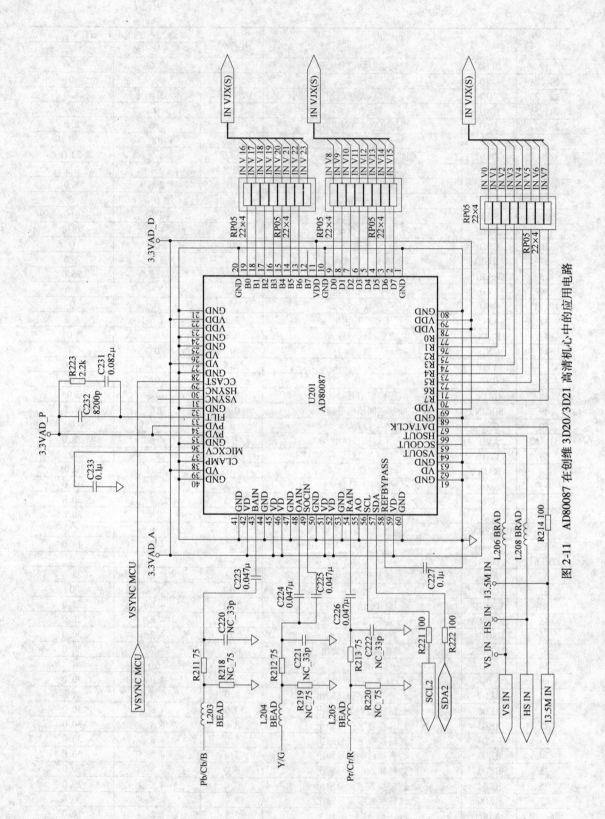

图 2-11　AD80087 在创维 3D20/3D21 高清机心中的应用电路

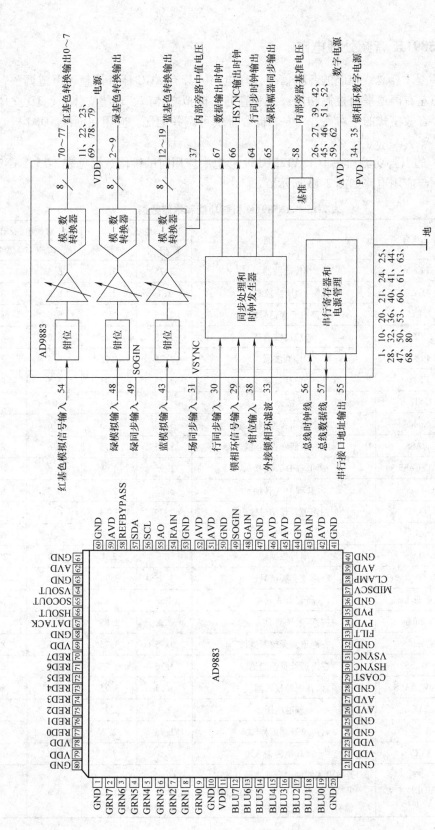

图 2-12 AD9883 引脚功能和内部电路框图

2.2.3 AN5891K 音频处理电路

AN5891K 是 I²C 总线控制的音频信号处理电路,具有 AGC 伴音调整、声道调整,超重低音、静音与左右声道平衡控制功能,共有直通、模拟立体声、环绕立体声、3D 立体声四种模式,各个音效模式的左右高音、左右低音分别可调并记忆。应用在创维 5D60 机心高清彩电中。

AN5891K 的引脚功能和在 TCL AT25U159 彩电中应用时的维修数据见表 2-15。AN5891K 内部电路框图与应用电路如图 2-13 所示。

表 2-15 AN5891K 引脚功能和维修数据

引 脚	符 号	功 能	电压/V		对地电阻/kΩ	
			无信号	有信号	红笔测	黑笔测
1	PF1	相位滤波器 1	3.75	3.7	6.5	8.5
2	AGC	自动增益控制	1.1	1.5	6.5	8.5
3	L IN	左声道音频信号输入	2.75	2.7	6.5	8.4
4	PF2	相位滤波器 2	3.75	3.75	6.5	8.5
5	PF3	相位滤波器 3	3.75	3.75	6.5	8.5
6	PF4	相位滤波器 4	3.75	3.75	6.5	8.5
7	GND	接地	0	0	0	0
8	L-Treble	左声道高音控制滤波	3.75	3.75	6.6	8.5
9	L-BASS	左声道低音控制滤波	3.75	3.75	6.6	8.5
10	DAC BASS	低音 D-A 转换	1.95	1.9	6.5	8.5
11	DAC Volume	音频 D-A 转换	3.75	2.9	6.5	8.4
12	L OUT	左声道音频信号输出	3.75	3.75	6.5	8.4
13	SCL	串行时钟线	3.6	3.5	4.9	20.0
14	SDA	串行数据线	3.5	3.4	4.9	20.0
15	R OUT	右声道音频信号输出	3.75	3.75	6.4	8.4
16	DAC Treble	高音 D-A 转换	1.9	1.85	6.4	8.4
17	DAC Balance	左右声道平衡 D-A 转换	2.9	2.85	6.4	8.2
18	R-Treble	右声道高音控制滤波	3.75	3.75	6.5	8.5
19	R-BASS	右声道低音控制滤波	3.75	3.75	6.5	8.5
20	BOOW BASS	低音混频校正滤波	3.75	3.75	6.5	8.5
21	1/2VCC	基准电压	3.3	3.25	6.4	8.3
22	R IN	右声道音频信号输入	2.75	2.7	6.5	8.3
23	VCC	VCC 电源输入	7.5	7.5	0.2	0.25
24	MODE	音效模式控制。音效直通 0.55V 模拟立体声 1.05V,环绕立体声 1.6V,3D 立体声 2.15V	0.6	0.55	6.5	8.4

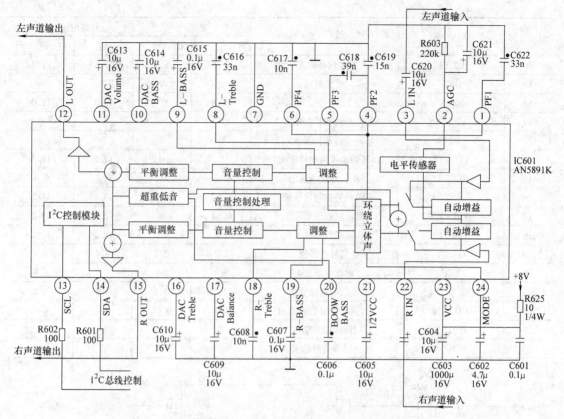

图 2-13　AN5891K 内部电路框图与应用电路

2.2.4　BA7657 视频切换电路

BA7657 是松下公司开发的宽带视频切换电路,主要应用于高清彩电或显示器中。内含 5 组的电子切换控制电路,每组切换开关有两个输入端和一个输出端,各组切换开关受逻辑控制信号的控制。内部还设有同步分离电路,可对复合视频信号进行同步信号分离。BA7657、BA7657F 应用在康佳 FT、MV、T 系列等高清彩电中。

BA7657 引脚功能和在康佳 BT4301 彩电中应用时的维修数据见表 2-16。BA7657F 内部电路框图与应用电路如图 2-14 所示。

表 2-16　BA7657 引脚功能和维修数据

引　脚	符　号	功　能	电压/V		对地电阻/kΩ	
			有　信　号	无　信　号	黑　笔　测	红　笔　测
1	R1 IN	R1 信号输入	0.01	0.01	12.2	11.2
2	HD SYNC DET	行同步检测信号输入	0.04	0.1	13.2	11.2
3	G1 IN	G1 信号输入	0.01	0.01	12.2	11.0
4	GND	接地	0	0	0	0
5	B1 IN	B1 信号输入	0.01	0	12.5	11.2
6	GND	接地	0	0	0	0
7	R2 IN	R2 信号输入	3.7	3.7	12.5	11.0
8	GND	接地	0	0	0	0

（续）

引　脚	符　号	功　能	电压/V		对地电阻/kΩ	
			有　信　号	无　信　号	黑　笔　测	红　笔　测
9	G2 IN	G2 信号输入	3.7	3.7	12.5	11.2
10	GND	接地	0	0	0	0
11	B2 IN	B2 信号输入	3.7	3.7	12.5	11.0
12	VD1 IN	场同步检测信号输入 1	0	0	0	0
13	VD2 IN	场同步检测信号输入 2	0	0	0	0
14	VD OUT	场同步检测信号输出	0	0	17.5	11.2
15	B OUT	B 信号选择输出	2.2	2.2	0.4	0.4
16	CTL	逻辑开关控制信号输入	0.02	0.02	13.1	11.2
17	SYNC OUT	复合同步信号输出	0.01	0	18.2	11.2
18	Video IN	视频信号输入	2.6	2.6	18.2	11.2
19	G OUT	G 信号选择输出	2.2	2.2	0.4	0.4
20	VCC	电源电压供电	5.1	5.1	3.8	3.8
21	R OUT	R 信号选择输出	2.2	2.2	3.8	3.8
22	HD OUT	行同步信号选择输出	0.01	0.01	0.4	0.4
23	HD2 IN	行同步信号输入 1	0	0	0	0
24	HD1 IN	行同步信号输入 2	0	0	0	0

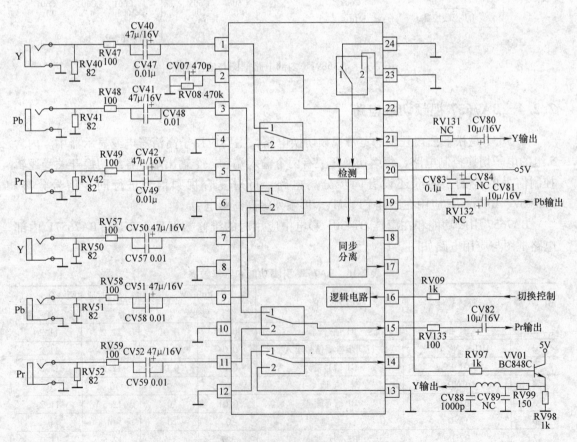

图 2-14　BA7657F 内部电路框图与应用电路

2.2.5 BD3888FS 音频处理电路

BD3888FS 是音效处理电路，内置 AGC 电路，可吸收输入源之间的音量差异，并通过环境矩阵控制声音的传播，具有音量和音质低扭曲（0.008%）和低噪声（6μV）等特点。低音部中心频率和 Q 值可以通过外部组件控制，采用 BiCMOS 处理，适合低电流和低能耗设计方案。应用在 TCL PW21 机心等高清彩电中。

BD3888FS 引脚功能和应用时的维修数据见表 2-17。BD3888FS 内部电路框图与应用电路如图 2-15 所示。

表 2-17　BD3888FS 引脚功能和维修数据

引　脚	符　号	功　能	电压/V
1	HF1	BBE 通道 1 外接高频滤波器	0
2	LF1	BBE 通道 1 外接低频滤波器	4.6
3	TNF1	高音通道 1 外接滤波器	4.6
4	TNF2	高音通道 2 外接滤波器	4.6
5	VIN2	音频信号输入 2	4.6
6	SEL2	AGC 电平选择输入 2	4.6
7	VIN1	音频信号输入 1	4.6
8	SEL1	AGC 电平选择输入 1	4.6
9	LS	接 AGC-RC 时间常数	0
10	CAP1	外接滤波电容 1	0.6~0.7
11	FIL	外接滤波器	4.6
12	VCC	接电源正电输入	9.3
13	A1	声源 A 输入 1	4.6
14	A2	声源 A 输入 2	4.6
15	B1	声源 B 输入 1	4.6
16	B2	声源 B 输入 2	4.6
17	C2	声源 C 输入 2	4.6
18	C1	声源 C 输入 1	4.6
19	CAP2	外接滤波电容 2	0.6~0.7
20	SCL	串行时钟线	4.8~4.9
21	SDA	串行数据线	4.9
22	GND	接地	0
23	LINE2	低音通道 2 线路输出	4.6~4.7
24	LINE1	低音通道 1 线路输出	4.6~4.7
25	OUT2	低音通道 2 输出	4.6~4.7
26	OUT1	低音通道 1 输出	4.6~4.7
27	BOUT2	低音通道 2 输出	4.7
28	BNF2	低音通道 2 负反馈输入	4.6
29	BOUT1	低音通道 1 输出	4.6~4.7
30	BNF1	低音通道 1 负反馈输入	4.6
31	LF2	BBE 通道 1 外接低频滤波器	4.6~4.7
32	HF2	BBE 通道 2 外接高频滤波器	0

34

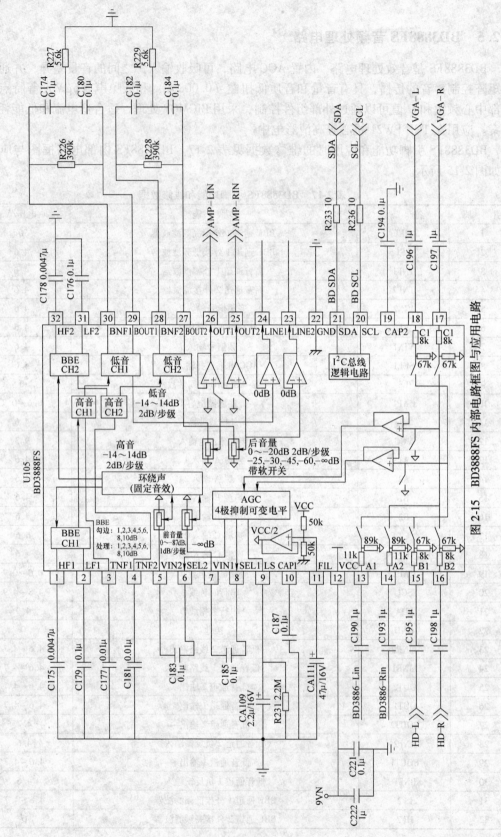

图2-15 BD3888FS 内部电路框图与应用电路

2.2.6 BH3868FS 音频处理电路

BH3868FS 是受 I^2C 总线控制的双通道音效处理电路，内部设置了 ALC 检测电路、高低音设置受控电路、自动音量控制电路和频率设置自动处理电路。上限供电电压为 12V，常用 9V 供电。应用在厦华 U、V 系列及 100Hz 变频彩电及索尼 KV-38FV15K 等彩电中。

BH3868FS 引脚功能和在厦华 V 系列高清彩电、索尼 KV-38FV15K 彩电中应用时的维修数据见表 2-18。BH3868FS 在厦华 V 系列高清彩电中的应用电路如图 2-16 所示。

表 2-18 BH3868FS 引脚功能和维修数据

引　脚	符　号	功　能	厦华 V 系列 电压/V	索尼 KV-38FV15K 电压/V	对地电阻/kΩ 黑笔测	红笔测
1	GND	接地	0	0	0	0
2	LS1	ALC 检测 1	0	1.0	7.4	10.2
3	LS2	ALC 检测 2	0	1.4	7.4	9.9
4	SOUT	环绕声音频信号输出	3.8	4.5	7.4	10.2
5	IN2	右声道音频信号输入	3.8	4.5	7.4	10.2
6	BBASA2	2 通道 BBE 高频设置	3.8	4.5	7.4	9.9
7	BBASB2	2 通道 BBE 高频设置	3.8	4.5	7.4	10.0
8	BTREA2	2 通道 BBE 高频处理设置	3.8	4.5	7.4	10.2
9	BTREB2	2 通道 BBE 高频处理设置	3.8	4.5	7.4	10.2
10	BAS2	低音设置	3.8	4.5	7.2	10.2
11	TRE2	高音设置	3.8	4.5	7.2	10.2
12	OUT2	右声道音频信号输出	3.8	4.5	7.4	10.2
13	VC2	音量控制	1.2	2.4	7.4	10.2
14	TC	高压控制	1.7	2.2	7.4	10.2
15	VCC	电源供电输入	7.7	9.0	0.6	0.5
16	CHIP	片选控制	0.2	0	7.4	10.2
17	SCL	串行时钟线	4.0	3.8	4.6	5.5
18	SDA	串行数据线	4.35	3.5	4.3	9.9
19	BC	低音控制	1.3	1.6	7.4	10.2
20	VC1	音量控制	1.2	2.5	7.4	10.2
21	OUT1	左声道音频信号输出	3.8	4.5	7.4	10.2
22	TRE1	高音设置	3.8	4.5	7.2	10.2
23	BAS1	低音设置	3.8	4.5	7.2	10.2
24	BTREB1	1 通道 BBE 高频处理设置	3.8	4.5	7.4	10.2
25	BTREA1	1 通道 BBE 高频处理设置	3.8	4.5	7.4	10.2
26	BBASB1	1 通道 BBE 高频设置	3.8	4.5	7.2	10.2
27	BBASA1	1 通道 BBE 高频设置	3.8	4.5	7.2	10.2
28	IN1	左声道音频信号输入	3.8	4.5	7.2	10.0
29	PS2	R 移相 2	3.8	4.5	7.2	10.2
30	PS1	R 移相 1	3.8	4.5	7.2	10.2
31	AGCADJ	AGC 调整	2.6	2.7	7.0	9.5
32	FILTER	滤波	3.8	4.5	6.8	9.8

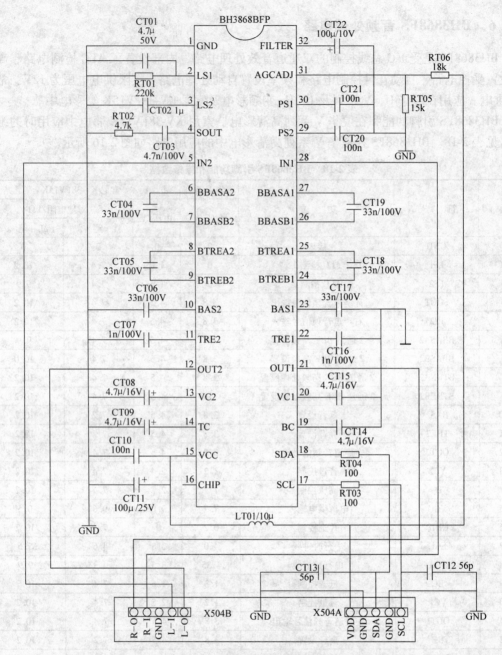

图 2-16　BH3868FS 在厦华 V 系列高清彩电中的应用电路

2.2.7　CXA2089Q 音频、视频切换电路

CXA2089Q 是音频、视频输入信号切换电路，在 I^2C 总线控制下工作，具有 TV、AV1、AV2、AV3 和 S 端子等音频、视频输入信号切换功能。应用在厦华 HDTV、U、V 系列高清彩电中。

CXA2089Q 引脚功能和在厦华 U2928 高清彩电中应用时的维修数据见表 2-19。CXA2089Q 在厦华 U 系列高清彩电中的应用电路如图 2-17 所示。

表 2-19 CXA2089Q 引脚功能和维修数据

引 脚	符 号	功 能	电压/V		对地电阻/kΩ	
			无 信 号	有 信 号	红 笔 测	黑 笔 测
1	V1	AV1 视频信号输入	3.8	3.8	6.4	8.5
2	LV1	AV1 左声道音频信号输入	3.5	3.5	6.5	8.6
3	Y1	S 端子亮度信号输入	3.8	3.8	6.4	8.5
4	RV1	AV1 右声道音频信号输入	3.5	3.5	6.4	8.5
5	C1	S 端子色度信号输入	4.0	4.0	6.4	7.9
6	S2-1	未使用	0.15	0	6.3	8.0
7	S-1	S 端子音频信号输入	3.3	3.3	6.2	172
8	V2	AV2 视频信号输入	3.8	3.8	6.4	8.5
9	LV2	AV2 左声道音频信号输入	3.4	3.4	6.5	8.6
10	Y2	S 端子2亮度信号输入	3.8	3.8	6.4	8.4
11	RV2	AV2 右声道音频信号输入	3.4	3.4	6.4	8.5
12	C2	S 端子2色度信号输入	4.0	4.0	6.4	8.0
13	S2-2	未使用	0.1	0.05	6.3	8.1
14	S-2	S 端子2音频信号输入	3.3	3.3	6.2	172
15	V3	AV3 视频信号输入	3.8	3.8	6.3	8.1
16	LV3	AV3 左声道音频信号输入	3.4	3.4	6.4	8.6
17	Y3	AV3 亮度信号输入	3.8	3.8	6.4	8.5
18	RV3	AV3 右声道音频信号输入	3.4	3.4	6.4	8.6
19	C3	AV3 色度信号输入	4.0	4.0	6.4	7.9
20	S2-3	未使用	0.1	0.05	6.3	8.1
21	S-3	AV3 音频信号输入	4.5	4.5	6.0	16.5
22	LV4	AV4 左声道音频信号输入	3.4	3.4	6.4	8.3
23	V4	AV4 视频信号输入	3.9	3.9	6.3	8.3
24	RV4	AV4 右声道音频信号输入	3.4	3.4	6.4	8.5
25	ADR	接地	0	0	0	0
26	SCL	I²C 总线串行时钟线	3.5	3.5	3.5	13.1
27	SDA	I²C 总线串行数据线	3.3	3.3	3.7	13.0
28	DC OUT	DVD 切换控制输出	0.05	0.05	6.3	7.7
29	C OUT2	色度信号输出 2	4.3	4.3	6.5	8.7
30	L OUT2	左声道音频信号输出 2	4.4	4.4	6.2	8.2
31	Y OUT2	亮度信号输出 2	3.5	3.5	6.5	8.7
32	R OUT2	右声道音频信号输出 2	4.4	4.4	6.2	8.1
33	V OUT2	视频信号输出 2	4.6	4.3	6.3	8.6
34	VCC	VCC 电源输入	8.9	8.9	2.2	2.2
35	MUTE	静音控制	0.1	0.05	6.5	8.2
36	Y IN1	亮度信号输入 1	5.0	4.8	6.3	8.2
37	BIAS	偏置电压滤波	4.3	4.3	5.9	8.2
38	C IN1	色度信号输入 1	4.0	4.0	6.4	7.9
39	L OUT1	左声道音频信号输出 1	4.4	4.4	6.2	7.9
40	V OUT1	视频信号输出 1	4.6	4.3	6.3	7.2
41	R OUT1	右声道音频信号输出 1	4.4	4.4	6.2	6.9
42	TRAP1	陷波器 1	3.6	3.6	6.4	7.9
43	Y OUT1	亮度信号输出 1	4.4	3.2	6.5	7.1
44	GND	接地	0	0	0	0
45	C OUT1	色度信号输出 I	4.3	4.3	6.5	7.3
46	LTV	TV 左声道音频信号输入	3.4	3.4	6.5	8.3
47	TV	TV 视频全电视信号输入	4.1	4.1	6.4	8.3
48	RTV	TV 右声道音频信号输入	3.4	3.4	6.4	8.5

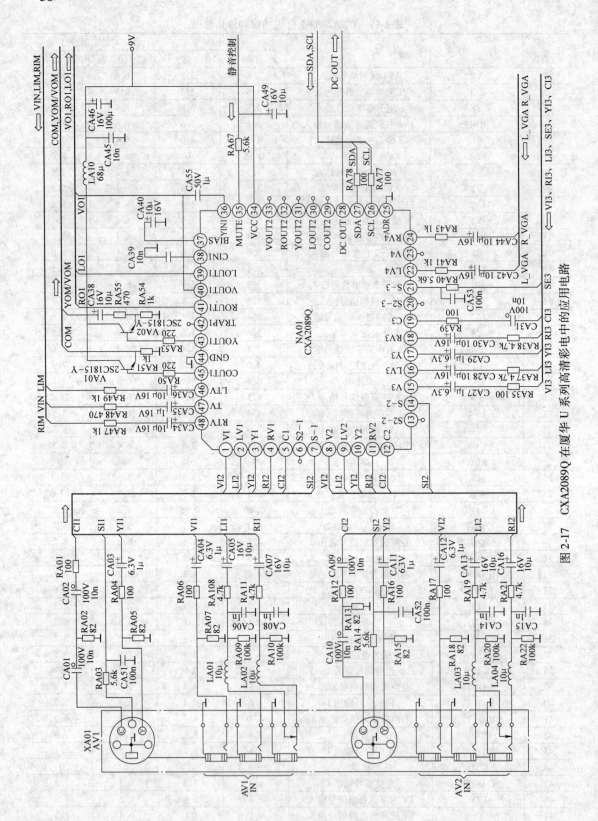

图2-17 CXA2089Q在夏华U系列高清彩电中的应用电路

2.2.8 DDP3310B 彩色解码及扫描处理电路

DDP3310B 为行场处理/视频处理/RGB 开关混合电路，包含对比度调节、峰值检测、束电流限制、行场扫描驱动、扫描速度调制及亮度瞬间改善电路，负责将数字视频信号 YUV 转化为 R、G、B 及 HS、VS 信号。应用在创维 5I01 机心，厦华 U、HDTV、MMTV 系列高清彩电中。

DDP3310B 引脚功能、典型维修数据和在厦华 U2928 高清彩电中应用时的维修数据见表 2-20。DDP3310B 在厦华 U 系列高清彩电中的应用电路如图 2-18 所示。

表 2-20　DDP3310B 引脚功能和维修数据

引　脚	功　　能	厦华 U2928				典型数据		
		电压/V		对地电阻/kΩ		电压/V	对地电阻/kΩ	
		无信号	有信号	红笔测	黑笔测		红笔测	黑笔测
1	供电输入	5.1	5.1	0.6	1.2	3.3	1.0	1.0
2	接地	0	0	0	0	0	0	0
3	VGA 场同步信号输入	0	0	1.0	∞	0.02	4.6	9.6
4	读计数器复位	0	0	5.6	7.5	0	5.0	10.2
5	读启动信号（未用）	3.8	3.8	5.6	7.7	0.4	4.8	9.8
6	写启动信号（未用）	3.8	3.8	5.6	7.7	0.4	4.8	9.8
7	写计数器复位（未用）	0	0	5.6	7.7	0.2	4.8	9.8
8	行驱动输出	2.5	2.5	1.7	2.2	0.4	1.1	1.1
9	行消隐信号输入	0.5	0.5	4.3	8.0	0.3	6.5	6.8
10	安全保护模式	2.5	2.5	3.9	5.2	0	10.2	6.2
11	场反馈保护输入	5.0	5.0	5.3	7.2	0	9.6	5.4
12	接地	0	0	0	0	0	0	0
13	接地	0	0	0	0	0	0	0
14	接地	0	0	0	0	0	0	0
15	RSW2 接高电平	0	0	5.2	6.3	2.6	4.6	6.4
16	RSW1 接高电平	0	0	4.8	5.7	2.6	4.6	6.4
17	读出或暗平衡控制	0.1	0.2	4.6	5.2	2.2	5.2	8.6
18	接地	0	0	0	0	0	0	0
19	场正激励输出	1.3	1.3	3.9	5.7	1.4	6.2	6.8
20	场负激励输出	1.5	1.4	3.9	5.5	1.4	6.2	6.8
21	场频抛物波输出	1.8	1.8	4.3	6.0	2.3	6.2	6.6
22	SREF/KGB 钳位	2.4	2.4	4.3	6.2	8.2	8.2	12.6
23	扫描速度调制	4.6	4.5	4.2	∞	2.2	1.6	1.6
24	红基色输出	4.6	4.5	4.1	9.1	2.3	7.6	12.6
25	绿基色输出	4.6	4.5	4.1	9.1	2.3	7.6	12.6
26	蓝基色输出	4.6	4.5	4.2	9.1	2.3	7.6	12.6
27	接地	0	4.5	0	0	0	0	0
28	供电输入	5.2	0	0.7	1.2	0	0	0
29	外接电容到地	2.2	5.1	4.2	50.0	0.6	10.0	5.2
30	字符消隐输入	0.1	2.1	4.7	15.0	0	9.8	13.2

引　脚	功　能	厦华 U2928				典型数据		
		电压/V		对地电阻/kΩ		电压/V	对地电阻/kΩ	
		无信号	有信号	红笔测	黑笔测		红笔测	黑笔测
31	字符红色输入	0	0	0.2	0.2	0	9.8	13.2
32	字符绿色输入	0	0	0.2	0.2	0	9.8	13.2
33	字符蓝色输入	0	0	0.2	0.2	0	9.8	13.2
34	VGA 消隐输入	1.4	1.4	1.0	1.0	0	9.2	14.2
35	VGA 红色输入	4.5	7.4	4.5	7.4	0	14.2	9.2
36	VGA 绿色输入	0	0	4.5	7.7	0	14.2	9.2
37	VGA 蓝色输入	0	0	4.5	7.8	0	14.2	9.2
38	接地	0	0	0	0	0	0	0
39	复位（低）	3.9	3.8	3.5	5.8	0	6.0	13.4
40	VGA 色度输入或 D-A 转换控制	0	0	5.8	8.0	0	10.2	5.4
41	图文复位输出或 外接电阻到地	0	0	5.8	7.6	0.6	7.6	4.8
42	CPU/HCS 控制	0	0	4.7	8.0	0	0	0
43	图像色度传送数据 0	0	1.2	3.7	∞	接地	接地	接地
44	图像色度传送数据 1	0	1.0	3.7	∞	接地	接地	接地
45	图像色度传送数据 2	0	0.8	3.7	∞	接地	接地	接地
46	图像色度传送数据 3	0	1.1	3.7	∞	接地	接地	接地
47	图像色度传送数据 4	2.5	0.9	3.7	∞	0.5	13.2	5.6
48	图像色度传送数据 5	2.5	0.9	3.7	∞	0.5	13.2	5.6
49	图像色度传送数据 6	1.2	1.2	3.7	∞	0.5	13.2	5.6
50	图像色度传送数据 7	1.2	1.2	3.7	∞	0.5	13.2	5.6
51	数字电路供电	5.1	5.0	0.7	1.2	3.3	1.0	1.0
52	接地	0	0	0	0	0	0	0
53	系统时钟输入	1.6	1.6	3.7	8.4	2.8	7.0	4.8
54	图像亮度传送数据 0	0	1.2	3.7	7.6	0.1	13.2	5.5
55	图像亮度传送数据 1	0	1.2	3.7	7.7	0.1	13.2	5.5
56	图像亮度传送数据 2	0	1.2	3.7	7.7	0.1	13.2	5.5
57	图像亮度传送数据 3	0	1.2	3.7	8.0	0.1	13.2	5.5
58	图像亮度传送数据 4	0.8	1.9	3.7	8.0	0.1	13.2	5.5
59	图像亮度传送数据 5	0	1.2	3.7	8.0	0.1	13.2	5.5
60	图像亮度传送数据 6	0	1.1	3.7	8.0	0.1	13.2	5.5
61	图像亮度传送数据 7	1.8	0.5	3.8	7.8	0.1	13.2	5.5
62	同步时钟输入	2.5	1.8	3.8	7.3	2.8	7.0	4.8
63	行同步信号	0	2.5	3.8	8.2	0.02	9.5	5.0
64	场同步信号	0	0	3.7	7.6	0.02	9.5	5.0
65	外接 5MHz 晶振	—	—	4.9	16.0	1.4	14.6	7.2
66	外接 5MHz 晶振	—	—	4.9	11.7	1.4	14.6	7.2
67	串行数据线	3.3	3.3	3.5	13.0	2.8	6.4	4.4
68	串行时钟线	3.6	3.6	3.5	13.0	2.8	6.4	4.4

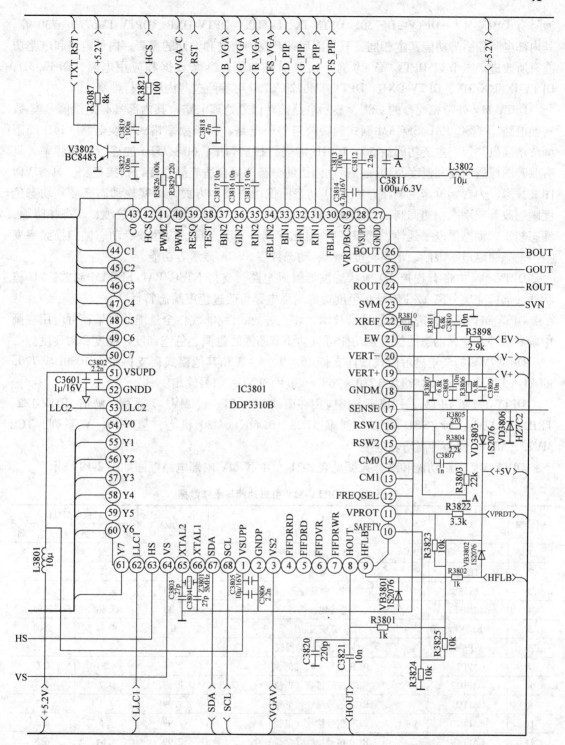

图 2-18　DDP3310B 在厦华 U2928 高清彩电中的应用电路图

2.2.9　DPTV-TM 等 DPTV 系列视频信号处理电路

DPTV-TM 等 DPTV 系列集成电路是泰鼎公司推出的大规模数字视频处理电路，常见的型号有 DPTV-MV、DPTV-3D6730、DPTV-IX/HX/DX、DPTV-DXB、DPTV-TM6720/6730 等，其内部电路和引脚功能基本相同，只是因后续开发的改进和设计的需要，内外电路和电路功能有所改进。本节以 DPTV-MV 为例介绍其引脚功能、维修数据和应用电路，DPTV-3D、DPTV-IX/HX/DX、DPTV-DXB、DPTV-TM6720/6730 可参照这些内容进行维修。

DPTV-MV 外带相配合的 CPU、显示电路偏转信号处理电路。其内部具有图像信号模-数转换电路、NTSC/PAL/SECAM 制式的转换与解码电路、扫描频率格式变换电路、14D 动态画质增强电路等。主要功能有 50～100Hz 的隔行扫描频率；60～75Hz 的逐行扫描频率。具有改善图像透明度和锐度及增强非运动画面的分辨率等自适应静态逐行扫描检测。具有 VBI 图文技术，内含字符产生电路。在 14D 动态图像增强技术方面，可实现动态亮度和动态色度瞬态改善、动态扫速调制、动态数字梳状滤波、动态自适应逐行扫描检测、动态帧降噪、动态校正、动态黑电平延伸、动态亮度/对比度调整、动态自适应滤波、动态帧扫描频率变换、动态白峰电平限制、动态亮度检测、动态数字 SVGA 显示等功能。

DPTV-MV 内带有程控 3D 梳状滤波器解码电路，支持 NTSC/PAL/SECAM 制式；3D 梳状滤波器能完美分离 Y/C 信号；色度边缘增强电路可改进色度瞬态特性。

DPTV-MV 具有先进的图像处理技术，如先进的线性/非线性全景缩放效果；可应用在画中画和画外画中；动态图像增强功能可自动调节图像的色调、色饱和度、亮度和对比度。

DPTV-MV 的全景显示模式最佳支持 16:9、4:3 和其他模式；支持最大 1080i 或 720p 的 XGA 信号输入；支持最大 $1280 \times 768 \times 60p$ 的 WXGA 信号输出。

DPTV-TM 等 DPTV 系列集成电路应用在康佳 FG、FT、I、MV、T 系列，海信 HDTV-1/2、TRIDENT 机心，海尔 3D 机心，创维 5D28、5D66、6M20 机心，厦华 S、V 系列，TCL MV22、MDTV 机心等高清彩电中。

DPTV-MV 引脚功能和维修数据见表 2-21。DPTV-MV 内部电路框图如图 2-19 所示。

表 2-21　DPTV-MV 引脚功能与维修数据

引　脚	符　　号	功　　能	电压/V	对地电阻/kΩ	
				黑笔测	红笔测
1	V5SF	5V 基准电压	4.97	4.3	7.0
2	TEST	备用	3.32	3.7	4.0
3	INT2	第二 CPU 中断输入/输出	3.33	3.08	9.5
4	ADDRSEL	总线地址选择	3.33	3.86	3.93
5	RESET	系统复位	0	4.54	6.02
6	PS	外部 CPU 访问授权	0	4.3	4.69
7	CAPD23	RGB 信号接收（低位）	2.96	4.34	6.0
8	CAPD22	RGB 信号接收（低位）	2.99	4.7	6.3
9	CAPD21	RGB 信号接收（低位）	2.99	4.3	6.3
10	CAPD20	RGB 信号接收（低位）	2.99	4.6	6.3
11	CAPD19	RGB 信号接收（低位）	2.99	4.64	6.3
12	CAPD18	RGB 信号接收（低位）	2.99	4.3	6.3
13	CAPD17	RGB 信号接收（低位）	2.99	4.67	6.3
14	CAPD16	RGB 信号接收（低位）	2.99	4.6	6.0
15	CAPD15	RGB 信号接收（高位）	2.94	4.6	6.02
16	CAPD14	RGB 信号接收（高位）	2.99	4.6	6.01

（续）

引 脚	符 号	功 能	电压/V	对地电阻/kΩ 黑 笔 测	对地电阻/kΩ 红 笔 测
17	CAPD13	RGB 信号接收（高位）	3.03	4.6	6.01
18	CAPD12	RGB 信号接收（高位）	0	4.6	6.01
19	CAPD11	RGB 信号接收（高位）	0	4.6	6.01
20	CAPD10	RGB 信号接收（高位）	0	4.6	6.01
21	CAPD9	RGB 信号接收（高位）	0	4.6	6.01
22	CAPD8	RGB 信号接收（高位）	0	4.6	6.03
23	VDD	数字电路供电	3.33	0.28	0.28
24	VSS	数字电路地	0	0	0
25	AVSS	模拟电路地	0	0	0
26	VM	VM 控制信号输出	0.73	0.08	0.07
27	ROUT	R 信号输出	0	0.26	0.06
28	GOUT	G 信号输出	0	0.26	0.06
29	BOUT	B 信号输出	0	0.26	0.06
30	AVSS	模拟电路地	0	0	0
31	IRSET	数-模转换电路电流源基准	1.3	0.55	0.55
32	AVDD	模拟电路供电	3.33	1.01	1.01
33	AVSS	模拟电路地	0	0	0
34	HSYNC	行同步信号输出	0.31	4.83	6.0
35	VSYNC	场同步信号输出	0.12	4.82	7.89
36	HFLB	保护电路行逆程脉冲输入	3.62	4.56	13.2
37	VPROT	场保护/钳位	2.86	4.83	13.2
38	CLKPIP	子画面 TV 时钟	2.92	4.8	5.9
39	HSYNCPIP	子画面 TV 行同步/HDE	2.97	4.54	6.0
40	VSYNCPIP	子画面 TV 场同步/HDE	1.5	4.78	6.0
41	CLKMP	主画面 TV 时钟/RGB 接收时钟	3.16	4.75	7.2
42	HSYNCRGB	主画面行同步/RGB 接收行同步	0	4.76	7.2
43	VSYNCRGB	主画面场同步/RGB 接收场同步	2.87	4.7	7.2
44	CAPD7	RGB 信号接收（高位）	2.94	4.7	6.3
45	CAPD6	RGB 信号接收（高位）	2.94	4.7	6.3
46	CAPD5	RGB 信号接收（高位）	2.92	4.6	6.3
47	CAPD4	RGB 信号接收（高位）	2.90	4.7	6.3
48	CAPD3	RGB 信号接收（高位）	2.90	4.6	6.3
49	CAPD2	RGB 信号接收（高位）	2.90	4.69	6.3
50	CAPD1	RGB 信号接收（高位）	2.96	4.65	6.3
51	CAPD0	RGB 信号接收（高位）	2.96	4.7	6.3
52	VDDC	数字电路供电（2.5V）	2.51	0.23	0.23
53	VSS	数字电路地	0	0	0
54	MD31	64bit 帧存储器数据输入/输出	1.39	4.2	5.65
55	MD30	64bit 帧存储器数据输入/输出	1.2	4.2	6.7
56	MD29	64bit 帧存储器数据输入/输出	1.77	4.2	5.7
57	MD28	64bit 帧存储器数据输入/输出	1.7	4.2	5.7

（续）

引　脚	符　号	功　　能	电压/V	对地电阻/kΩ	
				黑　笔　测	红　笔　测
58	MD27	64bit 帧存储器数据输入/输出	1.7	4.2	5.7
59	MD26	64bit 帧存储器数据输入/输出	1.2	4.2	5.7
60	MD25	64bit 帧存储器数据输入/输出	1.5	4.2	5.7
61	MD24	64bit 帧存储器数据输入/输出	1.54	4.2	5.7
62	MD23	64bit 帧存储器数据输入/输出	0.87	4.2	5.7
63	MD22	64bit 帧存储器数据输入/输出	1.57	4.2	5.7
64	MD21	64bit 帧存储器数据输入/输出	2.28	4.2	5.7
65	MD20	64bit 帧存储器数据输入/输出	1.87	0.28	5.65
66	VDD	数字电路供电	3.33	0	0.28
67	VSS	数字电路地	0	4.2	0
68	MD19	64bit 帧存储器数据输入/输出	1.7	4.2	5.64
69	MD18	64bit 帧存储器数据输入/输出	1.6	4.2	5.64
70	MD17	64bit 帧存储器数据输入/输出	1.6	4.2	5.6
71	MD16	64bit 帧存储器数据输入/输出	1.67	4.2	5.6
72	MD15	64bit 帧存储器数据输入/输出	1.0	4.2	5.6
73	MD14	64bit 帧存储器数据输入/输出	1.13	4.2	5.6
74	MD13	64bit 帧存储器数据输入/输出	1.77	4.2	5.6
75	MD12	64bit 帧存储器数据输入/输出	1.6	4.2	5.6
76	MD11	64bit 帧存储器数据输入/输出	1.1	4.2	5.6
77	MD10	64bit 帧存储器数据输入/输出	1.2	4.2	5.6
78	MD9	64bit 帧存储器数据输入/输出	1.3	4.2	5.6
79	MD8	64bit 帧存储器数据输入/输出	1.54	4.2	5.6
80	VDDC	数字电路供电（2.5V）	2.51	0.23	0.23
81	VSS	数字电路地	0	0	0
82	MD7	64bit 帧存储器数据输入/输出	0.91	4.2	5.6
83	MD6	64bit 帧存储器数据输入/输出	1.54	4.2	5.6
84	MD5	64bit 帧存储器数据输入/输出	2.26	4.2	5.6
85	MD4	64bit 帧存储器数据输入/输出	1.89	4.2	5.6
86	MD3	64bit 帧存储器数据输入/输出	1.73	4.2	5.6
87	MD2	64bit 帧存储器数据输入/输出	1.57	4.2	5.6
88	MD1	64bit 帧存储器数据输入/输出	1.6	4.2	5.6
89	MD0	64bit 帧存储器数据输入/输出	1.67	4.2	5.6
90	DQM0	读/写位允许	1.92	4.8	9.2
91	DOM1	读/写位允许	1.92	4.8	9.2
92	DQM2	读/写位允许	1.92	4.8	9.2
93	DQM3	读/写位允许	1.92	4.8	9.2
94	VDD	数字电路供电	3.33	0.28	0.28
95	VSS	数字电路地	0	0	0
96	MCLK	SGRAM/SDRAM 时钟输出	1.77	4.9	8.9
97	$\overline{CS0}$	MSGRAM/SDRAM 片选信号输出	0	4.8	8.8

（续）

引　脚	符　号	功　能	电压/V	对地电阻/kΩ	
				黑笔测	红笔测
98	$\overline{CS1}$	MSGRAM/SDRAM 片选信号输出	3.33	4.84	13.2
99	$\overline{RAS}$	RAS 信号输出	3.33	4.78	8.8
100	$\overline{CAS}$	CAS 信号输出	3.06	4.78	8.8
101	$\overline{WE}$	写允许信号输出	1.92	4.78	8.8
102	MA0	2/4/8MB 帧存储器地址	2.8	4.78	8.8
103	MA1	2/4/8MB 帧存储器地址	1.59	4.78	8.8
104	MA2	2/4/8MB 帧存储器地址	1.58	4.78	8.82
105	MA3	2/4/8MB 帧存储器地址	1.6	4.78	8.8
106	MA4	2/4/8MB 帧存储器地址	1.68	4.78	8.8
107	MA5	2/4/8MB 帧存储器地址	1.69	4.78	8.8
108	MA6	2/4/8MB 帧存储器地址	1.75	4.78	8.8
109	MA7	2/4/8MB 帧存储器地址	1.57	4.78	8.8
110	VDD	数字电路供电	3.33	0.28	0.28
111	VSS	数字电路地	0	0	0
112	MA8	2/4/8MB 帧存储器地址	1.05	4.77	8.8
113	MA9	2/4/8MB 帧存储器地址	1.04	4.78	8.8
114	BA	SGRAM/SDRAM 段地址选择	1.99	4.77	8.84
115	DQM4	读/写位允许	1.71	4.8	9.87
116	DQM5	读/写位允许	1.92	4.8	9.9
117	DQM6	读/写位允许	1.92	4.57	9.95
118	DQM7	读/写位允许	1.92	4.8	9.89
119	MD32	64bit 帧存储器数据输入/输出	1.92	4.8	6.09
120	MD33	64bit 帧存储器数据输入/输出	1.65	4.8	6.08
121	MD34	64bit 帧存储器数据输入/输出	1.61	4.8	6.08
122	MD35	64bit 帧存储器数据输入/输出	1.57	4.8	6.1
123	MD36	64bit 帧存储器数据输入/输出	1.71	4.8	6.1
124	MD37	64bit 帧存储器数据输入/输出	1.84	4.8	6.1
125	VDDC	数字电路供电（2.5V）	2.51	0.23	0.23
126	VSS	数字电路地	0	0	0
127	MD38	64bit 帧存储器数据输入/输出	1.54	4.82	6.12
128	MD39	64bit 帧存储器数据输入/输出	0.91	4.8	6.12
129	MD40	64bit 帧存储器数据输入/输出	1.54	4.82	6.12
130	MD41	64bit 帧存储器数据输入/输出	1.4	4.8	6.2
131	MD42	64bit 帧存储器数据输入/输出	1.3	4.8	6.2
132	MD43	64bit 帧存储器数据输入/输出	1.2	4.8	6.2
133	MD44	64bit 帧存储器数据输入/输出	1.7	4.8	6.2
134	MD45	64bit 帧存储器数据输入/输出	1.76	4.8	6.2
135	MD46	64bit 帧存储器数据输入/输出	1.17	4.8	6.2
136	MD47	64bit 帧存储器数据输入/输出	1.37	4.8	6.2
137	MD48	64bit 帧存储器数据输入/输出	1.66	4.8	6.2
138	MD49	64bit 帧存储器数据输入/输出	1.66	4.8	6.2

（续）

引　脚	符　号	功　　能	电压/V	对地电阻/kΩ	
				黑笔测	红笔测
139	MD50	64bit 帧存储器数据输入/输出	1.56	4.8	6.2
140	VDD	数字电路供电	3.33	0.28	0.28
141	VSS	数字电路地	0	0	0
142	MD51	64bit 帧存储器数据输入/输出	1.73	4.8	6.2
143	MD52	64bit 帧存储器数据输入/输出	1.86	4.8	6.2
144	MD51	64bit 帧存储器数据输入/输出	1.25	4.8	6.2
145	MD54	64bit 帧存储器数据输入/输出	1.52	4.8	6.2
146	MD55	64bit 帧存储器数据输入/输出	0.94	4.8	6.2
147	MD56	64bit 帧存储器数据输入/输出	1.54	4.8	6.2
148	MD57	64bit 帧存储器数据输入/输出	1.5	4.8	6.2
149	MD58	64bit 帧存储器数据输入/输出	1.2	4.8	6.2
150	MD59	64bit 帧存储器数据输入/输出	1.6	4.8	6.2
151	MD60	64bit 帧存储器数据输入/输出	1.7	4.8	6.2
152	MD61	64bit 帧存储器数据输入/输出	1.76	4.8	6.2
153	MD62	64bit 帧存储器数据输入/输出	1.14	4.8	6.2
154	MD63	64bit 帧存储器数据输入/输出	1.3	4.8	6.2
155	VSS	数字电路地	0	0	0
156	VDDC	数字电路供电（2.5V）	2.5	0.23	0.23
157	AVDD1	存储器时钟模拟供电（2.5V）	2.5	0.23	0.23
158	MLF	存储器时钟锁相环低通滤波	1.24	4.0	4.8
159	AVSS1	存储器时钟模拟地	0	0	0
160	AVSS2	视频时钟模拟地	0	0	0
161	VLF	视频时钟锁相环低通滤波	0.62	4.0	4.78
162	AVDD2	视频时钟模拟供电（2.5V）	2.52	0.23	0.23
163	XTLI	时钟信号输入	1.14	4.2	4.79
164	XTLO	时钟信号输出	1.12	4.0	4.8
165	AD7	地址/数据总线	1.16-2.09	4.8	13.7
166	AD6	地址/数据总线	1.16-2.09	4.8	13.7
167	AD5	地址/数据总线	1.16-2.09	4.8	13.7
168	AD4	地址/数据总线	1.16-2.09	4.8	13.7
169	AD3	地址/数据总线	1.16-2.09	4.8	13.7
170	AD2	地址/数据总线	1.16-2.09	4.8	13.7
171	AD1	地址/数据总线	1.16-2.09	4.8	13.7
172	AD0	地址/数据总线	1.16-2.09	4.8	13.7
173	VSS	数字电路地	0	0	0
174	VDDC	数字电路供电	2.5	0.23	0.23
175	ALE	地址锁存授权	4.1	4.8	5.6
176	$\overline{WR}$	CPU 写入控制	4.03	4.8	5.0
177	$\overline{RD}$	CPU 读出控制	2.81	4.8	5.0
178	SD	I^2C 总线数据端	3.8	4.8	13.7
179	SC	I^2C 总线时钟端	3.01	4.8	6.2
180	INT	中断信号输入/输出	3.72	4.65	9.8
181	AVDDA	模拟电路供电	3.34	1.01	1.01
182	AVSSA	模拟电路地	0	0	0
183	CVBS1	模-数转换电路视频全电视信号1输入	1.2	4.0	5.2

引 脚	符 号	功 能	电压/V	对地电阻/kΩ 黑 笔 测	红 笔 测
184	CVBS2	模-数转换电路视频全电视信号 2 输入	1.61	4.0	5.2
185	CVBS3	AV3/S 端子亮度信号输入	0.53	4.0	5.2
186	CVBS4	模-数转换电路视频信号 4/亮度信号输入	0.22	4.0	5.2
187	CCLP1	内部模拟钳位电路误差电压存储电容	0.81	4.0	4.9
188	CVBS-OUT1	CVBS/色度信号输出	1.28	4.0	4.7
189	CVBS-OUT2	CVBS/亮度信号输出	1.5	4.0	4.7
190	AVDDA	模拟电路供电	3.33	1.01	1.01
191	AVSSA	模拟电路地	0	0	0
192	VDD-ADC	模拟电路供电	3.34	1.01	1.01
193	VSS	模拟电路地	0	0	0
194	AVDDA	模拟电路供电	3.33	1.01	1.01
195	AVSSA	模拟电路地	0	0	0
196	CIN	S 端子色度信号输入	1.36	4.0	4.34
197	CR	R-Y 分量信号输入	0.22	4.0	4.0
198	CCLP2	内部模拟钳位电路误差电压存储电容	0	4.0	4.9
199	AVDDA	模拟电路供电外接电容	3.33	1.01	1.01
200	AVSSA	模拟电路地	0	0	0
201	RB1	CVBS/亮度信号模-数转换电路底部电压	0.79	4.2	5.67
202	RT1	CVBS/亮度信号模-数转换电路顶部电压	2.02	4.2	5.0
203	RT2	色度信号模-数转换电路顶部基准电压	2.05	4.2	5.0
204	RB2	色度信号模-数转换电路底部基准电压	0.76	4.1	5.67
205	AVDDA	模拟电路供电	3.34	1.01	1.01
206	AVSSA	模拟电路地	0	0	0
207	Cb	模-数转换电路 B-Y 分量信号输入	1.31	4.25	5.57
208	CCLP3	内部模拟钳位电路误差电压存储电容	0	4.39	4.87

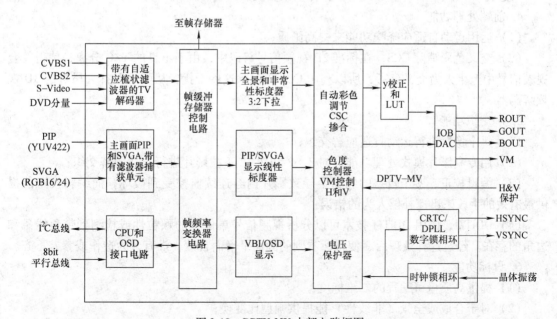

图 2-19　DPTV-MV 内部电路框图

2.2.10　FLI2300/2301/2302、FLI2310/2350 视频处理与格式转换电路

FLI2300、FLI2301、FLI2302 和 FLI2310、FLI2350 是高质量数字视频与格式转换电路，其具有的图像格式转换、3D 处理、运动补偿功能，是数字高清彩电的核心功能，在改善画质方面起着关键性的作用。5 个型号的集成电路的内部电路和引脚功能基本相同，只是因后续开发的改进和设计的需要，内外电路和电路功能有所改进，本节以 FLI2300、FLI2301、FLI2302 为例介绍其引脚功能、维修数据和应用电路，FLI2310、FLI2350 可参照这些内容进行维修。

FLI2300、FLI2301、FLI2302 的主要功能和作用有：

1. 输入格式

（1）允许输入信号包含所有工业标准和非工业标准的视频分辨率，即 480i（NTSC）、576i（PAL/SECAM）、480p、720p、1080i 以及从 VGA 到 XGA 的图形标准；

（2）数字输入为 8bit YCrCb（ITU-RBT601）、24bit RGB、YCrCb、YPrPb；

（3）输入时钟频率最高可达到 75MHz。

2. 输出格式

（1）输出分辨率为 480p、576i、576p、720p、1080i、1080p 以及从 VGA 到 SXGA 的图形标准；

（2）可输出隔行扫描或逐行扫描信号；

（3）输出的信号可以是由 10bit DAC 提供的模拟 YUV/RGB，或数字的 24bit RGB、YCrCb、YPrPb（4∶4∶4）或数字的 16/20bit YPrPb（4∶2∶2）；

（4）FLI2301 还能提供 525p/625p 宏视适应的模拟逐行输出信号；

（5）最大输出时钟频率可达到 150MHz。

3. 帧频变换

可进行 50/60/72/75/100/120Hz 多种帧频变换。

4. 前端处理功能

（1）运用运动自适应降噪功能来提高画质；

（2）交叉色彩消除 CCS，在标准 2D 视频信号解码中，由于不良的 Y/C 分离，使得复合视频信号中产生人为交叉色彩，所以利用 CCS 以消除这些干扰，从而可以省去昂贵的 3D 视频解码器。

5. 解交织功能

（1）每个像素进行运动自适应解交织；

（2）用专利影片模式处理功能，对 3∶2 和 2∶2 下拉影片进行合适的解交织；

（3）编辑校正，鉴于较差的编辑会导致影片内容连续监控受到破坏，而编辑校正能提供最有效的手段来迅速补偿人为的错误；

（4）DDiTM，使用 DDiTM 技术可以分析视频信号单像素的颗粒性或检测到带角线条和边角的存在。经过这种处理后，使得所看到的画面平滑而自然，没有人为造作或参差不齐。

6. 设标功能

（1）提供高质量可编程的二维标度；

（2）对于合成或全景（非线性）能提供幅型比变换；

（3）能使 4∶3 图像在 16∶9 屏幕上显示（或反之），包括从信箱式到全屏式、柱箱式

以及子标题显示模式。

7. 图像增强功能

该图像增强器是二维、非线性，亮度和色度视频增强器引导图像细部，使图像更显真实和生动。

8. 存储器：该芯片外部需提供 32bit SDRAM 控制器，可由一个 2M×32bit SDRAM 完成或两个 1M×16bit SDRAM 来承担，使其操作频率能达到 16MHz。

FLI2300、FLI2301、FLI2302 和 FLI2310、FLI2350 系列集成电路应用在康佳 FG 系列、海信 GS 二代、GENESIS 机心、创维 6P30 机心、TCL GU21 机心等高清彩电中。

FLI2300、FLI2301、FLI2302 引脚功能和在海尔 GENESIS 机心高清彩电中应用时的维修数据见表 2-22。FLI2300 系列内部电路功能简化框图如图 2-20 所示。

表 2-22　FLI2300、FLI2301、FLI2302 引脚功能与维修数据

引脚	符号	功能	电压/V		对地电阻/kΩ		备注
			有信号	无信号	黑笔测	红笔测	
1	HSYNC1-PORT1	行同步基准信号输入 1	0.6	0.6	8.1	5.6	
2	VSYNC1-PORT1	场同步基准信号输入 1	0.6	0.6	8.1	5.6	
3	FIELDID1-PORT1	奇/偶场识别控制信号输入	0.6	0.6	7.5	5.6	
4	IN-CLK1-PORT1	数据输入时钟控制	0.5	0.5	7.5	5.6	
5	HSYNC2-PORT1	行同步基准信号输入 2	0.1	0.4	∞	9.8	
6	VSYNC2-PORT1	场同步基准信号输入 2	0.1	0.4	∞	9.8	
7	FIELD ID2-PORT1	奇/偶场识别控制信号输入	0.1	0.4	∞	9.8	
8	VDD1 (3.3)	输入/输出电路 3.3V 电源	3.2	3.3	0.8	0.6	
9	VSSio	接地	0	0	0	0	
10	IN-CLK2-PORT1	数字时钟信号输入	0.1	0.4	∞	9.8	
11~15	PORT1-A0~A4	数字视频信号输入	0.1	0.1	10.0	6.0	(5 位)
16	VDDcore1 (1.8)	芯片用 +1.8V 电源	1.8	1.8	0.4	0.4	1.8VS32
17	VSScore1	芯片电源地	0	0	0	0	
18~20	PORT1~A5~A7	数字视频信号输入	0.1	0.1	10.0	6.0	(3 位)
21~28	PORT1-B0~B7	数字视频信号输入	0.1	0.1	10.0	6.0	(8 位)
29	PORT1-C0	数字视频信号输入	0.1	0.1	10.0	6.0	
30	VDD2 (3.3)	输入/输出电路 3.3V 电源	3.3	3.3	0.8	0.6	3.3VS23
31	VSSio	接地	0	0	0	0	
32~35	PORT1−C1~C4	数字视频信号输入	0.1	0.1	10.0	6.0	(4 位)
36	VDDcore2 (1.8)	芯片用 1.8V 电源	1.8	1.8	0.4	0.4	
37	VSScore	芯片电源地	0	0	0	0	
38~40	PORT1-C5~C7	数字视频信号输入	0.1	0.1	10.0	6.0	(3 位)
41	IN-SEL	选择外接视频输出	—	—	∞	8.4	本机空脚
42	FILM SYNC-IN	接地	0	0	0	0	
43	DEV-ADDR1	地址设置 1	0	0	0	0	
44	DEV-ADDR0	地址设置 0	0	0	0	0	
45	SCLK	串行时钟控制	2.8	3.0	4.0	4.0	
46	SDATA	串行数据控制	2.5	3.1	4.0	4.0	
47	RESET-N	复位电压输入	4.0	4.0	1.7	1.7	来自 CPU 的 42 脚

（续）

引脚	符　号	功　　能	电压/V 有信号	电压/V 无信号	对地电阻/kΩ 黑笔测	对地电阻/kΩ 红笔测	备　　注
48	VDD3 (3.3)	输入/输出电路 3.3V 供电	3.3	3.3	0.9	0.6	
49	VSSio	接地	0	0	0	0	
50~61	SDRAM DATA0~DATA11	SDRAM 数据总线（12位）	0.6	0	10.8	7.9	至 N302
62	VDD4 (3.3)	输入/输出电路 3.3V 供电	3.3	3.3	0.9	0.6	
63	VSSio	接地	0	0	0	0	
64~67	SDRAM DATA12~DATA15	SDRAM 数据总线（4位）	0.6	0	10.8	7.9	至 U302
68	VDDcore3 (1.8)	芯片用 1.8V 供电	1.8	1.8	0.4	0.4	
69	VSScore	接地	0	0	0	0	
70~79	SDRAM DATA16~DATA25	SDRAM 数据总线（10位）	0.6	0	10.8	7.9	至 U302
80	VDDcore4 (1.8)	芯片用 1.8V 供电	1.8	1.8	0.4	0.4	
81	VSScore	接地	0	0	0	0	
82~87	SDRAM DATA26~DATA31	SDRAM 数据总线（6位）	0.6	0	10.8	7.9	至 U302
88	VDD5 (3.3)	输入/输出电路 3.3V 供电	3.3	3.3	0.9	0.6	
89	VSSio	接地	0	0	0	0	
90	TESTIN	接地	0	0	0	0	
91~95	SDRAM ADDR10~ADDR6	SDRAM 地址总线（5位）	0.3~0.9	0.3~0.9	∞	8.1	至 U302
96	VDDcore5 (1.8)	芯片用 1.8V 供电	1.8	1.8	0.4	0.4	
97	VSScore	接地	0	0	0	0	
98~103	SDRAM ADDR5~ADDR0	SDRAM 地址总线（6位）	0.3~0.9	0.3~0.9	∞	8.1	至 U302
104	WEN	SDRAM 允许写入	3.3	3.3	∞	8.0	至 U302 的 17 脚
105	RASN	SDRAM 行地址选择	3.0	3.0	∞	8.0	至 U302 的 19 脚
106	CASN	SDRAM 列地址选择	3.0	3.0	∞	8.0	至 U302 的 18 脚
107	BA1	SDRAM 存储单元选择 1	2.4	2.4	∞	8.0	至 U302 的 23 脚
108	BA0	SDRAM 存储单元选择 0	2.8	2.4	∞	8.0	至 U302 的 22 脚
109	CSN	SDRAM 片选	2.8	2.8	∞	8.0	至 U302 的 20 脚
110	DQM	SDRAM 读/写允许	0	0.1	∞	7.5	
111	SDRAM CLKOUT	时钟信号至 SDRAM 的 68 脚	1.7	1.7	∞	13.8	
112	VDD6 (3.3)	输入/输出电路 3.3V 供电	3.3	3.3	0.9	0.6	
113	VSSio	接地	0	0	0	0	
114	SDRAM CLKIN	跟踪监视器的 SDRAM 时钟	1.7	1.7	∞	9.0	至 U302
115	TEST3	测试输入	0	0	0	0	本机接排
116、117	TEST OUT1/0	测试输出 0/1	—	—	—	—	本机空脚
118	CTLOUT0	控制信号输出选择 0（HSYNC）	3.0	3.0	75.0	7.5	
119	CTLOUT1	控制信号输出选择 1（VSYNC）	3.2	3.1	10.0	5.5	
120~122	CTLOUT2~CTLOUT4	控制信号输出选择 2~4	—	—	—	—	本机空脚
123	VDDcore6 (1.8)	芯片用 1.8V 供电	1.8	1.8	0.4	0.4	
124	VSScore	接地	0	0	0	0	
125~127	CLKOUT/VID-OUT16/17	数字视频信号输出	—	—	—	—	本机空脚
128	VDD7 (1.8)	芯片用 1.8V 供电	1.8	1.8	0.4	0.4	
129	VSSio	接地	0	0	0	0	
130~137	VID-OUT18~OUT9	数字视频输出（8位）	—	—	—	—	本机未用（空脚）

（续）

引脚	符 号	功 能	电压/V		对地电阻/kΩ		备 注
			有信号	无信号	黑笔测	红笔测	
138	VDDcore7 (1.8)	芯片核用 1.8V 供电	1.8	1.8	0.4	0.4	
139	VSScore	接地	0	0	0	0	
140～145	VID-OUT10～OUT15	数字视频输出（6位）	—	—	—	—	本机未用（空脚）
146	VDD8 (3.3)	输入/输出电路 3.3V 供电	3.3	3.3	0.9	0.6	
147	VSSio	接地	0	0	0	0	
148～155	VID-OUT0～OUT7	数字视频输出（8位）	—	—	—	—	本机未用（空脚）
156	OE	允许输出数据信号	3.3	3.3	0.9	0.6	本机接 3.3V
157	PLL-PVDD (1.8)	锁相环 1.8V 电源	1.8	1.8	0.4	0.4	
158、159	PLL-PVSS、AVSS-PLL-BE1	锁相环电路地	0	0	0	0	
160、161	AVDD-PLL-BE1/2 (1.8)	锁相环 1.8V 电源引出	1.8	1.8	0.4	0.4	
162、163	AVSS-PLL-BE2、AVSS-PLL-SD1	锁相环电路地	0	0	0	0	
164、165	AVDD-PLL-SD1(1.8)、AVDD-PLL-FE(1.8)	锁相环用 1.8V 电源引出	1.8	1.8	0.4	0.4	
166	DAC-PLL-FE	锁相环接地	0	0	0	0	
167	DAC-PVSS	DAC 电路地	0	0	0	0	
168	DAC-VDD(1.8)	DAC1.8V 数字电源	1.8	1.8	0.4	0.4	
169	DAC-VSS	DAC 电路地	0	0	0	0	
170	DAC-BOUT	DAC 模拟 B 信号输出	0.7	0.7	70Ω	30Ω	
171	DAC-AVDDB(3.3)	B 通道 3.3V 模拟电源	3.3	3.3	0.9	0.6	
172	DAC-AVSSB	B 通道模拟地	0	0	0	0	
173	DAC-GOUT	模拟 G/Y 信号输出	0.7	0.7	70Ω	30Ω	
174	DAC-AVDDG(3.3)	G 通道 3.3V 模拟电源	3.3	3.3	0.9	0.6	
175	DAC-AVSSG	G 通道模拟地	0	0	0	0	
176	DAC-ROUT	模拟 R/Y 信号输出	0.7	0.7	70Ω	30Ω	
177	DAC-AVDDR (3.3)	R 通道 3.3V 模拟电源	3.3	3.3	0.9	0.6	
178	DAC-AVSSR	R 通道模拟地	0	0	0	0	
179	DAC-COMP	视频数-模转换补偿	2.4	2.4	8.0	10.8	
180	DAC-RSET	视频 DAC 电流设定	1.3	1.3	0.6	0.6	
181	DAC-VREFOUT	视频数-模转换内 1.28V 基准	1.3	1.3	7.5	10.0	
182	DAC-VREFIN	DAC 外部电压基准入	1.3	1.3	7.5	10.0	
183	DAC-AVDD (3.3)	视频数-模转换 3.3V 电源	3.3	3.3	0.9	0.6	
184	DAC-AVSS	数-模转换模拟地	0	0	0	0	
185	DAC-GR-AVSS	数-模转换保护环路地	0	0	0	0	
186	DAC-GR-AVDD (3.3)	数-模转换保护环路 3.3V 供电	3.3	3.3	0.9	0.6	
187	DAC-PVDD (3.3)	数-模转换 3.3V 电源	3.3	3.3	0.9	0.6	
188-190	TEST0～TEST2	测试	0	0	0	0	本机接地
191	XTAL IN	外接 13.5MHz 晶振信号输入	1.5	1.5	7.5	11.0	
192	XTAL OUT	外接 13.5MHz 晶振信号输出	1.5	1.6	8.5	10.2	
193	VDD9 (3.3)	输入/输出电路 3.3V 电源	3.3	3.3	0.9	0.6	
194	VSSio	接地	0	0	0	0	

（续）

引 脚	符 号	功 能	电压/V 有信号	电压/V 无信号	对地电阻/kΩ 黑笔测	对地电阻/kΩ 红笔测	备 注
195	IN-CLK-PORT2	核数据输入	—	—	—	—	本机未用（空脚）
196	PORT2-0	数字信号输入	—	—	—	—	本机未用（空脚）
197	VDDcore8（1.8）	芯片用1.8V电源	1.8	1.8	0.4	0.4	
198	VSScore	1.8V电源地	0	0	0	0	
199～205	PORT2-1～7	8位数字信号输入	—	—	—	—	本机未用（空脚）
206	FILDID-PRT2	奇/偶数识别	—	—	—	—	本机未用（空脚）
207	VSYN-PORT2	场同步或基准信号输入	—	—	—	—	本机未用（空脚）
208	HSYN-PORT2	行同步或基准信号输入	—	—	—	—	本机未用（空脚）

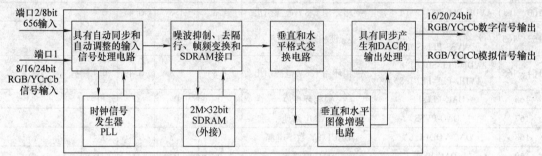

图 2-20　FLI2300 系列内部电路功能简化框图

2.2.11　FLI8120、FLI8125 信号处理与系统控制电路

FLI8120、FLI8125 是美国捷尼（Genesis）公司生产的第二代超级芯片集成电路，两者内部电路和引脚功能基本相同。该芯片除保留第一代超级芯片的全部功能外，还在微处理器部分新增加了数字信号处理控制功能；在信号处理部分增加了数字信号解码处理功能，以及更多的信号输入接口和输出接口。FLI8120、FLI8125 应用在海信 GS 二代、GS50 机心，海尔 GENESIS 机心，创维 6P30 机心，TCL GU22 机心等高清彩电中。

FLI8120、FLI8125 引脚功能和 FLI8120 在海信 GS 二代机心、FLI8125 在海尔 GENESIS 机心高清彩电中应用时的维修数据见表 2-23。FLI8120 和 FLI8125 内部电路功能简化框图如图 2-21 所示。

表 2-23　FLI8120、FLI8125 引脚功能与维修数据

引 脚	符 号	功 能	FLI8120 电压/V	FLI8125 电压/V	备 注
2	LBADC-N1	本机键控信号输入1	3.2/3.0	3.1/3.0	来自接插件 XP001 的 8 脚 *
3	LBADC-N2	本机键控信号输入2	3.2/3.0	3.1/3.0	来自接插件 XP002 的 7 脚 *
4	LBADC-N3	AFT 控制信号输出	2.0～2.5	2.1～2.5	来自接插件 XP001 的 10 脚 *
5	LBADC-N4	测试信号输入	1.8/1.8	1.8/1.8	来自接插件 XP002 的 16 脚 *
6	LBADC-N5	S端子亮/色分离视频开/关信号输入	0/3.1	0/3.0	来自接插件 XP001 的 4 脚 *
7	LBADC-N6	测试端 T4	1.8/1.8	1.7/1.8	*
10	RESET	复位电压输入	0/3.1	0/3.0	*

（续）

引 脚	符 号	功 能	FLI8120 电压/V	FLI8125 电压/V	备 注
13	VBUFC-RPLL	锁相环路测试端 T5	2.02/2.0	2.0/2.0	*
15	XTAL	19.6608MHz 时钟晶振	1.4/1.5	1.5/1.5	*
16	TCLK	19.6608MHz 时钟晶振	1.4/1.5	1.5/1.5	*
20	ST1-TM2	测试端 T6	1.8/1.8	1.7/1.9	海尔经 R241 到地 *
21	GPIO15	频道控制信号输出 1	0/0	0/0	*
22	HYSNC2	行同步信号输入 2	1.8/2.0	1.9/2.1	*
23	VSYNC2	场同步信号输入 2	1.8/2.0	1.9/2.1	海信用作测试端，海尔空脚 *
24	HOST-SDA	I^2C 行总线串行数据	3.1/3.5	3.0/3.2	接 XP301 插件的 3 脚 *
25	HOST-SCL	I^2C 行总线串行时钟	3.0/3.2	3.0/3.1	接 XP301 插件的 2 脚 *
26	DDC-SCL	PC 的 VGA 串行时钟线	3.1/3.2	3.0/3.0	至 XP401 插件的 10 脚 *
27	DDC-SDA	PC 的 VGA 串行数据线	3.1/3.2	2.8/3.0	至 XP401 插件的 11 脚 *
30	I^2CM-SCL	M 串行时钟线	3.0/3.1	2.9/3.0	至 XP402 的 3 脚、N403 的 6 脚、N401 的 45 脚等 *
31	I^2CM-SDA	M 串行数据线	3.0/3.1	2.9/3.0	至 XP402 的 4 脚、N403 的 5 脚、N401 的 46 脚等 *
34	CPIO0/TCK	LED 显示信号输出	0/3.0	0/3.0	至 XP002 插件的 9 脚 *
35	CPIO1-TDI	待机控制信号输出	0/3.0	0/3.0	至 XP002 插件的 12、29 脚 *
36	CPIO2-TMS	静音控制输出	0/2.9	0/3.0	至 XP002 插件的 24 脚 *
37	CPIO3/SCART16	测试端 T9	1.8/1.8	1.8/1.8	
38	CPIO6	红外遥控信号输入	0/2.9	0/3.1	接 XP002 插件的 11 脚 *
41	GPIO7/IRQIN	频道控制开关信号 2	0/0	0/0	来自 XP001 插件的 8 脚 *
42	GPIO8/IRQOUT	复位控制信号输出	0/0	0/0	至 FL2300 （N401） 的 47 脚 *
43	GPIO9/SIPC-SCL	CMUTE 串行时钟线	3.0/3.1	3.0/3.1	*
44	GPIO10/SIPC-SDA	CMUTE 串行数据线	3.0/3.1	3.0/3.1	*
47	GPIO11/PWM0	开/关机控制	0/0	0/0	至 V950 （2SC1815） 的基极 *
48	GPIO12/PWM1	高清格式行频控制 1	0/1.9	0/1.8	至 TB1206 （N501） 的 15、16 脚 *
51	CPIO13/PWM1	频段控制开关信号 3	0/0	0/0	来自 XP001 插件的 9 脚 *
52	CPIO14/PWM2	开关控制 2	0/0	0/0	至 XP302 插件的 26 脚 *
53、54	PBIAS/PPWR	测试端子 T10、T11	1.9/1.9	1.8/1.8	*
57	VCD-LV	TESTI 测试	1.8/1.78	1.9/1.8	*
60~67	ROUT	数字视频 R［DERED7~DERED0］	0.2~0.9	0.2~0.8	至 N401 （FLI2300） 的 21~28 脚（8位） *
68、69	GOUT	数字视频 G［DEGRN7~DEGRN6］	0.2~0.9	0.2~0.8	至 N401 （FLI2300） 的 40~39 脚（8位） *
72~77	GOUT	数字视频 G［DEGRN5~DEGRN0］	0.2~0.9	0.2~0.8	至 N401 （FLI2300） 的 35~32、29、38 脚（8位） *
78~81	BOUT	数字视频 B［DEBLU7~DEBLU4］	0.2~0.9	0.2~0.8	至 N401 （FLI2300） 的 20~18、15 脚（8位） *
86~89	BOUT	数字视频 B［DEBLU3~DEBLU0］	0.2~0.9	0.2~0.8	至 N401 （FLI2300） 的 14~11 脚（8位） *
90	DEN	奇/偶场识别控制输出	0/0	0/0	至 N401 （FLI2300） 的 3 脚
91	DHS	行同步基准信号输出	0.6/0.6	0.58/0.6	至 N401 （FLI2300） 的 1 脚

（续）

引脚	符　号	功　能	FLI8120 电压/V	FLI8125 电压/V	备　注
92	DVS	场同步基准信号输出	0.8/0.8	0.7/0.7	至 N401（FLI2300）的 2 脚
93	DCLK	数字时钟控制信号输出	0.8/0.8	0.75/0.8	至 N401（FLI2300）的 4 脚 *
94	ROM-CSN	激活芯片信号（片选 CS）	1.0/1.0	0.9/0.9	至 N302（39VF040）的 22 脚 *
95	ROM-ADDR17	地址数据输出	0.6/0.7	0.7/0.7	至 N302（39VF040）的 30 脚 *
96	ROM-ADDR16	地址数据输出	0.6/0.7	0.7/0.7	至 N302（39VF040）的 2 脚 *
97	ROM-WE	写允许控制输出（WE）	0/0	0.1/0.1	至 N302（39VF040）的 31 脚 *
100～115	ROM-ADDR15～ADDR0	地址数据输出至存储器	0.5-2.8	0.8～2.7	至 N302（39VF040）的 1～12、23、25、29 脚（16 位）*
118	PD47	输出允许信号	0/0	0/0	至 N302（39VF040）的 25 脚 *
121	VID-VS	场同步信号输入	1.0/1.1	1.1/1.1	至插件 XP302 的 23 脚 *
122	VID-HS	行同步信号输入	0.9/1.0	0.9/1.0	至插件 XP302 的 21 脚 *
123～125	PD39～PD41	与存储器数据输入/输出	0.8～2.5	0.7～2.6	至 N302（39VF040）的 13～15 脚（8 位）*
128～132	PD42～PD46	与存储器数据输入/输出	0.8～2.5	0.7～2.6	至 N302（39VF040）的 17～21 脚（8 位）*
135～142	VID-D0～VID-D7	数字视频信号"Y"输入	0/0	0/0	来自插件 XP302 的 12～5 脚（8 位）*
145～152	VID-D8～VID-D15	数字视频信号"C"输入	0/0	0/0	来自插件 XP302 的 20～13 脚（8 位）*
153	VID-CLK2	VID 数字电路时钟输入	0/0	0/0	来自插件 XP302 的 21 脚 *
156	HSYNC1	VGA 行同步脉冲输入 1	0/0.9	0/0.8	来自插件 XP401 的 2 脚 *
157	VSYNCI	VGA 场同步脉冲输入 1	0/0.7	0/0.7	来自插件 XP401 的 1 脚 *
162	ADC-TEST	ADC 测试	1.8/1.8	1.8/1.8	
166	SV1P	S 端子亮度"Y"输入	2.1/2.4	2.0/2.3	来自插件 XP001 的 5 脚 *
168	AIP	VGA（计算机）R 信号输入	2.0/2.8	2.0/2.8	来自插件 XP401 的 4 脚 *
170	BIP	VGA（计算机）G 信号输入	2.0/2.8	2.0/2.8	来自插件 XP401 的 6 脚 *
172	CIP	VGA（计算机）B 信号输入	2.0/2.8	2.0/2.8	来自插件 XP401 的 8 脚 *
174	AN	外接去耦电容	2.7	2.8	为 PC 的 VGA 信号电路去耦 *
176	SV2P	S 端子彩色信号输入	2.1/2.2	2.0/2.2	来自插件 XP001 的 3 脚 *
178	A2P	PY/PbPr 彩色信号输入	FLI/2.20	2.0/2.2	来自插件 XP001 的 37 脚 *
180	B2P	PY/PbPr 亮度信号输入	2.0/2.1	2.0/2.2	来自插件 XP001 的 1 脚 *
182	C2P	PY/PbPr 彩色信号输入	2.0/2.2	2.0/2.1	来自插件 XP001 的 39 脚 *
184	BN	输入电路去耦	2.2	2.1	外接去耦电容 C370（0.1μF）*
186	5V3P	TV 视频信号输入	2.1	2.1	来自插件 XP001 的 11 脚 *
188	A3P	CY/CbCr 色度信号输入	2.0	2.0	来自插件 XP001 的 31 脚 *
190	B3P	CY/CbCr 亮度信号输入	2.2	2.1	来自插件 XP001 的 35 脚 *
194	CN	去耦	2.6	2.4	外接去耦电容 C369（0.1μF）
196	SV4P	视频信号输入 2	2.1	2.2	来自接件 XP001 的 29 脚 *
204	SVN	去耦	2.6	2.6	外接去耦电容 C368（0.1μF）
206	VOUT2	视频信号输出	2.3/2.4	2.3/2.4	至插件 XP001 的 37 脚 *
+1.8V 供电脚	VDD-RPL、CVDD、VDD18-AB、VDD18-SC	12、28、39、45、84、119、126、133、143、158、161、207	1.8	1.8	*（打"*"号者为应用相同，下同）

（续）

引　脚	符　号	功　能	FLI8120 电压/V	FLI8125 电压/V	备　注
+3.3V 供电脚	VDDA、RVDD、AVDD、AVDD-SC AVDD-A/B/C、	1、32、49、56、59、71、83、98、116、154、163、173、183、193、203	3.3	3.3	＊ 包括输入/输出/模拟/数字供电
各种电路接地引脚	LBAD-RTN、GNDC-RPLL、AGND-RPLL、AVDD-RPLL、CVDD、CRVSS、AVSS-LV、RVSS、GND18-AB/C、GNDS、V0-GND	8、9、11、14、17、18、19、29、33、40、46、50、58、70、82、85、99、117、120、127、134、144、155、159、160、164、165、167、169、171、175、177、179、181、185、187、189、191、195、197、199、201、205、208	0	0	＊ 在应用上接地脚基本相同，有些引脚在不用时，有时作空脚处理，有时作接地处理，所以空脚和接地脚的数量，视情况而定
55、198、200、202	TD0、A4P、B4P、C4P	未用脚、按空脚处理			海尔彩电空脚为 23、53~55、162脚

注：1. 引脚编号海信与海尔彩电相同；符号和引脚功能均以海信彩电为准，但与海尔彩电无多大差异。
　　2. 所标电压值，左边为静态电压，右边为动态电压，×~××为动态范围。
　　3. 备注中的均以海信彩电应用电路的元器件标号为准，栏中打"＊"号者为引脚功能相同。

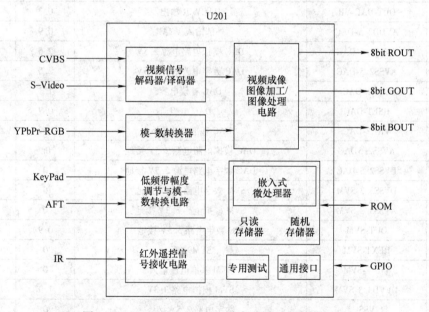

图 2-21　FLI8120 和 FLI8125 内部电路功能简化框图

2.2.12　HTV025 视频信号处理电路

　　HTV025 是数字视频信号处理电路，特点是：8/16/24bit 数字 YUV/RGB 信号输入，支持图形信号 1024×768/75Hz；3D 非线性降噪滤波；16 通道扫描；外部 VGA 输入；自适应扫描格式转换；SCAL ING 引擎；3∶2 电影模式下变换；真正的 2D 去隔行模式变换；DLTI 及 DCTI 功能；嵌入式色度空间变换；自适应亮度/色度增强引擎；模拟视频信号 RGB/YPb-Pr 输出及 24bit 数字视频信号 RGB/YCbCr 输出；16MB 的 SDRAM；3 个嵌入式的 PLL；140MHz 高速 10bit 视频 DAC。HTV025 应用在创维 3D20、3D21 机心，TCL HY11、MS22 机心等高清彩电中。

HTV025 引脚功能和在 TCL HY11 机心中应用时的维修数据见表 2-24，对地电阻为黑笔接地，红笔测得。HTV025 内部电路功能框图如图 2-22 所示；HTV025 在 TCL HY11 高清机心中的应用电路如图 2-23 所示。

表 2-24　HTV025 引脚功能与维修数据

引　　脚	符　号	功　能	电压/V	对地电阻
1	AVDD2.5B-DAC	DAC-B 模拟电路电源 2.5V	2.5	0
2	AVSS2.5B-DAC	DAC-B 模拟电路电源 2.5V 接地	0	0
3	OTU-DAC-UB	DAC-U/B 输出	0.3	2Ω
4	IN-EXT-B	外部 VGA 输入 B	0.9	7.4MΩ
5	AVDD2.5G DAC	DAC-G 模拟电路电源 2.5V 接地	2.5	4Ω
6	AVSS2.5G-DAC	DAC-G 模拟电路电源 2.5V	0	2.4Ω
7	OUT-DAC-YG	DACY/G 输出	0.3	2.4Ω
8	IN-EST-G	外部 VGA 输入 G	0.9	7.3MΩ
9	AVDD2.5R-DAC	DAC-R 模拟电路电源 2.5V	2.5	4Ω
10	AVSS2.5R-DAC	DAC-R 模拟电路电源 2.5V 接地	0	0
11	OUT-DAC-VR	DACV/R 输出	0.3	2Ω
12	AVDD2.5-DAC	外部输入 VGAR	0.9	720MΩ
13	AVSS2.5-DAC	DAC 模拟电路电源 2.5V	2.5	0.4kΩ
14	AVSS2.5-DAC	DAC 数字电路电源 2.5V	2.5	0.4kΩ
15	COMP-DAC	DAC 补偿电容	1.1	3.5MΩ
16	RSET-DAC	DAC 电阻	0.7	0.2kΩ
17	VREF-DAC	DAC 基准电压输入	0.9	1.7kΩ
18	AVSS2.5DAC	DAC 模拟电路电源 2.5V 接地	0.	0
19	DVSS2.5-DAC	DAC 数字电路电源 2.5V 接地	0	0
20	DVSS3.3-SVM	SVM 数字电路 3.3V 接地	0	0
21	AVSS3.3-SVM	SVM 模拟电路 3.3V 接地	0	0
22	OUT-SVM	I/O 数字电路 3.3V 接地	0.9	0
23	REXT-SVM	SVM 电阻	0	0.5kΩ
24	VREF-SVM	SVM 基准电压输入	0	3.4kΩ
25	DVVD3.3-SVM	SVM 模拟电路 3.3V	1.9	3.4kΩ
26	VSS	数字电路 2.5V 接地	0	0
27	VDD	数字电路 2.5V	2.4	0.4kΩ
28	VDD1	数字 I/O 电路 3.3V	3.3	0
29	OSD-D0	OSD 信号输入	1.1	∞
30	OSD-D1	OSD 信号输入	1.1	∞
31	OSD-D2	OSD 信号输入	1.3	0
32	OSD-EN	OSD 使能信号	0	0
33	OSD-HFIN	OSD 半透明信号	3.1	0
34	DVSS1	数字 I/O 电路 3.3V 地	0	0
35	AVDD2.5-OPLL	PLL 模拟电源 2.5V	2.5	0

（续）

引　脚	符　号	功　能	电压/V	对地电阻
36	AVSS2.5-OPLL	PLL 模拟电源地	0.	0
37	CLK-VO	外部显示时钟输入	1.5	0
38	DVSS2	数字 I/O 电路 3.3V 地	0	0
39	OUT-CLK	显示时钟输出	0.7	0
40	OUT-VS	VS 信号输出	3.3	0
41	OUT-HS	HS 信号输出	0.35	0.6kΩ
42	XIN	晶振信号输入	1.2	3.5MΩ
43	XOUT	晶振信号输出	1.1	0.3MΩ
44	DVDD	数字 I/O 电路 3.3V	3.3	0.3MΩ
45	VGA-HS	VGA 行信号输入	3.1	0.05kΩ
46	VGS-VS	VGA 场信号输入	0.2	0.05kΩ
47	CPU-SDA	I²C 总线串行数据线	3.9	0.05kΩ
48	CPU-SCL	I²C 总线串行时钟线	3.9	4Ω
49	VSS	数字电路 2.5V 地	0	0
50	OUT-FLD	未接	4.4	∞
51	DVDD2.5	数字电路 2.5V	2.4	0.4kΩ
52	RST-EN	复位	2.8	0.4Ω
53	TEST-EN	测试模式控制	0	0
54	SCAN-EN	测试模式控制	0	0
55	IN-CLK	视频捕捉时钟输入	1.5	4.8MΩ
56	IN-FLD	未接	0	4.8MΩ
57	IN-HREF	未接	0	∞
58	IN-VS	视频场信号输入	0.2	0.6MΩ
59	IN-HS	视频行信号输入	3.1	0.6kΩ
60	IN-V0	视频信号输入 0	1.3	0.6kΩ
61~64	IN-V1~V4	视频信号输入 1~4	1.3	4.8MΩ
65	IN-V5	视频信号输入 5	2.0	4.8MΩ
66	AVDD2.5-TPLL	PLL 模拟电路电源 2.5V	2.5	0.4kΩ
67	AVSS2.5-TPLL	PLL 模拟电路电源 2.5V 地	0	∞
68	IN-V6	视频信号输入	2	4.8MΩ
69	IN-V7	视频信号输入	1.8	4.8MΩ
70	IN-V8	视频信号输入	1.4	4.8MΩ
71~73	IN-V9~11	视频信号输入	1.2	4.8MΩ
74	IN-V12	视频信号输入	1.7	4.8MΩ
75	IN-V13	视频信号输入	0.8~1.5	∞
76	VSS	数字电路电源 2.5V 地	0	0
77	IN-V14	视频信号输入	0.9	4.8MΩ
78	IN-V15	视频信号输入	0.5	4.8MΩ
79~81	IN-V16~V18	视频信号输入	3.3	4.8MΩ
82	VDD	数字电路电源 2.5V	2.4	0.4Ω
83、84	IN-V19/20	视频信号输入	3.1	4.8MΩ

（续）

引　脚	符　号	功　能	电压/V	对地电阻
85	IN-V21	视频信号输入	3.1	∞
86、87	IN-V22/23	视频信号输入	3.1	4.8MΩ
88	DVSS3	数字 I/O 电路电源 3.3V 地	0	0
89、90	RAM-A9/8	RAM 地址	0.08	7MΩ
91～94	RAM-A7～4	RAM 地址	0.9	7MΩ
95	DVDD3	数字 I/O 电路电源 3.3V	3.3	0.5kΩ
96～100	RAN-A3～10	RAM 地址	1	7MΩ
101	RAN-A11	RAM 地址	1	6.6MΩ
102	AVDD2.5-RPLL	模拟电路电源 2.5V	2.5	0.04Ω
103	AVSS2.5-RPLL	模拟电路电源 2.5V 地	0	0
104	RAM-RAS	RAM 行选通	3.3	7MΩ
105	RAM-CAS	RAM 列选通	1.4	7MΩ
106	RAM-WE	RAM 使能信号	2.9	7MΩ
107	RAM-DQM	RAM 读/写允许信号	0	6.6MΩ
108	RAM-CLK	RAM 时钟输出	1.9	7MΩ
109	DVDD4	数字 I/O 电路电源 3.3V	3.3	0.05kΩ
110	RAM-D7	RAM 数据通道	1.7	5.1MΩ
111	RAM-D8	RAM 数据通道	1.3	∞
112	RAM-D6	RAM 数据通道	1.9	5.2MΩ
113～117	RAM-D9/5/10/4/11	RAM 数据通道	1.4	5.4MΩ
118	DVSS4	数字 I/O 电路电源 3.3V 地	0	0
119～122	RAM-D3/12/2/13	RAM 数据通道	1.7	5.3MΩ
123	RAM-D1	RAM 数据通道	1.7	∞
124	RAM-D14	RAM 数据通道	1.3～2.2	∞
125	RAM-D0	RAM 数据通道	1.7	5.3MΩ
126	RAM-D15	RAM 数据通道	0.5	∞
127	VDD	数字电路电源 2.5V	2.4	∞
128	VSS	数字 I/O 电路电源 3.3V 地	0	∞

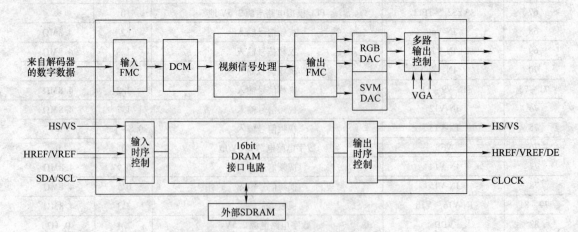

图 2-22　HTV025 内部功能电路框图

59

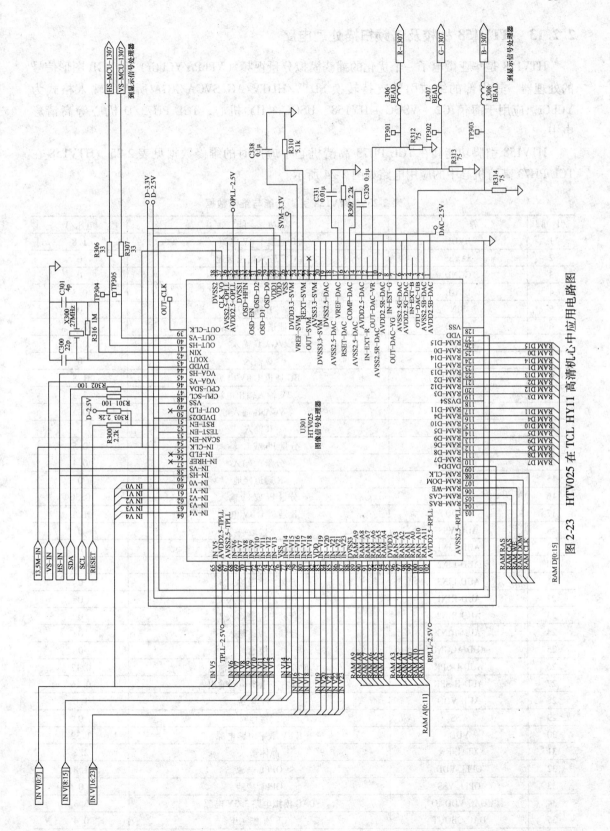

图 2-23 HTV025 在 TCL HY11 高清机心中应用电路图

2.2.13 HTV158 枕校及倍频扫描处理电路

HTV158 是华亚微电子一个优化的捕获模拟分量视频（YPbPr/YCbCr）和 RGB 图形信号的处理器，其内部的缩放引擎支持转换 SDTV/HDTV/AG/SVGA/XGA 所有的输入格式为 YCbCr。应用于海信 G2 + VSOC + HY158、USOC + HY 机心，TCL PH73/D 机心等高清彩电中。

HTV158 引脚功能和在 TCL PH73 高清机心中应用时的维修数据见表 2-25。HTV158 在 TCL PH73 高清机心中的应用电路如图 2-24 所示。

表 2-25　HTV158 引脚功能与维修数据

引　脚	符　号	功　能	电压/V
1	BVDD	B 通道 1.8V 电源	1.8
2	SAVSS	ADC 输入输出接地	0
3	GGND	G 通道接地	0
4	BIN-B	VGA B 输入	0.5
5	BIN	B 输入	0
6	GVDD	G 通道 1.8V 电源	1.8
7	GIN-B	VGA G 输入	0.5
8	GIN	G 输入	0
9	BGVDD	BG 通道 1.8V 电源	1.8
10	SAVDD	3.3V 输入输出电源	3.3
11	RIN-B	VGA R 输入	0.5
12	RIN	R 输入	0
13	PB	分量 Pb 或 Cr 输入	0.5
14	YP	分量 Y 输入	0.4
15	RGND	R 通道接地	0
16	PR	分量 Pr 或 Cr 输入	0.36
17	RVDD	R 通道 1.8V 电源	1.8
18	AUD-VSS	接地	0
19	AUD-LIN1	音频左声道输入 1	0
20	AUD-LIN2	音频左声道输入 2	0
21	AUD-LIN3	音频左声道输入 3	0
22	AUD-RIN1	音频右声道输入 1	0
23	AUD-RIN2	音频右声道输入 2	0
24	AUD-RIN3	音频右声道输入 3	0
25	AUD-ACGND	接地	0
26	AUD-L-SPK	音频左声道扬声器输出	0.17
27	AUD-R-SPK	音频右声道扬声器输出	0.16
28	AUD-VDD	3.3V 电源	1.0
29	VSS	接地	0
30	VDD	1.8V 数字电路电源	1.39
31	XTAL-EN	晶体输入	2.2
32	OPLL-VDD	OPLL 电源	1.8
33	OPLL-VSS	OPLL 接地	0
34	DAC-VDD-IO	DAC 模拟电路 3.3V 电源	3.3
35	DAC-CBOUT	Cb 通道输出	0.4
36	DAC-YOUT	Y 通道输出	0.35

（续）

引 脚	符 号	功 能	电压/V
37	DAC-AVSS	接地	0
38	DAC-AVDD	1.8V 模拟电路电源	1.8
39	DAC-CROUT	Cr 通道输出	0.4
40	DAC-VREF	带隙基准输出	0.8
41	VSSD	数字电路 I/O 接地	0
42	VDD3.3	3.3V 数字电路供电	3.3
43	SCL	串行时钟线	3.3
44	SDA	串行数据线	0
45	TEST-EN	芯片测试使能	3.3
46	RST-N	芯片复位	3.5
47	VSS	数字电路接地	0
48	XIN	晶振输入	1.5
49	XOUT	晶振输出	1.5
50	VDD	1.8V 数字电路电源	1.8
51	SS-VDD	同步晶片模拟电源	1.8
52	SS-VSIN	外部场同步输入	0.04
53	SS-HSIN	外部行同步输入	0.04
54	SS-VDD-IO	3.3V 同步模拟 I/O 电源	3.3
55	SS-REF	基准	0
56	SS-IN3	SOG/SOY/复合同步输入 3	0.12~0.7
57	SS-IN2	SOG/SOY/复合同步输入 2	0~0.45
58	SS-IN1	SOG/SOY/复合同步输入 1	0~0.45
59	SS-IN0	SOG/SOY/复合同步输入 0	0.6
60	SS-VSS	同步模拟电路接地	0
61	SS-AVOUT	视频开关输出	1.16
62	IPLL-VSS	模拟 I/O 接地	0
63	IPLL-VDD	1.8V 模拟供电	1.8
64	BGND	B 通道接地	0

2.2.14 HV206 视频解码电路

HV206 是多制式梳状滤波视频解码电路，该芯片为 NTSC/PAL/SECAM 等多制式视频解码器加 YCbCr 分量输入，使用混合信号 2.5V/3.3V 的 CMOS 技术提供低功耗和低成本的解决方案。由于集成了前端混合滤波、AGC、钳位和 3 路 10bit 高速 ADC，因而它可使用少量的外部元器件。高性能的 SCALING 引擎能够提供任意格式的视频输出信号。

特点：高级同步处理器 VCR；模拟信号输入软件选择；3 路 10bit 的带钳位电路的 ADC；可编程静噪和自动增益控制；PAL 延迟行的色相误差校正；数字 PLL 精确色度解码；非标准信号的数字行处理 PLL 和高级同步处理；色调、亮度、饱和度、对比度、锐度可编程；蓝信号延伸；图像增强处理及 CTI；自动色度控制和色度陷波；IF 补偿滤波，YCbCr 输入支持的 480i/560i 和 480p/576p 取样；VBI 数字通道；场锁定音频时钟发生器；I^2C 总线控制，27MHz 晶振；低功耗、2.5/3.3V 低电源供电等。应用在 TCL HY11 机心等高清彩电中。

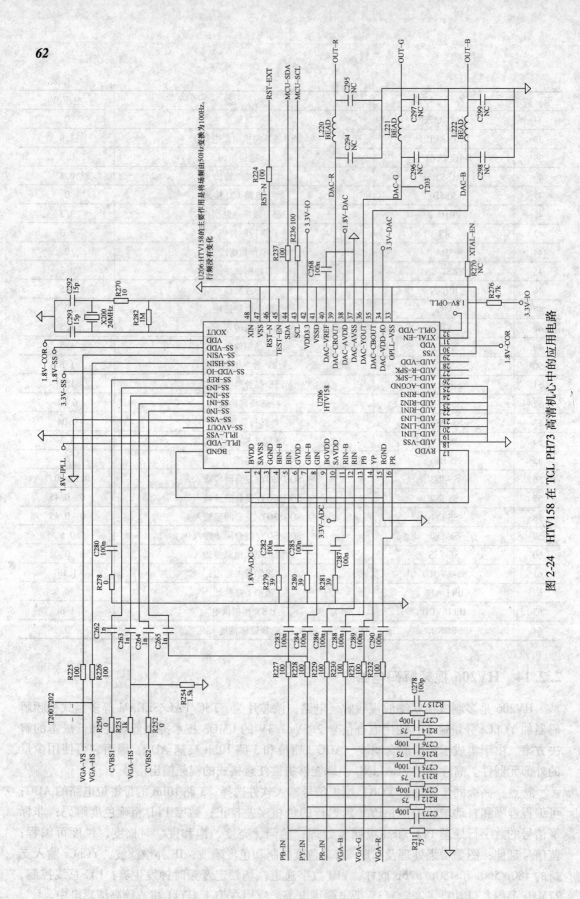

图 2-24 HTV158 在 TCL PH73 高清机心中的应用电路

　　HV206 引脚功能和在 TCL HY11 高清机心中应用时的维修数据见表 2-26。HV206 内部功能电路框图如图 2-25 所示；HV206 在 TCL HY11 高清机心中的应用电路如图 2-26 所示。

表 2-26　HV206 引脚功能与维修数据

引　脚	符　号	功　能	电压/V	对地电阻
1	VD1	数字视频信号输出	0.5~1.2	∞
2	VD0	数字视频信号输出	0	∞
3	VDDE	I/O 电路 3.3 供电	3.5	0.5kΩ
4	VSSE	I/O 电路接地	0	0
5	XTI	接晶振	1.6	7.6MΩ
6	XTO	接晶振	1.6	7.6MΩ
7	MPOUT	通用输出端口	3.0	∞
8	DVALID	数据有效标示输出	2.5	∞
9	HSYNC	行同步输出	3.1	0.6kΩ
10	VSYNC	场同步输出	0.12	0.6kΩ
11	VDD	数字电路 2.5V 电源	2.4	0.3kΩ
12	VSS	接地	0	0
13	FIELD	奇偶场输出口	1.6	∞
14	AMCLK	场锁定音频时钟输出	1.3	4.3MΩ
15	AMXCLK	音频时钟输入	0	∞
16	ASCLK	音频位时钟	0.24	4.3MΩ
17	ALRCLK	音频帧时钟	0.24	4.3MΩ
18	VSS	接地	0	0
19	TMODE	测试模式输入口	0	0
20~30	NC/AVD	空脚未用	—	—
31	VI1	V 信号输入	2.4	∞
32	VI0	Y 信号或 V 信号输入	0.07	0.2MΩ
33	AVD	模拟电路 2.5V 电源	2.5	∞
34	YBOUT	输出缓冲端口	1.3	∞
35	MUX3	复合信号输入	1.3	0.2MΩ
36	MUX2	复合信号输入	0.25	0.2MΩ
37	MUX1	复合信号输入	0.25	0
38	MUX0	复合信号输入	0.25	0.2MΩ
39	YGND	亮度信号接地	0	0
40	AVS	接地	0	0
41	CGND	色度电路接地	0	∞
42	CIN0	色度信号输入	2.4	0.2MΩ
43	CIN1	模拟色度信号输入	0.3	0.2MΩ
44	AVD	模拟电路 2.5V 电源	2.5	0.3kΩ
45	AVSPLL	模拟电路 3.3V 电源接地	0	0
46	AVDPLL	模拟电路 3.3V 电源	3.3	0.3kΩ
47	PDN	电源关断输入	0	∞
48	SIAD0	MPU 总线地线选择脚 0	—	∞
49	SCLK	MPU 总线时钟线	3.9	0.7kΩ
50	SDAR	MPU 制式数据线	3.9	7Ω
51	RST#	主器件复位输入	3.2	0.7kΩ
52	VSS	接地	0	0
53	VDD	数字电路 2.5V 电源	2.5	0.4MΩ
54	INTREQ	中断请求输出	3.3	∞
55	VD19	数字视频信号输出	0.2	4.7MΩ
56	VD18	数字视频信号输出	1~1.5	4.7MΩ
57	VD17	数字视频信号输出	1~1.3	4.7MΩ
58	VD16	数字视频信号输出	1~1.9	4.7MΩ
59	VSSE	I/O 电源接地	0	0

（续）

引　脚	符　　号	功　　能	电压/V	对 地 电 阻
60	VDDE	I/O 电路电源供电	3.3	0.5kΩ
61	VD15	数字视频信号输出	1.2	4.7MΩ
62	VD14	数字视频信号输出	1.2	4.7MΩ
63	VD13	数字视频信号输出	1.2	4.7MΩ
64	VD12	数字视频信号输出	1.2	4.7MΩ
65	VSS	接地	0	0
66	VD11	数字视频信号输出	1.2	∞
67	VD10	数字视频信号输出	1.2	∞
68	VD9	数字视频信号输出	1.8	4.8MΩ
69	VD8	数字视频信号输出	1.2	4.8MΩ
70	CLKX2	时钟输出	1.6	∞
71	VSSE	I/O 电源接地	0	0
72	VDDE	I/O 电源供电	3.3	0.5kΩ
73	CLKX1	时钟输出	1.5	4.8MΩ
74	VDD	数字电路 2.5V 电源	2.4	0.3kΩ
75	VD7	数字视频信号输出	1.4	4.8MΩ
76	VD6	数字视频信号输出	1.3	4.8MΩ
77	VD5	数字视频信号输出	1.3	4.8MΩ
78	VD4	数字视频信号输出	1.2	4.8MΩ
79	VD3	数字视频信号输出	1.2	4.8MΩ
80	VD2	数字视频信号输出	1.2	4.8MΩ

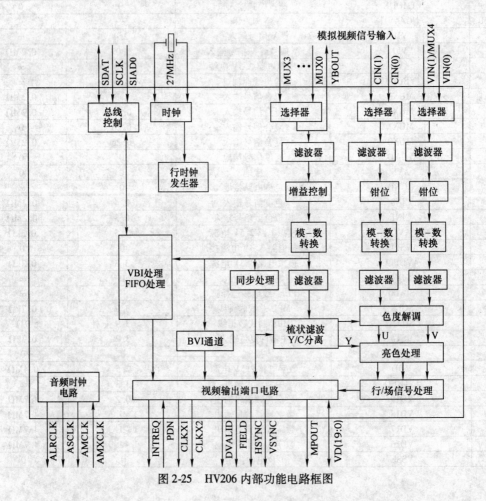

图 2-25　HV206 内部功能电路框图

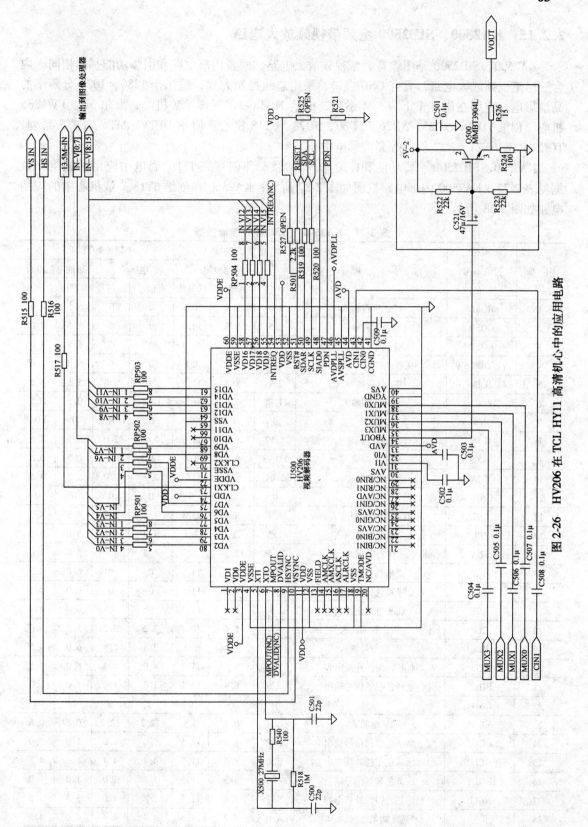

图 2-26 HV206 在 TCL HY11 高清机心中的应用电路

2.2.15　KA2500、SID2500 宽频带视频放大电路

KA2500、SID2500 是图像宽频带视频放大电路，两者内部电路和引脚功能基本相同。内含三通道视频放大电路，具有 OSD 接口，采用总线控制方式，适用于 1280×1024 分辨率的高清彩电。应用在康佳 FM、I、M 系列，海信 HDTV-2、三洋 PW 机心，海尔 3D、PW1235机心，创维 5D20、5D25、5D26、5D60、5D78、6T18 机心，厦华 DPTV、MT、TF/TS 系列，TCL DPTV、N21、N22 机心等高清彩电中。

KA2500、SID2500 引脚功能和在厦华 MT2935A 和创维 29TFDP 彩电中应用时的维修数据见表 2-27。KA2500 内部电路框图如图 2-27 所示；KA2500 在创维 6T18 高清机心中的应用电路如图 2-28 所示。

表 2-27　KA2500 引脚功能和维修数据

引脚	符号	功能	厦华 MT2935A			创维 29TFDP			
			电压/V	对地电阻/kΩ		电压/V		对地电阻/kΩ	
				黑笔测	红笔测	有信号	无信号	黑笔测	红笔测
1	ROSD	红色字符输入	2.5	6.8	10.5	0	0	5.5	4.0
2	GOSD	绿色字符输入	2.5	6.8	10.9	0	0	5.5	4.0
3	BOSD	蓝色字符输入	2.5	6.8	10.9	0	0	5.5	4.0
4	V1/ODS-SW	视频/字符切换开关	0.1	4.1	4.1	0	0	5.5	4.0
5	R IN	红基色视频输入	2.2	8.8	11.5	2.2	2.0	5.5	4.5
6	VCC1	12V 电源输入	11.98	0.4	0.4	12.2	12.2	0.5	0.5
7	GND1	接地	0	0	0	0	0	0	0
8	G IN	绿基色视频输入	2.19	8.6	11.3	2.2	2.0	5.5	4.5
9	VCC2	12V 电源输入	11.98	0.4	0.4	12.2	12.2	0.5	0.5
10	B IN	蓝基色视频输入	2.04	8.6	11.3	2.2	2.0	5.5	4.5
11	GND2	接地	0	0	0	0	0	0	0
12	ABL	自动束流限制输入	4.1	8.8	11.1	4.2	5.5	4.5	4.0
13	SCL	串行时钟线	3.5	2.3	2.3	4.0	4.2	5.0	3.0
14	SDA	串行数据线	3.5	2.3	2.3	4.2	4.4	5.0	3.0
15	BCT	蓝基色截止控制	0.5	8.2	11.6	0	0	6.0	4.5
16	GCT	绿基色截止控制	0.54	8.2	11.6	0	0	6.0	4.5
17	RCT	红基色截止控制	0.54	8.2	11.7	0	0	6.0	4.5
18	CLP	钳位脉冲输入	4.7	5.6	10.7	3.2	3.2	5.5	4.0
19	BLK	消隐信号输入	8.7	1.4	1.4	2.8	2.8	6.0	4.5
20	BCLP	蓝基色钳位外接电容	5.1	8.6	11.3	4.0	4.2	6.0	4.5
21	BOUT	蓝基色视频信号输出	3.6	8.4	11.2	1.0	1.0	1.0	1.0
22	GND3	接地	0	0	0	0	0	0	0
23	VCC3	12V 电源输入	12.0	0.5	0.5	12.2	12.2	0.5	0.5
24	GOUT	绿基色视频信号输出	3.9	8.4	11.5	1.0	1.0	1.0	1.0
25	GCLP	绿基色钳位外接电容	5.0	8.6	11.3	4.4	4.4	6.0	4.5
26	ROUT	红基色视频信号输出	4.0	8.5	11.3	1.3	1.0	1.0	1.0
27	RCLP	红基色钳位外接电容	5.1	8.8	11.5	2.8	4.0	5.5	4.5
28	B/U	亮度均匀控制输入	4.6	8.9	11.5	4.4	4.4	6.0	4.5

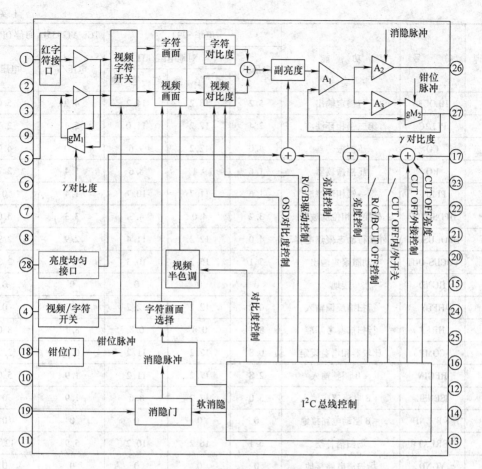

图 2-27　KA2500 内部电路框图

2. 2. 16　KA2511、KB2511、SID2511 扫描信号处理电路

　　KA2511、KB2511、SID2511 是总线控制的扫描信号处理电路，三者内部电路和引脚功能基本相同。内含同步电路、压控振荡电路、锁相环电路、+B 电压调整、X 射线保护、枕形失真校正等行、场扫描小信号处理电路。应用在康佳 I 系列，海信 HDTV-1/2、TRIDENT 倍频机心，厦华 S、MT 系列，TCL DPTV 机心等高清彩电中。

　　KA2511、KB2511、SID2511 引脚功能和 KA2511 在厦华 S293、TCL AT2935I 和海信 DP2988H 高清彩电中应用时的维修数据见表 2-28。SID2511 在康佳 I 系列高清彩电中的应用电路如图 2-29 所示。

表 2-28　KA2511、KB2511、SID2511 引脚功能和维修数据

引　脚	符　号	功　能	厦华 S293			TCL AT2935I	海信 DP2988H
			电压/V	对地电阻/kΩ		电压/V	电压/V
				黑　笔　测	红　笔　测		
1	HSYNC	行同步信号输入	3.1	15.2	9.6	3.0	0
2	VSYNC	场同步信号输入	3.3	15.2	9.6	0.07	0

（续）

引 脚	符 号	功 能	厦华 S293			TCL AT2935I	海信 DP2988H
			电压/V	对地电阻/kΩ		电压/V	电压/V
				黑 笔 测	红 笔 测		
3	HLOCK	行锁定输出	5.2	18.2	14.2	4.9	5.0
4	PLL2C	第二锁相环滤波	2.4	17.2	11.0	2.4	2.1
5	CO	压控振荡器	4.0	12.2	9.6	4.0	4.0
6	RO	压控振荡器	1.6	9.1	8.6	1.4	2.7
7	PLL1F	第一锁相环滤波	1.6	11.7	10.7	1.4	0
8	HPOSITIOP	外接行相位滤波器	3.2	4.0	4.3	3.3	3.0
9	HFOCUSCAP	外接行动态聚焦电容	4.0	12.2	11.4	2.9	2.9
10	FOCUS-OUT	动态聚焦输出	3.1	15.2	10.3	3.7	2.3
11	HGND	接地	0	0	0	0	0
12	HFLY	行扫描反馈输入	0.2	12.2	12.2	-0.3	-0.1
13	HREF	行扫描参考基准	8.1	0.8	0.8	8.1	8.0
14	COMP	比较器和增益设定	0.8	12.2	11.2	0.8	2.2
15	REGIN	+B 调整输入	2.8	17.2	11.2	1.9	5.0
16	ISENSE	+B 电流感应输入	3.0	17.2	8.6	1.9	0
17	+B GND	+B 驱动电路接地	0	0	0	0	0
18	VBREATM	场扫描补偿	6.1	16.2	10.2	5.9	12.2
19	VGND	场扫描电路接地	0	0	0	0	0
20	VAGCCAP	场自动增益控制	5.1	14.8	16.2	5.1	4.2
21	VREF	场参考电平输出	8.2	3.5	3.5	8.1	8.1
22	VCAP	场锯齿波电容	4.0	12.2	8.9	3.5	3.5
23	VOUT	场激励输出	4.0	15.2	10.2	3.4	3.8
24	EWOUT	枕形失真校正输出	3.0	13.2	9.2	3.0	2.7
25	XRAY	X 射线保护	6.3	3.0	3.1	0.08	4.1
26	HOUT	行激励脉冲输出	2.0	0.2	0.1	2.8	5.9
27	GND	接地	0	0	0	0	0
28	BOUT	+B 驱动输出	2.0	17.2	10.2	11.9	2.0
29	VCC	电源供电	12.2	0.6	0.6	11.9	12.2
30	SCL	串行时钟线	4.8	3.6	3.6	4.5	4.3
31	SDA	串行数据线	4.9	3.6	3.6	4.6	4.3
32	5V	电源供电	5.2	2.0	2.0	4.9	5.1

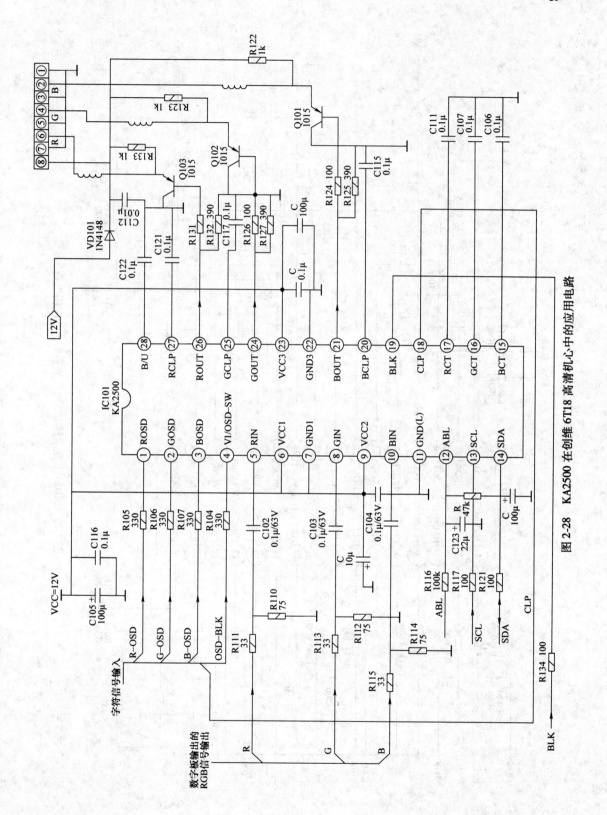

图 2-28 KA2500 在创维 6T18 高清机心中的应用电路

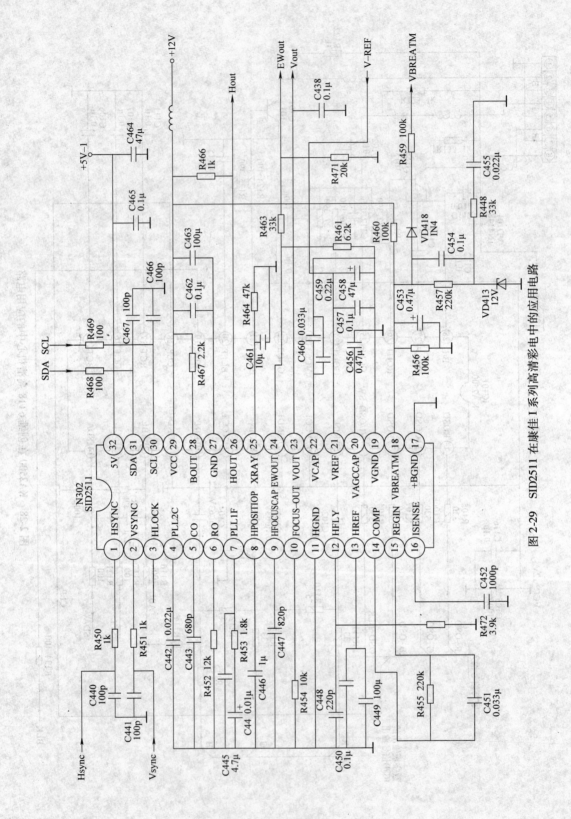

图 2-29　SID2511 在康佳 I 系列高清彩电中的应用电路

2.2.17　LV1116 音频信号处理电路

LV1116 是三洋公司开发的 TV 音频信号处理电路，内含环绕声、模拟立体声及 R + L 信号处理电路，设有直流电平音量控制电路，且通过总线进行音效功能设置和调整。工作电压 9V。应用在海信 USOC + HY，三洋 PW 机心，海尔 LA76930、PW1225、ST720P，华亚机心，创维 5D90、6D95、6D96、6D97、6P60 机心，厦华 TF/TS 系列等高清彩电中。

LV1116 引脚功能、典型应用维修数据和在创维 6D96 高清机心中应用时的维修数据见表 2-29。LV1116 在创维 6D96 高清机心中的应用电路如图 2-30 所示。

表 2-29　LV1116 引脚功能和维修数据

引脚	符号	功能	典型数据 电压/V	创维 6D96 电压/V	对地电阻/kΩ 黑笔测	红笔测
1	GND	地	0	0	3.0	2.1
2	TV-R	侧 AV 右声道输入	4.46	0.1	18.0	19.9
3	R1	右声道输入	1.6	0.1	18.2	20.1
4	R2	TV 右声道输入	1.71	4.2	18.1	20.1
5	R-LINE OUT	右声道声音输出	4.46	4.2	17.2	19.9
6	R-DC	右声道直流偏置	4.46	4.5	18.8	20.1
7	ST-1	模拟提升移相电容	4.47	4.0	18.9	20.6
8	LPFC	环绕声低通滤波器	4.49	4.2	19.0	20.8
9	R-TC1	右声道高音滤波器	4.43	3.4	19.0	20.8
10	R-BC1	右声道低音带通滤波 1	4.43	4.2	18.0	20.2
11	R-BC2	右声道低音带通滤波 2	4.42	3.2	18.5	20.2
12	R-OUT	外接滤波电容右声道直通输出	4.44	4.2	18.8	20.8
13	R-VRIN	右声道直通输入	4.46	3.4	19.0	20.5
14	R-VOUT	右声道声音输出	4.23	4.2	19.0	20.7
15	L + R	左和右声道音频输出（空脚）	2.3	4.0	19.0	20.5
16	VREF	参考电压	4.48	4.2	19.0	20.8
17	VCC	模拟音频电路供电	8.9	8.4	4.0	4.0
18	VDD	数字音频电路供电	3.03	3.0	13.8	17.0
19	DAT	数据线	4.9	3.9	10.5	11.8
20	CLK	时钟线	4.9	4.0	10.5	11.8
21	VSS	接地	0	0	2.8	3.0
22	L + R LPA	重低音低通滤波器	3.8	3.9	18.0	20.3
23	L-VROUT	左声道声音输出	4.47	4.2	18.0	20.5
24	L-VRIN	左声道直通输入	4.46	3.4	18.0	20.5
25	L-OUT	左声道直通输出	4.43	4.2	18.0	20.5
26	L-BC2	左声道低音带通滤波 2	4.43	3.2	18.0	20.1
27	L-BC1	左声道低音带通滤波 1	4.43	4.2	18.0	20.1
28	TR-TC1	右声道高音滤波	4.42	3.4	18.0	20.1
29	HPFC	环绕处理高通电容	2.04	4.7	18.0	20.1
30	ST-2	模拟提升移相电容	4.46	4.0	18.0	20.1
31	L-DC	左声道直流偏置	4.46	4.4	18.0	20.1
32	LINC-OUT	左声道声音输出	4.46	4.2	17.0	19.1
33	L2	AV2 左声道音频输入	1.21	4.2	18.0	20.1
34	L1	AV1 左声道音频输入	0.61	1.0	18.0	20.1

72

引　脚	符　号	功　　能	典型数据		创维6D96	
			电压/V	电压/V	对地电阻/kΩ	
					黑笔测	红笔测
35	TV-L	TV 左声道音频输入	4.46	0	18.0	20.1
36	AGND	音频信号接地	4.48	4.2	18.0	20.1

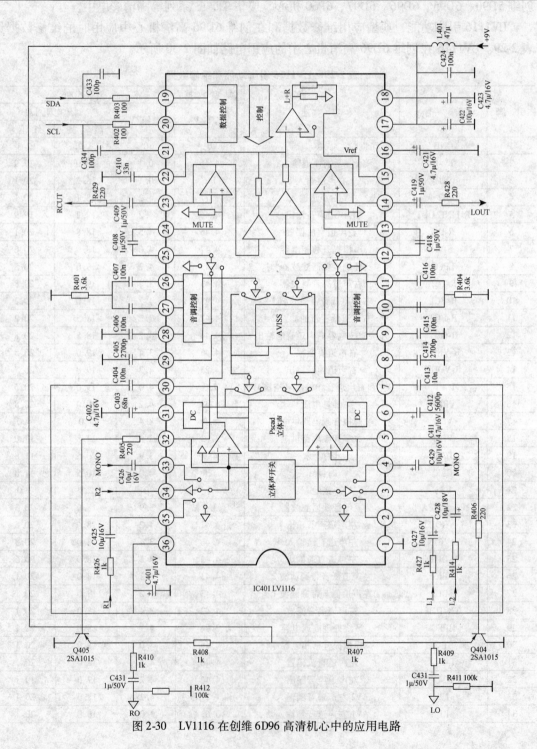

图 2-30　LV1116 在创维 6D96 高清机心中的应用电路

2. 2. 18 MSP3410 音频信号处理电路

MSP3410 是一款较新型的多制式音频信号处理电路。它可以处理全部模拟电视制式的音频信号，也可以处理 NICAM（丽音）数字伴音信号，同时具有虚拟杜比环绕立体声功能。

MSP3410G 的主要特点是：设置有带噪声发生器的 3D 全景虚拟器；有电视制式自动识别功能；能接收两种伴音中频输入并自动可选；可编程优选输出；扬声器、耳机通道可分别进行音量、平衡、高音、低音、响度控制；有自动音量校正（AVC）功能；带可编程低通、高通滤波器的超重低音输出；有五段音频图示均衡器；四路立体声音频信号输入；一路单声道输出和两路立体声输出。该集成电路采用 64 脚双列直插塑封形式；采取 +5V、+8V 双电源供电。MSP3410 应用于创维 5D20、5D25、5D26、5D30 机心，厦华 MMTV 系列等高清彩电中，应用时型号尾部添加了 G、G-C12 字符。

MSP3410 引脚功能和维修数据见表 2-30。MSP3410G-C12 内部电路框图如图 2-31 所示。

表 2-30　MSP3410 引脚功能和维修数据

引 脚	符 号	功 能	电压/V	对地电阻/kΩ 黑笔测	红笔测	备 注
1	I²C-CL	I²C 总线时钟信号输入	4.9	0.7	3.0	
2	I²C-DA	I²C 总线数据信号输入/输出	4.9	0.7	3.0	
3	I²S-CL	I²S 总线时钟信号输入	0	0.2	5.0	
4	I²S-WS	I²S 总线字脉冲信号输入	0	0.2	5.0	
5	I²S-DA-OUT	I²S 总线数据信号输入/输出	0	0.2	5.0	
6	I²S-DA-IN1	I²S 总线数据信号输入 1	0	0.2	5.0	
7	ADR-DA	地址总线数据信号输出	0	0.2	5.0	本机空脚
8	ADR-WS	地址总线字脉冲输出	0	0.2	5.0	本机空脚
9	ADR-CL	地址总线时钟信号输出	5.0	0.2	5.0	本机空脚
10	DVSUP	数字电路 +5V 电源供电	5.0	0.1	0.2	
11	DVSS	数字电路地	0	0	0	
12	I²S-DAIN2/3	I²C 总线数据输入 2/3	0	0.2	7.0	
13	NC	空脚（未用）	—	∞	∞	
14	I²S~CL3	I²S 总线时钟信号输入 3	0	∞	∞	
15	I²S-WS3	I²S 总线字脉冲信号输入 3	0	∞	∞	
16	RESETQ	复位电压输入	5.0	0.2	3.0	低电平复位
17	DACA-R	耳机右声道信号输出	0.01	3.5	3.0	至 U41 的 7 脚
18	DACA-L	耳机左声道信号输出	0.01	3.5	3.0	至 U41 的 6 脚
19	VREF2	接地 2	0	0	0	
20	DACM-R	扬声器右声道信号输出	0.01	3.0	3.0	至 U36 的 3 脚
21	DACM-L	扬声器左声道信号输出	0.01	3.5	3.0	至 U36 的 2 脚
22	NC	空脚（未用）	0	∞	∞	
23	DACM-SUB	重低音输出	0.01	3.5	3.0	至 Q27 的基极
24	NC	空脚（未用）	0	∞	∞	
25	SC2-OUT-R	SCART2 右声道信号输出	4.0	8.0	5.0	至 Q17 的基极
26	SC2-OUT-L	SCART2 左声道信号输出	4.0	8.0	5.0	至 Q16 的基极
27	VREF1	接地	0	0	0	
28	SC1-OUT-R	SCART1 右声道信号输出	—	—	—	本机未用（空脚）
29	SC1-OUT-L	SCART1 左声道信号输出	—	—	—	本机未用（空脚）
30	CAPL-A	耳机音量平滑滤波	8.0	8.0	5.0	
31	AHVSUP	模拟电路供电	8.0	0.4	0.6	+8V 供电
32	CAPL-M	扬声器音量平滑滤波	8.0	10.0	2.8	
33	AHVSS	模拟供电地	0	0	0	
34	AGADC	内部模拟参考电压	2.2	7.0	5.0	

（续）

引脚	符　号	功　能	电压/V	对地电阻/kΩ		备　注
				黑笔测	红笔测	
35	SC4-IN-L	SCART4 左声道信号输入	3.0	7.0	5.0	
36	SC4-IN-R	SCART4 右声道信号输入	3.0	7.0	5.0	
37	ASG3	模拟电路保护地 3	0	0	0	
38	SC3-IN-R	SCART3 右声道信号输入	3.0	7.0	5.0	
39	SC3-IN-L	SCRRT3 左声道信号输入	3.0	7.0	5.0	
40	ASG2	模拟电路保护地 2	0	0	0	
41	SC2-IN-R	SCART2 右声道信号输入	3.0	7.0	5.0	
42	SC2-IN-L	SCART2 左声道信号输入	3.0	7.0	5.0	
43	ASG1	模拟电路保护地 1	0	0	0	
44	SC1-IN-L	SCART1 左声道信号输入	3.0	7.0	5.0	来自 U37 或 U39 的 3 脚
45	SC1-IN-R	SCART1 右声道信号输入	3.0	7.0	5.0	来自 U37 或 U39 的 13 脚
46	VREFTOP	IF 模-数转换参考电压	3.0	7.0	5.0	
47	MONO-IN	单声道信号输入	3.0	2.0	5.0	
48	AVSS	模拟电路供电地	0	0	0	
49	AUSUP	模拟电路供电	5.0	0.8	0.8	+5V 供电
50	ANA-IN1 +	TV 伴音中频信号输入 1	1.0	6.0	5.0	
51	ANA-IN1-	TV 伴音中频信号公共输入	0.2	6.0	5.0	
52	ANA-IN2-	TV 伴音中频信号输入 2	0.1	6.0	5.0	
53	TESTEN	测试	0	0	0	
54	XTAL-IN	时钟晶振信号输入	0.5	5.0	5.0	
55	XTAL-OUT	时钟晶振信号输出	2.1	5.0	5.0	
56	TP	工厂测试	0	7	5.0	本机空脚
57	AUD-CL-OUT	音频时钟信号输出	—			本机空脚
58	NC	空脚	—			
59	NC	空脚	—			
60	D-CTR-L/O-1	数字控制输入/输出	0.01	6.0	5.0	本机空脚
61	D-CTR-L/O-0	数字控制输入/输出	0.01	6.0	5.0	本机空脚
62	ADR-SEL	总线地址选择	0	0	0	本机接地
63	STANDBYO	待机控制	5.0	0.5	0.5	
64	NC	空脚	—	—	—	

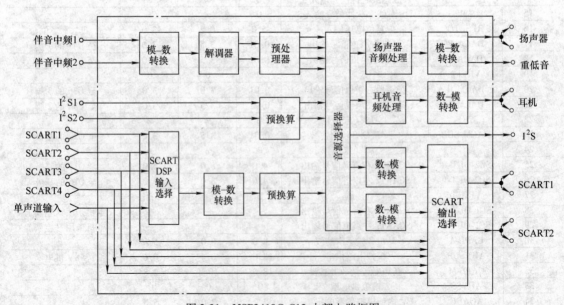

图 2-31　MSP3410G-C12 内部电路框图

2.2.19　MST5C16 数字信号处理与 TV 控制电路

MST5C16 和 MST5C1XA 系列集成电路是晨星公司生产的行频归一化处理和带 OSD 模块的 TV 芯片，它具有高画面显示频率并具有非常完整的字符图表和视频处理及高品质的放大和缩小功能，能够处理多种格式的 CRT TV 信号，最终实现 1080i/p 格式的信号输出。MST5C16 内设置有数字 HD/SD 视频输入接口；有 OSD 发生器，可控制显示 16/256 种颜色；具有 3D 视频隔行扫描功能；所有控制的时钟信号由外部单一的时钟产生。它的内部集成有三层 ADC/PLL、一个 3D 视频隔行扫描电路、一个高品质画面发生器、可编程模块、带宽屏幕显示模块和三通道输出模块等电路。它支持满屏幕视频隔行扫描、显示频率格式转换和各种视频源格式的频率转换。多功能 CRT TV 受一个完整的三层 ADC/PLL 限制，执行 1080i/p 的扫描格式。它采用 +5V 单电源供电；具有低 EMI 和节能特点；采取 208 脚 PQFP 塑封形式。MST5C16 和 MST5C1XA 系列应用于海信 MST 机心，海尔 MST5C16 机心，TCL MS21、MS25 机心和 HW42828、HW42828M、HID4321HA 等高清彩电中。

MST5C16、MST5C1XA 引脚功能和维修数据见表 2-31。

表 2-31　MST5C16、MST5C1XA 引脚功能和维修数据

引　　脚	符　　号	功　　能	电压/V	对地电阻/kΩ		备　　注
				黑笔测	红笔测	
67	HWRESET	硬件重新安装	0	14.6	8.8	
72～75	DBUS0～DBUS3	MCU4bit DDR 指导总线	0	13.2	9.4	4mA（4 位）
69	ALE	MCU 总线 ALE	2.4	6.8	4.8	
70	RDZ	MCU 总线 RDZ	2.4	6.8	4.8	
71	WRZ	MCU 总线 WRZ	2.4	6.8	4.8	
68	INT	MCU 总线中断	0	14.8	9.2	4mA
38	RMID	中间电压旁通	1.2	3.6	3.2	
39	REFP	内部 ADC 顶部引脚参考	1.0	10.4	5.8	
40	REFM	内部 ADC 底部引脚参考	1.0	10.4	5.8	
11	REXT	外部阻抗 390Ω 到 AVDD-VD1	0.2	0.3	0.3	
36	HSYNC0	通道 0 模拟行同步信号输入	0.4	9.8	6.2	
37	VSYNC0	通道 0 模拟场同步信号输入	0.1	9.6	5.2	
27	BIN0M	通道 0 模拟蓝色输入参考地	0	0	0	
28	BIN0P	模拟蓝色输入来自通道 0	0.4	10.2	6.4	
29	GIN0M	通道 0 模拟绿色输入参考地	0	0	0	
30	GIN0P	模拟绿色输入来自通道 0	0.4	10.2	6.4	
31	SOGIN0	通道 0 绿色同步信号输入	1.2	11.6	5.8	
32	RIN0M	通道 0 模拟红色输入参考地	0	0	0	
33	RIN0P	模拟红色输入来自通道 0	0.4	10.2	6.4	
18	HSYNC1	通道 1 模拟行同步信号输入	0.4	9.8	6.2	
19	VSYNC1	通道 1 模拟场同步信号输入	0.1	9.6	5.2	
20	BIN1P	模拟蓝色输入来自通道 1	0.4	10.2	6.4	
21	BTN1M	通道 1 模拟蓝色输入参考地	0	0	0	
22	SOGIN1	通道 1 绿色同步信号输入	1.2	11.6	5.8	

(续)

引　　脚	符　号	功　　能	电压/V	对地电阻/kΩ		备　注
				黑笔测	红笔测	
23	GIN1P	模拟绿色输入来自通道 1	0.4	10.2	6.4	
24	GIN1M	通道 1 模拟绿色输入参考地	0	0	0	
25	RIN1P	模拟红色输入来自通道 1	0.4	10.2	6.4	
26	RIN1M	通道 1 模拟红色输入参考地	0	0	0	
42	BIN2P	模拟蓝色输入来自通道 2	0.4	10.2	6.4	
43	BIN2M	通道 2 模拟蓝色输入参考地	0	0	0	
44	SOGIN2	通道 2 绿色同步信号输入	1.2	11.6	5.8	
45	GIN2P	模拟绿色输入来自通道 2	0.4	10.2	6.4	
46	GIN2M	通道 2 模拟绿色输入参考地	0	0	0	
47	RIN2P	模拟红色输入来自通道 2	0.4	10.2	6.4	
48	RIN2M	通道 2 模拟红色输入参考地	0	0	0	
53	VI-CK	数字视频时钟信号输入	1.2	11.6	5.8	
61、64	VI-DATA	数字视频数据信号输入	1.0	13.2	6.0	(8 位)
200	PWM0	GPO 和 PWM0 功能驱动	0.4	10.0	5.0	4mA
201	PWM1	GPO 和 PWM1 功能驱动	0.4	10.0	5.0	4mA
78	GP01	GPO/FIELD 输入驱动	0.4	10.0	5.0	4mA
77	GP02	GPO/数字场同步驱动	0.4	10.0	5.0	4mA
76	GP03	GPO/DE 信号输入驱动	0.4	10.0	5.0	4mA
52	GP04	GPO 驱动	0.4	10.0	5.0	4mA
51	GP05	GPO/数字行同步驱动	0.4	10.0	5.0	4mA
104	MVREF	SDRAM 参考电压	1.3	12.4	6.6	
105	MCLKE	DRAM 可能时钟	2.8	6.8	4.6	
106	MCLKZ	DRAM 时钟补充/输入	0	14.4	7.4	
107	MCLK	DRAM 时钟	2.8	6.8	4.8	
112	RASZ	行地址	0	14.4	7.6	
115	CASZ	列地址	0	14.4	7.6	
116	WEZ	写入通道	0	14.8	9.2	
101、103	DQM	DQM 输出	0	14.8	8.8	(2 位)
81、100、134、153	DQS	DQM 输入	0	14.8	8.8	(4 位)
110、111	MADR	存储器地址	0	14.8	8.8	(2 位)
117~124、127~129	MADR	存储器地址	0	14.8	8.8	(12 位)
82~85	MDATA	存储器数据	0	14.8	8.8	(32 位)
88~99	MDATA	存储器数据	0	14.8	8.8	(32 位)
135~138	MDATA	存储器数据	0	14.8	8.8	(32 位)
141~152	MDATA	存储器数据	0	14.8	8.8	(32 位)
164	DREXT	外部模拟信号输入到 DAC	0.8	12.4	5.4	
163	DACR	模拟视频 R/Pr 信号输出	1.0	10.0	5.2	
162	DACG	模拟视频 G/Y 信号输出	1.0	10.0	5.2	
161	DACB	模拟视频 B/Pb 信号输出	1.0	10.0	5.2	
160	DACSVM	模拟视频 SVM 信号输出	2.0	6.4	3.6	

（续）

引　脚	符　号	功　能	电压/V	对地电阻/kΩ 黑笔测	对地电阻/kΩ 红笔测	备　注
168	LHSYNC	行同步信号输出	0.6	5.6	3.2	
169	LVSYNC	场同步信号输出	0.4	7.2	4.4	
203	XIN	晶体振荡信号输入	1.4	14.8	10.2	
202	XOUT	晶体振荡信号输出	1.4	14.8	10.2	
158	BYPASS	外接旁路电容	0.2	10.2	6.8	
62	VCTRL	调整控制输出	0.2	7.2	4.6	
4、10、17、34	AVDD-ADC	ADC 电压输入	0.8	13.6	6.2	（4 位）
12	AVDD-PLL	PLL 电源	3.3	∞	∞	
109	AVDD-PLL2	PLL 电源 2	3.3	2.6	2.6	
204	AVDD-MPLL	MPLL 电源	3.3	3.4	3.2	
86、102、113、125、139、154	VDDM	DDR SDRAM 模块电源	3.3	0.8	0.8	（6 位）
66、170、182	VDDP	数字输出电路电源	3.3	9.6	6.8	（3 位）
49、63、79、131、156、173、185、195	VDDC	数字核心电路电源	2.5	9.2	6.4	（8 位）
1、7、13、16、35、41、50、64、65、80、87、103、108、114、126、132、140、155、157、159、171、183、184、194、205、206、172	GND	各功能电路接地	0	0	0	（27 位）
2、3、5、6、8、9、14、15、165～167、174～181、186～193、196～199、207、208	NC	空脚（根据应用电路的不同，其空脚多少也有所不同）				

2.2.20　MST5C26 数字信号处理与 TV 控制电路

MST5C26 和 MST5C26-LF 是 MStar 公司生产的一款数字高清彩电信号处理专用超级芯片。该芯片内有两路视频输入接口，并有一路 S-VIDEO 信号输入接口、一路 YPbPr 信号输入接口、一路 VGA 信号输入接口；内置音/视频切换开关、PAL/NTSC/SECAM 制多制式彩色视频解码、模-数转换、格式变换、数-模转换、图形变换、2D 数字亮色梳状分离滤波器、色度增强、动态静噪、运动图像补偿、边缘平滑、TV/AV 音频信号切换和处理、微处理器、帧存储器等电路支持接收伴音中频（SIF）信号放大、伴音解调及音频信号处理；支持带宽达 150MHz 的 HDTV 信号或 YCbCr 信号接收及数字采样处理；支持分辨率达 SXGA 级及以下格式的 VGA 信号的接收与处理。这些不同格式的模拟信号由 MST5C26 自动识别判定并进行模拟信号数字化处理及变频处理；整机伴音音效处理。CPU 部分的微控制处理、OSD 显示及控制全部集成在该芯片内。该芯片采用 128 脚塑封形式；1.8V 和 3.3V 双电源供电。MST5C26 和 MST5C26-LF 应用于长虹 CHD-8 机心、康佳 AS 系列，海尔 MST5C26 机心，TCL MS12、MS22 机心等高清彩电中。

MST5C26 和 MST5C26-LF 引脚功能和维修数据见表 2-32。

表 2-32　MST5C26 和 MST5C26-LF 引脚功能和维修数据

引　脚	符　号	功　能	电压/V	备　注
1	CVBS2	视频信号输入	0.8	
2	CVBS1	视频信号输入	0.8	
3	VCOM1	CVBS1~3 参考地	0	
4	CVBSO	TV 视频信号输入	0.8~1.2	
5	VCOM0	TV 视频参考地	0	
6	CVBSOUT	视频信号输出	≈1.0	
7	AVSS-SIF/GND	伴音中频电路地	0	
8	AVDD-SIF	伴音中频电路供电	3.3	来自 L16
9、10	SIF1P/1M	空脚（未用）	—	
11	AVSS-AU	接地	0	
12	AUVRADN	经 L58 接地	0	
13	AUVRADP	音频处理电路滤波	3.2	
14	AUVREF	音频处理电路滤波	3.3	
15	AVDD-AU	音频处理电路供电	3.3	来自 L11
16	AULO	左声道 AV 音频信号输入	0.7	来自 HEF4052 或 AV/HDTV/VGA
17	AURO	右声道 AV 音频信号输入	0.7	
18	AUCOM	AV 音频参考	0.1	
19	AUMON0	TV 音频信号输入	0.5	
20	BPSL	左声道音频信号输出	0.6	
21	BPSR	右声道音频信号输出	0.6	
22	AUOL	左声道音频信号输出	1.1	输出至伴音功放电路
23	AUOR	右声道音频信号输出	1.1	输出至伴音功放电路
24	AUOS	空脚（未用）	—	
25	VDDC	模拟输入/输出电路电源	1.8	来自 U4（AP1084-1.8）的 2、4 脚
26	GNDM	模拟地	0	
27	VDDP	数字输出电路电源	3.3	来自 L12
28	GNDM	模拟地	0	
29	VDDP	数字输出电路电源	3.3	来自 L12
30	VDDP	数字输出电路电源	3.3	
31	GNDM	模拟地	0	
32	AVDD-MemPLL	PLL 电压	3.3	来自 L17
33	GNDC	模拟输入/输出电路地	0	
34	VDDC	右声道数字电源	1.8	来自 L7 VCC 1.8V
35	AD0	开/待机控制输出	0/3.2	
36	AD1	总线关断控制	0	生产厂调试用
37	AD2	S 端子输入信号识别	0	
38	AD3	行激励脉冲输出控制		
39	AD4	开机消磁控制输出	0	
40	AD5	存储器数据 SCLE 总线	0~3.2	
41	AD6	存储器数据 SDAE 总线	0.1~3.3	
42	AD7	静音控制	0	

引 脚	符 号	功 能	电压/V	备 注
43	WRZ	写入控制	0	本机未用（空脚）
44	RDZ	读写控制信号输入/输出	0	本机未用（空脚）
45	ALE	锁存地址授权信号	0	本机未用（空脚）
46	VDDP	数字输出电路电源	3.3	来自 L12
47	GNDP	数字输出地	0	
48	SPI CK	FLASH 串行时钟	0	
49	SPI DI	FLASH 串行数据	0	
50	SPI VZ	FLASH 串行芯片选择	0	
51	SPI D0	FLASH 串行数据	0	
52	SARO	场过电流保护信号输入	0	
53	SAR1	低速 ADC 输入	0.8	
54	SAR2	本机键控脉冲输入	0	
55	SAR3	本机键控脉冲输入	0	
56	PWM0	地磁校正调整	0	
57	PWM1	指示灯 LED 驱动	0/3.3	
58	DDCR-DA	DDC 时钟/公用异步接收器	0	数据线接口
59	DDCR-CK	ROM-DDC 时钟	0	时钟线接口
60	DDCA-DA	DDC 数据/公用异步发射器	0	（空脚）仅用于生产调试
61	DDCA-CK	DDC 时钟/公用异步接收器	0	（空脚）仅用于生产调试
62	INT	中断识别	—	本机未用（空脚）
63	PAD-IRIN	遥控信号输入	0/3.0	
64	PWM-FB	反馈脉冲输入	—	本机未用（空脚）
65	PWM-DRV	激励脉冲输入/输出	—	本机未用（空脚）
66	PWM-SENSE	定向脉冲输入	—	本机未用（空脚）
67	AVDD-PWM	数字电路电源	3.3	来自 L12
68	GNDP	数字电源地	0	
69	VDDC	数字芯片电源	1.8	来自 L7
70	DIG08	通用/输出（音频切换 SAW1）	0/3.0	至 U20
71	DIG09	通用/输出（音频切换 SAW0）	0/3.0	至 U20
72	PWM2	脉宽信号输出	—	本机未用（空脚）
73	PWM3	脉宽信号输出	—	本机未用（空脚）
74	HSOUT	行同步信号输出	0.6	
75	VSOUT	场同步信号输出	0.6	
76	DACSVM	速度调制信号输出	0	
77	DACB	B/Pb 信号输出	0.12	B 信号至 TDA8380
78	DACG	G/Y 信号输出	0.11	G 信号至 TDA8380
79	DACR	R/Pr 信号输出	0.12	R 信号至 TDA8380
80	AVSS-DAC	RGB 输出电路地	0	
81	DREXT	并行 FLASH 数据	0.3	外接 DAC 电阻 R366 到地
82	DAC	DAC 电源	3.3	来自 L13
83	AVDD-UPLL	PLL 电路电源	3.3	

（续）

引　脚	符　号	功　能	电压/V	备　注
84	VDDC	数字芯片电源	1.8	来自 L7
85	VDDP	数字输出电路电源	3.3	来自 L12
86	GNDP	数字输出地	0	
87	VDDP	数字输出电路电源	3.3	来自 L12
88	UARX1	公用异步接收器	—	本机未用（空脚）
89	UATX1	公用异步发射器	—	本机未用（空脚）
90	VDDC	数字芯片电源	1.8	由 U4 经 L7 送入
91	GNDC	数字芯片地	0	
92	HWRESET	复位	3.3	低电平复位有效
93	XOUT	晶体时钟振荡信号输出	1.5~3.0	外接 14.318MHz 晶振
94	XIN	晶体时钟振荡信号输入	1.5~3.0	外接 14.318MHz 晶振
95	AVDD-MPLL	锁相环地	0	
96	TESTPIN	数字电路地	0	有些机型为空脚
97	AVDD-DVI	PLL 电路电源	3.3	
98	REXT	并行 FLASH 地址	0.7	
99	HSYNC1	VGA 行同步信号输入	0.8	
100	VSYNC1	VGA 场同步信号输入	0.7	
101	RMID	中值伴音电压	0.46	
102	VCLP	CVBS/YC 钳位	1.22	
103	REFP	ADC 顶部去耦	1.98	
104	REFM	ADC 底部去耦	1.04	
105	BIN1P	VGA B 信号输入	0.8	
106	BIN1M	VGA B 信号参考地	0	
107	SOGIN1	同步信号输入	0.8	
108	GIN1P	VGA G 信号输入	0.8	
109	GIN1M	VGA G 信号参考地	0	
110	RIN1P	VGA R 信号输入	0.8	
111	RIN1M	VGA R 信号参考地	0	
112	BINOM	Pb 信号参考地	0	
113	BINOP	Pb 信号输入	0.65	
114	GINOM	Y 信号参考地	0	
115	GINOP	Y 信号输入正	0.65	
116	GOGIN0	同步信号输入	0.2	
117	RINOM	Pr 信号参考地	0	
118	RINOP	Pr 信号输入正	0.65	
119	AVDDA	ADC 电源	3.3	
120	AVSS	接地端	0	
121	HSYNC0	行同步信号输入	—	本机未用（空脚）
122	VSYNC0	场同步信号输入	—	本机未用（空脚）
123	C1	色同步信号 1/CVBS7 输入	—	本机未用（空脚）

（续）

引　脚	符　号	功　能	电压/V	备　注
124	Y1	亮度信号1/CVBS5输入	—	本机未用（空脚）
125	SVC0	S端子色度信号输入	1.3	
126	SVY0	S端子亮度信号输入	1.0	
127	VCOM2	Y/C输入参考地	0	
128	CVBS3	CVBS3视频信号输入	—	本机未用（空脚）

2.2.21　MST9883、MST9885 VGA与高清信号处理与转换电路

MST0883、MST9885是ADI公司开发的模-数转换电路，两者内部电路功能和引脚排列基本相同。均采用80脚LQFP封装结构和单一3.3V电源供电；内置三通道8bit 110MHz采样频率模-数转换电路、同步信号处理电路、时钟发生器电路、I²C总线接口电路等。数字视频输出接口支持4：4：4的RGB/YUV格式或4：2：2或YUV标准数字视频编码格式。

MST9883、MST9885系列的特点是：模-数转换器的采样频率在12.0~140.0MHz之间可选。其压控振荡器的采样时钟频率与行同步信号锁相，保证每行采样点与行同步信号锁相，且每行采样点与行同步信号保持一定的相位关系，采样点位置精确。可兼容VGA到SXVGA的RGB字符/图形信号。该系列产品近年来较多应用于国产平板彩电中。

MST9883、MST9885系列应用于长虹CHD-7、DT-7机心，康佳FG、FM、MV、M系列，海信GS一代、HISENSE、ASIC、三洋PW机心，海尔LA76930、PW1225机心，创维6T18、6D95机心，厦华TF、TS系列，TCL N21、N22、NU21机心等高清彩电中，应用时型号尾部添加A、ADC、B、B110、A-140等字符。

MST9883、MST9885系列电路引脚功能和维修数据见表2-33。MST9883、MST9885系列内部电路框如图2-32所示；MST9883A在康佳FG系列高清彩电中的应用电路如图2-33所示。

表2-33　MST9883、MST9885系列电路引脚功能和维修数据

引　脚	符　号	功　能	电压/V	在路电阻/kΩ		备　注
				黑笔测	红笔测	
54	RAIN	模拟R基色信号输入	0~1.0	6.0	10.0	来自U302的4脚
48	GAIN	模拟G基色信号输入	0~1.0	6.0	10.0	来自U302的7脚
43	BAIN	模拟B基色信号输入	0~1.0	6.0	10.0	来自U302的7脚
30	HSYNC	行同步信号输入	3.3	0.8	0.8	来自U302的12脚
31	VSYNC	场同步信号输入	3.3	0.8	0.8	来自U300的3脚
49	SOGIN	复合同步信号输入	0~1.0	2.7	8.5	
38	CLAMP	外部钳位脉冲输入	0	0	0	本机接地
29	COAST	PLL控制信号输入	3.3	6.9	2.0	来自PW113的36脚
70~77	RED [7：0]	8bit R变换信号输出	3.3	2.4~2.8	8~30.0	至PW113的GPR0~GPR7端
2~9	GRN [7：0]	8bit G变换信号输出	3.2	2.4~2.8	8.0~30.0	至PW113
12~19	BLU [7：0]	8bit B变换信号输出	3.3	2.4~2.8	8.0~30.0	至PW113
67	DATACK	数据时钟输出	3.2	4.2	30.0	
66	HSOUT	数字行同步信号输出	3.3	4.2	30.0	

（续）

引　　脚	符　　号	功　　能	电压/V	在路电阻/kΩ 黑笔测	红笔测	备　　注
64	VSOUT	数字场同步信号输出	3.3	4.0	28.0	
65	SOGOUT	复合同步信号输出	3.2	4.2	28.0	
58	REF BYPASS	内部基准电压滤波	1.3	2.6	8.0	
37	MIDSCV	内部中点电压滤波	1.25	3.2	4.6	
33	FILT	PLL 环路滤波	1.6	2.6	8.0	
57	SDA	I^2C 总线串行数据线	3.3	3.8	30.0	
56	SCL	I^2C 总线串行时钟线	3.3	3.8	30.0	本机接地
55	A0	I^2C 接口地址输入	0	0	0	
26、27、39、42、45、46、51、52、59、62	AVD	模拟电路供电脚	3.3	2.6	8.5	接 +3.3V 电源
11、22、23、69、78、79	VDD	数字电路供电脚	3.3	2.6	8.0	接 +3.3V 电源
1、10、20、21、34、35	PVD/GND	PLL 供电	0	0	0	本机未用，接地
1、10、20、21、24、25、28、32、36、40、41、44、47、50、53、60、61、63、68、80	GND	接地脚	0	0	0	

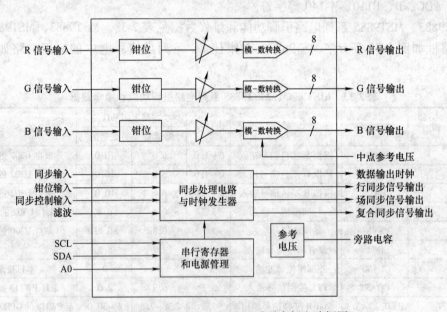

图 2-32　MST9883 和 MST9885 系列内部电路框图

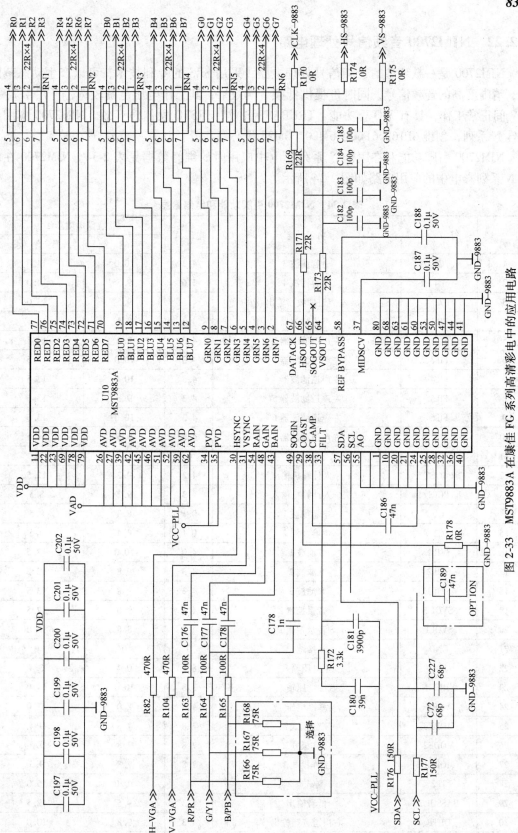

图 2-33 MST9883A 在康佳 FG 系列高清彩电中的应用电路

2.2.22　NJM2700 音频信号处理电路

NJM2700 是一款新型的音频信号处理电路，采用 SRS 的专利技术，可以产生动态范围宽、清晰度高的音频信号，同时可提供低频音响效果；其工作电压范围较宽，可在 4.7V ~ 13V 间正常工作，具有 WOW 功能，TRUBASS 音效、SRS3D 立体声音效。NJM2700 应用于康佳 N 系列，创维 6P16、6P60、6M20、6M23 机心等高清彩电中。

NJM2700 引脚功能和在康佳 N 系列彩电中应用时的维修数据见表 2-34。NJM2700 在康佳 N 系列彩电中的应用电路如图 2-34 所示。

表 2-34　NJM2700 引脚功能和维修数据

引　脚	符　号	功　能	电压/V	在路电阻/kΩ	
				红 笔 测	黑 笔 测
1	C3	电容滤波 3	4.3	10.0	14.0
2	C4	电容滤波 4	3.6	9.5	14.0
3	FILOUT	左声道滤波器输出	4.3	9.5	13.0
4	FIL1	左声道滤波器 1	4.3	9.5	13.5
5	FIL2	左声道滤波器 2	4.3	9.5	14.5
6	FIL3	左声道滤波器 3	4.3	10.0	13.5
7	FIL4	左声道滤波器 4	4.3	10.0	13.5
8	FIL5	左声道滤波器 5	4.3	9.5	13.5
9	FIL6	左声道滤波器 6	4.3	10.0	13.5
10	FIL7	左声道滤波器 7	4.3	9.5	14.5
11	TP1	测试点 1	0	∞	∞
12	PCOUT	个人计算机输出	4.3	9.2	12.5
13	PCIN	个人计算机输入	4.3	9.2	8.5
14	C1	电容滤波 1	0.1	8.3	9.5
15	C2	电容滤波 2	0.1	8.4	9.5
16	SFIL1	S 滤波 1	4.0	10.0	13.5
17	SFIL2	S 滤波 2	4.3	9.8	12.5
18	SFIL3	S 滤波 3	4.3	9.8	13.5
19	SVOL2	S 音量控制 2	4.3	9.0	12.5
20	SVOL1	S 音量控制 1	4.3	8.8	13.0
21	GND	接地	0	0	0
22	V +	正电压输入	8.8	0.4	0.4
23	VREFIN	基准电压输入	3.8	10.0	14.0
24	VREF	基准电压	4.3	8.0	11.0
25	MODE3	工作模式 3	7.8	7.8	9.4
26	MODE2	工作模式 2	7.8	7.8	9.5
27	MODE1	工作模式 1	7.8	7.8	9.5
28	TP2	测试点 2	0	10.0	15.0
29	BASSOUT	低音输出	4.3	9.5	12.5
30	OUTR	右声道音频输出	4.3	9.5	13.0
31	OUTL	左声道音频输出	4.3	9.8	13.0

引 脚	符 号	功 能	电压/V	在路电阻/kΩ	
				红 笔 测	黑 笔 测
32	TP3	测试点 3	0	∞	∞
33	FFR4	右声道频段提升 4	4.3	9.8	12.5
34	FFR3	右声道频段提升 3	4.3	9.8	13.0
35	FFR2	右声道频段提升 2	4.3	9.2	12.5
36	FFR1	右声道频段提升 1	4.3	9.5	12.5
37	FFL4	左声道频段提升 4	4.3	10.0	12.5
38	FFL3	左声道频段提升 3	4.3	9.8	13.0
39	FFL2	左声道频段提升 2	4.3	9.5	12.0
40	FFL1	左声道频段提升 1	4.3	9.5	12.5
41	INR	右声道音频输入	3.4	9.0	14.5
42	INL	左声道音频输入	3.4	9.0	14.0

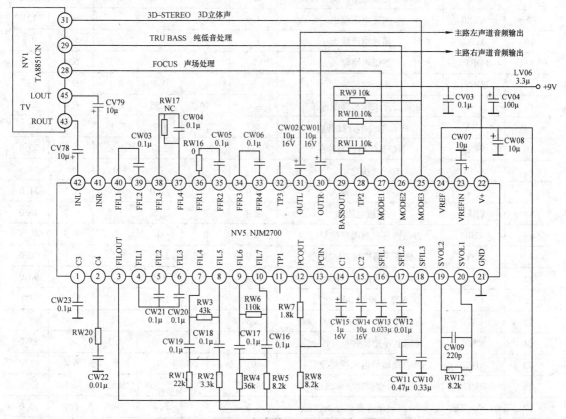

图 2-34　NJM2700 在康佳 N 系列彩电中的应用电路

2.2.23　NJW1166 音频信号处理电路

NJW1166 是一款新型的音频信号处理电路，在总线的控制下选择音效模式，进行环绕声处理，产生左右声道和重低音信号，进行高音、低音、平衡、音量调整。NJW1166 应用于康佳 MV 系列、TCL AT29128、GU22 机心等高清彩电中。

NJW1166 引脚功能和在康佳 MV 系列高清彩电、TCL AT29128 彩电中应用时的维修数据见表 2-35。NJW1166 在康佳 MV 系列彩电中的应用电路如图 2-35 所示。

表 2-35　NJW1166 引脚功能和维修数据

引　脚	符　号	功　　能	康佳 MV 电压/V		TCL AT29128 电压/V		对地电阻/kΩ	
			开机	待机	无信号	有信号	红笔测	黑笔测
1	INA	左声道音频信号输入	2.9	0	3.5	3.5	6.7	100
2	SR/FIL	环绕声滤波器	4.5	0	3.45	5.5	6.3	65.0
3	SS/FIL	模拟立体声滤波器	4.4	0	5.35	5.35	6.3	70.0
4	TONE/HA	左声道高音音调控制滤波器	3.9	0	4.8	4.85	6.7	80.0
5	TONE/LA	左声道低音音调控制滤波器	4.5	0	5.4	5.41	6.7	65.0
6	OUTW	超重低音输出	4.5	0	5.55	5.55	6.7	70.0
7	OUTA	左声道音频信号输出	4.5	0	5.55	5.6	6.7	65.0
8	AGC1	自动增益控制起始时间常数设置	0.6	0	1.2	1.2	6.4	46.0
9	AUX0	辅助电压输出	4.9	0	0	0	5.9	125
10	AUX1	辅助电压输出	3.3	0	0.1	0.1	5.7	9.8
11	PORT0	逻辑电路输入	0	0	0.1	0.1	6.4	42.0
12	PORT1	逻辑电路输入	0	0	0.1	0.1	6.7	130
13	CBS	低音开关噪声抑制滤波	4.0	0	3.95	3.95	6.4	80.0
14	SDA	I²C 总线串行数据线	4.7	2.1	3.7	3.45	4.8	20.0
15	SCL	I²C 总线串行时钟线	4.1	2.1	3.8	3.55	4.8	20.0
16	GND	接地	0	0	0	0	0	0
17	V +	VCC 电源输入	9.0	0.2	11.0	11.0	4.1	31.0
18	VREF	基准电压端	2.9	0	3.5	3.5	6.2	85.0
19	CSR	外接声音控制噪声抑制电容	0.4	0	0	0	6.3	10.8
20	CTL	低音音调控制 DAC 滤波	3.0	0	3.55	3.55	6.4	90.0
21	CTH	高音音调控制 DAC 滤波	3.4	0	3.8	3.8	6.4	90.0
22	CVW	重低音控制 DAC 滤波	3.1	0	1.55	4.05	5.95	100
23	CVB	右声道音量及平衡 DAC 滤波	3.3	0	2.65	4.21	5.95	95.0
24	CVA	左声道音量及平衡 DAC 滤波	3.3	0	2.6	4.2	6	95.0
25	AGC2	自动增益电平控制设置	0	0	0	0	6.4	41.0
26	OUTB	右声道音频信号输出	4.5	0	5.55	5.55	6.6	65.0
27	TONE/LB	右声道低音音调控制滤波	4.5	0	5.4	5.45	6.7	65.0
28	TONE/HB	右声道高音音调控制滤波	3.9	0	4.8	4.8	6.7	80.0
29	LF3	低通滤波器 3	5.3	0	6.25	6.35	6.5	85.0
31	LF2	低通滤波器 2	4.9	0	5.75	5.75	6.5	85.0
31	LF1	低通滤波器 1	4.0	0	4.9	4.9	6.7	80.0
32	INB	右声道音频信号输入	2.9	0	3.55	3.5	6.7	100

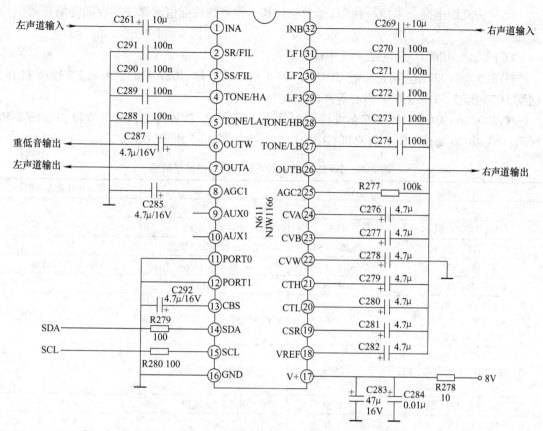

图 2-35　NJW1166 在康佳 MV 系列彩电中的应用电路

2.2.24　NV320、NV320P 视频信号处理电路

NV320、NV320P 是一块高集成化视频信号处理电路，其内部电路包括：

（1）内置功能电路包括 3 通道 10bit DAC 电路，实现接收 16bit YUV（4∶2∶2）或 12bit YUV（4∶1∶1）或 8bit YUV（ITU-R656）或 24bit YUV（4∶4∶4）取样格式数字信号变模拟 RGB 信号或 YUV 信号输出（注：输入数字信号检测及切换由 IC 内置计数器在一行正程期间 63.4μs 连续对输入的有效视频信号伴随的时钟信号进行时钟周期计数确认。在此期间如果输入的像素时钟是 13.5MHz，其时钟个数将是 855 个，误差不超过 ±20%，即时钟个数应在 684～1024 之间，它表明接收的此输入信号有效。数字信号经识别判定后经切换电路再输往后续电路处理）。

（2）存储控制器，支持外挂 SDRAM 或 SGRAM 做数据存取，实现不同格式信号的接收、扫描与格式转换（被选择的视频信号经降噪处理后送入图像格式转换电路），在动态帧存储器配合下进行帧频转换作显示格式归一处理（如 PAL/50Hz 信号变 60Hz 显示格式）。

（3）色空转换电路（对数字图像处理后形成的数字 YUV 信号可实现四种输出信号类型的模式，可以满足 TV 或 PC 工作所需 RGB 信号或输出 YUV 信号、Y、B-Y、R-Y 亮色差分量信号）。

（4）运动自适应降噪电路、锐度处理电路，在寄存器控制下，亮度信号经高、中、低通滤波器进行增益、带宽控制、延迟、叠加处理后实现图像清晰提高。

（5）去交织电路，采用一种 3D 运动补偿和一种非线性插值运算法实现隔行场视频信号变视频帧。

（6）内含 10bit DAC 电路、缓冲放大器等。

NV320、NV320P 应用在长虹 CHD-5、DT-5 机心，海信 NDSP 机心，海尔 PW1210 机心，创维 5D70 机心，TCL NDSP 机心等高清彩电中。

NV320、NV320P 引脚功能和维修数据见表 2-36。NV320P 内部信号处理框图如图 2-36 所示；NV320 在海信 NDSP 高清机心中的应用电路如图 2-37 所示（见文后插页）。

表 2-36　NV320、NV320P 引脚功能和维修数据

引　　脚	符　　号	功　　能	参考电压和备注
204	RESET（KSOUT）	复位信号入，低电平有效	
114、115、116、10	TEST	测试脚，接地	0V
118、119	CSA0、CSA1	总线地址设定，接地	0V
133、132	XTAL0、XTAL1	接 10.0MHz 晶体	1.59V 和 1.55V
34、35	SDA/SCL	I^2C 总线信号	
3、11、19、31、40、48、61、83、93、104、12、121、130、144、153、162、170	PVDD	输出缓冲电路电源，接 V3.3A 电源	3.3V
7、15、23、36、44、53、79、89、98、108、117、126、139、148、157、166、207	PVSS	输出缓冲电路接地	0V
28、85、131、182	VDD	接 V3.3A 电源	3.3V
25、78、134、177	VSS	接地	0V
102、206、160	P1～P3VDD3	模拟电路供电，接 V3.3A 电源	3.3V
101、205、161	P1～P3GND	3 个锁相环电路地	0V
127、26、125、29、30、32、33、120、122、123、124	A0～A10	地址信号	11 脚接帧存储器 UN09/UN08，传递 11 位地址信号 A0～A10
149、150、151、152、154、155、156、158、138、140、141、142、143、145、146、147、10、12、13、14、16、17、18、20、208、1、2、4、5、6、8、9	DQ	传递数据信号进行读取	32 脚接帧存储器 UN08/UN09，传递数据信号进行读取
128	$\overline{CS}$	输出片选信号，分别接 UN08/UN09 的 18 脚	
129	$\overline{RAS}$	行地址确认控制信号输出	
135	$\overline{CAS}$	列地址确认控制信号输出	
136	$\overline{WE}$	数据读使能控制信号输出	
137、21	DQM1/DQM0	存储 DQ 标志使能输出	
202	LLC	行锁定时钟	来自 VPC3230，1.33V
201	CREF	时钟参考输入	
200	HREF	行同步参考输入信号	
198	VS	场同步输入	0.05V
199	HS/CLP	行同步或钳位脉冲输入	0.12V
197	ODD	奇数场标识	
171～176、178、179	Y［7：0］	8bit 数字亮度信号输入	

引　　脚	符　　号	功　　能	参考电压和备注
180~188	U [7:0]	8bit 数字 U 色差信号输入	
189、190~196	V [7:0]	8bit 数字 V 色差信号输入	
159	DVDLLC	DVD 行锁定时钟（27MHz）输入	
164	DVDHS	DVD 模式时行同步信号输入	
165	DVDVS	DVD 模式时场同步信号输入	
163	DVDB	DVD 时消隐信号输入	
24	LLAD2	捕捉模式参考时钟输入（13.5MHz 或 6.75MHz）	来自 VPC3230，1.33V
27	HRA	PLL 反馈信号输出	
169	CLKO/LLA	13.5MHz 时钟输出至外部 ADC	
167	CLV/CLPO	行同步信号输出	
168	HREFO	行参考输出，用作模拟解码	
203	HRC	行参考信号输出	1.65V
113	PLLFS	切换外部 PLL 输出	
110	P60	PAL 模式切换	3.3V
37	PCLK	像素时钟输出，未用	
111	OEQ	数据输出使能	0V
41	VSQ	场同步输出	0.04V
42	VBQ	场消隐信号输出，未用	
38	HSQ	行同步信号输出	0.24V
39	FIBQ	行消隐输出，未用	
109	DVQ	数据有效输出	
45、46、47、49、52、59、60、66、67、72	YQ 或 GQ	YQ 或 GQ [9:0] 输出，未用	
73、80、81、82、84、86、87、88、90、91	UQ 或 BQ	UQ 或 BQ [9:0] 输出，未用	
2、94、95、96、97、99、100、103、105、10、6	VQ 或 RQ	VQ 或 RQ [9:0] 输出，未用	
56	YA	模拟亮度信号输出	0.30V
63	UA	模拟 U 色差信号输出	0.39V
69	VA	模拟 V 色差信号输出	0.40V
68	COMP	补偿脚，通过电容接 AVDD	
43	RSET	FULL-SCALE 设置电阻	
77	AVDD	模拟单元 +3.3V	
57	YVDD	Y/G 模拟处理单元供电	3.3V
64	UVDD	(B-Y) 或 B 模拟处理供电	3.3V
70	VVDD	(R-Y) 或 R 模拟处理供电	3.3V
75	AGND	接地	0V
58、65、71	Y/U/VGND	YUV 单元地	0V
51	ADVDD	DAC 供电	3.3V
50	ADGND	DAC 地	

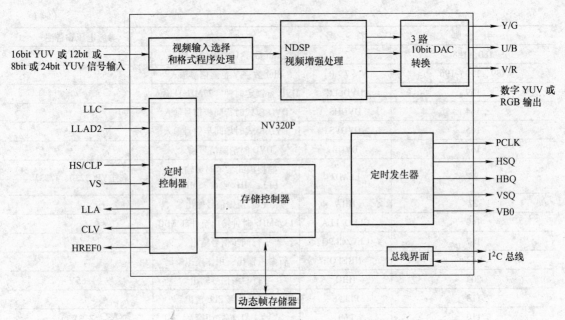

图 2-36   NV320P 内部信号处理框图

2.2.25   PW1225、PW1225A 视频信号处理电路

PW1225、PW1225A 是美国 Pixelworks 公司生产的优质数字视频信号处理芯片,其采用的逐行、定标和视频增加算法是 PW 公司的专利。该芯片能将隔行扫描的信号转换为逐行,场频从 50Hz 转换为 60Hz,并能复原行、场幅和视频。

PW1225、PW1225A 应用于康佳 M 系列,海信三洋 PW 机心,海尔 PW1225 机心,厦华 TF 系列,TCL MV23、N21、N22 机心等高清彩电中。

PW1225、PW1225A 引脚功能和维修数据见表 2-37。PW1225、PW1225A 内部电路框图如图 2-38 所示;PW1225A 在 TCL N22 高清机心中的应用电路如图 2-39 所示。

表 2-37   PW1225、PW1225A 引脚功能和维修数据

引　　脚	功　　能	电压/V	对地电阻/kΩ	
			黑 笔 测	红 笔 测
1	接地	0	0	0
2~5	备用	0	3.8	∞
6	备用	0	1.0	∞
7	核心电源	3.3	1.0	0.4
8	核心接地	0	0	0
9	接地	0	0	0
10	数-模转换电源	3.3	1.0	0.3
11	数-模转换接地	0	0	0.7
12	模拟分量视频速度扫描调制数据	1.4	1.0	0.6
13	Y/G 通道模拟电源	3.3	1.0	0.3
14	Y/G 通道模拟接地	0	0	0
15	模拟分量视频 U 或 B 数据	0.1	1.0	0.6

引　脚	功　　能	电压/V	对地电阻/kΩ	
			黑 笔 测	红 笔 测
16	V/R 通道模拟电源	3.3	1.0	0.3
17	V/R 通道模拟接地	0	0	0
18	模拟分量视频 Y 或 G 数据	0.8	1.0	0.4
19	U/B 通道模拟电源	3.3	1.0	0.3
20	U/B 通道模拟接地	0	0	0
21	模拟分量 V 或 R 数据	0.4	1.0	0.4
22	Y/G 通道模拟电源	3.3	1.0	0.3
23	Y/C 通道模拟接地	0	0	0
24	全范围电阻调节	0.8	1.0	4.0
25	补偿	0.4	0	3.2
26	基准电压输入	1.2	3.2	0.3
27	带隙基准电压输出	1.2	0.3	0
28	数-模转换模拟供电	3.3	0.3	0.3
29	数-模转换模拟接地	0	0	0
30	电源	3.3	0.3	0.3
31	+2.5V 保护环境模拟电源	2.5	0.3	0.3
32	保护环境模拟电源接地	0	0.3	∞
33	存储器地址总线 4	0.5	0.3	∞
34	存储器地址总线 3	0.5	0.3	∞
35	存储器地址总线 5	0.5	0.6	∞
36	存储器地址总线 2	0.5	0.3	∞
37	存储器地址总线 6	0.5	4.0	∞
38	存储器地址总线 1	0.5	4.0	∞
39	存储器地址总线 7	0.5	4.0	∞
40	存储器地址总线 0	0.5	4.0	∞
41	存储器地址总线 8	0.5	4.0	∞
42	存储器地址总线 10	0.5	4.0	∞
43	存储器地址总线 9	0.5	4.0	∞
44	存储器地址总线 13	0.5	4.0	∞
45	存储器地址总线 11	0.5	0.6	∞
46	存储器地址总线 12	0.5	3.8	∞
47	存储器时钟反馈	1.0	1.0	1.0
48	行地址选通	0	3.8	∞
49	列地址选通	0	3.8	∞
50	存储器写使能	2.4	3.8	∞
51	存储器时钟	2.8	1.0	1.0
52	电源	3.0	0.6	0.6
53	接地	0	0	0
54	存储器数据总线 8	0.6	1.0	1.0
55	存储器数据总线 7	0.6	1.0	1.0

（续）

引　脚	功　　能	电压/V	对地电阻/kΩ	
			黑笔测	红笔测
56	存储器数据总线 9	0.6	1.0	1.0
57	存储器数据总线 6	0.6	1.0	1.0
58	存储器数据总线 10	0.6	1.0	1.0
59	存储器数据总线 5	0.6	1.0	1.0
60	存储器数据总线 11	0.6	1.0	1.0
61	存储器数据总线 4	0.6	1.0	1.0
62	存储器数据总线 12	0.6	1.0	1.0
63	存储器数据总线 3	0.6	1.0	1.0
64	存储器数据总线 13	0.6	1.0	1.0
65	存储器数据总线 2	0.6	1.0	1.0
66	存储器数据总线 14	0.6	1.0	1.0
67	存储器数据总线 1	0.6	1.0	1.0
68	存储器数据总线 15	0.6	1.0	1.0
69	存储器数据总线 0	0.6	1.0	1.0
70	核心电源	3.0	0.6	0.6
71	核心接地	0	0	0
72	测试时钟	3.3	0.3	0.3
73	输出使能	3.3	0.3	0.3
74	CGMS 使能	3.3	0.3	0.3
75	显示时钟锁相环数字电源	3.3	0.3	0
76	显示锁相环数字电路接地	0	0	0
77	显示时钟锁相环模拟电源	3.3	0.3	0.3
78	显示锁相环模拟接地	0	0	0
79	接地	0	0	0
80	电源	3.0	0.6	0.6
81	宏使能（高电平有效）	3.0	0.3	0.3
82～89	视频蓝 4：4：4/4：2：2 模拟数据 0～7	0.6	4.0	7.0
90	电源	3.3	0.6	0.6
91	接地	0	0	0
92	8 位 4：2：2 行同步	0.2	0.4	0.8
93	8 位 4：2：2 帧同步	0.2	0.2	0.6
94	8 位 4：2：2 时钟输入	2.8	0.5	0.7
95～102	视频绿 4：4：4/4：2：2Y 数据	0.6	4.2	7.0
103	核心电源	3.3	0.6	0.6
104	核心接地	0	0	0
105	16 位 4：2：2 时钟输入	3.0	4.0	7.0
106	16 位 4：2：2 数据输入	0	4.2	7.0
107	4：4：4/4：2：2 帧同步	0.1	4.0	7.0
108	4：4：4/4：2：2 行同步	0.4	4.0	7.0
109～113	视频红 4：4：4/4：2：2UV 数据 0～4	0.6	4.0	7.0

（续）

引 脚	功 能	电压/V	对地电阻/kΩ	
			黑 笔 测	红 笔 测
114～116	视频红 4：4：4/4：2：2UV 数据 5～7	0.6	4.2	7.0
117	外接 10MHz 晶振	1.4	0.8	0.8
118	外接 10MHz 晶振	1.4	0.8	0.8
119	2 线总线的带第 1 位编程地址	1.2	2.4	4.0
120	2 线总线的带第 2 位编程地址	1.2	3.2	4.0
121	电源	3.3	0.7	0.7
122	接地	0	0	0
123	存储器时钟锁相环接地	0	0	0
124	用于存储器时钟锁相环供电	3.3	0.6	0.6
125	2 线总线的时钟信号	3.0	3.6	5.5
126	2 线总线的数据信号	3.0	3.4	5.5
127	测试/调试口测试数据输出	1.2	4.0	10.5
128	测试/调试口测试数据时钟	3.0	4.2	10.5
129	测试/调试口测试数据输入	1.4	4.2	10.5
130	测试/调试口测试模式选择	1.6	4.2	10.5
131	测试/调试复位，上电后为低电平	0	4.2	10.5
132	异步复位	0	4.0	10.5
133	核心电源	3.3	4.0	0.6
134	核心接地	0	0	0
135	测试模式使能，高电平有效	2.6	0.4	0.4
136	数字输出显示时钟	1.6	0.4	0.4
137	输出配置的垂直同步输出	0.2	3.8	∞
138	输出配置的水平同步输出	0.4	3.8	∞
139～145	备用	0	3.8	∞
146	电源	3.3	0.6	0.6
147	接地	0	0.4	0.4
148～159	备用	0	3.8	∞
160	电源	3.3	0.6	0.6

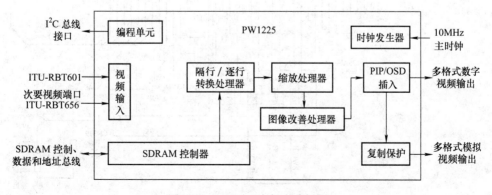

图 2-38　PW1225 内部电路框图

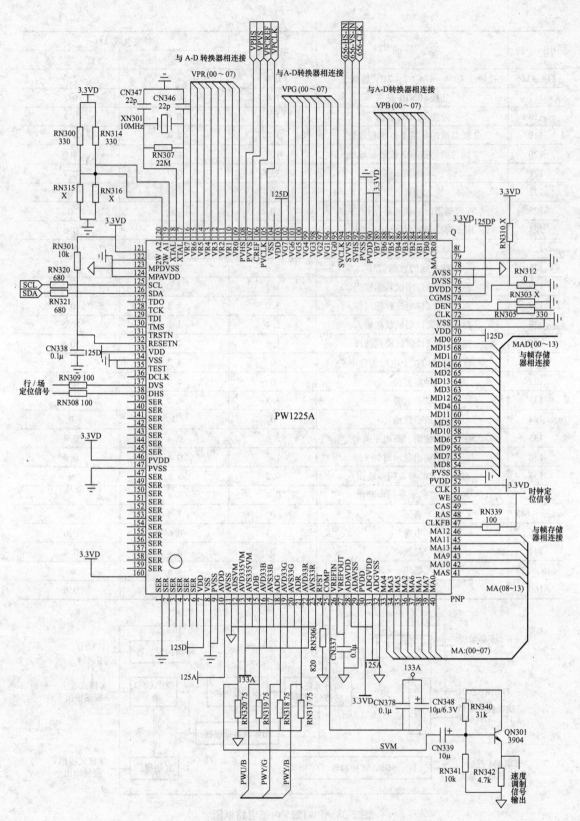

图 2-39　PW1225A 在 TCL N22 高清机心中的应用电路

2.2.26 PW1230、PW1235 视频信号处理与格式转换电路

PW1230、PW1235 是新型数字视频信号处理与格式转换电路，两者引脚功能基本相同。本节以 PW1230 为例介绍其应用电路图和维修数据，PW1235 可参照维修。

PW1230 芯片内部集成了标度器、先进的交织器、存储控制器、彩色空间变换器、数-模转换器（DAC）等电路，可将输入的信号进行格式变换、图像增强等处理. 以及数-模转换后，以模拟（逐行）格式或数字（逐行）格式输出。

PW1230 的主要特点是：输入端口可以支持国际标准和扫描制式；输出端口可以支持分量的 R、G、B 基色信号和 Y、Pr、Pb 及 Y、U、V 色差分量信号；480p、576p、720p、1080i、800×600、1024×768 的图像扫描格式；R、G、B 的单、双像素数字显示；可支持的视频信号量化级数为 8bit、10bit、16bit 或 24bit 的 4：2：2 或 4：4：4 模式。

在倍（变）频扫描格式变换功能方面有：标准清晰度电视（SDTV）系统的 480p、576p 逐行扫描格式；高清电视（HDTV）系统的 1080i、720p、480p 的隔行（i）逐行（P）扫描格式；R、G、B 基色信号的刷新频率可以提高到 XGA（1024×768）的 60Hz；50Hz 的 PAL-D 制彩电的帧频可提高到 100Hz（倍频方式）；60Hz 的 NTSC-M 制彩电的帧频可以提高到 120Hz（倍频格式）。

同时，PW1230 还具有 3：2 和 2：2 电影模式识别和还原功能；可以完成 4：3 与 16：9 幅型比切换，以适应不同幅型比信号源的需求，并可实现图像静止、缩放等功能。PW1230 为标准的 256 脚 PQFP 封装形式；采用 +2.5V 和 +3.3V 双电源供电。

PW1235 是优质的数字视频信号处理器，内有美国 Pixelworks 公司专利技术"艺术级视频去隔行和定标器"；PW1235 采用了混合算法，可以有效地对输入视频信号去隔行，产生运动矢量，提供清晰的逐行输出，其输出可以是模拟格式，也可以是数字格式。

PW1235 特点如下：运动自适应去隔行处理；智能边缘去隔行；胶片模式检测；灵活的画中画；高级视频定标及数字亮/色瞬态改善；视频输入选择（PAL/NTSC）；帧斜率改善；彩色空间转换；3 个 10 位数-模转换；复制保护；内设存储器控制器；支持 HDTV；平板电视（LCD/DLP）；液晶多媒体显示；多媒体投影；逐行扫描 CRT 电视。

PW1230 应用于海尔 NDSP、PW1230 机心，创维 6P18 机心等高清彩电中；PW1235 应用于长虹 CHD-1、CHD-7 机心，康佳 FM 系列，海尔 PW1235 机心，创维 5D76、6D72、6D92 机心，厦华 HT-T 系列，TCL NU21 机心等高清彩电中。

PW1230 引脚功能和维修数据见表 2-39。PW1230 内部电路框图如图 2-40 所示；PW1230 在创维 6P18 高清机心中的应用电路如图 2-41 所示（见文后插页）。

表 2-38 PW1230 引脚功能和维修数据

引　　脚	符　号	功　　能	电压/V	对地电阻/kΩ 黑笔测	红笔测
1、2、3、4、6、7、8、9	VB0 ~ VB7	8 位亮度数字信号输入	1.2 ~ 1.3	4.8	5.5
10	PVSS	数字电路地	0	0	0
5	VDD	数字电路 +2.5VA 放电	2.5	0.8	0.8
11	SVHS	数字行同步信号输入	0	5.2	5.6
12	SVVS	数字场同步信号输入	0	5.2	5.6
13	SVCLK	数字时钟信号输入	1.6	5.0	5.0

（续）

引　脚	符　号	功　能	电压/V	对地电阻/kΩ	
				黑笔测	红笔测
14	PVDD	数字电路 +3.3VB 供电	3.3	0.5	0.5
15、16、17、18、20、21、22、23	VG0 ~ VG7	8 位数字信号传输	1.1	4.6	5.6
19、24	VSS/PVSS	数字电路地	0	0	0
25、26、27、28	PVCLK/CREF /PVVS/PVHS	本机未用（空脚）	—	—	—
29	PVDD	数字电路 +3.3VB 供电	3.3	0.5	0.5
30、31、32、33、35、36、37、38	VR0 ~ VR7	8 位数字信号传输	1.1	4.6	5.6
39	PVSS	数字电路地	0	0	0
40	XTALI	时钟振荡信号输入	2.4	8.2	4.6
41	XTALO	时钟振荡信号输出	1.5	8.2	4.6
42	PVDD	数字 +3.3V 供电	3.3	0.5	0.5
43、44	CSA1/CSA2	数字电路地	0	0	0
45	SCL	I^2C 总线串行时钟线	2.8	1.2	1.2
46	PVSS	数字电路地	0	0	0
47	SDA	I^2C 总线串行数据线	3.0	1.2	1.2
48	TD0	本机未用（空脚）	—	—	—
49	VSS	数字电路地	0	0	0
50	TCK	数字电路地	0	0	0
51、52	TDI/TMS	本机未用（空脚）	—	—	—
53	TRST	复位电路地	0	0	0
54	PVDD	数字电路 +3.3VB 供电	3.3	0.5	0.5
55	$\overline{RESET}$	复位电压输入	3.0	0.6	0.6
56、57	TEST/PVSS	数字电路地	0	0	0
58	MPDVDD	模拟电路 +2.5VC 供电	2.5	0.8	0.8
59	MPDVSS	模拟电路地	0	0	0
60	MPAVDD	模拟电路 +2.5VC 供电	2.5	0.8	0.8
61	MPAVSS	模拟地	0	0	0
62、63	—	电路图中未标注	—	—	—
64	PVDD	数字电路 +3.3VB 供电	3.3	0.6	0.6
65	PVSS	数字电路地	0	0	0
66	GHS	数字行同步信号	0.8	5.0	5.0
67	GVS	数字场同步脉冲	0.8	5.0	5.0
68	GCLK	数字时钟脉冲	0.8	0.8	0.8
69	PVDD	数字 +3.3VB 供电	3.3	0.6	0.6
70、71、72、73、75、76、78、79	DGB0 ~ DGB7	8 位蓝色数字信号传输	0.8	5.2	5.8
74、77	PVSS/VSS	数字电路地	0	0	0
80	PVDD	数字电路 +3.3VB 供电	3.3	0.6	0.6
81、82、83、84、86、87、88、89	DGG0 ~ DGG7	8 位绿色数字信号传输	0.8	5.2	5.8
85	PVSS	数字电路地	0	0	0
90	PVDD	数字电路 +3.3VB 供电	3.3	0.6	0.6
91、92、94、95、97、98、99、100	DGR0 ~ DGR7	8 位红色数字信号传输	0.8	5.2	5.8

（续）

引　脚	符　号	功　能	电压/V	对地电阻/kΩ	
				黑笔测	红笔测
93	VDD	数字电路 +2.5VA 供电	2.5	0.8	0.8
96	PVSS	数字电路地	0	0	0
101	PVDD	数字电路 +3.3VB 供电	3.3	0.6	0.6
102	DCLK	数字时钟同步脉冲输出	0	0	0
103	DVS	数字场同步脉冲输出	0	0	0
104	DHS	数字行同步脉冲输出	0	0	0
105	PVSS	数字电路地	0	0	0
106、107	DENG/DENB	本机未用（空脚）	—	—	—
108	DENR	使能控制输出	0	0	0
109	PVDD	数字电路 +3.3VB 供电	3.3	0.6	0.6
110、111、113、114、116、117、118、119	DB0 ~ DB7	8 位蓝基色数字信号输出	1.1 ~ 1.2	5.2	5.8
112、115	VSS/PVSS	数字基色电路地	0	0	0
120	PVDD	数字电路 +3.3VB 供电	3.3	0.6	0.6
121、122、124、125、127、128、129、130	DG0 ~ DG7	8 位绿基色数字信号输出	1.1 ~ 1.2	5.2	5.8
123	VDD	数字电路 +2.5VA 供电	2.5	0.8	0.8
126	PVSS	数字电路地	0	0	0
131	PVDD	数字电路 +3.3VB 供电	3.3	0.6	0.6
132、133、135、136、138、139、141、142	DR0 ~ DR7	8 位红基色数字信号输出	1.1 ~ 1.2	5.2	5.7
134、137	VSS/PVSS	数字电路地	0	0	0
140	VDD	数字电路 +2.5VA 供电	2.5	0.8	0.8
143	PVDD	数字电路 +3.3VB 供电	3.3	0.6	0.6
144	TESTCLK	数字时钟电路地	0	0	0
145	DEN	多制式切换控制输入	0	0	0
146	CGMS	经电阻接 +3.3VB	2.5	2.4	2.2
147	PVSS	数字电路地	0	0	0
148	ADDVSS	模拟电路地	0	0	0
149	ADDVDD	模拟电路 +2.5VD 供电	2.5	0.8	0.8
150	ADB	蓝信号输出	0.4	9.6	4.8
151	AVD33B	模拟电路 +3.3VE 供电	3.3	1.2	1.2
152	AVS33B	模拟电路地	0	0	0
153	ADG	绿信号输出	0.4	5.2	5.6
154	AVD33C	模拟电路 +3.3VE 供电	3.3	0.6	0.6
155	AVS33G	模拟电路地	0	0	0
156	ADR	红信号输出	0.4	5.2	5.6
157	AVD33R	模拟电路 +3.3VE 供电	3.3	0.6	0.6
158	AVS33R	模拟电路地	0	0	0
159	REST	经电阻接地	0.6	0.2	0.2
160	COMP	复合（视频）信号电路滤波	0	10.2	5.8
161	VREFI	基准电压输入	0	8.6	4.8
162	VREFO	基准电压输出	0	13.2	6.5

（续）

引　　脚	符　　号	功　　能	电压/V	对地电阻/kΩ	
				黑笔测	红笔测
163	ADAVDD	模拟电路 +2.5VD 供电	2.5	1.2	1.2
164	ADAVSS	模拟电路地	0	0	0
165	PVDD	数字电路 +3.3VB 供电	3.3	0.6	0.6
166	ADGVDD	模拟电路 +2.5VD 供电	2.5	1.2	1.2
167	ADGVSS	模拟电路地	0	0	0
168、169、170、172、173、174、176、177	MCUA0 ~ MCUA7	8 位数字数据传输	0	0	0
171	PVSS	数字电路地	0	0	0
175	VDD	数字电路 +2.5VA 供电	2.5	1.2	1.2
178、179、181、182、183、184、185、186	MCUD0 ~ MCUD7	8 位数字数据传输	0	0	0
180	PVDD	数字电路 +3.3VB 供电	3.3	0.6	0.6
187	VSS	数字电路地	0	0	0
188、190、191、192	MCURDY/MCUCS/ MCUCWR/MCUMD	本机空脚，未用	—	—	—
189	PVSS	数字电路地	0	0	0
193	PVSS	数字电路地	0	0	0
194、195、196、198	DPAVSS/DPDVSS	模拟电路地	0	0	0
197、199	DPA/DPD	模拟电路 +2.5VB 供电	2.5	1.2	1.2
200	PVDD	数字电路 +3.3VB 供电	3.3	0.6	0.6
201	MUV	经电阻接 3.3V	2.8	1.2	1.2
202	PVSS	数字电路地	0	0	0
205	VDD	+2.5VA 数字供电	2.5	1.2	1.2
203、204、206、207、209、210、211、213、214、215、217、218、220、221	MA0 ~ MA13	14 位数据传输线	0	5.2	6.6
208	PVDD	+3.3VB 数字电路供电	3.3	0.6	0.6
212	PVSS	数字电路地	0	0	0
216	PVDD	+3.3VB 数字供电	3.3	0.6	0.6
219、222	VSS/PVSS	数字电路地	0	0	0
223	MCLKFB	微处理器时钟信号	0	0	0
224	PVDD	+3.3VB 数字供电	3.3	0.6	0.6
225、226、227、229	MRAS/MOAS/ MOE/MOCLK	接存储器时钟等信号	0	0	0
228	PVSS	数字电路地	0	0	0
230	PVDD	+3.3VB 数字供电	3.3	0.6	0.6
231、232、234、236、238、239、241、242、244、245、247、248、250、252、254、255	MD0 ~ MD15	16 位数据通信信号传输	0	0	0
233	PVSS	数字电路地	0	0	0
235	VDD	+2.5VA 数字供电	2.5	1.2	1.2
237	PVDD	+3.3VB 数字供电	3.3	0.6	0.6
240	PVSS	数字电路地	0	0	0
243	PVDD	+3.3VB 数字供电	3.3	0.6	0.6

（续）

引　　脚	符　　号	功　　能	电压/V	对地电阻/kΩ 黑笔测	对地电阻/kΩ 红笔测
246	PVSS	数字电路地	0	0	0
249	PVDD	+3.3VB 数字供电	3.3	0.6	0.6
251	VSS	数字电路地	0	0	0
253	PVSS	数字电路地	0	0	0
256	PVDD	数字电路 +3.3VB 供电	3.3	0.6	0.6

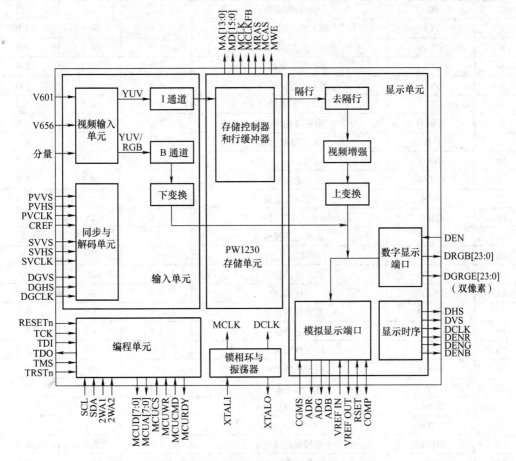

图 2-40　PW1230 内部电路框图

2. 2. 27　SAA4977A（H）视频信号处理电路

SAA4977A（H）是一款倍频逐行控制 A-D、D-A 转换电路，同时还将 I²C 总线数据转换为各种控制电压，以及实现倍频行、场同步信号转换。在对 Y、U、V 信号进行倍频之前，先要将模拟 Y、U、V 信号变成 8bit 的数字 Y 信号和 4bit 的 U、V 信号，经倍频处理后的数字 Y、U、V 信号又要送回到 SAA4977 中还原成模拟 Y、U、V 信号。SAA4977A/H 内置前置滤波器，钳位电路和模拟 AGC 控制电路，行锁相环电路，3 路 Y、U、V 的 8bit 数-模转换电路，水平压缩电路，场频转换电路，数字色度瞬间改善电路，3 路 10bit 数-模转换电路，存储器控制电路，嵌入式微处理器，16KB 的 ROM、256KB 的 RAM 等。采用四面扁平 80 脚封装。应用于长虹 DT-1、DT-6 机心，康佳 MK9 机心，厦华 100Hz 倍频彩电等高清彩电中。

SAA4977A（H）引脚功能和维修数据见表 2-39。SAA4977A（H）内部电路框图如图 2-42 所示；SAA4977H 应用电路如图 2-43 所示。

表 2-39　SAA4977A（H）引脚功能和维修数据

引　　脚	符　　号	功　　能	电压/V	对地电阻/kΩ	
				黑　笔　测	红　笔　测
1	SDA	串行数据线	2.8	5.0	3.2
2	SCL	串行时钟线	2.9	5.0	3.5
3	PL5	第 1 组控制端口 5	4.9	14.5	7.0
4	PL4	第 1 组控制端口 4	4.9	14.5	7.0
5	PL3	第 1 组控制端口 3	4.9	14.5	7.0
6	PL2	第 1 组控制端口 2	4.9	14.5	7.0
7	PL1	第 1 组控制端口 1	4.9	14.5	7.0
8	VDDD5	数字电路供电 5	3.0	14.5	5.0
9	UP-RST	微处理器复位输入	0	7.0	5.5
10	SNRST	重新启动（复位）	0	14.5	7.0
11	VDDD4	数字电路供电 4	3.3	14.5	5.0
12	SNDA	SNERT 数据	4.7	11	7.0
13	SNCL	SNERT 时钟	4.8	15	7.0
14	VSSD3	数字电路接地 3	0	0	0
15	TMS	测试模式选择	0	0	0
16	VSSD1	数字电路接地 1	0	0	0
17	SES-CLK	识别脉冲	4.9	14	10
18	VDDD1	数字电路供电 1	4.9	3.5	3.5
19	VDDD0	数字电路供电 0	4.9	3.5	3.5
20	VASD	场同步识别信号	0.06	17	5.5
21	VSSA1	模拟电路接地 1	0	0	0
22	HA	行识别基准信号	0.4	10	9.0
23	VDDA1	模拟电路供电 1	5.0	5.0	5.0
24	RSTW	写人信号复位输出	0	14	12
25	VDDA2	模拟电路供电 2	5.0	5.0	5.0
26	Y-IN	Y 亮度信号输入	1.0	14.5	11.5
27	VSSA2	模拟电路接地 2	0	0	0
28	U-IN	U 色差信号输入	1.3	14.5	11.5
29	VDDA3	模拟电路供电 3	2.0	5.0	Sm
30	V-IN	V 色差信号输入	1.3	14.5	11.5
31	VSSA3	模拟电路接地 3	0	0	0
32	WE	信号写入输出控制端	3.7	14	12
33	LLA-EXT	识别时钟信号输入	0	0	0
34	UVOD1	UV 数字输出位 4	1.9	14	12
35	UVOD5	UV 数字输出位 5	1.9	14	12
36	UVOD6	UV 数字输出位 6	1.5	14	12

引　脚	符　号	功　能	电压/V	对地电阻/kΩ	
				黑笔测	红笔测
37	UVOD7	UV 数字输出位 7	1.5	14	12
38	YOD0	Y 数字输出位 0	2.7	14	12
39	YOD1	Y 数字输出位 1	2.2	14	12
40	YOD2	Y 数字输出位 2	3.0	14	12
41	YOD3	Y 数字输出位 3	3.4	14	12
42	YOD4	Y 数字输出位 4	1.6	14	12
43	YOD5	Y 数字输出位 5	1.8	14	12
44	YOD6	Y 数字输出位 6	2.0	14	12
45	YOD7	Y 数字输出位 7	1.2	14	12
46	VDDD2	数字电路供电 2	4.9	3.5	3.5
47	SWC	串行写入时钟输出	2.4	16	12
48	VSSD2	数字电路接地 2	0	0	0
49	TRST	控制模块（接地）	0	0	0
50	VSSD4	数字电路接地 4	0	0	0
51	YID7	Y 数字输入位 7	1.2	15	7.0
52	YID6	Y 数字输入位 6	2.0	15	7.0
53	YID5	Y 数字输入位 5	1.8	15	7.0
54	YID4	Y 数字输入位 4	1.6	15	7.0
55	YID3	Y 数字输入位 3	2.4	15	7.0
56	YID2	Y 数字输入位 2	1.9	15	7.0
57	YID1	Y 数字输入位 1	1.9	15	7.0
58	YID0	Y 数字输入位 0	1.9	15	7.0
59	UVID7	UV 数字输入位 7	1.2	15	7.0
60	UVID6	UV 数字输入位 6	1.3	15	7.0
61	UVID5	UV 数字输入位 5	1.8	15	7.0
62	UVID1	UV 数字输入位 4	1.8	15	7.0
63	RE	允许读出信号输出	3 7	11	7.0
64	IE2	允许输入信号输出	4.9	11	7.0
65	USS10	I/O 供电电压 +5V	0	0	0
66	BLND	行消隐输出	0	11	7.0
67	VDD10	I/O 供电电压 +5V	4.9	35	3.5
68	HRD	行基准信号输出	2.3	11	7.0
69	VDDD3	数字电路供电 3	3.3	14	5.0
70	LLD	显示时钟信号输入	2.0	15	7.0
71	HDFL	行同步信号输出	0.4	10	7.0
72	UDFL	场同步信号输出	0.04	10	7.0
73	VSSA1	模拟电路接地 1	0	0	0
74	V-OUT	模拟色差信号 V 输出	1.0	35	6.5
75	VDDA1	模拟电路供电 1	3.3	13.5	5.0
76	U-OUT	模拟电路接地端	0	0	0
77	ANAREF	模拟电源接地端	0	10	0
78	VSSA5	模拟电路接地 5	0	10	0
79	Y-OUT	模拟亮度信号 Y 输出	0.8	135	6.5
80	VDDA5	模拟电路供电 5	3.3	113.5	5.0

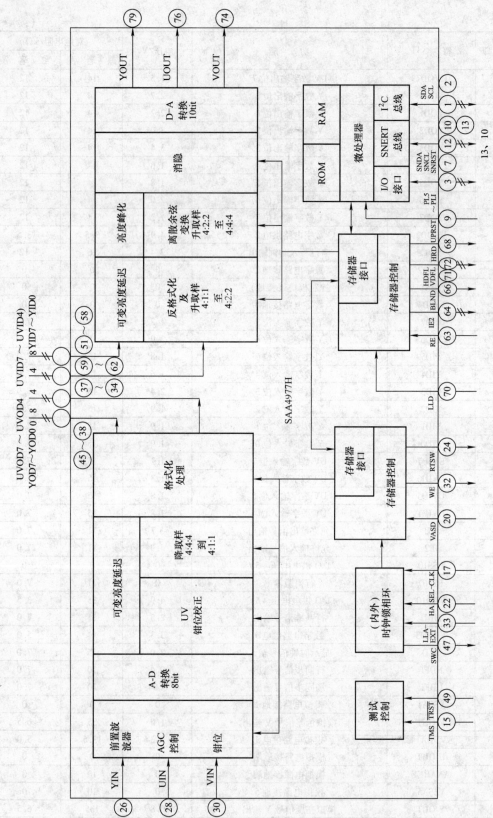

图 2-42 SAA4977A（H）内部电路框图

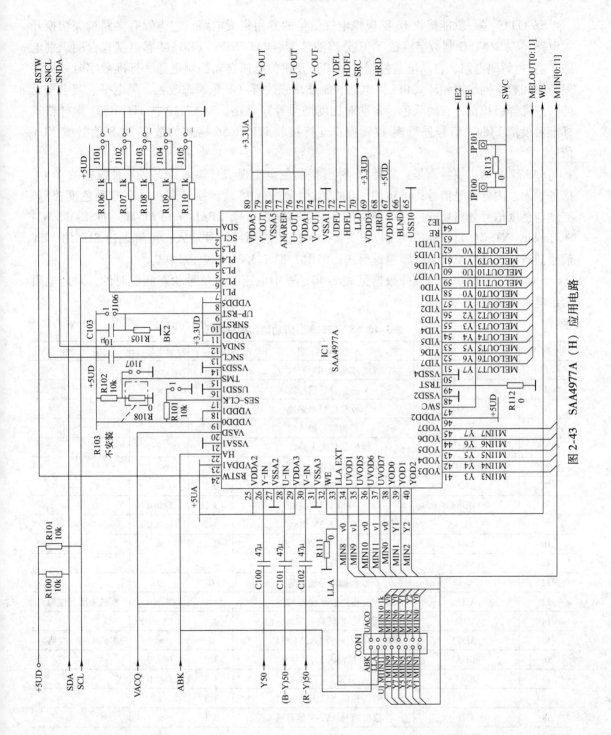

图 2-43 SAA4977A（H）应用电路

2.2.28 SAA7119 视频解码与模-数转换电路

SAA7119 是一款能接收 16 路模拟电视信号的专用集成电路，它内置有多路视频切换开关电路、PAL/NTSC 制数字梳状 Y/C 分离滤波器、PAL/NTSC/SECAM 彩电制式自动识别电路、亮/色解码电路、自动增益控制（AGC）及钳位电压自动控制电路、标准数字时钟振荡发生器和数字同步锁相环（PLL）电路、画质增强改善（亮色瞬态改善，黑电平、蓝电平延伸，灰度等级校正，自动肤色、自动对比度增强等）电路。SAA7119 按 ITU-R601 取样格式标准对模拟 YCbCr 信号进行模-数转换；支持接收 ITU-R656 格式的数字 RGB 信号或 YUV 信号。

SAA7119 的主要特点是：支持 16 种模拟彩色全电视信号输入；支持 8 种模拟的 Y + C 信号输入，内含消隐信号；可将输入的模拟信号进行模-数转换处理；具有自动色度控制、亮度与色度信号分离功能；可以解调出多种彩色制式信号（PAL-N、PAL-M、NTSC-M、NTSC-Japan，NTSC4.43、SECAM 制）；支持多种模拟的隔行信号输入；可解调出 8bit 的 YUV 信号。该集成电路采用 160 脚塑封形式；采用 1.8V、3.3V 双电源供电。

SAA7119 引脚功能与维修数据见表 2-40，表中电压为无信号状态测试时的，对地电阻为红笔测量所得。

表 2-40 SAA7119 引脚功能和维修数据

引脚号	符　号	引脚功能	电压/V	对地电阻/Ω	备　注
1	DNC6	本机未用，空脚	—		
2	AI41	V 色差分量信号输入	0	∞	
3	AGND	模拟信号电路地	0	0	
4	VSSA4	模拟信号输入地	0	0	
5	AI42	模拟信号输入端口 42	0.2	∞	
6	AI4D	四通道模-数转换处理微分输入	0	1.05×10^4	
7	AI43	模拟信号输入端口 43	0.2	∞	
8	VDDA4	模拟 3.3V 供电	3.3	680.0	
9	VDDA4A	模拟 3.3V 供电	3.3	680.0	
10	AI44	YCbCr-Cr 模拟信号输入	0.1	∞	
11	AI31	U 色差分量信号输入	0.1	∞	
12	VSSA3	模拟信号输入地	0	0	
13	AI32	模拟信号输入 32	—	—	本机未用（空脚）
14	AI3D	四通道模-数转换处理微分输入	0.1	1.05×10^4	
15	AI33	模拟信号输入端口 33	0	∞	本机未用（空脚）
16	VDDA3	模拟输入 3.3V 供电	3.3	680.0	
17	VDDA3A	模拟 3.3V 供电	3.3	680.0	
18	AB4	模拟信号输入端口 34	3.3	∞	
19	AI21	模拟信号 AV2-V 信号输入	0.1	∞	
20	VSSA2	模拟信号地	0	0	
21	AI22	AV2 视频输入	—	—	本机未用（空脚）
22	AI2D	两通道模-数转换控制微分输入	0	1.05×10^4	
23	AI23	模拟信号输入端口 23	—	—	本机未用（空脚）

（续）

引脚号	符 号	引脚功能	电压/V	对地电阻/Ω	备 注
24	VDDA2	模拟电路 3.3V 供电	3.3	680.0	
25	VDDA2A	模拟电路 3.3V 供电	3.3	680.0	
26	AI24	模拟信号 YCbCr-Y 信号输入	0.3	∞	
27	AI11	亮度 TV-V 信号输入	0	∞	同步分离用
28	VSSA1	模拟信号输入地	0	0	
29	AI12	模拟信号输入端口 12	—	—	本机未用（空脚）
30	AI1D	一通道模-数转换处理微分输入	1.0	1.05×10^4	
31	AI13	AV1 亮度信号输入	—	—	本机未用（空脚）
32	VDDA1	模拟信号输入 3.3V 供电	3.3	680.0	
33	VDDA1A	模拟电路 3.3V 供电	3.3	670.0	
34	AI14	模拟 YCbCr-Y 信号输入	0.8	∞	
35	AGADA	模拟信号电路地	0	0	
36	AOUT	视频信号输出	0.8	3.05×10^5	
37	VDDAO	模拟端口输入供电 3.3V	3.3	680.0	
38	VSSAO	内部时钟产生电路地	0	0	
39	DNC13	本机空脚	—	—	
40	DNC14/VDDA-A18	模拟电源 1.8V 供电	1.8	∞	
41	VDDA-C1.8	模拟电源 1.8V 供电	1.8	∞	
42	DNC15	Pd 内部 P 下拉电阻	—	—	本机未用（空脚）
43	GPIM	通用输入	—	—	本机未用（空脚）
44	CE	芯片允许/复位输入	0	∞	
45	VDDD1	数字电路 3.3V 供电入	3.3	680.0	
46	UJC	行锁相系统时钟输出	—	—	本机未用（空脚）
47	VSSD1	数字电源地	0	0	
48	LLC2	行锁相时钟信号输出	0.5	∞	
49	RES	复位信号电压输出	—	—	本机未用（空脚）
50	VDDD2	数字电源 1.8V 供电	1.8	∞	
51	VSSD2	数字信号电源地	0	0	
52	TESTCLK	外接时钟输入	0	0	本机接地
53～58	ADTEST9～ADTEST4	本机未用（空脚）	—	—	（6 位）
59	VDDD3	数字电路 3.3V 供电	3.3	680.0	
60～62	ADTEST3～ADTEST1	本机未用（空脚）	—	—	（3 位）
63	VSSD3	数字信号电源地	0	0	
64	INT-A	中断标志 A	0.2	∞	
65	VDDD4	数字信号电源 1.0V	1.8	∞	
66	SCL	I^2C 总线串行时钟信号输出	4.2	∞	
67	VSSD4	数字信号电源地	0	0	
68	SDA	I^2C 总线串行数据信号输出	4.0	∞	
69	RTS0	实时时钟状态输出	2.8	4.5×10^3	
70	RTS1	实时时钟状态输出	2.5	∞	
71	RTC0	实时时钟控制输出	2.9	4.7×10^3	

（续）

引脚号	符　号	引　脚　功　能	电压/V	对地电阻/Ω	备　注
72	AMCLK	音频主时钟输出	—	—	本机未用（空脚）
73	VDDD5	数字3.3V电源供电	3.3	680.0	
74	ASCLK	音频串行时钟输出	3.3	∞	
75	ALRCLK	音频左/右时钟输出	0	0	经R520接地
76	AMXCLK	音频主外部时钟输入	0.3	∞	经R519接地
77	ITRDY	映射端口数据目标就绪	2.5	∞	本机未用（空脚）
78	DNC0	本机未用（空脚）	—	—	
79～82	DNC16、DNC17、DNC19、DNC20	本机未用（空脚）	—	—	
83	FSW	功能转换	—	—	本机未用（空脚）
84	ICLK	映射端口时钟输出	1.7	∞	本机未用（空脚）
85	ID0	映射端口输出数据限制	2.7	∞	本机未用（空脚）
86	ITRI	映射端口输出控制信号	0.3	∞	经R510接地
87	IGP0	映射端口通用输出信号	1.6	∞	
88	VSSD5	数字信号电源地	0	0	
89	IGP1	映射端口通用输出信号	1.6	∞	本机未用（空脚）
90	IGPV	多功能场功能基准输出	3.0	∞	
91	IGPH	多功能行基准输出信号	2.7	∞	
92～94	IPD17～IPD15	映射端口UV数字色差信号输出	1.3	∞	（3位）
95	VDDD6	数字信号3.3V电源	3.3	680.0	
96	VSSD6	数字信号电源地	0	0	（4位）
97～100	IPD4～IPD1	映射端口UV数字色差信号输出	1.1～1.3	∞	
101	VDDD7	数字信号3.3V电源	3.3	680.0	
102	IPD0	映射端口UV数字色差信号输出	1.3	∞	（1位）
103、105、107、109、110～113	HPD7～HPD0	8bit数字亮度信号输出（8位）	0.3～3.3	∞	（8位）
104	VSSD7	数字信号电源地	0	0	
106	VDDD8	数字信号1.8V电源供电	1.8	∞	
108	VSSD8	数字电源接地	0	0	
114	VDDD9	数字信号3.3V电源供电	3.3	680.0	
115～125	DNC1～DNC5/DNC7/DNC8/DNC11/DNC12/DNC21/DNC22/	本机未用（空脚）	—	—	（11位）
126	XTRI	端口控制信号	0	0	经R511接地
127、128	XPF7/XPD6	扩展端口输入/输出	1.0	∞	本机未用（空脚）
129	VSSD9	数字电源地	0	0	
130、131	XPD5/XPD4	扩展端口输入/输出	1.5	∞	本机未用（空脚）
132	VDDD10	数字电源1.8V供电	1.8	∞	
133	VSSD10	数字电源地	0	0	
134、135	XPD3/XPD2	扩展端口信号输入/输出	1.2～1.3	∞	本机未用（空脚）
136	VDDD11	数字电源3.3V供电	3.3	680.0	
137	VSSD11	数字电源地	0	0	
138、139	XPD1/XPD0	扩展端口信号输入/输出	1.3	∞	本机未用（空脚）
140	XRV	扩展场基准信号输入/输出	0	∞	本机未用（空脚）
141	XRH	扩展口行基准信号输入/输出	2.7	∞	本机未用（空脚）

引脚号	符 号	引脚功能	电压/V	对地电阻/Ω	备 注
142	VDDD12	数字信号 1.8V 电源	1.8	∞	
143	XCLK	扩展口时钟信号输入/输出	1.7	∞	本机未用（空脚）
144	XDQ	扩展口数据限制	1.9	0	本机未用（空脚）
145	VSSD12	数字信号电源地	0	0	
146	XRDY	标志或就绪信号	3.3	∞	
147	TRST	测试复位输入	0	0	本机接地
148	TCK	测试时钟输入	2.5	0	本机未用（空脚）
149	TMS	测试模式选择输入	2.5	∞	本机未用（空脚）
150	TDO	测试数据输出	0.2	∞	本机未用（空脚）
151	VDDD13	数字信号 3.3V 电源	3.3	680.0	
152	TDI	测试数据输入	2.5	680.0	
153	VSSD13	数字信号电源地	0	0	
154	VSS	晶体振荡电路地	0	0	
155	XTALI	晶体振荡信号输入	1.7	3.85×10^4	
156	XTALO	晶体振荡信号输出	1.7	6.34×10^6	
157	VDD	晶振 1.8V 工作电源	1.8	5.91×10^6	
158	XTOUT	晶振副信号输出	—	—	本机未用（空脚）
159、160	DNC9/DNC10	本机未用（空脚）	—	—	

2.2.29　SDA9380 扫描与视频信号处理电路

SDA9380 是微科公司生产的扫描偏转与视频控制处理集成电路，内含矩阵变换，行、场小信号形成及行、场失落保护等电路。其 30 脚输入与场扫描波形幅度成正比的场频锯齿波电压的正常值为 1.0V～1.5V，若高于 1.5V 或低于 1.0V，36 脚将输出高电位，行输出电路停止工作，黑屏；正常时，31 脚输入的行逆程脉冲峰值应在 1.5V～2.7V 之间，否则，35 脚将输出高电位，行输出电路停止工作，黑屏幕。应用于康佳 FG、FT、T 系列，厦华 V 系列等高清彩电中。

SDA9380 引脚功能和维修数据见表 2-41。SDA9380 在康佳 T 系列高清彩电中的应用电路如图 2-44 所示。

表 2-41　SDA9380 引脚功能和维修数据

引 脚	符 号	功 能	电压/V	对地电阻/kΩ	
				红笔测	黑笔测
1	CLK1	外部时钟输入端	0.05	6.0	∞
2	X1	内时钟晶体	*	8.5	15
3	X2	内时钟晶体	*	8.5	15
4	CLEXT	内、外时钟切换	0	0	0
5	TEST	运行、测试切换	0	0	0
6	SUBST	衬底	0	0	0
7	RESN	复位、运行端	3.3	3.5	3.6
8	SCL	总线串行时钟线	1.9	2.6	2.5
9	SDA	总线串行数据线	2.4	2.5	2.5
10	VDD	数字电路电源端	3.3	3.5	3.5
11	VSS	数字电路接地端	0	0	0
12	HD	行驱动输出端口	2.4	1.2	1.2
13	H35K	行频高于 35kHz 指示	3.3	6.0	∞

（续）

引 脚	符 号	功 能	电压/V	对地电阻/kΩ 红笔测	黑笔测
14	H38K	行频高于38kHz指示	0.04	6.0	∞
15	PWM	脉宽调制信号输出	2.0	6.0	∞
16	VSYNC	场同步信号输入	0.08	5.5	9.5
17	FHI	行频切换输入	3.3	3.5	3.5
18	HSYNC	行同步信号输入端	0.3	5.5	11.0
19	VDD	模拟电路电源1	3.3	3.5	3.5
20	VSS	模拟电路电源地	0	0	0
21	PHI2	行脉冲反馈输入端	0.4	4.5	4.5
22	VDD	模拟电路电源2	3.3	3.5	3.5
23	VSS	模拟电路电源地	0	0	0
24	E/W	东西枕校信号输出	2.1	5.5	9.5
25	D/A	总线控制的DC电压	1.6	5.5	8.5
26	V +	DC耦合场输出控制信号	7.0	5.5	7.5
27	V −	DC耦合场输出控制信号	1.6	5.5	7.5
28	VDD	模拟电路电源3	3.3	3.5	3.5
29	VSS	模拟电路电源地	0	0	0
30	VPROT	场失落保护信号检测端	1.3	3.5	3.5
31	HPROT	行失落保护信号检测端	0.3	1.0	1.0
32	HSAVE	对 + B检测端	0.02	1.0	1.0
33	BOSIN	黑电平断开启动信号输入	0.01	8.5	15.0
34	IBEAM	图像宽、高校正信号输入	2.0 ~ 2.3	1.0	1.0
35	PTOTO	行、场保护响应输出	0.02	6.0	∞
36	VREFH	基准电压	1.7	6.0	10
37	—	场消隐信号输出	0.25	6.0	∞
38	VREFN	基准电压接地端	0	0	0
39	VREFC	基准电流	2.8	9.0	9.0
40	DCI	CRT截止电平、白电平电流输入	0.01	7.5	13.0
41	VDD	模拟电路电源端	3.3	3.5	3.5
42	RIN	亮度/红信号输入端	0.3	8.5	16.0
43	GIN	色差/绿信号输入端	0.3	8.5	16.0
44	BIN	色差/蓝信号输入端	0.3	8.5	16.0
45	—	模拟电路接地端	0	0	0
46	R	第1路亮度/红输入端	0.3 ~ 0.4	8.5	16.0
47	G	第1路色差/绿输入端	0.3 ~ 0.4	8.5	16.0
48	B	第1路色差/蓝输入端	0.3 ~ 04	8.5	16.0
49	FBL1	第1路快速消隐输入端	0.9	0.2	0.2
50	FBOSD	第2路快速消隐输入端	0.04	5.5	7.5
51	ROSD	红信号输入端	0.3	8.5	16.0
52	GOSD	绿信号输入端	0.3	8.5	16.0
53	BOSD	蓝信号输入端	0.3	8.5	16.0
54	VDD（BV）	RGB输出级电源端	8.0	3.0	3.0
55	ROUT	红信号输出端	2.6 ~ 4.2	3.5	3.5
56	GOUT	绿信号输出端	2.6 ~ 4.2	3.5	3.5
57	BOUT	蓝信号输出端	2.6 ~ 4.2	3.5	3.5
58	SCP	带行、场色同步的沙堡	0.9	0.5	0.5
59	VSS	RGB输出级接地端	0	0	0
60	SVM	扫描速度调制信号输出	3.0	5.0	7.5
61	VDD	数字电路电源端	3.3	3.5	3.5
62	VSS	数字电路电源接地端	0	0	0
63	SSD	软件启动	0	0	0
64	SWITCH	总线控制输出开关信号	0.02	6.0	25.0

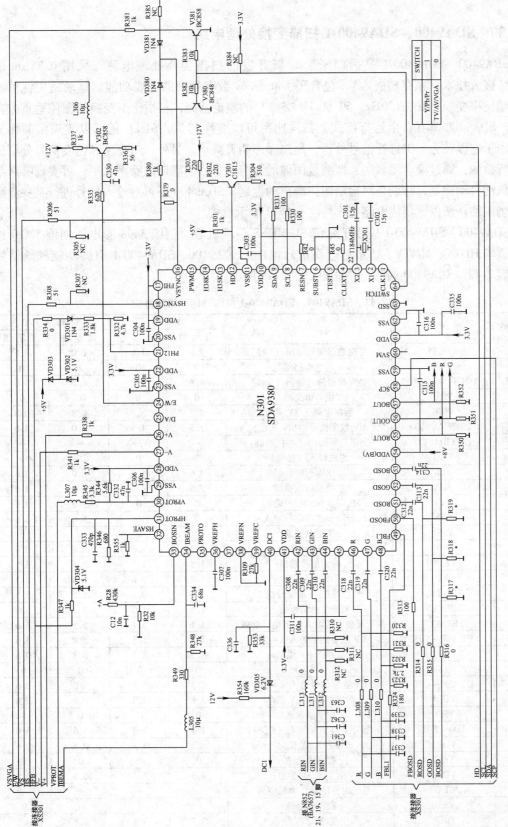

图 2-44　SDA9380 在康佳 T 系列高清彩电中的应用电路

2.2.30　SDA9400、SDA9400-1 扫描变换处理电路

SDA9400、SDA9400-1 是西门子公司新开发的扫描变换处理电路。采用 0.35μm 的 DRAM 嵌入技术（帧存储嵌入），包含了 featurebox 数字处理的主要功能。运动适应性算法是扫描比率变换（100/120Hz，50/60 Hz 交错）的理论基础，扫描比率变换使图像垂直方向扩展。SDA9400 具有自由运行模式，扫描比率可以变换到 70/75Hz，还可以实现多画面显示。由于它以帧为基础进行信号处理，所以噪声明显减小。另外，对亮度和色度信号分别进行运行检测，通过噪声测算法，即测量图像的噪声水平或消隐期的噪声水平，可实现噪声参数降低的自动控制，特别是对运动图像噪声的控制。SDA9400 还可对输入信号进行某些参数的行场压缩，所以该集成电路也支持"分屏"显示模式。

SDA9400、SDA9400-1 应用于海信 SIEMENS 倍频机心，创维 3498 彩电、创维 5M10 机心，厦华 HDTV、MMTV、U 系列等高清彩电中。SDA9400、SDA9400-1 引脚功能和维修数据见表 2-42。SDA9400 内部电路框图如图 2-45 所示。

表 2-42　SDA9400、SDA9400-1 引脚功能和维修数据

引　脚	符　　号	功　　能	电压/V		对地电阻/kΩ	
			有信号	无信号	黑笔测	红笔测
1	YOUT5	亮度数据信号输出（1 位）	1.0	1.0	6.0	3.6
2	VSS1	供电电路地	0	0	0	0
3~7	YOUT4~YOUT0	亮度数据信号输出（5 位）	1.6	1.7	6.0	3.6
8	VSS1	供电电路地	0	0	0	0
9	VDD1	数字电路 3.3V 供电	3.3	3.3	0.8	0.8
10~17	UV07~UV00	UV 数字信号输出（8 位）	1.3	1.3	6.0	3.6
18	INTERIACED	交错信号输出（本机空脚）	—	—	—	—
19	REST	测试输入（接地）	0	0	0	0
20	SCL	总线串行时钟线	3.6	3.7	6.0	3.6
21	SDA	总线串行数据线	3.6	3.7	7.0	3.0
22	VIN	场同步脉冲信号输入	0	0	5.6	3.6
23	HIN	行同步脉冲信号输入	0	0	5.6	3.6
24	VSS1	供电电路地	0	0	0	0
25	VDD1	3.3V 供电	3.3	3.3	0.8	0.8
26	CLKOUT	时钟信号输出	1.8	1.8	5.5	3.5
27	X2	外接晶振 2	1.8	1.8	5.5	3.5
28	X1/CLK2	外接晶振 1/系统时钟 2	0.5	0.3	5.5	3.5
29	SYNCEN	同步受控信号输入	1.5	1.5	5.6	3.6
30	RESET	系统复位电压输入（低电平有效）	5.1	5.1	5.5	3.6
31~34	UV C00~C03	UV 数字信号输入（4 位）	1.3	1.3	5.6	3.6
35	VDD2	数字 3.3V 供电	3.3	3.3	0.8	0.8
36	VSS2	数字供电地 2	0	0	0	0
37~40	UV C04~C07	UV 数字信号输入（4 位）	1.3	1.3	5.6	3.6
41	VDD1	数字电路 3.3V 供电	3.3	3.3	0.8	0.8
42	VSS1	数字供电地	0	0	0	0
43~50	Y00~Y07	数字亮度信号输入（8 位）	1.3	1.3	5.6	3.6
51	VDD2	数字 3.3V 供电	3.3	3.3	0.8	0.8
52	VSS2	数字供电地	0	0	0	0
53	VDD2	数字 3.3V 供电	3.3	3.3	0.8	0.8
54	CLKI	系统时钟信号（本机空脚）	—	—	—	—
55	VSS1	数字供电地	0	0	0	0
56	VDD1	数字电路 3.3V 供电 1	3.3	3.3	0.8	0.8
57	VDD2	数字电路 3.3V 供电 2	3.3	3.3	0.8	0.8

引脚	符 号	功 能	电压/V		对地电阻/kΩ	
			有信号	无信号	黑笔测	红笔测
58	VSS2	数字供电地	0	0	0	0
59	VDD2	数字电路 3.3V 供电 2	3.3	3.3	0.8	0.8
60	HOUT/HEXT	行同步信号输出/外接行同步信号输入	2.9	2.9	5.5	0
61	VOUT/VEXT	场同步信号输出/外接场同步信号输入	0	0	5.6	3.0
62	HREF	行振荡参考电压	2.5	2.5	6.0	3.6
63、64	YOUT7/6	亮度数据信号输出	0	0	6.0	3.6

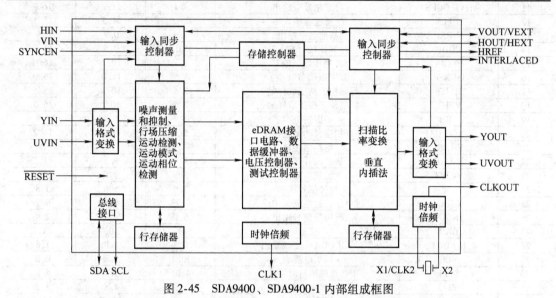

图 2-45　SDA9400、SDA9400-1 内部组成框图

2.2.31　STV6888、ST6888、STV9118 扫描信号处理电路

STV6888、STV9118 是意法半导体公司推出的新型行、场扫描信号产生与校正处理集成电路，有的机型机心标注的型号为 ST6888。内含行、场扫描信号振荡器、同步处理器、摩尔效应修正器及几何图形失真校正器等电路，行频最高可达 100kHz，场频最高可达 200Hz。具有场幅度、场中心、S 校正、C 校正输出的场锯齿波，场摩尔消除，呼吸效应补偿功能，工作电压范围为 10.8 ~ 13.2V。STV6888、STV9118 的区别：前者的 + B 控制可驱动 N 沟道场效应晶体管，也可驱动 P 沟道场效应晶体管；后者只支持驱动 N 沟道场效应晶体管。

STV6888、ST6888 应用于康佳 M 系列，创维 6D35、6D50、6D81、6D91、6D95、6D96、6M35、6M31 机心，TCL MV22、MV23、N21 机心等高清彩电中；STV9118 应用于创维 6D66 机心，厦华 MT、TF/TS 系列，TCL MV23 机心等高清彩电中。

STV6888 引脚功能和维修数据见表 2-43，ST6888 和 STV9118 引脚功能与 STV6888 基本相同，可参照维修。STV6888 内部电路框图如图 2-46 所示；STV6888 应用电路如图 2-47 所示。

表 2-43　STV6888 引脚功能和维修数据

引脚	符 号	功 能	电压/V	对地电阻/kΩ	
				红笔测	黑笔测
1	H-SYNC	行同步信号输入	0.24	5.6	15.0
2	V-SYNC	场同步信号输入	0.02	5.8	18.5

（续）

引　　脚	符　　号	功　　能	电压/V	对地电阻/kΩ	
				红笔测	黑笔测
3	HLOCK	行同步与消隐输出（未用）	0.1	11.0	16.2
4	FC1	行振荡外接电容	6.3	0.9	0.9
5	PLL2C	行振荡反馈电容	2.3	9.8	11.8
6	C0	行振荡基准电容	3.9	8.8	11.5
7	PLL1	行振荡定时电阻	1.4	5.0	5.0
8	HGND	行电路接地	0	0	0
9	PLLIF	行相位比较	1.4	9.8	11.2
10	HPOS	行位置确定	3.8	3.8	3.8
11	HVF OCUS	行摩尔效应输出	3.1	11.2	16 2
12	H-FLY	行逆程输入	0.18	11.2	11.1
13	H-REF	基准电平输出	7.9	0.9	0.9
14	CDHP	B 比较（空）	0.07	9.5	11.0
15	REGIN	B 稳压器（空）	1.7	10.3	16.0
16	ISENSE	B 电流调节（空）	5.5	11.0	16.0
17	HEHT	行幅校正高压取样输入	2.4	10.2	15.5
18	VEHT	场幅校正高压取样输入	2.4	10 2	15.5
19	VRB	场振荡电容	1.9	1.8	1.8
20	V-AGC CAP	场扫描自动增益控制	5.3	11.2	14.8
21	V-GND	场扫描接地	0	0	0
22	V-CAP	场扫描外接电容	3.4	9.2	11.2
23	V-OUT	场扫描输出	3.5	9.6	13.0
24	EW	枕校信号输出	2.6	5.6	5.8
25	X-RAY	过电压、过电流保护输入	0.03	8.8	9.2
26	H-OUT	行扫描信号输出	6.0	29	2.9
27	GND	接地	0	0	0
28	B + OUT	+ B DC-DC 变换输出	0.3	1.8	1.8
29	VCC	+12V 电源输入	12.1	0.8	0.8
30	SCL1	I^2C 总线串行时钟线 1	4.01	4.8	8.2
31	SDA1	I^2C 总线串行数据线 1	3.9	4.8	8.2
32	VF DCUS	场聚焦校正	4.4	14.0	14.2

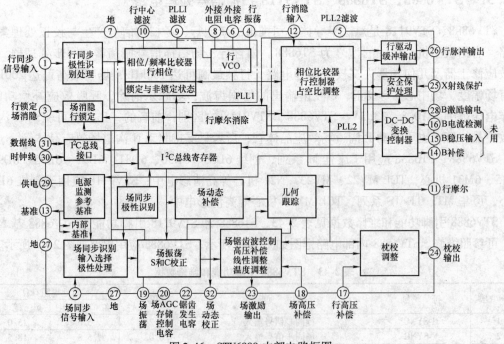

图 2-46　STV6888 内部电路框图

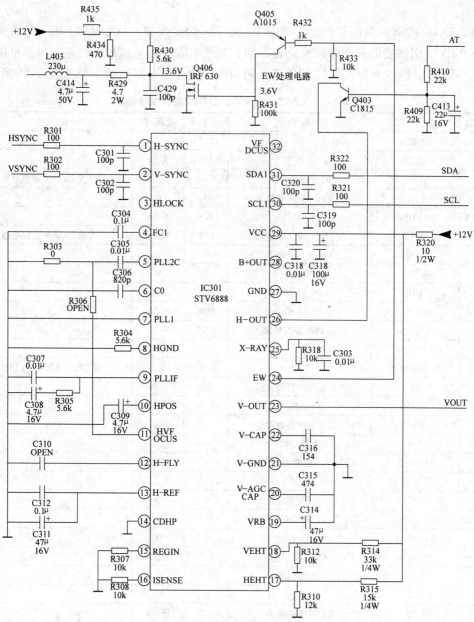

图 2-47　STV6888 应用电路

2.2.32　SVP-EX11 视频处理与变频电路

　　SVP-EX11 是 Trident 公司生产的数字视频处理与变频电路，它采用 208 脚 PQFP 形式，其内部功能与同类集成电路相近似。内部设置有视频数字解码处理、各种格式转换、视频图像增强等处理电路。SVP-EX11 ［208］ 内部设置有两路 10bit 模-数转换器（ADC）；内部工作时序设置有 130MHz 的时钟振荡和控制电路；一路 YPbPr 或 YCbCr 输入信号接口；三路 CVBS 视频输入接口；数-模转换器（DAC）和 256 彩色图形荧屏显示功能电路；图文显示电路（外加存储器足够大时可达到 4000 页），并设置有 CCD 电路和 V-CHIP 等功能。该芯片主要有 +3.3V 和 +1.8V 两种供电形式；另外，采用 15 脚的 5V-2 为信号频率工作电路供电。

SVP-EX11［208］应用于长虹 CHD-3 机心，康佳 ST 系列，TCL MV23 机心等高清彩电中。SVP-EX11 引脚功能和维修数据见表2-44，对地电阻为黑笔接地，红笔测得，单位为 Ω 或 kΩ。SVP-EX11［208］在长虹 CHD-3 高清机心中的应用电路如图 2-48 和图 2-49 所示。

表 2-44 SVP-EX11［208］引脚功能和维修数据

引　　脚	符　　号	引脚功能	电压/V	电阻/Ω	备　　注
1	XTALO	时钟振荡信号输出	2.5	21.2k	
2	PAVDD1	VL1.8V 供电	1.8	8.1k	
3	MLF1	时钟振荡滤波	0.8～0.9	24.9k	外接 2700pF 滤波电容
4	PAVSS1	VL1.8V 供电地	0	0	
5	PAVDD2	VL1.8V 供电	1.8	8.0k	
6	MLF2	锁相环（PLL）滤波	0.8	30.8k	外接 2700pF 滤波电容
7	PAVSS2	VL1.8V 供电地	0	0	
8	VSSC	接地	0	0	
9	VDDC	VD1.8V 供电	1.8	8.1k	
10	AIN-HS	VGA 行同步信号输入	0.8	8.5k	
11	AIN-VS	VGA 场同步信号输入	0.75	9.7k	
12	TESTMODE	复位检测状态电阻	1.2	1.0k	
13	RESET	复位	0.18	48.5k	接 CPU（U23）的 55 脚
14	SCL	I²C 总线串行时钟线	3.0	8.7k	
15	V5SF	5V-2 供电	5.0	12.8k	
16	SDA	I²C 总线串行数据线	3.1	8.8k	
17	P-17	本机空脚	—	—	
18	FLD-O/I	荧屏显示控制输出/输入	0	58.2k	
19	VDDH	VD3.3V 供电滤波	3.3	8.5k	
20	VSSH	VD3.3V 供电地	0	0	
1、22、23	P21～P23	本机空脚	—	—	
24	AVSS33-3	AV3.3V 供电地	0	0	
25	AVDD33	AV3.3V 供电	3.3	8.5k	
26	P-26	退耦电阻	0.8	560	
27	P-27	接地	0	0	
28	P-28	TV 字符 B 输出	2.0	16.8k	送至 TDA93322H 的 30、31、32 脚
29	P-29	TV 字符 G 输出	2.0	16.9k	
30	P-30	TV 字符 R 输出	2.0	16.8k	
31	P-31	清晰度改善调制	0.7	24.6k	
32	P-32	AVSS3.3V-1 地	0	0	
33	P-33	ADVDB 3.3V 供电	3.3	8.5k	
34	P-34	行同步信号输出	1.1	28.1k	至 U25（TDA9332H）的 24 脚
35	P-35	本机空脚	—	—	
36	P-36	经 R227 后空脚	—	—	
37	P-37	场同步信号输出	0.9	30.0k	至 U25（TDA332H）的 23 脚
38	P-38	VD1.8V 供电	1.8	8.5k	
39	P-39	VD1.8V 供电地	0	0	

引　脚	符　号	引 脚 功 能	电压/V	电阻/Ω	备　注
40	P-40	VDDH 1.8V 供电	1.8	8.5k	
41	P-41	VDDH 1.8V 供电地	0	0	
42-52	P-42 ~ P-52	功能扩展接口	—	—	本机未用（空脚）
53	MD0	数据流传输信号 0	—	550	
54	VSSC	VD1.8V 供电地	0	0	
55	MD1	数据流传输信号 1	—	551	
56	MD2	数据流传输信号 2	—	551	
57	VDDM	VDDM 3.3V 供电	3.3	8.1k	
58	MD3	数据流信号传输 3	—	551	
59	DQM0	数据读写使能 0	—	545	
60	DQS0	何时读写控制时钟	—	544	
61	VSSM	VDD 供电地	0	0	
62	MD4	数据流信号传输 4	—	550	
63	VDDM	VDDM 3.3V 供电	3.3	8.1k	
64	MD5	数据流信号传输 5	—	551	
65	VSSM	VDDM 供电地	0	0	
66	MD6	数据流信号传输 6	—	550	
67	VDDC	VD1.8V 供电	1.8	8.5k	
68	MD7	数据流信号传输 7	—	551	
69	MD8	数据流信号传输 8	—	551	
70	VSSC	VD1.8V 供电地	0	0	
71	MD9	数据流信号传输 9	—	550	
72	MD10	数据流信号传输 10	—	550	
73	VDDM	VDD3.3V 供电	3.3	8.1k	
74	MD11	数据流信号传输 11	—	551	
75	DQM1	数据读写使能	—	545	
76	DQS1	何时读写时钟控制	—	545	
77	VSSM	VDDM 供电地	0	0	
78	MD12	数据流信号传输 12	—	551	
79	VDDM	VDDM 3.3V 供电	3.3	8.1k	
80	MD13	数据流信号传输 13	—	551	
81	VSSM	VDDM 供电地	0	0	
82	MD14	数据流信号传输 14	—	550	
83	VDDC	VD1.8V 供电	1.8	8.5k	
84	MD15	数据流信号传输 15	—	550	
85	MA11	列地址数据传输	—	—	本机未用（空脚）
86	VSSC	VD1.8V 供电地	0	0	
87	MA10	列地址数据传输	—	545	至帧缓存器 U4、U5
88	MA9	列地址数据传输	—	545	至帧缓存器 U4、U5
89	VDDC	VD-1.8V 供电	1.8	8.5k	
90	MA8	列地址数据传输	—	545	至帧缓存器 U4、U5

（续）

引　脚	符　号	引 脚 功 能	电压/V	电阻/Ω	备　注
91	MA7	列地址数据传输	—	545	至帧缓存器 U4、U5
92	VSSM	VDDM 供电地	0	0	
93	MA6	列地址数据传输	—	545	至帧缓存器 U4、U5
94	MA5	列地址数据传输	—	545	
95	VDDM	VDDM3.3V 供电	3.3	8.1k	
96	MA4	列地址数据传输	—	545	至帧缓存器 U4、U5
97	VSSM	VDD 供电地	0	0	
98	MA3	列地址数据传输	—	545	至帧缓存器
99	MA2	列地址数据传输	—	545	至帧缓存器
100	VDDM	VDD3.3V 供电	3.3	8.1k	
101	MA1	列地址数据传输	—	545	至帧缓存器
102	MA0	列地址数据传输	—	545	至帧缓存器
103	VSSL	VDD1.8V 供电地	0	0	
104	VDDL	VDD1.8V 供电	1.8	8.5	
105	VSSM	VDD 供电地	0	0	
106	MCK0	测试电路地	0	0	
107	$\overline{MCK0}$	测试	0	0	
108	VSSM	VDD 供电地	0	0	
109	$\overline{CS0}$	片选指令信号	0.62	6.5k	
110	VDDM	VDD3.3V 供电	3.3	8.1k	
111	$\overline{CS1}$	测试	0	0	
112	VDDM	VDD3.3V 供电	3.3	8.1k	
113	$\overline{RAS}$	行地址选通指令	0.63	6.5k	
114	$\overline{CAS}$	列地址选通指令	0.64	7.1k	
115	VDDR	VDD3.3V 供电	3.3	8.1k	
116	MVREF	基准电压	0	6.8k	
117	VSSR	基准电压地	0	0	
118	$\overline{WE}$	读写使能信号	0.45	5.58k	
119	VDDC	VD1.8V 供电	1.8	8.6k	
120	CLKE	时钟使能信号	1.38	5.9k	
121	BA0	数字存储库选择	0.59	5.81	
122	VSSC	VD1.8 供电地	0	0	
123	BA1	数据存储库选择	—	—	本机经 R151 后空脚
124	MD16	数据流传输信号 16	—	550	至帧缓存器
125	VDDC	VD1.8V 供电	1.8	8.6k	
126	MD17	数据流信号传输 17	—	550	至帧缓存器 U4、U5
127	VSSM	VDD3.3V 供电地	0	0	
128	MD18	数据流传输信号 18	—	550	至帧缓存器 U4、U5
129	VDDM	VDD3.3V 供电	3.3	8.1k	
130	MD19	数据流信号传输 19	—	550	至帧缓存器 U4、U5
131	VSSM	VDD3.3V 供电地	0	0	

（续）

引　脚	符　号	引　脚　功　能	电压/V	电阻/Ω	备　注
132	DQS2	读写控制时钟地	0	0	
133	DQM2	读写使能控制	0.41	5.65k	
134	MD20	数据流传输20	—	550	至帧缓存器 U4、U5
135	VDDM	VDD3.3V 供电	3.3	8.1k	
136	MD21	数据流信号传输21	—	550	至帧缓存器 U4、U5
137	MD30	数据流信号传输30	—	550	至帧缓存器 U4、U5
138	VSSC	VD-1.8V 地	0	0	
139	MD22	数据流信号传输22	—	550	至帧缓存器 U4、U5
140	MD23	数据流信号传输23	—	550	至帧缓存器 U4、U5
141	VDDC	VDD-1.8V 供电	1.8	8.5k	
142	MD24	数据流信号传输24	—	550	至帧缓存器 U4、U5
143	VSSM	VDD3.3V 供电地	0	0	
144	MD25	数据流信号传输25	—	550	至帧缓存器 U4、U5
145	VDDM	VDD3.3V 供电	3.3	8.1k	
146	MD26	数据流信号传输26	—	550	至帧缓存器 U4、U5
147	VSSM	VDD3.3V 供电地	0	0	
148	DQ53	读写控制时钟地	0	0	
149	DQM3	数据读写使能	1.5	5.9	
150	MD27	数据流信号传输27	—	550	至帧缓存器 U4、U5
151	VDDM	VDD3.3V 供电	3.3	8.1k	
152	MD28	数据流信号传输28	—	550	至帧缓存器 U4、U5
153	MD29	数据流信号传输29	—	550	至帧缓存器 U4、U5
154	VSSC	VD-1.8V 供电地	0	0	
155	MD31	数据流信号传输31	—	550	至帧缓存器 U4、U5
156	MPUGPIO1	片选识别端1	0.56	12.4k	
157	MPUGPIO0	片选识别端0	0.58	8.8k	
158	AD-0	CPU 控制并行总线0	1.45	5.7~5.9k	至 CPU
159	AD-1	CPU 控制并行总线1	0.94	5.8k	至 CPU
160	AD-2	CPU 控制并行总线2	1.38	5.9k	至 CPU
161	AD-3	CPU 控制并行总线3	1.45	5.88k	至 CPU
162	AD-4	CPU 控制并行总线4	2.17	5.88k	至 CPU
163	AD-5	CPU 控制并行总线5	1.56	5.88k	至 CPU
164	AD-6	CPU 控制并行总线6	2.43	5.88k	至 CPU
165	AD-7	CPU 控制并行总线7	1.53	5.88k	至 CPU
166	VDDH	VD-3.3V 供电	3.3	8.1k	
167	VSSH	VD-3.3V 供电地	0	0	
168	VDDC	VD-1.8V 供电	1.8	8.5k	
169	VSSC	VD-1.8V 供电地	0	0	
170	$\overline{RD}$	读控制指令	1.58	6.5k	
171	$\overline{WR}$	写控制指令	0.54	6.5k	
172	ALE	并行总线地址锁存指令	0.54	6.5k	

（续）

引　脚	符　号	引脚功能	电压/V	电阻/Ω	备　注
173	MPUCSON	总线控制地址选择	0.58	545	
174	INT	中断指令信号	1.47	6.5k	
175	AVDD-ADC3	AV-1.8V 供电	1.8	8.5k	
176	AVSS-ADC3	AV-1.8V 供电地	0	0	
177	VREFN-3	参考电压地	0	0	
178	VREFP-3	参考电压	0	4.8k	
179	Pr-R1	视频 Cr 信号输入	1.45	—	视频 Cr 信号输入
180	Pr-R2	PC 的 VGA-R 信号输入	0.76	—	PC 的 VGA-R 信号输入
181	AVDD-ADC2	VA-1.8V 供电	1.8	8.5k	
182	AVSS-ADC2	VA-1.8V 供电地	0	0	
183	VREFN-2	参考电压地	0	0	
184	VREFP-2	参考电压	0	4.8k	
185	C	S 端子色度信号输入	1.0	—	S 端子色度信号 C 输入
186	Pb-B1	视频 Cb 信号输入	1.1	—	视频 Cb 信号输入
187	Pb-B2	VGA 视频 B 信号输入	0.76	—	PC 的 VGA-B 信号输入
188	AVDD3-AVSP2	VL-1.8V 供电	1.8	8.5k	
189	AVSS3-BG-ASS	VL-1.8V 供电地	0	0	
190	CVBS-OUTP	视频 CVBS 输出	1.1		
191	CVBS-OUTN	视频输出电路地	0	0	
192	AVDD-ADC1	VA-1.8A 供电	1.8	8.5k	
193	AVSS-ADC1	VA-1.8V 供电地	0	0	
194	VREFN-1	参考电压电路地	0	0	
195	VREFP-1	参考电压	0	4.8k	
196	CVBS1	TV 状态视频信号输入	1.06		TV 状态电视信号输入
197	CVBS2	AV2 状态信号输入	1.1		AV 状态信号输入
198	CVBS3	AV/S-Y 信号输入	0.9		AV 状态 S-Y 信号输入
199	AIN N1	视频电路地 1	0	0	
200	Y-G1	Y1、Y2 亮度信号输入	0.9		
201	AIN N2	视频电路地 2	0	0	
202	Y-G2	VGA 视频 G 信号输入	0.77		PC 的 VGA-G 信号输入
203	AIN N3	视频电路地 3	0	0	
204	PDVDD	VL-1.8V 供电	1.8	8.5k	
205	PDVSS	VL-1.8V 供电地	0	0	
206	PAVDD	VL-1.8V 供电	1.8	8.5k	
207	PAVSS	VL-1.8V 供电地	0	0	
208	XTALI	时钟晶振信号输入	2.1	21.8	

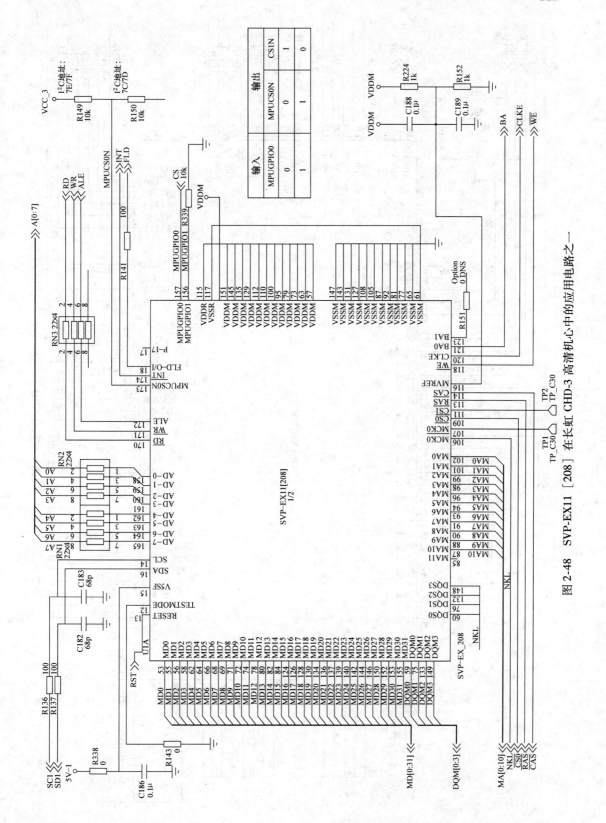

图 2-48 SVP-EX11 [208] 在长虹 CHD-3 高清机心中的应用电路之一

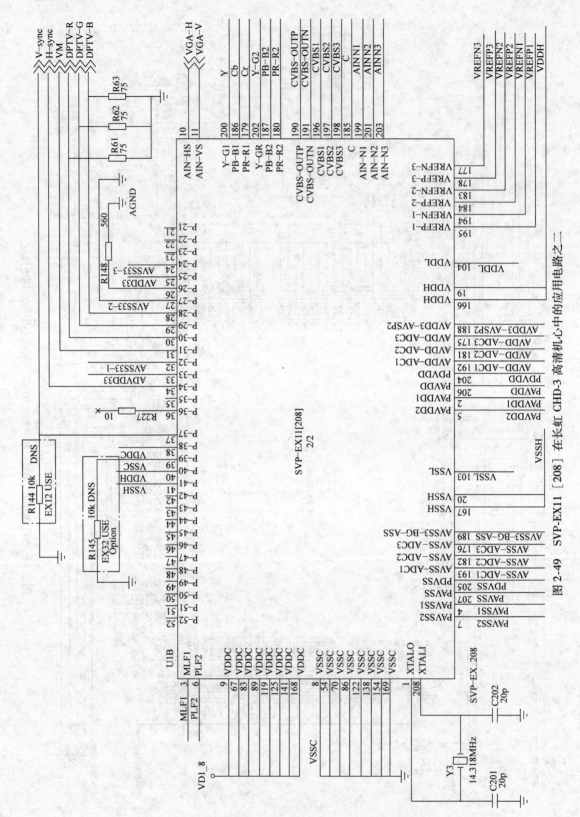

图 2-49 SVP-EX11［208］在长虹 CHD-3 高清机心中的应用电路之二

2. 2. 33　SVP-CX12 视频处理与变频电路

SVP-CX12 为新型视频处理与变频电路。它采用 208 脚 PQFP 形式，其内部集成了很多的相关单元电路，主要单元电路有三路 HDTV（YPbPr 和 YCbCr）模拟信号输入接口电路，三路 RGB 模拟信号输出接口电路，图像信号识别电路，TV/AV 信号切换开关电路，3D 梳状滤波器电路，亮度色度编解码电路，VGA 信号自动识别、接收、处理电路。对于画质改善方面，设置有动态亮色改善和速度调制电路，动态梳状滤波与运动检测电路，边沿去齿处理电路，去隔行扫描与动态伽玛校正电路，动态黑电平延伸与亮度对比度调整电路，动态锯齿滤波和帧转换率控制电路，动态白峰校正和动态色混同控制电路等。

SVP-CX12 应用于长虹 CHD-6 机心，康佳 TT 系列，海信 SVP 机心，厦华 TU、TW 系列，TCL MV23 机心等高清彩电中。SVP-CX12 引脚功能与维修数据见表 2-45，对地电阻为黑笔接地，红笔测得，单位为 kΩ。SVP-CX12［208］在长虹 CHD-6 高清机心中的应用电路如图 2-50 和图 2-51 所示。

表 2-45　SVP-CX12 引脚功能和维修数据

引　脚	符　号	功　能	开/待机电压/V	黑地红测电阻/kΩ	备　注
1	PAVSS2	PAV 地	0	0	
2	PLF2	锁相环滤波	0.8	—	
3	PAVDD2	PAV1.8V 供电	1.8	4.8	
4	ADVDD33	AD3.3V 供电	3.3	8.1	
5	AVSS33	AV3.3V 供电地	0	0	
6	AVSS33	AV3.3V 供电地	0	0	
7	VM	速度调制	—		
8	R	视频 Pr-R 信号输出	1.82		
9	G	视频 Y1-G 信号输出	1.90		
10	B	视频 Pb-B 信号输出	1.88		
11	IRSET	RGB 输出直流调整	1.80	1.0	外接 R11
12	AVDD33	VD3.3V 供电	3.3	4.8	
13	AVSS33	VD3.3V 地	0	0	
14	P14/HSG/VDDC	行同步脉冲信号输入	2.1	5.6	
15	P15/VSG/VSSC	场同步脉冲信号输入	2.2	5.6	
16、17、18	P16/P17/P18	未用（空脚）	—		（3 位）
19、20	DP-VS/DP-HS	行、场同步信号输入			本机未用（空脚）
21	DP-DE-PLD	未用（空脚）	—		
22	VDDC	VD1.8V 供电	1.8	4.4	
23	VSSC	VD1.8V 地	0	0	
25、26、27 28、24	PD23 ~ PD19	功能扩展 I/O 接口			本机未用（空脚）（5 位）
29	VDDH	VD3.3V 供电	3.3	4.8	
30	VSSH	VD3.3V 供电地	0	0	
31、32、33、34、35、36、37	PD18-PD12	功能扩展 I/O 接口	—		本机未用（空脚）（7 位）
38	DP-CLK	空脚			（未用）
39、40、41	PD11 ~ PD9	功能扩展 I/O 接口	—		本机未用（空脚）（3 位）
42	VDDC	VD1.8V 供电	1.8	4.4	
43	VSSC	VD1.8V 供电地	0	0	
44 ~ 52	PD8 ~ PD0	功能扩展 I/O 接口	—		本机未用（空脚）（8 位）
53	VDDC	VD1.8V 供电	1.8	4.4	

（续）

引　脚	符　号	功　能	开/待机电压/V	黑地红测电阻/kΩ	备　注
54	VSSC	VD1.8V 供电地	0	0	
55	PWM0	脉宽调制输出	—	—	本机未用（空脚）
56	INTN	中断接口	—	—	本机未用（空脚）
57	SCL	I^2C 总线串行时钟线	3.2	5.82	
58	SDA	I^2C 总线串行数据线	3.2	6.8	
59	GPIO1	总线控制模式选择	0/0	4.6	
60	GPIO0	总线控制模式选择	3.2/0	5.4	
61	CS	片选指令	0.58	6.5	
62	WRB	写控制指令	0.54	6.5	
63	RDB	读控制指令	1.58	6.5	
64～71	ADDR0～ADDR7	8 位地址总线	—	—	本机未用（空脚）（8 位）
72	VDDH	VDDH 供电 3.3V	3.3	4.8	
73	VSSH	VDDH 供电地	0	0	
74	VDDC	VDDC 供电 1.8V	1.8	4.4	
75	VSSC	VDDC 供电地	0	0	
76、77			1.53/2.43	5.88	
78、79	AD-7～AD-0	8 路并行总线输	1.56/2.17	5.88	
80、81		入输出 1～8	1.45/1.3	5.88	
82、83			1.45/0.94	5.88	
84	ALE	并行总线	0.54	6.5	
85	V5SF	5V-1 供电	5.0	4.8	
86	RESET	复位信号输入	0.17	—	
87	DQM3	数据读写使能 3	1.5	5.9	
88	MD31	视频变频数据信号 31	1.54	5.84	
89	MD30	视频变频数据信号 30	1.3	5.84	
90	MD29	视频变频数据信号 29	1.2	5.87	
91	MD28	视频变频数据信号 28	1.36	5.85	
92	MD27	视频变频数据信号 27	1.23	5.84	
93	MD26	视频变频数据信号 26	1.38	5.85	
94	MD25	视频变频数据信号 25	1.3	5.86	
95	MD24	视频变频数据信号 24	1.51	5.85	
96	VDDC	VD1.8V 供电	1.8	4.4	
97	VSSC	VD1.8V 供电地	0	0	
98	VDDM	VDD3.3V 供电	3.3	4.8	
99	VSSM	VDD3.3V 供电地	0	0	
100	MD23	视频变频数据信号 23	1.14	5.88	
101	MD22	视频变频数据信号 22	1.59	5.89	
102	MD21	视频变频数据信号 21	1.36	5.88	
103	MD20	视频变频数据信号 20	1.21	5.87	
104	MD19	视频变频数据信号 19	1.22	5.87	
105	MD18	视频变频数据信号 18	1.66	5.90	
106	MD17	视频变频数据信号 17	1.38	5.97	
107	MD16	视频变频数据信号 16	1.49	5.89	
108	VDDM	VDDM 供电 3.3	3.3	4.8	
109	DOM2	数据读写使能信号	1.5	5.9	
110	VSSM	VDDM 供电地	0	0	
111	MCK	视频变频时钟信号	1.5	5.8	

引　　脚	符　　号	功　　能	开/待机电压/V	黑地红测电阻/kΩ	备　　注
112	CLKE	时钟使能信号	1.38	5.9	
113	MA9	视频变频地址信号9	0.45	5.75	
114	MA8	视频变频地址信号8	0.44	5.75	
115	MA7	视频变频地址信号7	0.43	5.73	
116	MA6	视频变频地址信号6	0.45	5.75	
117	MA5	视频变频地址信号5	0.44	5.73	
118	MA4	视频变频地址信号4	0.44	5.75	
119	VDDC	VD1.8V 供电	1.8	4.4	
120	VSSC	VD 供电地	0	0	
121	MA3	视频变频地址信号3	0.43	5.73	
122	MA2	视频变频地址信号2	0.05	5.88	
123	MA1	视频变频地址信号1	0.04	5.88	
124	MA0	视频变频地址信号0	0.44	5.89	
125	MA10	视频变频地址信号10	0.43	5.88	
126	MA11	视频变频地址信号11	2.16	5.75	
127	BA1	地址库数据选择1	—	—	本机未用（空脚）
128	BA0	地址库数据选择0	0.86	5.99	
129	CSOB	片选指令信号	0.48	5.81	
130	RASB	行地址指令信号	0.47	5.75	
131	CASB	列地址指令信号	0.48	5.4	
132	WEB	读写使能信号	0.45	5.58	
133	DQMI	数据读写使能	0.41	5.65	
134	VDDM	VDD3.3V 供电	3.3	4.8	
135	VSSM	VDD3.3V 供电地	0	0	
136	VDDC	VD1.8V 供电	1.8	4.4	
137	VSSC	VD1.8V 供电地	0	0	
138	MD15	视频变频数据信号15	1.63	5.87	
139	MD14	视频变频数据信号14	1.29	5.85	
140	MD13	视频变频数据信号13	1.18	5.84	
141	MD12	视频变频数据信号12	1.31	5.85	
142	MD11	视频变频数据信号11	1.21	5.83	
143	MD10	视频变频数据信号10	1.28	5.87	
144	MD9	视频变频数据信号9	1.33	5.85	
145	MD8	视频变频数据信号8	1.49	5.86	
146	VDDM	VDDM 3.3V 供电	3.3	4.8	
147	VSSM	VDDM 3.3V 供电地	0	0	
148	MD7	视频变频数据信号7	1.21	5.72	
149	MD6	视频变频数据信号6	1.36	5.72	
150	MD5	视频变频数据信号5	1.59	5.72	
151	MD4	视频变频数据信号4	1.14	5.71	
152	MD3	视频变频数据信号3	1.44	5.69	
153	MD2	视频变频数据信号2	1.34	5.75	
154	MD1	视频变频数据信号1	1.59	5.73	
155	MD0	视频变频数据信号0	1.19	5.75	
156	DQM0	数据读写使能	0.41	5.65	
157	TESTMODE	测试状态电阻	1.20	1.0	
158	AIN-HS	VGA 行同步信号输入	0	8.5	
159	AIN-VS	VGA 场同步信号输入	0	9.7	

（续）

引 脚	符 号	功 能	开/待机电压/V	黑地红测电阻/kΩ	备 注
160	VDDC	VD1.8V 供电	1.8	4.4	
161	VSSC	VD1.8V 供电地	0	0	
162	CVBS-OUT2	视频信号输出 2	0	18.1	至视频输出接口
163	CVBS-OUT1	视频信号输出 1	0	21.2	至视频输出接口
164	AVSS-OUTBUF	AV3.3V 供电地	0	0	
165	ADD3-OUTBUF	AVDD3.3V 供电	3.3	8.0	
166	AVDD3-BG-ASS	AVDD3.3V 供电地	0	0	
167	AVSS-BG-ASS	AVDD3.3V 供电地	10.0	0	
168	AVDD3-ADC1	AVDD3.3V 供电	3.3	8.0	
169	CVBS1	TV 视频信号输入	0.82	28.6	
170～173	FS2/FS1/FB2/FB1	空脚	—		
174	VREFP1	正基准电压	0	—	
175	VREFN1	基准电压地	0	—	
176	AVSS1	AV1.8V 供电地	0	0	
177	AVDD1	AV1.8V 供电	1.8	4.4	
178	AVDD4	AV1.8V 供电	1.8	4.4	
179	AVSS4	AV1.8V 供电地	0	0	
180	Y-G1	亮度信号 Y 输入 1	0	18.1	S 亮度信号输入
181	Y-G2	亮度信号 Y 输入 2	0	—	本机未用（空脚）
182	Y-G3	亮度信号 Y 输入 3	0	19.6	
183	Pc-G	VGA-G 信号输入	0	18.3	
184	VREFP2	正基准电压 2	0	—	
185	VREFN2	基准电压地 2	0	—	
186	AVDD2	AV1.8V 供电	1.8	4.4	
187	AVSS2	AV1.8V 供电地	0	0	
188	Pr-R1	Pr 视频信号输入 1	0	20.5	
189	Pr-R2	Pr 视频信号输入 2	—	—	本机未用（空脚）
190	Pc-R3	Pr 视频信号输入 3	0	19.1	CVBS3 视频输入
191	Pc-R	VGA-R 信号输入	0	18.1	
192	C	色度信号输入	0	18.8	S 端子彩色信号输入
193	AVDD3	AV1.8V 供电	1.8	4.4	
194	AVSS3	AV1.8V 供电地	0	0	
195	AVDD3-ADC2	AV3.3V 供电	3.3	4.8	
196	Pb-B1	视频 Pb 信号输入 1	0	20.1	
197	Pb-B2	视频 Pb 信号输入 2	—	—	本机未用（空脚）
198	Pb-B3	视频 Pb 信号输入 3	0	18.9	CVBS2 视频输入
199	Pc-B	VGA-B 信号输入	0	18.5	
200	PDVDD	VL1.8V 供电	1.8	4.4	
201	PDVSS	VL1.8V 供电地	0	0	
202	PAVDD	VL1.8V 供电	1.8	4.4	
203	PAVSS	VL1.8V 供电地	0	0	
204	XTAL0	时钟振荡信号输出	2.1	21.2	
205	XTALI	时钟振荡信号输入	2.2	20.8	
206	PAVSS1	VL1.8V 供电地	0	0	
207	MLF1	时钟振荡滤波	0.7～0.8	28.16	
208	PAVDD1	VL1.8V 供电	1.8	4.4	

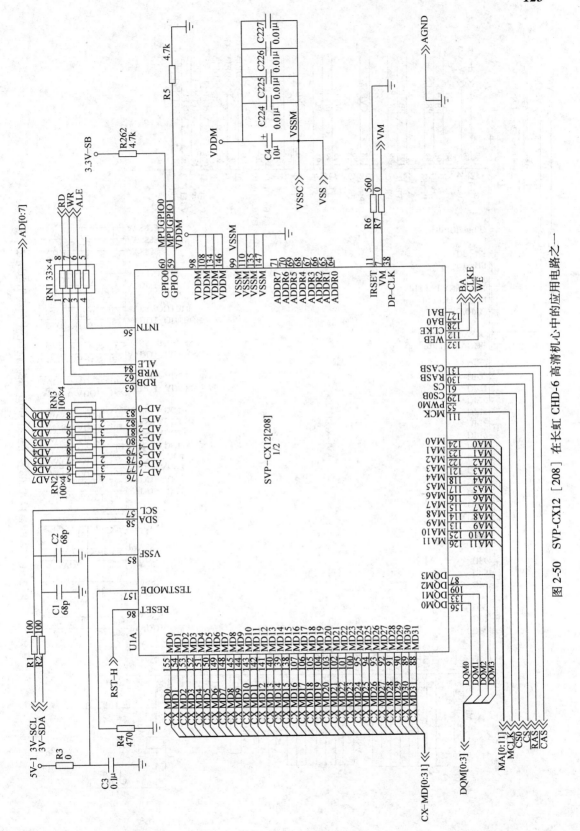

图 2-50　SVP-CX12 [208] 在长虹 CHD-6 高清机心中的应用电路之一

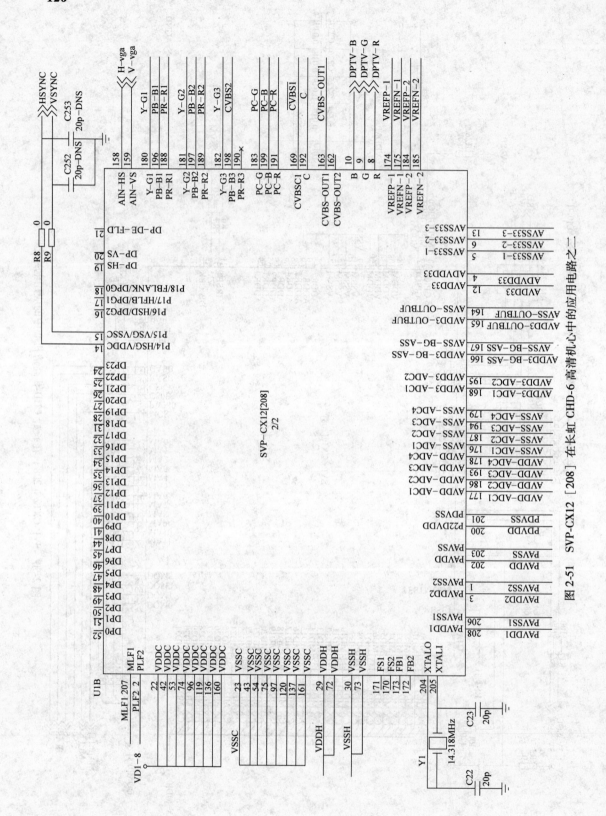

图 2-51 SVP-CX12 [208] 在长虹 CHD-6 高清机心中的应用电路之二

2.2.34 TA1218AN 音频、视频切换电路

TA1218AN 是东芝公司开发的彩电专用音频、视频切换电路。内含 5 通道视频输入，2 通道视频输出；5 通道音频输入，3 通道音频输出；各组切换开关受总线系统的控制。

TA1218AN 应用在熊猫 C3488 彩电，海信 SIEMENS 倍频机心，海尔 MK14 机心，创维 5D30、5M01、5M10、6M20、6M23 机心等高清彩电中。

TA1218AN A 引脚功能和在熊猫 C3488 彩电中应用时的维修数据见表 2-46。TA1218AN AV/TV 内部电路框图与信号流程如图 2-52 所示。

表 2-46 TA1218AN AV/TV 引脚功能和维修数据

引脚	符号	功能	电压/V		对地电阻/kΩ	
			有信号	无信号	红笔测	黑笔测
1	L OUT2	子画面单路音频输出（L）	4.0	4.0	0.8	1.1
2	R OUT2	音频输出（R）	4.0	4.0	0.8	1.1
3	DET IN	视频输入	6.9	7.3	0.8	1.1
4	DET SELECT	视频输出	3.4	3.4	0.7	10
5	L IN TV	TV 音频输入	3.9	4.0	0.8	1.0
6	R IN TV	TV 音频输入	4	4.0	0.8	1.0
7	V IN TV	TV 视频输入	4.5	4.6	0.9	1.0
8	L IN V1	子高频头音频输入	4.0	4.0	0.9	1.0
9	R IN V1	音频信号输入	4.0	4.0	0.8	1.0
10	V IN V1	子高频头视频输入	4.6	4.6	0.8	1.0
11	L IN S1	S 端子音频输入	4.0	4.0	0.8	1.0
12	Y/V IN S1	S 端子1亮度或视频输入	4.6	4.6	0.8	1.0
13	R IN SI	S 端子1音频输入	4.0	4.0	0.8	1.0
14	C IN S1	S 端了1色度输入	0	0	0.8	1.0
15	L IN S2	S 端子2音频输入	4.0	4.0	0.8	1.0
16	Y/V IN S2	S 端子2亮度或视频输入	4.6	4.6	0.8	1.0
17	R IN S2	S 端子2音频信号输入	4.0	4.0	0.8	1.0
18	C IN S2	S 端子2色度信号输入	4.0	4.0	0.8	1.0
19	I/O1	输入/输出1	0	0	0.7	1.0
20	I/O2	输入/输出2	0.1	0.1	0.7	1.0
21	I/O3	输入/输出3	0.1	0.1	0.7	1.0
22	I/O4	输入/输出4	0.1	0.1	0.8	1.0
23	GND	接地	0	4.0	0	0
24	SCL	I²C 总线串行时钟线	4.0	4.0	0.6	1.1
25	SDA	I²C 总线串行数据线	4.0	—	0.6	1.1
26	SYNC OUT	复合同步信号输出	4.2	4.1	0.7	1.0
27	ADDRESS	接地	0	0	0	0
28	V IN V2	AV 端子2视频输入	4.6	4.6	0.8	1.0
29	L IN V2	AV 端子2音频输入	4.0	4.0	0.8	1.0
30	Y IN	亮度信号输入	4.0	4.1	0.8	1.0
31	R IN V2	AV 端子2音频输入	4.0	4.0	0.8	1.0
32	C IN	色度输入	4.0	4.0	0.8	1.0
33	VCC	电源	9.0	9.0	0.1	0.1
34	C OUT	色度输出	3.7	3.7	0.7	1.0
35	R OUT1	音频1输出	4.0	4.0	0.7	1.0
36	Y OUT	亮度输出	3.7	4.6	0.7	1.0

（续）

引脚	符 号	功 能	电压/V		对地电阻/kΩ	
			有信号	无信号	红笔测	黑笔测
37	L OUT1	音频1输出	4.0	4.0	0.7	1.0
38	V OUT1	视频1输出	4.4	4.4	0.7	1.0
39	R OUT TV	TV音频输出	4.0	4.0	0.8	1.0
40	L OUT TV	TV音频输出	4.0	4.0	0.8	1.0
41	I/O5	输入/输出5	0	0	0.8	1.0
42	V OUT2	子画面视频输出	4.4	4.4	0.7	1.0

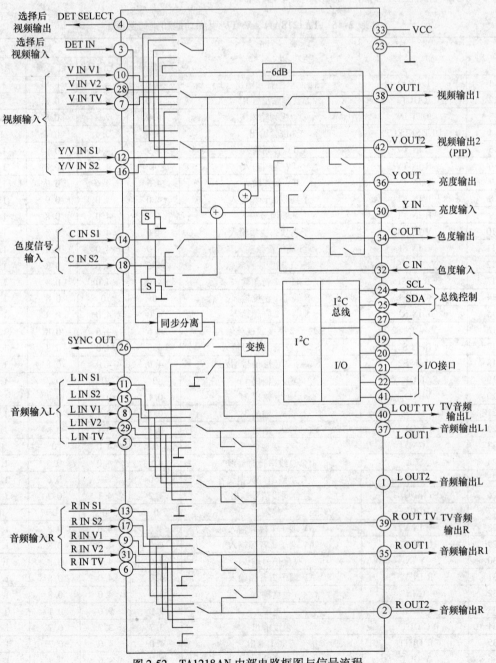

图2-52　TA1218AN内部电路框图与信号流程

2.2.35 TA1219AN/N 音频、视频切换电路

TA1219AN、TA1219N 是东芝公司开发的彩电专用音频、视频切换电路。内含 5 通道视频输入，1 通道视频输出；5 通道音频输入，2 通道音频输出；各组切换开关受总线系统的控制。

TA1219AN、TA1219N 应用在海信 HDTV-1、HDTV-2、TRIDENT 机心等高清彩电中。TA1219AN、TA1219N 引脚功能和在海信 TF-2998D 彩电中应用时的维修数据见表 2-47。TA1219AN、TA1219N 内部电路框图与信号流程如图 2-53 所示。

表 2-47 TA1219AN、TA1219N 引脚功能和维修数据

引　脚	符　号	功　　能	电压/V	电阻/kΩ	
				红 笔 测	黑 笔 测
1	DET IN	检测输入	7.0	7.1	9.5
2	DET SLCT	检测输出	3.8	7.1	9.5
3	L TVIN	TV 左路音频输入	5.0	7.5	9.5
4	R TVIN	TV 右路音频输入	5.0	7.5	9.5
5	V TVIN	TV 视频输入	5.2	7.5	9.5
6	L V1IN	AV1 左路音频输入	5.0	7.5	9.5
7	R V1IN	AV1 右路音频输入	5.0	7.5	9.5
8	V V1IN	AV1 视频输入	5.2	7.5	9.5
9	L S1IN	SVHS1 左路音频输入	5.0	7.5	9.5
10	Y S1IN	SVHS1 亮度输入	5.2	7.5	9.5
11	R S1IN	SVHS1 右路音频输入	5.1	7.5	9.5
12	C S1IN	SVHS1 色度输入	0	7.5	9.5
13	L S2IN	SVHS2 左路音频输入	5	7.5	9.5
14	Y S2IN	SVHS2 亮度输入	5.2	7.5	9.5
15	R S2IN	SVHS2 右路音频输入	5.0	7.5	9.5
16	C S2IN	SVHS2 色度输入	0	0	0
17	I/O1	输入/输出 1	0	7.8	10
18	I/O2	输入/输出 2	2	7.8	10
19	GND	接地	0	0	0
20	SCL	I²C 总线串行时钟线	4.1	5.9	12
21	SDA	I²C 总线串行数据线	4	5.9	12
22	SYNC OUT	同步信号输出	4.4	6.2	9
23	ACPS	一般不用，接地	0	0	0
24	V V2IN	AV2 视频输入	5.2	7.2	9.5
25	L V2IN	AV2 左路音频输入	5.2	6.8	9.1
26	Y IN	亮度信号输入	5.1	7.4	9.6
27	R V2IN	AV2 右路音频输入	5.2	6.8	9
28	C IN	色度信号输入	5.1	7	9.5
29	VCC	供电	9.3	0	0.4
30	C OUT1	色度信号输出	3.8	2.5	2.8
31	R OUT1	右路音频输出	4.1	4.5	4.5
32	Y OUT1	亮度信号输出	3.8	2.4	2

（续）

引　脚	符　号	功　　能	电压/V	电阻/kΩ	
				红笔测	黑笔测
33	L OUT1	左路音频输出	4.1	4.5	4.5
34	V OUT1	视频信号输出	4.5	7	8.5
35	R OUT TV	TV 右路音频输出	4.1	6.8	9.5
36	L OUT TV	TV 左路音频输出	4.1	6.8	9.5

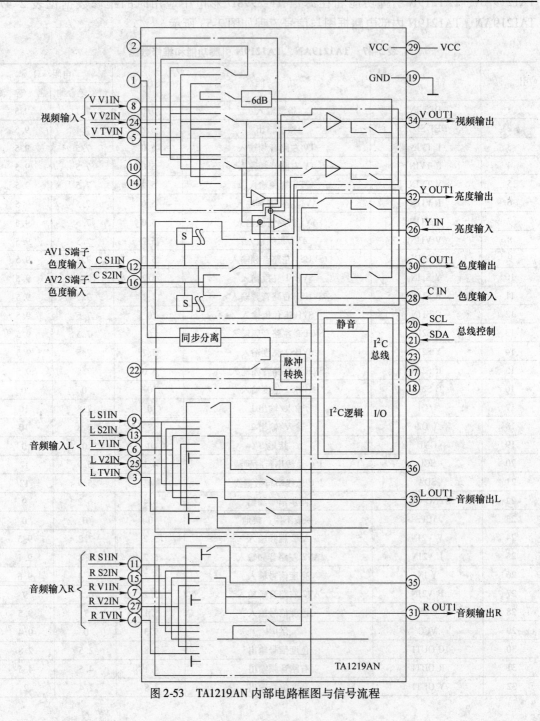

图 2-53　TA1219AN 内部电路框图与信号流程

2.2.36 TA8747N 音频、视频切换电路

TA8747N 是东芝公司开发的 AV/TV 音频、视频切换电路。音频切换部分含 1 组电视音频输入，4 组外部音频输入，左右声道分别输出，具有静音功能；图像切换部分含 1 组电视信号输入，四组外部视频输入，包括 3 路 S-VHS 信号和 1 路外部视频信号输入，1 路监视视频输出和 1 路 Y/C 输出，具有视频前位功能。

TA8747N 应用在三洋 CMX2940CK 彩电，TCL HDTV、DTV、NDSP 机心等高清彩电中。TA8747N 引脚功能和在三洋 CMX2940CK、TCL HID348SB. E 彩电中应用时的维修数据见表 2-48。TA8747N 应用电路与信号流程如图 2-54 所示。

表 2-48   TA8747N 引脚功能和维修数据

引 脚	三洋 CMX2940CK			TCL HID348SB. E		
	符 号	功 能	电压/V	符 号	功 能	电压/V
1	VS1	视频输入 1	4.9	V	视频输入 1	4.7
2	LS1	左路音频输入 1	5.2	L	左路音频输入 1	5.0
3	YS1	亮度输入 1	4.9	Y	亮度输入 1	4.7
4	RS1	右路音频输入 1	5.2	R	右路音频输入 1	5.0
5	CS1	色度输入 1	0.5	C	色度输入 1	0.4
6	SW1	开关 1	4.8	SW1	开关 1	5.9
7	VS2	视频输入 2	4.9	V	视频输入 2	4.7
8	LS2	左路音频输入 2	5.2	L	左路音频输入 2	5.0
9	YS2	亮度输入 2	4.8	Y	亮度输入 2	4.7
10	RS2	右路音频输入 2	5.2	R	右路音频输入 2	5.0
11	CS2	色度输入 2	0	C	色度输入 2	0.1
12	SW2	开关 2	4.8	SW2	开关 2	5.9
13	VS3	视频输入 3	0	V	视频输入 3	4.7
14	LS3	左路音频输入 3	5.2	L	左路音频输入 3	5.0
15	YS3	亮度输入 3	4.9	Y	亮度输入 3	4.7
16	RS3	右路音频输入 3	5.2	R	右路音频输入 3	5.0
17	CS3	色度输入 3	0.3	C	色度输入 3	0.4
18	SW3	开关 3	9.1	SW3	开关 3	9.8
19	LE1	左路音频输入 1	5.2	空		—
20	RE1	右路音频输入 1	5.2	空		—
21	VE1	视频输入 1	4.8	空		—
22	MUTE	静音控制	0	MUTE	静音控制接地	0
23	C IN	色度输入	4.8	C I/P	色度输入	4.7
24	GND	接地	0	GND	接地	0
25	Y IN	亮度输入	4.8	Y I/P	亮度输入	4.7
26	A-L-OUT	左路音频输出	3.8	L OUT	左路音频输出	3.8
27	A-R-OUT	右路音频输出	3.8	R OUT	右路音频输出	3.8
28	V OUT	视频输出	3.5	AV OUT	视频输出	3.8
29	TV-AV-S Y/C	TV. AV. S 输入Y/C 模式输出控制	0	MODE OUT	Y/C 模式输出控制	空
30	C	钳位电容器	4.0	CLAMP	钳位电容器	3.0
31	Y OUT	亮度输出	3.5	Y OUT	亮度输出	3.3
32	VCC	电源供电	8.8	VCC	电源供电	8.2
33	C OUT	色度输出	3.5	C OUT	色度输出	3.3
34	TV-A IN R	电视右路音频输入	3.5	R IN	右路音频输入	5.0
35	TV-V IN	电视视频输入	4.8	Y IN	视频输入	4.7
36	TV-A IN L	电视左路音频输入	5.2	L IN	左路音频输入	5.0

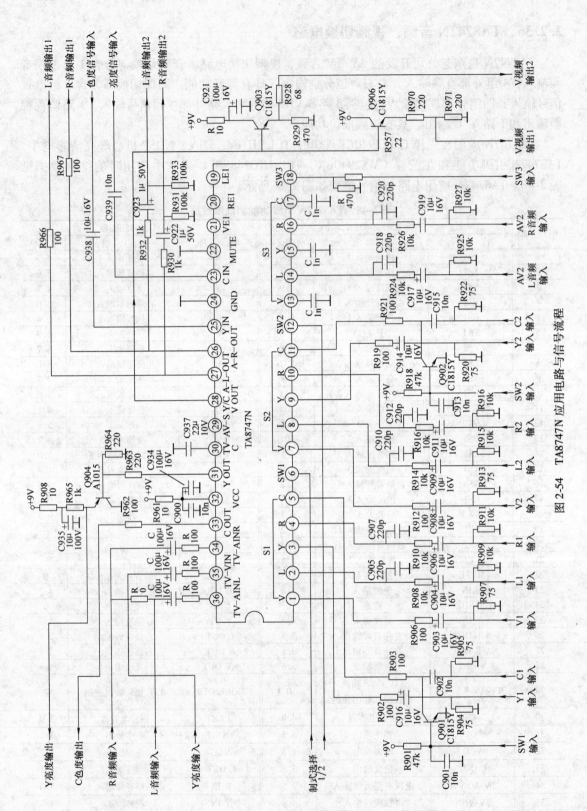

图 2-54　TA8747N 应用电路与信号流程

2.2.37　TB1306 视频与扫描处理电路

TB1306 是东芝公司生产的预视放和行场小信号处理电路，一是对视频信号进行亮度、对比度、色度调节，黑电平延伸处理，然后从 34～36 脚输出三基色信号，送往末级视放电路。二是对 3、4 脚输入的行、场同步信号进行处理，对枕形失真、梯形失真等几何失真进行校正，从 11、12 脚输出行、场激励信号。

TB1306 应用于康佳 ST、TM 系列，海信 GS 二代、HY60、SVP 机心，海尔 GENESIS 机心，创维 6T19 机心，厦华 TR、TU、TW 系列，TCL HY11、MS12、MS22 机心等高清彩电中，应用时型号尾部加有 F、FG、AFG 等字符。TB1306FG 引脚功能和维修数据见表 2-49。TB1306 在海信 HY60 高清机心中的应用电路如图 2-55 所示。

表 2-49　TB1306FG 引脚功能和维修数据

引　脚	符　号	功　能	电压/V	对地电阻/kΩ	
				黑笔测	红笔测
1	G/Y IN	G/Y 输入	0.3	13.0	10.5
2	B/CB/PB IN	B/Cb 输入	0.3	13.0	10.5
3	VD IN	场同步输入	0.1	8.0	8.0
4	HD IN	行同步输入	0.3	8.0	8.0
5	SCP IN	行扫描的沙堡脉冲输入	1.1	10.0	9.5
6	DVCC	3.3V 电源	3.3	1.5	1.5
7	AFC FILTER	AFC 检测的滤波电路	6.2	12.5	10.5
8	HVCO	行扫描压控振荡器	—	12.5	10.5
9	V-EHT IN	场极高压检测输入	4.5	11.0	10.5
10	FBP IN	行 AFC 和消隐脉冲输入	1.0	12.0	10.5
11	H OUT	行扫描输出	4.0	2.0	2.0
12	DVSS	接地	0	0	0
13	H-ENT IN	行扫描电流检测输入	4.5	10.5	9.5
14	H-AFC COMP	行交流分量波动的补偿	2.2	11.0	10.0
15	H-FREQ SW1	行频控制开关 1	7.3	13.0	10.0
16	H-FREQ、SW2	行频控制开关 2	4.3	10.0	9.0
17	DEF VCC	9V 供电电源	9.0	1.0	1.0
18	EW OUT	枕形失真校正输出	1.9	13.0	10.0
19	EW FILTER	枕形失真校正滤波	—	0	0
20	EW FB	枕形失真校正反馈脚	4.0	4.5	4.5
21	DEF GND	接地	0	0	0
22	V OUT	场扫描（＋）输出	4.8	6.0	6.0
23	V-AGC FILTER	场 AGC 滤波	2.1	12.0	10.0
24	V-RAMP-FILTER	场锯齿波滤波	3.1	13.0	10.0
25	HST	行扫描软启动电容	1.4	13.0	10.0
26	SDA	总线串行数据线	4.7	4.0	3.5
27	SCL	总线串行时钟线	4.2	4.0	3.5
28	YS1	字符位置控制脚	0	0.1	0.1
29	YS2	字符位置控制脚	0	0	0
30	OSD B IN	蓝字符输入	1.0	13.0	10.0
31	OSD G IN	绿字符输入	1.0	13.0	10.0
32	OSD R IN	红字符输入	1.0	13.0	10.0
33	TEXT VCC1	视频电路 9V 供电	9.0	1.0	1.0
34	B OUT	蓝基色输出	1.7	3.0	3.0
35	ACB B S/H	绿基色输出	1.6	3.0	3.0
36	G OUT	红基色输出	1.9	3.0	3.0
37	ACB G S/H	蓝基色样本和保持	0.7	13.0	10.0

（续）

引　　脚	符　　号	功　　能	电压/V	对地电阻/kΩ	
				黑　笔　测	红　笔　测
38	R OUT	绿基色样本和保持	0.7	13.0	10.0
39	ACB R S/H	红基色样本和保持	0.6	13.0	10.0
40	TEST GND	测试接地	0	0	0
41	IK IN	CKT 的反馈信号输入	9.0	1.0	1.0
42	SPOT KILLER	亮点控制	7.5	25.0	10.5
43	ABCL IN	自动亮度/色度信号输入	4.1	10.0	10.5
44	AVM OUT	扫描速度调制输出	4.1	13.0	10.5
45	APL FILTER	自动锁相滤波	2.3	13.0	10.5
46	TEXT VCC2	视频电路供电 5V	4.9	1.5	1.5
47	BS FILTER	放大器滤波电路	1.8	13.0	10.5
48	R/CR/PR IN	R/Cr/Pr 输入	0.3	13.0	10.5

2.2.38　TDA12063H 超级 TV 单片电路

TDA12063H 是飞利浦公司开发的第三代集微处理器与彩电小信号处理电路为一体的超级芯片，除了保留 TDA938X 系列电路的全部功能外，在 TV 部分增设了数字梳状滤波器Y/C 分离（4H/2H）和数字音频处理电路，在微处理器部分增设了 D-BUS 接口，同时 ROM 的内存容量增大到 256kbit、RAM 容量增大到 8kbit，时钟振荡频率由原来的 12MHz 提高到 24.576MHz。其存储量更大、运行速度更快。

TDA12063H 应用在 TCL MS21、MS25 机心，创维 6P28 机心等高清彩电中，用于 TV 信号的接收和处理。TDA12063H 引脚功能和在 TCL MS21 机心应用时的维修数据见表 2-50。

表 2-50　TDA12063H 引脚功能和维修数据

引　　脚	符　　号	功　　能	电压/V		电阻/Ω	
			动　　态	静　　态	正　　向	反　　向
1	VSSP2	地	0	0	0	0
2	VSSC4	数字地	0	0	0	0
3	VDDC4	数字电源 1.8V	1.8	1.8	4.2	4.2
4	VDDA3	数字电源 3.3V	3.3	3.3	4.4	5.9
5	VREF POS LSL	SCDA3.3V 电源	3.3	3.3	4.4	5.9
6	VREF NEGHPL	SCDA 地	0	0	0	0
7	VREF POS LSL	SCDA3.3V 电源	3.3	3.3	4.4	5.9
8	VREF NEGHPL	SCDA 地	0	0	0	0
9	VREF POSHPR	SCDA3.3V 电源	3.3	3.3	4.4	5.9
10	XTALIN	晶体振荡时钟输入	1.6	1.5	6.3	19.1
11	XTALOUT	晶体振荡时钟输出	1.6	1.6	6.5	17.6
12	VSSA1	时钟 VCO 地	0	0	0	0
13	未用		—	—	—	—
14	DECDIG	数字电路去耦	4.8	4.8	7.2	10.8
15	VP1	TV 处理部分电源 5V	5.0	5.0	0.9	1.0
16	PH2LF	行相位 PLL2 滤波	2.8	2.8	8.5	12.4
17	PH2LF	行相位 PLL2 滤波	2.8	2.8	8.5	12.4
18	GND1	TC 处理部分地	0	0	0	0
19	SECPLL	SECAM-PLL 鉴频滤波	2.3	2.3	8.8	12.7
20	DECBG	外接去耦电路	3.9	3.9	7.5	11.8

（续）

引 脚	符 号	功 能	电压/V		电阻/Ω	
			动 态	静 态	正 向	反 向
21	AVL	AVL 电容	3.2	3.1	9.0	12.8
22	VDRB	场激励脉冲输出 B	0.7	0.7	1.5	1.8
23	VDRA	场激励脉冲输出 A	0.7	0.7	1.5	1.8
24	VIF IN1	图像中频输入 1	1.9	1.5	8.6	12.3
25	VIF IN2	图像中频输入 2	1.9	1.5	8.6	12.3
26	VSC	外接场锯齿波形成电容	3.5	2.4	8.6	12.3
27	IREF	参考电流设置	3.6	3.5	8.8	10.6
28	IFGND	中频部分地	0	0	0	0
29	SIF IN1	SIF 输入 1	1.9	1.6	8.8	12.3
30	SIF IN2	SIF 输入 2	1.9	1.6	8.8	12.3
31	AGCOUT	高放自动增益控制输出	15	3.1	5.3	7.5
32	EHTO	过电压保护输入	1.8	1.6	8.6	9.6
33	REFO	参考电平输出	0.06	0.05	7.4	8.9
34	AUDIOIN5L	第 5 组左音频信号输入	3.6	3.6	9.1	12.7
35	AUDIOIN5R	第 5 组右音频信号输入	3.6	3.6	9.1	12.7
36	AUD OUTSL	SCART 左音频信号输出	2.4	2.1	9.0	12.7
37	AUD OUTSR	SCART 右音频信号输出	2.4	2.1	9.0	12.7
38	DECSDEEM	音频解调 PLL 滤波	23	2.0	9.0	12.7
39	OSS0	AM 调幅输出	1.7	1.6	9.3	13.5
40	GND2	伴音中频地	0	0	0	0
41	PLLIF	图像中频 PLL 解调滤波	2.4	2.1	8.7	12.9
42	SIFAGC	中频 AGC 检波滤波	2.5	2.9	8.8	12.7
43	FMRO	FM 输出	3.2	3.2	8.7	11.3
44	FMRO	FM 输出	3.2	3.2	8.7	11.3
45	VCC8V	伴音中频电源 8V	8	8	1.0	1.0
46	AGC2SIF	伴音中放 AGC 检波滤波	2.5	3.1	9.1	12.6
47	VP2	TV 处理部分电源 5V	5.0	5.0	0.9	1.0
48	CVBS1	转换 CVBS 输出	3.2	3.2	9.0	12.7
49	AUDIOIN4L	第 4 组左音频信号输入	3.6	3.6	9.1	12.7
50	AUDIOIN4R	第 4 组右音频信号输入	3.6	3.6	9.1	12.7
51	Y4	Y4 信号输入	2.7	2.7	8.8	12.3
52	C4	C4 色度信号输入	1.5	1.5	9.0	12.8
53	AUDIOIN2L	第 2 组左音频信号输入	3.6	3.6	9.1	12.7
54	AUDIOIN2R	第 2 组右音频信号输入	3.6	3.6	9.1	12.7
55	Y2	Y2 信号输入	2.7	2.7	8.8	12.3
56	AUDIOIN3L	第 3 组左音频信号输入	3.6	3.6	9.1	12.7
57	AUDIOIN3R	第 3 组右音频信号输入	3.6	3.6	9.1	12.7
58	Y3	Y3 信号输入	2.7	2.7	8.8	12.3
59	C3	C3 色度信号输入	1.5	1.5	9.0	12.8
60	AUDIO TLSL	左声道音频信号输出	3.4	3.3	9.0	12.7
61	AUDIO TLSR	右声道音频信号输出	3.4	3.3	9.0	12.7
62	AUDIO HPL	左声道音频信号输出	3.2	2.9	8.9	13.1

（续）

引　脚	符　号	功　能	电压/V		电阻/Ω	
			动　态	静　态	正　向	反　向
63	AUDIO HPR	右声道音频信号输出	3.2	2.9	8.9	13.1
64	未用	—	—	—	—	—
65	SVMOUT	扫描速度调制信号输出	2.8	2.7	9.0	12.5
66	FBISOCSY	行逆程脉冲输入	0.8	0.6	2.8	2.9
67	HOUT	行激励脉冲输出	0.6	0.3	9.0	12.7
68	VSS COMB	数字梳状滤波地	0	0	0	0
69	VDD COMB	数字梳状滤波电源5V	5.0	5.0	0.9	0.9
70 ~ 72	未用	—	—	—	—	—
73	YSYNC	Y 亮度信号输入	2.5	2.5	9.1	13.6
74/75/76	Y OUT/ U OUT/ V OUT	Y/U/V 亮度信号输出	2.5	2.5	9.0	12.5
77	IN SSW3	消隐开关信号输入	0.1	0	2.0	3.3
78	R/Pr-3	R 基色/Pr 分量视频信号输入	2.5	2.5	9.5	13.2
79	G/Y-3	G 基色/Y3 分量视频信号输入	2.5	2.5	9.5	13.2
80	B/Pb-3	B 基色/Pb 分量视频信号输入	2.5	2.5	9.5	13.2
81	GND3	TV 处理部分地	0	0	0	0
82	VP3	TV 处理部分电源5V	5.0	5.0	0.9	1.0
83	BCLIN	BCL 束电流检测输入	2.1	2.0	8.6	12.3
84	BLKIN	BLK 黑电流输入	4.7	4.3	8.6	12.5
85/86/87	RO/GO/BO	红/绿/蓝基色信号输出	3.9	3.8	8.5	13.2
88	VDDA1	TV 模拟处理部分电源3.3V	3.3	3.3	4.3	5.8
89	VREFAD NEG	参考电压地	0	0	0	0
90	VREFAD POS	参考电压设定	3.3	3.3	4.5	5.8
91	VREFAD	音频ADCS 参考电压	3.3	3.3	4.5	5.8
92	GNDA	音频部分地	0	0	0	0
93	VREFAD	音频ADCS 参考电压	1.8	1.8	4.2	4.3
94	VDDA2	TV 模拟处理部分电源3.3V	3.3	3.3	4.3	5.8
95	VSS	视频 ADC 部分地	0	0	0	0
96	VDD	视频 ADC 电源1.8V	1.8	1.8	4.3	4.3
97	INT0/P0.5	外部输入 0/0.5 接口	3.9	4.6	4.7	4.7
98	INT1/P1.0	外部输入 1/1.0 接口	3.2	3.2	4.3	4.3
99	P1.1/T0	端口 1.1/时序输入 0	1.4	1.4	7.3	8.3
100	VDDC2	内部电源1.8V	1.8	1.8	4.2	4.2
101	VSSC2	内部地	0	0	0	0
102/103	未用	—	—	—	—	—
104 ~ 107	P0.2/P0.1/P0.0/P1.3	端口 0.2/0.1/0.0/1.3	2.7	2.6	5.9	9.6
108	SCL	总线串行时钟线	2.8	2.8	6.0	9.7
109	SDA	总线串行数据线	2.7	2.7	6.0	9.7
110	VDDP	CPU 电源3.3V	3.3	3.3	4.5	6.3
111 ~ 116	P2.0/P2.1/P2.2/P2.3/P3.0/P3.1	端口 2.0/2.1/2.2/2.3/3.0/3.1	3.1	3.1	6.1	9.8
117	VDDC1	内部数字部分电源1.8V	1.8	1.8	4.3	4.3
118	DECV	DEC 部分电源1.8V	1.8	1.8	4.2	4.2
119/120	P3.2/P3.3	端口 3.2/3.3	2.7	2.7	6.3	9.7
121	VSSC1	内部数字部分地	0	0	0	0
122/123	P2.4/P2.5	端口 2.4/2.5	3.2	0	3.7	3.7
124	VDDC3	内部数字部分电源1.8V	1.8	1.8	4.2	4.2
125	VSSC3	内部数字部分地	0	0	0	0
126 ~ 128	P1.2/P1.4/P1.5	端口 1.2/1.4/1.5	3.0	3.0	6.3	9.6

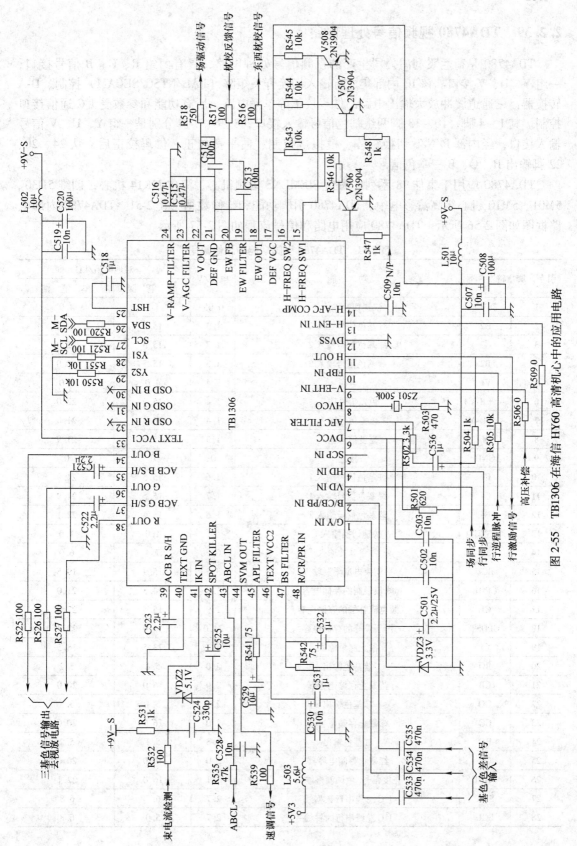

图 2-55　TB1306 在海信 HY60 高清机心中的应用电路

2.2.39 TDA4780 视频信号处理电路

TDA4780 是荷兰飞利浦公司生产的视频信号处理电路，具有两组 R、G、B 信号接口，一组 Y、U、V 接口。该 IC 内部集成有输入切换开关矩阵（PAL/NTSC/SECAM）控制、D-A 转换器、三通道缓冲放大输出电路、伽玛校正等单元电路，所有功能和参数受 I²C 通信接口控制。其 1~4 脚、10~13 脚两组基色信号输入接口，8、6、7 脚分别是一组 Y、U、V 信号输入接口，经内部 P/N/S 切换矩阵，模拟量控制、白平衡校正、伽玛校正后，从 24、20、22 脚输出 R、G、B 三基色信号。

TDA4780 应用于康佳 98 系列，海信 SIEMENS 倍频机心，海尔 MK14 机心，创维 5D30、5M01、5M10 机心等高清彩电中。TDA4780 引脚功能和维修数据见表 2-51。TDA4780 内部电路框图如图 2-56 所示；TDA4780 应用电路和信号流程如图 2-57 所示。

表 2-51　TDA4780 引脚功能和维修数据

引　脚	符　号	功　能	电压/V	对地电阻/kΩ	
				红 笔 测	黑 笔 测
1	FSW2	快速切换输入 2	0.05	4.9	4.9
2	R2	红基色信号输入 2	1.3	15.5	22.0
3	G2	绿基色信号输入 2	1.3	15.5	22.0
4	B2	蓝基色信号输入 2	1.3	15.5	22.0
5	VP	电源	8.4	4.0	4.0
6	−（B-Y）	色差信号输入	1.4	15.0	22.0
7	−（R-Y）	色差信号输入	1.4	15.4	21.0
8	Y	亮度信号输入	1.3	15.5	21.9
9	GND	接地	0	0	0
10	R1	红基色信号输入 1	1.6	15.5	21.9
11	G1	绿基色信号输入 1	1.7	15.5	21.9
12	B1	蓝基色信号输入 1	1.6	15.5	22.1
13	FSW1	快速切换输入 1	0	1.0	1.0
14	SC	沙堡脉冲输入	0.5	7.4	6.9
15	BCL	平均束电流限制输入	3.5	15.9	19.5
16	CPDL	峰值限制的存储电容	1.8	14.5	21.0
17	CL	漏电流补偿的存储电容	2.9	15.5	22.0
18	CPDST	用于黑峰的存储电容	24.0	16.0	22.3
19	CI	截止测量输入	4.7	13.5	18.5
20	BO	蓝基色输出	2.0	5.1	5.2
21	CB	蓝截止存储电容器	2.0	16.0	20.0
22	GO	绿基色输出	2.1	5.1	5.5
23	CG	绿截止存储电容器	2.0	16.0	20.0
24	RO	红基色输出	1.8	5.1	5.2
25	CR	红截止存储电容器	2.0	16.0	20.0
26	YHUE	亮度信号/色调调整输出	3.1	16.0	22.1
27	SDA	I²C 总线串行数据线	2.7	6.7	6.8
28	SCL	I²C 总线串行时钟线	2.7	5.0	6.8

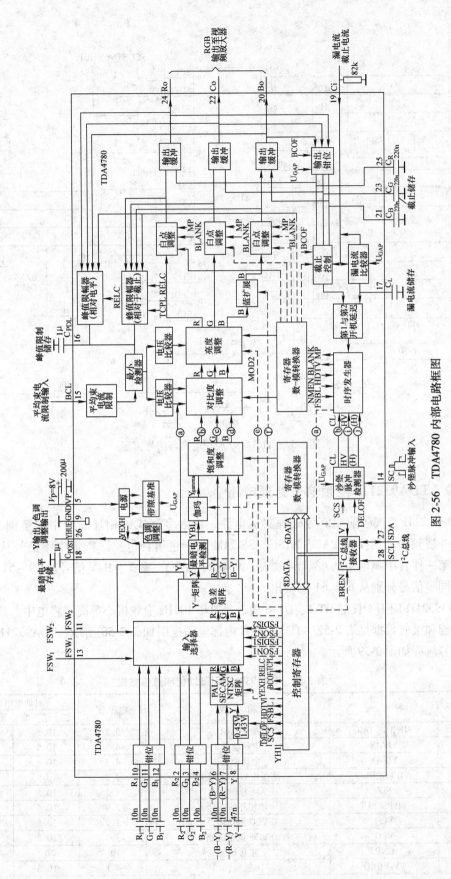

图 2-56 TDA4780 内部电路框图

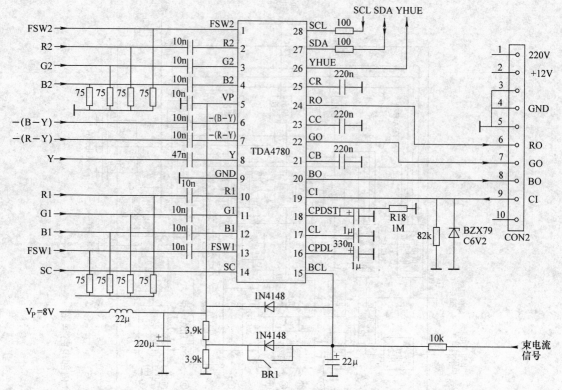

图 2-57　TDA4780 应用电路与信号流程

2.2.40　TDA9321H 视频信号处理电路

　　TDA9321H 是视频前端信号处理集成电路，内含多制式锁相环图像中频解调、伴音中放、内外视频输入切换及 PAL、NTSC、SECAM 制彩色解调电路。图像中频信号从 2、3 脚输入，第一伴音中频信号从 63、64 脚输入；解调出的 Y、B-Y、R-Y 信号从 49～51 脚输出，行、场同步信号分别从 60、61 脚输出。

　　TDA9321H 应用于长虹 DT-1、DT-6 机心，厦华 100Hz 变频机心等高清彩电中。TDA9321H 引脚功能和维修数据见表 2-52。TDA9321H 内部电路框图如图 2-58 所示；TDA9321H 应用电路与信号流程如图 2-59 所示。

表 2-52　TDA9321H 引脚功能和维修数据

引　脚	符　号	功　能	电压/V	对地电阻/kΩ	
				红笔测	黑笔测
1	SIF AGC DEL	伴音中频 AGC 去耦	3.2	10.5	12.0
2	VIF-IN	中频输入 1	4.5	10.5	11.5
3	VIF-IN	中频输入 2	4.5	10.5	11.5
4	VIFVGCDEL	图像中频 AGC 去耦	4.2	10.5	11.0
5	SIF	AM 音频输出	4.3	10.5	12.5
6	VIFPLLFLT	锁相环滤波器	2.9	10.5	12.0
7	VCO	IFVCO 调谐电路 1	3.7	10.5	12.0
8	VCO	IFVCO 调谐电路 2	3.7	10.5	12.0
9	GND	主接地端	0	0	0
10	TV-VIDIO	IF 视频输出	3.1	10.5	11.0

（续）

引 脚	符 号	功 能	电压/V	对地电阻/kΩ 红笔测	对地电阻/kΩ 黑笔测
11	VCC1 +8V	主供电端1（+8V）	7.9	10.5	11.0
12	GROUPOELAV-IN	群时延校正输入	3.2	10.5	13.0
13	GROUPOELAV-OUT	群时延校正输出	3.2	10.5	11.5
14	CVBSINT-IN	内部 CVBS 输入	3.5	10.5	12.5
15	AV1-IN	AV1 输入	0	10.5	12.5
16	CVBS1-IN	CVBS1 输入	3.4	10.5	12.5
17	AV2 IN	AV2 输入	0	10.5	12.5
18	CVBS2-IN	CVBS-2 输入	3.4	10.5	12.5
19	SMO	切换输出	0	10.5	11.5
20	Y3 CVBS3	CVBS/Y3 输入	3.4	10.0	12.5
21	R1 IN	色度 3 输入	0	10.5	12.5
22	SW1	切换输出	0	10.5	12.5
23	Y4 VYBS4	CVBS/Y4 输入	3.4	10.0	12.5
24	C4	色度 4 输入	0	10.0	12.5
25	SYS1 COMB	COMB 所需 SYS1 输出	0	9.5	12.5
26	CVBS COMBN OUT	COMB 所需 CVBS 输出	3.6	10.5	13.0
27	SYS2 COMB	COMB 所需 SYS2 输出	4.9	9.5	12.5
28	Y COMB-IN	从 COMB 输入亮度信号	3.5	10.5	12.5
29	C COMB-IN	从 COMB 输入色度信号	0	10.5	12.5
30	SUBCAR-OUT	副载波输出	4.2	10.0	12.5
31	CVBS PIP	数字地	0	0	0
32	VCCFLT	画中画 PIP 的 CVBS 输出	0.8	0.1	0.1
33	D1G1	数字供电去耦	4.9	7.5	12.5
34	CVBS-OUT	CVBS TXT 输出	2.9	10.5	11.0
35	BANOGAPFLT	带隙去耦	4.0	9.5	11.0
36	R1/V-IN	R-1 输入	2.5	10.5	13.0
37	G1/Y-IN	G-1 输入	2.5	10.5	12.5
38	B1/U-IN	B-1 输入	2.5	10.5	12.5
39	BLK1-IN	KGB-1 内插输入	1.7	2.0	2.0
40	BLK2-IN	KGB-2 内插输入	1.2	10.5	12.5
41	R2-IN	R-2 输入	2.5	10.5	12.5
42	G2-IN	G-2 输入	2.5	10.5	12.5
43	B2-IN	B-2 输入	2.5	10.5	12.5
44	GND	接地端	0	0	0
45	VCC2	正电源	7.8	0.1	0.4
46	SCL	串行时钟线	2.9	4.0	4.5
47	SDA	串行数据线	2.7	4.0	4.5
48	AOR3SS-S3L	地址选择	0	10.5	12.5
49	Y-OUT	亮度输出	3.3	10.5	12.5
50	U-OUT	U 信号输出	2.5	10.5	12.54
51	V-OUT	V 信号输出	2.4	10.5	12.5
52	PLLFLT	色副载波鉴相器	3.7	10.5	12.5
53	SECAM PLL	SECAM PLL 去耦	4.0	10.5	12.5
54	4.433619M-BG/DK/I/L	晶体 A 接入	2.3	10.5	10.5
55	3.582056M/PAL/N	晶体 B 接入	2.4	10.5	12.5
56	3.575611M/PAL/M	晶体 C 接入	2.4	10.5	12.5
57	3.57945M-NTSC/M	晶体 D 接入	2.4	10.5	12.5
58	HPLL-FLT	相位 1 滤波器	2.9	10.5	12.5
59	SAND-OUT	沙堡脉冲输出	0.8	9.5	12.5
60	HA/CLP	HA/CLD 输出/输入	0.4	10.5	12.5
61	AV	音频输出	0	10.0	12.0
62	RF AGC	调谐器 AGC 输出	3.9	9.0	13.5
63	SIF IN	SIF 音频输入 1	4.5	10.5	11.5
64	SIF IN	SIF 音频输入 2	4.5	10.5	11.5

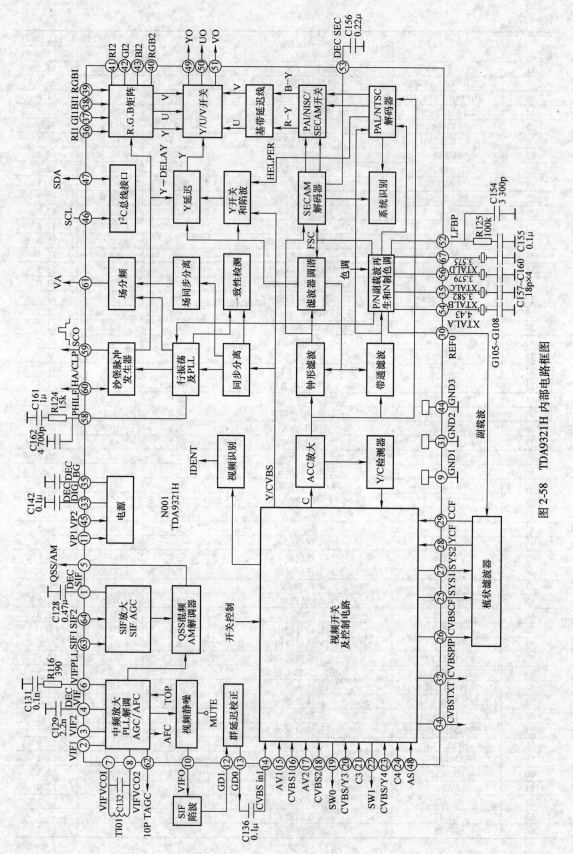

图 2-58 TDA9321H 内部电路框图

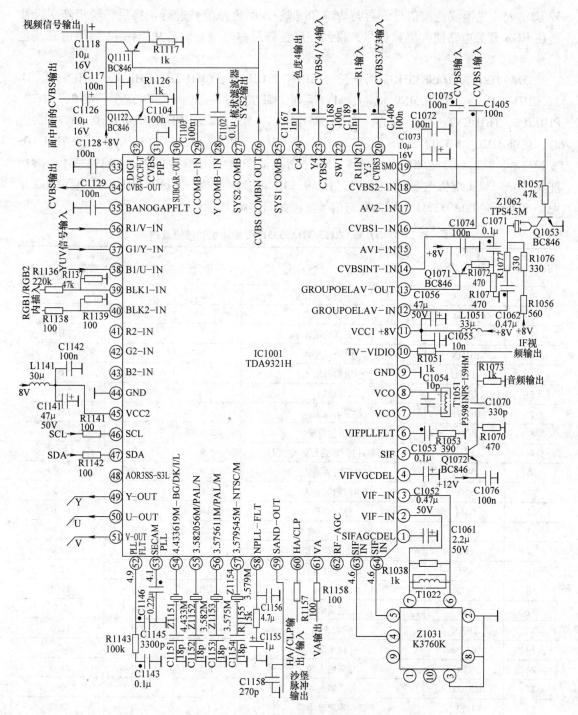

图 2-59　TDA9321H 应用电路与信号流程

2. 2. 41　TDA9332H、TDA9333H 视频信号处理电路

TDA9332H、TDA9333H 是视频后端信号处理集成电路，两者引脚功能相同。内含基色/色差变换、行场小信号处理、KGB 切换及枕校信号处理等电路。VGA 基色信号从30 ~

144

32 脚输入，先换成色差信号，再与 26～28 脚输入的色差信号进行切换后，经矩阵变换并送往 RGB 开关电路插入屏显信号，再经亮度控制及白峰限制后，从 40～42 脚输出三基色信号。

　　TDA9332H、TDA9333H 应用于长虹 CHD-1、CHD-2、CHD-2B、CHD-3、CHD-5、CHD-7、CHD-8 机心，康佳 MK9 机心、MV 系列，海信 GS 一代、HISENSE 或 ASIC、NDSP、PHILIPS、TRIDENT、MST 机心，海尔 883/MK14、MST5C26、NDSP、PW1210、ST720P 机心，创维 3D20、5D70、5D76、6D72、6D76、6P16、6P18、6P28、6P30 机心，厦华 100Hz 变频机心，TCL GU21、GU22、MS21、MS25 等高清彩电中。TDA9332H、TDA9333H 引脚功能和 TDA9332H 维修数据见表 2-53，TDA9333H 可参照维修。TDA9332H 内部电路框图如图 2-60 所示；TDA9332H 应用电路与信号流程如图 2-61 所示。

表 2-53　TDA9332H、TDA9333H 引脚功能和维修数据

引　脚	符　号	功　能	电压/V	对地电阻/kΩ 红笔测	黑笔测
1	VDOA	场驱动 A	0.6	0.6	0.6
2	VDOB	场驱动 B	0.6	1.4	1.4
3	EWC	枕形失真校正输出	2.7	8.5	13.0
4	EHTIN	EHT 补偿输入	2.0	9.0	11.0
5	FLASH	快闪检测输入	0	0	0
6	GND1	接地端	0	0	0
7	DECVB	数字电源去耦	5.1	6.5	13.0
8	HOUT	行扫描信号输出	2.2	7.5	14.0
9	SCO	沙堡脉冲出/场逆程脉冲输入	0.9	5.0	5.0
10	SCL	串行时钟输入	2.9	4.0	4.0
11	SDA	串行数据输入	2.7	3.5	4.0
12	HSEL	行频选择	3.6	8.0	60.0
13	HFB	行逆程脉冲输入	0.7	9.0	13.0
14	DPC	动态相位补偿	2.9	9.0	12.0
15	VSC	场锯齿波电容	3.2	9.0	12.5
16	IREF	基准电流输入	4.0	9.0	12.0
17	VD1	正电源电压	8.0	0.8	0.8
18	DECB	带隙去耦	4.8	9.0	12.0
19	GND2	接地端	0	0	0
20	XTAI	晶振输入端	1.5	8.0	21.0
21	XTALO	晶振输出端	1.2	8.0	80.0
22	LPSU	低功率启动电源	0	8.0	33.0
23	VD	场信号输入	0.04	3.6	3.6
24	HD	行信号输入	0.32	3.6	3.6
25	DACOUT	数-模变换 DAC 输出	0.18	9.5	12.0
26	VIN	V 信号输入	0.04	9.5	13.0
27	UIN	U 信号输入	0.04	9.5	13.0
28	YIN	亮度信号输入	0.04	9.5	13.0

（续）

引 脚	符 号	功 能	电压/V	对地电阻/kΩ	
				红 笔 测	黑 笔 测
29	FBCSO	固定电子束电流切换输入	0	0	0
30	RI1	插入的 R-1 信号输入	2.5	9.5	13.0
31	GI1	插入的 G-1 信号输入	2.5	9.5	3.0
32	BI1	插入的 B-1 信号输入	2.0	1.6	1.6
33	BL1	快速消隐信号输入	0.22	9.5	13.0
34	PWL	白峰值限制去耦	0.04	9.5	13.0
35	RI2	插入的 R-2 信号输入	0.04	9.5	13.0
36	GI2	插入的 G-2 信号输入	0.04	9.5	13.0
37	BI2	插入的 B-2 信号输入	0.04	9.5	13.0
38	BL2	消隐/混合信号输入	0.04	0.18	0.8
39	VD2	正电源电压	7.9	0.8	0.8
40	RO	红基色信号输出	3~3.6	9.0	13.0
41	GO	绿基色信号输出	3~3.6	9.0	13.0
42	BO	蓝基色信号输出	3~3.6	9.0	13.0
43	BCL	限制电子束电流输入	2~0.6	9.0	13.0
44	BLKIN	暗电流输入	3.2	9.0	13.0

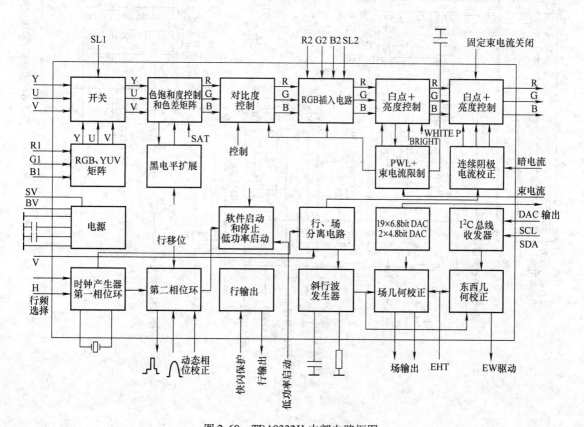

图 2-60　TDA9332H 内部电路框图

146

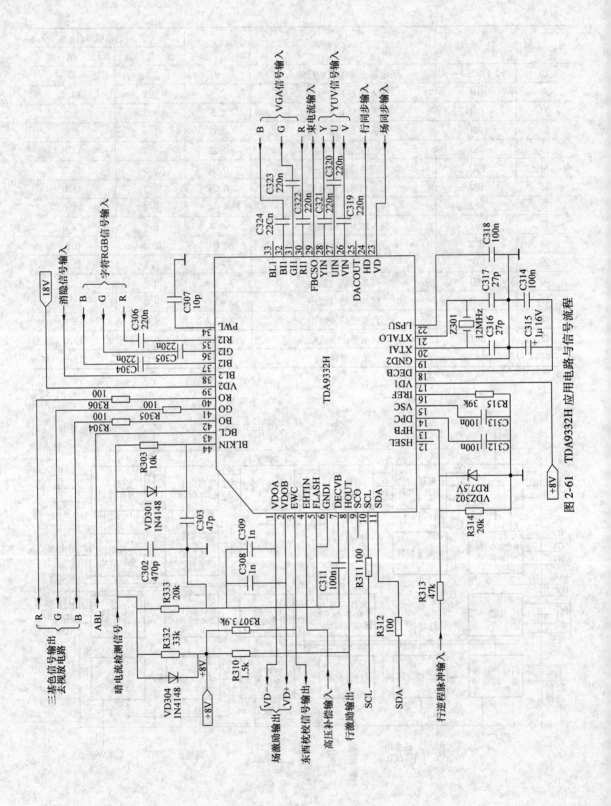

图2-61 TDA9332H 应用电路与信号流程

2.2.42 TEA5114A 视频切换电路

TEA5114A 是专用于视频的切换电路。内含 3 组独立的电子切换控制电路和 1 组消隐缓冲或门放电路，每组切换开关有两个的输入端和一个输出端，各组切换开关受各自开关信号的控制。

TEA5114A 应用在创维 5D20、5D78、5M01 机心，厦华 S 系列高清彩电中。TEA5114A 引脚功能和在厦华 S 系列高清彩电中应用时的维修数据见表 2-54。TEA5114A 内部电路框图、外部应用电路与信号流程如图 2-62 所示。

表 2-54   TEA5114A 引脚功能和维修数据

引　脚	符　号	功　能	电压/V		对地电阻/kΩ	
			有　信　号	无　信　号	红　笔　测	黑　笔　测
1	R1 IN	红 1 基色信号输入	3.8	3.8	28.0	7.0
2	GND	接地	0	0	0	0
3	R2 IN	红 2 基色信号输入	4.0	3.8	5.9	7.0
4	G1 IN	绿 1 基色信号输入	3.8	3.8	28.0	7.0
5	G2 IN	绿 2 基色信号输入	3.9	3.9	6.0	7.0
6	B1 IN	蓝 1 基色信号输入	3.8	3.8	28.0	7.0
7	B2 IN	蓝 2 基色信号输入	4.0	3.9	5.8	7.0
8	FB1 IN	画中画消隐输入	0.05	0.05	1.1	1.1
9	FB OUT	控制消隐输出	1.4	1.4	0.5	0.6
10	FB2/FBBIN	控制开关/消隐输入	1.4	1.4	0.3	0.3
11	B OUT	蓝基色信号输出	3.5	3.3	0.2	0.2
12	FB GIN	控制开关/消隐输入	1.4	1.4	0.3	0.3
13	G OUT	绿基色信号输出	3.6	3.3	0.2	0.2
14	VCC	电路电源	11.6	11.6	0.9	0.9
15	FB2/FBB IN	控制开关/消隐输入	1.4	1.4	0.3	0.3
16	R OUT	红基色信号输出	3.5	3.3	0.2	0.2

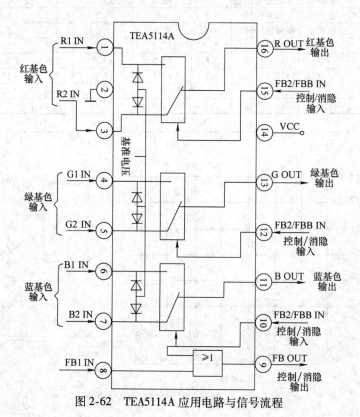

图 2-62   TEA5114A 应用电路与信号流程

2.2.43 TEA6415 视频切换电路

TEA6415 是 ST 公司设计生产的宽频带视频矩阵开关电路。内含矩阵式电子切换控制电路，有 8 个的输入端和 6 个输出端，并具有 6.5dB 的增益，切换开关受总线系统的控制。

TEA6415 应用在康佳 98 系列变频彩电，创维 3I01、5D90 机心等高清彩电和长虹 43PT18 彩电中，应用时有的机型在型号尾部加 B、C 字符。TEA6415 引脚功能和在康佳 T3898、长虹 43PT18 彩电中应用时的维修数据见表 2-55。TEA6415 内部电路框图、外部应用电路与信号流程如图 2-63 所示。

表 2-55　TEA6415 引脚功能和维修数据

引　脚	符　号	功　能	康佳 T3898			长虹 43PT18		
			电压/V	对地电阻/kΩ		电压/V	对地电阻/kΩ	
				红笔测	黑笔测		红笔测	黑笔测
1	CVBS/I	主画面电视信号输入	3.8	15.2	23.0	3.4	6.4	10.8
2	SDA	I²C 总线串行数据线	2.5	4.8	6.0	2.6	4.4	6.5
3	Y1	AV1 复合视频输入	3.8	15.2	23.4	3.4	6.4	10.5
4	SCK	I²C 总线串行时钟线	2.7	4.5	6.0	3.4	4.4	6.4
5	C1	S 端子 1 色度输入	5.0	1.5	2.5	3.4	6.4	10.8
6	Y2	AV2 复合视频输入	3.6	15.5	23.0	4.7	6.4	10.5
7	PROG	I²C 总线地址选择	0	0	0	0	0	0
8	Y3	AV3 复合视频输入	3.5	15.5	23	3.5	6.4	10.8
9	VCC	电源	10.2	1.0	1.0	9.3	1.9	1.9
10	C2	S 端子 2 色度信号输入	5.0	1.5	1.5	3.4	6.4	10.4
11	C3	S 端子 3 色度信号输入	5.0	1.6	2.3	3.4	6.4	10.4
12	NC	空脚	0	16.0	23.2			
13	CO1	主画面色度信号输出	5.7	12.5	14.5	2.6	0.9	0.9
14	YO1	主画面亮度信号输出	3.5	3.0	3.0	2.5	5.2	5.6
15	YPIP	子画面复合视频信号输出	4.3	6.0	6.0	2.5	5.2	5.2
16	CPIP	子画面色度信号输出	5.7	12.5	14.5	2.5	5.2	5.2
17	YO	亮度信号输出	3.6	12.5	13.0	2.5	5.2	5.6
18	CO	色度信号输出	5.7	12.5	13.0	2.5	5.9	9.3
19	GND	接地	0	0	0	0	0	0
20	PIP	子画面复合视频信号输入	4.1	15.0	23.0	3.4	5.4	10.3

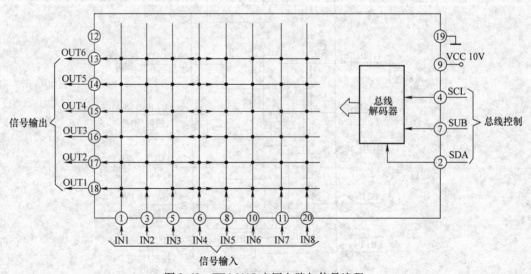

图 2-63　TEA6415 应用电路与信号流程

2.2.44 TEA6420 音频切换电路

TEA6420 是双声道输入、双声道输出的矩阵式电子切换电路。有 5 对双声道输入端和 4 对双声道输出端，每路输出的增益和切换均受总线系统的控制。

TEA6420 应用在厦华 100Hz 变频机心和长虹 51PT28A 背投等彩电中。TEA6420 引脚功能和在长虹 51PT28A 背投彩电中应用时的维修数据见表 2-56。TEA6420 立体声切换电路内部电路框图、外部应用电路与信号流程如图 2-64 所示。

表 2-56　TEA6420 引脚功能和维修数据

引　脚	符　号	功　能	电压/V	对地电阻/kΩ	
				红 笔 测	黑 笔 测
1	GND	接地	0	0	0
2	REF	基准电压	4.5	12.5	5.8
3	VCC	电源	8.9	6.9	4.6
4	L1IN	左声道输入 1	4.5	9.4	6.9
5	L2IN	左声道输入 2	4.5	9.4	6.9
6	L3IN	左声道输入 3	4.5	9.4	7.0
7	L4IN	左声道输入 4	4.5	9.4	7.0
8	L5IN	左声道输入 5	4.5	9.4	7.0
9	L1OUT	左声道输出 1	4.5	9.6	7.0
10	R1OUT	右声道输出 1	4.5	9.6	7.0
11	L2OUT	左声道输出 2	4.5	9.6	7.0
12	R2OUT	右声道输出 2	4.5	9.6	7.0
13	L3OUT	左声道输出 3	4.5	9.7	7.0
14	R3OUT	右声道输出 3	4.5	9.6	7.0
15	L4OUT	左声道输出 4	4.5	9.6	7.0
16	R4OUT	右声道输出 4	4.5	9.6	7.0
17	R5IN	右声道输入 5	4.5	9.4	6.9
18	R4IN	右声道输入 4	4.5	9.4	6.9
19	R3IN	右声道输入 3	4.5	9.4	6.9
20	R2IN	右声道输入 2	4.5	9.4	6.9
21	R1IN	右声道输入 1	4.5	9.4	6.9
22	ADR	地址线	0	0	0
23	SCL	串行时钟线	3.7	3.2	3.2
24	SDA	串行数据线	3.2	3.2	3.2

2.2.45 TVP5146PFP、TVP5147PFP 数字视频解码电路

TVP5146PFP、TVP5147PFP 均为 TEXAS 公司生产的高品质、单芯片数字视频解码器，它将所有模拟信号处理成数字格式并译解，具有 YPbPr/YCbCr 及 CVBS、Y、C 信号输入。它支持 YPbPr 视频格式同步，具有 10 个视频输入，可进行 VBI 数据处理。采用 1.8V 为数字核心电路供电、3.3V 为数字 I/O 电路供电的两路供电模式。

TVP5146PFP、TVP5147PFP 内部有 2×10bit 的 ADC 电路、2D 的 Y/C 分离电路、数字

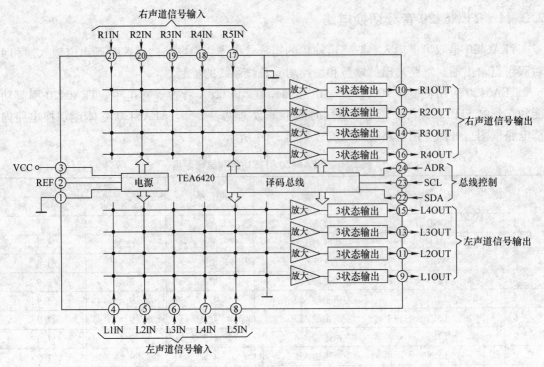

右声道信号输入

图 2-64　TEA6420 应用电路与信号流程

PAL/NTSC/SECAM 全制式视频解码电路及输出数字信号格式的晶闸管电路；设置 10 路 AV/
TV/S-VIDEO/DVD/HDTV 模拟信号接口，对输入信号均能进行 10bit、30MHz 数字处理，且
处理的视频信号在输出格式器中对输出的信号进行格式变换，变成嵌入同步信号 10bit 的 I-
TU-R656 4：2：2 YCbCr 信号输出。该集成电路也可输出数字信号格式为 20bit（4：2：2
YCbCr）或 10bit（4：2：2 YCbCr）信号，也可输出视频切换选择的一路模拟信号去 AV 输
入的 I²C 总线控制。整个集成电路的工作方式受程序识别、启动控制。

　　TVP5146PFP、TVP5147PFP 应用于海信 GS 一代、HISENSE 或 ASIC 机心、海尔
MST5C16、MST5C26、华亚机心，创维 6D50、6D81、6D83、6D90、6M31 机心，厦华 TR 系
列，TCL IV22、MS22 机心等高清彩电中。TVP5146PFP、TVP5147PFP 引脚功能和维修数据
见表 2-57。TVP5147PFP 内部电路框图如图 2-65 所示；TVP5147 在创维 6D90 高清机心中的
应用电路如图 2-66 所示。

表 2-57　TVP5146PFP、TVP5147PFP 引脚功能和维修数据

引　脚	符　　号	功　　能	电压/V	对地电阻/kΩ		备　　注
				黑笔测	红笔测	
1	VI-1-B	S 端子色度信号输入	0.6	48.1	31.7	
2	VI-1-C	AV-R 信号输入	0.4	48.1	31.6	
3	CH1-A33GND	模拟电路 3.3V 供电地	0	0	0	
4	CH1-A33VDD	模拟电路 3.3V 供电	3.3	1.8	1.7	
5	CH2-A33VDD	模拟电路 3.3V 供电	3.3	1.8	1.7	
6	CH2-A33GND	模拟电路 3.3V 供电地	0	0	0	
7	VI-2-A	AV 端子视频信号输入	0.6	48.0	31.6	

引脚	符号	功能	电压/V	对地电阻/kΩ 黑笔测	红笔测	备注
8	VI-2-B	S 端子亮度信号输入	0.8	48.1	31.7	
9	VI-2-C	AV-G 彩色信号输入	0.4	48.7	31.7	
10	CH2-A18GND	模拟电路 1.8V 供电地	0	0	0	
11	CH2-A18VDD	模拟电路 1.8V 供电	1.8	1.4	1.4	
12	A18VDD-REF	模拟 1.8V 参考电压	1.8	1.4	1.4	
13	A18GND-REF	模拟 1.8V 参考电压地	0	0	0	
14	CH3-A18VDD	模拟电路 1.8V 供电	1.8	1.4	1.4	
15	CH3-A18GND	模拟电路 1.8V 供电地	0	0	0	
16	VI-3-A	TV 视频信号输入	0.9	50.5	44.4	
17	VI-3-B	AV 端子 B 彩色信号输入	0.6	48.0	31.6	
18	VI-3-C	AV 端子视频信号输入	0.4	48.7	31.7	
19	CH4-A3.3GND	模拟电路 3.3V 供电地	0	0	0	
20	CH4-A3.3VDD	模拟电路 3.3V 供电	3.3	1.8	1.7	
21	CH4-A3.3VDD	模拟电路 3.3V 供电	3.3	1.8	1.7	
22	CH4-A3.3GND	模拟电路 3.3V 供电地	0	0	0	
23	VI-4-A	S 端子亮度信号 Y 输入	0.8	48.1	31.7	
24	CH4-A1.8GND	模拟电路 1.8V 供电地	0	0	0	
25	CH4-A1.8VDD	模拟电路 1.8V 供电	1.8	1.4	1.4	
26	NSUB	接地	0	0	0	
27	TMS	接地	0	0	0	
28	SCL	I^2C 总线串行时钟线	2.8	98.0	88.1	有信号时微波动
29	SDA	I^2C 总线串行数据线	3.1	98.0	88.1	有信号时微波动
30	INTREO	内基准信号输出	—	—	—	本机未用（空脚）
31	DVDD	数字电路 1.8V 供电	1.8	1.2	1.1	
32	DGND	数字电路地	0	0	0	
33	PWDN	脉宽调制	0.8	38.2	24.6	
34	RESETB	复位信号输入控制	3.0	2.2	2.0	
35	FSS/GPIO	频率合成选台	—	—	—	本机未用（空脚）
36	AVID/GPIO	通用输入/输出接口	—	—	—	本机未用（空脚）
37	GLCO/I2CA	G 参考电平	0.5	10.0	10.0	
38	IOVDD	数字输出电路 3.3V 供电	3.3	1.8	1.8	
39	IOGND	输入/输出电路地	0	0	0	
40	DATACLK	数据时钟信号输入	0	44.7	38.5	
41	DVDD	数字电路 1.8V 供电	1.8	1.4	1.4	
42	DGND	数字电路地	0	0	0	
43	Y-9	8bit 数字 YUV 信号输出	0.5	28.8	24.7	
44	Y-8	8bit 数字 YUV 信号输出	0.5	28.8	24.7	
45	Y-7	8bit 数字 YUV 信号输出	0.5	28.8	24.7	
46	Y-6	8bit 数字 YUV 信号输出	0.5	28.8	24.7	
47	Y-5	8bit 数字 YUV 信号输出	0.5	28.8	24.7	
48	IOVDD	输入/输出电路 3.3V 供电	3.3	1.8	1.7	
49	IOGND	输入/输出电路地	0	0	0	
50	Y-4	8bit 数字 YUV 信号输出	0.5	28.8	24.7	
51	Y-3	8bit 数字 YUV 信号输出	0.5	28.8	24.7	
52	Y-2	8bit 数字 YUV 信号输出	0.5	28.8	24.7	

（续）

引　脚	符　号	功　能	电压/V	对地电阻/kΩ 黑笔测	红笔测	备　注
53	Y-1	数据信号输出	0	0	0	本机按接地处理
54	Y-0	数据信号输出	0	0	0	本机按接地处理
55	DVDD	数字电路1.8V供电	1.8	1.4	1.4	
56	DGND	数字电路地	0	0	0	
57	C-9/GPIO/FB	通用输入/输出端口	0	33.1	28.2	本机为逆程脉输入
58	C-8/GPIO/R	通用输入/输出端口	0	33.0	28.1	本机为R信号输入
59	C-7/GPIO/G	通用输入/输出端口	0	33.1	28.2	本机为G信号输入
60	C-6/GPIO/B	通用输入/输出端口	0	33.1	28.2	本机为B信号输入
61	IOVDD	输入/输出1.8V数字供电	1.8	1.4	1.4	
62、63、64、65、66	C-2～C-5/GPIO	输入/输出端口电路地	0	0	0	
67	DVDD	数字电路1.8V供电	1.8	1.4	1.4	
68、69、70	DGND、C-1/GPIO、C-0/GPIO	通用输入/输出或数字电路地	0	0	0	本机均接地
71	FID/GPIO	接口或场信号输入/输出	0	44.1	28.4	
72	HS/CS/GPIO	行同步脉冲信号输入	0.3	44.0	29.1	
73	VS/VBLK/GPIO	场同步脉冲信号输入	0.3	44.0	29.1	
74	XTAL1	外接时钟晶振1	2.8	24.6	24.6	
75	XTAL2	外接时钟晶振2	2.9	24.6	24.6	
76	PLL-A1.8VDD	锁相环电路1.8V供电	1.8	1.4	1.4	
77	PLL-A1.8GND	锁相环地	0	0	0	
78	CH1-A1.8VDD	模拟电路18V供电	1.8	1.4	1.4	
79	CH1-A1.8GND	模拟电路1.8V供电地	0	0	0	
80	VI-1-A	视频信号输出	0.5	33.9	28.4	

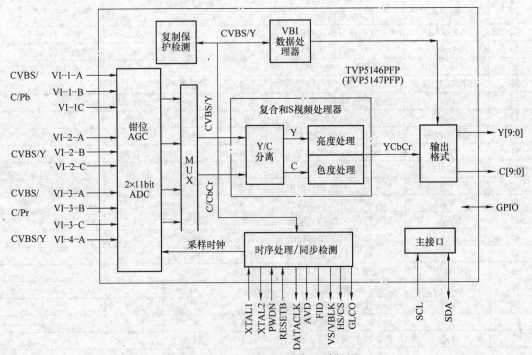

图2-65　TVP5147PFP内部电路框图

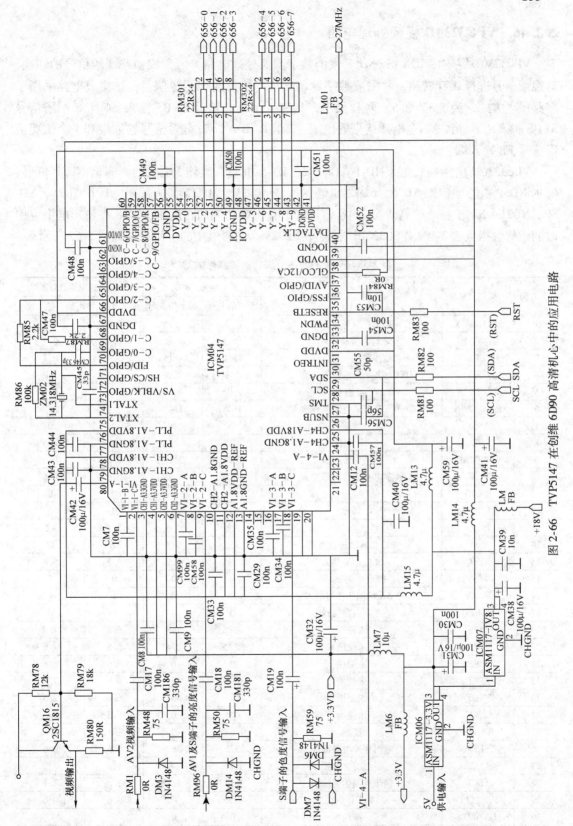

图 2-66 TVP5147 在创维 6D90 高清机心中的应用电路

2.2.46 VPC3230D 视频处理电路

VPC3230D 是 MICRONAS 公司开发的数字图像处理电路，可完成多路视频信号的切换，对视频信号进行 A-D 转换，并完成数字解码，最终输出数字图像信号。该集成电路采用了多路供电方式，为 3.3V 和 5V 两种供电，具有 4 个视频信号 CVBS 输入、1 个 S 端子信号 SVHS 输入端、1 个视频全电视信号输出端、2 组 RGB/YCrCb 分量信号输入端和 1 个快速消隐信号 FB 输入端。

VPC3230D 应用在长虹 CHD-1、CHD-2、DT-5 机心，康佳 FG 系列，海信 NDSP 机心，海尔 NDSP 机心，创维 5D76、6D72 机心，厦华 HDTV、MMTV、U 系列，TCL GU21、ND-SP、NU21、NV21 机心等高清彩电中。VPC3230D 引脚功能和在厦华 U2928 高清彩电中应用时的维修数据见表 2-58。VPC3230D 在厦华 U2928 高清彩电中的应用电路如图 2-67 所示。

表 2-58　VPC3230D 引脚功能和维修数据

引　脚	符　号	功　能	电压/V		对地电阻/kΩ	
			无信号	有信号	红笔测	黑笔测
1	B1/CB1 IN	蓝基色信号输入 1	1.2	1.15	5.4	8.8
2	G1/Y1 IN	绿基色信号输入 1	1.15	1.15	5.4	8.7
3	R1/CR1 IN	红基色信号输入 1	1.15	1.15	5.4	8.7
4	B2/CB2 IN	DVD (B-Y) 色差信号输入	1.5	1.5	5.4	8.7
5	G2/Y2 IN	DVD (Y) 亮度信号输入	1.05	1.05	5.4	8.7
6	R2/CR2 IN	DVD (R-Y) 色差信号输入	1.45	1.45	5.4	8.7
7	ASGF	接地	0	0	0	0
8	NC	未使用	0	0	∞	∞
9	VSUPCAP	数字电源滤波	3.25	3.25	0.6	0.6
10	VSUPD	数字电路工作电源输入	3.25	3.25	0.6	0.6
11	GNDD	接地	0	0	0	0
12	GNDCAP	接地	0	0	0	0
13	SCL	I^2C 总线串行时钟线	3.6	3.6	3.4	13
14	SDA	I^2C 总线串行数据线	3.3	3.3	3.55	13
15	RESQ	复位信号输入	3.85	3.9	3.5	5.8
16	TEST	接地（测试端）	0	0	0	0
17	VGAV	VGA 场同步信号输入	0	0	1	1
18	YCDEQ	数字电路接地	0	0	0	0
19	FFIE	未使用	2.35	2.4	6.6	7.7
20	FFWE	未使用	2.35	2.4	6.6	7.6
21	FFRSTW	未使用	0	0	6.6	7.6
22	FFRE	未使用	0	0	6.6	7.6
23	FFDE	未使用	0	0	6.6	7.6
24	CLK21	未使用	0.2	0	7.3	7.2
25	GNDPA	接地	0	0	0	0
26	VSUPPA	输出缓冲电路滤波	3.2	3.2	0.6	0.6
27	LLC2	系统时钟输出	1.81	1.85	3.8	7.2
28	LLC1	同步控制信号输出	1.8	1.8	3.8	7.1
29	VSUPLLC	+3.3V 工作电源输入	3.25	3.25	0.6	0.6
30	GNDLLC	接地	0	0	0	0
31	Y7	图像亮度总线传送数据 7	1.9	1.15	3.8	7.7

（续）

引 脚	符 号	功 能	电压/V		对地电阻/kΩ	
			无 信 号	有 信 号	红 笔 测	黑 笔 测
32	Y6	图像亮度总线传送数据6	1.8	0.8	3.8	7.7
33	Y5	图像亮度总线传送数据5	1.75	1.5	3.8	7.7
34	Y4	图像亮度总线传送数据4	2.3	1.85	3.7	7.7
35	GNDY	接地	0	0	0	0
36		+3.3V 工作电源输入	3.25	3.25	0.6	0.6
37	Y3	图像亮度总线传送数据3	1.75	1.25	3.8	7.7
38	Y2	图像亮度总线传送数据2	1.75	1.25	3.8	7.7
39	Y1	图像亮度总线传送数据1	1.75	1.25	3.8	7.7
40	Y0	图像亮度总线传送数据0	1.75	1.25	3.8	7.7
41	C7	图像色度总线传送数据7	0	1.2	3.75	16
42	C6	图像色度总线传送数据6	0	1.2	3.8	13.8
43	C5	图像色度总线传送数据5	0	1.2	3.8	8.7
44	C4	图像色度总线传送数据4	0	1.2	3.8	7.7
45	VSUPC	+3.3V 工作电源输入	3.2	3.3	0.6	0.6
46	GNDC	接地	0	0	0	0
47	C3	图像色度总线传送数据3	0	1.2	3.8	7.7
48	C2	图像色度总线传送数据2	0	1.2	3.8	7.7
49	C1	图像色度总线传送数据1	0	1.3	3.8	7.7
50	C0	图像色度总线传送数据0	0	1.3	3.8	7.7
51	GNDSY	接地	0	0	0	0
52	VSUPSY	亮度信号工作电源输入	3.2	3.25	0.6	0.6
53	INTLC	未使用	1.55	1.6	6.5	7.7
54	AVD	未使用	2.6	2.61	6.6	7.7
55	FSY/HC	行同步信号输出	1.6	1.65	3.8	7.7
56	MSY/HS	未使用	3.1	3.65	6.6	7.7
57	VS	场同步信号输出	0	0	3.8	7.7
58	FPDAT	未使用	2.6	2.61	5.7	8
59	VSTBY	+5.2V 工作电源输入	5.1	5.1	0.7	1.2
60	CLK5	未使用	2.4	2.4	6.5	8.8V
61	NC	未使用	0	0	∞	∞
62	ZTAL1	20.25MHz 时钟振荡			5.3	7.4
63	XTAL2	20.25MHz 时钟振荡			5.3	7.6
64	ASGF	接地	0	0	0	0
65	GNDF	接地	0	0	0	0
66	VRT	VRT 滤波	2.5	2.5	0.6	0.6
67	I2CSEL	I2CSEL 滤波	2.5	2.5	0.6	0.6
68	ISGND	接地	0	0	0	0
69	VSUPF	+5.2V 工作电源输入	5.05	5.1	0.7	1.2
70	VOUT	视频信号输出	2.01	1.25	5	8.5
71	CIN	色度信号输入	1.45	1.45	5.4	9
72	VIN1	亮度信号输入	1.45	1.15	5.3	9
73	VIN2	视频信号输入2	2.5	2.5	0.6	0.6
74	VIN3	DVD 亮度信号输入	1.15	1.1	5.2	8.3
75	VIN4	VGAH 视频信号输入	1.1	1.1	5.3	8.6
76	VSUPAI	+5.2V 工作电源输入	5.1	5.15	0.7	1.2
77	GNDAI	接地	0	0	0	0
78	VREF	基准电压滤波	2.55	2.55	0.4	0.4
79	FBIIN	节目浏览控制输入	0	0	5.4	8.3
80	AISGND	接地	0	0	0	0

156

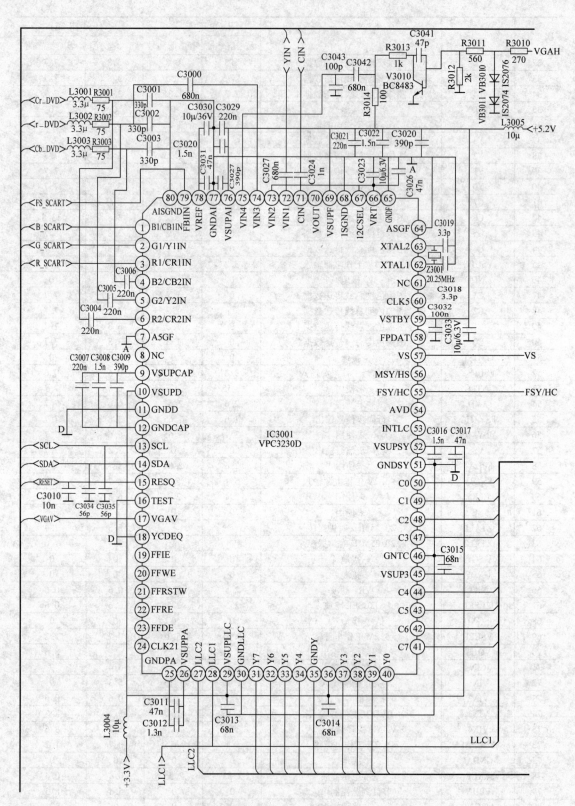

图 2-67 VPC3230D 在厦华 U2928 高清彩电中的应用电路

2.3 伴音功放电路

2.3.1 AN17821A 伴音功放电路

AN17821A 是一款 5W×2 通道桥接式负载输出音频功率放大器,采用单片综合集成电路设计。内含音频前置放大、音量控制、音频功放电路。应用在海信 G2 + VSOC + HY158 机心、TCL 超级单片彩电中。

AN17821A 引脚功能和在海信 G2 机心、TCL NX73 机心中应用时的维修数据见表 2-59。AN17821A 在海信 G2 + VSOC + HY158 高清机心中的应用电路如图 2-68 所示。

表 2-59　AN17821A 引脚功能和维修数据

引　脚	符　号	功　能	海信 G2 机心 电压/V	TCLNX73 机心 电压/V
1	VCC	电源供电输入	12.0	12.2
2	OUT1	右声道正极输出	2.2	2.3
3	GND	接地	0	0
4	OUT1	右声道负极输出	-2.2	-2.3
5	STANDBY	待机状态控制	5.0	5.0
6	IN1	右声道音频信号输入	2.3	2.4
7	GND	接地	0	0
8	IN2	左声道音频信号输入	2.3	2.4
9	VOL	音量控制	1.8	1.8
10	OUT2	左声道负极输出	-2.3	-2.4
11	GND	接地	0	0
12	OUT2	左声道正极输出	2.3	2.5

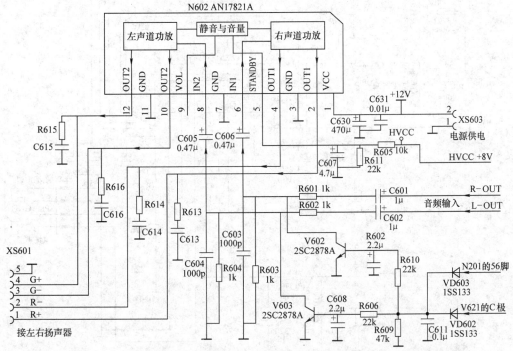

图 2-68　AN17821A 在海信 G2 + VSOC + HY158 高清机心中的应用电路

2.3.2 AN5277 伴音功放电路

AN5277 是松下公司开发的立体声音频功率放大电路。内含前置音频放大、功率放大电路，具有静音和待机控制功能。其工作电压为 10～32V，极限电压为 35V，最大电流为 4A，输出功率为 37.5W。应用在飞利浦 29PT600193R 彩电、创维 6M23 机心高清彩电中。

AN5277 引脚功能和典型维修数据见表 2-60。AN5277 在飞利浦 29PT600193R 彩电中的应用电路如图 2-69 所示。

表 2-60   AN5277 引脚功能和维修数据

引　脚	符　号	功　能	电压/V	对地电阻/kΩ	
				红笔测	黑笔测
1	NC1	空脚	—	∞	∞
2	CH1I	左声道输入	0	10.0	10.8
3	RF	外接滤波电容	24.3	9.0	15.5
4	GND1	接地	0	0	0
5	CH2I	右声道输入	0	10.0	10.8
6	NC2	空脚	—	∞	∞
7	CH2O	右声道输出	12.5	7.5	20.5
8	MUTE	外接滤波电容	3.4	6.6	7.9
9	GNDO	接地	0	0	0
10	VCC	电源供电输入	25.0	4.6	20.5
11	STBY	待机控制	12.1	9.0	60.0
12	CH1O	左声道输出	12.5	7.5	20.5

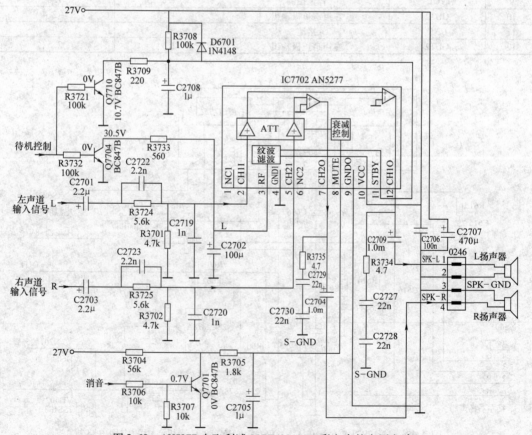

图 2-69   AN5277 在飞利浦 29PT600193R 彩电中的应用电路

2.3.3 AN7522 伴音功放电路

AN7522 是松下公司开发的立体声音频功率放大电路。内含前置音频放大、功率放大电路，具有等待功能，静态功耗小、噪声低，输出功率为 2×3W。应用在海信 USOC + HY 机心、海尔 MST5C26/AKM 机心等超级彩电中。

AN7522 引脚功能和在海信 HDP2188D 高清彩电、厦华 TS 系列 TS2981 彩电中应用时的维修数据见表 2-61。AN7522 在海信 HDP2188D 高清彩电中的应用电路如图 2-70 所示。

表 2-61　AN7522 引脚功能和维修数据

引脚	符号	功能	海信 HDP2188D				厦华 TS 系列			
			电压/V		对地电阻/kΩ		电压/V		对地电阻/kΩ	
			有信号	无信号	红笔测	黑笔测	有信号	无信号	黑笔测	红笔测
1	VCC	供电电压	10.5	10.5	1.0	1.0	12.5	12.5	500	4.4
2	CH1 + OUT	通道 1 + 输出	4.1	4.1	9.0	30.2	5.5	5.5	21.0	5.8
3	GND	接地	0	0	0	0	0	0	0	0
4	CH1 − OUT	通道 1 − 输出	4.1	4.1	9.0	30.2	5.6	5.6	20.5	5.8
5	STANDBY	等待	3.0	3.0	10.0	13.2	4.3	4.3	5.1	5.1
6	CH1 IN	通道 1 输入	1.2	1.2	10.0	150	1.3	1.3	∞	6.5
7	GND	接地	0	0	0	0	0	0	0	0
8	CH2 IN	通道 2 输入	1.2	1.2	10	150	1.3	1.3	∞	6.5
9	VOL	音量控制	0.5	0	7.0	70	0	1.2	1.2	1.2
10	CH2 − OUT	通道 2 − 输出	4.1	4.1	9.0	30.2	5.5	5.5	21.0	5.8
11	GND	接地	0	0	0	0	0	0	0	0
12	CH2 + OUT	通道 2 + 输出	4.1	4.1	9.0	30.2	5.5	5.5	21.0	5.8

2.3.4 AN7582Z 伴音功放电路

AN7582Z 是松下公司开发的立体声音频功率放大电路。内含两路功率放大电路，具有直流音量调整和静音功能。应用在厦华 DPTV 变频机心 S 系列、K2918、K2926、MT-2928 等高清彩电中。

AN7582Z 引脚功能和在厦华 S2935 高清彩电中应用时的典型数据和维修数据见表 2-62。AN7582Z 在厦华 S2935 高清彩电中的应用电路如图 2-71 所示。

表 2-62　AN7582Z 引脚功能和维修数据

引脚	符号	功能	典型数据	电压/V		对地电阻/kΩ	
			电压/V	有信号	无信号	红笔测	黑笔测
1	CH1 IN	左声道音频信号输入	0	0	0	5.6	5.9
2	NC	未用，空脚	0.01	0	0	∞	∞
3	RF	纹波滤波	2705	31.0	30.5	5.6	27.2
4	GND（INPUT）	信号输入电路接地	0	0	0	0	0
5	CH2 IN	右声道音频信号输入	0.02	0	0	5.6	5.9
6	NC	未用，空脚	0.9	0	0	∞	∞
7	OUT CH2	右声道音频信号输出	13.75	16.0	15.8	4.8	33.2
8	MUTE	静音控制	0.9	0.25	0.25	5.0	6.7
9	GND（OUTPUT）	功放电路接地	0	0	0	0	0
10	VCC	电源供电输入	28.8	32.9	32.2	3.1	500
11	NC	未用空脚	0.02	0	0	∞	∞
12	OUT CH1	左声道音频信号输出	13.9	16.0	15.7	4.8	35.5

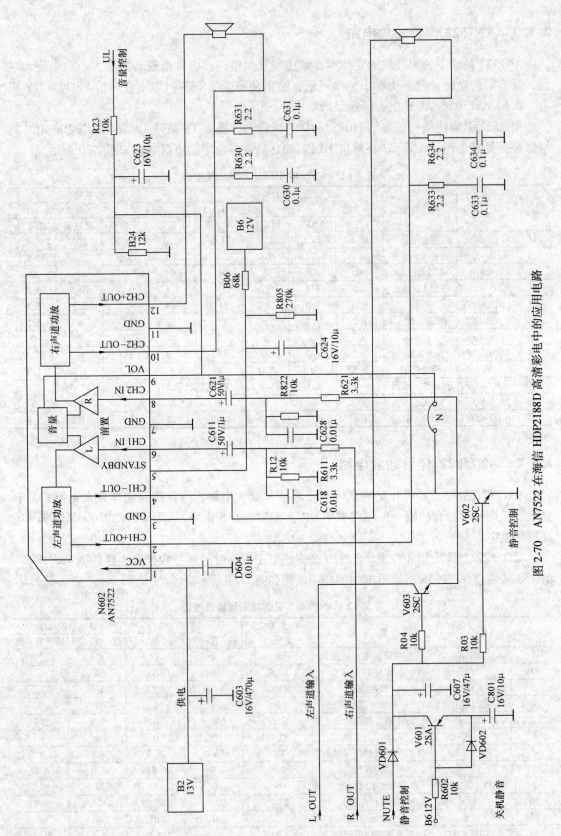

图 2-70　AN7522 在海信 HDP2188D 高清彩电中的应用电路

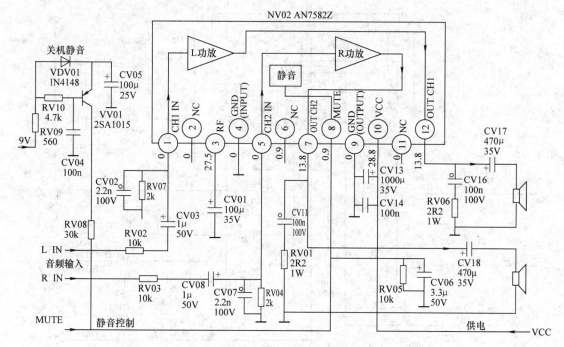

图 2-71　AN7582Z 在厦华 S2935 高清彩电中的应用电路

2.3.5　AN7583 伴音功放电路

　　AN7583 是松下公司开发的三路音频功率放大电路。内含三路功率放大电路，具有直流音量调整和静音功能。应用在厦华 V 系列高清彩电中。

　　AN7583 引脚功能和在厦华 V 系列彩电中应用时的维修数据见表 2-63。AN7583 在厦华 V 系列 V3426 高清彩电中的应用电路如图 2-72 所示。

表 2-63　AN7583 引脚功能和维修数据

引　脚	符　号	功　能	电压/V	对地电阻/kΩ	
				红笔测	黑笔测
1	CH1 IN	右声道音频输入	0	7.2	7.2
2	CH3 IN	重低音音频输入	0.1	10.0	11.0
3	RF	退耦滤波	30.3	8.9	10.0
4	GND INPUT	输入电路接地	0	0	0
5	CH2 IN	左声道音频输入	0	7.3	7.3
6	MUTE CH3	重低音静音控制	1.0	5.1	5.3
7	OUT CH2	左声道输出	15.2	6.1	14.0
8	MUTE CH1 + 2	左右声道静音控制	0.7	6.6	7.0
9	GND OUTPUT	功放电路接地	0	0	0
10	VCC	电源供电输入	31.6	5.0	5.0
11	OUT CH3	重低音输出	15.1	5.9	15.0
12	OUT CH1	右声道输出	15.2	5.9	18.0

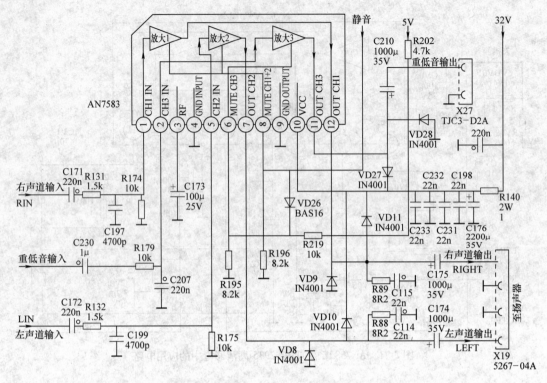

图 2-72　AN7583 在厦华 V 系列 V3426 高清彩电中的应用电路

2.3.6　AN7585 伴音功放电路

AN7585 是松下公司开发的三路音频功率放大电路。内含三路功率放大电路，具有待机控制和静音。应用在创维 6M20、6M23 机心高清彩电中。

AN7585 引脚功能和在创维 6M20 高清机心中应用时的维修数据见表 2-64。AN7585 在创维 6M20 高清机心中的应用电路如图 2-73 所示。

表 2-64　AN7585 引脚功能和维修数据

引　脚	符　号	功　能	电压/V
1	L IN	左声道音频输入	0
2	W IN	重低音音频输入	2.24
3	RF	外接滤波电容	24.26
4	GND	接地	0
5	R IN	右声道音频输入	0
6	MUTE	静音控制	3.3
7	ROUT	右声道音频输出	12.5
8	MUTE	静音控制	3.3
9	GND	接地	0
10	GND	接地	0
11	VCC	电源供电输入	25.6
12	WOUT	重低音音频输出	12.5
13	STANDBY	待机控制	12.1
14	L OUT	左声道音频输出	12.5

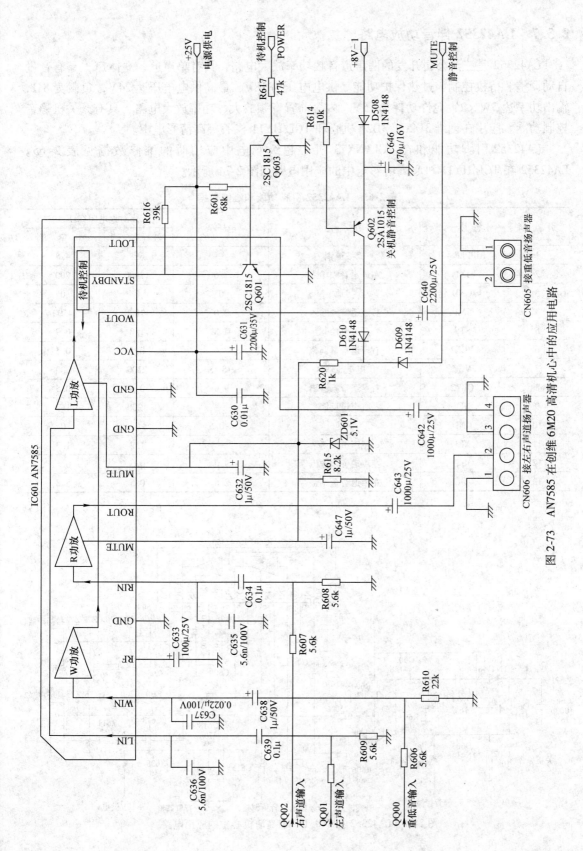

图 2-73 AN7585 在创维 6M20 高清机心中的应用电路

2.3.7 LA42352 伴音功放电路

LA42352 是三洋公司开发的两声道音频功率放大电路,具有单声道、立体声,具有音量自动调整、待机控制、过热保护功能。供电电压为 18V,最高供电电压达 24V,负载为 8Ω,输出功率达 5W×2,允许功耗为 15V。内含前置音频放大、功率放大电路,具有开关机静音控制功能。应用在创维 3D20、3D21 机心和 TCL HY11 机心等高清彩电中。

LA42352 引脚功能和在 TCL NX73 机心超级彩电中应用时的维修数据见表 2-65。LA42352 在 TCL HY11 机心高清彩电中的应用电路如图 2-74 所示。

表 2-65　LA42352 引脚功能和维修数据

引　脚	符　号	功　能	电压/V	对地电阻/kΩ	
				红笔测	黑笔测
1	RIPPLE FH	滤波退耦	—	6.8	4.8
2	IN1	左声道音频输入	2.0	12000	200
3	GND	接地	0	0	0
4	IN2	右声道音频输入	2.0	11800	4500
5	STB	开关机控制	4.8	1.0	0.9
6	VOL2	右声道音量调整	2.6	0.5	0.5
7	VCC	供电电压输入	18.0	2300	300
8	OUT2	右声道音频输出	9.0	0.5	0.5
9	NF2	右声道反馈	—	1200	1.2
10	GND	接地	0	0	0
11	NF1	左声道反馈	—	1.2	1.3
12	OUT1	左声道音频输出	9.0	0.5	0.5
13	VOL1	左声道音量调整	2.6	0.5	5.8

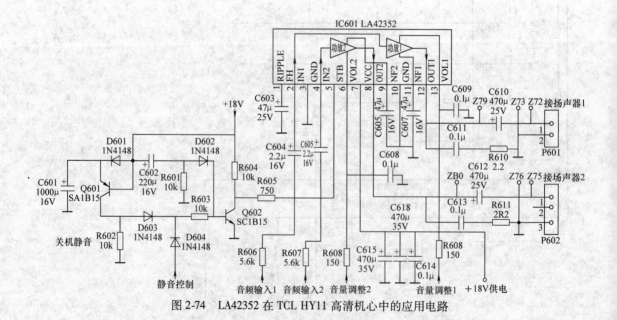

图 2-74　LA42352 在 TCL HY11 高清机心中的应用电路

2. 3. 8 LA4267 伴音功放电路

LA4267 是三洋公司开发的立体声音频功率放大电路。内含前置音频放大、功率放大电路，具有过电压保护功能。应用在厦华 TS 系列高清彩电中。

LA4267 引脚功能和在 TCL AT2127 彩电、福日 HFC-25D11 超级彩电中应用时的维修数据见表 2-66。LA4267 在厦华 TS 系列高清彩电中的应用电路如图 2-75 所示。

表 2-66 LA4267 引脚功能和维修数据

引 脚	符 号	功 能	TCL AT2127				福日 HFC-25D11			
			电压/V		对地电阻/kΩ		电压/V		对地电阻/kΩ	
			有信号	无信号	红笔测	黑笔测	有信号	无信号	红笔测	黑笔测
1	IN1 +	正相输入 1	0	0	∞	∞	0	0.1	∞	∞
2	IN1-	反相输入 1	0	0	∞	∞	0	0.1	∞	∞
3	FILTER	滤波器	8.2	0.3	6.0	8.5	9.7	9.7	6.3	7.3
4	GND	接地	0	0	0	0	0	0	0	0
5	IN2 +	正相输入 2	0.5	0.5	7.3	200	0.5	0.5	6.7	190
6	IN2-	反相输入 2	1.2	0.1	6.7	8.1	1.2	1.2	6.1	7.5
7	OUT2	输出 2	8.5	0	5.5	25.2	9.7	9.7	5.0	23.2
8	GND	接地	0	0	0	0	0	0	0	0
9	VCC	电源	18.2	18.2	4.0	9.0	26.5	26.2	3.8	9.2
10	OUT1	输出 1	0	0	∞	∞	0	0	∞	∞

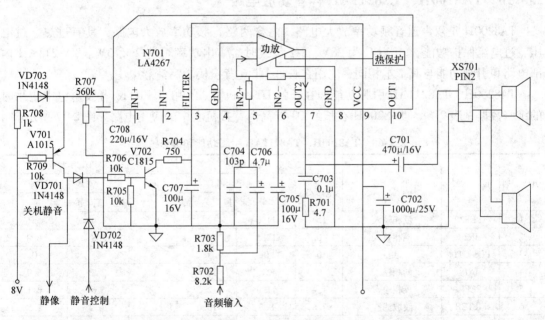

图 2-75 LA4267 在厦华 TS 系列高清彩电中的应用电路

2. 3. 9 LA4278 伴音功放电路

LA4278 是三洋公司开发的立体声音频功率放大电路，输出功率达 10W×2，工作电压范围为 10～34V，推荐值为 28V，最大耗散功率为 25W，兼容单声道和双通道放大器。内含前置音频放大、功率放大电路，具有过热、过电压保护功能。应用在创维 6D72、6D76、6D91～6D97 机心等高清彩电中。

LA4278 引脚功能、典型数据和在创维 6D72 机心高清彩电中应用时的维修数据见表 2-67。LA4278 在创维 6D95 机心高清彩电中的应用电路如图 2-76 所示。

表 2-67　LA4278 引脚功能和维修数据

引　脚	符　号	功　能	典 型 数 据				创维 6D72 机心	
			电压/V		对地电阻/kΩ		电压/V	
			有信号	无信号	红笔测	黑笔测	有信号	无信号
1	NF1	负反馈输入 1	1.1	1.1	∞	14.3M	1.1	1.1
2	IN1	音频输入 1	0.7	0.7	∞	∞	0.7	0.7
3	FILTER	纹波滤波	11.9	11.9	16.5	16.5	12.0	12.0
4	GND	前置接地	0	0	0	0	0	0
5	IN2	音频输入 2	0.68	0.68	∞	∞	0.7	0.7
6	NF2	负反馈输入 2	1.1	1.1	∞	14.3M	1.1	1.1
7	OUT2	音频输出 2	11.9	12.0	∞	∞	12.0	12.1
8	GND	功放接地	0	0	0	0	0	0
9	VCC	电源供电	24.1	24.2	33	33	24.0	24.2
10	OUT1	音频输出 1	12.0	12.1	∞	∞	12.0	12.1

2.3.10　TA8200H、TA8211AH 伴音功放电路

TA8200H 是双声道音频功率放大电路，内含两路音频功率放大电路，具有过热、过电压、过电流保护功能，当 VCC 为 28V、8Ω 负载时，输出功率可达 2×13W。TA8211AH 内部电路和引脚功能与其基本相同，应用在长虹 DT-6 背投机心高清彩电中。

TA8200H、TA8211AH 引脚功能和在长虹 DT-6 机心、长虹 51PDT18 背投彩电中应用时的维修数据见表 2-68。TA8200H 在长虹 DT-6 高清背投机心中的应用电路如图 2-77 所示。

表 2-68　TA8200H、TA8211AH 引脚功能和维修数据

引　脚	符　号	功　能	长虹 DT-6 机心			长虹 51PDT18 背投		
			电压/V	对地电阻/kΩ		电压/V	对地电阻/kΩ	
				红笔测	黑笔测		红笔测	黑笔测
1	PEF2	反相输入	1.4	11.0	12.2	1.5	6.4	6.1
2	IN2	同相输入	0	12.5	16.5	0	7.8	6.9
3	PPE-GTD	地	0	0	0	0	0	0
4	IN1	同相输入	0	12.5	16.5	0	7.8	6.9
5	PEF1	反相输入	1.4	11.0	12.5	1.5	6.6	6.1
6	FILTER	纹波滤波	7.6	8.5	10.0	11.5	70.2	5.5
7	OUT1	输出	14.5	2.5	2.2	15.6	1.8	1.8
8	DETECT	噪声滤波	5.0	7.8	8.0	5.2	6.7	5.8
9	VCC	电源	29.1	2.9	2.9	33.9	2.2	2.2
10	PW-GND	地	0	0	0	0	0	0
11	MUTE	低电平静音控制	8.5	11.2	13.2	9.1	∞	6.2
12	OUT2	输出	14.6	2.5	2.2	15.2	1.9	1.9

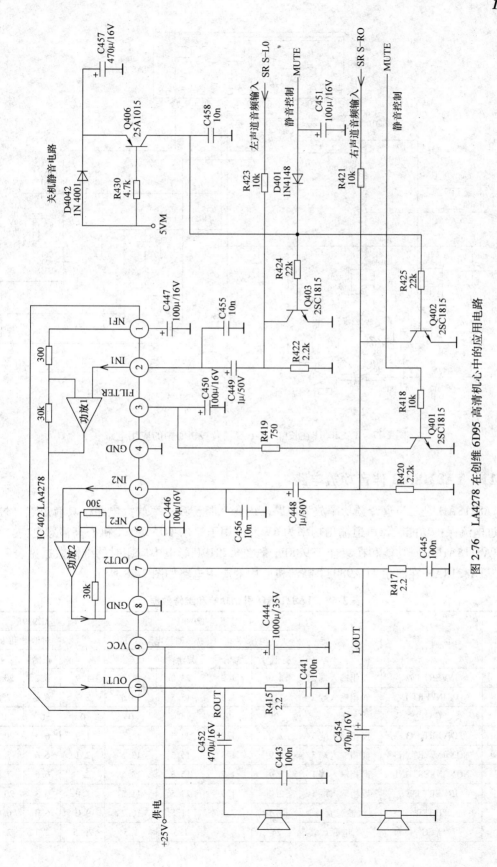

图 2-76 LA4278 在创维 6D95 高清机心中的应用电路

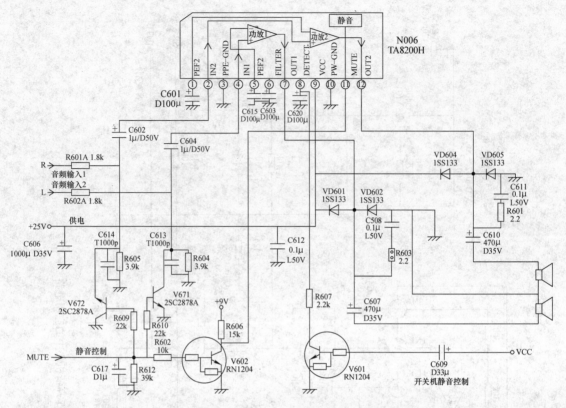

图 2-77 TA8200H 在长虹 DT-6 高清背投机心中的应用电路

2.3.11 TA8218AH 伴音功放电路

TA8218AH 是三声道音频功率放大电路。内含三路音频功率放大电路,具有过热、过电压、过电流保护功能,每声道输出功率为 6W。应用于海尔 TDA9808T 机心高清彩电中。

TA8218AH 引脚功能和在康佳 T2988P、长虹 C2919P 彩电中应用时的维修数据见表 2-69 所示。TA8218AH 在海尔 TDA9808T 高清机心中的应用电路如图 2-78 所示。

表 2-69　TA8218AH 引脚功能和维修数据

引 脚	符 号	功 能	康佳 T2988P				长虹 C2919P		
			电压/V		对地电阻/kΩ		电压/V	对地电阻/kΩ	
			有信号	无信号	黑笔测	红笔测		正测	负测
1	INVERT IN2	反相输入端2	2.0	1.9	23.5	11.5	1.9	6.2	20.2
2	NON INVERT IN2	同相输入端2	1.9	1.8	15.5	13.5	2.1	6.6	7.8
3	GND	地	0	0	0	0	0	0	0
4	INVERT IN3	反相输入端3	2.0	1.8	24.5	11.5	1.9	6.3	20.2
5	NON INVERT IN3	同相输入端3	1.9	1.8	15.5	13.5	2.1	6.6	7.8
6	NON INVERT IN1	同相输入端1	1.9	1.7	15.5	13.5	2.1	6.6	7.8
7	INVERT IN1	反相输入端1	2.0	1.9	23.5	11.5	1.9	6.3	20.2
8	FILTER	纹波滤波器	7.4	7.3	11.5	10.2	9.0	6.0	6.6
9	VCC	电源	24	24	1.5	1.5	26.5	2.3	2.3

引 脚	符 号	功 能	康佳 T2988P				长虹 C2919P		
			电压/V		对地电阻/kΩ		电压/V	对地电阻/kΩ	
			有信号	无信号	黑笔测	红笔测		正测	负测
10	OUT1	输出端 1	11.1	11.1	2.0	2.2	12.6	2.0	2.0
11	MUTE	重低音静音	3.3	3.2	∞	13.5	4.7	6.8	∞
12	FILTER	外接滤波静音	4.6	4.8	6.7	7.0	5.0	6.8	6.0
13	GND	地	0	0	0	0	0	0	0
14	OUT3	输出端 3	11.1	11.1	2.0	2.0	12.6	2.0	2.0
15	FILTER	外接滤波电容	4.8	4.8	6.7	7.0	5.0	6.0	6.2
16	MUTE	主放大器静音	3.0	3.0	∞	13.5	4.6	6.8	∞
17	OUT2	输出端 2	11.1	11.1	2.0	2.0	12.5	2.0	2.0

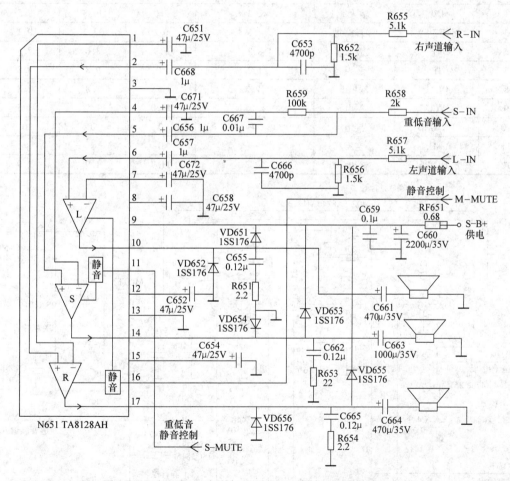

图 2-78　TA8218AH 在海尔 TDA9808T 高清机心中的应用电路

2.3.12　TA8246、TA8246AH、TA8246BH 伴音功放电路

TA8246、TA8246AH、TA8246BH 是双声道音频功率放大电路，三种内部电路和引脚功能基本相同。内含两路音频功率放大电路，具有静音和过热、过电压、过电流保护功能，输

出功率为 $2 \times 6W$。应用在创维 6T18、6T19、6D50、6D81 机心，厦华 HT-T、TR、TU、TW 系列等高清彩电中。

TA8246、TA8246AH、TA8246BH 引脚功能和在创维 5I30 机心、厦华 MT2935A 高清彩电中应用时的维修数据见表 2-70。TA8246AH 在创维 6D81 机心高清彩电中的应用电路如图 2-79 所示。

表 2-70　TA8246、TA8246AH、TA8246BH 引脚功能和维修数据

引　脚	符　号	功　能	创维 5I30 机心	厦华 MT2935A		
			电压/V	电压/V	对地电阻/kΩ	
					黑笔测	红笔测
1	NC	空脚	—	0	∞	∞
2	IN2	输入 2	1.3	2.0	10.8	9.6
3	PRE GND	接地	0	0	0	0
4	IN1	输入 1	1.2	2.0	10.8	9.5
5	MUTE SW	静音控制	4.5	0.2	27.2	9.1
6	RF	纹波滤波	8.2	7.9	8.6	7.5
7	MUTE TC	静音控制	1.2	0.01	9.8	8.8
8	OUT1	输出 1	12.2	11.5	1.8	1.8
9	VCC	电源电压	23.5	24.0	1.5	1.5
10	PW GND	接地	0	0	0	0
11	NC	空脚	—	0	∞	∞
12	OUT2	输出 2	12.3	11.7	1.9	1.9

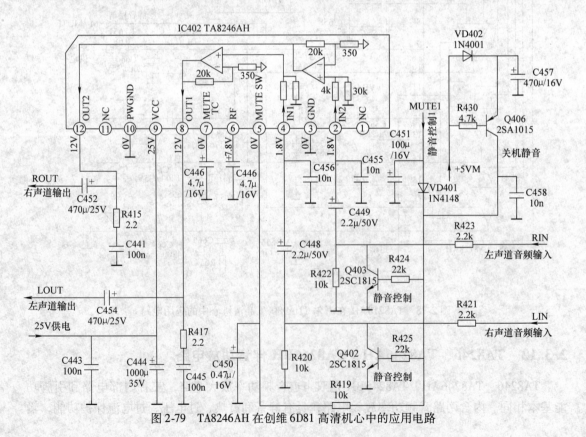

图 2-79　TA8246AH 在创维 6D81 高清机心中的应用电路

2.3.13　TA8256H、TA8256BH、TA8256 HV 伴音功放电路

TA8256H、TA8256BH、TA8256HV 是三声道音频功率放大电路，三者内部电路、引脚功能基本相同。内含三路音频信号功率放大电路，具有过热、过电压、过电流保护功能，输出功率为 3×6W。TA8256H 应用在长虹 CHD-1～CHD-3、CHD-5～CHD-7、DT-5、DT-7 机心，海信 HDTV-2、SIEMENS、TRIDENT 机心，海尔 MK14 机心、创维 5D30、5D60、5D76、5M01、5M10 等高清彩电中。

TA8256H、TA8256BH、TA8256HV 引脚功能和 TA8256BH 在长虹 CHD-2 高清机心、TA8256H 在熊猫 C3488 彩电中应用时的维修数据见表 2-71。TA8256BH 在长虹 CHD-2 高清机心中的应用电路如图 2-80 所示。

表 2-71　TA8256H、TA8256BH、TA8256HV 引脚功能和维修数据

引　脚	符　号	功　能	长虹 CHD-2 机心	熊猫 C3488			
			电压/V	电压/V		对地电阻/kΩ	
				有　信　号	无　信　号	红　笔　测	黑　笔　测
1	IN3	音频信号 3 输入	2.1	1.7	1.9	1.0	1.1
2	IN2	音频信号 2 输入	2.1	1.7	1.9	1.0	1.1
3	PRE GND	地	0	0	0	0	0
4	IN1	音频信号 1 输入	2.1	1.7	1.9	1.0	1.1
5	MUTE SW	静音控制	0	0	0	0.9	7.0
6	RF	滤波	9.3	9.0	9.1	0.7	0.9
7	MUTE TC	静音控制	0.1	0	3.4	0.8	0.9
8	OUT1	音频信号 1 输出	13.1	13.0	13.1	0.6	1.1
9	VCC	电源电压输入	25.0	27.0	27.3	0.4	0.8
10	PW GND	地	0	0	0	0	0.
11	OUT3	音频信号 3 输出	13.1	13.0	13.1	0.6	1.1
12	OUT2	音频信号 2 输出	13.1	13.0	13.1	0.6	1.1

2.3.14　TA8426 伴音功放电路

TA8426 是东芝公司生产的双声道音频功率放大电路，内含三路音频功率放大电路，具有静音功能，输出功率为 3×5W。应用在厦华 TF 系列等高清彩电中。

TA8426 引脚功能和在创维 8000-2522 彩电、厦华 TF 系列高清彩电中应用时的维修数据见表 2-72。TA8426 在厦华 TF 系列高清彩电中的应用电路如图 2-81 所示。

表 2-72　TA8426 引脚功能和维修数据

引　脚	符　号	功　能	厦华 TF 系列	创维 8000-2522			
			电压/V	电压/V		对地电阻/kΩ	
				有　信　号	无　信　号	黑　笔　测	红　笔　测
1	NC	重低音输入（未用）	—	0	0	∞	∞
2	IN1	右声道音频输入	1.3	1.75	2.0	7.4	7.1
3	GND	接地	0	0	0	0	0
4	IN2	左声道音频输入	1.2	1.75	2.0	7.4	7.1
5	MUTE	静音控制	4.5	0	4.25	20.5	6.7
6	FILTER	外接滤波电容	8.2	6.75	6.8	6.1	5.8
7	TC	静音滤波	1.2	0	1.95	6.8	6.4
8	OUT1	左声道音频输出	12.2	10.5	10.2	2.0	2.1
9	VCC	电源供电输入	23.5	21.5	21.5	1.7	1.8
10	GND	接地	0	0	0	0	0
11	NC	重低音输出（未用）	—	0	0	∞	∞
12	OUT2	右声道音频输出	12.3	10.5	10.2	2.1	2.2

172

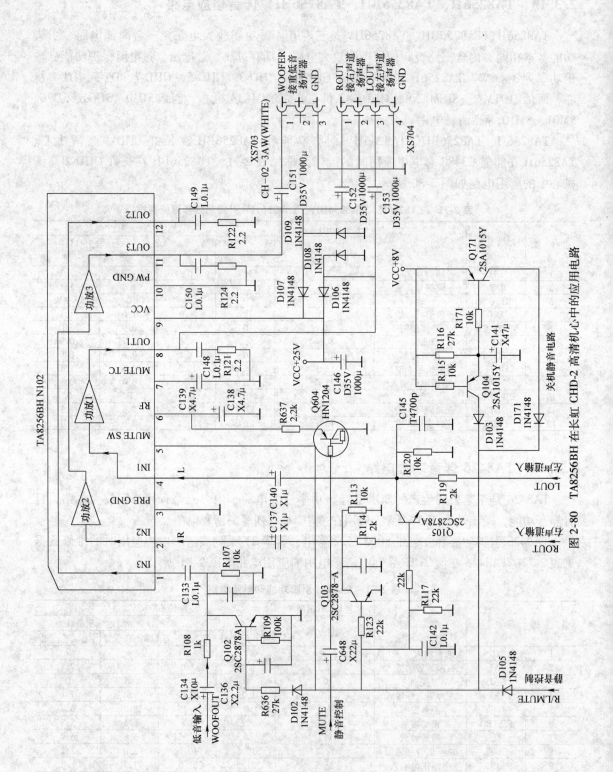

图 2-80 TA8256BH 在长虹 CHD-2 高清机心中的应用电路

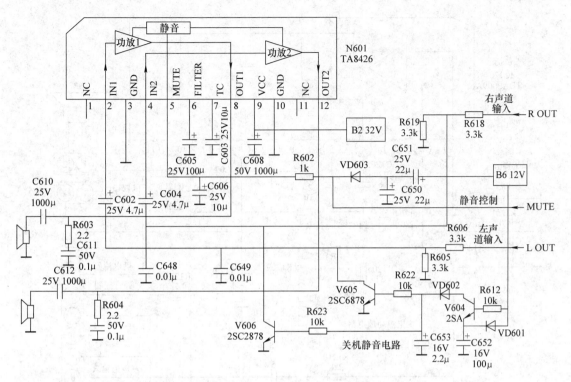

图 2-81　TA8426 在厦华 TF 系列高清彩电中的应用电路

2.3.15　TDA2009A 伴音功放电路

TDA2009A 是立体声音频功率放大电路。内含两路音频功率放大电路，具有过热保护功能，输出功率为 2×10W。应用于 TCL DPTV、HDTV/DTV、P21 机心等高清彩电中。

TDA2009A 引脚功能和在 TCL P21 高清机心、康佳 T928N 彩电中应用时的维修数据见表2-73。TDA2009A 在 TCL P21 高清机心中的应用电路如图 2-82 所示，用于重低音功放。

表 2-73　TDA2009A 引脚功能和维修数据

引　脚	符　号	功　能	TCL P21 机心			康佳 T928N			
			电压/V	对地电阻/kΩ		电压/V		对地电阻/kΩ	
				红笔测	黑笔测	有信号	无信号	负测	正测
1	IN1 +	同相输入 1	0.6	56.5	14.0	0.8	0.8	7.2	26.4
2	IN1 −	反相输入 1	0.6	10.0	10.0	0.7	0.7	10.2	6.1
3	SVR	纹波抑制	13.0	14.0	22	12.2	12.2	10.2	9.6
4	IN2 −	反相输入 2	0.6	10.0	10.0	0.7	0.7	10.2	6.1
5	IN2 +	同相输入 2	0.6	55.5	16.0	0.8	0.8	7.1	26.4
6	GND	接地	0	0	0	0	0	0	0
7	NC	空脚	0	0	0	0	0	0	0
8	OUT2	输出端 2	12.5	1.0	1.0	11.2	11.2	1.1	1.1
9	VCC	电源端	24.2	6.0	15.0	24.4	24.4	8.1	2.6
10	OUT1	输出端 1	12.0	1.0	1.0	11.2	11.2	1.1	1.1
11	NC	空脚	0	0	0	—	—	—	—

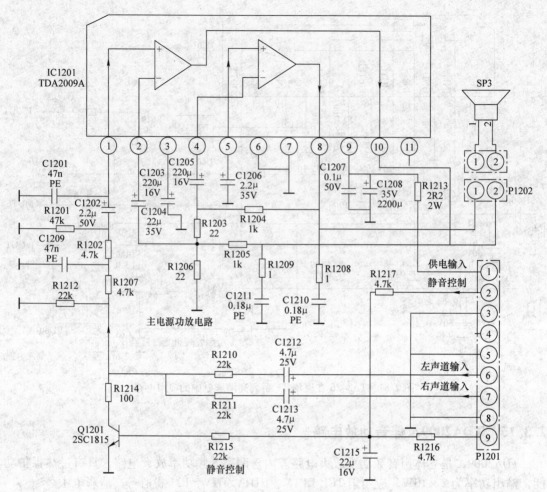

图 2-82　TDA2009A 在 TCL P21 高清机心中的应用电路

2.3.16　TDA2616 伴音功放电路

　　TDA2616 是飞利浦公司开发的立体声高保真音频功率放大电路。内含两路音频功率放大电路，具有过热、过电流保护功能，输出功率为 $2 \times 12W$。应用在康佳 AS、BM、FG、FM 机心、海信 NDSP、PHILIPS、海尔 883/MK14 机心，创维 3I01、5D01、5D20、5D70、5D78 机心，厦华 MDTV、MMTV 机心等多种高清彩电中。

　　TDA2616 引脚功能和在康佳 FG 系列 P29FG282 高清彩电、厦华 U 系列高清彩电中应用时的维修数据见表 2-74 所示。TDA2616 在康佳 AS 系列高清彩电中的应用电路如图 2-83 所示。

表 2-74　TDA2616 引脚功能和维修数据

引　脚	符　号	功　能	康佳 FG 系列				厦华 U 系列			
			电压/V		对地电阻/kΩ		电压/V		对地电阻/kΩ	
			有信号	无信号	红笔测	黑笔测	有信号	无信号	红笔测	黑笔测
1	−INV1	反相输入	10.8	12.0	6.4	38.0	13.0	14.7	6.3	45.5
2	MUTE	静音控制	25.0	3.4	6.6	43.0	29.1	0.4	6.0	40.5

引　脚	符　号	功　能	康佳 FG 系列				厦华 U 系列			
			电压/V		对地电阻/kΩ		电压/V		对地电阻/kΩ	
			有信号	无信号	红笔测	黑笔测	有信号	无信号	红笔测	黑笔测
3	1/2VP/GND	1/2 电源电压或接地	12.8	12.5	6.0	14.5	15.0	15.1	6.0	17.2
4	OUT1	输出 1	12.8	12.5	5.0	29.0	15.0	15.1	5.0	55.6
5	− VP	负电源	0	0	0	0	0	0	0	0
6	OUT2	输出 2	12.8	12.5	5.0	28.0	15.0	15.1	5.0	50.5
7	+ VP	正电源	25.2	25.0	3.1	29.0	29.5	30.2	3.3	27.2
8	INV1/2	正相输入 1/2	12.8	12.5	6.0	14.5	15.0	15.1	6.0	20.0
9	− INV2	反相输入 2	11.3	12.0	6.4	33.0	13.0	14.9	6.5	51.5

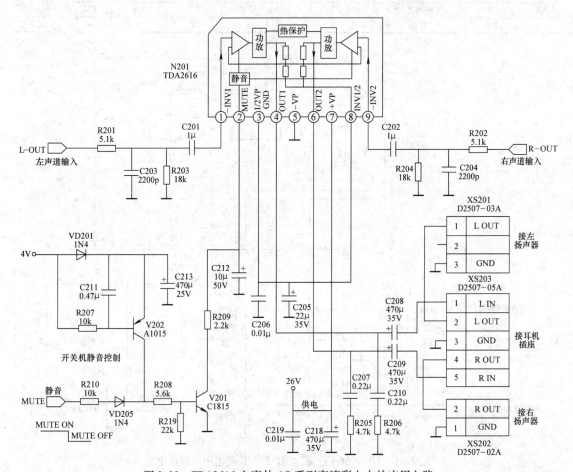

图 2-83　TDA2616 在康佳 AS 系列高清彩电中的应用电路

2.3.17　TDA7056A/B 伴音功放电路

　　TDA7056A、TDA7056B 是 BTL 音频功率放大电路。内含前置音频放大、功率放大电路，具有直流音量调整、开关机静噪、输出负载保护功能，输出功率 3W。应用在海尔 NDSP 高清机心，海尔 HP-2579C、HP-2998，长虹 PF2939、创维 21D88A 等彩电中。

TDA7056A/B 引脚功能和在长虹 PF2939、创维 21D88A 彩电中应用时的维修数据见表 2-75 所示。TDA7056A 在海尔 HP-2579C 彩电中的应用电路如图 2-84 所示。

表 2-75　TDA7056A/B 引脚功能和维修数据

引脚	符号	功能	创维 21D88A			长虹 PF2939			
			电压/V	对地电阻/kΩ		电压/V		对地电阻/kΩ	
				红笔测	黑笔测	有信号	无信号	红笔测	黑笔测
1	NC	空脚	0	∞	∞	0	0	∞	∞
2	VP	电源供给端	11.9	5.2	13.2	15.5	15.5	0.4	0.4
3	VIN	信号输入端	2.4	7.5	36.2	2.2	2.2	6.9	28.2
4	GND1	接地（控制部分）	0	0	0	0	0	0	0
5	VOLUME	音量控制（静音端）	0.9	6.5	9.0	1.1	0.3	5.4	6.2
6	OUT +	同相输出端	5.6	6.1	6.9	7.2	7.4	5.4	6.7
7	GND2	接地（放大部分）	0	0	0	0	0	0	0
8	OUT −	反相输出端	5.6	6.1	6.9	7.1	7.4	5.4	6.6
9	NC	空脚	0	∞	∞	0	0	∞	∞

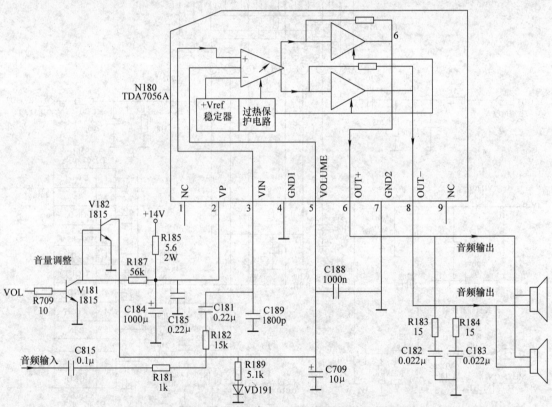

图 2-84　TDA7056A 在海尔 HP-2579C 彩电中的应用电路

2.3.18　TDA7057AQ 伴音功放电路

TDA7057AQ 是飞利浦公司开发的音频功率放大电路。内含前置音频放大、功率放大电路，具有直流音量调整、过电压、过电流保护功能。应用在海尔 NDSP、TCL S21 机心、长虹 PF2939 彩电、厦华 P 系列等高清彩电中。

TDA7057AQ 引脚功能和在长虹 PF2939 彩电、康佳 T2979D1 彩电中应用时的维修数据见表 2-76 所示。TDA7057AQ 在 TCL S21 机心中的应用电路如图 2-85 所示。

表 2-76　TDA7057AQ 引脚功能和维修数据

引脚	符号	功能	长虹 PF2939				康佳 T2979D1		
			电压/V		对地电阻/kΩ		电压/V	对地电阻/kΩ	
			有信号	无信号	红笔测	黑笔测		红笔测	黑笔测
1	VOLRME1	静音端音量控制 1	0.9	0.4	5.4	5.9	0.4–4	1.8	1.8
2	NC	空脚（接地）	0	0	∞	∞	0	0	0
3	INPUT1	信号输入端	2.2	2.2	6.7	28.2	2.2	11.2	140
4	VP	电源供给端	15.5	15.5	0.4	0.4	16.2	4.0	38.4
5	INPUT2	信号输入端 2	2.2	2.2	6.7	28.2	2.1	11.2	140
6	GND1	控制部分接地	0	0	0	0	0	0	0
7	VPLUME2	静音端音量控制 2	0.9	0.4	5.3	6.0	0.4–4	1.8	1.8
8	OUT +	同相输出端 2	7.2	7.3	5.3	6.5	7.8	8.1	30.4
9	GND	放大器部分接地	0	0	0	0	0	0	0
10	OUT −	反相输出端 2	7.2	7.4	5.3	6.5	7.8	8.1	30.4
11	OUT −	反相输出端 1	7.2	7.4	5.3	6.5	7.8	8.1	30.4
12	GND	放大器部分接地	0	0	0	0	0	0	0
13	OUT +	同相输出端 1	7.2	7.4	5.3	6.5	7.8	8.1	30.4

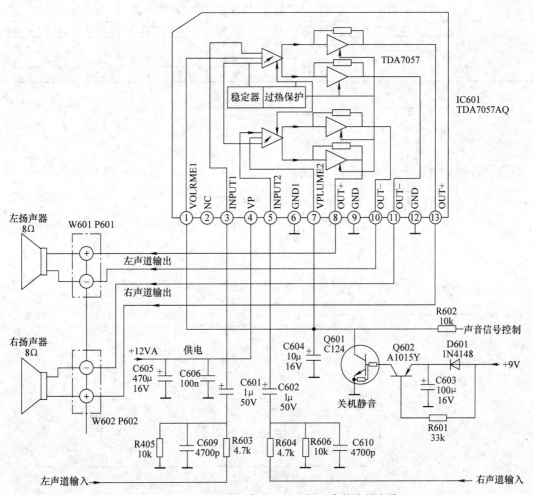

图 2-85　TDA7057AQ 在 TCL S21 机心中的应用电路

2.3.19 TDA7263M、TDA7263L 伴音功放电路

TDA7263M、TDA7263L是双声道音频功率放大电路。内含两路音频信号功率放大电路，具有静音和待机控制以及过电压、过电流保护功能，工作电压为 ±25V，典型输出功率为 2×25W。应用在海尔泰霖高清机心、海尔 HS-2558D、创维 CTV-8259 等彩电中。

TDA7263M、TDA7263L 引脚功能和在海尔 HS-2558D、创维 CTV-8259 彩电中应用时的维修数据见表2-77。TDA7263L 在海尔泰霖高清机心中的应用电路如图 2-86 所示，只应用了其中的一个通道功放电路。

表 2-77　TDA7263M、TDA7263L 引脚功能和维修数据

引脚	符　号	功　能	海尔 HS-2558D				创维 CTV-8259			
			电压/V		对地电阻/kΩ		电压/V		对地电阻/kΩ	
			有信号	无信号	红笔测	黑笔测	有信号	无信号	红笔测	黑笔测
1	L IN +	同相输入 L	17.1	17.5	5.6	12.8	0.8	0.7	6.2	7.0
2	L IN-	反向输入 L	18.4	18.1	5.4	12.7	1.7	1.6	5.8	6.8
3	MUTE/ST-BY	静音/待机控制	28.9	0	5.4	5.2	14.2	14.1	5.8	47.2
4	RIN-	反向输入 R	18.4	18.2	5.4	12.8	1.7	1.6	5.8	6.8
5	RIN +	同相输入 R	17.1	17.5	5.6	13.2	0.8	0.7	6.2	7.0
6	GND	接地	0	0	0	0	0	0	0	0
7	NC	空脚	18.2	18.4	4.8	4.8	0	0	0	0
8	R OUT	音频放大输出 R	18.2	18.4	4.8	4.8	13.2	12.7	0.6	0.6
9	VCC	电源	23.8	24.1	0.8	0.8	26.5	26.3	3	4.4
10	L OUT	音频放大输出 L	18.2	18.4	4.8	4.8	13.2	12.8	0.6	0.6
11	NC	空脚	18.2	18.4	4.8	4.8	13.2	12.8	0.6	0.6

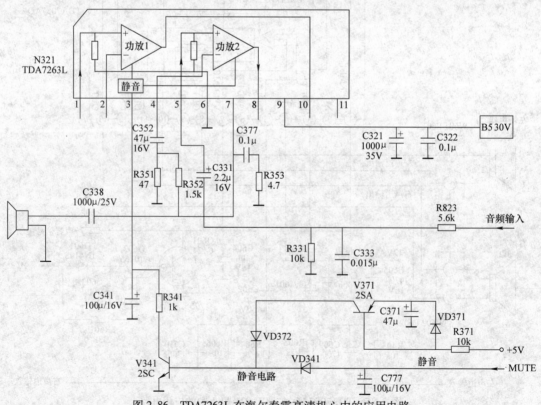

图 2-86　TDA7263L 在海尔泰霖高清机心中的应用电路

2.3.20　TDA7266 伴音功放电路

TDA7266 是 ST 公司推出的一款立体声音频功率放大电路。内含两路 BTL 音频功率放大电路，具有待机和静音控制以及过热、短路保护功能，典型工作电压为 11V，输出功率为 2×7W。TDA7266 还有三块姐妹集成块，分别是 TDA7266S/SA、TDA7266L、TDA7266M。TDA7266S/SA 的结构与 TDA7266 完全相同；供电范围也一样，但输出功率为 2×5W；TDA7266M 为 15 脚封装的 7W 单声道功放电路，TDA7266L 为 10 脚封装的 5W 单声道功放电路。TDA7266 应用在创维 6D66、6P18、6P28、6P50、6M31、6M35 机心，TCL MS12、MS36、N21、N22、NDSP 机心等高清彩电中。

TDA7266 引脚功能和在创维 6P18 机心 25T98HT 高清彩电、TCL AT25S135 彩电中应用时的维修数据见表 2-78。TDA7266SA 在 TCL MS12 高清机心中的应用电路如图 2-87 所示。

表 2-78　TDA7266 引脚功能和维修数据

引　脚	符　号	功　能	创维 25T98HT				TCL AT25S135		
			电压/V		对地电阻/kΩ		电压/V	对地电阻/kΩ	
			有信号	无信号	红笔测	黑笔测		红笔测	黑笔测
1	LO +	左声道同相输出	6.1	6.6	4.7	6.5	8.8	5.9	5.7
2	LO −	左声道反相输出	6.6	6.6	4.7	6.5	8.7	5.9	5.7
3	VCC1	功放电路供电	13.5	13.1	2.4	2.5	13.2	0.8	0.9
4	RIN +	右声道同相信号输入	1.4	1.3	8.6	10.5	4.7	4.3	13.0
5	NC/RIN −	右声道反相输入	1.4	1.3	8.6	10.5	3.9	4.1	11.6
6	MUTE	静音控制	4.2	0.4	6.5	7.8	6.8	6.1	5.7
7	STBY	待机控制	6.3	6.3	6.4	4.6	6.8	6.1	5.7
8	P GND	功放电路接地	0	0	0	0	0	0	0
9	S GND	推动电路接地	0	0	0	0	0	0	0
10	NC	空脚	0	0	0	0	—	—	—
11	NC/LIN −	左声道反相输入	1.4	1.3	8.5	10.0	3.9	4.1	11.6
12	LIN +	左声道同相输入	1.4	1.3	8.5	10.0	4.7	4.3	13.0
13	VCC2	推动电路供电	13.5	13.2	2.4	2.5	13.2	0.8	0.9
14	RO +	右声道反相输出	6.5	6.5	4.7	6.5	8.7	5.9	5.7
15	RO −	右声道同相输出	6.5	6.5	4.7	6.5	8.8	5.9	5.7

2.3.21　TDA7269A、TDA7298 伴音功放电路

TDA7269A 是意法微电子公司生产的双声道音频功率放大电路。内含两路音频功率放大电路，具有关机静音功能和过热、短路保护功能，工作电压为 ±5～±20V，典型工作电压为 ±14V，典型输出功率为 2×10W。应用于创维 5I01、5D90 机心，TCL MS25 机心等高清彩电中。

TDA7298 是 SGS 公司开发的高保真音频功率放大电路。内含前置音频放大、功率放大电路，具有待机静音控制功能，内置过热、短路保护功能，供电电压为 ±22V，最大输出功率为 28W。应用于海尔 ICC19 机心、创维 5I01、5D90 机心等高清彩电中。

TDA7269A 引脚功能、典型数据和在海尔 ICC19 机心中应用时的维修数据见表 2-79；TDA7298 引脚功能和在海尔 ICC19 机心中应用时的维修数据见表 2-80。TDA7269A 和 TDA7298 在创维 5D90 高清机心中的应用电路如图 2-88 所示。

表 2-79　TDA7269A 引脚功能和维修数据

引　脚	符　号	功　能	典型数据			海尔 ICC19 机心		
			电压/V	对地电阻/kΩ		电压/V	对地电阻/kΩ	
				红笔测	黑笔测		红笔测	黑笔测
1	VSS	负电源输入	−13.0	58.0	6.8	−17.0	10.0	2.0

（续）

引　脚	符　号	功　能	典型数据			海尔 ICC19 机心		
			电压/V	对地电阻/kΩ		电压/V	对地电阻/kΩ	
				红笔测	黑笔测		红笔测	黑笔测
2	OUT R	右音频信号输出	0	16.0	13.5	0	20.2	10.0
3	VS	正电源输入	+13.0	7.0	23.0	+17.0	6.0	10.0
4	OUT L	左音频信号输出	0	16.0	16.0	0	8.0	18.2
5	MUTE/ST-BY	静音/待机控制	4.6	26.0	48.0	11.0	8.0	15.2
6	VSS	负电源输入	-13.0	80.0	7.0	-17.0	10.0	2.0
7	IN＋L	左同相输入	0.1	20.0	20.0	0	5.0	5.0
8	IN－L	左反相输入	0.1	0.9	0.9	0	10.0	50.5
9	GND	接地	0	0	0	0	0	0
10	IN-R	右反相输入	0.1	0.9	0.9	0	10.0	50.5
11	IN＋R	右同相输入	0.1	20.0	20.0	17.3	5.8	13.4

表 2-80　TDA7298 引脚功能和维修数据

引　脚	符　号	功　能	海尔 ICC19 机心			
			电压/V		对地电阻/kΩ	
			有信号	无信号	红笔测	黑笔测
1	OUT	功率输出	0	3.5	50.5	50.5
2	＋VS	正供电电源	16.2	17.2	50.5	100
3	MUTE/STBY	静音/待机	-9.0	-16.2	100	202
4	－VS	负供电电源	-16.2	-16.2	500	10.0
5	MUTE	静音输入	0	0	20.2	20.2
6	IN P-	反相输入	0	2.8	500	80.5
7	IN P＋	正相输入	0	0	6.0	6.0

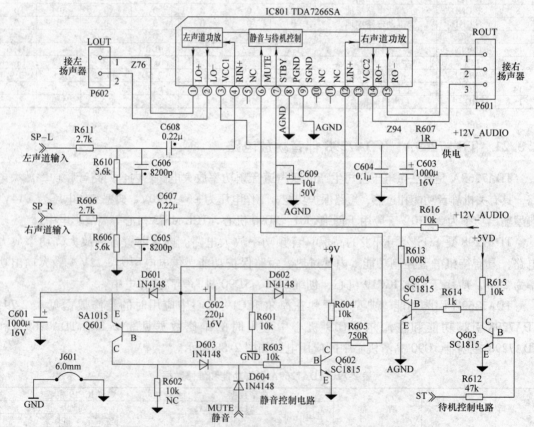

图 2-87　TDA7266SA 在 TCL MS12 高清机心中的应用电路

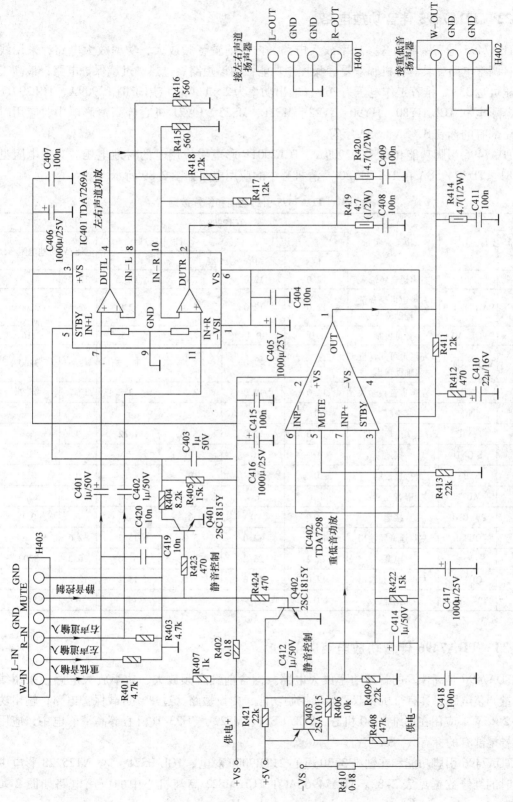

图 2-88 TDA7269A 和 TDA7298 在创维 5D90 高清机心中的应用电路

2.3.22 TDA7495 伴音功放电路

TDA7495 是高保真的音频功率放大电路。内含前置音频放大、功率放大电路，采用线性音量调整电路，具有待机和双重静噪控制功能，内设短路、过热、过载保护电路，最高工作电压可达 35V，推荐工作电压为 26V，输出功率为 2×11W。应用于 TCL2909A、TCL2901F 大屏幕彩电和 TCL HY80、HY90、IV22、MS21、MS23、PW21 机心等高清彩电中，应用时型号尾部有的标有 S、SA、SSA 字符。

TDA7495 引脚功能和在 TCL2909A、TCL2901F 彩电中应用时的对地电压、对地电阻见表 2-81。TDA7495SA 在 TCL HY80 高清机心中的应用电路如图 2-89 所示。

表 2-81 TDA7495 引脚功能和维修数据

引 脚	符 号	功 能	TCL2909A				TCL2901F	
			电压/V		对地电阻/kΩ		电压/V	对地电阻/kΩ
			有 信 号	无 信 号	红 笔 测	黑 笔 测		
1	INR	右声道音频输入	12.0	12.0	7.0	12.2	12.7	47.5
2	VAR OUT R	右声道可变音量辅助输出	12.0	12.0	7.0	82.0	12.6	3200
3	VOLUME	音量控制	1.0	0.1	7.1	215	1.5	116
4	VAR OUT L	左声道可变音量辅助输出	12.0	12.0	7.1	85.5	12.6	3300
5	IN L	左声道音频输入	12.0	12.0	7.1	12.8	12.7	45.2
6	NC	空脚	0	0	∞	∞	—	—
7	SVR	电源电压滤波	12.0	12.0	5.6	14.2	0	∞
8	S GND	接地	0	0	0	0	0	0
9	STBY	待机控制	0	0	0	0	0	0.3
10	MUTE	静音控制	1.1	1.1	6.6	13.8	—	13.4
11	PW GND	接地	0	0	0	0	0	0.1
12	OUT L	左声道音频输出	12.0	12.0	5.0	15.2	12.6	—
13	VS	电源	25.2	25.2	3.8	61.0	26.2	3300
14	OUT R	右声道音频输出	12.0	12.0	5.0	15.2	12.6	—
15	PW GND	接地	0	0	0	0	0	0

2.3.23 TDA7496 伴音功放电路

TDA7496 是高保真的音频功率放大电路。内含前置音频放大、功率放大电路，采用线性音量调整电路，具有待机和双重静噪控制功能，内设短路、过热、过载保护电路，输出功率为 2×5W。应用在创维 3T30 机心，TCL US21、MS22、PH73/D 机心等高清彩电中，应用时型号尾部有的标有 S、SA 字符。

TDA7496 引脚功能和在创维 3T30 机心 21TR9000 彩电、TCL US21 机心 NT25228 彩电中应用时的维修数据见表 2-82。TDA7496SA 在 TCL MS22 高清机心中的应用电路如图 2-90 所示。

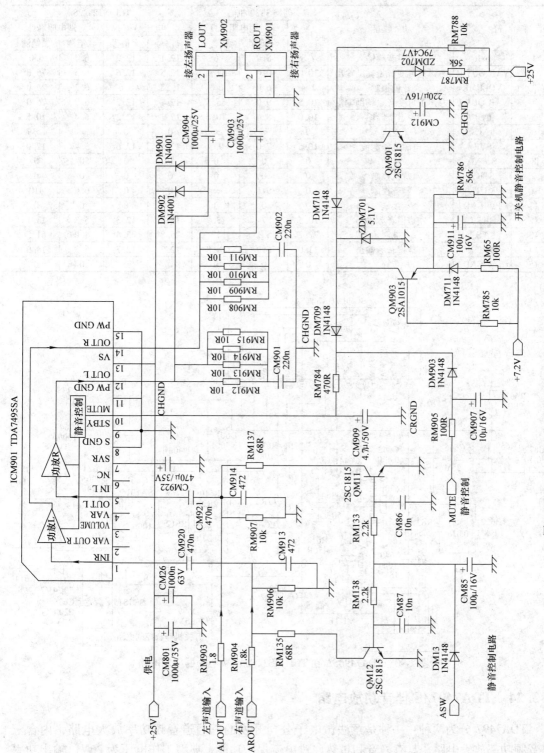

图 2-89 TDA7495SA 在 TCL HY80 高清机心中的应用电路

表 2-82　　TDA7496 引脚功能和维修数据

引 脚	符 号	功 能	创维 3T30 机心			TCL NT25228			
			电压/V	对地电阻/kΩ		电压/V		对地电阻/kΩ	
				红笔测	黑笔测	有信号	无信号	红笔测	黑笔测
1	INR	右声道音频输入	7.8	8.8	6	12.1	12.2	6.4	6.0
2	VAR OUT R	右声道可变音量辅助输出	10.0	9.0	51.0	12.5	12.6	6.5	75.0
3	VOLUME	音量控制	1.4	6.0	6.1	1.23	0.6	6.2	23.0
4	VAR OUT L	左声道可变音量辅助输出	10.5	9.0	55.5	12.7	12.7	6.7	75.0
5	IN L	左声道音频输入	10.0	8.6	10.6	12.1	12.2	6.4	10.5
6	NC	空脚	0	∞	∞	0	0	∞	∞
7	SVR	电源电压滤波	10.5	7.0	9.5	12.6	12.6	5.4	12.0
8	S GND	接地	0	0	0	0	0	0	0
9	STBY	待机控制	0	0	0	0	0	0	0
10	MUTE	静音控制	0	9.1	∞	0	0	6.6	410
11	PW GND	接地	0	0	0	0	0	0	0
12	OUT L	左声道音频输出	10.5	7	13.9	12.3	12.3	5.3	13.1
13	VS	电源	22.2	5.1	17	25.8	25.8	4.0	61.5
14	OUT R	右声道音频输出	11.0	6.9	14.8	12.7	12.7	5.3	14.0
15	PW GND	接地	0	0	0	0	0	0	0

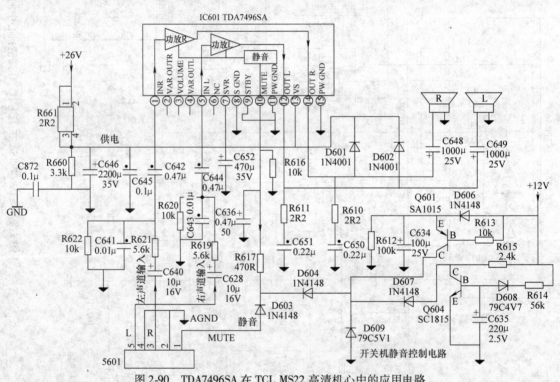

图 2-90　　TDA7496SA 在 TCL MS22 高清机心中的应用电路

2.3.24　TDA7497/S 伴音功放电路

　　TDA7497 分为两种：一种是意法微电子公司开发的三通道音频功率放大电路，内含三路音频功率放大电路，具有静音和过热、过电流保护功能，典型工作电压为 26V，输出功率为 3×10W，最高工作电压可达 35V。TDA7497S 与其引脚功能相同，只是输出功率较小，标称输出功率为 31W。另一种是 SGS 公司开发的二通道音频功率放大电路，内含二路音频功率放大电路，具有待机和静音控制功能，内设过热、过电流保护功能，典型工作电压 ±14V，输出功率为 2×10W，最高工作电压可达 ±22V。应用于海信 GS 一代/二代、HISENSE 或 ASIC、MST、TRIDENT、PHILIPS 机心，海尔 3D、MST5C26/AKM、ST720P、华亚机心，TCL DPTV、MV22/23 机心等高清彩电中。

TDA7497 引脚功能和在创维 6P18 高清机心、海信 TC2977 彩电中应用时的维修数据见表 2-83。TDA7497 在海尔 3D 高清机心中的应用电路如图 2-91 所示。

表 2-83 TDA7497 引脚功能和维修数据

引 脚	符 号	功 能	海信 TC2977 电压/V	对地电阻/kΩ 黑笔测	对地电阻/kΩ 红笔测	创维 6P18 机心 电压/V
1	IN R	右声道信号输入	13.2	15.2	7.1	15.6
2	VS-S	电源供电	27.8	54.0	3.8	32.0
3	OUT C	重低音 W 声道输出	13.4	14.4	4.1	0
4	PW GND C	功放电路接地	0	0	0	0
5	IN L	左声道信号输入	13.2	15.2	7.2	15.6
6	IN C	重低音 W 声道输入	13.2	15.2	7.2	0
7	SVR	纹波滤波	13.8	13.9	5.3	15.8
8	S GND	前置电路接地	0	0	0	0
9	MUTE2 C	重低音声道静音	0	12.7	6.3	0.25
10	MUTE1 L/R	左/右声道静音	0	12.7	6.3	0.02
11	PW GND	功放电路接地	0	0	0	0
12	OUT L	左声道功放输出	13.4	14.3	4.1	15.6
13	VS	电源供电	27.3	44.0	3.8	32.0
14	OUT R	右声道功放输出	13.4	14.3	4.1	15.6
15	PW GND	功放电路接地	0	0	0	0

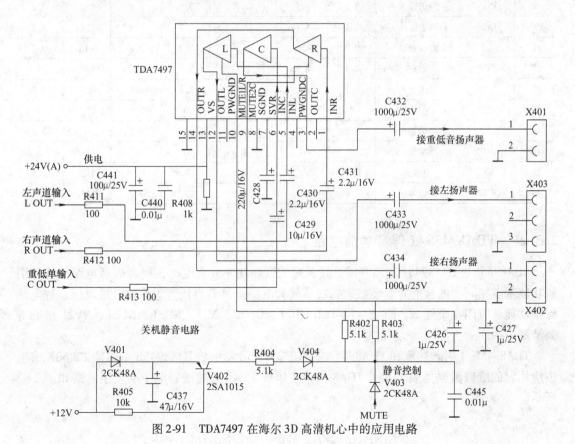

图 2-91 TDA7497 在海尔 3D 高清机心中的应用电路

2. 3. 25　TDA8944J/AJ 伴音功放电路

TDA8944J/AJ 是双声道 BTL 音频功率放大电路。内含两路前置音频放大、功率放大电路，具有电源开关时的静音功能，内设良好的过热、短路保护电路，供电电压为 12V，负载为 8Ω 时，每路输出功率为 7W。应用在长虹 CN-18 机心、TCL 2999UZ 彩电和康佳 T 系列、创维 6P60 机心等高清彩电中。

TDA8944J/AJ 引脚功能和在长虹 CN-18 机心、TCL 2999UZ 彩电中应用时的维修数据见表 2-84。TDA8944J/AJ 在创维 6P60 高清机心中的应用电路如图 2-92 所示。

表 2-84　TDA8944J/AJ 引脚功能和维修数据

引脚	符号	功能	长虹 CN-18 机心			TCL 2999UZ			
			电压/V		对地电阻/kΩ	电压/V		对地电阻/kΩ	
			有信号	无信号		有信号	无信号	红笔测	黑笔测
1	OUT1-	左声道输出 -	7.6	8.1	14.2	9.7	9.7	19.2	3.2
2	GND1	接地	0	0	0	0	0	0	0
3	VCC1	电源1	15.5	16.2	12.2	19.6	19.6	1.8	3.0
4	OUT1 +	左声道输出 +	7.6	8.1	14.1	19.7	9.8	1.2	3.4
5	NC	空脚	0	0	∞	0	0.1	0	0
6	IN1 +	左声道输入 +	8.0	8.0	18.8	9.7	9.7	0.3	0.6
7	NC	空脚	0	0	∞	0	0.1	0	0
8	IN1-	左声道输入 -	8.1	8.1	18.8	9.8	9.8	4.2	0.2
9	IN2-	右声道输入 -	8.1	8.1	18.6	9.7	9.7	1.6	3.7
10	MUTE	静音控制	0.3	4.6	19.5	0.2	0.2	0.02	0.2
11	SVR	滤波	8.1	8.2	7.7	9.7	9.8	1.7	4
12	IN2 +	右声道输入 +	8.1	8.1	11.2	9.8	9.8	0.3	3.5
13	NC	空脚	0	0	∞	0	0.1	0	0
14	OUT2 +	右声道输出 +	7.6	8.1	14.1	9.7	9.7	0	3.5
15	GND2	接地	0	0	0	0	0	0	0
16	VCC2	电源2	15.5	16.2	12.2	19.6	19.6	1.2	1.5
17	OUT2-	右声道输出 -	7.6	8.1	14.1	9.7	9.7	0	3.5

2. 3. 26　TDA8945S/J 伴音功放电路

TDA8945S、TDA8945J 是飞利浦公司开发的音频功率放大电路，两者内部电路结构和引脚功能基本相同。内含前置音频放大、功率放大电路，具有直流音量调整、过电压、过电流保护功能。应用在康佳 K、FT 系列，TCL GU21、GU22、N22、NDSP、NU21、NV21 机心等高清彩电中。

TDA8945S/J 引脚功能和 TDA8945J 在 TCL 2999UZ 彩电、TDA8945S 在康佳 T2960K 彩电中应用时的维修数据见表 2-85。TDA8945S 在康佳 FT 系列高清彩电中的应用电路如图 2-93 所示。

表 2-85　TDA8945J/S 引脚功能和维修数据

引脚	符号	功能	TDA8945J（TCL 2999UZ） 电压/V 有信号	无信号	对地电阻/kΩ 红笔测	黑笔测	TDA8945S（康佳 T2960K） 电压/V 有信号	无信号	对地电阻/kΩ 红笔测	黑笔测
1	OUT-	音频放大输出 -	9.8	9.7	2.0	3.5	7.0	7.0	9.0	6.5
2	VCC	电源	19.7	19.6	1.0	39.5	14	14	4.5	∞
3	OUT +	音频放大输出 +	9.7	9.7	2.1	3.5	7.0	7.0	9.0	8.5
4	IN +	正向输入	9.8	9.8	0.6	1.0	5.3	5.3	11.5	10.0
5	IN-	反向输入	9.7	9.8	1.2	1.1	5.3	5.3	11.0	10.0
6	SVR	滤波	9.7	9.8	1.8	4.4	6.7	6.7	11.0	10.0
7	MODE	输入模式选择（待机、静音、正常）	0.2	0	0.02	0.02	0.2	8.0	10.0	11.0
8	GND	接地	0	0	0	0	0	0	0	0
9	NC	空脚	0	0.2	0	0	0	0	∞	∞

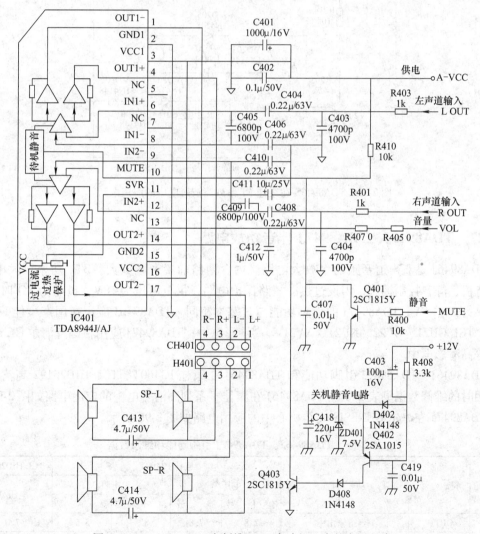

图 2-92　TDA8944J/AJ 在创维 6P60 高清机心中的应用电路

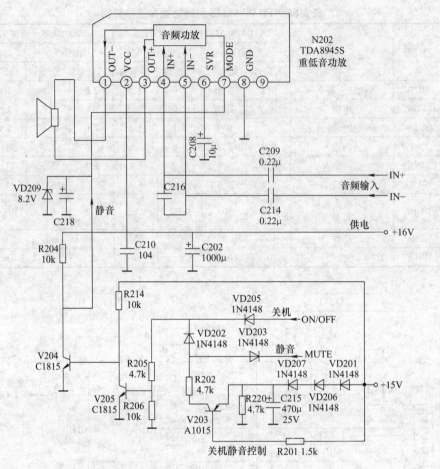

图 2-93 TDA8945S 在康佳 FT 系列高清彩电中的应用电路

2.3.27 TDA8946J、TDA8947J 伴音功放电路

TDA8946J 是双声道音频功率放大电路。内含两路前置音频放大、BTL 功率放大电路，具有待机、静音控制模式，内设过热、短路保护电路，供电电压为 18V，负载为 8Ω 时，输出功率为 2×15W。TDA8947J 的引脚功能与其基本相同。TDA8946J 应用在国产康佳 FT、T 系列，TCL GU21、GU22、NU21、NV21 等高清彩电中；TDA8947J 应用在国产海尔 GENESIS 机心等高清彩电中。

TDA8946J、TDA8947J 引脚功能和 TDA8946J 在康佳 P3460T、TCL HID25192 高清彩电中应用时的维修数据见表 2-86。TDA8946J 在康佳 T 系列高清彩电中的应用电路如图 2-94 所示；TDA8947J 在海尔 GENESIS 高清机心中的应用电路如图 2-95 所示。

表 2-86 TDA8946J、TDA8947J 引脚功能和维修数据

引 脚	符 号	功 能	康佳 P3460T				TCL HID25192
			电压/V		对地电阻/kΩ		电压/V
			有 信 号	静 音	红 笔 测	黑 笔 测	
1	OUT1-	1 声道输出 -	7.8	7.8	8.5	5.5	7.0
2	GND1	接地	0	0	0	0	0

（续）

引　脚	符　号	功　能	康佳 P3460T				TCL HID25192
			电压/V		对地电阻/kΩ		电压/V
			有　信　号	静　音	红笔测	黑笔测	
3	VCC1	电源 1	15.5	15.5	5.5	200	14.5
4	OUT1＋	1 声道输出 ＋	7.7	7.9	8.5	∞	7.0
5	NC	空脚	0	0	∞	∞	—
6	IN1＋	1 声道输入 ＋	5.7	6.0	11.5	150	5.4
7	NC	空脚	0	0	∞	∞	—
8	IN1-	1 声道输入 －	5.7	6.0	11.5	150	5.4
9	IN2-	2 声道输入 －	5.3	6.0	11.5	150	5.4
10	MODE	模式选择（正常、静音、待机控制）	0	8.3	9.5	500	0
11	SVR	滤波	7.4	7.5	10.5	47	6.7
12	IN2＋	2 声道输入 ＋	5.3	6.0	10.5	150	5.4
13	NC	空脚	0	0	∞	∞	—
14	OUT2-	2 声道输出 －	7.8	7.8	8.5	∞	7.0
15	GND2	接地	0	0	0	0	0
16	VCC2	电源 2	15.5	16.2	5.5	200	14.0
17	OUT2＋	2 声道输出 ＋	7.8	7.9	8.5	∞	7.0

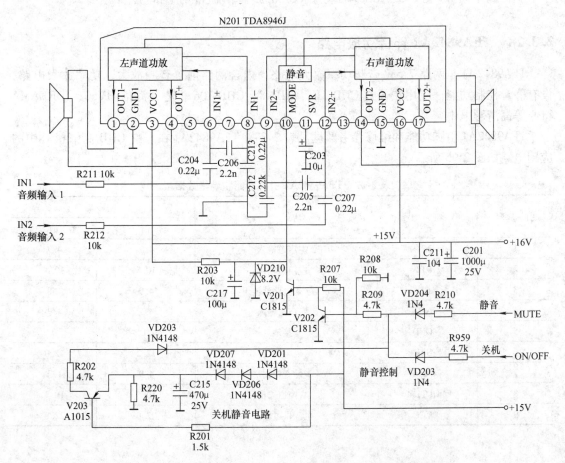

图 2-94　TDA8946J 在康佳 T 系列高清彩电中的应用电路

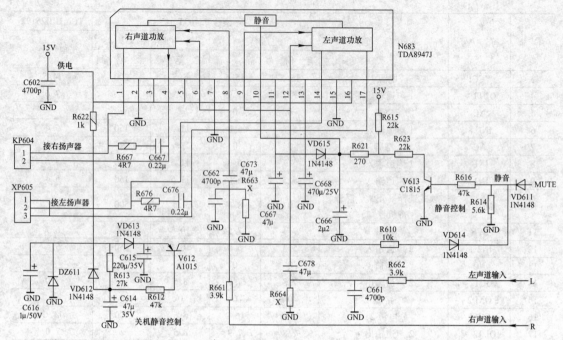

图 2-95 TDA8947J 在海尔 GENESIS 高清机心中的应用电路

2.3.28 TFA9842AJ 伴音功放电路

TFA9842AJ 是两路 7.5W 音频功率放大电路，内含两路前置音频放大、功率放大电路，设有静音控制功能。应用在长虹 CHD-2B、CHD-8、CHD-106 机心，海信 HY60、IDREAMA 机心等高清彩电中。

TFA9842AJ 引脚功能和维修参考数据见表 2-87。TFA9842AJ 在长虹 CHD 高清机心中的应用电路如图 2-96 所示。

表 2-87　TFA9842AJ 引脚功能和维修数据

引　脚	符　号	功　能	电压/V	
			有　信　号	无　信　号
1	IN2 +	左声道输入	4.7	4.7
2	OUT2 -	左声道输出	10.5	10.4
3	CIV	输入电路滤波	4.9	4.8
4	IN1 +	右声道输入	4.7	4.7
5	GND	接地	0	0
6	SVR	供电滤波	12.2	12.0
7	MODE	静音控制	4.9	1.3
8	OUT1 +	右声道输出	10.5	10.4
9	VCC	电源供电输入	22.6	22.8

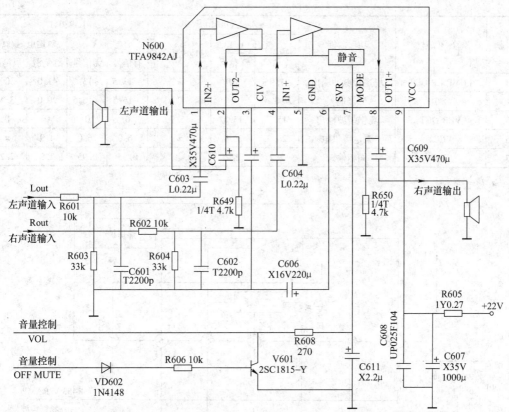

图 2-96 TFA9842AJ 在长虹 CHD 高清机心中的应用电路

2.4 场输出电路

2.4.1 LA78040、LA78041、LA78141 场输出电路

LA78040、LA78041、LA78141 是三洋公司开发的场输出电路。三者内部电路、引脚功能和外部应用电路基本相同，内含自举升压电路、场输出电路和过热保护电路，功耗低，效率高。应用在康佳 BM 系列、海信 G2 + VSOC + HY158、USOC + HY 机心，海尔 MST5C16、泰霖机心，厦华 HT-T、TF/TS 系列等高清彩电中。LA78040 输出功率较小，应用在小屏幕彩电中；LA78041、LA78141 输出功率较大，应用在大屏幕彩电中。

LA78040、LA78041、LA78141 引脚功能和 LA78040 在长虹 CN-18 机心、LA78041 在康佳 SE 系列彩电中应用时的维修数据见表 2-88。LA78040 在海尔泰霖高清机心 21T5D-T（双色）彩电中的应用电路如图 2-97 所示。

表 2-88 LA78040、LA78041、LA78141 引脚功能和维修数据

引脚	符号	功能	LA78040			LA78041			
			电压/V		对地电阻/kΩ	电压/V		对地电阻/kΩ	
			有信号	无信号		有信号	无信号	红笔测	黑笔测
1	V IN	场锯齿波输入	2.2	2.2	6.4	0.95	0.95	2.2	2.2
2	VCC1	场正程供电	26.6	26.6	14.6	15.5	15.5	3.1	28.0

（续）

引　脚	符　号	功　能	LA78040			LA78041			
			电压/V		对地电阻/kΩ	电压/V		对地电阻/kΩ	
			有信号	无信号		有信号	无信号	红笔测	黑笔测
3	PUMP UP OUT	场逆程脉冲输出	1.9	1.9	∞	−13.5	−13.5	41.0	500
4	GND	接地	0	0	0	−15.5	−15.5	20.0	3.4
5	VER OUT	场锯齿波输出	15.7	15.7	15.7	0	0	0	0
6	VCC2	泵电源供电	26.9	26.9	∞	16.0	16.0	4.9	∞
7	VREF	同相输入	2.2	2.2	3.9	0.95	0.95	2.2	2.2

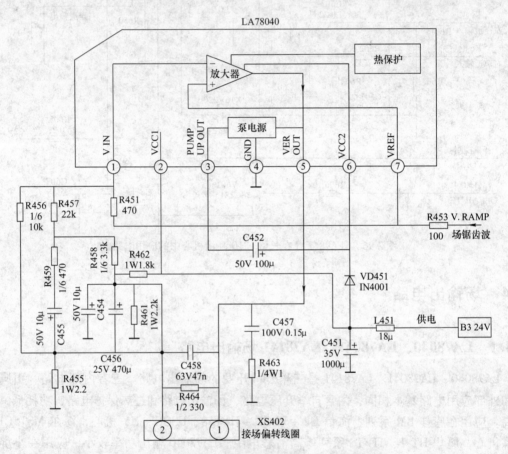

图 2-97　LA78040 在海尔泰霖高清机心中的应用电路

2.4.2　LA7846N 场输出电路

LA7846N 是三洋公司开发的场输出电路。内含场输出及自举升压电路，内设过热保护电路，可提供 3.0A 的偏转电流，可直接驱动场偏转线圈，应用于长虹 DT-5 机心等大屏幕高清彩电中。

LA7846N 引脚功能和在长虹 DT-5 高清机心、厦华 S2935 高清彩电中应用时的维修数据见表 2-89。LA7846N 在长虹 DT-5 机心高清彩电中的应用电路见图 2-98 所示。

表 2-89 LA7846N 引脚功能和维修数据

引　脚	符　号	功　能	长虹 DT-5 电压/V 有信号	长虹 DT-5 电压/V 无信号	长虹 DT-5 对地电阻/kΩ	厦华 S2935 电压/V 有信号	厦华 S2935 电压/V 无信号	厦华 S2935 对地电阻/kΩ 红笔测	厦华 S2935 对地电阻/kΩ 黑笔测
1	NC	空脚	0	0	∞	0	0	∞	∞
2	VGG	负电源电压输入	-15.0	-15.0	3.0	-14.0	-14.0	120	3.5
3	V OUT	场扫描输出	0	0	0	0	0	0	0
4	VP	泵电源提升端	15.2	15.2	∞	17.8	17.6	4.6	500
5	V +	放大器同相输入	0.6	0.6	1.4	1.9	1.95	2.6	2.6
6	V -	放大器反相输入	0.6	0.6	1.4	1.95	1.9	20.0	7.4
7	VDD	正电源电压输入	15.0	15.0	10.1	17.1	16.9	3.5	9.0
8	GUARD	场逆程脉冲输出	-12.6	-12.6		-10.9	-10.7	14.3	14.6
9	NC	空脚	0	0	∞	0	0	∞	∞
10	NC	空脚	0	0	∞	0	0	∞	∞

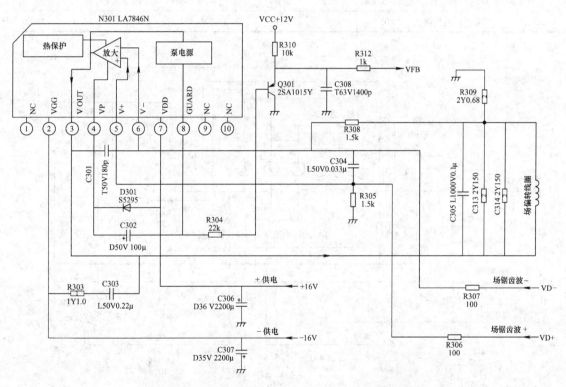

图 2-98 LA7846N 在长虹 DT-5 高清机心中的应用电路

2.4.3 STV9373、STV9379 场输出电路

STV9373、STV9379 是显示器和电视机高性能的场输出电路，两者内部电路和引脚功能基本相同。内含场输出、自举升压电路以及过热保护电路，可输出 2A 的驱动电流，工作电压可达 42V，应用于康佳 FG、FT、I、T 系列，海信 HY60 机心，海尔 GENESIS 机心，创维

5D01、5D20、5D25/26、5D28、6P30 机心，TCL HID 等高清彩电中，应用时有的在型号尾部加 A、FA 字符。

STV9373、STV9379 引脚功能和 STV9373FA 在康佳 P29FG298、TCL HID 高清彩电中应用时的维修数据见表 2-90。STV9379FA 在康佳 FG 系列高清彩电中的应用电路如图 2-99 所示。

表 2-90　STV9379 引脚功能和维修数据

引脚	符号	功能	TCL HID				康佳 P29FG298			
			电压/V		对地电阻/kΩ		电压/V		对地电阻/kΩ	
			有信号	无信号	红笔测	黑笔测	有信号	无信号	红笔测	黑笔测
1	+IN	反相输入	0.4	0.4	3.2	3.2	0.7	0.7	14.5	14.8
2	+V	正电源	15.2	15.2	0.6	13.1	13.8	13.8	3.5	41.2
3	V+	反峰供电	-14.2	-14.2	∞	∞	46.2	44.2	3.4	500
4	-V	负电源	-15.2	-15.2	∞	0	-13.8	-13.8	42.2	3.4
5	OUT	场输出	1.3	1.8	12	12	0	0	0	0
6	ST.OUT	场逆程供电	15.2	15.2	33	∞	14.6	14.6	5.4	∞
7	-IN	正相输入	0.4	0.4	3.2	3.2	0.65	0.65	14.6	14.8

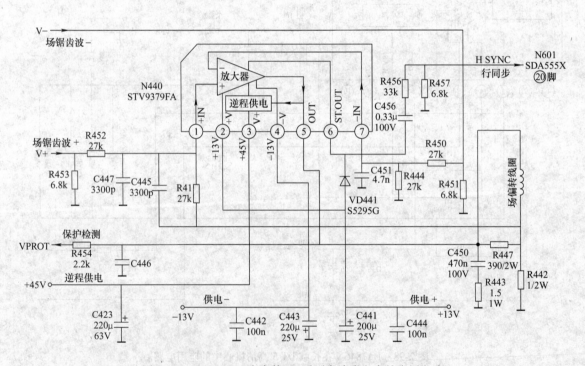

图 2-99　STV9379FA 在康佳 FG 系列高清彩电中的应用电路

2.4.4　STV9380A、STV9381、STV9383D、STV9388 场输出电路

STV9380A、STV9381、STV9383D、STV9388 是 ST 公司生产的新型 D 类电视机场输出电路，功耗相比线性放大器大幅度降低，工作效率大幅度提升。四种型号内部电路和引脚功能

基本相同，内含场激励放大、场推动输出、泵电源等电路，具有过电压、过电流、过热保护功能。STV9380 输出电流为 1.6A，STV9381A 输出电流为 2A，STV9383D 输出电流为 1.3A。应用于长虹 CHD-6 机心，创维 3D20/21、6D81、6D90 机心，TCL HY11、MS12、PH73D 机心等高清彩电中。

STV9380A、STV9381、STV9383D、STV9388 引脚功能，以及 STV9380A 在 TCL HD25V18P 高清彩电、STV9383 在创维 3D20/21 机心、STV9388 在创维 6D81 机心、STV9380A 在 TCL HD25V18P 高清彩电中应用时的维修数据见表 2-91。STV9380A 在 TCL MS12 高清机心中的应用电路如图 2-100 所示。

表 2-91　STV9380A、STV9381、STV9383D、STV9388 引脚功能和维修数据

引　脚	符　号	功　能	创维 3D20/21 STV9383	创维 6D81 STV9388		TCL HD25V18P STV9380A		
			电压/V	电压/V		电压/V	对地电阻/kΩ	
				有　信　号	无　信　号		红　笔　测	黑　笔　测
1	−VCC1	负电源供电	−15.0	−13.0	−13.1	−18.0	2.3M	200
2	−VCC2	负电源供电	−15.0	−13.0	−13.1	−18.0	195M	200
3	−VCC3	负电源供电	−15.0	−13.0	−13.1	−18.0	190M	200
4	OUT	脉宽调制输出	0	−1.3	−1.3	−1.74	0	0
5	CFLY+	外接逆程电容正极	15.0	14.0	14.1	18.8	7.2M	4.0
6	CFLY−	外接逆程电容负极	−14.0	−11.5	−11.6	−16.3	230	200
7	BOOT	自举电容器	10.0	8.0	8.0	7.84		200
8	VREG	内部稳压器	−5.0	3.4	3.4	−6.86	6M	200
9	FEEDCAP	反馈积分电容	0	3.4	3.4	0		0
10	FREQ	频率设定电阻	−11.5	−10.0	−10.2	−13.7	200	100
11	SGND	信号线地线	0	0	0	0	0	0
12	IN−	前置放大器反相输入	1.25	−1.0	−1.0	2.4	0.2	0.15
13	IN+	前置放大器正相输入	1.2	−1.0	−1.0	−0.2	0.2	0.2
14	EAOUT	前置放大器输出	0	0	0	18.0	4.5	2.6
15	+VCC	前置供电	15.0	13.0	13.1	18.0	2.4	500
16	+VCCPOW	功率放大正电源	15.0	13.0	13.1	17.4	2.3M	0
17	−VCCPOW	功率放大负电源	−15.0	−13.0	−13.1	−17.4	200	0
18	−VCC4	负电源供电	−15.0	−13.0	−13.1	−17.4	200	10.0
19	−VCC5	负电源供电	−15.0	−13.0	−13.1	−17.4	200	10.0
20	−VCC6	负电源供电	−15.0	−13.0	−13.1	−17.4	200	10.0

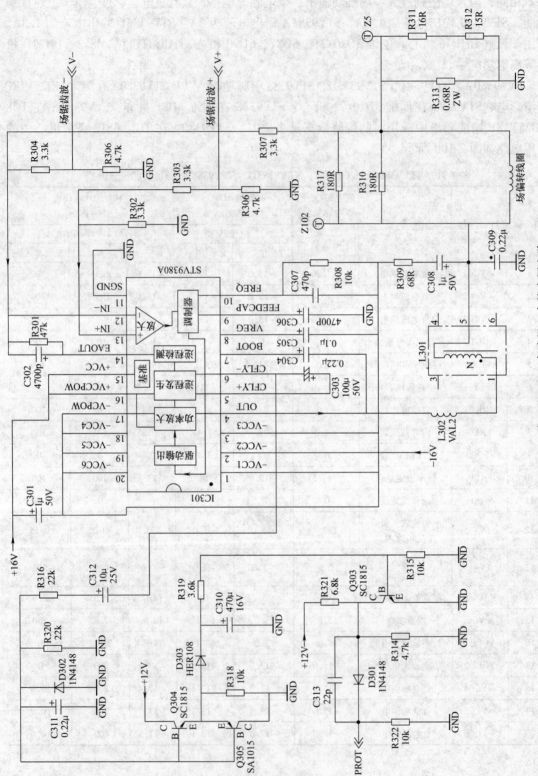

图 2-100 STV9380A 在 TCL MS12 高清机心中的应用电路

2.4.5 TDA4863AJ 场输出电路

TDA4863AJ 是飞利浦公司开发的场输出电路。内含差动输入、基准电路、振荡器、场输出及自举升压电路,具有过热保护功能。TDA4863AJ 应用在创维 6P16、6P18、6P28、6P50 高清彩电中。

TDA4863AJ 引脚功能和在创维 6P18 高清机心、创维 3P30 机心中应用时的维修数据见表 2-92。TDA4863AJ 在创维 6P18 高清机心中的应用电路如图 2-101 所示。

表 2-92   TDA4863AJ 引脚功能和维修数据

引 脚	符 号	功 能	创维 3P30 机心			创维 6P18 机心
			电压/V	对地电阻/kΩ		电压/V
				红 笔 测	黑 笔 测	
1	VP1	电源 1	12. 5	6. 1	16. 0	13. 5
2	VP3	逆程电压输入	9. 8	100	6. 5	−9. 9
3	VP2	电源 2	12. 5	8. 5	∞	13. 5
4	VP4/GND	接地或负电源	−12. 5	100	6. 0	−13. 5
5	V OUT	信号放大输出	0	0	0	0
6	INN	场激励输入	1. 0	1. 8	1. 8	1. 1
7	INP	场激励输入	1. 0	1. 8	1. 8	1. 1

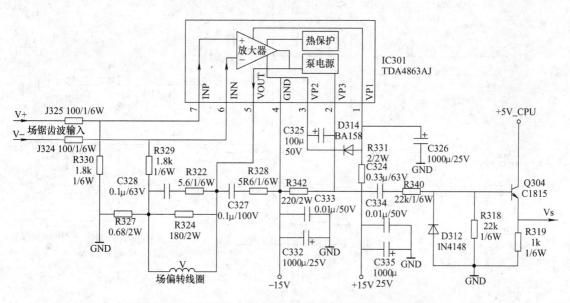

图 2-101   TDA4863AJ 在创维 6P18 高清机心中的应用电路

2.4.6 TDA8172、STV8172 场输出电路

TDA8172、STV8172 是飞利浦公司开发的直流对称的场输出电路。内含场输出、回扫脉冲发生器、泵电源、过热保护电路。STV8172 与其引脚功能相同。应用在康佳 AS 系列,海尔 3D、PW1235 + 1265 机心,TCL NDSP、PW21 机心,长虹 CHD-2B、CHD-8、CHD-10 机心,康佳 TG、TT 系列等高清彩电中。

TDA8172、STV8172 引脚功能和 TDA8172 在康佳 AS 系列高清彩电、TCL AT29S168 彩电中应用时的维修数据见表2-93。STV8172 在康佳 TT 系列高清彩电中的应用电路如图2-102所示。

表 2-93　TDA8172、STV8172 引脚功能和维修数据

引脚	符号	功能	康佳 AS 系列				TCL AT29S168			
			电压/V		对地电阻/kΩ		电压/V		对地电阻/kΩ	
			有信号	无信号	红笔测	黑笔测	有信号	无信号	红笔测	黑笔测
1	+ IN	正相输入	2.7	2.6	5.5	15.0	4.2	4.2	5.6	7.3
2	+ V	供电电源	2.7	2.7	3.5	11.3	17.5	17.5	3.9	19.2
3	+ VFB	泵电源输出	0.9	1.0	5.6	31.2	1.5	1.5	5.3	82.0
4	GND	电路接地	0	0	0	0	0	0	0	0
5	OUT	场扫描输出	13.7	13.2	0.8	0.8	16.3	16.3	4.8	26.2
6	OUTPUT SAGESUPPLA	场输出供电	27.3	27.3	4.6	500	28.0	27.9	4.9	400
7	– IN	反相输入	2.7	2.7	5.2	7.6	4.2	4.2	1.9	1.9

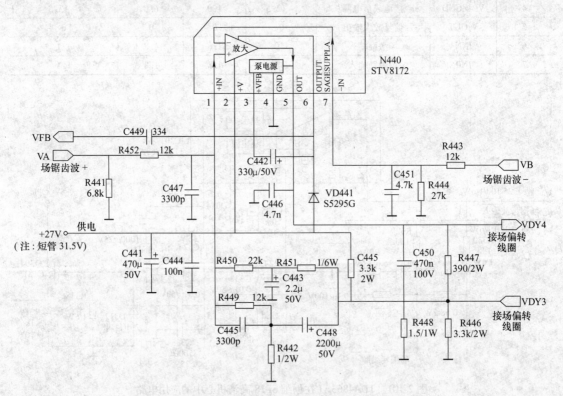

图 2-102　STV8172 在康佳 TT 系列高清彩电中的应用电路

2.4.7　TDA8177、TDA8177F 场输出电路

TDA8177、TDA8177F 是飞利浦公司开发的显示器或高性能彩电用场输出电路。内含场输出、场逆程发生器、过热保护电路，输出电流高达 3.0A。应用在康佳 FM、MV、M、ST、TM 系列，海信 GS、GS 一代/二代、HDTV、IDREAMA、MST、PHILIPS、TRIDENT 机心，

海尔 ST720P、华亚机心，厦华 TR、TU、TW 系列，创维 6D91 机心，TCL DPTV、GU21、GU22、HY80、MS21、MS22 等高清彩电中。

TDA8177、TDA8177F 引脚功能和在创维 6D91 机心 29T81HT 高清彩电、TCL N22 机心 HID29276PB 高清彩电中应用时的维修数据见表 2-94。TDA8177F 在康佳 MV 系列高清彩电中的应用电路如图 2-103 所示，应用时电源为 ±13V 供电，直流耦合输出。

表 2-94　TDA8177、TDA8177F 引脚功能和维修数据

引　脚	符　号	功　能	创维 29T81HT				TCL HID29276PB			
			电压/V		对地电阻/kΩ		电压/V		对地电阻/kΩ	
			有信号	无信号	红笔测	黑笔测	有信号	无信号	红笔测	黑笔测
1	+IN	正场脉冲输入	1.6	1.6	11.8	12.8	1.0	1.0	4.5	4.6
2	+V	场正程正电源	15.6	15.6	3.4	71.2	13.9	13.9	3.1	52.2
3	VFB	场逆程开关	-14.1	-14.1	400	∞	-14.1	-14.1	250	500
4	-V	接地	-15.1	-15.1	71.2	3.4	-15.6	-15.6	48.2	3.4
5	OUT	场放大输出	0	0	0	0	-0.2	-0.4	0	0
6	OUTPUT SAGEUPPLV	场逆程电源	15.6	15.6	7.2	∞	14.3	14.1	6.8	∞
7	-IN	负场脉冲输入	1.6	1.6	3.5	3.6	1.0	1.0	4.5	4.4

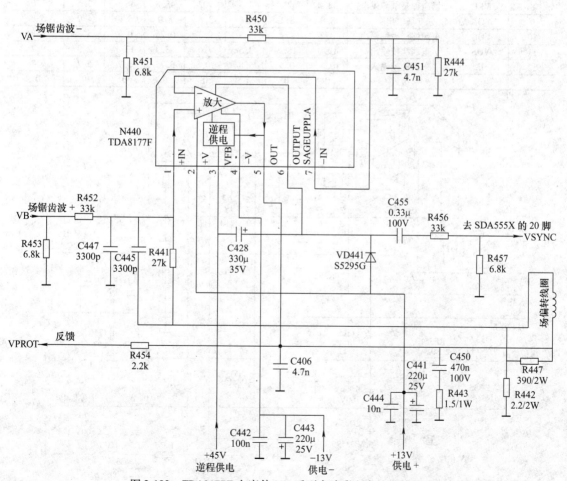

图 2-103　TDA8177F 在康佳 MV 系列高清彩电中的应用电路

2.4.8 TDA8350Q 场输出电路

　　TDA8350Q 是飞利浦公司开发的枕形校正与场输出合并电路。内含场激励、场输出和东西失真校正电路。采用全直接耦合场扫描桥式输出电路，内设场逆程开关电路和过热、短路保护电路，适用于场频为 50～120Hz 的场合，应用在海尔 TDA9808T 机心高清彩电中。

　　TDA8350Q 引脚功能和在长虹 D2983、海尔 TDA9808T 机心 HG2560V 高清彩电、长虹 SF2539 彩电中应用时的维修数据见表 2-95。TDA8350Q 在海尔 TDA9808T 高清机心中的应用电路如图 2-104 所示。

表 2-95　TDA8350Q 引脚功能和维修数据

引　脚	符　号	功　能	海尔 HG2560V				长虹 SF2539			
			电压/V		对地电阻/kΩ		电压/V		对地电阻/kΩ	
			有信号	无信号	红笔测	黑笔测	有信号	无信号	红笔测	黑笔测
1	I+	正极性驱动输入	2.3	2.3	5.7	11.0	2.3	2.15	5.6	10.9
2	I−	负极性驱动输入	2.2	2.2	5.7	11.0	2.25	2.2	5.7	10.8
3	VIFD	反馈信号输入	7.8	7.9	4.1	5.5	8.0	8.6	4.0	5.5
4	VP	+16V 电源	15.8	16.0	3.5	5.5	16.5	16.2	3.6	9.1
5	VOB	场输出	7.8	7.8	4.1	5.6	8.0	8.65	4.0	5.8
6	NC	空脚	0	0	∞	∞	0	0	∞	∞
7	GND	接地	0	0	0	0	0	0	0	0
8	VFB	场逆程泵电源供电	43.0	42.0	3.5	102	45.8	46.0	3.5	120
9	VOA	场输出	8.0	8.1	4.1	5.6	8.0	8.4	4.0	5.8
10	VOG	东西枕校激励输出	0.2	0.2	5.8	9.3	0.25	0.4	5.8	9.8
11	VOS	东西枕校输出	19.0	18.3	3.5	7.6	13.3	17.1	2.9	9.2
12	Ii	东西枕校输入	0.4	0.5	5.8	10.8	0.75	0.7	5.7	9.7
13	IiS	接地	0	0	0	0	0	0	0	0

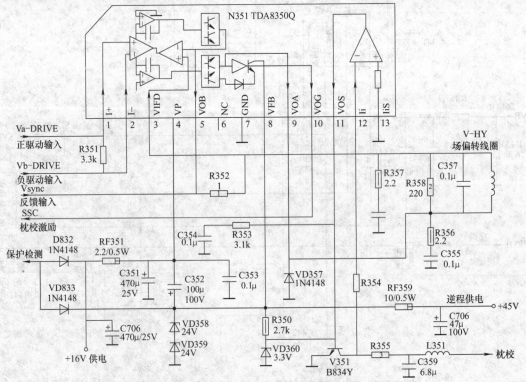

图 2-104　TDA8350Q 在海尔 TDA9808T 高清机心中的应用电路

2.4.9 TDA8351 场输出电路

TDA8351 是飞利浦公司开发的高效率直流对称场输出电路，内含直接耦合场激励、桥式场输出电路，内设输出短路、电源短路保护、过热保护电路。应用在国产长虹 DT-1、DT-2、DT-6 机心，康佳 98 系列，海信 NDSP、PHILIPS、TRIDENT 机心，海尔 883/MK14 机心，创维 5I01、5D30、5D70、5D90、5M01、5M10 机心，厦华 P 系列、U 系列等高清彩电中。

TDA8351 引脚功能和在 TCL M2000 彩电、厦华 U 系列 U2928 高清彩电中应用时的维修数据见表 2-96。TDA8351 在长虹 DT-2 高清机心中的应用电路如图 2-105 所示。

表 2-96　TDA8351 引脚功能和维修数据

| 引　脚 | 符　号 | 功　能 | TCL M2000 | | | | 厦华 U2928 | | | |
| | | | 电压/V | | 对地电阻/kΩ | | 电压/V | | 对地电阻/kΩ | |
			有信号	无信号	红笔测	黑笔测	有信号	无信号	红笔测	黑笔测
1	ID POS	正相输入	2.2	2.2	6.9	31.2	1.4	1.4	5.8	10.6
2	ID NEG	反相输入	2.3	2.2	6.9	2.9	1.35	1.35	5.9	10.5
3	VP	电源	24.2	24.2	3.4	6.0	20.8	20.1	3.2	4.0
4	VO B	输出电压 B	12.1	12.1	4.9	6.4	10.0	10.0	4.2	5.7
5	GND	接地	0	0	0	0	0	0	0	0
6	VFB	回扫电压输入	56.4	56.4	4.5	38.2	55.2	55.2	3.15	9.7
7	VO A	输出电压 A	11.1	11.1	4.6	6.2	10.3	10.3	4.2	5.7
8	VO GUARD	保护电压输出	0	0	6.9	14	5.0	5.0	6.2	12.3
9	VI FB	反馈输入	11.1	11.1	4.8	6.2	10.0	10.0	4.2	5.6

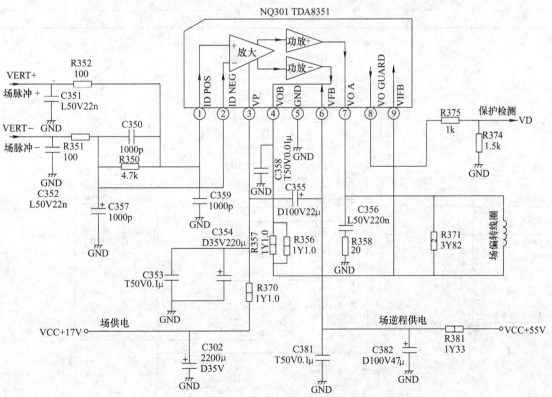

图 2-105　TDA8351 在长虹 DT-2 高清机心中的应用电路

2.4.10 TDA8351A/AQ 场输出电路

TDA8351A/AQ 是差分输入的高效直接耦合桥式场输出电路。内含直接耦合场激励、桥式场输出电路和回扫开关电路，内设短路、过热自动保护电路。应用在创维 5I01、5D90 机心高清彩电中。

TDA8351A/AQ 引脚功能和在创维 5I01 高清机心、TCL3498GH 彩电中应用时的维修数据见表 2-97。TDA8351AQ 在创维 5I01 高清机心中的应用电路如图 2-106 所示。

表 2-97　TDA8351A/AQ 引脚功能和维修数据

引　脚	符　号	功　能	创维 5I01 机心 电压/V	TCL3498GH 电压/V 有信号	无信号	对地电阻/kΩ 红笔测	黑笔测
1	IDRIVE POS	正相输入	2.0	2.2	2.3	6.2	9.0
2	IDRIVE NEG	反相输入	2.0	2.2	2.3	6.2	9.0
3	VI-FB	反馈电压输入	8.6	7.2	7.2	4.4	6.0
4	VP	电源电压	16.5	15.4	15.4	3.2	9.5
5	VO B	输出电压 B	8.4	7.2	7.2	4.4	6.0
6	NC	空脚	0	0	0.03	∞	∞
7	GND	接地	0	0	0	0	0
8	VFB	回扫电压输入	45.5	41.3	41.3	∞	∞
9	VO A	输出电压	8.6	7.4	7.4	4.4	6.0
10	VO GUARD	保护电压输出	0.4	0.1	0.1	5.2	7.2
11	NC	空脚	0	0.3	0.3	∞	∞
12	NC	空脚	0	0.2	0.2	∞	∞
13	NC	空脚	0	0.1	0.1	∞	∞

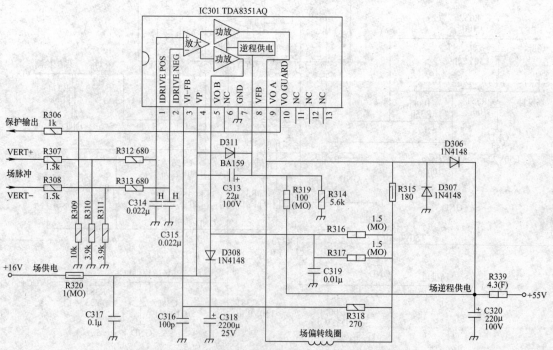

图 2-106　TDA8351AQ 在创维 5I01 高清机心中的应用电路

2.4.11　TDA8359 场输出电路

TDA8359 是飞利浦公司开发的大电流场输出电路。内含输入与反馈场激励、桥式场输出电路，输出电流高达 3.2A，应用于大屏幕彩电中。应用于长虹 CHD-7、DT-7 机心，厦华 HDTV、MMTV 机心、V 系列高清彩电中，应用时型号尾部加有 J、N2 等字符。

TDA8359 引脚功能和在 TCL AT2965U 彩电、厦华 V2951 高清彩电中应用时维修数据见表 2-98。TDA8359J 在长虹 CHD-7 高清机心中的应用电路如图 2-107 所示。

表 2-98　TDA8359 引脚功能和维修数据

引　脚	符　号	功　能	TCL AT2965U				厦华 V2951		
			电压/V		对地电阻/kΩ		电压/V	对地电阻/kΩ	
			有信号	无信号	红笔测	黑笔测		红笔测	黑笔测
1	INA	正相场输入信号	0.7	0.7	1.55	1.55	1.0	0.6	0.6
2	INB	反相场输入信号	0.65	0.65	1.55	1.55	1.0	0.6	0.6
3	VP	场激励供电	13.2	13.1	3.4	11.1	17.2	6.2	9.2
4	OUTB	场输出 B	6.7	6.7	4.6	13.2	9.4	6.1	7.6
5	GND	电路接地	0	0	0	0	0	0	0
6	VFB	场输出供电	47.3	47.1	3.5	7.5	47.4	4.4	9.6
7	OUTA	场输出 A	6.9	6.8	4.6	12.6	9.3	6.1	7.1
8	GUAFD	场同步信号输出	0.3	0.3	5.1	5.7	0.1	0.9	0.9
9	FEEDB	回扫信号输入	6.2	6.2	6.0	17.2	9.4	8.1	10.2

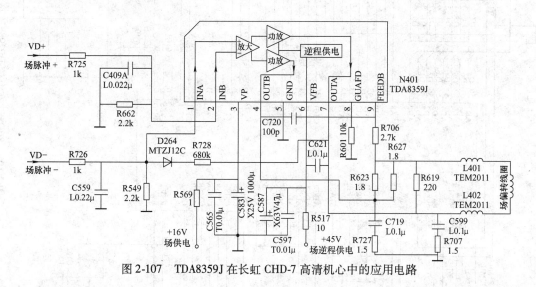

图 2-107　TDA8359J 在长虹 CHD-7 高清机心中的应用电路

2.5　微处理器控制电路

2.5.1　80C552 微处理器

80C552 是 8 位彩电专用微处理器控制电路，带 A-D 转换功能，是飞利浦 80C51 系列微处理器的改进型。具有 68 脚 LCC 和 80 脚 QFP 两种封装形式，应用于海信 HDTV-2 高清机心、RIDENT 倍频机心，厦华 V 系列等高清彩电中。

80C552 在海信 DP2988H 高清彩电中的应用电路如图 2-108 所示。采用的是 68 脚 LCC 封装电路。

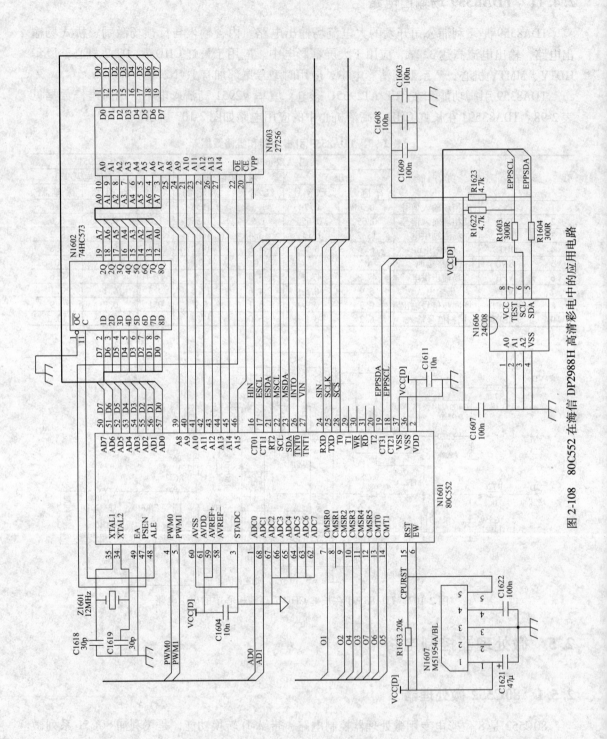

图 2-108　80C552 在海信 DP2988H 高清彩电中的应用电路

2.5.2　DS88C4504、KS88C4504 微处理器

DS88C4504 和 KS88C4504 均为 SAM87RC 系列 8bit 单片 CMOS 型微处理器，其中 DS88C4504 是美国国家半导体公司生产的产品；KS88C4504 是三星公司生产的产品，两者内部电路及功能完全相同。它们具有快速、高效的运算能力。其内部集成了尽可能多的元器件及各种不同掩膜的可编程只读存储器（ROM），其运行模式包括可选计时器/计数器，支持快速运行。SAM87RC 系列微处理器具有多个外挂接口，以便访问外接存储器和其他外围集成电路。它还具有 8 个中断，每个中断可以具有一个或多个中断源和中断源矢量，在最少 6 个 CPU 时钟范围内，能快速处理中断赋予特定的中断电平。

DS88C4504/KS88C4504 的主要特点是：具有 5 个 8bit 普通输入/输出端口；具有一个 2bit 普通输入/输出端口；具有 2 个计时间隔相同的 8bit 计时器；同步运行模式的串行数据端口；有 2 个具有 PWM 运行模式或捕获模式的 16bit 计时器/计数器，并适应内接和外接时钟信号源；具有一个电压电平检测引出脚；具有两个带有相应输出脚的可编程 8bit PWM 模块；具有 4 个可选输入端口的模-数转换器；具有 1040B 的内接寄存器和 4KB 的内接程序存储器；同时具有 6 个前沿触发的外接中断和 2 个电平激励外接中断，并具有快速中断模式处理功能。其基本计数器溢出信号可以使系统复位，8bit 计时器具有间隔计时器模式。

DS88C4504 和 KS88C4504 应用在创维 6M20 机心，厦华 MT 系列、DPTV 变频机心，TCL DPTV 机心等高清彩电中。DS88C4504 和 KS88C4504 引脚功能见表 2-99。

表 2-99　DS88C4504 引脚功能

引　脚	符　号	功　能	备注与说明
1	PM	外接存储器选择输入	至 U14（74HC244）的 1 脚
2	DM	外接存储器选择输入	到 U13（PAL16RSA）的 8 脚和 U14 的 19 脚
3	RD	数据读出控制	接 U10（W2740）的 24 脚
4	WR	数据写入控制	接 U3（PAL16R8A）的 6 脚
5	VLD	电压电平检测	接 +5V 电源
6	P5.1	复位信号输出	
7	P5.0/WAIT	等待信号	接 U3 的 17 脚
8	CS3/P4.7	接 SW4 控制 AGC-M	
9 ~ 11	CCSO ~ CCS2	片选信号	接 U3（PAL16R8A）的 2、3、4 脚
12	VDD1	+5V 电源供电	
13	VSS1	+5V 电源地	
14	XOUT	时钟晶振信号输出	外接 10MHz 晶振
15	XIN	时钟晶振信号输入	外接 10MHz 晶振
16	EA	+5V 电源供电	
17	SRS	声音再生信号控制	接 U14（74HC244）的 15 脚
18	WOOFER	重低音开关控制	接 U14（74HC244）的 13 脚
19	RESET	本系统复位信号	
20	AT/P4.1	音响电视开关控制信号	接 U14（74HC24.4）的 11 脚
21	S-VIDE0	Y-C 分量控制信号	1080i/50Hz
22	P3.7/PWM1	光栅水平幅度控制	

（续）

引　脚	符　号	功　能	备注与说明
23	P3.6/PWM0	光栅倾斜控制	
24	P3.5/TDOUT	TV 静音控制 SW8	
25	P3.4/TCOUT	SC-SW2 开关控制	
26	P3.3/TCCAP	SC-SW1 开关控制	
27	P3.2/TDCAP	OSD-G 信号控制 SW7	
28	P3.1/TCCK	OSD-B 信号控制 SW6	
29	P3.0/TDCK	同步信号 SYNC 输入	
30	P2.7/INT7	OSD-R 信号控制 SW5	
31	P2.6/INT6	中断信号输入/输出	
32	P2.5/INT5	遥控指令信号输入	
33	P2.4/INT4	AV 开关机控制信号 SW3 输出	
34	P2.3/INT3	AV 开关机控制信号 SW2 输出	
35	P2.2/INT2	AV 开关机控制信号 SW1 输出	
36、37	P2.1/2.0/INT1/0	AV 开关机控制信号	本机用作 I^2C 总线控制
38、39、40	P1.5~P1.7	存储器选择信号输入	接 U14 的 2、4、6 脚
41	P1.4/POWER	开关电源待机状态控制信号	
42	P1.3/BLANK	屏幕消隐控制信号	
43	P1.2/MUTE	静音控制信号	
44	P1.1/LED	发光二极管控制	
45	P1.0/TOGGLE	GAL 触发信号	
46、47	P0.7/P0.6/KEYB	前面板控制信号输入	
48	P0.5/POS	E^2PROM 控制信号	至存储器 U9（24C64）的 7 脚
49	P0.4/M-AFT	AFT 信号输入	选台时 AFT 关断
50/53	VDD2	+5V 电源供电	
51	P0.3/SDAE	串行数据信号有效位	至存储器 U9（24C64）的 6 脚
52	VSS2	接地（本机空脚）	
54	P0.2/SCLE	串行时钟信号有效位	至存储器 U9（24C64）的 5 脚
55	P0.1/SDA0	I^2C 总线串行数据线 0	
56	P0.0/SCL0	I^2C 总线串行时钟线 0	
57~64	D0~D7	8 位并行数据信号线	至 U10（W2740）的 13~15、17~21 脚
65~80	A0~A15	16 位并行地址信号接口	至 U10（W2740）的 3~12、23、26~29 脚

2.5.3　ENME0509 微处理器

ENME0509 是一个 8bit 的微控制处理器，嵌入式的 FLASH-E PROM，可升级的指令集的 8051 内核，包含了 128KB 的 FLASH-EPROM，1032B 的 RAM，4 个 8bit 双向 I/O 端口，1 个附加 4bit 的端口，3 个 16bit 的设计计数定时器，1 个串口。7 通道的 PWM 和 4 通道的 6bit 的 ADC。ENME0509 应用在 TCL IV22、MS23 机心等高清彩电中。

ENME0509 在 TCL IV22 机心高清彩电中的应用电路如图 2-109 所示。

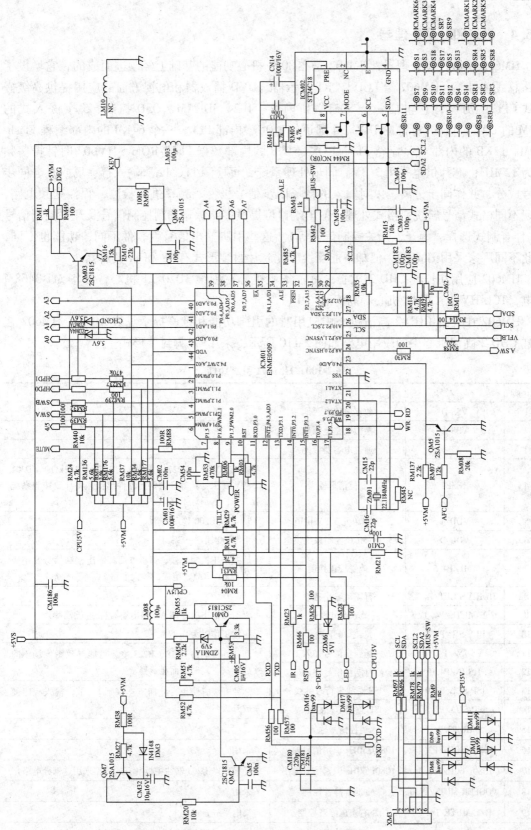

图 2-109 ENME0509 在 TCL IV22 高清机心中的应用电路

2.5.4　HM602 微处理器

HM602 是微控制处理器，HM602 是在 8015 机心功能的基础上经改进而成的，它增设了两路总线接口等；HM602 给 LCD、CRT 显示器、DVD 播放器和电视方面的应用提供高级嵌入式 CPU 的方案，它包括一个 8051CPU 内核、1024 SDRAM、OSD 控制、5 个嵌入式的 PWM 的 DAC、VESA 标准的 DDC、4 通道的 ADC、内部 PLL、一个 64KB 的内部编程 Flash-ROM、12KB 的内部 OSD 字符 Flash-ROM、4KB 的内部数据 Flash-ROM。HM602 时钟振荡频率为 12MHz；芯片供电采用 3.3V。同步处理系统，可检测 11、12 脚输入行、场或复合同步信号成分，并作同步分离，以对输入的行场同步信号极性、频率进行检测，程控变频电路，实现不同格式信号转统一格式处理。输出端口可提供多路脉宽调制控制信号及开关控制信号（如伴音制式选择、静音、开关控制信号等）。这些引脚输出信号因软件不同，功能也不同，因此不同厂家采用 HM602，但却不能互换。此芯片封装形式有 48 和 44 两种。

HM602 应用在长虹 CHD-2 机心，海尔华亚机心，创维 3D20/21 机心，厦华 MT-3468M 彩电，TCL HY11、MS12 机心等高清彩电中。

HM602 在长虹 CHD-2 高清机心中应用时的引脚功能和维修提示见表 2-100。HM602 在长虹 CHD-2 高清机心中的应用电路如图 2-110 所示，采用 48 脚封装形式。

表 2-100　HM602 引脚功能

引脚	符　号	功　能	维修提示
1	VSS-D	数字电路电源地	
2	VSS-A	模拟电路电源地	
3	LF	通过电容器接地	
4	RESET	复位信号输入	外接 Q200、R227（1kΩ）、R278（2.2kΩ）/D201（3.9V 稳压管）等。这些元器件出错，将导致控制系统不工作，指示灯不亮
5	VDD-A	模拟单元 3.3V 供电	5V-1 经 U200 稳压产生
6	VDD-D	3.3V-MCU 控制系统供电	由 U200 输出
7	TML/P4.5	地磁校正控制	地磁校正控制失效，请检查两脚输出控制信号及主板上的 Q001～Q003 组成的放大电路
8	HDRIVE CUT/P4.4	行驱动输出控制	
9	E-MUTE/P4.3	AV 输出静音	无信号输出时控制 AV 输出端右/左输出噪声
10	BUS-SW/P4.2	总线开关	正常工作时为 0.27V
11	VS-IN//P4.1	场同步信号输入	两路外接电路 R218、R223 变质可能导致图像场不同故障现象，同时画面显示异常
12	HS-IN/P4.0	行同步信号输入	
13	ISP-SCL/P3.0	ISP 总线串行时钟线	芯片升级时使用，此插座连接到 PC 上，输入程序便完成升级
14	ISP-SDA/P3.1	ISP 总线串行数据线	
15	IR/P3.2	遥控信号输入	
16	1080i/50Hz/P3.4	1080i/50Hz 识别信号输出	未用
17	1080i/60Hz/P3.5	1080i/60Hz 识别信号输出	经 R220、Q203 输往主板（有的机型未用这部分电路）
18	WOOFER-MUTE/P6.0	重低音静音控制	未用
19	R/L-MUTE/P6.1	左右声道静音控制	高电平静音
20	SDA/P1.0	串行数据线	同时通过插座 JN108 用作其他使用

引脚	符号	功能	维修提示
21	SCL/P1.1	串行时钟线	
22	RGB-SW/P1.2	RGB 开关控制	
23	STB/P1.3	待机/开机控制	高电平待机。低电平 0.43V 开机
24	AV-SW/P1.4	S 端子识别输入	未使用 AV 插座时保持高电平 3.3V 状态
25	RESET/AV/TV/P1.5	复位信号输出	对 SAA7119 和 HTV118 进行复位控制。此脚开机待机时均为高电平有效，否则导致二次开机行不工作
26	X1	时钟信号输入	两脚外接元器件变质，不能启动控制系统，指示灯不亮不能开机
27	X2	时钟信号输出	
28	SYS1/P1.6	伴音制式控制	
29	SYS2/P1.7	伴音制式控制	
30	ROTATE/P5.4	地磁校正量控制	地磁校正控制失效，请检查两脚输出控制信号及主板上的 Q001～Q003 组成的放大电路
31	IC SCL/P5.5	I^2C 总线串行时钟线	输往 MST9886、SAA7199、HTV118、TDA9332 及主板自谐器、伴音处理电路。正常电压为，SCL:1.7～2.1V，SDA:0.9～2.3V。如果一路电压处于 3.6V，行振荡将停止。总线电压异常将导致黑屏或功能控制失效等现象
32	IC SDA/P5.6	I^2C 总线串行数据线	
33	KEY1/P5.0	本机按键控制电压输入	不按任何键时有 3.3V 工作电压。按键失控时，与总线电路有关，特别是 SAA7119
34	KEY2/P5.1	本机按键控制电压输入	
35	AFT-IN/P5.2	AFT 电压输入	未用
36	PROTECT/P5.3	过电流检测输入	有的机型未用
37	ON-TIME/P4.7	定时指示灯控制	
38	YPbPr-SW/P4.6	YPbPr 开关控制	高电平时，HTV118 输出 RGB 信号才能进入 TDA9332 工作，并在屏幕上显示
39	PLL-CLKOUT	PLL 电路时钟输出	未用
40	BLANK-OUT/P6.2	字符消隐信号输出	它连接到 TDA9332，有消隐信号时才能显示 OSE 信号。此路出故障会出现黑字符或影响电视画面工作
41	FBLANK	字符消隐信号输出	
42	OSD-B	B 字符信号输出	其中一路出故障会导致字符颜色偏色
43	OSD-G	G 字符信号输出	
44	OSD-R	R 字符信号输出	
45	X IN	时钟信号输入（未用）	
46	COAST	字符场同步脉冲信号输入	字符振荡行场定位脉冲输入，此信号来自行场同步整形块 74HC14、HTV118 的 46、47 脚，出故障会引起无字符显示
47	OSD-VS	字符场同步脉冲信号输入	
48	OSD-HS	字符行同步脉冲信号输入	

2.5.5　KS88C4504 微处理器

　　KS88C4504 是三星公司研发的单片微处理器，采用了先进的 CMOS 处理技术，以强大的 CPU 核心模块 SAM87RC 为设计基础，其关断或降低供电工作模式，可以减少功率损耗，内设寄存器文件可以进行逻辑扩展，可寻址寄存器空间增加到 1024B，柔性的外设接口可以访问 64KB 程序和数据存储器，该电路采用 80 脚 QFP 或 TQFP 封装形式。应用于创维 6M20 机心，厦华 DPTV 变频 S 系列、MT-2928 彩电，TCL DPTV 机心等高清彩电以及长虹 HP4368、HP5168、HP4388、HP7088 等 75P 系列背投彩电中。

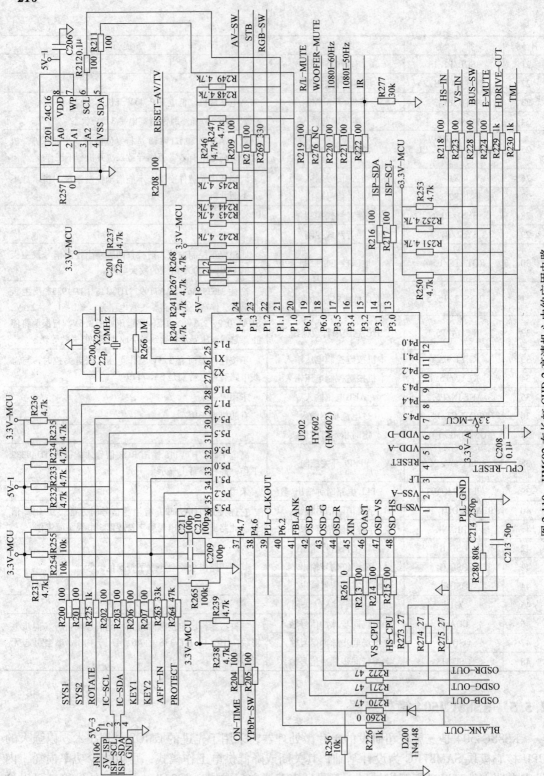

图 2-110 HM602 在长虹 CHD-2 高清机心中的应用电路

KS88C4504 引脚功能和在长虹 HP5188 彩电中应用时的维修数据见表 2-101 所示。
KS88C4504 在厦华 S 系列高清彩电中的应用电路如图 2-111 所示（见文后插页）。

表 2-101　KS88C4504 引脚功能和维修数据

引　脚	引脚符号	功能符号	功能（括号内为：长虹应用功能）	电压/V		对地电阻/kΩ	
				待　机	开　机	红笔测	黑笔测
1	PM#	PM#	外部存储器选择输出	0.2	0	9.2	4.8
2	DM#	DM#	外部存储器选择输出	4.6	4.9	8.7	4.8
3	RD#	RD#	存储器读/写输出	2.2	0.6	8.7	4.8
4	WR#	WR#	存储器读/写输出	4.8	4.9	8.7	4.8
5	VLD	VCC	电压电平检测端	4.9	4.9	5.0	3.6
6	P5.1	DV-RESTM	DPTV-3 复位输入	0	0.04	10.8	4.7
7	WAIT	WAIT#	读/写控制	4.9	4.9	11.2	4.7
8	P47	CCS3	片选输出	4.9	4.9	11.2	4.7
9	P46	CCS2	片选输出	4.9	4.9	11.2	4.7
10	P45	CCS1	片选输出	4.9	4.9	11.2	4.7
11	CS0/P4.4	CCS0	片选输出	4.9	4.9	11.2	4.7
12	VDD1	VCC	电源供电输入	4.9	4.9	5.0	3.6
13	VSS1	VSS1	接地	0	0	0	0
14	X OUT	X OUT	时钟信号输出	2.4	4.9	11.2	4.6
15	X IN	X IN	时钟信号输入	2.4	4.9	11.2	4.7
16	EA	VCC	5V：ROMLESS 操作； 0V：内部 4K 和外部 60K 寻址模式	4.9	4.9	5.0	3.6
17	P4.3	PROT7	输入/输出口	0	0	6.5	4.7
18	P4.2	PROT6	输入/输出口	0	4.9	11.2	4.7
19	RESET#	RESET#	系统复位	4.8	4.8	11.2	4.1
20	P4.1	PROT5	输入/输出口	0	4.9	4.8	4.7
21	P4.0	PROT4	输入/输出口	4.9	4.9	12.7	4.7
22	PWM1/P3.7	HWM	调宽脉冲输出端	4.6	4.7	11.2	4.7
23	PWM0/P3.6	ROTAT ONM	调宽脉冲输出端（子画面 AV1 控制）	4.9	4.9	9.7	4.6
24	PDOUT/P3.5	PROT8	16bit 定时器调宽脉冲模式输出	4.9	4.9	11.2	4.7
25	TCOUT/P3.4	MAIN-VOLM	16bit 定时器调宽脉冲模式输出	0.4	0.4	12.6	4.6
26	TCCAP/P3.3	LED-G	定时器 C 俘获输入	4.9	4.9	9.6	4.6
27	TDCAP/P3.2	LED.R	定时器 D 俘获输入	4.9	4.9	9.6	4.7
28	TCCK/P3.1	PORT1	外部时钟信号输入	4.9	4.9	11.2	4.7
29	TDCK/P3.0	HSYNC	外部时钟信号输入 （行同步信号输入）	4.9	4.1	10.9	4.5
30	INT7/P2.7	HSYNC	外部中断输入端（行同步信号输入）	4.9	4.1	12.3	4.5
31	INT6/P2.6	INT	外部中断输入端（识别输入）	1.9	3.8	12.6	4.7
32	INT5/P2.5	REMOTE	外部中断输入端（遥控指令输入）	4.9	4.9	11.2	4.7
33	INT4/P2.4	PORT3	外部中断输入端（BBE 控制输出）	4.9	4.9	11.2	4.7
34	INT3/P2.3	SYS2	外部中断输入端（制式控制）	0	0	11.2	4.7
35	INT2/P2.2	SYS1	外部中断输入端（制式控制）	0	4.9	9.7	4.7
36	INT1/P2.1	AW1	外部中断输入端 （副高频调谐器模式控制）	0	4.9	9.7	4.7
37	INTO/P2.0	AW0	外部中断输入端	4.9	4.9	9.7	4.7
38	SCK/P1.7	A1	同步 SIO 通信口（AV 控制）	0	0	9.7	4.6

（续）

引　脚	引脚符号	功能符号	功能（括号内为：长虹应用功能）	电压/V		对地电阻/kΩ	
				待　机	开　机	红笔测	黑笔测
39	SO/P1.6	A0	同步 SIO 通信口（AV 控制）	0	0	9.7	4.6
40	S1/P1.5	FH38/31	同步 SIO 通信口（子画面 AV0 控制）	0	0	11.2	4.6
41	P1.4	POWERM	输入/输出口（电源待机/开机控制）	4.7	0	12.3	4.7
42	P1.3	BLANK	输入/输出口（逆程脉冲输入）	4.1	0	9.7	4.6
43	P1.2	MUTEM	输入/输出口（静音控制）	4.9	4.9	9.7	4.6
44	P1.1	LED	输入/输出口（定时指示灯）	4.5	0	9.7	4.6
45	P1.0	TOGGLE	输入/输出口（触发器输出）	4.9	4.9	9.7	4.6
46	ADC3/P0.7	KEYB	A-D 转换器模拟输入端（本机键控输入 B）	4.9	4.9	11.6	4.7
47	ADC2/P0.6	KEYA	A-D 转换器模拟输入端（本机键控输入 A）	4.9	4.9	11.2	4.7
48	ADC1/P0.5	PORT2	A-D 转换器模拟输入端（子画面 AFT 电压输入）	0.2	4.6	11.2	4.7
49	ADC0/P0.4	M-AFT	A-D 转换器模拟输入端（主 AFT 电压输入）	0.2	1.5	11.2	4.7
50	AVREF	VCC	A-D 转换器基准电压	4.9	4.9	5.0	3.6
51	P0.3	SDAE	输入/输出口（数据线 SDA1）	4.9	4.9	10.8	4.6
52	YSS2	VCC	接地	0	0	0	0
53	VDD2	VDD2	电源供电输入	4.9	4.9	6.5	3.6
54	P0.2	SCLE	输入/输出口（时钟线 SCL1）	4.9	4.9	10.7	4.6
55	P0.1	SDAOM	输入输出口（数据线 SDA0）	4.9	4.8	9.5	4.6
56	P0.0	SCLOM	输入输出口（时钟线 SCL0）	4.9	4.2	9.7	4.6
57	D0	D0	数据输入/输出	1.4	2.5	11.2	4.7
58	D1	D1	数据输入/输出	0	2.5	11.2	4.7
59	D2	D2	数据输入/输出	2.0	2.5	11.1	4.7
60	D3	D3	数据输入/输出	2.0	2.5	11.1	4.7
61	D4	134	数据输入/输出	1.9	2.5	11.1	4.7
62	D5	D5	数据输入/输出	1.9	2.5	11.1	4.7
63	D6	D6	数据输入/输出	1.9	2.5	11.1	4.7
64	D7	D7	数据输入/输出	2.0	2.5	11.1	4.7
65	A0	AO	地址输出	2.4	4.9	11.2	4.7
66	A1	A1	地址输出	2.2	4.9	11.1	4.7
67	A2	A2	地址输出	2.5	4.9	11.1	4.7
68	A3	A3	地址输出	2.2	0	11.1	4.7
69	A4	A4	地址输出	2.4	4.9	11.1	4.7
70	A5	A5	地址输出	0.9	4.9	11.1	4.6
71	A6	A6	地址输出	0.6	4.9	11.1	4.7
72	A7	A7	地址输出	0.6	0	11.1	4.7
73	A8	A8	地址输出	0.5	0	11.1	4.7
74	A9	A9	地址输出	0.3	4.9	11.1	4.6
75	A10	A10	地址输出	0.3	4.9	11.1	4.7
76	A11	A11	地址输出	0.6	4.9	10.9	4.7
77	A12	A12	地址输出	0.4	4.9	11.1	4.7
78	A13	A13	地址输出	0.3	0	11.1	4.6
79	A14	A14	地址输出	0.6	4.9	11.1	4.6
80	A15	A15	地址输出	0.3	4.8	12.6	4.7

2.5.6　KS88C8432 微处理器

KS88C8432 是三星公司开发的 8bit 彩电微处理器，具有可编程输入/输出接口，中断控制接口，内含程序存储器，PWM 模式 8bit 定时计数器、14bit PWM 输出，4bit A-D 转换器，可编程 OSD 等功能，应用在创维 5D60、6D95、6D96、6D97 机心等高清彩电中。

KS88C8432 引脚功能和在创维 6D95 高清机心彩电中应用时的维修数据见表 2-102。KS88C8432 在创维 6D96 高清机心中的应用电路如图 2-112 所示（见文后插页）。

表 2-102　KS88C8432 引脚功能和维修数据

引　脚	符　号	功　能	电压/V	对地电阻/kΩ	
				黑笔测	红笔测
1	LED	指示灯控制输出	0	5.6	8.1
2	VT	调谐电压输出	3.8	1.0	1.0
3	RESET OUT	复位电压输出	0	5.5	8.1
4	MUTE	静音控制输出	4.9	5.5	8.0
5	H-SIZE	空脚	0.1	5.5	8.1
6	P2.0	测试脚	4.8	5.2	4.5
7	POWER	待机控制输出	4.8	7.5	7.5
8	SYNC	同步脉冲输入	4.8	4.5	5.2
9	KEYB	面板键控输入	4.2	5.2	14.2
10	KEYA	面板键控输入	4.2	5.2	14.2
11	P0.6	音调控制输出	4.6	4.1	4.2
12	AFCIN	AFC 电压输入	2.1	5.2	13.2
13	TEST	测试脚（接地）	0	0	0
14	BL	L 波段电压输出	5.1	1.0	1.0
15	BH	H 波段电压输出	5.1	1.0	1.0
16	BU	U 波段电压输出	5.1	2.5	2.5
17	SCL2	总线串行时钟线 2	4.8	3.1	3.1
18	SDA2	总线串行数据线 2	4.8	3.1	3.1
19	VCC	5V 供电输入	5.1	0.1	0.1
20	AV1	AV1 控制输出	4.1	5.5	8.1
21	AV0	AV0 控制输出	4.1	5.5	8.1
22	BOSD	蓝色屏显输出	0.1	1.8	1.8
23	GOSD	绿色屏显输出	0.1	1.8	1.8
24	ROSD	红色屏显输出	0.1	1.8	1.8
25	FSOSD	字符消隐输出	0.2	118	1.8
26	H SYNC	行逆程脉冲输入	4.1	4.5	5.5
27	V SYNC	场逆程脉冲输入	0.1	5.5	8.5
28	OSC IN	字符振荡输入	1.9	5.1	7.5
29	OSC OUT	字符振荡输出	1.6	5.1	7.5
30	VSS1	接地	0	0	0
31	X IN	时钟晶振输入	0.2	5.5	8.1
32	X OUT	时钟晶振输出	1.7	5.5	8.1
33	RESET	复位电压输入	4.8	4.5	6.5
34	VDD	电源供电输入	5.1	0.1	0.1
35	BLK	消隐脉冲	0	5.5	6.5
36	IR	遥控指令输入	3.3	5.5	8.1
37	VSS2	接地	0	0	0
38	4/3	色副载波转换	0	118	1.0
39	SDA	总线数据线	4.9	3.0	3.0
40	SCL	总线时钟线	4.9	3.0	3.0
41	SW1	开关切换 1 输出	4.9	5.5	7.5
42	SW2	开关切换 2 输出	4.9	5.5	7.5

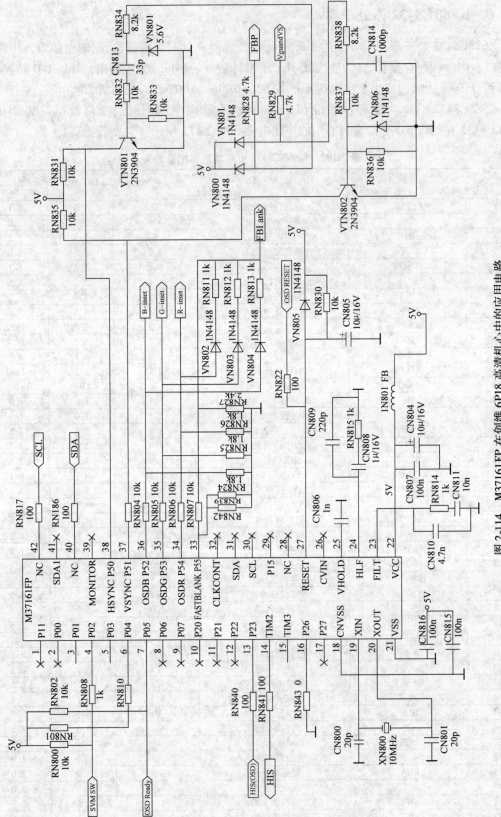

图 2-114 M37161FP 在创维 6P18 高清机心中的应用电路

2.5.7 M30620SPGP、M30622SPGP 微处理器

M30620SPGP、M30622SPGP 是 M16C62P 系列的 100 引脚的单片彩电微处理器，两者引脚功能基本相同。该电路内有 1MB 的地址空间，可扩充到 4MB；高速运转指令，内含一个乘法器和具有快速指令处理能力的直接存储器存取通道。可用于输入/输出端口的引脚达 87 个，5 通道 16bit 的多功能定时器 A，6 通道 16bit 的多功能定时器 B，3 路数据输入/输出通道，两路时钟通道，26 通道 10bit 的 A-D 转换器，2 路直接存储器存取通道，29 个中断源，4 个时钟发生器。

M30620SPGP、M30622SPGP 应用于长虹 CHD-3 机心，康佳 ST 机心，创维 6D35、6M35 机心，TCL MV23 机心等高清彩电中。M30622SPGP 在康佳 ST 高清机心中的应用电路如图 2-113 所示（见文后插页），M30620SPGP 引脚功能相同，可供参考。

2.5.8 M37161 微处理器

M37161 是高清彩电微处理器，应用于长虹 CHD-7、DT-7 机心，创维 6P18 机心，厦华 MT2968 等高清彩电中，应用时型号尾部加有 EFFP、FP 等字符。

M37161FP 在创维 6P18 高清机心中的应用电路如图 2-114 所示。

2.5.9 M37225 微处理器

M37225 是日本三菱公司开发设计的彩电专用高性能微处理器，采用总线控制技术，频率合成调谐方式。应用于长虹 CHD-5、DT-5 机心，海尔 NDSP 机心，创维 5D90 机心，厦华 HDTV、MMTV、P、U 系列等高清彩电中，应用时型号尾部加有 ECSP、M6 等字符。

M37225 引脚功能和在康佳 U 系列高清彩电中应用时的维修数据见表 2-103。

表 2-103　M37225 引脚功能和维修数据

引　脚	符　号	功　能	电压/V	对地电阻/kΩ	
				红笔测	黑笔测
1	H SYNC	行同步脉冲输入	4.6	2.8	2.8
2	V SYNC	场同步脉冲输入	0	7.5	16.0
3	D	数据读写保护	5.0	7.5	24.0
4	TILT	TILT 控制信号输出，控制光栅旋转	1.0	7.0	11.0
5	NC	空脚	2.4	8.0	∞
6	AGC	主画面 AGC 控制输出	0	7.5	15.0
7	TIM	定时控制输出	2.0	8.2	∞
8	LED	电源开关控制，电源指示灯输出	5.0	7.2	14.5
9	TIMER	按键 1，键盘控制信号输入	5.0	8.2	32.0
10	RC	遥控接收信号输入	1.7	8.5	25.0
11	PIP	子画面控制输出	0	0	0
12	PIP AGC	子画面 AGC 控制输出	5.0	8.8	21.0
13	PIP B	子画面控制 B 输出	5.0	8.8	21.0
14	PIP A	子画面控制 A 输出	5.0	8.8	21.0
15	SDA	通信数据线	0	8.8	21.0
16	PIP VOL	子画面声音控制输出	5.0	8.0	22.0

（续）

引　脚	符　号	功　能	电压/V	对地电阻/kΩ 红笔测	对地电阻/kΩ 黑笔测
17	N AFC	N-AFC 信号输入	2.7	8.5	13.0
18	GND	接地	0	0	0
19	OSC	晶振信号输入	2.3	8.3	14.7
20	OSC	晶振信号输出	2.1	8.3	14.7
21	GND	接地	0	0	0
22	VCC	电源供电输入	5.0	5.1	10.0
23	MENU2	菜单控制 2 输出	5.0	7.6	28.0
24	MENU1	菜单控制 1 输出	5.0	7.6	28.0
25	RESET IN	复位电压输入	5.0	6.9	18.0
26	KEY2	按键指令 2	4.9	2.1	2.3
27	RESET OUT	复位信号输出	5.0	8.0	28.0
28	SYS1	主画面制式 1 输出	0	7.1	8.7
29	SYS2	主画面制式 2 输出	4.9	7.2	8.7
30	S AFC	S-AFC 电压输入	1.7	8.5	18.0
31	SDA	串行数据线	5.0	8.0	30.0
32	ROM SDA	存储器串行数据线	3.4	5.3	16.0
33	SCL	串行时钟线	5.0	8.4	30.0
34	ROM SCL	存储器串行时钟线	3.6	5.3	15.0
35	HALF TONE	半透明字幕控制输出	0	7.8	15.0
36	MUTE	换台静音控制信号输出	2.8	8.4	11.5
37	TXT-RST	TXT-RST 控制	5.0	8.4	20.5
38	MUTE	静音控制输出	0	8.4	15.0
39	BLANK	OSD（字符显示）消隐输出	0	7.5	25.0
40	B OUT	字符显示蓝输出	0	1.0	1.0
41	G OUT	字符显示绿输出	0	1.0	1.0
42	R OUT	字符显示红输出	0	1.0	1.0

2.5.10　M37274 微处理器

M37274EFSP 是日本三菱公司生产的 8 位微处理器，反应速度快、功能多、可扩展性强、操作简便。应用于海信 NDSP、PHILIPS 倍频机心，海尔 MK14 机心，创维 5D70、5D76、5D78、5M01、5M10、6D72 机心等高清彩电中，应用时型号尾部加有 EFS、EFSP、ESSP 等字符。海信高清彩电应用时掩膜后命名为 TELE-VIDEO 2002-002 或 TELE-VIDEO 2002-001。

M37274EFSP 引脚功能和在海信 DP2998 彩电中应用时的维修数据见表 2-104。

表 2-104　M37274EFSP 引脚功能和维修数据

引　脚	符　号	功　能	电压/V	对地电阻/kΩ 红笔测	对地电阻/kΩ 黑笔测
1	H SYNC	行同步信号输入	4.5	6.0	6.0
2	V SYNC	场同步信号输入	4.8	6.0	6.0
3	NC	空脚	0.8	11.0	6.5
4	NC	空脚	0.8	11.0	6.5

引脚	符号	功能	电压/V	对地电阻/kΩ	
				红笔测	黑笔测
5	HSYCN2	视频输出同步信号（未用）	0.8	10.5	7.5
6	VGA S	VGA 同步识别信号	1.2	10	7.5
7	AFC	AFC 电压输入	3.1	9.5	6.0
8	3410-RESET	复位（未用）	5.0	10.0	8.0
9	KEY2	矩阵按键输入 2	5.0	6.0	6.2
10	KEY1	矩阵按键输入 1	5.0	6.5	6.5
11	PWM	地磁校正输出	0.8	9.5	6.5
12	CON2	图像叠加控制输出	0.13	5.0	5.0
13	BASS	重低音开关输出	5.0	13.2	6.2
14	CON1	网络模块复位	01	0.9	0.9
15	REMOTE	遥控指令输入	4.1	9.0	7.0
16	NC	空脚	0	10.5	8.5
17	NC	空脚	0	10.5	8.5
18	A VCC	模拟电路5V 电源输入	3	4.5	3.0
19	NC	空脚	*	11.0	7.5
20	NC	空脚	*	11.0	7.5
21	NC	空脚	*	11.0	7.5
22	NC	空脚	*	11.0	7.5
23	VSS	接地	0	0	0
24	X IN	微处理器时钟振荡输入	1.8	11.0	7.1
25	X OUT	微处理器时钟振荡输出	2.1	10.2	7.5
26	VSS	接地	0	0	0
27	VCC	5V 电源供电输入	5.0	3.5	3.5
28	OSD1	字符振荡器	5.0	11.0	7.0
29	OSD2	字符振荡器	5.0	11.0	7.0
30	RESET	微处理器复位信号输入	5.0	14.0	6.2
31	S SWITCH	S 端子开关输出	5.0	13.0	8.0
32	BU	U 波段控制输出	0	12.0	8.4
33	VT	调谐电压输出	3.1	10.0	7.5
34	BH	H 波段控制输出	5.0	10.0	8.4
35	BL	L 波段控制输出	0	10.0	8.4
36	SDA2	总线串行数据线	5.0	7.0	5.5
37	SDA1	总线串行数据线	4.6	6.0	4.5
38	SCL2	总线串行时钟线	5.0	8.0	6.5
39	SCL1	总线串行时钟线	4.6	6.5	4.5
40	BLK2	字符半透明菜单消隐	0.1	16.2	8.5
41	TEST	本机未用	5.0	4.0	4.5
42	MUTE	静音控制输出	0	12.0	8.5
43	POWER	电源开关机控制输出	5.0	12.0	8.2
44	PAL/NTSC	PAL/NTSC 制式控制输出	0.5	10.0	8.2
45	D/K	D/K 伴音制式控制输出	0.28	4.5	45.5
46	I	I 伴音制式控制输出	5.0	5.0	4.5
47	B/G	B/G 伴音制式控制输出	5.0	5.5	4.5
48	IC RESE	解码电路复位	5.0	5.0	4.0
49	BLK1	字符消隐信号输出	0.5	8.5	7.4
50	B	蓝色字符输出	0.5	9.0	6.7
51	G	绿色字符输出	0.5	9.0	6.6
52	R	红色字符输出	0.5	9.0	6.7

2.5.11　M37281 微处理器

M37281 是高清彩电专用微处理器，应用于长虹 CHD-1 机心，康佳 FM、M 系列，海信 HDTV-1、PHILIPS 高清机心，海尔 3D、MK14、NDSP、PW1230/1235、ST720P 机心，创维 6D72、6D76、6P16 机心厦华 HT-T 系列，TCL P21 机心等高清彩电中，应用时型号尾部加有 EKSP 等字符。海信高清彩电应用时掩膜后命名为 HISENSEDTV-001。

M37281 引脚功能和在 TCL P21 机心彩电中应用时的维修数据见表 2-105。

表 2-105　M37281 引脚功能和维修数据

引　脚	符　号	功　能	电压/V		对地电阻/kΩ	
			有信号	无信号	黑笔测	红笔测
1	H SYNC	行同步信号输入	4.5	4.5	13.5	13.5
2	V SYNC	场同步信号输入	5.0	5.0	5.1	5.1
3	S	S 端子控制输出	5.1	5.1	12.5	12.5
4	NC	空脚	2.2	2.2	4.4	4.4
5	NC	空脚	2.2	2.2	4.2	4.2
6	VGA-S	VGA 行同步信号输入识别	0.8	0.8	9.2	9.2
7	AFC	自动频率跟踪输入	0.7	0.7	12.1	12.1
8	NC	空脚	0.1	0.1	4.3	4.3
9	KEY2	键控指令输入 2	5.1	5.1	7.4	7.4
10	KEY1	键控指令输入 1	5.1	5.1	5.6	5.6
11	ROT	旋转控制输出	0.3	0.3	33.5	33.5
12	NC	空脚	0.7	0.7	∞	∞
13	NC	空脚	0.06	0.06	12.6	12.6
14	POWER1	指示灯控制 1 输出	0.04	0.04	4.3 M	4.3 M
15	REMOT	遥控指令输入	4.9	4.9	37.5	37.5
16	NC	空脚	2.2	2.2	4.3 M	4.3 M
17	NC	空脚	2.2	2.2	4.3 M	4.3M
18	AVCC	数字部分供电输入	5.2	5.2	6.2	6.2
19	NC	空脚	2.2	2.2	4.5 M	4.5 M
20	NC	空脚	2.2	2.2	4.2 M	4.2 M
21	NC	空脚	2.1	2.1	4.2 M	4.2 M
22	NC	空脚	2.2	2.2	4.3 M	4.3 M
23	VSS	接地	0	0	0	0
24	X IN	时钟晶振输入	2.3	2.3	4.3 M	4.3 M
25	X OUT	时钟晶振输出	1.8	1.8	4.3 M	4.3 M
26	VSS	接地	0	0	0	0
27	VCC	电源供电输入	5.2	5.2	4.0	4.0
28	OSD1	字符振荡 1	2.2	2.2	4.3 M	4.3 M
29	OSD2	字符振荡 2	2.1	2.1	4.3 M	4.3 M
30	RESET	复位电压输入	5.1	5.1	1.8	1.8
31	POW2	电源模式切换 2 输出	5.1	5.1	3.0	3.0
32	POW1	电源模式切换 1 输出	0.1	0.1	3.9	3.9

引 脚	符 号	功 能	电压/V		对地电阻/kΩ	
			有信号	无信号	黑笔测	红笔测
33	NC	空脚	1.4	1.4	4.3 M	4.3 M
34	NC	空脚	0.04	0.04	4.3 M	4.3 M
35	NC	空脚	0.04	0.04	4.3 M	4.3 M
36	SDA2	串行数据线 2	5.1	5.1	7.2	7.2
37	SDA1	串行数据线 1	4.1	4.1	7.2	7.2
38	SCL2	串行时钟线 2	5.1	5.1	7.2	7.2
39	SCL1	串行时钟线 1	4.1	4.1	6.7	6.7
40	BLK2	字符消隐控制 2	0.06	0.06	3.5	3.5
41	TESE	测试脚	5.1	5.1	9.2	9.2
42	MUTE	静音控制输出	0.06	0.06	4.3	4.3
43	POWER 2	指示灯控制 2 输出	4.9	4.9	3.9	3.9
44	P/N	PAL 与 NTSC 转换输出	0.1	0.1	1.4M	1.4 M
45	D/K	伴音制式 D/K 控制输出	0.3	0.3	5.2	5.2
46	I	伴音制式 I 控制输出	5.1	5.1	5.4	5.4
47	B/G	伴音制式 B/G 控制输出	5.1	5.1	7.1	7.1
48	IC RESET	IC 复位控制	0.2	0.2	5.1	5.1
49	BLKI	字符消隐输出	0.1	0.1	2.7	2.7
50	B	字符蓝色信号输出	0.1	0.1	3.7M	3.7M
51	C	字符绿色信号输出	0.1	0.1	3.7M	3.7M
52	R	字符红色信号输出	0.1	0.1	3.7M	3.7M

2.5.12 SDA555 微处理器

SDA555 是高清彩电专用微处理器，采用双路低压供电，具有 I²C 总线控制端口，通过总线和输出端口实现整机控制功能。应用在康佳 FG、FT、MV、T 系列，海信 TRIDENT 机心等高清彩电中，应用时型号尾部添加了 XFL、X、XF1 等字符。应用于海信彩电中时，对该 CPU 进行了掩膜，型号改为 HISENSEDTV-003。

SDA555 引脚功能号和 SDA555（HISENSEDTV-003）在海信 TRIDENT 机心高清彩电中应用时的维修数据见表 2-106。SDA555XFL 微处理器在康佳 T 系列高清彩电中的应用电路如图 2-115 所示。

表 2-106 SDA555 引脚功能和维修数据

引 脚	功 能	电压/V	对地电阻/kΩ	
			红 笔 测	黑 笔 测
1	空脚	0	7.3	11.8
2	空脚	0	7.3	11.8
3	串行时钟线（接存储器）	3.2	6.5	8.0
4	串行数据线（接存储器）	3.2	6.3	8.0
5	空脚	1	7.3	11.8
6	空脚	1	7.3	11.8

（续）

引　　脚	功　　能	电压/V	对地电阻/kΩ	
			红　笔　测	黑　笔　测
7	串行数据线（接 U101 等）	2.5	3.3	3.4
8	串行时钟线（接 U101 等）	1.8	3.3	3.4
9	数字电路供电	2.5	4.2	6.5
10	数字电路接地	0	1	0
11	数字电路 3.3V 供电	3.3	3.3	3.4
12	空脚	0.2	6.5	21.5
13	2.5V 供电	2.5	4.2	6.2
14	数字电路接地	0	1	1
15	空脚	0.1	6.5	13 5
16	自动频率控制	1.2	0.6	0.6
17	按键输入	1.7	4.2	7.2
18	总线切换控制	2.0	5.8	7.0
19	行、场复合同步输入	0.2	0.3	1.3
20	场同步输入（未用）	0.1	6.2	11.2
21	空脚	3.1	7.5	12.0
22	DPTV 电路复位	0.1	4.2	4.2
23	遥控输入	2.9	1.0	1.0
24	伴音电路复位	0.05	7.8	10.6
25	分量与 VGA 输入切换	1.2	7.8	10.6
26	W 同步输入	0.2	0.8	1.8
27	上网与 VGA 输入切换	1.2	7.8	10.5
28	同步识别（未用）	3.1	6.8	8.0
29	数字电路接地	0	1	1
30	数字电路 3.3V 供电	3.3	3.4	3.4
31	空脚	3.1	7.6	11.8
32	空脚	3.1	7.6	11.8
33	CPU 电路复位	3.1	8.1	18.5
34	晶振	0.2	8.0	10.4
35	晶振	0.2	7.8	27.8
36	数字电路接地	0	0	0
37	2.5V 供电	2.5	4.2	6.2
38	R 消隐输出	0.2	0.7	1.5
39	G 消隐输出	0.2	0.7	1.5
40	B 消隐输出	0.2	0.7	1.5
41	字符消隐输出	0.1	6.2	10.0
42	2.5V 供电	2.5	4.2	6.2
43	数字电路接地	0	0	0
44	3.3V 供电	3.3	3.4	3.4
45	空脚	3.1	7.6	12.0
46	空脚	3.1	7.6	12.0
47	空脚	3.3	5.3	5.5
48	静音控制	0.1	5.3	5.3
49	开/关机控制	0.1	4.8	4.5
50	模式切换	0.1	5.4	5.5
51	模式切换	0.1	5.4	5.5
52	地磁校正	0.8	5.4	5.5

221

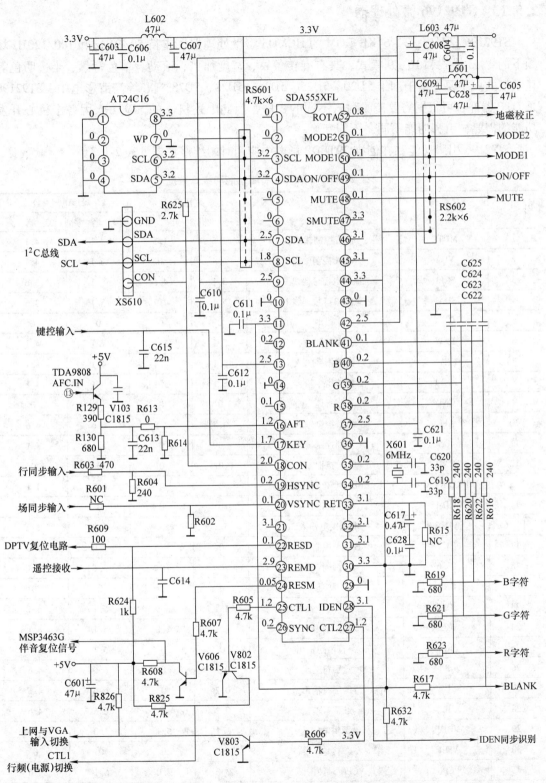

图 2-115　SDA555XFL 在康佳 T 系列高清彩电中的应用电路

2.5.13 ST92196 微处理器

ST92196 是具有 32~64KB ROM 的 HCMOS 型微处理器，支持 50/60Hz 和 100/120Hz 场频下的 4:3 模式和 16:9 模式，具有旋转条纹、宽度加倍、滚动、单色背景、半透明色等显示模式。主要应用于创维 5D20、5D25、5D26、5D28、5D78 机心等高清彩电中，ST92196 是 OTP 器件，可根据需要掩膜写入不同的程序，因此上述机心的 ST92196 因各个机心开发功能的需要，引脚功能不同，不能互换。

ST92196 引脚功能和在创维 29TFDP 彩电中应用时的维修数据见表 2-107。

表 2-107　ST92196 引脚功能和维修数据

引　脚	符　号	功　能	电压/V		对地电阻/kΩ	
			待　机	开　机	黑笔测	红笔测
1	MUTE	静音控制输出	1.5	1.5	7.1	4.1
2	VGA	VGA 控制输出	4.4	0	6.1	4.1
3	SCL1	总线串行时钟线 1	5.1	4.6	5.1	3.6
4	SDA1	总线串行数据线 1	5.1	4.7	5.1	3.6
5	GND	接地	0	0	0	0
6	R/W	读写控制输出	5.1	5.1	7.1	4.1
7	KEY0	键控指令输入	5.1	5.1	4.1	4.1
8	KEY1	键控指令输入	5.1	5.1	5.1	4.1
9	GND	接地	0	0	0	0
10	AFC	AFC 控制输入	0.5	2.8	6.6	4.6
11	IDN	识别控制输入	0	0	3.1	5.1
12	GND	接地	0	0	0	0
13	PAL/NTSC	APL/NTSC 制式切换	0	0	6.1	4.1
14	GND-15	接地	0	0	0	0
15-16	VDD2	电源供电输入 2	5.1	5.0	1.0	1.0
17	P3.7	SVGA 控制输出	0	1.6	1.0	1.0
18	P3.6	保护控制	0	0	3.6	3.1
19-22	GND	接地	0	0	0	0
23	SDA2	总线串行数据线 2	1.1	3.9	5.1	4.1
24	SCL2	总线串行时钟线 2	1.1	1.8	5.1	4.1
25	RB	字符消隐输出	0	0	6.1	4.6
26	B	蓝字符输出	0.2	0	6.6	4.6
27	G	绿字符输出	0.2	0	6.6	4.6
28	R	红字符输出	0.2	0	6.6	4.6
29	VDD1	电源供电输入 1	5.1	5.1	1.0	1.0
30	VSS1	接地 1	0	0	0	0
31	PCPU	CPU 时钟振荡	2.0	2.0	6.1	4.6
32	VDD2	电源供电输入 2	4.8	4.8	1.1	1.0
33	POSD	字符显示振荡	1.8	1.8	8.1	4.6

引　脚	符　号	功　能	电压/V		对地电阻/kΩ	
			待　机	开　机	黑笔测	红笔测
34	VSYNC	场同步信号输入	0	0	6.1	4.6
35	HSYNC	行同步信号输入	0	0	6.1	4.1
36	REMOTE	遥控指令输入	5.1	5.0	6.1	4.6
37-39	GND	接地	0	0	0	0
40	OSC OUT	时钟振荡输出	2.2	2.3	6.1	4.6
41	VSS2	接地2	0	0	0	0
42	OSC IN	时钟振荡输入	2.0	2.2	6.1	5.1
43-44	GND	接地	0	0	0	0
45	AV1	AV1 控制输出	0	0	6.1	4.1
46	AV0	AV0 控制输出	5.1	0	6.6	5.1
47-49	GND	接地	0	0	0	0
50	POWER	开关机控制输出	2.8	0	6.1	4.1
51	RESET	复位电压输入	5.1	5.0	7.1	4.1
52-53	GND	接地	0	0	0	0
54	PS2	复位电压输出	2.2	0	5.1	4.1
55	TEST	测试	5.1	0	1.0	1.0
56	VPE	5V 电压	5.1	5.1	1.0	1.0

2.5.14　TMP93CS45 微处理器

TMP93CS45 是东芝公司开发的 16bit 彩电专用微处理器，有 4 组 8bit 定时器，2 组 16bit 定时器，2 组串行总线接口，1 组 I^2C 总线接口，8 组 10bit 的 A-D 转换器，8 组高电流输出口。

TMP93CS45 应用在创维 5D28 机心，TCL MV22 机心等高清彩电中。TMP93CS45 引脚功能和在大屏幕彩电中应用时的维修数据见表 2-108。

表 2-108　TMP93CS45 引脚功能和维修数据

引　脚	符　号	功　能	电压/V		对地电阻/kΩ	
			有信号	无信号	黑笔测	红笔测
1	P55（AN5）	主画面 AFT 电压输入	0.3	4.3	5.2	14.4
2	P56（AN6）	子画面 AFT 电压输入	4.5	3.8	5.2	14.2
3	P57（AN7）	输入/输出口（未用）	1.1	2.4	5.2	14.2
4	NM1	中断请求	0	0	0	0
5	P60	复位信号输出	4.8	4.8	5.3	13.1
6	P61	输入/输出口	0	0	5.3	13.1
7	P62	I^2C 总线使能时钟输出	0.1	0.1	5.3	13.0
8	P63	输入/输出口	4.7	4.7	5.3	13.0
9	P64	中放滤波带宽切换	0	0	5.2	13.0
10	P65	快速消隐脉冲输出	0	0	5.2	13.0
11	P70	CPU 总线等待请求	0	0	5.2	13.0

（续）

引　脚	符　号	功　能	电压/V		对地电阻/kΩ	
			有　信　号	无　信　号	黑　笔　测	红　笔　测
12	P71	待机指示灯控制输出	0	0	5.1	12.8
13	VSS	接地	0	0	0	0
14	P72	存储器读/写操作控制	0.1	0.1	4.9	12.1
15	P73	静音控制输出	4.8	4.9	5.0	12.8
16	P74	待机/开机控制输出	0.1	0.1	4.8	5.9
17	P75	复位控制 DVRST 输出	0.1	0.1	5.1	12.8
18	P76	SDAE 总线接口	4.6	4.3	4.3	12.8
19	P77	SCLE 总线接口	4.8	4.9	5.0	12.8
20	CLK	时钟输出	4.7	4.3	5.2	12.8
21	AM8	地址模式选择	4.8	4.9	3.8	7.6
22	X1	时钟振荡	0.6	2.3	5.2	13.0
23	X2	时钟振荡	4.8	4.8	5.2	13.0
24	—	外部访问请求	0	0	0	0
25	RET IN	复位电压输入	4.8	4.8	4.4	4.6
26	P66（XT1）	BBE 控制输出	0.1	4.2	5.2	12.7
27	P67（XT2）	显示屏控制输出	4.8	4.8	4.64	8.6
28	TEST1	测试端	1.6	2.3	5.0	10.3
29	TEST2	测试端	1.6	2.3	5.0	10.3
30	VCC	电源供电输入	4.8	4.8	3.8	7.6
31	VSS	接地	0	0	0	0
32	ALE	地址锁存授权信号输出	2.7	2.3	5.3	12.9
33	P00（AD0）	数据信号输入/输出	1.7	4.8	5.2	12.9
34	P01（AD1）	数据信号输入/输出	3.0	4.8	5.2	12.9
35	P02（AD2）	数据信号输入/输出	3.2	4.8	5.2	12.9
36	P03（AD3）	数据信号输入/输出	3.2	4.8	5.2	12.9
37	P04（AD4）	数据信号输入/输出	3.2	4.8	5.2	12.9
38	P05（AD5）	数据信号输入/输出	3.2	4.8	5.2	12.9
39	P06（AD6）	数据信号输入/输出	3.2	4.8	5.2	12.9
40	P07（AD7）	数据信号输入/输出	3.2	4.8	5.1	10.3
41	PIO（AD8/A8）	地址信号输出	0	4.8	5.2	13.0
42	P11（AD9/A9）	地址信号输出	0	4.8	5.0	13.0
43	P12（AD10/A10）	地址信号输出	0	4.8	5.2	13.0
44	P13（AD11/A11）	地址信号输出	0	4.8	5.2	13.0
45	P14（AD12/A12）	地址信号输出	0	4.8	5.0	13.0
46	P15（AD13/A13）	地址信号输出	0	4.8	4.9	13.0
47	P16（AD14/A14）	地址信号输出	0	4.8	4.8	13.0
48	P17（AD15/A15）	地址信号输出	0	4.8	5.2	13.0

引　脚	符　　号	功　　能	电压/V		对地电阻/kΩ	
			有　信　号	无　信　号	黑　笔　测	红　笔　测
49	P20（A16/A0）	地址信号输出	0	4.8	5.0	13.0
50	P21（A17/A1）	地址信号输出	0	0	5.2	13.0
51	P22（A18/A2）	地址信号输出	0	4.8	5.2	13.0
52	P23（A19/A3）	数据输出	0	4.8	5.0	13.0
53	P24（A20/A4）	地址端	0	4.8	5.2	13.0
54	P25（A21/A5）	地址端	0	4.8	5.0	13.0
55	P26（A22/A6）	地址端	0	4.8	5.2	13.0
56	P27（A23/A7）	地址端	0	0.6	5.2	13.0
57	VCC	电源供电输入	4.6	4.8	3.8	3.6
58	P30	外部存储器读出选通脉冲输出	4.9	0.1	5.2	7.6
59	P31	选通脉冲信号输出	1.9	4.8	5.2	10.4
60	P32（SCK）	数据写入选通脉冲输出	1.3	1.6	5.2	13.0
61	P33（SDA）	总线串行数据线（SDA）	1.4	4.1	5.0	12.1
62	P34（SCL）	总线串行时钟线（SCL）	4.1	4.1	5.1	12.1
63	P35（INT0）	中断识别控制输出输入	3.8	3.6	5.1	12.8
64	P40（INT1）	中频制式切换输出	4.8	4.8	5.2	13.0
65	P41（TO3）	中频制式切换输出	0.1	0	5.2	13.0
66	P42（INT4）	行同步信号输入	3.0	4.8	5.2	13.0
67	P43（INT5）	主画面TV/AV切换输出	0	0.1	5.2	13.0
68	P44（TO4）	主画面TV/AV切换输出	0	0.1	5.2	13.0
69	P45（INT6）	遥控指令输入	0	0.1	5.2	13.0
70	P46（INT7）	PIP TV/AV切换输出	0	0	5.2	13.0
71	P47（TO6）	PIP TV/AV切换输出	4.9	0	5.2	13.0
72	VREFH	A-D转换器高电平参考电压输入	0	4.8	3.8	7.5
73	45VREFL	A-D转换器低电平参考电压输入	0	0	0	0
74	AVSS	接地	0	0	0	0
75	AVCC	电源供电输入	4.9	4.8	3.8	7.6
76	P50（AN0）	键控电压输入	4.6	4.5	5.2	13.0
77	P51（AN1）	键控电压输入	4.7	4.6	5.2	13.0
78	P52（AN2）	A-D转换器模拟信号输入	0.8	2.1	5.2	13.0
79	P53（AN3）	A-D转换器模拟信号输入	4.6	4.6	5.2	13.0
80	P54（AN4）	总线开关控制	1.0	2.0	5.2	13.0

2.5.15　WT60P1 微处理器

WT60P1 是彩电专用微处理器，应用在国产厦华等国内外彩电中。WT60P1 在厦华高清彩电中应用时的引脚功能、对地电压与信号流程如图 2-116 所示。

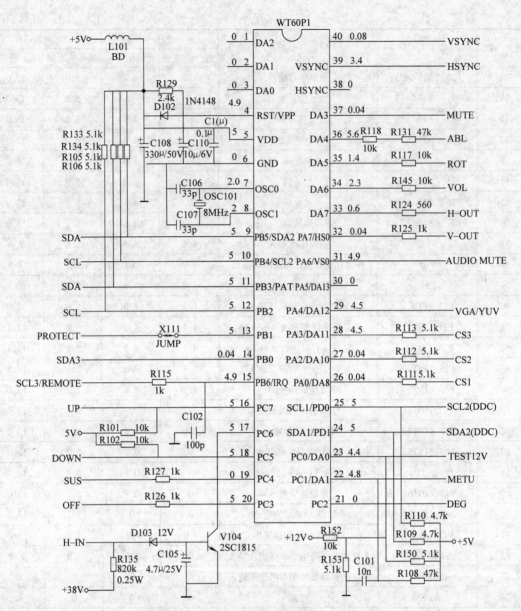

图 2-116 WT60P1 在厦华高清彩电中的应用电路

第3章　高清彩电速修与技改方案速查

高清彩电微处理器的控制项目较多，与控制密切相关的软件数据一旦出错，就会引发彩电发生软件故障，特别是功能设置项目和模式设置项目数据出错，轻者造成出错的项目功能丢失，重者造成控制系统功能紊乱，各项控制功能失灵或进入死机状态。软件故障一直是家电维修的焦点，也是造成修不上、修不好、修成死机的重要原因之一。其主要原因有三点：一是不知道调整方法和数据；二是不知道调整哪个项目；三是不知道准确数据。由于总线调整项目的数据因机而异，特别是功能设置和模式设置的项目，即使是相同的机心，由于开发的功能不同以及电路的改进，其项目数据往往不同，再加上项目数据是固定数据，不是连续可调的数据，如果调乱，轻者造成相关功能丢失，重者引发彩电功能紊乱或造成死机。排除软件数据出错故障，必须首先掌握该彩电进入维修状态的密码和方法，方能对软件数据进行纠正和调整。

另外，彩电在设计和生产的过程中，由于选配元器件的质量不佳、元器件设计参数的偏差、安装位置的拥挤、电路原理的设计不完善等原因，往往存在先天不足，引起原发性硬件故障。如分压电阻的设计参数偏差，可能引发电路的工作状态改变，放大状态质量变坏；限流和降压电阻的参数偏差，可能引发相关信号的过大或过小，功率不足可能容易变质和烧毁；电容器的容量参数偏差，可能引发滤波不良、信号延迟或提前，形成的信号幅度不足；电容耐压不足，可能击穿；由于发热元器件安装过于密集，不利于散热，引发元器件受热变质等等。一般的彩电维修，大多按照电路图中标注的元器件参数，对元器件进行检测和更换，很少怀疑元器件参数的设计不足问题，往往使检修陷入困境。电视机生产厂家，在新机型上市一段时间，根据售后维修的反馈信息，往往对电路设置和硬件参数做相应的技术改进，以改正电路设计缺陷和生产时的先天不足，提高电视机的质量和稳定性，这些技改资料是厂家内部技改方案，或由售后服务部门掌握，很少外流，资料实用珍贵。

本章将期刊、书籍、网站中刊载的高清彩电常见软、硬件易发故障和排除方法，收集到一起，特别是搜集了有关功能设定、模式设定数据出错引发的奇特的软件故障和因厂家设计缺陷引发的硬件故障排除方法。由于采用相同机心或相同微处理器、相同被控电路的机型，可能发生相同的故障现象，本章提供的高清彩电速修与技改方案速查，不但适用于表中列出的机型和机心，对主控微处理器和被控主电路相同的其他机型也可能适用，其故障机型的主控微处理器和被控主电路资料，请根据所属机心，查阅本书的第1章。软件故障排除方法，大多需要进入维修模式，对相关数据进行修改和设置，有关总线调整方法和项目内容参见本书的第4章和第5章；涉及的集成电路请参阅本书的第2章。

该章内容由于来源复杂，部分故障机型的机心分类信息可能有误，查阅时以所修机型为依据。

3.1 长虹高清彩电速修与技改方案

3.1.1 长虹高清机心通病速修与技改方案

故障现象	故障原因	速修与技改方案
热机图像拉丝，行顶部竖线重影，长时间收看行管损坏	行推动电路和行输出电路存在故障	查行推动电路中的电容 C406（100μF/50V）漏液。替换电容 C406 后，故障排除
亮度较暗，颜色异常，加速极电压低于 200V	行输出变压器或加速极滤波电容存在故障	将加速极线从 Y 板上拔下，电压恢复正常，说明故障原因是加速极电压接管座处高频滤波电容 CX21 变质。更换同规格电容后，故障排除
图闪、画面幅度不稳定	通常是 + B 电压不稳定的结果。既有电源问题，也有行电路的问题	较常见故障是：1. 稳压电路中光耦合器初级二极管供电滤波电容变质，如 CHD-1、CHD-2 机心的 C836、CHD-6 机心的 C846；2. 行电路中，如 CHD-2、CHD-2B、CHD-3 机心 + B 二次耦合电容 C403 失效
三无，同时有吱吱声	行管管脚周围元器件变质、虚焊或行管绝缘片破裂或绝缘片使用偏小或行幅补偿逆程电容等变质	检查行管周边元器件和绝缘片
音量调 20 以上，无伴音，20 以下伴音声音小，在 50 以上时伴音又突然放大	1. 音效块失效；2. 存储器有关音量线性度调整参数数据出错；3. 伴音功放块型号替换错误	替换音效块、用户存储器。核对伴音功放块型号。如 TDAS944J 与 TDA8944AJ 不能替换
采用 TDA6111Q 的高清彩电，图淡并拖尾	Y 板电路故障	1. 查 TDA6111Q 的 3 脚输入通道中的 RC 耦合元件；2. 查 1 脚分压电阻；3. 查 TDA6111Q 输出 CRT 阴极的电阻、防打火二极管等
采用 TDA9332 高清彩电，开机有高压声，随后消失	行逆程脉冲电路中分压电容 C423 失效	行反馈去 TDA9332 的 13 脚行逆程脉冲电路中的分压电容 C423 失效，替换 C423（500V/4700pF）或 C422（T2kV/470pF）
采用 LA7846 高清彩电，场幅小	场输出电路故障	1. 替换 VD + /VD – 通道间的交流平衡电容 C304；2. 将场幅微调电阻 R309 减小；3. 检查场块和场振荡电路
采用 LA7846 高清彩电，场上部有回扫线，下部压缩	通常是泵电路升压电容失效	场输出电路泵电源升压电容 C302 失效，可用容量大些的电容替换
采用 LA7846 高清彩电，场线性不好	平衡电容 C304 失效	LA7846 的 5、6 脚电压差太大，正常时两者电压差低于 0.1V。如果两脚电压差超过 0.1V，通常是平衡电容 C304 失效，更换 C304 即可
采用 OM8380 或 TDA9332 高清彩电，黑屏	硬件 Y 板 OM8380 的 33 脚供电电路故障，软件数据出错	1. Y 板工作不正常；2. 数字电路 OM8380 的 33 脚无 2V 左右电压；3. 用户存储器数据发生变化，换用户存储器后排除故障
采用 TDA9332 高清彩电，指示灯亮，开机灯闪，行不工作，又返回待机状态	数字板稳压电路 U28（TA7808）失效	指示灯闪烁，开机 + B 电压有变，表明控制系统工作，不开机的原因在行电路；测 TDA9332 的 17 脚供电低，查 U28（TA7808）失效，替换 U28 后排除故障

(续)

故障现象	故障原因	速修与技改方案
高清机心,有时死机遥控失灵	控制系统工作不正常或本机内有高压打火	检查控制系统供电、晶体和复位电路。对本机按键板、遥控板做防静电措施
采用 TDA6111Q 高清彩电,黑屏、无字符、提高加速极电压有白回扫线	视放电路或数字板上的 RGB 矩阵电路存在故障	首先检查视放电路,发现视放集成块 TDA6111 的 1 脚下拉分压电阻 RX02 损坏。更换 RX02 (3.6kΩ),故障排除
采用 STR-6656 电源高清彩电,热机声音异常,有时 TV 和 AV 出现花屏	电源尖峰脉冲吸收回路 C826 变质	检查开关电源电路,发现尖峰脉冲吸收回路 C826 变质裂纹,替换 C826 后现象消失

3.1.2 CHD-1、CHD-2、CHD-2B 机心速修与技改方案

故障现象	故障原因	速修与技改方案
CHD-1、CHD-2 机心,电源带不起负载	延时导通电路二极管 VD826 软击穿引起	延时导通电路二极管 VD826 软击穿,替换 VD826 (MTZJ18C),该 VD826 性能不良还可能导致电源有异常叫声
CHD-1、CHD-2 机心,有时不能开机,有时开机并伴有"吱吱"声	行推动供电电路 D451 元件变质	测量行推动供电不足,检查行推动供电电路 D451 是否变质,替换 D451 (D05222B) 排除故障。注:R451 开路也会出此故障
CHD-1 机心,热机图像缩小,无伴音且 TV 图像变成 AV 图像	丽音块晶振不良或 VPC3230 异常	主板丽音块 MSP3413G 的时钟振荡晶体引脚虚焊、变质或 VPC3230 工作异常 1. 补焊晶体 18.432MHz; 2. 查 VPC3230 总线(正常时应为 3.2V)、时钟振荡、供电; 3. 替换 VPC3230
CHD-2B 高清机心,黑屏、有伴音	变频和视频信号处理电路不正常	测 HTV180 输往 OM8380 的 RGB 信号为 0V (L111~L113 处),说明主芯片没输出。其原因是 HTV180 的 RGB 共用 DAC 转换电路的接地脚、供电脚(123、137、138 等脚),这些脚的电路板过孔不通。重新穿孔即可排除故障
CHD-2B 高清机心,节目号自动变化	控制系统电路中的键控存在故障	若将数字板与主板键控电路断开。测 KEY1/KEY2 脚电压仍在不停变化,则通常是电路中高频滤波电容 C182、C183 漏电或电路板过孔漏电所致
CHD-2B 高清机心,开机很慢(2min 左右)	音效块 NJW1165 故障	将主板总线断开,现象消失;故障时总线电压在 0.7V 左右,正常时应为 3.2~3.7V。断开主板音效块后,线电压正常。更换音效块 NJW1165 后,故障排除
CHD-2B 高清机心,上方有稀疏的几条横线,随后 CRT 切颈	场块 E-STV8172A 故障引起	替换场块 1 脚外接交流反馈电容 C312 (180pF),注意将 Y 板拔掉通电维修
CHD-2B 高清机心,无规律自动停机	行逆程电容 C409 热稳定性差	替换 C409,因电容较热,易变质
CHD-2 高清机心,CHD2995 彩电,图声正常,无字符	IC211 和 IC215 故障	测得稳压块 IC211 和 IC215 输出端电压分别为 5.9V 和 16V,输入端 8V 电压正常。更换 IC211 和 IC215 后,5V 电压随之稳定,字符出现

（续）

故障现象	故障原因	速修与技改方案
CHD-2 高清机心，EW 失真	几何失真校正电路有故障	测枕形校正管 VQ441 的漏极为 0V，R464（1511）开路，替换 R464 立即冒烟。通过检查为数字板 TDA9332 失效引起
CHD-2 高清机心，菜单亮度在 50 时最亮，亮度再加变暗，到 70 时又亮	存储器中与亮度的参数发生了变化	一是更换写有该机心数据的存储器；二是进入维修模式，对与亮度有关的参数进行调整
CHD-2 高清机心，调台节目减少	调谐电压降低	检查调谐电压供电电路，特别是降压电阻和稳压器
CHD-2 高清机心，更换调谐器后，原有的节目漂移，自动搜索不存台	更换的调谐器型号与软件 TUNER 数据不相符	长虹 CHD-2 和 CHD-3 机心使用的 TDQ-6B7-FM3 和 TM11-C2311 调谐器，两者引脚功能相同，互换后会发生不存台故障，需进入维修状态，在 S 状态下，按菜单键翻页选择不平衡页，再输入密码"0816"或者"3421"，进入下一级菜单，继续按遥控器上的菜单键到 OPTION-OSD 维修菜单，选择 TUNER 选项，若原机使用调谐器为 TDQ-6B7-FM3，将 TUNER 选项数据设置为 0；若原机采用的调谐器型号为 TM11-C2311，将 TUNER 选项数据设置为 1
CHD-2 高清机心，光栅幅度随亮度变化而变化	是由于 EHT 检测电压不稳定造成的	检查主板上的 R410（220kΩ）、R413（10kΩ）、R412（1MΩ）等元器件是否开路或存在虚焊
CHD-2 高清机心，黑屏	R、G、B 三路 TDA6111Q 放大器钳位二极管故障	阴极电压达 190V，分别断开 R、G、B 三路 TDA6111Q 的 5 脚，断开哪路图像出现，查此电路。如断开 NX03 时，图像出现，说明 B 通道有故障，接阴极的钳位二极管 DX09 易损。同样，R、G 通道的此器件损坏也会出现此情况
CHD-2 高清机心，黑屏幕故障	HTV118 芯片供电异常所致	首先检测 U300、U302 输出的 3.3V、2.5V 是否正常，其次检查电感 L300～L305 是否开路
CHD-2 高清机心，花屏或图像呈马赛克	帧存储器 U400 损坏	更换 HTV118 外挂的动态帧存储器 U400
CHD-2 高清机心，屡损场块	自激电容 C301 变质	场块 LA7847 的 3、6 脚所接防自激电容 C301 变质，替换 C301 故障排除
CHD-2 高清机心，缺红色	变频电路、RGB 基色信号处理电路、末级视频放大电路或 CRT 有故障	首先确定末级视频放大电路和 CRT 是否存在故障，若无故障则故障在数字板，更换数字板故障即可排除故障
CHD-2 高清机心，热机花屏	稳压电路 NQ831 故障	去 RGB 混合处理电路和 Y 板的 12V 电压有干扰引起，替换 NQ831（PQ12RD11）
CHD-2 高清机心，替换数字板 JUC7.820.1305-1 后出现 TV 无图	总线数据错误	进入 S 模式，根据主板使用调谐器型号选择 TUNER 参数。若使用高频头为 TDQ-687-FM3，则进入维修模式 TUNER 项选择"0"；若使用高频头为 TM11-C2311，则选择"1"

故 障 现 象	故 障 原 因	速修与技改方案
CHD-2 高清机心，替换数字板 JUC7. 820. 1305-1 后，TV/AV 无声	总线数据错误	将电视音量减小到 0，按遥控器"静音"键 6s 后松开，快速按电视机上"菜单"键进入"维修"模式。进入"维修"模式后，按遥控器"菜单"键翻页，到白平衡页时，再输入密码 0816 或者在模拟量设定页输入 3421 进入下一级菜单（输入密码时没有任何显示和提示，输完自动弹出菜单），继续按"菜单"键到"OPTION-OSD"维修菜单。选择 SoundIC（音效芯片）。主板安装的音效 IC 有四种(NJW1160L/NJW1161L/NJW1137L/NJW1165L)：NJW1168 时，"OPTION-OSD"设置为 0；NJW1161L/NJW1160L/JW1137L 时，"SoundIC"设置为 1；NJW1165L 时，设置为 3
CHD-2 高清机心，图像上下闪动，且画面中有绿色斑块	CPU 的 11、12 脚行、场同步信号异常	检查 CPU 的 11、12 脚行、场同步信号通道元器件
CHD-2 高清机心，图像有马赛克及竖条	通常是 HTV118 及 M12L16161A 损坏或两者间信号通道电路板过孔不通	HTV118 及 M12L16161A 很少损坏，通常是两者间信号通道电路板过孔不通。将 M12L16161A 管脚全部焊接在一起，逐一测量 HTV11 与 M12L16161A 关联电阻、对地电阻，正常时均应相同，如果差异太大，或是发现哪脚阻值变大，则是此路信号有过孔不通或断线，重新穿孔，连线即可
CHD-2 高清机心，无伴音	软件中的 SoundIC 数据与音效集成电路不符	进入维修状态，调整 SoundIC 项目数据，如果该机的音效 IC 采用 NJW1168，则选择该 IC，选择其他 IC 将出现无声故障
CHD-2 高清机心，无图无声无字符	总线数据出错	检查电路元器件未见异常，怀疑总线数据出错。替换写有该机数据的存储器 U201（24C16）后，故障排除
CHD-2 高清机心，有字符、黑屏且有黑色的线条	通常是变频电路指令通道或变频供电有故障	查指令通道过孔，若不通，则加细铜丝重新穿孔可排除。或查由 U401 组成的稳压电路，U401 输入脚电压为 5V，输出应电压为 3.3V
CHD-2 高清机心，自动搜索 TV 节目时，屏幕上只出现一个浏览画面	调谐器两个 5V 电压任意一个出故障	自动搜索 TV 节目时，屏幕上只出现一个浏览画面，不再出现第二个浏览画面，检查维修 5V 供电电路
CHD-2 机心，行不工作	行扫描电路存在故障	首先查由 TDA9332 组成的行振荡电路。如果行振荡了，则检查行推动或行输出电路
CHD-2 机心，行场幅度非常小	TDA9332 的 3 脚至主板间过孔不通	TDA9332 的 3 脚 EW 脉冲去主板间的电路板过孔不通。重新穿孔，故障消失
CHD-2 机心 CHD29100C 型彩电，满屏蓝光且无图像和无伴音	ZP831 限流保护电阻器不良	接通电源开机，对 IPQ 电路板上 XS11（CON40A）与 XS12（CON40A）插件各引脚上的输入电压进行测量，未有异常。测量高频调谐器各脚电压，3 脚上的 VCC1 与 11 脚上的 VCC2 电压只有 3.5V 左右，正常应为 5V。对 5V 供电电路进行检查，发现 ZP831 限流保护电阻器不良，用 PQF5000F800 更换 ZP831 后，故障排除

（续）

故 障 现 象	故 障 原 因	速修与技改方案
CHD-2 机心 CHD29155 型彩电，图像上下随亮度收缩	ABL 电路中的 12V 钳位二极管 VD411 反向漏电	测量主 +B 电压在 125～145V 之间变化（正常应为稳定的 +145V），进一步测量其他各种电压也都不稳定。对 ABL 电路进行检查，发现 ABL 电路中的 12V 钳位二极管 VD411 有不稳定的反向漏电现象。用 1N4148 换下损坏的 VD411，故障排除
CHD-2 机心 CHD29155 型彩电，无伴音且有噪声	音效处理电路 C623 无充放电能力	接通电源开机，测量伴音供电电路输出的电压，看是否正常 手握螺钉旋具金属部位，用其头部碰触伴音功放 TA8256BH 的信号输入端，扬声器中发出较响的干扰声，估计问题出在音效处理电路。检查音效处理电路，其主要由 NJW1168 及有关元器件组成，发现 C623 无充放电能力，用 4.7μF 电解电容器换下损坏的 C623 后，故障排除
CHD-2 机心 CHD29155 型彩电，无字符显示	IC301（HTV128）47 脚到 IC100（74HC14D）1 脚的穿孔接触不良	先对数据重新进行复制后试机，故障依然存在。用示波器测量 IC301（HTV128）47 脚上字符定位行同步波形正常，但测量 IC100 集成电路 1 脚上的波形消失。仔细观察发现 IC301（HTV128）47 脚输出的信号是通过穿孔送到 IC100（74HC14D）集成电路 1 脚上的，估计穿孔内有开路处。用一根导线将两处接通后，接通电源试机，字符显示正常，故障排除
CHD-2 机心 CHD29158 型彩电，无光栅但有伴音	绿色视放电路 TDA6111 故障	把加速极电压调高时，屏幕上会出现带有回扫线的白光栅。初步判断故障与数字电路板、ABL 电路、视频放大与显像管电路有关。测量数字板与主电路板之间的插接件 37 脚上 ABL 电压为 2.2V 左右正常。更换数字电路板故障依存，判断故障在视放输出电路。逐一断开 3 块视放电路 TDA6111 电流反馈端 5 脚确定故障范围，当断开绿色视放电路 TDA6111 的 5 脚时，屏幕上有缺蓝色的图像出现，更换绿色 TDA6111 电路后，故障排除
CHD-2 机心 CHD29158 型彩电，字符及边框呈锯齿状，图像与伴音正常	微处理器 3.3V 电压稳压电路 IC200 损坏	开机测量微处理器的电压，发现 3.3V 电压上升到 4.8V。至此判断 IC200 稳压集成电路可能击穿损坏。用一块同型号的 3.3V 三端固定稳压集成块换上后，故障排除
CHD-2 机心 CHD29158 型彩电，接通电源开机无反应，指示灯也不亮	STR-F6656 的 4 脚 18V 稳压管 VD826 特性变劣	检查熔丝未熔断，说明电源电路中没有明显短路元器件。开机测量开关电源无电压输出，测量 STR-F6656 的 3 脚（内接开关管漏极）上电压约为 305V 左右正常。测量 STR-F6656 的 4 脚 16V 电压下降到 13V 左右。对 4 脚元器件进行检查，怀疑 18V 稳压管 VD826 特性变劣。用 2CW21J 更换 VD826 后，开机恢复正常，故障排除
CHD-2 机心 CHD29168 型彩电，光栅很暗但有伴音	ABL 电路 R415 开路损坏	开机后测量显像管各阴极电压均接近截止电压 200V，高于正常值，测量加速极电压基本正常；往前测量数字板与主电路板之间的插接件 37 脚上电压上升到了 3.9V 左右，正常时 2V 左右，说明 ABL 不正常。更换数字电路板组件故障依然存在。关机对有关阻容元件进行检查，发现 R415 开路损坏。用 390kΩ、0.25W 金属膜电阻更换 R415 后，故障排除

故 障 现 象	故 障 原 因	速修与技改方案
CHD-2 机心 CHD29168 型彩电，图像不在中心位置	行逆程电容器 C409 失效	先进入无效状态，对相关的软件数据调整无效。对几只行逆程电容器进行测量，结果发现 C409 的充放电能力变小。将其拆下检查，发现其还有轻微的漏电现象存在。更换 C409 后，故障排除
CHD-2 机心 CHD29168 型彩电，无光栅但有伴音	蓝色视放电路 TDA6111Q（NX03）损坏	开机后测量 IPQ 板上的 R、G、B 输出处于截止状态，再测电流反馈（BL）电压仅为 3.5V 左右。逐一断开 3 块视放电路 TDA6111Q（NX01～NX03）电流反馈端 5 脚，确定故障范围。当断开蓝色视放电路 TDA6111Q（NX03）的 5 脚时，屏幕上有缺蓝色的图像出现。换一块 TDA6111Q 后，故障排除
CHD-2 机心 CHD29168 型彩电，遥控无法开机，但电源指示灯亮	+25V 电源整流二极管击穿短路	开机测量 +B 的 +14V、+15V 电压正常；测 +25V 电压下降到约 1V。对 +25V 电源进行检查，发现 +25V 整流二极管过热，拆下检查发现击穿短路，用 RG4 二极管更换后，故障排除
CHD-2 机心 CHD29168 型彩电，有时会无光栅，但伴音一直基本正常	红色视放电路 NX01（TDA6111Q）损坏	故障出现时，调高加速极电压屏幕上出现偏红的图像，且有红回扫线出现。判断故障出在红色视放电路。测量红色视放电路 NX01（TDA6111Q）的 8 脚外接的 RX03、RX04、CX03 阻容元件未发现问题。开机在故障出现时，同时断开 DX03（1834）、DX01 后，故障依然存在，更换 NX01，故障排除
CHD-2 机心 CHD34100C 型彩电，图像缺红色	HTV118 的 11 脚到 TDA9332 的 30 脚之间的电感器 L306 与 R655 之间断路	开机用示波器测量 TDA9332 的 30 脚（R 信号输入端）上的波形异常。向前再测集成电路 HTV118 的 11 脚（R 信号输出端）上的 R 信号波形基本正常。由此说明，故障出在 HTV118 的 11 脚到 TDA9332 的 30 脚之间的电路中，测量两者之间电路，电感器 L306 与 R655 之间断路。用一根导线直接将开路处连接通，故障排除
CHD-2 机心高清彩电，屡损视放块 TDA6108，且出现满屏回扫线	电路设计缺陷	1. 增加电阻 RY04A（470Ω/0.5W），断开 CY01 与 CY02 之间的印制线，将 KY04A 装于 CY01 正端和 CY02 正端之间；2. 剪断 XPY03 的 1 脚的带线插头；3. 焊下二极管 VDY01A～VDY03A 的负端，与 CY01 正端接在一起；4. 在 CY88 处增加导线
CHD-2B 机心，AV1 时有黑白干扰，图像无彩色，AV 字符显示为 S. Video	AV-SW 相关印制电路板漏电	检测 AV1 输入到 HTV180 的 29 脚信号波形正常，检查其外围对地电阻未发现异常，此时怀疑 AV-SW 识别信号异常。检测 HTV180 的 66 脚电压为 1.1V，电压偏低，该脚正常电压在 AV1 状态下为 1.7V 左右，该电压在 1.3V 以下，CPU 就会误认为输入信号为 S 端子信号。而引起该故障，怀疑是印制电路板漏电，用刀片割断 AV-SW 的印制线，用导线将 HTV180 的 66 脚外的 R166 连接到 JN201 的 AV-SW 脚，故障排除
CHD-2B 机心，AV 输出无图像	射极输出器 Q203 已击穿	CHD-2B 机心的 AV 视频输出是由 IPQ 板上的 U200（CD4052）将 TV、AV1、AV2、S 端子切换选择后，经 Q205、Q201、Q203、C211 射极输出器后，输出到 AV 接 151。经检测发现 Q203 已击穿，更换后故障排除

（续）

故 障 现 象	故 障 原 因	速修与技改方案
CHD-2B 机心，伴音正常，但花屏	U100 与 U500 有问题或过孔不同	此故障是 U100（HTV18）与 U500（16MBSDRA）帧存储器之间的数据传输不正常，多为 IPQ 板故障，且多为过孔不通。用示波器测量发现 U500 数据线、地址线及片选信号均异常，测量这些引脚直流电压均为 3.2V，异常，怀疑 U100 与 U500 有问题，更换 U100 后，故障排除
CHD-2B 机心，不开机或开机保护	U300 的 20、21 脚外接晶振 X300 不良	判断数字板元器件质量变差。测数字板工作电压正常，判断行场处理电路 U300 或者其周围元器件损坏。在不开机时测 U300 的 20、21 脚外接晶振 X300（T1200K）两端电压都是 1.0V，正常时 X300 两端电压应有 0.2V 左右，说明晶振未起振。更换 X300 后，不再出现不开机或开机保护现象
CHD-2B 机心，不能开机，反复多次开机后无高压，指示灯闪烁不停	行 FBP 脚电压有 3.1V，FBP 通道电阻 R406 损坏	测量 8V 和 3.3V 电压正常，测两总线上的电压分别为 2.5V、1.6V（正常为 3V 左右），偏低。换 IPQ 板，指示灯显示正常，但总线上电压还是低，测量行 FBP 脚电压有 3.1V，检查 FBP 通道电阻 R406 损坏，将 R406 替换后，二次开机正常，总线上电压也恢复到正常值 3.2V
CHD-2B 机心，当转到 AV1 时还是 TV 的声音	伴音切换控制晶体管 Q104 失效	在 TV 状态时图像、声音是正常的，说明 U100（HTV180）和 U106（SST39VF040）的工作正常，故障应出在伴音切换电路 N601（TE4052BP）的控制电压上。首先在 TV 状态下，用万用表检测 U100 的 67 脚为高电平，正常，当转换到 AV1 的状态下时，检测其为低电平，也正常，进一步检查伴音切换控制晶体管 Q104、Q107，发现 Q104 已失效，更换 Q104 后故障排除
CHD-2B 机心，二次不开机	22V 供电电容 C829 变质	二次开机有高压声音，瞬间就保护。测 +B 只有 125V，低于正常值 145V，22V 只有 10V，8V 只有 6V。由于 22V 电压差得最多，故着重检查 22V 供电，发现电容 C829（35V/220pF）变质。由于 22V 电压低导致行激励不足，整机电压偏低，而不能正常开机。换电容 C829 后，开机正常
CHD-2B 机心，红灯亮，二次开机后马上自动关机，之后反复开关机	行逆程电容 C409A 漏电	开机测电源二次侧各电压基本正常，接 60W 灯泡假负载测也正常。测数字板 HD 电压开关机也正常。怀疑行电路有问题，测行管、行输出正常，逐个测行逆程电容，测 C409A 时发现有漏电现象，阻值在 80～120kΩ，更换电容 C409A，一切正常
CHD-2B 机心，开机 TV 无图像，用 VCD 检测 AV 通道有图像	高频头供电 3 脚外接滤波电感 L501 开路	判断是 TV 通道有问题。查高频头供电 3 脚时，发现无 5V，测该脚外接滤波电感 L501 前端有 5V 电压，关机测该电感已开路，更换电感 L501，开机自动搜索后一切正常
CHD-2B 机心，开机出现很亮的满屏红色回扫线	红色放大管 Q300 损坏	断开视频放大器红色输入端，开机出现缺红色的现象，那么判断故障不在 Y 板，而在 IPQ 板。开机测试 IPQ 板的红色信号输出电压，发现电压高达 6V，在路检测红色放大管 Q300，发现 Q300 的 CE 极间阻值很小，用 2SC1015 更换后故障排除

故 障 现 象	故 障 原 因	速修与技改方案
CHD-2B 机心，开机黑屏，有声音	蓝色视放电路损坏	测量 R、G、B 信号输出到 Y 板有 2.8V 左右，基本判定故障在 Y 板的 BL 电路，逐个断开 3 个视放电路的 5 脚，当断开蓝色视放电路的 5 脚时，图像正常，怀疑蓝色视放电路损坏，更换后故障排除
CHD-2B 机心，开机后伴音正常，无图像	U100 的 204、206 脚三端稳压器 U102（GM1117 – 1.8V）的相关电感 L105 电阻值变大	二次开机时能听到高压声，说明 U300（TDA9332）工作正常，故障应出在格式变换电路 U100（HTV180）上。用示波器检测 U100 的 134、130、126 脚，发现有 R、G、B 信号输出，而 118、119 脚上无行场同步信号输出；进一步检测 U100 的 35、64、84、119、163、197 脚电压为 1.8V，都正常，42、58、76、78、79、104 脚电压为 3.3V 也均正常，而 10、8、9、20、21、24、33、34、52、103、123、125、129、133、137、143、204、206 脚的供电为 1.8V，但发现其中 204、206 脚的电压却为 1.2V，而 204、206 脚电压是三端稳压器 U102（GM1117 – 1.8V）的输出，并经过电感 L105 的滤波。经检查发现 L105 电阻值变大，更换 L105 后故障排除
CHD-2B 机心，满屏蓝色回扫线	蓝色视放电路 NX03（TDA6111Q）2 脚电感 LX01 开路	测量视放板电路蓝枪阴极电压为 0V，测量蓝色视放电路 NX03（TDA6111Q）各脚电压，发现 2 脚电压为 0V，正常应为 12V。经检测发现电感 LX01 已开路，更换该电感，故障排除
CHD-2B 机心，满屏超细黑线（像电源滤波不良）	场输出电路 N301（LA7846）的 5 脚输出端阻尼电容 C303 无容量	故障与电源、数字板及场电路都有关。先更换了电源 300V、145V 滤波电容，但故障未排除；后将数字板的 12V 及 5V 供电滤波电容也做了更换，并更换了数字板（JUC7820.1488-1），故障仍存在。后细查场输出电路供电滤波电容及相关元器件，发现 N301（LA7846）的 5 脚输出端所接阻尼电容 C303 无容量，更换后故障排除
CHD-2B 机心，缺红色（偏色）	TDA8380 的 R 输入脚 30 脚外围电容 C300 漏电	测视放插头（JN03）G、B 输入端的电压正常（3.6V），而 R 端电压偏低（1.8V）。拔掉 IPQ 板至视放板上的基色信号输出插头，再测 R 输出端电压依旧偏低，由此判断故障在 IPO 板上。取下 IPO 板测得 TDA8380 的基色输出脚（40、41、42 脚）的对地阻值都正常，将 40、41 脚外 Q300、Q301 两个放大管对调，故障依旧，再测 TDA8380 的基色输入脚（30、31、32 脚）电压，发现 R 输入脚 30 脚电压偏低，最后测得 R 输入脚外围电容 C300（50V/100pF）漏电，换之开机，故障排除
CHD-2B 机心，热机后，图像上部、下部收缩扭曲	行激励管 Q401 不良	测场扫描电路 N301（STV8172A）的 1 脚、7 脚波形无异常，2 脚、6 脚电压正常，反馈电路未发现异常，更换 N301 故障依旧。怀疑行电路工作不正常，用示波器测 HD 脚波形正常，测量 Q401 集电极波形异常，排查更换行激励管 Q401 后，试机故障排除
通电后指示灯亮，不开机	开关电源厚膜电路 N801（STR-W6756）3 脚外围限流电阻 R816 开路	二次开机时 +B 电压为 140V 正常。测其他各组电压均偏低。测开关电源厚膜电路 N801（STR-W6756）各脚电压，发现其供电脚（3 脚）电压只有 10.08V，偏低，正常应为 18V，检查发现其外围限流电阻 R816 已开路。更换同规格电阻后，故障排除

（续）

故障现象	故障原因	速修与技改方案
CHD-2B 机心，图像下部卷边且有回扫亮线	IPQ 板与主板连接的插座 VD 输出脚有轻微虚焊	换场输出 N301（STV8172A）无效，测量 STV8172A 各脚电压也基本正常。再测量 IPQ 板场锯齿波输出脚电压，一个为 +1.1V，另一个为 -0.7V，更换变频板，结果故障依旧。后仔细检查发现是 IPQ 板与主板连接的插座 VD 输出脚有轻微虚焊，补焊后开机一切正常
CHD-2B 机心，图像下部压缩，行幅上部宽，下部窄	OM8380H 的 1、2、3 脚外围电路故障	判断故障在 OM8380H 的 1、2、3 脚外围电路，但查相关元器件都很正常。最后拔下数字板，断开 OM8380H 的 1、2、3 脚，分别测印制板的 1、2、3 脚走线的对地电阻，1、2 脚对地电阻是无穷大，3 脚对地电阻是 1.2MΩ。划断 R322 到 JN200 两端的走线，用一软线连接，开机正常
CHD-2B 机心，图像有黑带干扰	场输出集成块负电源相关电路电容 C303 不良	更换电源的 300V 滤波电容故障依旧，检查场输出集成块的各脚电压，发现负电源有偏低现象。检测相关电路发现电容 C303 由 0.22μF 变为 0.32μF，更换 C303 后，图像正常
CHD-2B 机心，图像中部大约有 1/3 屏宽的干扰条纹	场输出电路 TDA8172A 损坏	光栅正常，图像中部有干扰条纹，约 1/3 屏宽，下部图像压缩卷边，形成亮带。测量场输出电路 TDA8172A 各脚电压都正常，但 TDA8172A 特别烫，只有采用更换法。当更换 C303 电容后，图像正常
CHD-2B 机心，音量自动加减，节目自动加减，同时自动跳台	IPQ 板插座 X11 的 26 脚相关电容 C182 变质	首先取消按键板和遥控接收板，试机故障依旧，判断故障在 IPQ 板（JUC7.820.1408 - 1）上。IPQ 板插座 X11 的 26 脚电压为 1V 左右，28 脚电压为 3.3V 左右，26 脚电压偏低，正常应为 3.3V 左右，查此两路电阻均正常，怀疑电容 C182 变质致使电压偏低，更换 C182 故障消除
CHD-2B 机心，指示灯亮，不开机	格式变换电路 U100（HTV180）内部损坏	不开机，初步认为故障应出在格式变换电路 U100（HTV180）和 FLASH 电路 U106（SST39VF040）上。用示波器检测 U106 的 5 脚波形，看 U100 与 U106 之间有无数据交换，如没有数据交换就用万用表检测 U100 所需的供电脚电压，其中 35、64、84、119、163、197 脚为 1.8V，42、58、76、78、79、104 脚为 3.3V。若上述引脚电压正常，再用示波器检测晶振 X100（27MHz）频率、40 脚复位是否正常（高电平复位）。本例检查上述内容均正常，只好取下 U106，再用示波器检测其 5 脚所在位置有无数据信号波形，结果有波形，说明 U106 已坏，更换 U106 后故障排除
CHD-2B 机心，指示灯亮，不能二次开机	数字板 12V 稳压电路 N804 不良	开机检查，+B 电压能由待机时的 70V 上升到 145V，但行不起振。检查数字板的 OM8380 没有 8V 供电，逐一检查发现没有 12V 电压送到数字板，该电压由电源次级整流稳压输出，由 N804 提供。检查 N804 的 1 脚电压，在待机的时候是 13V，二次开机将达到 17V 左右，怀疑 N804 损坏，更换 N804 后故障排除

故障现象	故障原因	速修与技改方案
CHD-2B 机心，指示灯亮，不能二次开机	8V 供电 U301（L7808）性能不良	开机检查，+B 电压能由待机时的 70V 上升到 145V，但行不起振。检查数字板的 U300（OM8380）的 17 脚供电电压只有 3V，比正常的 8V 低得多，怀疑 8V 供电 U301（L7808）性能不良，更换 U301，故障排除
CHD-2B 机心，指示灯闪烁，不开机	U300（OM8380H）电源 18 脚去耦滤波电容 C318 漏电	出现此现象可以说明 U100（HTV100）和 U106（SST39VF040）工作基本上是正常的，重点应检查小信号处理电路 U300（OM8380H）。首先用示波器检测晶振 X300（12.0MHz），结果发现没有起振，再用万用表检测其 17、39 脚的供电为 8V，正常。进一步检测电源 18 脚去耦滤波电容，发现其只有 0.9V，低于正常值 4.9V，18 脚电压偏低说明该脚处有元器件短路的可能。再用万用表的电阻挡测得该脚为 45Ω，远低于正常值 600Ω，那么说明故障为 C320、C318 漏电，更换 C318 后故障排除
CHD-2 机心，按键功能失控，无图像	U500（SAA7119H）内部损坏	检测微处理器 U202（HM602）控制电路，测量工作电压与复位电压正常，但 U202 的 31、32 脚总线电压为 0.6V，异常，其总线信号输往 U701（MST9886）、U301（HTV118）、U500（SAA7119H）等电路，当断开 U500 后总线电压恢复正常，更换 SAA7119H 后故障排除
CHD-2 机心，黑屏，无字符	检测发现是双面印制电路板过孔连接处断开	测 TDA9332 的 40、41、42 脚的 R、G、B 输出脚电压只有 1.7V 视放截止，更换 TDA9332 无效，查 TDA9332 的 38 脚字符消隐信号电压为 1.7V，测 CPU 的 40 脚为 0V。经检测发现是双面印制电路板过孔连接处断开，重新连接好后测 TDA9332 的 38 脚正常电压为 0V，故障排除
CHD-2 机心，黑屏幕	U301（HTV118）内部损坏	检测 U602（OM8380）的 23、24 脚电压为 0V，U301（HTV118）的 11、7、3 脚也没有正常的基色信号输出。因 U602 的 23、24 脚无正常的行场同步脉冲输入，从而引起黑屏故障。检查 U301 外接晶体 X300 的工作正常，再更换 U301 后故障排除
CHD-2 机心，花屏	排阻 R402 接触不良	检查 U301（HTV128）及 U400（IS42S16100）的工作电压及总线电压均正常，推断 HTV128 与 IS42S16100 之间电路不通而发生存储错误，导致花屏。检查发现排阻 R402 接触不良，重新连接后故障排除
CHD-2 机心，接 VGA 时光暗	MST8886 内部电路损坏	此机在播放 TV、AV 信号时一切正常，接 VGA 信号光暗，测 MST8886 的 82、84、89 脚波形正常，输入 Y、Pb、Pr 信号光也很暗，试代换 MST8886 后正常。建议：如果 CHD-2 机心的机器作为显示器用时，可以在 VGA 的（R、G、B、Hs、Vs）输入脚上各加一个 5.2V 的钳位二极管，以保护 MST8886
CHD-2 机心，开机 5min 左右才出现图像	U500（SAA7117）旁边的 X500 晶振损坏	振动 IPQ 板发现图像闪，黑屏。怀疑有虚焊，全部焊接后无效。用敲击法轻敲元器件，当敲 U500（SAA7117）旁边的晶振时，故障反应强烈。代换 X500（CREC24576K）晶振后开机，故障排除

（续）

故障现象	故障原因	速修与技改方案
CHD-2 机心，开机有字符、有声音，TV、AV 及 YPbPr 状态无图像	HM602 失效损坏	TV、AV、YPbPr 状态无图像与它们的共用通道 HTV128、TDA9332H 等电路有关。检查 HTV128 的 3、7、11 脚无正常的 Y、U、V 信号输出，再测量 HM602 的 22 脚（RGB-SW 端）电压时有时无，测 22 脚外接上拉电阻正常，判断 HM602 失效，更换 HM602 后故障排除
CHD-2 机心，三无	U602（OM8380）内部电路损坏	测量 U602（OM8380）的 8 脚直流电压为 1.1V，不正常（正常为 0.6V），判断故障是由 U602 没有输出正常的行激励脉冲所致。测量它的 20、21 脚的时钟振荡电压及波形，以及 10、11 脚总线电压均正常，判定 U602 失效，更换后故障排除
CHD-2 机心，搜台时、收台时图像很清楚，但节目号不变	SAA7117 内部电路损坏	射频信号经一体化高频头解调后直接输出视频信号到 SAA7117，经 SAA7117 解调、格式变换后送到 HTV118 进行变频处理。仔细检查 SAA7117 外围供电、晶振、总线都正常，代换 SAA7117 后故障排除
CHD-2 机心，图像缺红色	红色信号电路 C654 接触不良	经检查，C654 电容焊接处有接触不良现象，重新用导线连接后故障排除
CHD-2 机心，图像缺绿色	U301（HTV118）7 脚到对面过孔不通	检查图像处理电路 U301（HTV118），发现 7 脚到对面过孔不通，用导线接好，故障排除
CHD-2 机心，图像异常，呈现竖条状光栅	U401（DF1117）性能不良	因 U401（DF1117）性能不良，导致无 3.3V 电压输往 U400（IS42S16100）的 1 脚，更换后故障排除
CHD-2 机心，无字符显示	U201（AT24C32）不正常所致	无字符故障是由于 U100（74HC14D）、U202（HM602）或 U201（AT24C32）工作不正常所致，采用先易后难的修理方法，将 U201 更换后故障排除
CHD-2 机心，无字符显示	U100 失效，无同步信号输出	检查 U100（74HC14D）组成的同步信号处理电路，测 U100（74HC14D）的 1、13 脚输入的行同步、场同步信号正常，但微处理器 U202（HM602）的 11、12 脚无正常的行同步、场同步信号输入。判断 U100 失效，无同步信号输出，更换 U100 后故障排除
CHD-2 机心，行场不同步	行/场同步信号过孔导通问题	如果无图有字符还出现闪动，就检查 HTV118/HTV128 到 SAA7117 的 70、69 脚和 CPU 的 11、12 脚的行/场同步信号，重点检查它们的过孔导通问题，如不通会出现不同步的情况
CHD-2 机心，CHD2995 彩电，图声正常，无字符	稳压块 IC211 和 IC215 不良	测得稳压块 IC211 和 IC215 输出端电压分别为 5.9V 和 16V，输入端 8V 电压正常。更换 IC211 和 IC215 后，5V 电压随之稳定，字符出现
CHD-2 机心，不定时行场不同步	U301（HTV128）不良	图像不同步与 U301（HTV128）和 U602（TDA9332H）有关。检测 HTV128 的 46、47 脚，也正常的场同步与行同步脉冲输出。检查 HTV128 的供电电路与时钟振荡电路工作正常，判断 HTV128 不良，更换后故障排除
CHD-2 机心，不开机，指示灯也不亮	Q200 的发射极接地不良	测微处理器的 5V-1 和 3.3V 供电正常，键控电路正常，测 U202（HM602）的 4 脚复位电压为高电平 4.5V，正常时为低电平。检查由 Q200 组成的复位电路，发现 Q200 的发射极接地不良，连接后指示灯亮，4 脚电压为 0.2V，故障排除

故障现象	故障原因	速修与技改方案
CHD-2 机心，调台节目减少		检查调谐电压供电电路，特别是降压电阻和 33V 稳压器
CHD-2 机心，二次不开机	数字板微处理器控制电路故障	测量开关电源的待机输出电压，正常。二次开机，同时测量数字板组件与主板之间插座 XS11 的 36 脚输出的"POWER"电压无变化，说明微处理器工作不正常。断开本机按键后通电试机故障没有排除，用一块同型号（软件代码完全相同）的数字板更换后通电试机，电视机工作恢复正常
CHD-2 机心，二次不开机	+25V 整流二极管击穿短路	测 +B 电压正常、+15V 正常，但 +25V 无电压输出，+25V 无电压导致行推动级无供电，造成行不起振。测量 +25V 整流二极管击穿短路，更换该二极管后，试机一切正常
CHD-2 机心，二次开机后，+B 电压只有 90V 左右	待机电路 VQ833 的 CE 极有漏电	待机 70V 正常，二次开机 +B 电压只有 90V 左右，故障应在稳压电路或待机控制电路。断开待机控制电路，输出电压恢复正常，对待机电路检查，发现 VQ833 的 CE 极有漏电，待机电路一直处在工作状态，从而使输出电压只有 90V 左右
CHD-2 机心，更换调谐器后，原有的节目漂移，自动搜索不存台	软件数据出错，与高频头不匹配	长虹 CHD-2 和 CHD-3 机心使用的 TDQ-6B7-FM3 和 TM11-C2311 调谐器，两者引脚功能相同，互换后会发生不存台故障。需进入维修状态，对 TUNER 选项数据进行调整，方法是：先将电视机的音量减小到最小 00，然后按住遥控器上的"静音"键持续 5s 后快速松开，迅速按下电视机控制面板上的"菜单"键，即可进入 S 维修模式。在 S 状态下，按菜单键翻页选择不平衡页，再输入密码 0816 或者 3421，进入下一级菜单，继续按遥控器上的菜单键到 OPTION-OSD 维修菜单，选择 TUNER 选项，若原机使用调谐器为 TDQ-6B7-FM3，将 TUNER 选项数据设置为 0；若原机采用的调谐器型号为 TM11-C2311，将 TUNER 选项数据设置为 1
CHD-2 机心，光栅幅度随亮度变化而变化	R410、R413、R412 等元件开路	检查主板上的 R410（220kΩ）、R413（10kΩ）、R412（1MΩ）等元件是否开路或存在虚焊
CHD-2 机心，黑屏，有伴音	绿视放电路 TDA6111 故障	开机有高压声，有伴音，无光栅，调高加速电位器有回扫亮线。查 ABL 电压为 2.3V 正常，更换数字板故障依旧，判断故障在视放电路。分别将三个视放电路 TDA6111 的 5 脚断开，然后开机，当断开绿色视放电路时出现图像，更换绿视放电路后故障排除。遇到相同故障时，可将 TDA6111 的 5 脚逐一断开，可快速判断视放电路的好坏
CHD-2 机心，黑屏幕故障	HTV118 供电电路 U302 开路	开机检查 OM8380 的 ABL 电压为 3.2V 基本正常，OM8380 的 8V 供电正常，但 30、31、32 脚没有信号输入到 OM8380，判断故障在 HTV118 部分。检查 HTV118 的工作条件，发现 U302 没有正常的 2.5V 电压输出，导致 HTV118 工作不正常，判断 U302 开路，更换 U302 后故障排除
CHD-2 机心，黑屏幕故障	U300、U302 或电感 L300～L305 开路	首先检测 U300、U302 输出的 3.3V、2.5V 是否正常。其次检查电感 L300～L305 是否开路

（续）

故障现象	故障原因	速修与技改方案
CHD-2机心，红色拖尾	红枪视放电路NX01（TDA6111）外围RX21阻值变大	将红枪与蓝枪信号对调，还是有红色拖尾，证明故障与CRT无关。更换IPQ板，故障依旧，查红枪视放电路NX01（TDA6111）外围元器件，发现RX21由1kΩ变为120kΩ，更换电阻RX21，故障排除
CHD-2机心，花屏或图像呈马赛克	HTV118外挂动态帧存储器U400故障	更换HTV118外挂的动态帧存储器U400
CHD-2机心，开机后图像出现约1min便自动关机	ABC（自动亮度控制）电路的二极管D411漏电	关机后指示灯熄灭，不能二次开机，断电重新开机，重复以上现象。接上100W灯泡做假负载开机，+B电压为145V，正常，然后对扫描电路进行检查，当检查到ABC（自动亮度控制）电路的二极管D411时，发现其正反向阻值均为1kΩ左右，换上一支同型号的二极管（1N4148）后故障排除
CHD-2机心，开机几小时或十几小时出现上部有图、下部无图	OM8380H内部电路损坏	该机要长时间通电才出故障，于是用电吹风对所怀疑的故障部位进行加热。加热场输出电路未见故障，怀疑是数字板故障。于是加热OM8380H，故障出现，更换OM8380H，故障排除
CHD-2机心，开机能听到继电器的吸合声音，但是没有高压，行不工作	U602的17脚8V稳压供电电路U603输出电感L603阻值变大	检查行激励信号没有波形，检查U602总线数据正常，但17脚8V电压只有2V左右。查该脚稳压供电电路U603（LM7808）输出电压正常，但电感L603阻值很大，更换L603后，故障排除
CHD-2机心，开机图特暗，伴音正常	ABL电路相关电阻R415开路	二次开机，测CRT三阴极电压偏高，FBT加速极电压正常，但测到变频组件37脚的ABL电压偏高，约4V（正常电压为2V左右），说明ABL电路工作异常。代换组件故障未变，当测电阻R415（0.25W/390kΩ）时，发现R415呈开路状态，更换R415后图像正常
CHD-2机心，开机约30min后出现行场不同步现象，然后自动关机	U602外接晶体X601（12MHz）性能不良	在故障出现时测量U602（OM8380）的17脚电压为8V正常，10脚、11脚的总线电压均正常，但测量到U602外接晶体引脚电压时，发现电压有波动，怀疑外接晶体X601（12MHz）性能不良，更换晶体X601，故障排除
CHD-2机心，三无，机内有"吱吱"响声	行输出管击穿，涤纶电容C420容量变小	测行管击穿，换一支C5144型行管后，行幅偏大行管烫手。检查行输出和枕校电路，涤纶电容C420容量变小，更换C420后故障排除（注：该电容不宜采用普通彩电的CL系列电容，而应采用工作电流及高频特性更好的CBB型电容，否则还易再次损坏，甚至屡烧行管）
CHD-2机心，水平亮线	场输出电路电容C304不良	查场输出电路N301和电阻R301和R302都已烧坏，更换电阻和N301后正常，但是看了不到20min，上述元器件再次损坏。查场输出电路外部元件，未见异常，怀疑电容性能不良，当更换为电容C304后，观察4h，场输出电路不再发热，故障排除
CHD-2机心，搜索不存台	8V供电滤波电容C836不良	检查高频头的供电，调谐电压为32V正常；总线电压在1.9~2.1V也正常，但5V-2只有3.8V。5V-2是8V电压稳压后得到的，测8V只有5.6V。查8V的整流VD831正常，更换滤波电容C836后，5V-2、8V恢复正常，故障排除

故障现象	故障原因	速修与技改方案
CHD-2 机心，图像上下闪动，且画面中有绿色斑块	微处理器 11、12 脚行、场同步信号故障	检查微处理器的 11、12 脚行、场同步信号通道元器件
CHD-2 机心，图像有三条彩线，图暗时更明显	场扫描电路 C302 变质	判断数字板可能出现问题，更换数字板，故障未能排除。于是检查场扫描电路，测量发现 C302 已变质，更换 C302 后故障排除
CHD-2 机心，图像正常，伴音不正常	NJW1168 的 R 声道外接电容 C623 失效	检查伴音功放供电正常，先后试换伴音功放 TA8256BH、音效处理集成块 NJW1168 和数字板，故障依旧。当检查 NJW1168 某脚电压时，发现 R 声道有"噗噗"声音，检查发现该脚外接电容 C623 失效。更换此电容后，伴音恢复正常
CHD-2 机心，图像正常，伴音失真	变频板总线控制电路发生故障	检查伴音功放块正常，更换伴音处理音效块 NJW1168 后，故障依旧。怀疑变频板总线控制电路发生故障，更换变频板后，开机声音正常
CHD-2 机心，无伴音	有关伴音处理电路软件数据出错	该机心有两种版本，其伴音处理电路不同，需进入维修状态，调整 SOUNDIC 项目数据，如果该机数字板的音效 IC 采用 NJW1168，则选择该 IC，如果不是采用 NJW1168，选择其他 IC，否则将出现无声故障
CHD-2 机心，音量加大时，图像左右收缩	25V 伴音和行激励的供电电阻 ZP832 阻值变大	测 +B 电压正常，但 25V 波动较大。25V 是伴音和行激励的供电，测电阻 ZP832 阻值变大，更换同型号电阻故障排除
CHD-2 机心，有光无图，字符正常	整流二极管 VD815 开路	检查 IPQ 板供电，发现 IPQ 板 +5V-2 供电为 0V。测量负载并没有短路现象，+5V-2 由 +8V 产生，测整流二极管 VD815 无电压输出，取下二极管测量已开路，更换 VD815 后，电视机恢复正常工作
CHD-2 机心，枕校失真	枕校调制管 D406 变质	检查 IPQ 板枕校 EW 输出脚电压为 0.6V，正常为 3.6V，断开 EW 脚外接电路，该脚电压恢复正常，判断故障在枕校电路上。查枕校管 VQ441 的集电极为 1.2V，正常为 15V，断开 R464 一端，I461 处电压仍未升高，怀疑枕校调制管 D406 变质，取下 D406 测其反向阻值变小，更换 D406 后，故障排除
CHD-2 机心，指示灯亮，二次不开机	开关变压器 1 脚所接相关器件 VD827 性能不良	在待机时，测各组输出电压正常；当二次开机时 +B 电压跳变到 100V 左右后又回到待机，断开行负载再开机，故障依旧。测 STR. F6656 的 4 脚工作电压只有在 17V 才能正常工作，检测开关变压器 1 脚所接相关元器件，测量 VD827 反向阻值只有 2kΩ 左右，怀疑 VD827 性能不良，代换后故障排除

3.1.3　CHD-3、CHD-5 机心速修与技改方案

故障现象	故障原因	速修与技改方案
CHD-3、CHD-5 机心，行场幅度非常小	TDA9332 的 3 脚去主板间过孔不通	TDA9332 的 3 脚 EW 脉冲去主板间的电路板过孔不通。重新穿孔故障消失
CHD-3（16：9CRT）机心，光栅左右行卷边（亮暗变化更明显）	M 失真补偿电路板上 C101 无容量引起	除 M 失真补偿电路会引此故障外，行变性能不好、行幅电感、EHT 校正、ABL 电路也会引起光栅幅度不稳定

（续）

故障现象	故障原因	速修与技改方案
CHD-3、CHD-2 机心，行不工作	行扫描电路存在故障	首先查由 TDA9332 组成的行振荡电路。如果行振荡了，则检查行推动或行输出电路
CHD-3、CHD-5 机心，屡损电源 IC	STR-F6656 的 3 脚外接电容 C826 失效	电容 C826 失效导致 IC、VD821（AK03）、VD826、R822 都损坏。替换 C826 和其他损坏元器件。注：VD821 不能用 RU3 代替，否则电源不工作；AK03 可用 SR360/SR160/11EQ06 代替
CHD-3 机心，不开机	控制系统电路没有工作	微处理器 M30620SPGP 晶体振荡器两脚电压正常时应为 2.2V 和 2.4V，测两脚电压相差太远，更换晶体 Y4 及脚上两只移相电容 C269、C270，故障排除
CHD-3 机心，场上部线性失真	场输出电路有故障	测场块 +16V 正常。泵电压只有 10V，替换 D301 排除故障
CHD-3 机心，二次开机 +B 电压下降一半	行输出变压器 BSC75I 损坏	电源接 100W 灯泡正常，判定行输出变压器失效。替换 BSC75I，可用 BSC7513 代替
CHD-3 机心，二次开机有启动，几秒钟后返回到待机状态	控制系统与 SVP-EX11 间的数据通道出了故障	除了过孔不通问题，还需查网络电阻 RN1 至 RN3 是否有虚焊、开路等
CHD-3 机心，屏幕上方 3~6 条彩色细线	场电路泵电压不足引起	更换场输出电路的泵电源元器件 C302、D301
CHD-3 机心，热机时喇叭有啸叫声	8V 滤波电容 C506 热稳定性差	8V 电压的二次滤波电容 C506（103pF）热稳定性差引起，替换 C506 排除故障
CHD-3 机心，更换数字板 JUC7.820.1336 后出现 TV 无图	总线数据错误	接收 TV 电视信号，缩放模式调为全屏，把电视音量减小到 0，再将菜单当中的时钟设置为"08：16"，按遥控器"静音"键 6s 后松开，快速按电视机上"菜单"键进入"维修"模式。选择 Tuner 选择高频头型号，如 TDQ-687 或 TM11
CHD-3 机心，无电影模式等选项	匹配 16:9CRT 和 4:3CRT 数据出错	数字板 JUC7.820.1336 分匹配 16:9CRT 和 4:3CRT 状态。两者替换错误。进入 S 模式下，选择"16:9CRT"为 16:9 型或 4:3 型（根据具体使用的 CRT 选择）
CHD-3 机心，行场幅不稳定	行激励和行输出电路有元件变质	光栅不定时伸缩，测量视放供电高达 250V，查得二次滤波电容 C403 容量变小，更换 C403 后故障排除
CHD-3 机心，行幅拉大，长时间开机导致行管、EW 管损坏	行电路 C101、C101A 失效	经查行电路中的电容 C101、C101A 失效，将原橙褐色电容更换成蓝色的同规格电容
CHD-3 机心，用 BSC7513 代 BSC75I 后行幅增大	几何失真校正电路有故障	测 VQ441 输出脚电压为 0V，断开 R464，行供电电压仍低，正常有 70V 左右。估计新换的行变压器有问题，重新更换 BSC7313 故障排除。注：行变压器更换不当还会导致 VQ441 发热损坏
CHD-3 机心，有时不能开机，有时开机并伴有"吱吱"声	行推动供电电路器件 D451 变质	测量行推动供电不足，检查行推动供电电路 D451 变质，更换 D451（D05222B）故障排除。注：R451 开路也会出现此故障
CHD-3 机心 CHD28300、CHD 32300 等彩电，屡烧电容 C406A（1μF/250V），枕形失真	电容 C421（56nF/630V）失效引起	此故障多是因电容 C421（56nF/630V）失效引起，一定要换用优质电容，否则还会再次损坏

故 障 现 象	故 障 原 因	速修与技改方案
CHD-3 机心 CHD28600 型彩电接通电源无法开机	R451 开路、VD451 击穿短路	用遥控器二次开机时，可以听到继电器吸合的声音，但 50s 左右电视机进入待机状态。在断电的情况下，直观对行扫描电路中的有关元器件进行检查，未发现损坏。开机测量行推动级所需的 +25V 直流电压为 0V。检查 +25V 电源电路 VT451 的集电极为 25V 左右，基极电压为 0V。VT451 管的基极电压是由 +B 电压经 VD452、R451、VD451 得到的。对这部分电路元件进行检查，结果发现 R451 开路、VD451 击穿短路。用 68kΩ 装在 R451 位置，用 22V 的稳压管 2CW65 装在 VD451 的位置后，故障排除
CHD-3 机心 CHD29188 彩电（三星显像管），行幅小，枕形失真	场偏转线圈断线	偏转线圈中左侧的场偏转线圈断了一股，接上即可
CHD-3 机心 CHD29218 型彩电，开机时，机内传出"吱吱"响声，几秒钟后又自动关机	行逆程分压元件 R280 虚焊，导致行激励失控，保护电路启动	开机测量小信号处理电路 IC25（OM8380H）的 17 与 39 脚上的 7.8V 电压基本正常。测量过电压保护电路 IC25 的 4 脚电压，开机瞬间从 1V 突然上升到 3.5V，而后自动关机。正常时，IC25 的 4 脚电压约 1.5～1.7V。判断过电压保护电路启动。开机瞬间测量 IC25 的 13 脚上的 FBP 电路的电压升高到 1.8V 左右，而正常值应约为 1V。对行逆程分压元器件 R280、R282 与 VD44 等进行检查，结果发现 R280 的一只引脚出现虚焊现象，导致行激励失控。补焊 R280，故障排除
CHD-3 机心 CHD29300、CHD 29600 彩电，不定期烧行管	行管或数字板晶振不良，R155 接地不良	1. 行管必须是 2SC5859（带云母片），不能换用其他型号行管；2. 用飞线将数字板上的 R155（阻值为 470Ω，位置在振荡器上方）的接地端连接到其他地线上（如 C121 的接地端，位置在振荡器下方）；3. 更换数字板上的晶振，用村田产品，型号为 CSBLA503KECZF3
CHD-3 机心 CHD29300 型彩电，开机"三无"，指示灯闪烁	+8V 电源熔断电阻器 ZP831 熔断，整流管 VD831 击穿短路	开机测量开关电源输出 +B 电压正常，检测行扫描电路启动电源电路，发现 IC502（提供 +5V-3 路电源）、IC503（提供 +5V-2 路电源）输出端的电压均为 0V。检查有关电路发现 +8V 电源熔断电阻器 ZP831 已经熔断，整流二极管 VD831 已击穿短路。用 0.22Ω/1W 熔断电阻与 RU4D 更换后，故障排除
CHD-3 机心 CHD32218 型彩电，光栅暗且收缩	枕形校正电路，发现 C105 与 C101 失效	开机后测量 +B 电压只有 100V，接上 60～100W 白炽灯作为假负载，测量 +B 电压恢复正常。对电容器 C101 与 C101（均为 33nF/630V）进行检查，发现 C101 容量变小。用 33nF/630V 电容更换后，开机图像和声音均正常，但工作约 1min 左右自动关机，且机内有"吱吱"响声传出，手摸行输出管严重发烫。迅速关机，拆下行输出管进行检查发现其已击穿损坏。更换损坏的元件，并更换行输出变压器后故障依旧。最后检查枕形校正电路，发现 C105 与 C101 失效。用两只同规格的电容器装在 C105 与 C101 的位置后，故障彻底排除。C106 失效也会引发相同故障

（续）

故 障 现 象	故 障 原 因	速修与技改方案
CHD-3 机心 CHD32218 型彩电，图像出现枕形失真	枕形失真校正电路，发现 C105 与 C101 失效	对枕校电路检查，发现 VQ441 的外形变色，拆下检查已经损坏。用 IRF1540 更换后，开机测量 VQ441 各极电压均为 0V。检查发现电阻器 R464 开路。用 15Ω 金属膜电阻装上后开机，新换的 R464 冒烟，再次烧断，手摸 VQ441 管发烫。仔细检测枕形失真校正电路元器件，发现 C105 与 C101 均几乎无充放电能力，用两只同规格的电容更换后，故障彻底排除
CHD-3 机心 CHD32300 型彩电，图像出现枕形失真，伴音正常	枕校电路 VQ441 击穿，R464 开路，C406A、C321、C420、C428 失效	在断电的情况下检查发现 C406A 裂开，VQ441 击穿短路，R464 开路，C321 与 C420 失效。更换上述损坏的元器件后，接通电源试机，发现新换的 R464 冒烟，迅速关机，再次对电路进行检查，结果发现 C428 也失效。重换新件后，故障彻底排除
CHD-3 机心，指示灯亮，不开机	U23（M30622SP）外接晶体 Y4（10MHz）不良	开机检测所有的功能操作均不起作用，说明 IPQ 板的控制系统工作不正常。检测 IPQ 板上的总线电压为 5V 且没有跳变现象，分析 IPQ 板上的总线电压由 U23（M30622SP）输出，再检测 U23 外接晶体 Y4（10MHz）两端电压均为 2.4V，不正常，两端电压应为 2.2V 与 2.4V，判断晶体 Y4 失效，更换后正常
CHD-3 机心，二次不开机	数据缓存存储器 U30（AT49F040A）失效	二次不开机故障多与控制系统电路有关。检查 U23（M30622SP）的供电、外接晶体（10MHz）正常，把 U24（AT24C64）从电路中断开，仍不能二次开机，说明故障与 U24 无关。分析数据缓存存储器 U30（AT49F040A）失效也会引起 CPU 不发出开机指令，试更换 U30 后故障排除
CHD-3 机心，黑屏有字符	视频解码/A-D 转换电路 SVP-EX 故障	黑屏故障应由 U25（OM8380）、SVP.EX（208）、U24（AT24C64）组成的电路工作不正常引起。测量 U25 的 30、31、32 脚电压均偏低，U25 的 30、31、32 脚电压是由 SVP.EX 经 R61、R62、R63 输出的，因此判断视频解码/A-D 转换电路 SVP-EX 存在故障，更换 SVP.EX 后，故障排除。另外，U24（AT24C64）数据有误也会引发黑屏幕故障
CHD-3 机心，图像不定时出现回扫线	红基色信号放大晶体管 Q9 性能不良	开机所有功能操作正常，有正常的字符显示，故不定时出现回扫线故障，与 U25（OM8380）组成的末级图像处理电路有关。代换 U25 故障依旧，后检测红基色信号放大晶体管 Q9，各极电压不稳定，怀疑 Q9 性能不良，更换后正常
CHD-3 机心，图像不定时黑屏，声音正常	U25 的 44 脚外电路贴片电容 C352 失效	黑屏故障与 U25（OM8380）组成的图像末级处理电路有关。故障出现时检测 U25 的 40、41、42 脚输出的三基色电压正常，而 44 脚的电压不稳定，说明故障就在 U25 的 44 脚的外电路上首先检查 44 脚外电路所有的外接元器件，发现当断开 C352 贴片电容后，故障不再出现，怀疑 C352 失效，更换后故障排除
CHD-3 机心，图像场不同步	变频处理块 SVP-EX 失效	开机后所有功能及声音均正常，图像场不同步与 U25（OM8380）、SVP-EX 的电路有关。用示波器检测 U25 的 24、23 脚输入的行场同步信号，发现 23 脚上没有正常的场同步脉冲。场同步脉冲是由变频处理块 SVP-EX 输出的，于是判断 SVP-EX 失效，更换后故障排除

故 障 现 象	故 障 原 因	速修与技改方案
CHD-3 机心，图像缺蓝色	U25 的 42 脚输出的蓝基色信号放大管 Q7（BT3906）不良	故障应与 U25（OM8380）和 SVP-EX 组成的电路有关。测量 U25 的 30、31、32 脚输入的三基色电压正常，U25 的 40、41、42 脚输出的三基色电压也正常，但在 JN03 处测得的 Bout 电压不正常。U25 的 42 脚输出的蓝基色信号经 Q7（BT3906）放大管输出，因此判断 Q7 不良，更换 Q7 故障排除
CHD-3 机心，图像有竖条状干扰线	存储器 U4（M12L16161）失效	开机图像上有竖条状干扰线，应与图像处理电路有关。首先检查 SVP-EX（208）集成块所有引脚，无虚焊现象。分析帧存储器 U4（M12L16161）与 U5 失效也会引发竖条状干扰现象，试更换 U4 后，故障排除
CHD-3 机心，TV 图像正常，AV1 无图像	变频处理 SVP-EX11 不良	此数字板没有前级视频切换处理电路，切换处理及变频处理都在 SVP-EX11 中完成。更换 SVP-EX11 后，故障排除。因北方气候干燥，易产生静电，此故障比较多
CHD-3 机心，CHD28300 长时间待机后，遥控不开机	电路设计缺陷，机心技改	部分 CHD28300 等 CHD.3 机心短管颈机器在主动待机后，出现遥控不开机的情况，而交流关机后，可再次开机，且机器无其他异常。解决方案如下：将 IPQ 板上 C336 电容由 CD110X-16V-10μF 改为 CD110X-16V-470μF，C274 位号增加 CD110X-16V-2.2μF 电容 1 个。Y 板在 XS548 的 +12 脚与 RX50 右端（A 面，接地端）之间背焊 CT1-63V-06C-284-1000PFK 瓷介电容 1 个
CHD-3 机心，TV、AV1、AV2 均黑屏，有字符	U1 性能不良，IPQ 板插座 VD1/Y 引脚到 C197 的印制电路板连接线断路	更换后确认故障在数字板 JUC7.820.1336。输入 VGA 信号时，有图像。分析故障范围在 DPTV-SVP-EX11 及周边电路，检查 U1 各路供电未见异常，判断故障是由于 U1 性能不良引起的。更换 U1 后，TV 状态图像正常，AV1 有伴音无图像，AV2 图像、声音正常。AV1 的视频信号是从 IPQ 板插座 VD1/Y 引脚经 R159、C197 耦合到 U1 的 198 脚，仔细测量，发现 IPQ 板插座 VD1/Y 引脚到 C197 的印制电路板连接线断路，用一导线连接后，AV1 视频有图像，整机恢复正常
CHD-3 机心，伴音正常，黑屏幕无图像	视频放大 NX02（TDA6111Q）不良	检测显像管三极的阴极电压均为 210V 左右，测量数字板上 ABL 接口为 2.1V 正常，测量视放板上 BL 电压为 9.8V，不正常。为了区分故障是在数字板上，还是在视放板上，断开数字板到视放板之间的 BL 连线，再次测量 BL 端口，电压为 12V，调整加速极电压也无任何变化，这时显像管上已经出现偏绿光栅，于是断开 RX13，测量 BL 端口的同时调整加速极，这时 BL 端口的电压在 3.6~12V 可调。怀疑 NX02（TDA6111Q）不良，更换 NX02 后，接上 BL 连线，整机恢复正常
CHD-3 机心，指示灯亮，不开机	激励检测电路 Q451 的集电极处印制电路板断裂	开机检测 +B 电压和供给数字板的各路电压正常。初步判定为行不起振，更换数字板故障依旧，检测行激励管脉冲输出时，行激励管的基极为 0.7V，行激励管处于饱和导通状态，判断问题就在激励检测电路，检测发现 Q451 的集电极处印制电路板断裂，连接后开机正常

（续）

故 障 现 象	故 障 原 因	速修与技改方案
CHD-3 机心，二次不开机，但能听到高压启动声，整机处于待机状态	行逆程脉冲通道中 C422 变质	二次不开机时测量数字板插座的开/待机控制端电压，电视机正常工作时为 2.3V，但随着时间的延长电压上升到 5V，机器又变成待机状态。对数字板进行更换后，开机故障依旧，将行逆程脉冲对地短路，开机屏幕出现光栅，怀疑行逆程脉冲通道中的元器件有可能损坏。检查 C422、R406、C423，发现 C422 变质，更换 C422 后故障排除
CHD-3 机心，二次不开机，而且每次启动后马上保护	N201（NJW1168）内部损坏	测行推动管集电极电压为 +1V 左右，行推动管已保护。测 IPQ 板各脚电压基本正常，测总线脚电压为 2.7V 和 3.3V 左右，正常，但是在二次开机瞬间出现 5.7V 左右电压。用断开外围总线方法，当断开 N201（NJW1168）的 20、19 脚时，整机工作正常。更换 N201 故障排除
CHD-3 机心，二次开机后行不启动	CPU 的 44 脚与 U1（SVP. EX11）的 171 脚之间过孔不通	测 CPU（U23）的 35 脚输出的复位端电压，在 1.5～3.2V 跳变，表明 CPU 对 U1 的复位不成功，正常的复位应是高—低—高的一个过程，整机启动后是稳定的高电平。检查发现 CPU 的 44 脚与 U1（SVP. EX11）的 171 脚之间过孔不通，连接一根飞线后开机正常
CHD-3 机心，二次开机后有"吱吱"响声，几秒钟后自动关机	行逆程脉冲分压元件 R280 开路	该机数字板为 JUC7. 820. 1336，首先检测 OM8380H 的 17 脚和 39 脚供电为 7.8V 正常。怀疑过电压保护电路失控，测 U25 高压检测的 4 脚电压，开机瞬间此电压由 0.98V 突然升高到 3.6V 后就出现了自动关机，此脚电压正常应为 1.7V 左右，果然过电压保护。检查 U25 的 13 脚 FBP 电路，开机瞬间此脚电压猛升至 1.7V，高于正常值 1.07V。行逆程脉冲分压元器件由 R280、R282 和 D44 组成，检查 R280 开路，致使行激励失控造成高压失控而引起的保护。更换一只 15kΩ 的电阻后试机正常
CHD-3 机心，二次开机后指示灯闪几下熄灭，无光，无声，也无行启动声	行输出管不良	测电源在开机和待机状态下各组电压都正常，测 IPQ 板输出的激励电压，待机时为 0.6V，开机时为 0.75V，基本正常。测行管基极由交流 0.3V 电压，怀疑行输出管不良，更换新的行管，故障排除
二次开机能听到高压启动的声音，但无光栅	S 校正电容 C103 裂纹失效	测行激励级未工作，说明开机后保护了。检测行输出级，S 校正电容 C103 有裂纹现象（小板上），更换 C103，开机光栅正常
CHD-3 机心，刚开机时图像、声音均正常，开机 5min 后图像上部出现拉丝，随后关机	行推动电路相关电容 C406 漏液	用万用表测 Q404（2SC5859）集电极对地短路。在出现故障时可以微微听见行部分有异响，根据故障现象分析烧行管可能是行推动不足、高压包变质、CRT 损坏等原因。测数字板到主板的 HD 电压为 0.7V，行推动供电为 14V。测行推动晶体管 Q401（3421）是正常的，更换 T401（BCT-7）故障依旧。测行推动波形也正常，更换高压包（BSC75M8）故障仍未排除。仍怀疑是行推动不足引起这种故障。先后测量 C404、C405 都是好的。取下电容 C406 测量时发现有点轻微的漏液，更换 C406 后故障排除。此故障现象在 29 英寸 CRT 上试不出来，只在 32 英寸 CRT 上才会出现这种现象。当看见拉丝时，应当马上关交流电，不然就会烧行管

故 障 现 象	故 障 原 因	速修与技改方案
CHD-3 机心，更换 IPQ 板后搜索不存储	存储器 7 脚接线问题	该机雷击后不开机，更换 IPQ 板后，出现每次开机都在 AV 状态，试换存储器后出现不能存储故障，在搜索状态测量各脚电压，发现存储器 5、6 脚电压在信号出现时有正常的跳动，再测 7 脚为高电平。关机将 7 脚及电路断开改为接地后，试机故障排除。此型号的电视机存储器 7 脚应为低电平，否则数据将不能被存储
CHD-3 机心，光暗且压缩，声音正常	电容 C101、C101，A 无容量	测 +B 电压只有 100V 左右，断开 R423 接上假负载，主电压正常，说明行负载电路有问题。查电容 C101、C101A（630V/33nF），发现其中一个已无容量，换上新电容后开机图像、声音正常
CHD-3 机心，黑屏，无字符，有伴音，灯丝亮	自动亮度控制（ABL）电路 R415 阻值变大	开机测视放板三基色输入电压只有 1.2V（正常约 2.6V），怀疑数字板（IPQJUC7.820.1336）不良，代换数字板故障依旧。查 ABL 自动亮度控制电路 R410 一端电压约 15V，正常约 2.3V。查相关电路，发现 R415 阻值变大，更换 R415，故障排除
CHD-3 机心，花屏	插座 XS11、XS12 到数字板上的 FBP 脚接触不良	花屏现象与数字板上的数字信号处理电路有关，测量数字板各主要直流电压都正常，试着振动主板，故障有变化，判断数字板接触不良。检测插座 XS11、XS12 到数字板上的通断情况，当测到 FBP 脚，电阻值不稳定。用飞线将主板与数字板的 FBP 脚连接，故障排除
CHD-3 机心，开机超过 10min 出现横条干扰	5V-3 电压稳压电路 N502 不良	更换同型号数字板，通电试机开机十多分钟，故障依旧，图像出现干扰时，检查主板向数字板提供的 12V、5V-1、5V-3 供电，当测 5V-3 电压时，发现该电压为 7.8V。5V-3 电压来自 N502，测 N502 输入端，电压为 10V，其输出端电压为 7.8V，更换 N502，故障排除
CHD-3 机心，开机 20min 左右，场线性不良	偏转线圈热机不良	检查更换场输出 LA7846 试机工作正常，但工作几十分钟后故障又出现，更换数字板 JUJ7820.1336，工作一段时间后故障依旧，怀疑是偏转线圈热机不良，更换偏转线圈，机器终于修复。此机彩管为北京松下管，此种机型偏转线圈坏的概率比较高
CHD-3 机心，开机三无	待机电路 Q806、Q807 损坏	查待机状态下无待机 5V 电压，待机状态下电源输出为 3V 左右，查 5V 负载无问题。此机待机状态下由 Q805、Q806、Q807 组成的待机电路从 VD835 处（约 7V）供电，查晶体管 Q807 已坏，换 Q807 后开机，机器正常，但 Q807 发烫，不正常，查 Q806 基极电压有时跳变为 0.6V。更换 Q806 后，一切正常
CHD-3 机心，开机图像向右移	行逆程脉冲电路电容 C422 损坏	在边缘有锯齿状，几秒之后才有彩色。根据故障现象分析，应该是行逆程脉冲出现问题。检查数字板 HIT 电压为 1.8V，明显偏高。再检查电容 C422，发现已损坏，更换电容 C422，试机正常
CHD-3 机心，热机半小时后图像拉丝	行输出管不良	对场扫描电路进行检测，又发现该机有时还有自动关机现象。于是对 FBP 电路进行检测，当用表笔测 FBP 脚时发现图像拉丝更严重了，不正常，正常时只是行有点偏移而已，于是对 FBP 外围的电容、电阻进行检测，未发现故障元器件，于是试更换行管，故障修复

（续）

故障现象	故障原因	速修与技改方案
CHD-3 机心，收看时机内冒烟，关机后再开机，图像闪烁，并且行幅拉大	电源主电压的二次滤波电容 C403 失效	开机检测发现视放电压高至 280V，电容 C401 已鼓包，机内冒烟是此电容引起的。更换电容 C401 后开机，行幅依然拉大，视放电压依然过高，图像还是闪烁，电源主电压有 155V，而正常应为 145V，检查发现电源主电压的二次滤波电容 C403 失效。换电容 C403 后，故障排除
CHD-3 机心，图像有三条彩线（测试线），图像暗时更加明显	场供电电源二极管 D301 不良	怀疑数字板出现问题，试更换，未解决问题。怀疑场部分有故障，测场供电正常，检测场电源二极管 D301 正端电压反而比负端电压高 0.5V。拆下该二极管，测量其正反向阻值，均只有 150Ω 左右。更换 D301，整机工作正常
CHD-3 机心，图像在亮暗变化时出现收缩现象	+ B 滤波电容 C403（250V/47μF）失效	怀疑故障出在 EHT 及 ABL 反馈等电路。检查后没有发现异常，试更换数字板也无效。再测视放输出电压高达 240V，不正常，说明激励不正常或有交流串入行输出电路。仔细检查，发现 + B 滤波电容 C403（250V/47μF）失效，更换 C403 后故障排除
CHD-3 机心，图像枕形失真	枕校管 VQ441 短路，R464 开路，C101 容量变小	进入总线进行调试，不起作用。测枕校管 VQ441 已短路，枕校电阻 R464 已开路，换上新的枕校管 VQ441 和电阻 R464 后开机，来不及测电压，电阻 R464 就已开始冒烟。经过检查，发现枕校电路中电容 C101 容量变得很小，更换 C101 和 R464，电视机恢复正常工作
CHD-3 机心，无光栅有伴音	高压包打火引起场块损坏，最后显像管切颈	拆开外壳发现显像管已切颈，更换新的显像管，通电试机，发现行电路不工作，测各路工作电压基本正常，更换一数字板，高压包严重打火，换高压包后，屏上出现异常光栅。立即关机，防止再次损坏显像管，将场块换掉，整机工作正常。此机主要是高压包打火引起场块损坏，最后显像管切颈
CHD-3 机心，先是枕形失真，数分钟后自动关机	行管 V404 击穿，枕校电路中 C420 无容量	检查发现行管 V404 已经击穿，枕校管 VQ441（IRF1540）正常。换上行管 2SC5859（短管系列数字高清的必须用原型号的行管）开机，发现还是枕形失真，迅速关机避免再烧行管。怀疑枕校电路中电容容量减少，拆下 C420（630V/56nF）测量几乎无容量。于是更换 C420，电视机恢复正常。该故障为该机心易发故障，C420 须用原型号更换，否则会再次损坏；有时还会爆电容 C406A（250V/1μF）
CHD-3 机心，有伴音无图像	红基色视放电路 TDA6111 损坏	开机测显像管三阴极电压均为 185V 以上，说明视放管处于截止状态。测视放输入信号电压为 2.1V，BCK 电压为 3.6V。拔掉变频板输往视放的 R、G、B 信号线，三基色电压为 3.2V，说明故障在视放板上。将视放板上 BCK 脚断开后，屏幕上有带回扫线的图像，后逐一断开三个 BCK 检测，当断开红基色视放电路的 BCK 后，机器恢复正常。更换红基色视放电路 TDA6111，电视机修复

故 障 现 象	故 障 原 因	速修与技改方案
CHD-3 机心，有时不开机，有时开机有"吱吱"响声	电源采样电压的滤波电容 C836 不良	检测 +B 电压待机时为 130～136V，二次开机后该电压马上下降为 75～90V，且不开机，有时待机电压为 86V 左右，能二次开机，开机后电源发出"吱吱"响声，待机电压仍为 130V 左右。判断待机控制故障，更换光耦合器及串联在光耦合器上的电阻都无效，当更换电源取样电压的滤波电容 C836（63V/470μF）时，机器正常工作
CHD-3 机心，有时二次不开机，有时能开机，但高压很高且伴有"吱吱"响声	行推动管供电稳压电路 Q451 基极电阻 R451 开路	测 +B 及各路输出电压均正常，测行推动管 Q401 的集电极电压只有 +8V，低于正常时 +14V。测行推动管供电稳压电路 Q451 集电极有 25V 供电，说明稳压电路 Q451 本身或周围电路有故障。检查 Q451 外围电路元器件，发现 Q451 基极电阻 R451 开路，更换电阻 R451，开机一切正常
CHD-3 机心，有时能二次开机，有时不能二次开机	开关变压器磁心断裂	把主板翻过来发现每次开机都正常，翻到正面后又不能开机，判断电路板接触不良。对电路板元器件进行拨动试验，当拨动开关变压器时，发现开关变压器的磁心松动。拆下开关变压器，发现下面的磁心已裂成 3 块。用 502 胶把开关变压器粘好上机，就不再出现二次不开机的现象了
CHD-3 机心，枕形失真	IPQ 板的 FBP 电路 C423 开路	检测枕形校正电路 VQ441 的 2 脚开机瞬间的电压升高到 35V，检查 IPQ 板的 EW 脚电压约 3.5V，正常。VQ441 的 2 脚电压升高，造成 VQ441 开机就处于完全导通，R464 瞬间过流损坏。造成 VQ441 的 2 脚电压升高只有两种情况：一是行逆程电容变质，使行输出电压升高；二是行逆程脉冲有问题。检查 IPQ 板 FBP 脚的电压为 26V，而正常电压约有 1V，发现 IPQ 板的 FBP 的电路已开路。检查是 C423 完全开路，更换 C423，开机工作正常，故障排除
CHD-3 机心，枕形失真	C406A 开裂，VQ441 击穿、R464 开路；C321 和 C420、C428 变质	拆机后目测，发现电容 C406A 已开裂，测 VQ441 已击穿短路，R464 已开路。根据维修经验判断电容 C321 和 C420 变质是引起烧枕校管的常见原因，测两电容 C321 和 C420 发现它们均已变质，更换两个电容后开机，R464 冒烟，立即关机继续检查，发现电容 C428 变质，又更换电容 C428，开机一切正常
CHD-3 机心，指示灯亮，不能开机	排阻 RN1 与 U30 的 5 脚过孔不通	遥控开机无开机动作，对控制系统电路进行检测，发现 CPU 对 U1（SVP-EX11）的 13 脚复位电压在 0～2.2V 变化，说明 U1 复位不成功。复位不成功的原因有：数据故障，或总线故障，或者 IC 本身故障。先测数据线时，发现排阻 RN1 与 U30 的 5 脚过孔不通，用导线连接后，遥控开机正常
CHD-3 机心，指示灯亮，二次开机后能听到继电器吸合声，但无光无声	+8V 整流二极管 RU48 已坏，8V 滤波电容 C834 失效	测 +B 电压为 +145V 正常，+5V-1 正常，+5V-2、+5V-3 均偏低，只有 3V 左右。+5V-2、+5V-3 都是由 +8V 稳压得到的，再测 +8V 也只有 4V 多一点。关机测 +8V 整流二极管 RU48 正、反向阻值，都只有 500Ω 左右，判定该整流二极管已坏。但将其更换后，电压仍只有 +4V，最后更换 8V 滤波电容 C834（35V/2200μF）后一切正常

（续）

故 障 现 象	故 障 原 因	速修与技改方案
CHD-3 机心，字符时有时无，有声音，图像无彩色，有时拉丝，TV/AV 及 VGA 通道下图像一样	SVP-EX11 组成的电路有故障	怀疑数字板组件有故障。该机字符信息受 FLASH 块内部程序控制，由控制系统控制输往 SVP-EX11 模块处理，与 SVP-EX11 处理的数字图像进行混合，再进行变频格式处理，最终随图像信号输入 TDA9332，由此可见，图像及字符显示均不正常，通常是 SVP-EX11 组成的电路有故障。更换帧存储器，故障依旧，再更换 SVP-EX11 后故障排除
CHD-3 机心，自动关机现象，有"吱吱"声	枕校电路电容 C106 已无容量	摸行管发烫，数分钟后行管击穿，怀疑高压包有问题，更换高压包后和行输出管，摸行管仍烫手。转而检查枕校电路，当查至电容 C106（400V/330nF）时，发现已无容量，更换电容 C106 后开机，电视机恢复正常
CHD-5 机心，开机有高压启动声。并伴有轻微的吱吱声	行输出电路存在故障	查 S 校正电容 C413（0.33μF/400V）失效，更换后故障排除
CHD-5 机心，指示灯不受控	软件数据与数字板不匹配	此机心数字板有 JUC7.820.459-4、JUC7.820.967-2、JUC7.820.967-3 三种。其中 CHD2983 较特殊。此产品替换数字板错误将发生此情况。对 CHD2983 重新写数据，或更换正确的数据板可排除故障
CHD-5 机心 CHD2983 彩电，屏幕上部无图像仅有回扫线	二极管 VD301 不良	首先补焊场输出电路 IC301，故障依然存在。接通电源测量集成电路 IC301 的各引脚直流电压，结果发现其 4 脚上的泵电源 16V 电压变为 0V，显然这就是问题的所在。对相关元器件进行检查，发现二极管 VD301 不良。用 2CZ5295 型二极管更换 VD301 后，故障排除
CHD-5 机心 CHD2992 彩电，开机"三无"，指示灯不亮	电源厚膜电路 IC821 故障	接通电源开机，测量 C810 两端的约 305V 电压基本正常，测 IC821（STRF6656）4 脚（工作电压输入端）上的 16.5V 左右启动电压为 0V。对 IC821 的 4 脚有关元器件进行检查未见异常，拆下 IC821 测量，发现其 1、4、5 脚的电阻值相差较大，用 STRF6656 换上后，故障排除

3.1.4　CHD-6、CHD-7、CHD-8、CHD-10 机心速修与技改方案

故 障 现 象	故 障 原 因	速修与技改方案
CHD-6 机心，遥控不开机，指示灯闪烁	控制系统与 SVP-CX12 的数据通道有故障	查 SVP-CX12 的 86 脚复位和 RN1 至 RN3 传送的指令信号通道。采用测量电阻、通断法或测波形进行判定和故障排除
CHD-6 机心，几天或半月损坏行管	行振荡晶体 Y3 性能不良	用性能稳定可靠的晶体振荡器代替原晶体振荡器
CHD-6 机心，黑屏	数字板上由 TB1307 组成的电路工作不正常	测 TB1307 的 10 脚电压不正常，查外接元件正常，更换 TB1307 后故障排除
CHD-6 机心，更换数字板后，场幅扩大，长时间收看损坏 CRT	数字板上 R129 与主板 R306/R307 对应关系不同	因机型生产时间不同，电路状态有所不同。导致数字板上 R129 与主板 R306/R307 对应关系不同：R129（100Ω）对应 R306/R307 为 1.5kΩ/1.8kΩ；R129 为 1.8kΩ 对应 R306/R307 为 100Ω

故 障 现 象	故 障 原 因	速修与技改方案
CHD-7 机心，无字符	数字板的供电 5V-2 偏高	替换 5V-2 形成块 IC211（L7805）
CHD-7 机心，TV/AV 半边图像正常，半边图像行场都不同步且有斜条纹线	行鉴相电路或用户存储器有故障	查 TDA9332 的 13 脚外电路无故障，查 TDA9370 的 16、17 脚未排除故障。替换用户存储器后故障排除
CHD-7 机心，无图像无声音	总线数据变化引起	进入总线状态。将 SM14 页下的 OPT2 中的 AKB 调成 YES 即可
CHD-7 机心，伴音时有时无	NJW1147 供电电压太高	通常是以下原因引起：1. Q241 组成的关机静音电路；2. CPU 的 63 脚静音输出；3. 音效块 NJW1147 的 16 脚供电高于 12V；检查结果为 NJW1147 供电电压太高，将 NJW1147 的 16 脚供电降为 9V 后故障排除
CHD-8 机心，屏上部回扫线	数字板电路状态不同	JUC7. 820.1476 数字板电路状态不同的结果。将主板上 R758、L703、R705 分别装入相应元件
CHD-8 机心，行幅异常	数字板与原机不匹配	更换数字板 JUC7. 820 1476 后，数字板与原机不匹配。16：9 机型不贴装 R725；4：3 机型 R725 贴装 39kΩ
CHD-8 机心，指示灯闪烁，+B 在 30～50V 跳变	二次供电电路 R867 变质	测 CQ1265 的 3 脚电压在 10～12V 跳变，二次供电支路故障。经查 R867 变质，更换后正常。注：CQ1265 用 AQ1265 代替时，应将 D714 取掉、R867 短接；反之，AQ1265 用 CQ1265 代替时. 要增加上述两元件
CHD-8 机心，多次损坏 FSCQ1265	FSCQ1265 的 1 脚外接电容 C821 失效	通常是 FSCQ1265 的 1 脚外接尖峰脉冲吸收电路电容 C821 失效引起，更换 C821（2kV/680pF）
CHD-8 机心，通电电源起振后，马上保护	20V 整流二极管 VD835 软击穿	通常是电源二次侧 20V 整流二极管 VD835 软击穿。更换 VD835（2CZRU4Z）
CHD-10 机心，屏幕下边 1/4 处有横向干扰线、无字符、有伴音	N807（78L05）故障	有时还会出现画面彩色拉丝条纹，多为场块 N301（LA78141）或数字板场振荡相关电路异常。查场振荡块 TB1307NG 的 2 脚 5V 供电电压降低，更换供电稳压器 N807（78L05），故障排除
CHD-7 机心 CHD29156 型彩电，无光栅但有伴音	显像管内部 G 极与地线引脚连接	开机测量行输出电路的各路输出电压基本正常，测量显像管尾板上电压，发现显像管 G2（加速极）处的电压为 0V。拆下显像管尾板，G2 电压恢复正常，估计显像管 G2 极与地短路。试对其进行电击修理，断开管座 G2 引脚外围的元器件，用一根导线的一端与管座上聚焦引线相连，另一端接在显像管 G2 引脚上。接通电源开机，在听到显像管内有"吱吱"响声约 4～6s 迅速关机。恢复好拆下的线路，接通电源试机，结果显像管工作恢复正常，故障排除
CHD-7 机心 CHD29156 型彩电，伴音中出现尖叫声	高频旁路电容器 C848 失效	对电源板上伴音供电电路中的滤波电容器 C839（2200μF）、C846、C848 进行检查，未见异常，更换也无效，怀疑是高频旁路不良引起的。试加大旁路电容器容量的方法来进行修理，当用一只 1000pF 的涤纶电容器并接在 C848 电容器两端时，伴音中的尖叫声基本上可以消失。用 2200pF 电容换下 C848 原来的 1000pF 电容器后，故障排除

（续）

故 障 现 象	故 障 原 因	速修与技改方案
CHD-7 机心 CHD29156 彩电，调大音量时图像左右收缩	+25V 电压供电电阻 ZP832 阻值变大	开机测量 +B 的 +145V 电压稳定，+25V 电压有些摆动，增大音量时摆动更大。检查 +25V 电源电路，发现供电电阻器 ZP832 的电阻值变大。更换后故障排除
CHD-7 机心 CHD29156 型彩电，开机无反应	保护管 VT229 外围 R553 阻值变大	打开后盖发现 C629 高压电容变形击穿，再查行输出管击穿。用 470pF/2kV 更换 C629，换新行输出管，开机可以工作，但约 4min 左右自动关机。测量电源输出的 +B 电压正常，测量 TDA9370 保护端 5 脚电压为高电平，说明保护电路启动。查找保护原因，测量保护管 VT229 处于导通状态，对 VT229 周围的有关元器件进行检查，发现 R553 阻值变大为 74Ω 左右，正常值应为 2Ω。用一只同规格电阻器换上后，试机不再自动关机，故障排除
CHD-7 机心 CHD34156 型彩电，无图像且屏幕有短白线	存储器 IC400 供电电路 IC401 输入端电感器 L400 开路	采用 AV 也无图像，问题在 HTV118 集成电路与帧存储器 IC400 之间的电路中。开机测量 R401～R404 两端电压偏低，正常值应为 1.8V 左右；测量 R400 与 R406 上的电压为 1V 左右基本正常，由此说明帧存储器 IC400 的工作电源异常。测量 IC400 供电电路 IC401 输入端上的电压 5V 电压下降为 2V 左右，输出端上的 3.3V 电压下降为 1.8V 左右。对 IC401 外围元器件进行检查，发现 L400 电感器开路。用同规格电感线圈装上后开机，TV 与 AV 状态图像均恢复正常，屏幕上的短白线也消失，故障排除

3.1.5 DT-1、DT-2、DT-5、DT-6 易发硬件故障速修

故 障 现 象	故 障 原 因	速修与技改方案
DT-1 高清机心，图像闪烁，伴音正常	SAA4961 性能不良	更换 SAA4961 即可
DT-1 高清机心，字符显示位置偏左，输入 VGA 信号时场幅度过大	"OH" 字符水平位置调整和 "VVA" 场幅度调整项目数据出错	进入维修模式。按遥控器上的 "节目增/减" 键选择 "OH" 字符水平位置设置调整项目，按 "音量增/减" 键调整其数据到 "09" 时，字符显示位置恢复正常；再输入 VGA 信号，选择 "VVA" 场幅度调整项目，调整其项目数据，直到 VGA 状态场幅度合适为止，遥控关机退出维修模式，电视机恢复正常
DT-1 高清机心，自动搜索节目号不翻转	MAG、MTF 项目的数据出错	进入软件数据调整模式，查看和调整软件数据，将 MAG 项目的数据调整为 3F，MIF 的项目数据调整为 20
DT-2 高清机心，屏幕上显示钥匙符号	进入童锁状态	按住遥控器上的 F 键和静音键将进入童锁状态，屏幕上显示钥匙符号。再按 F 键和静音键解除童锁功能，退出童锁状态
DT-5 高清机心的 CHD2918 彩电，二次开机后，自动回到待机状态	C422 无容量	检查行逆程脉冲 FBP 到 IPQ 板的传输电路，IPQ 板 25 号插头无 FBP 脉冲输入，更换 C422 即可
DT-5 高清机心 CHD2983 彩电，无声音，图像幅度时大时小	晶振 G101 不良	测量 +B 电压稳定，数字板和总线电压正常。更换丽音处理电路 MSP3413G 的外围晶振 G101
DT-5 高清机心 CHD3498A 彩电，光栅有阻尼条	C415 不良	检查更换 C415

（续）

故障现象	故障原因	速修与技改方案
DT-5 高清机心 CHD2915 机型，图像上下抖动	消磁线圈离偏转线圈过近	消磁线圈离偏转线圈过近，产生干扰，将消磁线圈远离偏转线圈
DT-5 高清机心 CHD3498A 彩电，光栅有阻尼条	C415 不良	检查更换 C415
DT-5 高清机心，换台时声音滞后图像超过 10s	电阻 R171 不良	检查更换电阻 R171（10kΩ）
DT-5 高清机心 CHD29156 机型，有刺耳的尖叫声	S 校正电容器不良	检查更换 S 校正电容器试试
DT-6 机心 DP4388 彩电，有图像和伴音，但图像的彩色时有时无	色副载波恢复电路晶振设置项目 "XTAL" 数据出错	进入维修模式，按遥控器上的 "节目 +／-" 键选择调整项目，调出色副载波恢复电路晶振设置项目 "XTAL"，发现其数据为 "08"，按遥控器上的 "音量 +／-" 键调整 "XTAL" 的项目数据，由 "08" 改为 "09" 后，电视机的彩色恢复正常，遥控器关机或按一下遥控器上的 "静音" 键，退出维修调整模式，故障修复
DT-6 机心 DP3898A 彩电，有字符显示，但字符显示模糊不清	"RE8E" 清晰度调整项目数据出错	进入维修模式，试着选择与字符和图像有关的项目，进行适当调整试之，如果无法恢复原始数据。当选择 "RE8E" 清晰度调整项目，并进行适当调整，当把 "RE8E" 的数据从 "0AH" 改为 "06H" 时，字符显示变为清晰，退出维修模式，故障排除
DT-6 机心 DP5188 彩电，光栅场幅度自动变化，字符也乱变	存储器或总线系统被控电路故障	先更换写有该机数据的存储器，如果无效则是被控电路故障，可逐个断开被控电路的 SDA、SCL 引脚，观察总线电压，判断故障范围，断开哪个电路的 SDA、SCL 引脚，总线电压恢复正常，则是该被控电路的故障
DT-6 机心精显背投 51PDT18 彩电，不定时黑屏	投影管高压帽连接处打火	对此可按以下方法进行处理：认真检查高压帽与投影管连接处是否存在高压打火现象。如有，应在连接处加涂南大 87 胶或 708 胶进行处理。同时应检查高压分配盒中有无打火现象，如有，也需加涂
DT-6 机心精显王背投 HP4368、HP5168 部分机型，音量增大至 "1" 时，喇叭中发出 "呼呼" 声，当音量减至 "0" 或静音时无此现象	电路设计缺陷	将机内电路板跨台 JP086、JP085，JP131、JP129、JP082 拆除。选双芯同轴喇叭专用线，一端接在 XP602 的 1、3 脚上，另一端焊接在 AV 板上的 CA19、CA11 的负极上。将 CA19、CA11 的负极与主板（XPV01B）间的连线断开，将屏蔽线铜网一端接在 XP602 的 2 脚上，另一端接 AV 板上的地

3.2 康佳高清彩电速修与技改方案

3.2.1 AS 系列速修与技改方案

故 障 现 象	故 障 原 因	速修与技改方案
AS 系列彩电（含派生机型），消磁继电器电路偶尔有抖动现象	电路设计缺陷	在三极管 V954 基极对地加接一只 22kΩ 电阻
P29AS281 彩电，图像抖动	电路设计缺陷	将 R993 由 390Ω/0.25W 改为 820Ω/0.25W
SP21AS529 彩电，热机自动关机	电路设计缺陷	将 R993 由 390Ω/0.25W 改为 820Ω/0.25W
AS 系列机型，不开机，并且遥控器不起作用	三端稳压器 N952 (LA7809) 不良	开机后主芯片 U301 (MST5C26) 输出的开机信号从 POW 脚 (XS01 的 28 脚) 输出，从 0V 迅速上升为 2.6V，判断主芯片 CPU 电路工作不良。将 POW 脚调开，即强行开机。首先检查主芯片的供电是否正常，在测量数字板供电时，测得 N952 (LA7809) 的输出电压只有 5V，更换 N952 后一切正常
AS 系列机型，不开机，开机后主电压正常，但是行扫描电路没有起振	行推动管的负载电阻 R402 开路	开机瞬间测 XS02 的 30 脚 (HOUT) 有 4V 左右的电压，但是马上上升为 8V。开机瞬间用交流挡测行输出管 V402 的基极没有交流电压，而测行推动管 V401 的栅极时有 3V 左右的交流电压，但是马上下降为 0V。测量 V401 的漏极有 30V 左右的直流电压，可是它一直都没有变化。最后查出行推动管的负载电阻 R402 (3.9kΩ/7W) 开路
AS 系列机型，开机，听见行起振声音后马上关机（行停振）	场保护 (VPROT) 外接电阻 R454 开路	首先将 POW 脚焊开，再开机，图像一切正常了。测量 XS01 的 20 脚电压，为 3.6V，正常。最后检查出 XS02 的 3 脚场保护 (VPROT) 外接的电阻 R454 (10kΩ) 开路。重焊 R454 后故障排除
AS 系列数字小板机型，彩色不良	时钟晶振 Y300 频率偏移	开机画面出现红、绿、蓝互相间隔的竖彩带，类似于 CRT 磁化，更换数据存储器 U300 (24C32) 故障依旧。测量 R、G、B 输出电压均正常，说明 OM8380 基本正常。怀疑色差输入有故障，检查主芯片 U301 (MST5C26) 及外围均正常，更换 U301 (MST5C26) 故障依旧，最后更换时钟晶振 Y300 (14.31818MHz)，开机后彩色一切正常。此故障是由于晶振频率偏移，造成了奇怪的现象
P25AS529 彩电，场幅只有一半	场扫描输出 N440 的 7 脚外围 R445 阻值增大	测场扫描输出器 N440 (TDA8172A) 各脚电压，发现 7 脚电压只有 0.5V（正常应为 2.2V），检查 7 脚外围电路，发现 R445 阻值增大，由 39kΩ 变为 3MΩ，更换 R445 后故障排除
P25AS529 彩电，开机半小时后出现垂直竖条，自动关机	高频头数据线和时钟线上的两只稳压管不良	用热风枪加热电路板，几分钟后出现故障，检测控制系统总线电压异常。对被控电路总线电压进行检测，发现高频头数据线和时钟线电压最低，怀疑总线上的两只稳压管不良，更换后故障排除

故障现象	故障原因	速修与技改方案
P25AS529 彩电，三无，指示灯亮，遥控按键均不起作用	XS02 的 7 脚外围电路 VD103 击穿	测量主电源 140V 电压实际只有 95V，测 XS01 的 28 脚开关机控制电压，正常为低电位，实测为 2.7V，把 28 脚用导线直接短路到地后强行开机，测主电源 140V 正常，但仍无高压启动声，测数字板供电脚 XS01 的 18、19、24 脚电压基本正常。测 XS02 的 7 脚、8 脚总线电压时，7 脚实测为 1.9V，与正常 4.7V 相差太大，后查 VD103 已击穿，更换 VD103 后，开机一切正常
P29AS216 彩电，图像声音俱佳，遥控无作用，按键控制有效	程序存储器损坏引起遥控失效	测数字板排插 XS1 的 30 脚 IR 有 4.8V 的电压，按遥控器电压有高低变化，测微处理器 63 脚（遥控）时也有正常的电压变化，更换晶振 Y300 和微处理器 U301 后试机，故障依旧。最后怀疑程序存储器损坏引起遥控失效，更换程序器 U302，故障排除
P29AS281（数字板）彩电，红灯亮，不开机，用遥控器也不能开机	U301（MST5C26）32 脚 3.3V 供电问题	测数字板上 5V、3.3V 供电正常，当测到 U300（24C32）时，发现有一脚电压为 3.3V 左右，正常时 U300 的 5～8 脚电压都为 5V 左右，再测 U301（MST5C26）各供电脚电压，当测到 32 脚（即 C27 一端）时发现没有 3.3V 供电。把 C27 的正极与旁边 3.3V 供电滤波电容 C7 的正极用导线相连，使 U301 的 32 脚得到 3.3V 供电，开机，图像声音正常
P29AS281（数字板）彩电，开机黑屏，有高压，有声音	R302 接地穿孔不良	测 U700（TDA8380）输出到 XS5 的 RGB 输出为 2.2V，而正常为 4V 左右；测 U301（MST5C26）RGB 输出几乎为 0V，正常为 0.25V 左右；测 U301（MST5C26）各供电都正常。测 R302 两端电压都为 2V 多，正常为 1.2V 左右，很明显黑屏是由此脚电压过高引起的。检查相关电路发现 R302 接地穿孔不良，即 R302 悬空没有接地。最后把 R302 的接地穿孔用细铜丝穿过接地，开机图像正常
P29AS281（数字板）彩电，开机画面正常，搜台时信号时有时无	3.3V 供电电路数字电路板内层断线	以为电路接触不良，补焊 U301（MST5C26），故障依旧。更换 U301 后开机，黑屏有字符，搜台时无图像无雪花，故障不变。后测 U301 各供电脚，当测到 97 脚 3.3V 供电时，发现此脚电压只有 1.2V 左右，检测发现 3.3V 供电电路数字电路板内层断线，把 U301 的 97 脚外接滤波电容 C10 和 C25 的正极与 3.3V 一端相连，开机搜台正常
P29AS281（数字板）彩电，开机时没有听到行起振的声音，指示灯由亮变为暗，等几秒钟后又变为亮。自动关机	U700 的 8 脚 Hout 输出端 D706 击穿	判断 CPU 工作正常，保护关机是由于 U700（TDA8380）的 13 脚没有检测到行脉冲输入，U700 再将信号通过总线传输送到 U301（MST5C26）的 58、59 脚。U301 检测到行脉冲不正常时，将输出关机指令。据上述分析，重点检查 U700 及外围电路，按先易后难顺序，先查 U700 的 17、39 脚 8V 供电，正常；再检查 8 脚 Hout 输出电压为 8V，而正常值应在 3V 左右。后发现 D706 击穿，经过更换后开机正常。AS 系列 CRT 彩电的关机保护故障一般分为两种情况，一种是行起振后保护关机，另一种为行不起振即保护关机。前者故障点一般在 U300（24C32 可用空白），后者故障点一般在 U700、D706、R739（39kΩ）

（续）

故 障 现 象	故 障 原 因	速修与技改方案
P29AS281 彩电，伴音正常，图像满屏干扰线，且字符分裂加长，上下抖动	场电路电容 C450 无充放电能力	更换数字板后故障依旧，判断故障应在场部分，首先测得场供电整流二极管 VD422 输出的 −13V 电压正常、VD423 输出的 +13V 电压正常，又根据经验进一步判断场电容损坏的可能性最大，于是重点从场电路电容查起：C447、C446、C451、C450 等，很快查得 C450（470nF/100V）已无充放电能力，更换 C450 后，图像声音俱佳。在 AS 系列机型中，C451 也是易损元件，故障表现也为百叶窗效应，图像上面出现红、绿、蓝线等，望同行注意
P29AS281 彩电，不开机，指示灯亮	数字板扫描块 TDA8380 及外围元器件有虚焊现象	按遥控器开机，屏幕出现水平亮线后又关机，初步判断场扫描电路有故障。经检查场块 TDA8172A 击穿短路，检查场输出块外围元器件完好后，装好场块开机，图像出现。试机 15min，图像声音正常，场块温度正常，这时观察发现图像上部压缩，下部卷边，用手拍电视机外壳时能正常。判断数字板扫描块 TDA8380 及外围元器件有虚焊现象，将机心板带回服务部，用风枪加焊一面，重新开机恢复正常
P29AS281 彩电，二次不开机	数字板 XS01 的 20 脚上的场保护二极管 VD810 不良	开机瞬间测量 CPU 开机电压为 0V，几秒钟后变成高电平，反复开关几次能够开机，再测量开机信号为低电平，几组电压全部正常。测量开关机控制电路各晶体管正常，更换数字板故障依旧。怀疑保护电路启动，依次脱开保护电路，当把数字板 XS01 的 20 脚上的 VD810（场保护二极管）脱开时，行起振，图声正常。将 VD810 换成新品，故障排除
P29AS281 彩电，三无，指示灯不亮	数字板损坏和 V107 开路，V959、V966 击穿	开机测量主电源电压正常，行没有激励信号，怀疑数字板有问题，更换新数字板后开机，行起振，TV 状态黑屏无图像，AV 状态图声正常，测量 V107（D400）的 E 极没有 5V 电压，测量 V107 已经开路。往前查 V959 已击穿短路，测量 N950 输入端电压为 22V，显然不对。再继续测量 V966（C751）已击穿短路。把上述元器件全部换新，再开机测量 V107 的 E 极为 5V 正常，N950 输入端为 7V 正常，输出端为 5V 正常，转换到 TV 状态搜台，图像声音正常
P29AS281 彩电，行起振后自动关机	数字板上的存储器数据出错	测量开关电源各组输出电压都正常，自动关机后遥控再开机无法启动，只有断开电源重新开机才能打开，几秒钟后又自动关机。初步怀疑是数字板的故障，但是手头还没有新的小板，便把数字板上的存储器拆下来找到数据重新复制，再安装后开机，显示童锁状态，拿遥控器解锁后，试信号图声正常，故障排除
P29AS281 彩电，有时无声，TV 图像不清晰，AV 正常	高频头 5V 稳压电路 V959 击穿	首先测高频头各脚电压，发现 7 脚的 5V 供电只有 3V 左右，此电压是通过 V107、V959 转换而来的。正常开机时，V960 截止，V964 导通，VD953 整流输出的 7V 电压由 V959 发射极输入至 V107 组成的 5V 稳压电路，为高频头及中放电路 TDA9881 提供工作电源。测 V107 的 C 极只有 4V 电压，明显偏低，向前测 V959 的 E 极电压为 7V，正常，拆下 V959 发现该管明显击穿。更换 V959（A751）后，5V 电压正常，故障排除。5V 稳压电路损坏并击穿中放电路是该机心的通病，后期生产的 AS 系列机型线路已改进

（续）

故障现象	故障原因	速修与技改方案
P29AS281 彩电，指示灯闪，不开机	枕校电阻 R411 开路，枕校管 V405（2SK1306）、VD401 击穿，枕校电路 VD402 处铜箔也有断痕	测 + B 电压在 90～145V 跳动。断开行扫描电路，且把数字板 XS01 的 28 脚（待机脚，POWEROUT）对地短路，强行开机，测 + B 电压为 145V 正常，判断故障应在行场部分。检查发现行输出变压器 T402 的 9、4 脚处磁心板有裂痕，重新补焊试机，开机瞬间有高压启动声，随后自动关机，指示灯闪，不开机。进一步测行电路，发现枕校电阻 R411（3.3Ω）开路，枕校管 V405（2SK1306）、VD401 击穿，枕校电路 VD402 处铜箔也有断痕，更换损坏元器件补焊断点再试机，图像枕形失真消除，故障排除
P29AS281 高清彩电，有时开机正常，有时开机指示灯不亮，出现三无	开关电源一次侧 N901 内部不良	开机测量开关电源一次侧 N901 的 1 脚 300V 电压正常，但开关电源二次侧无电压输出，判断主电源未工作。测量 N901 的 3 脚启动电压正常；检查 N901 的 5 脚外部元器件未见异常，用电烙铁补焊了 N901 的 4 脚后，开机恢复了正常，第二天再次发生故障，怀疑 N901 内部不良。更换 N901 厚膜电路后，故障彻底排除
P29AS386 彩电，三无，指示灯亮	软件数据出错和显像管座不良	换数字板后开机 1min 左右就保护，换存储器无效。经查保护电路没有坏件。将总线内第四菜单 PROTECT 项设为 OFF 就不保护了，但图像暗背景下顶部有红、绿、蓝三色检测线，将总线内第一菜单中 VWAIT（场逆程时间常数）项数据调为 26 后，检测线消失了；关机时发现关机有亮点，通查消亮点电路没发现失效元器件。怀疑显像管座漏电不良，将市售管座地脚剪掉，装机，故障排除
P29AS390 彩电，"三无"，指示灯闪烁	开关变压器 T901 损坏	测行管已短路，断开行负载测 + B 瞬间电压高达 170～180V，确定故障点在电源稳压电路，测 R960、R950 等元器件无问题，后更换 V951、光耦合器 N902 等元器件故障依旧。经分析开关变压器 T901 一次侧 4 脚整流输出电压是稳压反馈电路电源。测 T901 的 4 脚无电压输出，检查其外围元器件没问题，怀疑开关变压器 T901 有问题，更换开关变压器 T901 后机器恢复正常
P29AS390 彩电，热机后不定时收台少，遥控失灵	数据线和时钟线的保护二极管 VD103、VD102 漏电	先后替换高频头、数字板，故障依旧，推断故障范围不应超出以上电路。怀疑总线异常，造成遥控失灵等故障。检测总线数据和时钟线电压异常，怀疑数据线和时钟线的保护二极管 VD103、VD102 漏电，将其断开，长时间试机未出现故障
P29AS390 彩电，指示灯亮，不开机	存储器 U300 内部故障	开机测 XS01 的 28 脚电压为 2.8V，机器处于待机状态，按开机键，2.8V 不能变为低电平开机。测主芯片 U301（MST5C26）的 1.8V、3.3V 电源正常，92 脚复位正常。更换晶振 Y300 无效，更换存储器 U300 后，开机正常

（续）

故 障 现 象	故 障 原 因	速修与技改方案
P29AS390 高清彩电，开机后自动关机，指示灯亮	逆程电容器 C402（5600P）失效	自动关机时，测量开关电源输出电压降低，同时测量连接器 XS01 的 20 脚 PROT 保护检测电压为 0.7V，28 脚 POWER 为高电平，判断 PROT 保护电路启动。采取解除保护的方法判断故障范围，并联 6800P 逆程电容器，将保护电路模拟晶闸管 V962 的 E 极断开，开机后不再保护，光栅和图像恢复正常，特别是光栅的尺寸并未增大多少，说明原逆程电容器有开路、失效故障，引起行输出过电压保护电路启动而自动关机。对逆程电容器进行检测，发现 C402（5600P）失效，更换 C402，恢复保护电路后，故障排除
P29AS390 高清彩电，开机时，指示灯亮后即灭，整机三无	采样电路 RP950 落满灰尘，接触不良，引发电源输出电压过高，保护电路启动	判断 FSCQ1265RT 进入保护状态所致。断开电源板与负载电路的连接线，接 100W 灯泡做假负载，开机测量 +B 电压开机瞬间突升为 160V 左右，然后降为 0。正常时为 140V，说明稳压环路存在开路失控的故障。对取样电路 RP950、R980、R988 进行检测时，发现 RP950 落满灰尘，怀疑其接触不良，造成开关电源输出电压不稳定，引发保护电路启动。更换 RP950 并进行电压调整后，故障排除
P29AS390 高清彩电，指示灯亮，整机三无	电流过大保护检测电路 R416 烧焦开路和行输出变压器损坏	测量开关电源输出电压，遥控开机后有上升的趋势和行扫描工作的声音，然后又降到低电平，此时测量 XS01 的 20 脚 PROT 电压为低电平，XS01 的 28 脚 POWER 电压为高电平，测量模拟晶闸管 V961 的基极电压由开机瞬间的 0V 上升到 0.7V，模拟晶闸管保护电路启动。采用解除保护的方法，分别将 R990、R992 断开，进行开机试验。当断开 R990 后开机不再保护，判断为束电流过大引起。对束电流电路进行检测，发现电阻 R416（3.3kΩ）烧焦开路，检查 R416 烧焦的原因，行输出变压器有穿孔，更换 R416 和行输出变压器，恢复 R990 后，开机不再保护
P29AS391 彩电，有时能开机，有时一开机就保护，行不起振	数字板接口 XS01 的 20 脚（保护脚）相关电路 VD810 漏电	不开机时测量数字板的 5V、9V、12V 供电，除了 CPU 的 5V 供电正常外其他组供电没有电压，行推动管 V401 的 G 极电压由 1V 左右马上跌落至 0V，判断保护电路启动。该机器的保护电路有：场失落保护，由 ICN440、C449、R454、VD407 电路组成；行脉冲保护，由 RB12、VD472 电路组成；x 射线保护，由 V961、V962、VD963、VD964 组成。这三路保护电路的检测电压最终送到数字板接口 XS01 的 20 脚（保护脚），正常时该脚电压约为 3.2V，实测该机 6V 左右，判断保护启动。逐一断开以上三路保护电路试机，故障依旧，怀疑 VD810 漏电，断开 VD810（IN4148）试机，故障排除
P29AS520 彩电，TV 无图，AV 正常	5V 供电电路 V965、VD916、V959、V107 击穿，VD951 漏电，损坏 TDA9881	判断故障在高中放和图像检波及 AGC 电路。检查中放电路，闻到 NM10（TDA9881）有异味且有裂纹和糊状，测量 TDA9881 的 20 脚供电为 10V，高于正常值 5V 供电，造成 TDA9881 击穿裂纹。检查 5V 供电电路发现 V965（C751）、VD916、V959、V107 击穿，VD951（RG915）反向电阻只有 200kΩ，把上述元器件换新，开机后故障排除

（续）

故障现象	故障原因	速修与技改方案
P29AS529 彩电，不定时自动关机	SCL 时钟线外接 5.1V 稳压管漏电	更换数字板后故障依旧。断开保护电路 VD962、VD963 试机，故障依旧。随后测量总线电压，发现 SCL 电压偏低，只有 2.5V 左右，怀疑是外接 5.1V 稳压管有漏电现象，更换 5.1V 稳压管后，SCL 电压恢复正常，故障排除
SP29AS391 彩电，开机 5～6h 自动关机	排插 XS01 的 20 脚保护关机信号输入端外接二极管（IN4148）漏电	参照高温下自动关机技改方案改机后无效。把易损坏元器件 V962、V961、VD808、VD810、VD963、R809、R993、C401、R454 更换试机也无效。经仔细检查，发现排插 XS01 的 20 脚保护关机信号输入端外接电阻 R810 上跨接有一只二极管（1N4148），检查 R810 正常，检查二极管已经漏电。代换二极管后，机器恢复正常
SP29AS391 彩电，开机黑屏，无图像，有字符，能换台	5V-IF 稳压电路 V107、VD106、V959、V965、VD916 击穿，VD951 漏电	开机有字符黑屏，搜台时黑屏无雪花点，测高频头 +5V 无电压。测 5V-IF 稳压电路 V107、VD106、V959、V965、VD916 击穿，VD951 已漏电。更换以上元器件后开机，图像声音正常
SP29AS391 彩电，图像枕形失真	V405 的 D 极供电相关电容 C404 漏电	先测 V405、R411、VD402 正常，测 V405 的 D 极电压为 11V，电压偏低。断开 L402 后测 VD402 的负极电压，还是 11V，偏低。怀疑 VD402 或 C404 漏电，先更换 VD402，故障依旧。怀疑 C404（18nF/630V）电容漏电，更换 C404 后，测量 V405 的 D 极电压上升到 18V，光栅也正常了
SP29AS566 彩电，横线干扰	电容 C405 无容量	AS 系列机型经常遇到横线干扰，更换数字板、场块等都无效，后更换电容 C405 后开机正常，测量发现 C405 无容量
SP29AS566 彩电，行幅不定时收缩，图像四角缺角，失真	枕校电路 VD470（5.1V 稳压管）性能不良	判断故障在枕校电路，开机测量枕校电路相关电压，V405 的 C 极为 37V，B 极为 0.45V 且不稳。怀疑 V405（C3852）性能不良，更换 V405 无效。B 极电压不稳，查前级 V431、V430 有关电压正常，最后查 VD470（5.1V 稳压管）性能不良，更换 VD470 后故障排除

3.2.2　FG、FM、FT、TT 系列速修与技改方案

故障现象	故障原因	速修与技改方案
29FG188 型彩电，光栅亮度暗、行幅度小，有回扫线，无伴音	5V 电压供电电路 R954 电阻值变大	开机测量开关电源的各路电压输出端的电压，结果发现 +B 电压只有约 95V，还很不稳定。断开行负载用假负载代替，测量 +B 电压仍然只有约 95V。对其他电源电路进行检查，发现 IC951（L7805）输出端的 5V 电压只有约 2.5V。断开 IC951 的负载，测量输出的 5V 电压恢复正常，检查 R954 电阻值变大。用 0.12Ω 的线绕电阻更换后，光栅恢复正常，伴音也出现，故障排除

（续）

故 障 现 象	故 障 原 因	速修与技改方案
P29FG058 型彩电，无光栅，但伴音正常	一是逆程电容器 C401 失效，二是 STV9379FA 的 3 脚内电路局部短路	开机瞬间测量 +B 电压正常，测 VD420 负极上的 200V 整流滤波电压上升到约 230V；检查发现逆程电容器 C401 失效，更换新件后，200V 电压恢复正常，但故障依然存在；测量场输出集成电路 STV9379FA 的 8 脚上的 45V 电压为 0V，测量该脚对地电阻只有几十欧姆。经查 STV9379FA 的 3 脚内电路有局部短路现象，更换配件后，故障排除
P29FG188 型彩电，不能开机，但指示灯可以点亮	数字板过孔有断裂处	拆下行激励耦合电容器 C43B 的任一引脚，测量数字电路板插件 XS02 的 30 脚上的 2.2V 行输出激励电压为 4V。测量 IC8 的 22 脚上的 3.3V 供电电压为 2V 左右。检查相关电路发现数字板过孔有断裂处，用导线从 IC7 输出端直接将 3.3V 电压引到 IC8 的 22 脚上，故障排除
P29FG188 型彩电，开机几秒钟后伴音消失，白板，有字符	晶体振荡器 X1 不良	检查高、中频一体化调谐器 U101（AMT02401）各引脚上的电压，未发现异常现象。测量 IC1（VPC3230D）62、63 脚上的振荡波形消失。经查晶体振荡器 X1 不良，更换一只 20.25MHz 的新晶体振荡器后，故障排除
P29FG188 型彩电，无图像，但伴音正常	晶体振荡器 X2 变质	测量 IC3（FLI2300）的工作电压基本正常。测量 IC3 外围晶体振荡器 X2 上的振荡波形异常，估计 X2 变质，用一只 13.5MHz 晶体振荡器换上后，故障排除
P29FG188 型彩电，行偏，左右重叠	稳压二极管 VD410 漏电	测量行输出变压器 T402 的 10 脚外接稳压二极管 VIMIO 上的电压为 0V，正常应为 0.25V；检查相关电路发现 5.1V 稳压二极管 VD410 漏电，用一只 5.1V 稳压管换上后，故障排除
P29FG282 型彩电，更换频道后图像不同步	集成电路 IC1（VPC3230D）本身不良	测量 IC1（VPC3230D）的工作电压基本正常。测量 IC1（VPC3230D）62、63 脚上的振荡波形也正常。经查 IC1 集成电路本身不良，更换集成电路 VPC3230D 后，故障排除
P29FG282 型彩电，行偏不可调，左右重叠	数字电路板穿板孔内部连接线断路	测量行输出变压器 T40210 脚外接稳压二极管 VD410 上的 0.25V 电压正常。测量视频，扫描处理集成电路 IC8（SDA9380）21 脚上的 0.3V 电压为 0V。经查数字电路板穿板孔内部连接线断路，用一根铜线将断路孔连通，故障排除
P34FG218 型彩电，不定时自动关机，最后三无	VT953 性能不良	测量行输出管已经击穿短路，更换新件后出现频繁性关机、开机现象。测量 VT953 集电极上的 13.5V 电压时有时无，但基极电压不变。断电，检查 VT953 并未损坏，怀疑其功率不足。经查用一只功率大一些的管子更换 VT953 后（自带散热片的管子效果更好），故障排除
P34FG218 型彩电，字符上下跳动	IC601（SDA555X）20 脚电阻器 R456 开路	更换一块场输出集成电路 IC440（STR9379FA）后故障依然存在。用万用表交流电压挡测量 IC601（SDA555X）20 脚无电压，经查 R456 电阻器开路，更换一只同规格的电阻器装上后，故障排除

（续）

故 障 现 象	故 障 原 因	速修与技改方案
P34FT189 型彩电，无图像，但伴音正常	二极管 VD410 反向漏电	测量 VT401 源极电压为 130V，说明行未启动。测量 IC301 的 12 脚电压为 2.2V 正常，测量 VT301 发射极电压为 3V 且不稳定。检测相关电路，发现 VD410 反向漏电。更换 VD410 后，故障排除
S929TT520 型彩电，不能开机，但指示灯亮	程序存储器 IC5（SST39CF040）内程序错乱	测量开关电源二次输出电压均较低，+B 电压只有 +85V 左右。测量 IC4（T5BS4.9999）18 脚上的 3.3V，IC12 的 3 脚上的 5V 电压，IC950 的 1 脚上的 5V 电压均正常。怀疑是程序存储器 IC5（SST39CF040）内的程序错乱引起的，更换新件后，故障排除
P29FM105 型彩电，启动慢，光栅左右不满幅，有少量干扰点闪烁	存储器 IC602 内软件程序故障	测量 +B 电压及开关电源各绕组输出的电压均基本正常。对行扫描、视放电路进行检查，均未发现有异常现象。怀疑存储器 IC602（24C16）内软件程序故障，更换新的存储器后，光栅恢复正常，故障排除
P29FM296 型彩电，AV1、AV2 工作方式无图像、无伴音	IC801 的 41 脚到 IC806 之间 C810 击穿短路	测量 IC806（HF54052）16 脚上的 5V 电压正常。将 IC806 的 AV1 信号输入与 3 脚输出短接，故障依然存在。该机 AV1、AV2 的输入先经 IC806 切换，然后送入 IC801（TB1274AF）41 脚，而 YUV 信号直接进入 IC801，查 IC801 的 41 脚到 IC806 之间电路，发现 C810 击穿短路，更换同规格的配件，故障排除
P31FM292 型彩电，无光栅、无图像、无伴音	VT401 的 S 极与 G 极之间击穿	测量变频板插件 XS208 的 I^2C 总线 SDA 与 SCL 电压分别为 2.9V 与 3.1V，17 脚上的 3.5V；行驱动电压为 0.3V，24 脚上的 9V 电压，29 脚上的 12V 电压均正常。测量 IC601 的 47 脚上的开/关机电压能在 3.2V 与 0V 之间转换。测量行推动晶体管 VT401 的 S 极与 G 极之间的正反向电阻值均约为 0Ω，测量 VT401 击穿短路，致使行驱动脉冲等效接地。用一只 BSN304 型管更换，故障排除

3.2.3　I、MV、M 系列速修与技改方案

故 障 现 象	故 障 原 因	速修与技改方案
P2598I 型彩电，无光栅、无图像、无伴音	二极管 VD906 的一只引脚虚焊	测量 +B 电压为 0V，测量 TDA16846 的 2 脚、11 脚上的电压均比正常值高。更换新的 TDA16846 后，电源部位有"吱吱"启动声，+B 电压仍然为 0V。检查相关电路，发现 VD906 二极管的一只引脚虚焊，重焊牢固后，故障排除
P2902I 型彩电，工作约 10min 图像下部出现横条干扰	电容器 C464 引脚虚焊	测量场扫描集成电路 IC401 供电电压正常，代换该 IC 无效。检查 IC401 外围的有关元器件均未发现有异常。最后检查电容器 C464，发现一只引脚虚焊，加锡将虚焊引脚焊好，故障排除
P2916I 型彩电，光栅无规律出现亮、暗变化	晶体管 VT502 与电容器 C2482 热稳定性不良	用电烙铁对消亮点电路中的晶体管 VT502 与电容器 C2482 进行加热，可以使故障发生明显的变化。判断 VT502 与 C2482 热稳定性不良，更换新的同规格的配件，故障排除

（续）

故障现象	故障原因	速修与技改方案
P2916I 型彩电，黑屏，有时有 3～6cm 宽的亮带，在屏幕上方 1/3 处闪动	集成电路 IC401 本身损坏	测量场输出电路 IC401（TDA8177F）1 脚上的 0.5V 左右的电压为 -4.5V。检查 IC401 的 1 脚外围的有关元器件均正常，怀疑 IC401 本身损坏，更换 IC401 后故障排除。IC401 的 1 脚为反相信号输入端，该脚电压为负值是该故障的典型特征
P2916I 型彩电，图像向下 10cm 处有 3cm 宽的黑色干扰线，类似行频偏移，产生光栅拉丝	集成电路 IC401 本身损坏	测量场输出电路 IC401（TDA8177F）6 脚上的 13V 左右的电压为 25V，测量 IC401 的 2 脚上的 13V 的电压基本正常。怀疑 IC401 本身性能不良，更换 IC401 后故障排除
P2958I 型彩电，50Hz 隔行、75Hz 隔行模式图像正常，60Hz 逐行模式图像变形	60Hz 模式相关软件数据出错	首先进入 60Hz 逐行显示模式，进入维修状态，发现行、场线性校正项目数据与标准数据相差较大，重新调整，恢复标准数据后，故障排除
P2958I 型彩电，接收 TV 信号有图无声，输入 AV 信号图声正常	存储器内部损坏	进入调整模式。检查工厂调试菜单 4 的声音调整项目数据，基本正确，使检修陷入困境。最后索性将数据存储器 U9（24WC16P）更换后，意外的发现 TV 伴音恢复正常，看来是存储器内部损坏，造成 TV 音频控制故障所致
P2958I 高清彩电，图像偏亮。伴音正常	C65（100pF）、C115（200pF）漏电	检查视频数字处理集成电路 DPTV-MV6720（U1）的 201～204 脚外围元器件。其中，电容 C65（100pF）、C115（200pF）易漏电产生本故障
P2958I 高清彩电。三无，电源部位有"吱吱"启动声	VD906 引脚脱焊	测得 +B 为 0V，TDA16846 的 2、11 脚电压偏高（正常电压分别为 1.5V、1.9V）。该故障常见原因为 VD906 引脚脱焊，因该引脚为空心铆钉
P2958I 型彩电，AV 方式无彩色	C1 内部的视频切换电路不良	测量 AV 输送到 IC1 输入端的视频信号基本正常。测量提供给 IC1 的工作电压也正常，怀疑 C1 内部的视频切换电路不良，更换新的 IC1 故障排除
P2958I 型彩电，AV 方式无声，TV 方式跑台	排阻 RN2 虚焊	检测 IC1 第 165～168 脚与 IC8 的 61～64 脚相连的 4bit 并行数据信号线有开路，排阻 RN2 虚焊，加锡重焊后故障排除
P2958I 型彩电，TV 方式无伴音，AV 方式正常	数据存储器 IC9 损坏或相关软件数据出错	检查 IC101（TDA4472）、伴音声表面波滤波器 Z102（K9450M）、高频调谐器及其外围元器件均正常，各关键点电压也正常。更换 MSP3463G 仍不起作用，检查工厂调整菜单 4 最后一项 DEVIA（提升）项是正常的 47H，怀疑数据存储器 IC9（24WC16P）损坏，更换同型号的配件故障排除，工厂调整菜单 4 最后一项 DEVIA（提升）项的数据变为 00H，也会引起本例故障现象，此时应将其调回正常的 47H
P2958I 型彩电，白屏，亮度偏暗	FB10 变质，电阻值变大	AV 方式输入 DVD 影碟机信号，故障现象一样。测量 IC1 的第 181 引脚上的工作电压，发现电感器 FB10 引脚的一端电压 3.3V，另一端电压只有 1.2V，检查发现电感 FB10 变质，电阻值变大，重换新的同规格的配件故障排除

故 障 现 象	故 障 原 因	速修与技改方案
P2958I 型彩电，彩色时有时无，图像也不稳定	晶体振荡器 Y1 不良	检查高频头与 AGC 电压均正常，声表面波滤波器也无不良现象。更换新的同规格的数字电路板后故障排除。检查数字板电路，发现晶体振荡器 Y1 不良，更换新的频率为 14.318MHz 的晶体，故障排除。电容器 C103 或 C104 损坏时，也会导致本故障
P2958I 型彩电，彩色图像下部拉长，且伴有不均匀黑条干扰	电阻器 R424 开路	测量场输出 IC401（STV9379FA）5 脚上的 0.5V 电压为 -1.5V，6 脚上的 13V 电压为 15V。更换新的 IC401、C420、C473A、C437 无效。最后检查 R424 电阻器开路，更换 1Ω/1W 的电阻器，故障排除
P2958I 型彩电，图像很亮，但伴音正常	电容器 C65 漏电	降低亮度与对比度，图像仍然很亮，更换 IC1（DPTV-MV6720）无效。测量 IC1 的 201 脚上的 0.8V 电压为 1.3V 左右，检查相关电路，发现电容器 C65 漏电，更换同规格配件故障排除
P2958I 型彩电，图像正常，但无伴音	IC9（24C16）数据存储器数据丢失	AV 方式输入 DVD 影碟机的信号，图像与声音均正常。更换 IC101、Z102、IC201 的 62、63 脚间的 18.432MHz 晶体振荡器均无效。怀疑数据存储器 IC9（24C16）数据丢失，重新复制数据后，故障排除
P2958I 型彩电，无图像，但有伴音与字符	IC1 供电电路滤波电感器 FB7 损坏	采用 AV 工作方式输入 DVD 影碟机信号，也无图像。测量 IC1 的 205 脚的 3.3V 电压只有约 2.5V，但测量 IC7 输出的 3.3V 电压正常。检查数字视频处理器 IC1 供电电路，发现滤波电感器 FB7 损坏，由于无同规格的配件，直接将 FB7 短接后故障排除
P2958I 型彩电，无图像，有不规则的"马赛克"彩块	IC17 与 IC18 引脚有虚焊现象	逐点检测 IC1 的数字视频信号输入与输出均正常。检查 IC1 与 IC17、IC18 之间的信号连线，发现有多个引脚之间电阻值很大，已经开路，IC17 与 IC18 引脚有虚焊现象，加锡重焊后故障排除
P2958I 型彩电，只能收一个电台	选台识别信号传送电路晶体管 VT10 的 b-e 结短路	自动搜台图像一闪而过不存储，节目号不随选台而变始终为"1"。测量微处理器（CPU）IC8 选台识别信号输入端 29 脚上的 2.5～4.8V 变化的电压为固定的 4.8V。检查相关晶体管 VT10 的 b-e 结短路，用新的 2SA1015 型管换上，故障排除
P2958I 型彩电，自动搜索选台不存台	VT10 短路	测量 VT10 的 b 与 e 极之间的电阻值近似于 0Ω，测量 VT10 短路，用新的 2SC815 型管更换后故障排除。电容器 C161 开裂、电阻器 R84 损坏、Y1（14.318MHz）不良，也会导致本例故障
P2958I 型彩电，自动搜索有图像，但不进位	ICS 的 29 脚外部电路电容器 C161 开路	测量 ICS（HOT98C02A）的 29 脚上的 4.5～5V 之间波动的电压为不变化的 4.9V 电压。测量 VT10 基极电压也无变化，但 VT8 集电极电压变化正常。检查相关电路发现 C161 电容器开路，复合同步识别信号没有加到 IC8 的 29 脚而引起的故障，更换 2200pF 电容器，故障排除
MV 系列彩电，场扫描异常	工厂菜单 6 中的 V DEFLEC 项目数据说明	应根据不同显示模式选择相应数据：PAL 60Hz、NTSC60Hz、VGA 及 YPbPr 模式设为 120。PAL 75Hz 模式设为 124。PAL 100Hz 模式设为 92

（续）

故障现象	故障原因	速修与技改方案
MV 系列彩电，各种显示模式光栅幅度异常	工厂菜单 6 中的 WIDE H BLANK 项目数据说明	根据不同的显示模式设置相应的数据。PAL 75Hz 模式设为 48，PAL 60Hz、NTSC 60Hz、VGA 及 YPbPr 模式设为 53，PAL 100Hz 模式设为 56
MV 系列彩电，输入模式出错	工厂菜单 7 中的 GREEN GAIN 项目数据说明	应根据输入模式设置相应数据。YPbPr 模式设置为 128，640X480/60Hz/75Hz 设置为 137，800X600/60Hz/75Hz 和 1024×768/60Hz/75Hz 均设置为 141
MV 系列彩电，输入模式出错	工厂菜单 7 中的 GREEN OFFSET 项目数据说明	应根据输入模式设置相应数据。YPbPr 模式设置为 56，VGA（含 640X480、800X600、1024X768 格式）模式设置为 141
MV 系列彩电，无彩色或彩色异常	工厂菜单 1 中的 V SCROLL 项目数据出错	要根据不同模式和不同型号显像管而分别设定。在 PAL 75Hz 模式配北松管时设为 45，配三星管时设为 36，其余模式（PAL 60、PAL 100、NTSC 60、VGA、YPbPr）均为 32
MV 系列彩电，显示模式出错	工厂菜单 7 中的 TDA9883 REG04 项目数据说明	在 YPbPr 模式下设置为 128，在 VGA 75Hz 状态设置为 56，VGA 60Hz 状态设置为 00
MV 系列彩电，信号输入异常，无彩色或彩色异常	MV YC DELAY 工厂菜单 4 中的 MV YC DELAY 数据说明	选择与信号输入种类有关：TV/AV 状态 PAL、NTSC 制设为 05，YUV 状态 PAL、NTSC 制设为 03，S 端子输入状态 PAL、NTSC 制设为 02
P29MV103 型彩电，无光栅、但伴音正常	S 校正电容器 C405 损坏	测量视放的 200V 电压只有 148V 左右，加速极电压只有 152V 左右，均不正常。测量显像管灯丝的 3V 电压正常，用数字式万用表频率挡测量行输出管的 b-e 极的 31kHz 频率正常。直观发现 S 校正电容器 C405 表面发黑出现焦烟状。测量 C405 损坏，更换一只 270nF 的电容器后，故障排除
P2902M 型彩电，"三无"指示灯不亮，有"吱吱"响声	VT406 引脚虚焊	测量行输出管击穿短路，换新件后屏幕行幅小且呈枕形失真。测量 VT406 集电极上 17V 左右的电压上升到 45V 左右。检查相关电路，发现 VT406 引脚虚焊，加锡重焊虚焊的引脚，故障排除
P2905M 型彩电，图像上有一道干扰条，伴音正常	IC102 组件内部损坏	采用 AV 方式输入 DVD 影碟机信号，图像基本正常。测量高频和中频处理组件 IC102（AMT0/2400）使用的 5V、32V 电压均正常，SDA、SCL 总线电压也正常。怀疑 IC102 组件内部有损坏，更换组件后故障排除
P2905M 型彩电，光栅为水平亮带，上部有干扰条	IC440 的 4 脚负电源供电 J411 处铜箔线断裂	测量场输出 IC440（STV9379FA）1 脚电压为 1.4V（正常为 1.5V），2 脚电压为 12.5V（正常为 12V），3 脚电压 43V（正常为 43V），4 脚电压 12V（正常为 -12V），5 脚电压为 -1.1V（正常为 -0.1V），6 脚电压 12V（正常为 12.5V），7 脚电压为 1.3V（正常为 1.5V），显然 4 脚无负电源供电。测量 VD423 输出端输出的 -12V 电源正常，检查 -12V 供电电路，发现 J411 处铜箔线断裂，用导线将断裂处连通，故障排除
P2905M 型彩电，无图像，但有带回扫线的光栅	LM2429TE 损坏，限流电阻 R552 开路	测量显像管三阴极电压 KR、KG、KB 均为 0V。测量 LM2429TE 的 2 输入的电压为 0V。测量该脚与地之间的在路电阻值只有几十欧姆。检查相关电路，发现 LM2429TE 损坏，限流电阻器 R552（47Ω/1W）开路，更换新的配件后，故障排除

故 障 现 象	故 障 原 因	速修与技改方案
P2905M 型彩电，行幅变大、场幅不满	R966 电阻值由 240kΩ 变大为 285kΩ 左右	进入工厂调试菜单，具体方法是：在按压遥控器"菜单"键一次后，在 5s 时间内连续按"回看"键 5 次。调整行幅度可以调至标准，但场幅度始终无法调到满屏。测量 VD950 负极上的 + B（150V）电压为 160V 左右，经查 R966 电阻值由 240kΩ 变大为 285kΩ 左右。更换 240kΩ 的金属膜电阻，故障排除
P2905M 型彩电，图像变成灯笼状，但伴音正常	反馈电路电阻器 R406 开路	进入工厂调整菜单状态，对有关数据进行调整无效。测量枕形失真校正电路中行扫描调制校正点 VD402 负极处的电压为 38V。测量多频行/场扫描信号处理集成电路 IC401（STV6888）24 脚（帧校信号输出端）上的 2.5V 电压正常，检查反馈电路 R406 电阻器开路，用一只新的 270kΩ 金属膜电阻器换上，故障排除
P2905M 型彩电，图像正常，但伴音有"喀喀"的尖叫声	集成电路 IC203 内部自激	AV 工作方式输入 DVD 影碟机的信号，故障依然存在。测量 IC203（TA1343）、IC201（TDA2616）的各级电压基本正常。检查微处理器控制电路与静音电路均正常。怀疑集成电路 IC203 内部自激引起的，更换 TA1343 后故障排除

3.2.4　TG、TM、T 系列机心速修与技改方案

故 障 现 象	故 障 原 因	速修与技改方案
SP29TG 80 彩电，自动、手动均不存台，AV 正常	数字板漏电	快速搜索或者微调可以存台，但几秒钟后就没有图像和声音，黑屏；再微调到原来的频率就能正常收看，检查高频头和调谐电路、存储器电路未见异常。后来查数字板漏电，清洗数字板后故障排除
SP29TG636A 彩电，不定时烧行管	503 晶振不良	将数字板上面的 503 晶振换掉即可
TM 高清机心，不定时断音	R219 未安装或参数不正确	看 R219 是否安装，若没有安装，则安装 6.8 ~ 10kΩ 电阻；若装有 12kΩ 的，则改为 6.8kΩ
TM 高清机心，热机几分钟后黑屏	单芯片虚焊或软件数据出错	查有声音，功能失控，不能换台也不能调节音量；调高加速极电压，呈白板，重新启动可正常一会儿 1. 单芯片虚焊；2. 软件有问题。如果软件无法写入，证明是单芯片虚焊或本身损坏
TM 系列高清彩电，伴音断续	电路设计缺陷	1. 将 C252 改为 10μF/50V；2. 将 C274 改为 100μF/35V；3. 将 C253 改为 2200μF/35V
TM 系列高清彩电，低温不开机	电路设计缺陷	1. 增加二极管 D2（IN4148），正极接 ILP950 的中间引脚；2. 增加稳压二极管 D1（8.2V），负极接 J964；3. 增加电阻 R1（2.2 kΩ），一端接 C964 的接地端；4. 把上述 3 个元器件的另一端接在一起
TM 系列高清彩电，开机后无图像	电路设计缺陷	增加 C269（47μF/35V）
29T83HT 型彩电，开机约 5 ~ 10s 自动保护	R622 电阻值不稳定	测量电阻器 R303 与 R307 连接点处电压在开机时为 12V，保护时为 7V 左右。测量 VT606 集电极电压在 1 ~ 4.3V 之间波动，发射极电压也在 145mV ~ 0.5V 之间波动。经查 R622 电阻值不稳定，更换一只 0.33Ω/2W 的绕线电阻器后，故障排除

（续）

故障现象	故障原因	速修与技改方案
P2902T 型彩电，U 波段节目收不到	"TUNER" 调谐器选择项目数据出错	进入维修模式。按数字 4 键进入菜单 4 中，选择 "TUNER" 调谐器选择项目，发现其项目数据为 "03"，而该机的调谐器为 ETA－SF02，其相应的数据为 "01"，将 "TUNER" 调谐器选择项目数据由 "03" 改为 "01" 后，退出维修模式，U 波段接收恢复正常
P2902T 型彩电，无图像，但伴音正常	电阻器 R409 与 R405 引脚间相碰	测量视放板 KG、KR、KB 三阴极电压分别为 195V、195V、190V，处于截止状态。测量 R、G、B 三基色输入电压分别为 1.9V、1.8V、2.4V 均偏低。测量主板 IBEAM 脚电压为 0V（正常应在 1.5～2V 间波动），IFB 端交流电压也为 0V（正常为 0.2V 交流电压）。测量 IBEAM 脚与地间电阻值为 0Ω，正常正、反向电阻值应为 1kΩ 左右。检查相关电路，发现电阻器 R409 与 R405 引脚间相碰，应将碰接点拨开，故障排除
P2902T 型彩电，行幅大、枕形失真，图像与字符有重影	二极管 VD402 特性不良	测量 VT403 基极电压为 0.4V，集电极电压为 0.02V；XS300 的 20 脚电压为 2.7V；VD403 负极电压为 0V，VT407 基极电压为 2.8V，集电极电压为 0V，发射极电压为 3.4V；VT408 基极电压为 3V，集电极电压为 0.4V，发射极电压为 3.4V。断开 R411 后，测量 VIM02 负极为 45V；VT403 基极电压为 1.2V，集电极电压为 0V，发射极电压为 0V。检查相关电路，发现二极管 VD402 特性不良，更换 BY299 型二极管，故障排除
P2903T 型彩电，无光栅、无图像、无伴音，但电源指示灯闪烁	C941 容量值变小	测量 C923 正极与地间的 +130V 电压在 +50V 左右波动；C930 正极与地间的 +6.5V 电压在 +2V 左右波动；C941 正极与地间的 +15V 电压在 +1V 左右波动。检测相关电路，发现 C941 容量值变小，用新的 2200μF/25V 电解电容器换上，故障排除
P2906T 型彩电，无蓝色	SDA9380 的 57 脚上贴片稳压二极管 VD312 击穿	测量 CRT 蓝枪阴极电压为 200V，测量插件 XS501 的 3 脚电压为 2.2V（正常约为 4V），测量 SDA9380 的 57 脚上的电压偏低，测量该脚在路电阻值也偏低，检查相关电路，发现贴片稳压二极管 VD312 击穿，用新的 8.2V 稳压管更换，故障排除
P2908T 高清彩电，黑屏幕	存储器数据出错	调高加速极电压出现白光栅，证明视频放大电路截止，按遥控器按键有字符显示，但字符暗淡无颜色。输入 VCD 信号有暗淡的图像和伴音，检查数字板的供电正常，手摸各个 IC 烫手，怀疑存储器数据出错，用写有该机心数据的存储器更换后，故障排除
P2908T 高清彩电，开机困难，偶尔开机后，屏上出现马赛克图像，且无伴音	18.432MHz 晶振不良	音效处理电路 MSP3463G（N205）工作异常的可能性极大，多为 N205 的 51、52 脚外接的 18.432MHz 晶振易性能不良，可首先更换

故 障 现 象	故 障 原 因	速修与技改方案
P2908T 型彩电，开机就保护，屏幕上无光栅无图像，扬声器中也无伴音	一是场输出供电限流电阻 R426 开路，整流二极管 VD465 与 STV9379FA 损坏。二是 SDA9380 的 26 脚到 STV9379FA 的 7 脚之间 C462 严重漏电	开机瞬间，测量晶闸管 VS905（3CT453）门极没有触发电压，超高压（E-HV）、"X 射线"保护电路没有动作。测量场输出电路 STV9379FA 的 2 脚（＋V，15V）与 4 脚（－V，－15V）供电电压异常。对 STV9379FA 外围的有关元器件进行检查，发现限流保护电阻器 R426 开路、整流二极管 VD465 与 STV9379FA 均已经损坏。用新的配件换下损坏的元器件后，屏幕上的光栅虽然出现，但在垂直方向压缩，不久又自动关机。对 STV9379FA 外围元器件进行检查，发现其 7 脚无同相激励信号输入，但测量 SDA9380 的 26 脚输出的同相激励信号却正常。对 SDA9380 的 26 脚到 STV9379FA 的 7 脚之间的电路和元器件进行检查，结果发现电容器 C462 严重漏电。用 2200pF 电容换上后，故障排除
P2908T 型彩电，无光栅、无图像、无伴音	行偏转线圈损坏	检查行输出管 VT402 击穿，换新管后接通电源 R036（10Ω/3W）冒烟。拔掉行偏转线圈开机，R436 仍冒烟，代换机心板无效。对偏转线圈和枕形失真校正电路中的主要元器件进行检查，行偏转线圈损坏，重换新件后故障排除
P2908T 型彩电，无光栅、无图像、无伴音，指示灯也不亮	电容器 C448 损坏	检查行输出管 VT402 击穿，换新管后指示灯亮，但黑屏无字符。测量 CRT 板 R、G、B 三枪已经截止，调高加速极电压，有光栅无图像。用万用表"Hz（频率）"挡测量 XS004 插件 27 脚无 32kHz 行频信号，检查相关电路，发现电容器 C448 损坏，重换 1000pF/2KV 新电容器，故障排除
P2908T 型彩电，无光栅但有伴音	接插件 XS802 的 5、6 脚处有一很不明显的异物将两引脚短接	无光栅故障通常与行、场扫描或保护电路有关。接通电源开机，实测主板上的接插件 XS802 各引脚上的电压，发现其 1 脚与 4 脚上的电压相差较大，估计故障与场保护有关。场输出电路由 IC401（STV9379FA）为核心构成，测量 2 脚（V＋）电压为 0.7V（正常值应为 15V），4 脚（V－）电压为 0.1V（正常值应为 －15V）。怀疑 IC401 本身损坏，换新后故障依旧。对电路的连接情况进行检查，发现接插件 XS802 的 5、6 脚处有一很不明显的异物将这两引脚短接。将异物连接点断开并清理干净后，故障排除
P2908T 型彩电，有时不能开机	18.432MHz 晶体振荡器失效	能开机时，图像出现马赛克状且无伴音。测量 IC205（MSP3463G）51、52 脚间晶体振荡器两端上无振荡波形，怀疑 18.432MHz 晶体振荡器失效，更换新件，故障排除
P2919 高清彩电，冷开机图声正常，工作十几分钟后图声消失，屏幕上出现带暗带干扰的雪花噪波点，同时光栅出现左右枕形失真。此时遥控失灵，面板按键可以操作，屏显正常。关机几分钟后再开机又可正常工作，随后故障重现	与总线相关的元器件或组件热稳定性差	此故障有可能是与总线相关的元件或组件热稳定性差，造成总线数据异常，或者是存储器 N602 本身性能不良所致。CPU 工作电压为 3.3V 和 2.5V。其中，N604（LE33）为 N601 的 11、30、44 脚提供 3.3V 电压，N603（LE25）为 N601 的 13、42 脚提供 2.5V 电压。测量 N601 的 11、30、44 脚电压仅为 2.6V，明显偏低，经查 N604 性能不良。应急修理时，可将 N604 拆掉，把两只 1N4007 二极管串联，正极接 N604 的 1 脚（即＋5V 处），负极接原 N604 的 3 脚，此时电压即被降低了 1.4V，再将 3.3V 供电电路上的 L601 取消，用 10Ω、6.8Ω 两只电阻串联代替。为了提高电压稳定性，将原滤波电容 C605（47μF/10V）更换成 470μF/16V

（续）

故障现象	故障原因	速修与技改方案
P3409T 型彩电，出现一条水平亮线，检查场输出电路未见异常	水平亮线开关设置项目出错	水平亮线开关设置项目出错，误入关闭场扫描呈现一条水平亮线状态。由于水平亮线情况下，不能显示调整项目和数据，给软件数据调整造成困难。有两种方法：一是直接更换一支写有厂家数据的存储器；二是根据水平亮线控制项目所在位置，按调整步骤摸索选择该项目，并进行调整。该机的水平亮线控制项目"A LIN"在菜单 2 中的第 3 项，其调整方法与上例相同
P3460T 型彩电，光栅呈水平亮线，有伴音	24C16 存储器损坏	测量 STV9379FA 的 5 脚上 0.4V 电压为 0V。检查 STV9379FA 外围元器件均正常，更换后端电路板无效，怀疑存储器损坏，更换 24C16 新存储器，故障排除
P3460T 型彩电，黑屏，但伴音与字符显示正常	ICI 的 32 脚上的 3.3V 电压供电 FB4 开裂	测量 ICI（DPTV-3D/M）的 32 脚上的 3.3V 电压为 0V。测量 FB4 的一端无电压，一端有电压，经查 FB4 元件开裂，更换新的配件，故障排除
P3460T 型彩电，无图像，有时字符在屏幕上部跳动	集成电路 IC401 引脚脱焊	检查 IC601 的 20 脚外接场脉冲电路正常，IC301 及其外围元器件均正常，最后仔细观察发现集成电路 IC401 引脚脱焊，加锡补焊后故障排除
T 系列高清彩电，工作几分钟后烧行管	V301 性能不良	该机行驱动信号从 N301（SDA9380）12 脚输出，经贴片晶体管 V301 放大后送到扫描板上，由场效应晶体管 V401 进行预放大，最后驱动行管 V402 工作。正常工作时，N301 的 12 脚电压为 2.42V，行预推动管栅、漏极电压分别为 1.25V、36V（断开行管后，D 极电压为 121V）。该系列彩电 V301 性能不良易引发此故障
T 系列高清彩电，开机困难，但开机后一切正常	整流管 VD907 性能不良	由于 VD907 的负荷较重，虽然采用了 3A 的快速恢复二极管 SR360，但性能仍易变劣，建议用两只 SR360 并联。另外，+5V 稳压块 BA05T（N903）为低压差稳压块，不能用 LM7805 替换
T 系列高清彩电，开机三无，指示灯不亮，机内有"唧唧"声，屡损行管	电路设计缺陷	由于屡损行管，按下述技改方法改善 T 型机可靠性：1. 在 C428、C461 处加插 104/63V；2. C464 由 220/100V 改为 474/100V；3. C401 由 0.1μF/63V 改为 1.01μF/50V；4. VD410 两端并联一只 100pF/50V 电容；5. 行管 V402 基极对地接一只 22Ω/2W 电阻；6. N401 的 5 脚对地接一只 1000pF/100V 电容；7. V301 发射极输出脚对地接一只 1N4148 二极管，负极接 V301 发射极，正极接地；8. V301 发射极输出脚对电源接一只 1N4148 二极管，正极接 V301 发射极，负极接 12V；9. 更换 V301、V401、V402
T 系列高清彩电，屡烧场块	电路设计缺陷	在给场块供电的三只限流电阻 R422、R420、R426 前分别串入一只 1Ω/2W 的电阻，并把滤波电容 C429、C430、C426 的容量加大一倍
T 系列高清彩电，无图像，有单色回扫线，无字符或出现花屏故障	扫描格式转换电路故障	多为扫描格式转换电路（主要是集成电路 DPTV-3D/MV）有故障，一般更换接在插座 XS002、XS003 上的组件板即可
T 系列高清彩电，遥控失灵	CPU 遥控输入端内部电路损坏	其原因是人体静电通过本机按键电镀层而损坏 CPU。实修时，除保留按键外露的一小部分电镀层外，其余部分全部除去

故 障 现 象	故 障 原 因	速修与技改方案
T 系列高清彩电，一条水平亮线	存储器故障	此故障可能是工厂菜单 2 中的 A LINE 项（水平亮线设置）数据错误（此项有 ON、OFF 供选择，正常应设为 OFF）或存储器不良引起的。检修时，先换上一只写有原始数据的存储器一试。在找不到写有原始数据的存储器时，可将原机存储器作为母片，重新复制一个存储器上机观察，若故障排除，说明原机存储器不良
T 系列高清彩电，有伴音，无光栅	多为场扫描电路工作异常致使保护电路动作所致	首先检查场扫描正、负供电电路 R420、R426、VD405、VD406、R422、VD404 是否正常，然后检查场输出块 STV9379（V401）是否正常
T 系列高清彩电，有伴音，无图像，有很亮的白光栅	贴片电容开焊或损坏	视放板上的贴片电容 C505 ~ C507 开焊或损坏，可换用 10pF/50V 的瓷片电容

3.2.5 ST、S 系列速修与技改方案

故 障 现 象	故 障 原 因	速修与技改方案
P25ST390 型彩电，屏幕两边出现黑条	R491 耦合电阻值变大	测量 IC31（TB1306FG）的工作电压基本正常。测量 IC31 的 10 脚（行消隐信号输入端）上的消隐信号幅度偏小，经查 R491 耦合电阻值变大，用一只 470Ω 电阻换上后，故障排除
P25ST390 型彩电，图像暗	IC31 的 43 脚内部电路局部有短路	测量 IC31（TB1306FG）43 脚（自动亮度限制）输入的电压偏低。焊开 IC31 的 43 脚，测该脚对地之间的电阻值偏低。经查 IC31 的 43 脚内部电路局部有短路，更换配件后，故障排除
P28ST319 型彩电，无法开机	IC22 内部局部损坏	代换程序存储器 IC30 后，可以开机，但无图像。测量排阻 RN3 的 1 ~ 8 脚的对地电阻值均大于正常值。测量 IC220 的 13 脚上的 5V 电压为 4V 左右，偏低。经查 IC22 内部局部损坏，更换同规格的配件后，故障排除
P29ST216 型高清彩电，每次冷机能够开机，图像声音都正常，但是开机一段时间后就自动关机，等机器稍微冷却后又可以重新开机	微处理控制器 U23（M30622SPGP）的 39 脚 +5V 供电电阻 R313（47k）不良	当自动关机后测量微处理控制器 U23（M30622SPGP）的开机/待机控制脚的电压为待机状态，看来自动关机由微处理器执行。检查 U23 的三个工作条件正常，测量各被控集成电路的总线端口的电压值也都正常，更换数字板试机，自动关机的现象不再出现。对数字板进行维修，补焊微处理器 U23（CPU）引脚，故障依旧，最后测量 U23 的 39 脚 +5V 供电电阻 R313（47k）时发现，其阻值跟标识值明显有差别，并随着烙铁对其加热的温度升高而变大。将此电阻换新后，故障彻底排除
P29ST217 型彩电，开机有声音，然后自动关机	二极管 VD57 与电阻器 R492 之间开路	测量 U31（TB1306FG）的 6 脚输入的 3.3V 电压只有约 0.5V。测量电阻器 R492 两端的电压均为 9V，而正常时，其有一端应为 3.3V。经查二极管 VD57 与电阻器 R492 之间开路，将开路点连接好后，故障排除

（续）

故 障 现 象	故 障 原 因	速修与技改方案
P29ST281 型高清彩电，刚开机时感觉有高压，在刚有伴音时就自动关机	TB1306FG 各电源供电电路中，R492 与稳压管 D57 之间铜皮有断裂开	断开负载首先测量开关稳压电源的各组输出电压，都正常，检查保护电路也没有发现任何异常情况，于是判断故障点可能是在行场扫描处理电路 测量 TB1306FG 行场扫描处理电路各电源供电脚电压，发现逻辑电路供电第 6 脚电压接近 0V，而此脚的正常电压应该有 3.3V。检查相关供电电路三端稳压块 N952（7809）、排插 XS01 的 19 脚、电感 FB50、电阻 R492（62011）、3.3V 稳压管 D57，发现电阻 R492 与稳压管 D57 之间铜皮有断裂开路。用连线将其两端直接相连后，图像、声音均恢复正常，故障排除
P29ST386 型彩电，接通电源无光栅、无伴音，而后自动关机	存储器 IC24 的 5 脚电容器 C275 漏电	测量微处理器控制系统电路的工作电源电压基本正常，测量 IC24（24C32）存储器 5 脚（SDA 端 1）与地之间的电阻值偏低。检查相关电路，电容器 C275 有轻微漏电，用一只 100pF 的电容器换上后，故障排除
P29ST386 型彩电，无光栅、无图像、无伴音	行输出变压器损坏	检查行输出变压器发现其磁心处有电弧痕迹。测量行输出管 VT402 已经击穿短路。检查相关电路，行输出变压器损坏，更换同规格的配件后，故障排除
P29ST386 型高清彩电，开机有光栅却没有图像	视频数字处理器 SVP-EX11 因引脚虚焊、短路或 U22（49F9T5K）内部电路损坏	分别输入 CATV 信号和 AV 视频信号试机，均无图像，说明故障范围是在图像公共处理电路。该机的视频数字处理器 SVP-EX11 常因引脚虚焊、短路等造成黑屏、无图等故障。补焊后，故障排除。仔细检查各引脚，没有发现虚焊、短路的情况。重新补焊各引脚后试机，故障依旧。随后，只好用电阻测量法逐个检测各相关测试点，当测排阻 RN3 时发现其 8 脚的对地阻值偏大，测量此脚的电压只有 3.8V（正常电压为 4.8V 左右）。将其拆下测量电阻值是正常的，顺电路往前测量电子切换开关 U22（49F9T5K）13 脚电压也偏低。查相关资料得知，从微处理控制器 M30622SPGP 的 42 脚输出 RD 控制信号。经 U22 处理后从其 13 脚送入视频数字控制器 U1（SVP-EX11）170 脚，以控制内部的视频信息读写。检测微处理控制器 RD 信号输出端电压是正常的。故怀疑是 U22（49F9T5K）内部电路损坏，将其更换后试机，测排阻 VN3 的 8 脚电压恢复正常，其图像也恢复了正常，故障彻底排除
P29ST386 型高清彩电，开机有光栅却没有图像	切换开关 U22（49F9T5K）内部电路损坏	补焊视频数字处理器 SVP-EX11 引脚无效，用电阻测量法逐个检测各相关测试点，当测排阻 RN3 时发现其 8 脚的对地阻值偏大，测量此脚的电压只有 3.8V，切换开关 U22（49F9T5K）13 脚电压也偏低，正常电压为 4.8V 左右。检测微处理控制器 RD 信号输出端电压是正常的，怀疑是 U22（49F9T5K）内部电路损坏，将其更换后试机，测排阻 VN3 的 8 脚电压恢复正常，其图像也恢复了正常，故障彻底排除

故障现象	故障原因	速修与技改方案
P29ST386 型高清彩电，开机指示灯亮，按面板按键或遥控器待机键都不能开机	存储器数据出错	测量待机控制电路，测微处理控制器 U23（M30622SPGP）71 脚 STBY 电压为待机状态，按遥控器的待机键和面板的"节目加/减"键，此脚电压均无变化。检测微处理控制电路的供电、复位正常，代换晶振 Y4（10MHz）无效。怀疑存储器问题，但用同机型存储器试机，仍然开不了机。查看康佳高清 CRT 彩电 ST 系列 P29ST281 机型电路原理图得知，微处理控制器 M30622SPGP 所集成的程序存储器是采用外置的 SST29SF040 快闪存储器，而根据以往的维修经验，此程序存储器出问题较多，引发的故障通常是不开机、自动关机等，于是用同规格同数据的 SST29SF040 换上后试机故障排除
P29ST386 型高清彩电，自动搜台后不记忆	存储器软件数据出错，或更换的存储器数据与原机型不符	根据以往的维修经验判断该故障与数据存储器有关。找了几块新的数据存储器代换试机，分别再现了"不开机"、"黑屏"、"自动关机"、"无菜单"等不同的故障。究其故障的根本原因是：康佳 ST 系列彩电的数字板有多种软件版本，按照 CRT 的显示格式（即 4：3 和 16：9 显示格式）分别有两种不同的软件版本；按照 CRT 厚度（高清管与超薄管）又有两种不同的软件版本等。更换数据存储器必须采用同机型同规格同数据的存储器。ST 数字板上根据程序存储器 U30（SST29SF040）的软件版本不同而有规律地都贴有一个小小的标签纸，有的标签纸是英文字母加数字（如 1T61200、AK5200、G61200 等），有的标签纸只有数字（如 65003、556230 等），前者在代换时只要标签纸前面的英文字母相同，就可以直接代换 24C32 数据存储器，后者在代换时只要标签纸的第一个数字相同，即可直接代换。另外，还有一种是标签纸只有数字板应用机型，此标签贴在排插 XS07 旁边或视频数字处理器 U1（SW-EX11）的上面，这两者之间是不能直接代换的
P29ST390 型彩电，开机不久就自动关机	3.3V 稳压二极管 VD57 引脚虚焊	接通电源试机，发现当屏幕亮后就关机，但开机瞬间有伴音。测量行场小信号处理集成电路 IC31（TB1306FG）6 脚上的 3.3V 电压只有约 0.3V。检查相关电路，发现稳压二极管 VD57（3.3V）的一只引脚虚焊，加锡重焊后，故障排除
P29ST390 型彩电，无光栅、无图像、无伴音	集成电路 IC22 内部损坏	测量 VT960 基极为高电平，处于饱和状态，测量微处理器 M30622SPGP 的 11 脚电压在按遥控器上的"频道 +/−"键时也不变化。测量排电阻 RN3 的 8 脚上的 4.8V 电压为 3.5V 左右。测量 IC22（49F9T5K）13 脚上的电压也偏低，但测 M30622SPGP 的 42 脚电压正常。检查相关电路集成电路 IC22 内部损坏，更换一块同型号的集成电路后，故障排除
P29ST390 型彩电，遥控失效，键控功能错位	滤波电容 C588 不良或微处理器 IC23 的 92 脚外接的 R302 阻值变大	测量存储器 IC24（24C32）的总线电压波动较大。更换一只 24C32 型存储器后，故障依然存在。检查相关电路，滤波电容器 C588 不良，用一只 1000pF 电容器换上后，故障排除。微处理器 IC23（M30622SPGP）的 92 脚外接的 R302（100Ω）电阻值变大后，也会导致遥控功能失效，且该电阻器属于易损件

（续）

故 障 现 象	故 障 原 因	速修与技改方案
P30ST319 型彩电，图像上下抖动	滤波电感器 L2 电阻值变大	重换新的 IC1 后，图像可以稳定，但屏幕底部出现一条亮线。测量 IC31（TB1306FG）46 脚电源电压输入端 5V 电压为 0V，检测相关电路，滤波电感器 L2 电阻值变大，用一只 100uH 电感器换上后，故障排除
P32ST319 型彩电，图像暗，泛白一段时间才变亮	R625 的电阻值不稳定	测量 IC32（P15V330A）16 脚（工作电压输入端）上的 5V 电压偏低。测量耦合限流电阻器 R525 的一端 5V 电压正常，而另一端电压偏低。检查相关电路，发现 R625 的电阻值不稳定，用一只 47Ω 电阻换上后，故障排除
P34ST386 型高清彩电，图像偏绿色	数字板的 KGB 视频、行场扫描处理电路 U31（TB1306FG）内部损坏	通电试机，观看屏幕是满屏的偏绿光栅，且随图像亮度变化，初步判断故障范围可能是在视放电路或 ABL 自动亮度限制电路。检查视频输出电路和视频处理电路，检测数字板电路输出的红、绿、蓝（R、G、B）三基色信号，测其电压分别是 2.3V、4.5V、2.3V 左右，其中绿（G）基色信号的电压明显偏高，检查与它相关的输出电路没有发现异常。则判定故障原因是数字板的 KGB 视频、行场扫描处理电路 U31（TB1306FG）内部损坏。将其换新后开机，图像、光栅的颜色都恢复正常，不再偏色，故障彻底排除
P34ST390 型彩电，换台后无图像或图像不良	耦合电容器 C191 引脚虚焊	采用 YPbPr 方式输入高清晰度数字信号，图像正常。TV 信号是从主板与数字电路板的连接插座 XS02 的 9 脚进入数字电路板的，故这部分信号通路不良，均会导致本例故障。测量 IC1 集成电路的供电电压基本正常，测量耦合电容器 C191 有一只引脚虚焊，重焊后，故障排除
P34ST390 型彩电，无光栅，但伴音正常	稳压二极管 VD58 击穿短路	测量数字电路板上的各种供电电压基本正常。测量数字电路板与主板连接插座 XS02 的 29 脚（HBLK）上的 0.5～0.8V 电压为 0V。检查相关电路，稳压二极管 VD58 击穿短路，更换同规格 VD58 后，故障排除
SP29ST391 型超薄电视，图像场幅不满，只显示下半部	数字板上的场扫描处理电路 U31（TB1306FG）24 脚场扫描滤波电容 C622 虚焊	测量场输出集成电路 TDA8177 各脚的电压没有明显的偏差，更换场块后试机，故障现象依旧。更换同机型同规格的数字板后开机，场幅恢复正常。检查数字板上的场扫描处理电路 U31（TB1306FG）及其外围电路，其 22 脚是 V – OUT 场扫描信号输出脚；23 脚是 V-AGC 场扫描 AGC 滤波脚，为场斜升波信号进行增益控制，外接电容器 C625（0.47μF）到地，用总线可以控制 V-AGC 的增益；24 脚是 V-RAMP 场扫描滤波脚，外接电容器 C622（0.47μF）到地，以产生场斜升波。检查场扫描滤波电路，测量滤波电容 C625 没有异常，在测滤波电容 C622 时发现其中有一焊脚虚焊，补焊后试机，故障排除

故障现象	故障原因	速修与技改方案
SP32ST391 型高清彩电，开机后有伴音，当屏幕中间刚出现光栅时就自动关机	TB1306FG 的 25 脚软启动和软停止电容器 C620（0.1μF）容量减少	检查行输出电路未见异常，判断行场扫描处理电路 TB1306FG（U31）故障，用同规格同型号的数字板代替后试机，故障消失。对数字板进行维修，测量 TB1306FG 供电端 17、33 脚电压都是正常的 8.9V 电压；测逻辑供电端 6 脚的电压为 3.3V（正常）；检查行逆程脉冲（FBP）输入电路的 D58（9.1V）、R491（10k）等器件正常，更换 TB1306FG 故障依旧。查看 TB1306FG 相关的资料得知，其中 25 脚为软启动和软停止，接一个电容器 C620（0.1μF）到地，而此电容的大小直接影响占空比，影响机器的软启动或软关机。将 C620 电容拆下测量，容量明显减少，换新后开机，图声恢复正常，自动关机故障排除
ST 系列彩电，伴音正常，图像亮度偏暗	行场扫描处理器 U3I（TB1306FG）内部损坏	关于图像亮度偏暗的故障本机型通常有三种情况：1. 加速极电压形成电路故障，如行输出变压器损坏或加速电容器失效等，导致加速电压偏低，即出现亮度偏暗；2. 显像管本身老化或内部器件损坏；3. ABL 自动亮度限制电路有故障 本机检查上述电路未见异常，更换数字板后开机图像恢复正常。将拆下的数字板装在维修台专用试机的电路板上检测，当测量 RGB 视频、行场扫描处理器 U3I（TB1306FG）ABL 自动亮度限制和 ACL 自动色度限制输入脚 43 脚电压时偏低，逐个检查 ABL 控制脚外围电路相关元器件，没有发现异常，判断 TB1306FG 内部的亮度处理电路有短路故障，更换新的器件后试机，图像恢复原来的亮丽，故障排除
ST 系列彩电，有图像和伴音，但图像水平幅度不满	TB1306FG 行消隐脉冲（FBT）输入 10 脚外部电阻 R491 的阻值变大	首先试进入工厂调试菜单，选择 FACTORY（DDP）菜单的第 6 项，即 HS/ZE 行幅调整，其基准值是 2FH，调整该项目数据行幅度没有变化。接着检查行逆程电容 C402～C404 等正常。检查数字板上的行场扫描处理电路 TB1306FG 相关的脚位电压及其相关的外围电路，发现行消隐脉冲（FBT）输入 10 脚的电压有偏差，检查由行输出变压器的 10 脚经电阻 R417、R418、R491、D58 的 FBT 电路，电阻 R491（470Ω）的阻值变大，即引起行消隐信号过小，导致行幅黑边，将其换为新的器件后行幅恢复正常
P2971S 型彩电，面板及遥控按键均无效，有时按面板按键会自动关机	18V 稳压二极管 VD915 漏电，引发保护	测得 N104 的 5、6 脚的电压分别为 3.7V、2.7V，与正常值（均为 4.9V）相差较远。N103 的 6 脚为保护检测端，外接 ABL 及灯丝电压检测电路。断开 N103 的 6 脚外部 V948 的发射极试机，面板及遥控按键恢复正常。检查发现，18V 稳压二极管 VD915 有近 60kΩ 的漏电电阻，换新后故障排除。正常时，N103 的 6 脚电压为 4.8V。若因某种原因导致高压过高或 X 射线剂量超标时，V909、V948 导通，N103（6 脚电压降至 1.2V），N103 的 7 脚输出关机指令（低电平），整机进入保护待机状态

（续）

故 障 现 象	故 障 原 因	速修与技改方案
P2971S 型彩电，无光栅，黄色指示灯亮	VCT3803A 的 31 脚外部 VD416、VD418 漏电不良	测量显像管灯丝电压正常，提高加速极电压，出现带回扫线的白光栅，说明视放电路截止。检查相关电路发现 VCT3803A 的 31 脚电压几乎为 0，测量外部电路元件未见异常，实验更换稳压二极管 VD416、VD418 后故障排除
P2971S 型彩电，指示灯由红色变为橙色，黑屏幕	存储器内部损坏	转换为 AV 状态时，屏幕的左边为白色，右边为黑色。更换一个写有厂家数据的存储器 24WC16 后，图像出现，但光栅几何失真。先按用户遥控器"菜单"键，待屏幕上显示主菜单"图像、声音、节目、功能"等字符时，再按 5 次"回看"键，进入工厂调试菜单。对光栅几何失真项目进行适当调整后，按"0"键，再按"回看"键，退出维修模式，故障彻底排除
S 系列高清彩电，黑屏，但能听到高压启动声	X 射线保护二极管 VD915 性能不良	X 射线保护二极管 VD915（18V 稳压管）性能不良是本故障的常见原因。另外，VD915 损坏后还会产生遥控、面板操作失效而图像正常的特殊故障
S 系列高清彩电，黑屏，调高加速极电压，屏显一条水平亮线	存储器损坏	换用空白 24C16 存储器后，将第 3 个维修调整菜单中的第一项 MSPUSED（声音处模块选择）由"YES"改为"NO"，并调整光栅几何方面参数即可
S 系列高清彩电，开机困难，能开机后，图像正常，但伴音声小	晶振 Z201 不良	更换 MSP3463G 的 62、63 脚外接晶振 Z201
S 系列高清彩电，开机指示灯由红色变成橙色，黑屏。置于 AV 状态时，屏幕右边黑	存储器损坏	此故障系存储器损坏所致，更换 24C16 存储器，并调整菜单 1-2 中的光栅几何失真参数，使光栅正常即可。另外，也可换上一块写有同机型数据的 24C16 存储器
S 系列高清彩电，图像上有白色带状干扰条，部分台轻微，部分台严重	频率合成式高频头损坏	更换与之型号相同的高频头
S 系列高清彩电，无图、无声、无字符，但屏上有带回扫线的暗光栅	二极管 VD104 漏电	测得 VCT3803A 的 37 脚 RGB 静态检测端电压为 2.9V，远高于正常值 0.25V，该脚与 +5V 相连的二极管 VD104 易漏电
T2926 型彩电，开机后图像逐渐变亮，变为回扫线白屏，伴音正常	二极管 VD104 漏电	VCT3801A 的 37 脚黑电流检测端外接二极管 VD104 漏电
T2973S 型彩电，更换写有原厂数据存储器，开机黑屏幕	声音制式设置项目数据出错	进入工厂调试菜单，先将菜单 3 中的"Mspused"设为"NO"，菜单 4 中的"Audio Subcarrier"调整为 6M、6.5M，"Audio only"调整为"Yes"，按"0"键，再按"回看"键，退出维修模式后，按"声音"键，将"M"制式改为"D/K"制式，黑屏幕故障立即消失，图像和伴音再现。再次进入维修模式，将图像和光栅调整到最佳状态后，故障排除

故 障 现 象	故 障 原 因	速修与技改方案
T2973S 型彩电，黑屏幕，无图像	"MSPUSED"声音处理模块选择项目数据出错	进入维修模式，进入第 3 个调整菜单，选择第一个项目"MSPUSED"声音处理模块选择项目，将其数据由"YES"改为"NO"，图像出现，退出维修模式，故障排除
T2973S 型彩电，无伴音或收看中图像漂移，伴音不良，甚至无图无声	AGC 滤波电容 C117 失效	中放块 STV8223B（N101）22 脚外接 AGC 滤波电容 C117（1μF/50。钽电解电容）失效
T3473S 型彩电，图像声音正常，但图像底部压缩	N401 损坏和 R912 阻值变大	首次进入软件数据调整状态，对场幅度、场线性、场中心进行调整无效。检测场输出的正负供电电压，正电压为 13.5V，负电压仅为 -6.2V，正常时为 -14V。测量负电压整流滤波电路未见异常，变换场输出电路 N401，还有些场压缩，测量 C946 的两端电压为 7.5V，检查该电压相关电路元件 C946、C937、VD912、R912，R912 阻值由 0.33Ω 增大到 27.5Ω
T3473S 型彩电，图像和伴音正常，在屏幕的中下部有四五根干扰线	N401 的 5 脚外部 R424（1.5Ω）开路	将 TV 信号切换到 AV 输入信号，故障依旧。其故障原因有： 1. 开关电源各个电压输出端滤波电容器失效； 2. 行输出电路输出的各路电压滤波电容器失效； 3. 行振荡电路滤波电容器不良或行输出变压器不良； 4. 场振荡及场输出电路元器件变质。该例是 N401 的 5 脚外部 R424（1.5Ω）开路
T2173S 型彩电，图像正常，伴音中有"沙沙"声	自动增益滤波电容 C117 失效	中放集成电路 STVS223B 的 22 脚外接的自动增益滤波电容 C117（1μF）失效

3.3 海信高清彩电速修与技改方案

3.3.1 HISENSE、HY60 机心速修与技改方案

故 障 现 象	故 障 原 因	速修与技改方案
HISENSE 或 ASIC 高清机心 HDP2919CH 型彩电，不定时的烧行管	电阻器 R417 热稳定性不良	断开限流电阻器 R810 的任一脚，在 +B 端接上 100W 灯泡作假负载，长时间监测 +B 的 133V 电压一直稳定。测量行推动管 VT402 集电极电压为 14.5V，略偏低。检查发现 R417 表面变色，热稳定性不良，更换一只 20Ω 电阻器后，故障排除
HISENSE 高清机心，无图像有伴音，图像枕形失真	电路设计缺陷	TDF2988、TDC3488、ETV-2988、TDF29001-3D、TDF2900 机型，无图像有伴音，且确认为视放消亮点电路故障时，将 R100 由 3.3kΩ 改为 2.7kΩ。为方便维修，也可直接在 R100 上并联背焊一只 15kΩ 电阻。若枕校电路中的晶体管 V461、V462 损坏，应更换 2SC1627A6Y 型晶体管，不能选用 C1815 型晶体管
HISENSE 高清机心 HDP2902G 彩电，不开机	行逆程电容 C411 不良烧焦	行逆程电容 C411（蓝色瓷片电容）质量不好，烧焦损坏。该情况在海尔、创维等部分彩电中也有出现

（续）

故 障 现 象	故 障 原 因	速修与技改方案
HISENSE 高清机心 HDP2967 高清彩电，图像抖动，抖动数秒后烧行管	采样电路中的 20kΩ 可调电阻接触不良	正常时 +B 电压为 135V，但故障时 +B 电压瞬间上升，原因是开关电源采样电路中的 20kΩ 可调电阻接触不良，更换后故障排除
HISENSE 机心 HD2967 彩电，画面偏色	数字处理块无正常的 RGB 信号输出或 TB1306 的 RGB 混合电路有故障	偏色有可能是数字处理块无正常的 RGB 信号输出，或 TB1306 的 RGB 混合电路有故障。也可能在 Y 板上。测 HTV180 的 126、130、134 脚输出 RGB 电压应为 0.27V 左右，如果正常，可测 TB1306 的 34、36、38 脚输出 RGB 是否均有 2.5V 左右电压。如果不正常，查 TB1306，否则查 LM2451
HISENSE 或 ASIC 高清机心 HDP2978M 型彩电，无光栅、无图像、无伴音	集成电路 IC701 内部局部短路	检查熔断丝熔断且管内发黑，测量两只整流二极管击穿短路。更换新件后，仍不能开机，指示灯闪烁。测量解码板插座供电端上的 8V 电压只有 6V，5V 电压只有 4V 左右。断开 IC701（TDA7439）3 脚（供电输入端）后，8V 电压恢复正常。判断 IC701 内部局部短路，更换 TDA7439 集成电路后，故障排除
HY60 机心 HDP2969N 型彩电，不能开机，指示灯闪烁	存储器 IC103 内部数据出错	测量 HTV180 的供电、复位与晶体振荡器引脚上的电压均基本正常。测量 HTV180 的 43、45 脚上的总线电压均为 0V，断开存储器 IC103（24C16）的总线引脚，上述的总线电压恢复正常。怀疑存储器 IC103 内部数据出错，更换一块写入数据的新配件后，故障排除
HY60 机心，TV 无图、AV 正常	LA75503 组成的中放电路故障	将 AV 视频信号短接到插座 XS501 的 17 脚，此时图像正常。确认由 LA75503 组成的中放电路有故障。检查 LA75503 与 TV 信号处理有关的电路：23 脚 AGC 调整、21 脚滤波，15 脚 AGC 滤波、14 脚 AGC 输出，13 脚去 CPU 的 AFT，8、9 脚 VCO，6、7 脚中频锁相环滤波，其次是调谐器
HY60 机心，播放高清信号时，16∶9 图像不能全屏播放	软件数据出错	只有在高清信号源切换到 480P 的时候才能进行全屏显示。使用用户遥控器，选中声音菜单项中的"平衡"项，输入密码 0532 进入工厂调试模式，再按菜单键切换菜单，进入几何调整菜单，调节"HIT"项，把图像调整到满屏状态，同时调节内枕校"DPC"项后，关机退出即可
HY60 机心，场幅异常	场扫描电路异常	场输出电路或场振荡电路工作异常引起。查 TB1306 的 22～24 脚外部元器件，同时查 STV9378A 场输出电路组成的电路
HY60 机心，任何节目均花屏	以 N108 与 HTV180 组成的变频电路有故障	检查指令、地址、数据通道、网络电阻、过孔等
HY60 机心，无伴音	音频信号处理或伴音功放电路有故障	将 TDA75503 的 24 脚音频信号或 AV 端子音频信号短接到功放 TDA7495 的 1、5 脚外接电容 C634/C635 端。如果伴音不正常，说明功放有故障，否则故障在数字板的音频切换电路 114 处 注：TDA7495 功放电路正常工作要求：9、10 脚之一不能为高电平。3 脚随音量控制时应有变化。正常时：7 脚电压应有 12V 左右的电压，9、10 脚应为 0V。TDA7495 与 TDA7495S 不能互换

（续）

故障现象	故障原因	速修与技改方案
HY60 机心 HDP2568D 型彩电，不能开机	电源电路 IC501 相关电路 R506 电阻值变大	测量开关电源 +B 电压为 0V，断开行供电 R510 的引脚，+B 电压仍为 0V。测量 C510 正极上的约 305V 的电压正常，测量电源电路 IC501 的 3 脚上的 18.5V 电压只有约 10V 且来回波动，5 脚上的 6V 电压只有 1V，查相关电路发现 R506 的电阻值变大为 31kΩ 左右，更换一只 10Ω 电阻后，故障排除
HY60 机心 HDP25R69 型彩电，图像行幅变大	采样电路中的 R532 阻值变大，导致电源输出电压升高	测量开关电源电路 135V 的 +B 电压上升到 146V 左右。测量采样电路中的各个元器件，发现 R532 电阻值已经变大为 145kΩ 左右，导致电源输出电压升高。用一只 120kΩ 的金属膜电阻更换 R532 后，故障排除
HY60 机心 HDP2833D 型彩电，图像枕形失真	枕形失真校正电路多个元件损坏	测量枕形失真校正电路的工作电压基本正常，测量调制二极管 VD407 击穿、枕形晶体管 VT401 损坏、电感器 L404 表面有烧焦的痕迹，更换损坏的元器件后，故障排除
HY60 机心 HDP2869N 型彩电，只有屏幕上面有偏绿的图像	三端稳压器 IC107（L7805）损坏漏电	测量 TB1307 的 17 脚与 33 脚上的 9V 电压基本正常，6 脚上的 3.3V 电压也正常，但 46 脚上的 5V 电压上升到 7.5V 左右。测量 IC107（L7805）输入端的 9V 电压正常。但输出的电压上升到 7.5V 左右，判断集成电路 IC107 损坏，更换配件后，故障排除
HY60 机心 HDP2908N 彩电，不能开机	开机测插座 XS501 的 69 脚电平没有变化说明控制系统未工作	1. 查电源提供的 N541 输出 5V-1；2. 查数字板 DC 转换块 N110 输出两路 3.3V，N104 输出另一路；3.3V，N105 输出 1.8V；3. 替换用户存储器 N103（24C16）及复位块 N101、时钟振荡晶体 G100（24MHz）；4. 查 HTV180 与 FLASH 块 N106 间的电路
HY60 机心 HDP2908N 型彩电，无伴音，但图像正常	IC602 的 7 脚上的相关电容 C633 严重漏电	测量 IC602（IDA7495S）13 脚上的 25V 电压正常，1 脚与 5 脚上的 10.5V 电压也正常。测量 IC602 的 7 脚上的 10.5V 电压为 0V。检查相关电路发现 C633 严重漏电，用一只 470μF/16V 电容器换上后，故障排除
HY60 机心 HDP2976X 型彩电，屏幕出现高亮度回扫线	LM2451 内部损坏	测量 IC501（LM2451）的 12 脚上的 200V 电压为 0V。测量 IC501 的 12 脚与地线之间的电阻值很小，怀疑 LM2451 内部损坏，更换一块 LM2451 集成电路后，故障排除
HY60 机心 HDP2976 彩电，烧行管	行频不稳定、行输出电路元器件变质或行推动激励不足	查 TB1306AFG 的 8 脚晶体及脚上的电容，查 15、16 脚频率设置电阻，查 7 脚行鉴相元器件及更换 TB1306
HY60 机心 HDP2976 型彩电，工作一段时间后图像左右各出现一块彩斑	晶体振荡器 G100 不良	将故障机的大板安装到同型号的机器的 CRT 上，故障也会出现，上面原机 CRT 正常。检查主芯片 HTV180 组成的电路，未发现明显的异常现象，怀疑晶体振荡器 G100 不良，更换一只 24MHz 晶体振荡器后，故障排除
HY60 机心 HDP2988N 型彩电，黑屏，无伴音	集成电路 IC114 内部局部短路	测量 TB1307 的 26、27 脚上的 4V 总线电压偏低。断开高频头总线引脚，总线电压仍偏低，但断开 IC114（TDA7442D）总线外接的 R218 与 R219 电阻后，总线电压恢复正常。怀疑 IC114 集成电路内部局部短路，更换新的配件后，故障排除

（续）

故 障 现 象	故 障 原 因	速修与技改方案
HY60 机心 HDP29S69 型彩电，不能开机，指示灯亮	晶体振荡器 G801 不良	检查发现行输出管 VT403 击穿短路，更换新件后，断开行电路接上假负载，测量 + B 的 130V 电压正常。检查 TB1307 的工作电压基本正常，怀疑晶体振荡器 G801 不良，用一只 500kHz 的晶体振荡器换上后，故障排除

3.3.2　GS、MST 机心速修与技改方案

故 障 现 象	故 障 原 因	速修与技改方案
GS 二代高清机心 HDP2911GB 型彩电，不能开机，红色指示灯闪烁	集成电路 IC701 内部损坏	测量 + B 的 130V、伴音功放供电 28V 电压均正常。测量 FL18120 的 10 脚上的 4.8V 复位电压正常，但测量 IC403（Z4L32-SN）的 SDA 端电压在 1.3V 左右波动。断开 IC701（LV1117）的 24 脚（SDA 端）后，总线电压恢复为正常的 4.5V，判断 IC701 内部损坏，更换新的配件后，故障排除
GS 高清部分彩电，更换解码板后，出现 U 段搜台异常问题	更换的解码板中的存储器数据与主板上高频头不匹配	后期部分 GS 机心电视机，将高频头由 jS-5A/1236HS 更换为 JS-5WA/1236HS，这样需要加入 ROM 校正数据。而该机的存储器设计在解码板上，所以出现了更换的解码板中的存储器数据与主板上高频头不匹配，导致搜台异常。此时，只要更换写入相应数据的存储器即可解决
GS 高清机心，开机有行启动的声音，但无图像，指示灯快速闪紫光	存储器数据出错	开机过程中微处理器没有从存储器中读取准确的信息，可能是总线系统故障或 N4.3 数据出错。在存储器数据出错或更换了空白存储器时，可在指示灯闪烁时，输入两遍"8125"，对存储器进行初始化，等待约半分钟后再关机，重新开机即可恢复正常
GS 高清机心 HDP2911H 彩电，开机无拉幕	软件数据出错	在日历状态下，输入 5147 进入总线状态，连续按压菜单键可进入不同的调试选项，再进 AEEPROM 菜单，选择 0AB 项，将该项数据改为 FE，再选到第四行进行更改确认操作
GS 或 MST 机心，在 TV/AV/HDTV 状态下图像左右晃动，呈 S 形扭曲	电路设计缺陷，更改电路	HDP2907M、HDP2910、HDP2911H、HDP3411G 等机型，将电阻 R814 改为 220Ω/0.5W，电阻 R824 改为 100Ω/0.5W，电容 C821 改为 220nF/100V，在电阻 R815 两端背焊电容 100nF/250V（此项可以根据实际情况增加） 注：后期机器已做更改
GS 一代 HDP2919H 彩电，场幅压缩	TDA9332 的 15、16 脚外接电阻、电容失效	检查场输出电路未见异常，向前检查场振荡电路，TDA9332 的 15、16 脚外接电阻、电容失效。替换 16 脚电阻 R307 后故障排除
GS 一代 HDP2919H 彩电，画面静止闪烁字符正常	电阻 R443 虚焊	测量 TVP5147 的 34 脚复位信号异常，检查相关电路，通道电阻 R443 虚焊，补焊后故障排除
GS 一代 HDP2919H 彩电、绿屏、有少量噪点	SDRAM（N502）开焊	通常是主芯片 FL12300 与 SDRAM（N502）间的指令通道出了故障。该机补焊 N502 后故障排除 注：故障检修时可用手按芯片，如果现象消失通常是芯片有虚焊现象，补焊即可

故 障 现 象	故 障 原 因	速修与技改方案
GS 一代 HDP2919H 彩电，马赛克、伴音正常	晶体 Z401 不良	检查数字板上的 TVP5147 未见异常，替换晶体 Z401 后，故障排除
GS 一代 HDP2919H 彩电，三无、灯亮、总线电压在 0.2V 左右	控制系统未正常工作	查 TMP88CS34（N901）供电 42 脚供电、时钟振荡、33 脚复位（5V）及用户存储器等
GS 一代 HDP2919H 彩电，三无、红、蓝灯交替出现	控制系统未正常工作	重点检查复位、供电、时钟振荡和 N902 行场同步脉冲输入通道（来自 N302）
GS 一代 HDP2919H 彩电，三无、红灯闪	用户存储器故障	通常是控制系统总线电压异常。总线控制的负载有：用户存储器 N902、N301（TDA9332）、N401（TVP5147）、N501（FL12300）等。——断开上述负载测试总线电压（正常的是 4.8V），发现断开用户存储器后，电压上升到正常电压。更换用户存储器后故障排除
GS 一代 HDP2919H 彩电，收台少	调谐电路或存储器不正常	检查调谐器和相关电路未见异常。更换存储器 N902（24C16）后，故障排除
GS 一代 HDP2919H 彩电，搜台时出现指示灯快速闪烁，亮 1/8s，暗 1/8s	软件数据出错	检查主板和解码板总线控制的 IC 以及解码板上的 MOS 管 V404、V405 上拉电阻 R423、R424 注：正常开机，指示灯以 1s 为周期闪烁（1/2s 亮，1/2s 暗），此为正常。开机时间在 E²PROM 中控制，减少开机时间会出现开机回扫线现象
GS 一代 HDP2919H 彩电，图像显示不正常	控制系统程序发生紊乱所致	60Hz 逐行时屏幕显示绿屏；100Hz 倍场频时图像左右漂移；1250Hz 倍行频时场不同步。电视机工作在不同扫描方式时，画面表现不同。应是控制系统程序发生紊乱所致。替换 CPU（TMP88CS34）即可
GS 一代 HDP2919H 彩电，无半透明菜单	控制系统 5V 电源故障	控制系统 42 脚 5V 供电下降所致，查 5V 电源供电
GS 一代 HDP2919H 彩电，字符拉丝	控制系统 N901 的字符振荡电路工作不正常	测 N901 行场脉冲输入通道 26 脚（4.62V）、22 脚（3.95V）电压正常，字符振荡 28、29 脚（正常工作时 4.94V）电压也正常，替换场脉冲通道电容 C916 后故障排除 注：振荡电容 C907/C906（实际用的 37pF），易损坏，导致无字符
GS 一代高清机心 HDP2911H 型彩电，开机无拉幕	软件数据出错	接通电源开机，进入总线维修模式，连续按压遥控器上的"菜单"按键，进入 E²PROM 菜单，选择 OAB 项，将该项数据改为 FE，再选到第四行进行更改确认操作，即可使问题得到解决
GS 一代高清机心 HDP2919H 型彩电，无伴音	伴音功率电路 IC602 的 7 脚外接 C633 严重漏电	开机采用 AV 方式输入影碟机的音频信号仍无声音，说明问题出在 TV/AV 之后电路中。对音效处理电路 IC601 的各引脚电压进行检查，未见异常。测量伴音功率电路 IC602（TDA7497）各引脚电压，发现 7 脚（SVR）上的电压为 0V，正常时为 4.5V 左右。对 IC602 的 7 脚外接元件进行检查，发现 C633 严重漏电。用 470μF/35V 电解电容换下 C633 后，故障排除

（续）

故 障 现 象	故 障 原 因	速修与技改方案
GS 一代高清机心 HDP2919H 型彩电，无光栅、无图像、无伴音	电容 C823 表面发黄漏电	检查开关变压器次级电路正常。测量 IC801 的 3 脚上的 20V 电压也正常。但发现 C823 电容表面发黄，测量发现其漏电。用一只 1000pF/1kV 换上后，故障排除
GS 一代高清机心 HDTV-3277H 型彩电，屏幕有雾状暗光栅、无图像、无伴音，也无字符	场输出电路 IC301（TDA8177）不良	检查显像管座良好，未发现有跳火的痕迹。测量 IC301（TDA8177）各引脚电压，或多或少地与正常值有差别，怀疑 IC301 本身不良，更换一块 TDA8177 后，故障排除
海信 GS 一代高清机心 HDP2919H 型彩电，三无，但蓝灯闪烁发光	行 VT402 集电极与地之间 C402 漏电	断开 +B 电压输出端 R810 引脚，用 100W/220V 白炽灯作为负载，通电测量 130V 左右稳定不变。对行推动、行输出电路进行检测未见异常。通电测量行推动管 VT402 集电极电压约为 9.5V 左右，且该电压波动较大，正常电压应为稳定的 15V 左右。对与 VT402 集电极电压有关的元器件进行检查，发现行 VT402 集电极与地之间的 C402 漏电。用 560p/500V 云母电容器换下 C402 后，故障排除
MST 高清机心 HDP2511G 型彩电，光栅忽有忽无	VT404 的发射极正向电阻器变大	测量电容 C329 正极（也就是 VT404 的发射极）在无光栅时的电压近于 0V。测量 VT404 基极电压无论有无光栅始终为 3V 左右。检查 VT404 的发射极正向电阻变大，用一只 2SC1815 型管换上后，故障排除
MST 机心 D29MK1 高清彩电，图像偏暗	总线数据出错	依次按遥控器上的屏显、图像模式、伴音模式和日历键进入总线，将 "SDTV" 菜单中的 "8380 对比度（CONTRAST）" 数据改为 32、45、53、55、57；"8380 亮度（BRIGHTNESS）" 数据改为 8、16、20、23、25
MST 机心彩电，图像闪动、枕形失真、不存台、黑屏、三无	软件数据出错	存储器数据因高频脉冲干扰、机内打火等原因发生变化。替换存储器 24C16（N902）
MST 机心彩电，偏绿色、红色	C350 变质	检查图像处理电路，发现 C350（47nF）变质，替换 C350
MST 机心彩电，AV1/AV2 无图	切换电路 N203 故障	两信号切换电路不正常，切换电路由 N203 组成。替换 HEF4053（N203）
MST 机心彩电，AV 正常，TV 无图	M61266 的 55 脚振荡电容 C209 不良	TV 信号处理除调谐器外，主要由数据板上的 M61266 进行。此 IC 影响 TV 信号处理的有 62 脚 AGC 滤波、60 脚中频滤波、59 脚 AGC 输出、55 脚 VIF VCO 振荡等。替换 55 脚外 C209，故障排除 注：M61266 内置中放、视频切换、梳状及 RGB 矩阵变换等电路
MST 机心彩电，TV、AV 无彩色	色解码电路 M61266 工作不正常	检查 M61266 的 7 脚 APC 滤波、37 脚 APC 滤波、61 脚 PAL-ID 识别和 34 脚 Z202 晶体
MST 机心彩电，音量开到比较大时可能会听到高频噪声	M61266 的 52、50 脚滤波不良	用一只 22nF 的薄膜电容一脚焊在贴片电容 C242 的右侧焊盘（接地），另一脚焊在 52 脚电解电容 C226 的右侧焊盘（接 52 脚）

（续）

故 障 现 象	故 障 原 因	速修与技改方案
MST 机心 HDP2907M 彩电，接收任何电视信号出现花屏	动态帧 N304、N305 引脚信号过孔不通	通常是动态帧 N304、N305 与主芯片 MST5C16 间数据信号、地址信号或指令信号中断所致。查动态帧 N304、N305 引脚信号过孔不通，故障率较高。检查过孔，并重新穿孔
MST 机心 HDP2907M 彩电，蓝灯不开机	行振荡晶体 X402 损坏	查开关电源输出电压正常，行扫描未工作。测量 TDA9333 的行振荡晶体 X402（12MHz）损坏。替换行振荡晶体即可
MST 机心 HDP2907M 彩电，伴音小	总线数据设置不当	进入总线，调整与音量有关参数，或替换用户存储器
MST 高清机心 HDP2977M 型彩电，无光栅绿色指示灯亮	集成电路 IC203 内部局部短路	测量开关电源的 8V 电压偏低，138V、5V、12V 电压均基本正常，测量显像管加速极与灯丝电压均为 0V。拆下集成电路 IC203（HCF4053）后，解码板上的 8V 电压恢复正常，判断 IC203 内部局部短路，更换配件后，故障排除
MST 高清机心 HDP3406M 型彩电，不定时自动开/关机	稳压电路 IC（DK）805（AP431）特性不良	发现在自动关机时，指示灯仍然点亮，但偏暗。测量＋B 电压仅为 78V 左右，采用假负载该电压仍然偏低，怀疑稳压电路 IC（DK）805（AP431）特性不良，更换新的配件后，故障排除

3.3.3 PHILIPS、TRIDENT 机心速修与技改方案

故 障 现 象	故 障 原 因	速修与技改方案
HDP 高清系列部分机型，枕形失真	电路设计缺陷	1. 将位号为 W402 的跨接线改为阻值为 100Ω 的电阻；2. 将位号为 C428 的聚丙烯膜电容改为 22nF/630V
PHILIPS 倍频机心 TDF2901 倍频机型，正常收看时，在屏幕中部出现一条垂直暗线	电路设计缺陷	1. 确认主板下面的背焊飞线（从 V403 的 e 极到 T401 的 4 脚）是否太长，若太长，剪短后重新焊上；2. 找到数字板和视放板的连接线（主要是其中的 4 组屏蔽线，用来传输三基色信号），在紧靠视放板一端套一磁环，型号为 LGK1628－2（可使用随机附带的磁环），并对磁环及位置进行固定，原先捆扎的线应解开；3. 把菜单里的"降噪"设为"中"或"强"
PHILIPS 倍频机心 TDF2901 彩电，显示个别高亮度信号时，图像发白	非标信号，其信号幅度超出正常范围，解码板中峰值限制功能并未使用	个别台为非标信号，其信号幅度超出正常范围，而 PHILIPS 解码板中峰值限制功能并未使用，所以无法通过调整总线来解决。后期的采用 PHILIPS 解码板的 HDP2908 等机型中，峰值限制功能已经对维修开放，可以通过软件数据调整来解决此问题。最新的 GS 高清机器中，该功能已能对用户开放，通过菜单调整即可解决
PHILIPS 倍频机心 TDF2901 机型，音量减小时有交流声	电路设计缺陷	如果是偏转线圈发出的声音应属正常现象，如果是喇叭发出的声音，可采取下列方案进行更改：1. 去掉 R722 与 W715 之间的飞线；2. 在 R722 和 N701 的 4 脚的公共端与 C3401 和 C3402 的公共端之间增加一条飞线，注意线的长度不要太长

(续)

故 障 现 象	故 障 原 因	速修与技改方案
PHILIPS 倍频机心 TDF2901 彩电,不能开机但紫色指示灯闪烁发光	总线 SDA 同正面 +5V 电容 C806 的距离很近,焊点有毛刺造成漏电	开机对微处理器(CPU)解码板上的 +3.3V、+5V、+8V 的工作电压进行检查,均正常,测量 SDA 与 SCL 总线电压约为 5.1V,用示波器观察,无通信波形。分别断开解码板上挂接在 SDA 与 SCL 总线上的 SAA4979、SAA7118 与 TDA9341 三块集成电路,测量总线电压没有变化。断电,测量 +5V 电压与 SDA 和 SCL 之间的正、反向电阻均为 700Ω 左右,显然不正常,仔细观察发现总线 SDA 过板的焊点同正面 +5V 电容 C806 的距离很近,怀疑过板的焊点有毛刺而造成了漏电。对怀疑的部位进行加热重新焊接后,故障排除
PHILIPS 倍频机心,场上部压缩失真	场输出电路 C503 漏电	检测场输出电路,发现 1、2 脚的场激励平衡输入电压不同,2 脚电压偏低,查其外围元件 C503 漏电
PHILIPS 倍频机心全屏幕黑白相间的竖条,伴音正常,有字符	晶振 X402 (12MHz) 性能不良	查图像处理电路 IC1 (SAA4979H) 和 IC2 (SAA7118H) 的供电、总线和主要引脚电压未见异常,试验更换 IC1 的 58、59 脚外部晶振 X402 (12MHz) 后,故障排除
PHILIPS 倍频机心,无图像,有伴音,字符正常	3.3V 稳压电路 IC4 输入端 L802 开路	TV\AV\S 端子输入信号均无图像,重点检查 IC1 和 IC2,两个集成电路均无 3.3V 供电,检查 3.3V 供电电路,发现 3.3V 稳压集成电路 IC4 (AS2803) 的 1 脚无电压输入,查其外围 L802 开路
PHILIPS 高清机心 HDP2908 彩电,无声、无光、无字符	晶振 Z301 性能不良	蓝灯持续闪烁、无声、无光、无字符。多为 TDA9332H 的 20、21 脚外接晶振 Z301 性能不良
PHILIPS 高清机心,光栅枕形失真	电路设计缺陷	HDP2908、HDP2902D、HDP2906D、HDP2999D、HDP2911、HDP3406D、HDP3411 机型,做如下改动: 1. 将位号为 W402 的跨接线改为阻值为 100D 的电阻; 2. 将位号为 C428 的聚丙烯膜电容改为 22nF/630V 注:进行以上更改后,需对总线中的枕形失真项目数据进行适当调整
PHILIPS 高清机心,满屏竖彩条	SAA7118 开焊	输入 VGA 信号正常,由 SAA7118 组成的视频处理电路有故障。按压 SAA7118 现象消失,补焊 SAA7118 后故障排除
PHILIPS 高清机心 HDP2902D 彩电,不开机或机内有焦煳味	高压尖峰脉冲吸收电容烧焦	行管 c 极上的高压尖峰脉冲吸收电容(1000pF/2kV,蓝色高压小电容)损坏
PHILIPS 高清机心 HDP2902D 型彩电,三无,但红色指示灯亮	微处理器的复位电路 VDZ901 损坏	开机测量微处理器(CPU)的 27 与 18 脚上的 +5V 电压正常,测量微处理器的 43 脚开/待机控制输出为低电平,且按压遥控器上待机按键时该脚电压不变。测量微处理器的复位 4.5V 电压只有 1.5V 左右,检查复位电路元件,发现 VDZ901 负极上的电压为 4.7V 左右,显然已经损坏。用同型号 3.6V 稳压管 2CW102 换上后,故障排除

故障现象	故障原因	速修与技改方案
PHILIPS 高清机心 HDP2902D 型彩电，图像左移且上部摆动	行逆程脉冲分压电容器 C411 烧焦	打开机盖，对与数字电路板接口 XS502 的 71、72 脚有关的元器件：晶体管 VT201、稳压二极管 VDZ402 进行检查，未发现有明显的异常现象。对电容 C411 与 C420 进行检查，结果发现行逆程脉冲分压电容 C411 烧焦，致使行鉴相电路与微处理器（CPU）字符定位所需的行逆程脉冲丢失，从而导致了上述故障。用一只 680pF/2kV 的电容换上后，屏幕上的图像恢复正常且稳定，也有字符显示，故障排除
PHILIPS 高清机心 HDP2908 彩电，彩色时有时无	晶振 Z201 性能不良	无彩色时黑白图像上有彩条干扰，类似色不同步。SAA7118 外围晶振 Z201 性能不良
PHILIPS 高清机心 HDP2908 彩电，屡烧两只枕校管（V407、V409）	TDA9332H（N3）3 脚内部电路损坏	TDA9332H（N3）3 脚（E/W 输出）内部电路损坏。在正常情况下，拔下解码板，该脚正反向电阻应分别为 54kΩ、6.8kΩ
PHILIPS 高清机心 HDP2908 彩电，收看信号节目时，图像忽亮忽暗	白峰限幅功能开启的结果	白峰限幅功能开启后对解码后的亮度信号进行控制所致。进入维修状态，将地址项目 22E 的数据改为 00，即可排除该故障。00 为关闭白峰限制功能，01 为开启白峰限制功能
PHILIPS 高清机心 HDP2908 彩电，有声音，有字符，但图像为白板	晶振 Z201 性能不良	检查 SAA7118 供电电压，更换其外围晶振 Z201
PHILIPS 高清机心 HDP2908 型彩电，在部分地区，个别频道、个别信号存在图像发白、细节丢失的问题	信号的发射不标准造成的	由于视频信号的同步头电平和有效信号电平严重失衡，由于信号电平正常，而同步头电平太低，导致芯片的识别结果是信号很弱，通过视频 AGC 对信号进行放大，动态幅度太大，亮场信号出现过饱和，表现为图像发白、细节丢失的现象。通过遥控器更改数据就可以解决此故障。具体操作为： 1. 在菜单的日历状态下，连续按 7、1、2、8 键进入软件数据调整状态，按"菜单"键，出现字符显示状态；2. 此状态下，确认 ADDR 200 行字符的颜色为红色后，按遥控器的"音量 +"键将其调整为 ADDR22E；3. 按"频道 −"键将光标移到 DATA 01 行，同时其颜色改为红色，再用"音量 −"键，把"01"改为"00"，再到 WRITE 行，通过按压"音量 +"键，出现 OK 字样，然后关闭主电源开关，再开机确认即可 注：在操作中，不要改变其他数据，以免引起其他问题。另外，由于此方案是针对非标信号的补救方案，没有问题的地区不能进行修改，以免影响正常信号的收看
PHILIPS 高清机心 HDP2908 型彩电，三无，机内有"吱吱"响声	逆程电容器 C413 击穿短路	检查电源电路中的 VD805，行输出管 VT403 未发现有短路现象。检查逆程电容 C413 两端电阻值近于 0Ω，C413 击穿短路，用一只 560pF/2kV 的新电容换上后，故障排除

故障现象	故障原因	速修与技改方案
PHILIPS 高清机心 HDP2999D 彩电，更换解码板后，出现 U 段搜台异常问题	高频头或解码板不匹配	此问题同样是由于该机型使用过 JS-5A/1216（无锡元件六厂）及 JS-5WA/1216 两种型号的高频头。更换高频头或解码板时需要注意一致性
PHILIPS 高清机心 HDP2999D 彩电，接收有线电视信号，个别频道图像发白	E^2PROM 调整菜单 3 中的 "ADDR 200" 和 "ADDR 22E" 的地址数据出错	进入软件数据调整模式。按压"菜单"键选择调试菜单，进入 E^2PROM 调整菜单 3，按"节目 +／－"键选择到第二行"ADDR"，按"音量 +／－"键选择要调整的地址项；选择到第三行"DATA"，调整所选项目的 DATA 数据。将"ADDR 200"地址的数据调整为"0C"，将"ADDR 22E"的地址数据调整为"00"。调整后，选择到"WRITE"项，按"音量 +／－"将数据存储到 E^2PROM 内，此时 WRITE 旁出现"OK"字符，表示存储成功。调整完毕，交流关机退出软件数据调整模式，TV 图像全部恢复正常
PHILIPS 高清机心 HDP2999 型彩电，三无且指示灯不亮	行输出二次供电的 25V 整流二极管 VD406、VD406A 有虚焊接触不良，引发屡损行管	直观检查行输出管发黑击穿。接假负载测量 +B 电压 +130V 电正常稳定。对行逆程电容 C418～C420、阻尼二极管 VD409、VD407 与行输出变压器 T444 进行检查，未见异常，但发现 C417 有明显裂纹损坏。用 2SC5243 替换 VT403 和 1nF 电容替换 C417 后，开机电视机恢复正常，但 1.5h 左右，VT403 管再次击穿短路。又对行电路进行检查，发现行输出二次供电的 25V 整流二极管 VD406、VD406A 有虚焊接触不良现象，致使行推动电压变低，行激励不足屡损行管。加锡将 VD406、VD406A 虚焊的引脚焊牢固后，故障彻底排除
PHILIPS 高清机心 HDP3406D 型彩电，光栅亮度偏暗	R404 电阻值变大为 85kΩ 左右	进入总线调整方式，对副亮度数据进行调整，图像亮度基本不变化。调高加速极电压到隐约出现回扫线时，亮度仍然较低。测量显像管 G2 电压在 180V 左右，且可以随加速极调整发生变化。检查相关电路，发现 R404 电阻值变大为 85kΩ 左右。R404 连接在行输出变压器 T444 的 8 脚与 IC3（TDA9332H）的 43 脚之间，进行 ABL 控制，当其电阻值变大后，使 ABL 电路工作异常，出现本例故障。更换一只 1kΩ 电阻后，故障排除
PHILIPS 高清机心 HDP3411 型彩电，伴音时有时无	插件 XS502 的引脚接触不良	开机用螺钉旋具金属部位碰触伴音功放电路信号输入端，扬声器中有较强的"咯咯"声，说明伴音功放电路正常。顺着伴音信号流程通路向前逐一进行碰触检查，结果发现碰触 IC701（TDA7439）的 15、16 脚处扬声器有"咯咯"声，但碰触其输入端时，无"咯咯"声。测量 IC701 的 8V 工作电压正常，总线的一路电压约为 4.5V，另一路电压只有 2V 左右不正常。对接插件 XS502 的引脚进行去污处理，使其良好接触后，长时间接通电源试机，伴音不再消失，故障排除

故障现象	故障原因	速修与技改方案
PHILIPS 高清机心 HDP3411 型彩电，开机一段时间关机	行输出管散热片引脚与接地之间虚焊跳火，产生干扰脉冲窜入数字板微处理器控制系统，导致自动关机故障	换一块新的同型号的高清晰度数字解码板后，故障依然存在。对主电源的 +B 电源、视频输出电路的电源滤波电容进行检查，也没有发现异常。检查行输出电路时，发现行输出管的散热片引脚与接地线之间有跳火现象，说明两者之间虚焊。加锡将行输出管的散热片引脚与接地线之间的虚焊点焊牢固后，长时间接通电源试机，上述故障不再出现，故障排除
PHILIPS 高清机心 TDF2908 型彩电，个别高亮度信号图像发白	信号幅度过强，而早期采用 PHILIPS 解码板的机型，峰值限制功能并未使用	这种故障，对于早期采用 PHILIPS 解码板的机型，由于这类电路中的峰值限制功能并未使用，故无法通过调整总线的方法来解决。对于后期采用 PHILIPS 解码板的机型，峰值限制功能已经对维修开放，可以通过总线调整来解决该故障。最新的海信 GS 高清晰度机器中，峰值限制功能已经对用户开放，用户可以通过调整菜单来解决
PHILIPS 高清机心不定期损坏枕校管	电路设计缺陷	将逆程电容 C428 该为 22nF/630V，并将与枕校管 V401 G 极相连的跨线 W402 改为 100Ω/0.25W 的电阻
PHILIPS 高清机心不定期损坏枕校管	电路设计缺陷	将行逆程电容 C428（15nF/630V 或 18nF/630V）改为 22nF/630V，并将与枕校管 V401G 极相连的跨线 W402 改为 100Ω/0.25W 电阻
TRIDENT 高清机心，HDP2902H 型彩电，接受 TV 信号时，部分频道的伴音随着图像场景的变化，时断时续	E^2PROM 调整菜单项目数据出错	在需要调整的制式状态下（PAL/NTSC/VGA/高清等），进入软件数据调整模式。屏幕上显示主菜单，进入 E^2PROM 调整菜单 7 时，屏幕上显示两行字符，第一行为地址，第二行为数据。按"节目 +/−"键将数据"0B"修改为"0D"，然后交流关机再开机，伴音恢复正常
TRIDENT 高清机心，接收有线电视节目时，部分频道的伴音随着场景变化而时断时续	总线数据出错	进入总线菜单，用"频道 +/−"键选项至"E^2PROM EDIT"。按"音量 +"键进入，此时屏幕上显示两行字符，第一行为地址，第二行为数据，用"频道 +/−"键将数据由"0B"修改为"0D"，调整后交流关机退出调整模式即可
TRIDENT 高清机心，接收有线电视节目时，部分频道的伴音随着场景变化而时断时续	总线数据出错	进入总线菜单，用频道键选项至 E^2PROM EDIT，按"音量 +"键进入，此时屏幕上显示两行字符，第一行为地址，第二行为数据，用频道键将数据由"0B"修改为"0D"，然后交流关机即可
TRIDENT 高清机心，无拉幕问题	7C8 拉幕时间项的数据出错	进入总线后将 7C8 拉幕时间项的数据由 00 恢复为 80 即可
TRIDENT 高清机心 HDP2902H 型彩电，无光栅、无图像、无伴音，但指示灯亮	集成电路 IC1（DPTV-MY）短路	测量数字电路板上的 +8V 电压正常，+5V 电压约为 2V 左右。测量 IC4 的 2 脚对地之间的电阻值近于 0Ω，经查 ICI（DPTV—MY）有短路处，更换新件后，故障排除
TRIDENT 高清机心 HDP2906CH 型彩电，黑屏但有字符	TV 视频信号传输电路 R25 开路	对 IC1 的各引脚进行补焊后，故障依然存在。采用 AV 工作方式时，图像基本正常；TV 视频信号进入数字电路板后，经 R25、R26、C66 等元件送入 IC1 的第 158 脚，检测相关电路发现 R25 开路，用 390Ω 电阻换上后，故障排除

（续）

故障现象	故障原因	速修与技改方案
TRIDENT 高清机心 HDP2906CH 型彩电，冷机需两次启动才能正常开机	开关机控制电路相关的电容 C910 失效	测量开关电源输出的电压为待机低电压，遥控开机不上升。取下数字板，测量 VT901 集电极电压，在开机瞬间显示为高电平，而正常时先为低电平而后才为高电平，检查相关电路，发现电容 C910 失效，用一只 10uF 电容换上后，故障排除
TRIDENT 高清机心 HDP2906H 型彩电，VGA 不同步	VGA 信源下行场同步信号幅度不足	查 VGA 插座 H/V 通道去 U16 的 30、31 脚的电路
TRIDENT 高清机心 HDP2906H 型彩电，VGA 无信号、按键失灵、拉幕问题、出现 "M" 字符	存储器损坏	替换 N902（AT24C16）
TRIDENT 高清机心 HDP2906H 型彩电，伴音失控	TDA7497 功放块损坏	替换功放块。TDA7497 的 7 脚应为供电电压的一半电压，如果为低电平将无伴音，9、10 脚如果为高电平也会无伴音。正常时应为 0V
TRIDENT 高清机心 HDP2906H 型彩电，伴音失控	丽音解调 NN01 电路有故障	丽音解调集成块 NN01（MSP3460G）组成的电路有故障。查丽音块时钟振荡、供电或替换丽音块
TRIDENT 高清机心 HDP2906H 型彩电，不开机	行振荡未启动	查 TDA9332 组成的行振荡电路
TRIDENT 高清机心 HDP2906H 型彩电，跑台、搜太少	调谐电路或中放电路有故障	查调谐器 U101 及调谐电压，再查 TDA9885 中放电路的 16、19 脚外接电容
TRIDENT 高清机心 HDP2906H 型彩电，有时遥控不开机	晶振电路故障	HDP2906H 遥控关机，马上开机可以正常开机，但交流关机，需开/关（交流开关）两次以上才能开机，检查复位电路正常，晶振正常，将 C934、C935 容量加到 66pF 时故障排除
TRIDENT 高清机心 HDP2906H 型彩电，三无，但指示灯亮	IC15 的 20 与 21 脚外接的晶体振荡器 Y3 不良	测量 IC15（TDA9332H）8 脚（行激励信号端）上的电压为 8V，说明没有行激励脉冲输出。测量 IC15 的 20 脚上的电压为 1V，21 脚电压为 0V，检测 IC15 的 20 与 21 脚外接的晶体振荡器 Y3 不良，更换一只 12MHz 新的配件后，故障排除
TRIDENT 高清机心 HDP2906H 型彩电，有时遥控不能开机	电路设计缺陷，技改电路	对微处理器组成的控制系统正常工作的三个必备工作条件：工作电源、复位信号、时钟振荡信号进行检查均未发现问题。估计是设计方面的原因。将 C934 与 C935 两种电容的容量改为 66pF 后，接通电源只要打开交流电源开关一次，电视机就可以顺利启动工作，故障排除
TRIDENT 高清机心 HDP2919 型彩电，三无，但蓝灯点亮	微处理器 IC901 的 2 脚外围上拉电阻器 R941 阻值变大	开机测量开关电源 +B 电压输出端的 +130V 电压正常，测量行输出管 VT403 集电极上的电压也正常。测量微处理器 IC901（SDA555XFL）1 脚（SCL0）、3 脚（SDA1）、4 脚（SCL1）上的 +3.3V 电压正常，但测得 2 脚（SDA0）上的电压只有 1V 左右，正常值应为 +3.3V。对 IC901 的 2 脚外围的有关元器件进行检查，发现上拉电阻 R941 阻值变大，使总线电压异常时，就导致了上述故障。用 1kΩ 金属膜电阻换下 R941 后，故障排除

故障现象	故障原因	速修与技改方案
TRIDENT 高清机心 HDP2919 型彩电，场幅只有满屏的 2/3	场反馈采样电阻 R309 电阻值偏大	进入总线调整菜单状态，对场幅数据进行调整不能使故障彻底消除。对场输出集成电路 TDA8177 外围的有关元器件进行检查未发现异常，检查发现场反馈采样电阻 R309 的电阻值偏大，在该电阻器上并联一只 3Ω 电阻后，故障排除
TRIDENT 高清机心 HDP2919 型彩电，行幅窄且枕形失真	VD407 击穿与 VD409 不良	直观检查发现 VD409（BY459）的一只引脚脱焊。重焊后光栅满屏，但枕形失真严重。测量枕形失真校正管 VT401 的漏极电压为 0V，测量 VD407 击穿，VD409 不良，更换二极管 VD407 与 VD409 后，故障排除
TRIDENT 高清机心 HDP3406H 型彩电，磁化	电阻 RE811 由 10R 更改为碳膜电阻	将电源板上的电阻 RE811 由 10R 更改为碳膜电阻 RT13-1/6W-1KO-J。若不能完全解决，可能是显像管的色纯不良引起，可将偏转线圈向后微调 0.5mm 注意：不能短接消磁继电器
TRIDENT 高清机心 HDP3406H 型彩电，屏幕上有光栅和图像，扬声器中也有伴音，但屏幕上有色斑出现	电路设计缺陷，进行技改	这种故障可先将电源板上的电阻 RES11 由 10kΩ 更改为 RT13 – 1/6W – 1KΩ – J 类型的碳膜电阻。若上述改动不能彻底解决问题，则故障可能是显像管的色纯不良引起的。对此，可把偏转线圈向后调整 0.5mm 左右，就可以排除故障 提示：这种故障不能采用短接消磁继电器的方法来解决
TRIDENT 高清机心 HDP3406H 型彩电，图像场不同步	IC1（DPTV-MV）内部损坏	测量 IC15（TDA9332）23 脚电压为 3.3V，再测量 IC1（DPTV-MV）35 脚上的 0.1V 电压变为 3.3V，明显偏高。断开电阻 R142 的任一引脚，再测量 IC1（DPTV-MV）35 脚上的 0.1V 电压不变，但 IC15 的 21 脚上的 3.3V 电压消失。怀疑 IC1 本身损坏，更换配件后，故障排除
TRIDENT 高清机心 HDP3406 型彩电，三无且指示灯不亮	微处理器的 27 脚外接 C906 漏电严重	开机测量微处理器（CPU）的 +5V 工作电压只有 1.5V 左右。脱开电感 L902 的一只引脚后，+5V 电压恢复正常。说明问题出在电感 L902 负载的支路上。电感 L902 的负载为微处理器的 27 脚及其外接元件。对该脚外接的电容 C906 进行检查，发现其漏电严重。用同规格的电容换下 C906 后，故障排除
TRIDENT 高清机心 HDP3410L 型（TRIDENT 机心）彩电，自动搜台时频道一闪而过，不存台	电容 C63 开路	测量 ICI（DPTV-MV）第 139 脚输出的全电视信号基本正常。测量 VT6 基极上的全电视信号消失。检查视频信号识别电路，发现电容 C63 开路，更换新件后，故障排除
TRIDENT 高清机心 HDP3410L 型彩电，图像场不同步	IC1（DPTV-MV）电路有局部损坏	测量 IC15（TDA9332H）的 8V 供电电压基本正常。测量 IC15 的 23 脚电压为 3.4V 左右；测量 IC1（DPTV-MV）的 35 脚（脉冲信号输出端）上的 0.1V 电压上升为 3.4V。断开电阻 R142 的任一引脚，再测量 IC1 的 35 脚上的电压不变，怀疑 IC1 电路有局部损坏，更换新的配件后，故障排除

(续)

故 障 现 象	故 障 原 因	速修与技改方案
TRIDENT 高清机心 HDP3410L 型彩电，图像亮度偏亮，有回扫线	电容 C223 严重漏电	检查 IC15（TDA9332）正常工作的供电、总线电压、晶体振荡器等条件均正常。测量 IC15 的 43 脚（束电流控制信号输入端）上的 3V 电压为 2V 左右，44 脚上的 6V 电压为 0V。检查相关电路发现电容 C223 严重漏电，用一只 100pF 的新电容换上后，故障排除
TRIDENT 高清机心 HDP3410L 型彩电，无光栅、无图像、无伴音，但指示灯亮	电容 C238 严重漏电	测量 IC15（TDA9332H）8 脚（行激励脉冲信号输出端）上的电压约为 8V 左右。测量 IC15（TDA9332H）20 脚上的电压只有 0.1V 左右。检查相关电路，发现电容 C238 严重漏电，用一只电容换上后，故障排除
TRIDENT 高清机心 HDP3410L 型彩电，自动搜台时频道一闪而过，不存台	电容 C158 的一只引脚虚焊	IC1（DPTV-MY）第 139 脚输出的全电视信号，是经晶体管 VT2～VT6 处理后，形成的电台识别信号加到 CPU 的 25 脚。测量 IC1（DPTV-MV）第 13 脚输出的全电视信号基本正常。测量 VT4 基极上的全电视信号消失，检查相关电路发现电容 C158 的一只引脚虚焊，加锡对虚焊的引脚焊牢后，故障排除
TRIDENT 高清机心开机慢	电路设计缺陷，更改电路	先打开主电源再按遥控开机后要等 1～3 分钟才可正常开机，或交流关机后需开机多次才正常。可按以下步骤进行处理：1. 检查电阻 R923 的阻值应为 1kΩ，R924 的阻值应为 10kΩ，如不正确请更改；2. 将 CPU 复位电容由 4.7μF/10V 改为 10μF/10V；3. 将电容 C934、C935 加大到 66pF 即可
TRIDENT 高清机心遥控关机后，不能二次开机，须关闭主电源后才能二次开机	CPU 的 1 脚外接电阻 K923 阻值问题	将 CPU（N901，SDA555XFL）的 1 脚外接电阻 K923 由 47kΩ 改为 1kΩ 即可

3.3.4 SIEMENS、SVP、NDSP 和其他机心速修与技改方案

故 障 现 象	故 障 原 因	速修与技改方案
SIEMENS 倍频机心，图像亮度过饱和，分不清层次或亮暗突变	TVP5174 的 AGC 功能设置出错	本机菜单中的峰值控制是针对强度波动较大和幅度较大的信号接收的控制。当信号幅度波动较大且刚好在 TVP5174 的 AGC 控制的起点附近浮动时，若峰值控制打开，即 TVP5174 的 AGC 控制打开，则有时屏幕上会出现亮暗突变，这时应将峰值控制设置为关。当信号幅度过大时，会出现亮度信号过饱和，分不清层次的现象，此时应将峰值控制设置为开
SIEMENS 倍频机心，DP3488 机型，接 VGA 信号易损坏行管	电路设计缺陷	AV 板更改：增加一只 7.5kΩ 电阻，型号为 R374。增加一只 2.7nF/63V 的电容，型号为 C332
SIEMENS 倍频机心，DP3488 机型，行管损坏率高	电路设计缺陷	行场板更改：用跨接线短路电感 L633。电阻 R612 两端背焊一只 15kΩ 碳膜电阻，电容 C632 反面背焊一只 220μF/35V 的电解电容，极性与 C623 相同。去掉电解电容 C641、C649，将去掉的原电解电容 C641 装在 C649 的位置上，在 C651 正端与 R610 靠近 KB2511 的焊盘上背焊一只 3.3kΩ 电阻

故障现象	故障原因	速修与技改方案
SIEMENS 倍频机心，换为新 CPU 后，菜单字符抖动	电路与 CPU 不匹配	DP2999、DP2999G、TDF2901、TDF29012. 机型，换为新 CPU 后，做如下改动：1. 将 C905、C906 由 33pF/50V 改为 27pF/50V；2. 修改总线数据：进入软件数据调整状态，将地址为"200"的数据由 4 改为 6
SIEMENS 倍频机心 TDF2988 型彩电，不能开机但电源指示灯亮，遥控开关机操作时，指示灯的颜色可以随之改变	场输出 TDA8345 损坏，引起保护电路动作	开机测量 +B 电压上升后下降到 41V 左右，最后消失。估计是行或场扫描电路过电流引起保护，测量保护晶闸管 VT839 的控制极电压为 1V，确是保护电路启动。先断开行扫描电流检测电阻 R844 的任一引脚，VT839 仍处于导通状态，说明不是行扫描电路过电流。再断开场扫描输出电路过电流检测稳压二极管 VD370 的任一引脚，VT839 不再导通。说明场输出电路过电流引起的保护。检测场输出 TDA8345 损坏。重换新件后，VT839 不再导通，故障排除
SIEMENS 倍频机心 TDF2988 型彩电，收看过程中突然自动关机	行输出管击穿损坏，引起过电流保护	用短导线短接在电源开/关控制电路中的 VT803 集电极与发射极之间，测量 KA702 继电器的常开触点无法闭合，由此说明故障是保护电路动作引起的。在接通电源开机的瞬间，测量行过流检测电阻 R844 两端的电压大于 0.3V，说明行扫描电路异常导致保护。检查行扫描电路发现行输出管已经击穿损坏。换同规格行输出管后，故障排除
SIEMENS 倍频机心 TDF2988 型彩电，有时不能开机，偶尔开机后又自动关机	行过流检测电阻 R844 电阻值在 0.5~30Ω 之间不稳定	开机瞬间有 +B 电压，而后下降到 41V 左右，最后消失。开机瞬间测量保护晶闸管 VT839 门极与地线之间的电压约为 1V，说明保护电路确已启动工作。先断开稳压二极管 VD818 的任一引脚，晶闸管 VT839 不再导通。由此说明，故障是由于行扫描电路过电流引起的。断开行过流检测电阻 R844 的任一引脚，测得行电流约为 350mA 左右正常，拆下 R844 检查电阻值在 0.5~30Ω 之间不稳定的发生变化。重换 4.7Ω 电阻后，故障排除
NDSP 机心，场不同步	场同步幅度小或没有场同步送入	查 TDA9332 的 23 脚与场振荡电路相关的外电路元件
NDSP 机心，场中心下移或上移	总线数据出错或场振荡电路故障	总线参数出错或 TDA9332 的 15、16 脚锯齿波形成或 1、2 脚外电路有故障。查以 TDA9332 组成的场振荡电路即可，故障检修时注意场电路故障引起 CRT 切颈
NDSP 机心，个别地区、个别信号图像发白或跑台	信号非标的结果，需重新调整软件参数	更换带有 AFT 校正功能的新 CPU（M37274EFSP）后，在日历显示时按遥控器输入密码 3215，即可进入总线调整菜单 E²PROM 菜单说明：第一行为地址，第二行为数据，第三行可进行写操作（WRITE）。更改总线数据：1. 将 20E 的数据由 5A 改为 0E（允许写入 ROM）；2. 交流关机；3. 将 037 的数据由 3 改为 0（ROM 选中）；4. 将 213 数据改为 05（搜台起始位置）；5. 将 203 数据改为 1C（DP3499）或 0C（DP2999 新解码板 3230D）或 4（DP2999 旧解码板 3215C）。ITV 系列同 DP2999；6. 检查 20F 与 210 数据：20F 为 6B（如果机型无重低音为 4B），210 为 B0；7. 将 20E 的数据由 0E 改回 5A（禁止写入 ROM）；8. 交流关机 注意：改完每项数据后必须进入 WRITE 选项，按"音量 +/−"键直到出现 OK 字样，否则不记忆

（续）

故障现象	故障原因	速修与技改方案
NDSP 机心，黑屏，有字符	振荡晶体 X2（10MHz）变质	TDA9332 以前的 N9（TDA8601）工作不正常。NV320 时钟振荡晶体 X2（10MHz）变质，更换晶体即可
NDSP 机心，搜台字符错乱	存储器数据乱	换存储器 N15（24C08）
NDSP 机心，无半透明菜单	稳压控制电路 R834 烧断或 KA7630 故障	多路稳压输出电路 KA7630 供电限流电阻增大或此 IC 有故障，导致此 IC 输出 5V、9V 电压等下降出现此故障。检查 R834，更换 KA7630 即可
NDSP 机心，行场不同步	行场同步锁相电路有故障	查行场同步锁相 74HC4046A 组成的电路即可
NDSP 机心，行中心偏	行鉴相电路故障	查 TDA9332 的 13 脚外电路即可
NDSP 机心 DP2999、DP3499 型彩电，TV/AV 无图。VGA 信号正常	VPC3230 外接晶体异常	VGA 直接送入 NV320 处理。表明该机故障在 VPC3230D。查 VPC3230 供电、时钟振荡等工作条件电路，发现晶体两脚电压达 2.5V。说明晶体未工作，更换后正常
NDSP 机心 DP2999、DP3499 型彩电，缺色（红或绿或蓝）	TDA8601 电路故障	测 NV320 去 TDA8601 的 6～8 脚 RGB 电压为 1.45V，表明 NV320 及之前电路无故障。测 TDA8601 的 9～12 脚电压不一致，表明 TDA8601 有故障。故障检修时，可采取将 6～8 脚与 9～12 脚输出对地短接，如果故障现象消失，表明 TDA8601 有故障。更换 TDA8601 可排除故障
SVP 机心 HDP3233、HDP3269 高清彩电，电源部分发出噪声	电路设计缺陷	检查电容 CA519（聚酯膜电容 47nF/63V），在位号 CA521 处增加镀锡线，将电阻 R551 由 10kΩ 改为 8.2kΩ
TC3482E 型彩电，不能开机且电源指示灯也不亮	IC801 供电与同步自锁电路的限流电阻 R812 阻值为无限大	检查交流进线熔断丝 FU701 完好无损，测量 C811 两端的电压在 305V 左右正常。测量电源电路 IC801（KA5Q1265RF）3 脚直流电压在 10～15.5V 之间波动。对 IC801 的 3 脚外围的整流二极管 VD808 与 VD804、限流电阻 R812 进行检查，发现 IC801 供电与同步自锁电路的限流电阻 R812 阻值为无限大，已经开路。换同规格电阻后，故障排除
G2 + VSOC + HY158 机心 HDP2919DH 型彩电，收看时图像漂移	AFT 引脚上的 R304 的一只引脚虚焊	测量高频头的供电 +33V、+9V 电压，以及总线电压均基本正常。在自动搜台状态，测量数字板与主板间接口上的 AFT 引脚上约 5V 的 AFT 电压只有 0.2V，且变化很小，检查发现 R304 的一只引脚虚焊，加锡重焊牢固后，故障排除

3.4 海尔高清彩电速修与技改方案

3.4.1 3D、PW1225 高清机心速修与技改方案

故障现象	故障原因	速修与技改方案
3D 高清机心，图像和伴音正常，面板上部分按键失效	进入童锁状态所致	海尔以 29F6G-AN、29F6G-PNT、34F2A-T、34T2A-P、34T2A-P（A）、34T2A-P（E）、34T2A-P（A）、34F2A-T（G）为代表的 3D 系列高清系列彩电，设有童锁功能。按住遥控器上的"LOCK"童锁键，进入童锁功能，图像和伴音正常，面板上部分按键失效。其解锁方法是：在开机收视状态下，按住遥控器上的"LOCK"童锁键，即可解锁，面板上的按键恢复正常使用
PW1225 高清机心 29F5D-TA 型彩电，场幅度小且伴有回扫线	存储器数据出错，引发故障	开机后场幅上下缩小很多，并且光栅发白，类似有回扫线一样。同时显示红色的英文字母。经分析该故障是因存储器数据错误所致。用带正常机数据的存储器替换 N202 后。开机故障排除
PW1225 高清机心 29F5D-TA 型彩电，电源指示灯亮，不能二次开机	存储器数据出错	测 CPU 的 5V 供电、复位、晶振等电压均正常，但 CPU 的 25 脚始终为低电平待机状态。换空白存储器后二次能够开机，证明是存储器内部数据异常，导致 CPU 不能二次开机。换带数据的存储器，重新调整行场重显率，白平衡数据后，整机恢复正常工作
PW1225 高清机心 29F5D-TA 型彩电，换台时出现黑屏幕，然后再出现图像	修改 BLKPROCESS 换台过程、方式、项目数据	正常时此机换台为静止换台，怀疑总线数据错误，检查结果为系统功能设定第 2 页（OPTIONMENU2）中的 BLKPROCESS（换台过程方式）数据为"1"，调为"0"后换台方式为静止换台，故障排除
PW1225 高清机心 29F5D-TA 型彩电，屏幕上显示红色英文字符	误入软件数据调整状态	显示"FACTORY"字符，说明机器进入了软件数据调整状态。 用 HYF-40A 遥控器，按截止键几次，使屏幕无红色英文字符显示即可退出总线状态。退出后为黑屏，显示"限时锁定"，按遥控器菜单键。选择系统功能设定中的限时锁定项目，输入密码 9443 或者 0554。将限时锁定至"关"后，整机恢复正常收看
PW1225 高清机心 29F5D-TA 型彩电，屏幕上显示时钟或 FATORY 字符	软件数据出错	显示异常主要是使用 VCD 机遥控器所致。检查中发现，当用某牌 VCD 机遥控器时，该机出现时钟显示，有时出现"FACTORY"字符，显然是本机 CPU 的问题。用海尔新软件的 LA76930 更换本机 LA76930 后，开机，故障排除 用新软件 LA76930 进入总线：将音量减到零，按遥控器菜单键持续 5s 以上。屏幕出现"密码----"字样，按遥控器数字键"9443"，可进入"FACTORY"状态。重复以上步骤可进入 OPTION 等调整项目。最后，需将总线数据中，系统功能设定第 5 页（OPTION5）最后一页数据设为"0"
PW1225 高清机心 29F5D-TA 型彩电，色度数据不能调高	总线系统 B/W BALANCE 数据出错	色饱和度数字增加 30 以上后，光栅颜色突然变为黄色带回扫线的光栅，伴音正常。进入维修状态，检测总线数据，其中 B/W BALANCE 菜单白平衡项目数据出错，调整到正确数据后，故障排除

（续）

故障现象	故障原因	速修与技改方案
PW1225 高清机心 29F5D-TA 型彩电，图像偏蓝	OFF SET 蓝色偏置设定项目数据出错	用户调整色饱和度到 0 时，仍为蓝色光栅，调整白平衡无效，无法调整为白光栅。进入维修状态，检测总线数据，其中 MST9883 的第二页总 B OFF SET 蓝色偏置设定项目数据为 14，调整到正确数据 75 后，白平衡恢复正常
PW1225 高清机心 29F5D-TA 型彩电，图像异常	存储器数据出错	冷开机光栅上部图像显示正常，下部竖条马赛克状。此故障出现后，遥控关机后再开，故障立即消失，怀疑变频板不良。但更换后故障依旧。因此机光栅出现马赛克状态，只能是变频板工作异常或者是存储器数据错误才能导致此故障。换带数据的存储器后，故障排除
PW1225 高清机心 29F5D-TA 型彩电，图像枕形失真	存储器数据错误	交流开机后，机器执行自动选台操作，同时光栅严重变形，东西枕形失真。检查用户功能菜单中的"开机自动选台项目"为"关"，因出现枕形失真，怀疑存储器数据错误，换带数据存储器后，开机，故障排除
PW1225 高清机心 29F5D-TA 型彩电，图像正常，无伴音	VOLUMEOUT 内部音量数据增益控制数据出错	音量开大后，扬声器有"哼哼"声，证明伴音功放级正常，检查为总线数据 LA76930 第 2 页 VOLUMEOUT（LA76930 内部音量数据增益控制）数据变为"0"，调整数据为"127"后，伴音恢复正常
PW1225 高清机心 29F5D-TA 型彩电，无频道字符显示	存储器数据出错	试机发现，无频道字符显示，却有菜单字符显示。换带数据存储器后，频道字符恢复正常，故障排除
PW1225 高清机心 29F5D-TA 型彩电，字符显示为黑色	OSDCON 字符对比度数据出错	经检查故障为总线数据不正常。系统功能设定第 2 页（OPTION MENU1）中的 OSDCON 字符对比度数据为"0"，调整为"5"后，字符颜色恢复正常
PW1225 高清机心 29F5D-T 型彩电，有图像无伴音	伴音相关 MODE0 数据出错	从功放电路输入信号有声音输出，将伴音处理电路 N601 的左声道输入 6 脚和左声道输出 16 脚相连接，将右声道输入 8 脚和右声道输出 13 脚相连接后，伴音恢复正常，判断 N601 损坏，更换 N601 后，仍无伴音。进入维修状态，检查与伴音相关项目数据，将 MODE0 的项目数据改为 31 后，伴音恢复正常
PW1225 高清机心 N29FV6H-D 型彩电，接收灵敏度低，图像上有雪花干扰	"RF-AGC"项目数据出错	使用用户 35L 遥控器，将音量减小到 0，再持续按"菜单"键 5s 以上，待屏幕上显示密码字样，按遥控器上的数字键，输入密码"9443"，即可进入"FACTORY"状态，选择"RF-AGC"项目，将其项目数据调整为"33"后，按"静止"键退出维修模式，画面上的雪花干扰消失
PW1225 高清机心，图像和伴音正常，部分按键功能失效	进入童锁状态	以 29F5D-TB、29FV6H-D、29F5D-TA 为代表的高清系列彩电，具有童锁功能。进入童锁状态后，图像和伴音正常，部分按键功能失效。退出童锁状态的方法：在开机收视状态下，使用随机的 35L 遥控器，在"限时收看"项目中，键入密码 9443，即可解锁；如果使用 40A 型遥控器，键入密码 0554，也可解锁，退出童锁状态，面板上的按键恢复正常使用

（续）

故 障 现 象	故 障 原 因	速修与技改方案
PW1225 高清机心,图像和伴音正常,面板上部分按键失效	误入童锁状态	以 29F6G-AN、29F6G-PNP/G、34F2A-T/G、34T2A-P/A 等为代表的 3D 机心;以 29F6G-PNT/A/B、D29FVH-F、D34F6V-CN/A、34T2A-P/B、34T2A-P/C 为代表的 PW1235 机心。解锁方法是:在开机收视状态下,按住遥控器上的"LOCK"童锁键,即可解锁,面板上的按键恢复正常使用
PW1225 高清机心 29F5D-T 型彩电,开机拉幕慢,无图像,无伴音	存储器和音效处理电路 N601 故障	该机 N201 采用海尔 8859B 机心,怀疑存储器故障,更换空白存储器后,拉幕功能恢复正常,但行场幅度小,进入维修状态调整行场幅度正常后,退出维修状态,行场幅度又回到调整前的状态,调整后的数据不记忆。再次更换存储器故障依旧。检查控制系统 N201 的 56、57 脚总线电压为 3.5V,低于正常值 4.9V,逐个断开总线上的被控电路,当断开音效处理电路 N601(TA1343N)的 23、24 脚后,N201 的总线电压恢复正常,更换 N601 后,故障排除
PW1225 高清机心 29F5D-TA 型彩电,总线出错处理方法	总线数据出错	对于总线数据经常出错的问题,主要是因机内干扰或者 CRT 跳火导致数据变化 解决办法:可以在 N702(24C08)8 脚对地接 5.6V 稳压二极管,稳压管的负极接 8 脚,正极接地。5、6 脚对地接 100pF 瓷片电容。Y 板地与行扫描的地及小信号用地用飞线连接。如果以上无效,则考虑更换升级后的 LA76930
PW1225 高清机心 29F5D-TA 型彩电,行幅度缩小	开关变压器一次绕组消峰二极管 VD510 性能不好	开机收看一会,机内出现尖叫声,同视行幅缩小并反复收缩。测 +B 电压 130V 在 110～120V 之间变动,开关电源厚膜电路 ICN501(G9656)严重发热。经检查为开关变压器一次绕组消峰二极管 VD510 性能不好,换新后故障排除。VD510 漏电,导致 N501 的 1 脚直流电压增高,开关管损耗严重增加,但 IC 保护灵敏,未损坏
PW1225 高清机心 29F5D-TA 型彩电,开机指示灯亮,但不开机	场输出电路和供电电路故障	二次开机后电源红色指示灯亮,不开机。检查二次开机后各组电压均正常,但场供电的 27V 为 0V,经检查为 V541(2SA1020)断路。N301(LA78041)的 2 脚对地短路,换新后故障排除(V541 可用 2SB892 代替)
PW1225 高清机心 29F5D-TA 型彩电,图像有锯齿状干扰	枕校晶体管 V403 不良	有图像和声音,但图像间歇性的有锯齿干扰,类似重影。测试 +B 等电源滤波电路良好。因故障间歇性出现,所以怀疑行激励电路有故障。更换行激励晶体管 V404(2SC2383)、C426(3900pF)、C413(1000PF)、R447(2.7k)、行激励变压器 T401 后故障依旧;断开枕校电路后,故障不再出现,只是行幅小,且失真,更换 V403(2SC3852)后故障排除
PW1225 高清机心 29F5D-TA 型彩电,图像噪点多	N201 的 43 脚内部电路损坏	检测高频头 U101 的 1 脚(RFAGC 脚)电压,有无信号时均在 0.8V 左右变化,显然是因 AGC 电压过低造成。断开 R122(100Ω)电阻后 AGC 电压升高。随后测试 N201(HAIER8859)43 脚对地电阻很小,为几十欧。更换 N201 后开机,故障排除。该机心出现该故障的机器较多,在换新 IC 后要在 43 脚对地接 5V 左右的稳压二极管做保护,防止 43 脚短路

（续）

故障现象	故障原因	速修与技改方案
PW1225 高清机心 29F5D-TA 型彩电，不开机，红色指示灯暗且闪烁	+ B 整流二极管 VD561 短路，C549 不良	电源指示灯弱闪，机内还有间歇的叫声。检查 + B 整流二极管 VD561（RU4AM）发现已短路。测试负载无短路现象，换新 VD561 后开机 2h 后又损坏，测试仍为短路。更换 C549（220uF/200V）后长时间试机故障不再出现
PW1225 高清机心 29F5D-TA 型彩电，冷开机行幅度慢慢变大，枕形失真	枕校电路 V403、C430 不良	该故障应该出在枕校电路。枕校电路的主要元件 V403（2SC3852）、VD412（ERB44- 04）、C430（10uF/160V 无极性电容）等均正常。更换 C430 后收看两日故障又出现将 V403（VF412）更换后，故障排除
PW1225 高清机心 29F5D-TA 型彩电，有时不开机，有时开机后行幅度小	开关电源 N201（G9656）外部 R504 阻值变大	测试电源负载无任何短路，显然故障出在电源热的部位。检修中当测试到 N201（G9656）的 2 脚电压时机器突然热启动，但是行场幅度反复缩缩。测试 + B 电压在 100V ~ 130V 之间波动，明显是电源带负载能力降低。更换 R504（0.1Ω）电阻后开机，故障排除。由于 R504 变质，导致 N201 内开关管源极电流检测误动作，导致 N201 保护。有时启动后由于电阻的变质，致使过流采样电路动作，导致电源带载能力差
PW1225 高清机心 29F5D-TA 型彩电，开机后光栅逐渐变为带回扫线的红色	红色视放管集电极负载电阻 R915 阻值变大	测试 R 激励电压正常，但红阴极电压逐渐降低。分析故障可能在 CRT、视放管及视放管集电极负载电阻。测试 R915（15k）电阻阻值变大，换新后开机故障排除。集电极负载电阻变大，导致 V901（C2482）集电极电压降低、光栅偏红并带回扫线
PW1225 高清机心 29F5D-TA 型彩电，不定期烧行管	行偏转线圈打火所致	不定期烧行管可能出现的故障有： 1. + B 电压高；2. 行包及行负载有问题；3. 行频率过低或过高；4. CRT 打火等 机器是在正常收看的时候机内先有啪啪的响声，之后就关机了，显然是打火导致行输出管烧坏。检查行偏转线圈，发现有两根线的交叉处绝缘漆磨损
PW1225 高清机心 29F5D-TA 型彩电，声音失控	伴音控制是在 N601 损坏	开机后 2 ~ 3s 伴音是正常的，且大小可控制，但过一会即失控。忽大忽小，不受控制。因本机的伴音控制是在 N601（TAl343）内部完成的，所以怀疑 N601 损坏。更换新 N601 后，故障排除
PW1225 高清机心 29F5D-TA 型彩电，不能开机	总线被控电路 N601 故障	测试 N201 的总线电压偏低，为 2V 多，异常，正常应为 4.5 ~ 5V，怀疑总线负载有问题。当断开 N601（TAl343）的总线后，总线电压为 4.8V，二次能够开机。更换新 N601 后，故障排除
PW1225 高清机心 29F5D-TA 型彩电，不开机，电源发出弱小的叫声	行输出电路多个元器件击穿故障	检查 + B 电压在 1 ~ 5V 间波动，断开行负载后，开机 + B 电压 130V 正常。测试行负载环路，发现 VF413（ERF07 - 15）、VD412（ERB44 - 04）、V403（2SC3852）损坏；检查逆程电容，行 S 校正电容 C424（0.39μ/400V）电容失容并有漏电现象。将 VF413、VD412、V403、V421 换新后，故障排除

故 障 现 象	故 障 原 因	速修与技改方案
PW1225 高清机心 29F5D-TA 型彩电，不定期出现行幅度缩小故障	晶体管 V402 性能不良	该机不定期出现行幅缩小（5cm 左右）故障，一般来说，冷机时正常，热机后出现的次数较多。分析原因可能在行幅调整即枕校电路，因热机出现故障次数频繁。所以在开机后用酒精棉冷却枕校电路的晶体管与二极管，发现冷却到 V420（2SA1015）时，行幅突然拉开，再用烙铁加热 V402。出现行幅收缩的故障，说明是此晶体管性能不良，更换后故障排除
PW1225 高清机心 29F5D-TA 型彩电，自动选台时黑屏幕	VD601 漏电故障	自动选台时出现黑屏现象，选择完毕后图像恢复正常。按静音键时也出现黑屏现象。本机的静音控制电压由 N201（HAIER8859）的 56 脚输出，分别加到伴音功放与关机视频静噪电路。在自动选台时，测量 VD601 负极为高电平，不正常。因为该机按静音键后才出现黑屏，说明与该机静噪电路无关，检查 VD601 发现已漏电，更换后故障排除

3.4.2　833、MK14 高清机心速修与技改方案

故 障 现 象	故 障 原 因	速修与技改方案
883/MK14 机心 29F3A-N 型彩电，伴音小且沙哑	HEF4053BF 电子开关集成电路损坏	采用干扰法碰触 TDA74971 与 5 脚，扬声器中有较响的干扰声，说明功放电路正常。用一只 0.47μF 的电容器并接在 HEF4053BF 的 5 脚与 14 脚时，伴音恢复正常。判断 HEF4053BF 电子开关集成电路损坏，更换新件后，故障排除
883/MK14 机心 29F7A-PN 型彩电，不能开机	行输出变压器内部有局部短路现象	二次开机后，测量 +B 电压在 70～130V 之间波动，且扬声器中有"咔咔"响声。仔细观察发现行输出变压器表面有些烫手，怀疑行输出变压器内部有局部短路现象，更换一只 FBT－B－40 型行输出变压器后，故障排除
883/MK14 机心 29F7A-PN 型彩电，不能开机，但指示灯亮	TDA9332 外接的 12MHz 晶体振荡器不良	观察开机后行未启动，检查 TDA9332 的 13、14 脚外围元器件正常。将 TDA9332 的 13 脚接地、14 脚断开，故障依然存在。怀疑 TDA9332 外接的 12MHz 晶体振荡器不良，更换后故障排除
883A 高清机心，电视机的部分功能被限制	误入家长管理状态	海尔 883A 机心系列高清彩电，设有"家长管理"菜单，可对电视机的部分功能进行限制，该"家长管理"菜单的通用密码是出厂密码：0000
883 高清机心，电视机上的按键不起作用，关机后在开机保持童锁状态不变	误入童锁状态	海尔以 29F3A-N、29F5D-TA（G）、29FA6-PN、29F8D-PY（G）34F9-PN 为代表的采用 883 机心的高清系列彩电，设有童锁功能。童锁功能开时，电视机上的按键不起作用，关机后再开机保持童锁状态不变。 退出童锁状态方法：按 MENU 键或 FUNC 键，选择功能显示菜单或系统设定菜单，在子菜单中选择"童锁"项目，将"童锁"项目设置为"关"，即可关闭童锁功能

（续）

故 障 现 象	故 障 原 因	速修与技改方案
MK14 高清机 29F3A-PY 型彩电，提高机心抗显像管跳火	电路设计缺陷，更改电路	更改前内容说明： 　父项编码：0094004117，材料名称：跨线，材料编码：0094101552，规格：φ0.58mm/5mm-B，位号：J825 更改后内容说明： 　1. 父项编码：0094004117，材料名称：稳压二极管，材料编码：0094400618，规格：MTZJ5.6B－T，位号：DZ910 工位； 　2. 父位编码：0094003981，材料名称：涤纶电容器，材料编码：0094200738，规格：CL21X－100V－0.22μF－J－F，位号：C800 工位：2C063 　注：1. 以上印制电路板已做更改，PX10041A（V3.5V）老板可在铜面补焊；2. 在 PX10041A（V3.5）新板上 C907 向内位移 2mm
MK14 高清机心，电视机上的按键不起作用，关机后在开机保持童锁状态不变	进入童锁状态所致	海尔以 29FB、29FBL、29FC 为代表的采用 MK14 机心的高清系列彩电，具有童锁功能。童锁功能开时，电视机上的按键不起作用，关机后再开机保持童锁状态不变 退出童锁状态方法：按 MENU 键或 FUNC 键，选择功能显示菜单或系统设定菜单，在子菜单里有"童锁"项目，按频道 +/- 键选择"童锁"项目，按"音量 +/-"键将童锁设置为"关"，即可关闭童锁功能

3.4.3　华亚、NDSP 高清机心速修与技改方案

故 障 现 象	故 障 原 因	速修与技改方案
华亚机心 29F9D-PY 型彩电，音量在 9 与 10 之间有跳变	LV1116 集成电路内部电路局部损坏	进入工厂调整菜单状态，检查 VOL 数据没有发现改变。测量 LV1116 集成电路的工作电压基本正常，怀疑 LV1116 集成电路内部电路局部损坏，更换新件后，故障排除
华亚高清机心，不能调台预置，不能进行 AV/TV 切换，不能进行游戏	进入童锁状态	海尔以 29F3A-PY、D29F9K-V6 为代表的华亚机心高清系列彩电，设有童锁功能，进入童锁状态后，不能调台预置、不能进行 AV/TV 切换，不能进行游戏。童锁初始密码为 0000，解锁通用密码为 9443。其解锁方法是：按遥控器上的"菜单"键，进入童锁菜单，按遥控器上的数字 9443，输入通用密码即可解锁
NDSP 高清机心，不能调台预置，多项调整失效	进入童锁状态	海尔以 29F8A-N、29F9D-PY、32F3A-N、36F9K-ND 为代表的 NDSP 机心高清系列彩电，具有童锁功能。如果误入童锁状态，可在按下"菜单"按键的后，快速按下"开关"键，即可退出童锁状态

3.4.4　MST5C16/26 机心速修与技改方案

故 障 现 象	故 障 原 因	速修与技改方案
MST5C16 机心 D34FV6H-CN 型彩电，不定期出现黑屏，但伴音正常		测量开关电源输出的各路电压基本正常。测量 TDA9332 的 13 脚上的电压偏高于正常值，检查相关电路，C411 电容器漏电，致使行逆程脉冲较高，TDA9332 的 13 脚上的电压过高，其内部保护电路动作切断了行激励脉冲，行输出电路停止工作。用一只 1000pF/1kV 电容器换上后，故障排除
MST5C16 机心 D29FV6H-A8 型彩电，无伴音	TDA7497 内部局部损坏	测量伴音功放集成电路 TDA7497 的 2 脚上的 26V 供电正常，输出端 12 脚电压为 11V、14 脚电压为 9V。用手摸 TDA7497 散热片较烫，判断 TDA7497 内部局部损坏，更换新件后，故障排除。检修时检查一下其 12 与 14 脚外接的两只防 CRT 打火保护的钳位二极管是否有损坏
MST5C16 机心 D29FV6H-A8 型彩电，开机蓝色指示灯闪烁，机内有"咔咔"响声	光耦合器的 1、2 脚短路	测量开关电源 +B 电压在 140～180V 之间波动，说明该电压过高。测量采样误差放大电路未见异常，在路测量光耦合器的 1、2 脚上的电压为 0V，判断光耦合器的 1、2 脚短路，更换新件后，故障排除
MST5C16 机心 D29FV6H-A8 型彩电，行幅大，有枕形失真	枕形失真校正管 VT619 漏电	进入工厂菜单调整状态，调整行幅、枕形失真等参数无效。测量枕形失真校正管 VT619 的集电极电压为 5.8V，基极电压为 0.7V，异常，正常情况下，VT619 的集电极电压为 15.5V，基极电压为 0.5V，发射极电压为 0V。测量 VT614 的 c - e 极间漏电，更换新件后，故障排除
MST5C16 机心 D29FV6H-A8 型彩电，不定期出现无光栅，有伴音现象	行输出变压器 2 脚有微小的裂纹	二次开机在故障出现后，测量 +B 的 +145V 电压正常，但显像管灯丝不亮。在测量行输出变压器 +B 电压输入端电压时，发现光栅瞬间可以出现，仔细观察行输出变压器 2 脚有微小的裂纹，加锡重焊后，故障排除
MST5C16 机心 D29FV6H-A8 型彩电，无光栅，有伴音	行激励管 VT606 不良	二次开机后，测量 +B 电压正常，但显像管灯丝不亮。测量行输出管集电极电压基本正常，但行激励管 VT606 输出的脉冲幅度很低，判断行激励管 VT606 不良，用一只 IRF630 型管换上后，故障排除
MST5C16 机心 D29FV6H-A8 型彩电，自动搜台后的图像不稳定	数字电路板有损坏	测量 IC001 的 10 脚（AFT 信号输出端）上的电压为不变化的 0.5V，正常该电压会随图像内容发生变化，一般应在 2～4V 之间变化。断开数字电路板的 AFT 输入引脚后，IC001 的 10 脚电压可以上升，判断数字电路板有损坏，更换配件后，故障排除
MST5C16 机心 29F7A-PN 型彩电，行幅小	行激励电阻 R637 阻值变大	检查行输出电路，发现行激励电阻 R637 阻值变大，更换后，故障排除
MST5C26/AKM 机心 29F9D-PV 型彩电，图像枕形失真	行阻尼管 Q610 已击穿	进入工厂模式后调整"PINAMP"项的值不起作用，检查枕校电路，用万用表测量枕校管各脚对地电阻无异常；测量数字板输出的 EW 信号波形也无异常，检查行电路，发现行阻尼管 Q610 已击穿，换新后图像正常

（续）

故 障 现 象	故 障 原 因	速修与技改方案
MST5C26/AKM 机心 29F9D-PY 型彩电，不开机，三无	晶闸管 IC550 损坏	开机指示灯不亮，判定无 5V-1 电压输出，本机指示灯所用 5V 为 Q575 输出。其输入电压取自开关变压器二次侧整流输出的 15V 电压，实测 15V 电压严重偏低（大约为 5V），经查是晶闸管 IC550 损坏，更换后故障排除
MST5C26/AKM 机心 29F9D-PY 型彩电，不开机，指示灯亮	数字板不良	测得开关变压器二次侧的 +B 及 15V 电压输出均正常，给数字板供电的 5V、9V 及 12V 也无异常，判定数字板不良，没有发出行激励信号，更换数字板后开机正常
MST5C26/AKM 机心 29F9D-PY 型彩电，图像偏色	软件数据出错	进工厂模式，调出工厂白平衡、暗平衡调整菜单，调整亮、暗平衡的参数即可
MST5C26/AKM 机心 29F9D-PY 型彩电，开机无图，有高压声	数字板不良	开机有高压说明电源及行、场电路工作正常。测 CRT 板上的 R、G、B 激励信号电压均为 0.6V。拔掉数字板与视放板的连线，测得数字板上的 R、G、B 接口电压异常，更换数字板后故障排除
MST5C26/AKM 机心 29F9D-PY 型彩电，有图无声	数字板上的伴音处理芯片损坏	有图像显示，说明 5V、9V 等各路供电电压都正常，检查功放电路未见异常，向前检查数字板上的伴音处理芯片损坏，更换后伴音恢复正常

3.4.5 TDA9808、ST720P 机心速修与技改方案

故 障 现 象	故 障 原 因	速修与技改方案
ST720P 高清机心，不能调台预置、不能进行 AV/TV 切换，不能进行游戏	进入调台锁、AV 锁、游戏锁状态	海尔以 D29FV6-A8K、D29FV6-A、D34FV6-A、D34FV6-AK 为代表的 ST720P 机心高清系列彩电，设有调台锁、AV 锁、游戏锁等童锁功能。进入调台锁、AV 锁、游戏锁后，不能调台预置、不能进行 AV/TV 切换，不能进行游戏 其解锁方法是：按遥控器上的"菜单"键，进入童锁菜单，按遥控器上的数字键 9443 输入通用密码，即可解锁
ST720P 机心 D29FV6-A 型彩电，不能开机，但指示灯亮	行输出变压器 T444 内部局部短路引起的数字电路板和 TDA6111Q 损坏	测量 Y 电路板 R 枪的 TDA6111Q 的 12V 引脚与地线短路。但更换后故障依然存在。更换新的数字电路板后，+B 电压在 60～120V 之间波动，怀疑行输出变压器 T444 内部局部短路，更换行输出变压器后，故障排除。估计是行输出变压器高压包损坏以后引起的数字电路板和 TDA6111Q 集成电路故障
TDA9808 机心 29F9B-PY 型彩电，黑屏，但伴音正常	行线性校正电感器断路	检查行输出电路的 +B 工作电压基本正常。测量行线性校正电感器的一端有电压，一端无电压。检查相关电路发现行线性校正电感器断路，更换新的同规格的配件后，故障排除
TDA9808 机心 29F5D-TA 型彩电，三无但指示灯亮	IC801（LM1269）12 脚内部电路短路	测量开关电源输出的 +B 端输出电压为 130V，基本正常。测量 IC603（TDA9118）29 脚上的 12V 电压正常，但 30 脚（总线 SCL 端）电压为 0.7V，31 脚（总线 SDA 端）电压为 4.2V。测量 IC603 的 30 脚与地线之间的电阻值较小。测量 IC801（LM1269）12 脚与地线之间的电阻值近于 0Ω。判断 IC801（LM1269）12 脚内部电路短路，更换配件后，故障排除

（续）

故障现象	故障原因	速修与技改方案
TDA9808T 机心 HG-2560V 型、HG-2988N 型等彩电，拉幕功能速度太快	拉幕速度 CUR STEP 选项数据改写	拉幕功能速度太快，以至于在冷开机时看不到拉幕。改进方法是：进入 D 模式，用上下方向键选择拉幕速度 CUR STEP 选项。用左右方向键将其数据改写为 "01"，再选择拉幕等待时间 WAIT TIME 选项，将其数据改写为 "3F" 即可，遥控关机退出维修状态，拉幕功能恢复正常
TDA9808 机心 29F3A-PY 型彩电，光栅场线性较差、上下抖动，且下部场不满幅	场输出电路和场偏转线圈接线端子接触不良	怀疑场输出电路中有元器件性能不良，测得 TDA8351（N301）3、6 脚电压分别为 +15.8V、+45.2V，正常且稳定；检修中发现，在故障出现时，若拍打电视机，光栅可瞬间恢复正常或呈水平亮线，据此判断，场信号处理部分存在接触不良现象。对 N301 及其外围元器件引脚补焊后试机，故障依旧。后经仔细检查，发现场偏转线圈接线端存在虚焊现象，补焊后故障排除。另外，海尔 29F9B-PY 彩电场偏转线圈接线端也易出现虚焊故障
TDA9808 机心 29F3A-PY 型彩电，伴音交流声干扰改进	电路设计缺陷，更改电路	更改前内容说明： 1. 父项编码：0094004117，位号：J423A，材料名称：跨线，材料编码：0094101552，规格：φ0.58mm/5mm-B； 2. 父项编码：0094003981，材料名称：电解电容器，材料编码：0094200727，规格：CD110~250V-4.7μF-M-05-G-A，位号：C816 更改后内容说明： 1. 父项编码：0094004117 位号：J420，材料名称：跨线，材料编码：0094101552，规格：φ0.58mm/17.5mm-B； 2. 父项编码：0094004117，位号：J423，材料名称：跨线，材料编码：0094101552，规格：0090401220，工位：2C3； 3. 规格：跨接导线 13mm； 4. 父项编码：0094004117，材料名称：电解电容器，材料编码：0094200727，材料规格：CD11X-250V~4.7μF-M-F，位号：C816，工位：J
TDA9808 机心 29F3A-PY 型彩电，改善存储块数据乱，VGA 保护问题	电路设计缺陷，更改电路	增加 IN4148-T 二极管一只，焊于 VD903A 的反面，二极管的正极接 DZ903 的负极，二极管的负极接 R918 外，即 5V 电压处
TDA9808 机心 29F3A-PY 型彩电，改善条纹干扰	电路设计缺陷，更改电路	更改前内容说明： 主板位号 C803 无元器件增加：材料编码：0094201-690，规格：CBB62-AC250V-0.047-J-12-A-A

（续）

故障现象	故障原因	速修与技改方案
TDA9808 机心 29F3A-PY 型彩电，抗电源干扰，改善图像发白，提高可靠性	电路设计缺陷，更改电路	更改前内容说明： A. 父项编码：0094004115，父项名称：主板组件； 1. 位号：C803 无元件； 2. 材料编码：0094500469，材料名称：开关变压器，材料规格：BCK-07-D1，位号：T801； 3. 材料编码：0094100296，材料名称：消磁电阻器，材料规格：MZ73L18RM270，位号：RP810； 4. 材料编码：0094440630，材料名称：半导体二极管，材料规格：SF5L6-N（进口），位号：VD805； 5. 材料编码：0094401536，材料名称：半导体二极管，材料规格：ER204-15-P（进口），位号：VD402 更改后内容说明： A. 父项编码：0094004115，父项名称：主板组件； 1. 材料编码：0094201690，材料名称：薄膜电容器，材料规格：CL21-AC250V- 0.047μF-J-12-A-A，位号：C803； 2. 材料编码：0094500963，材料名称：开关变压器，材料规格：SRW49LEC-X18V118-D，位号：T803； 3. 材料编码：0094100296，材料名称：消磁电阻器，材料规格：MZ73L18RM270，位号：RP803； 4. 材料编码：0094401541，材料名称：半导体二极管，材料规格：MF806F-N（进口），位号：VD805； 5. 材料编码：0094401539，材料名称：半导体二极管，材料规格：ER206-15-P（进口），位号：VD402
TDA9808 机心 29F3A-PY 型彩电，提高场同步范围，改善打火试验、场块性能	电路设计缺陷，更改电路	更改前内容说明： 1. E^2ROM 104 单元数据为 02； 2. CRT 板 W511 为-跨线； 3. 主板位号 C306 无元件； 4. 数字板插座 SIP1 的 10 脚与 CRT 板插座 XP21Y 的 12 脚有-橙色线相连 更改后内容说明： 1. E^2ROM 104 单元数据改为 03； 2. CRT 板位号：W511 材料名称碳膜电阻器材料，规格 RT14-1/4W-220Ω 材料，编码00941000990/009410105； 3. 主板位号：C306 材料名称薄膜电容器材料，规格 CL21X-100V-0.1μF 材料，编码 009421172； 4. 将数字板插座 SIP1 的 10 脚与 CRT 板插座 XP21Y 的 12 脚相连的橙色线剪断
TDA9808 机心 29F3A-PY 型彩电，图像亮度不稳定，切换到 NT-SC4.43 频道有检测线	电路设计缺陷，更改电路	进入总线状态后将 E^2PROM 的数据进行更改，将地址为 103 的数据由 03 改为 01，地址为 207 的数据由 14 改为 17。 注：14 改为 17 只适用于彩虹管，三星管仍保持 14 不动，进入工厂模式后更改此地址数据，写入 OK 后，交流关机即可

（续）

故障现象	故障原因	速修与技改方案
TDA9808 机心 29F3A-PY 型彩电，字符抖动整改	电路设计缺陷，更改电路	更改前内容说明： 1. 父项编码：0094004115，位号：熔丝座，材料名称：熔丝座，材料编码：0090100037，规格：MT-BJ0001BB-Q； 2. 父项编码：0094004117，位号：C916，材料名称：瓷介电容器，材料编码：0094200981，规格：CT1-06-284-63V-1000pF-. K-. F； 3. 父项编码：0094004117，位号：R320，材料名称：稳压二极管，材料编码：0094400068，规格：MTZJ22A-T； 4. 父项编码：0094004116，位号：LA、LB，材料名称：磁珠，材料编码：0094500914，工位：Y，规格：3R5×3×1R； 5. 父项编码：0094004115，材料名称：电解电容器，材料编码：0094200727，材料规格：CD1 10X-250V-4.7μF-M-05-G-A 位号：C816 更改后内容说明： 1. 父项编码：0094004115，位号：熔丝座，材料名称：熔丝座，材料编码：0090100007，规格：AUA7.749.0013； 2. 父项编码：0094004117，位号：C916，材料名称：瓷介电容器，材料编码：0094201039，规格：CT1-B-63V-4700pF-K-F05； 3. 父项编码：0094004117，位号：R320，材料名称：稳压二极管，材料编码：0094400492，规格：MTZJ82C-T； 4. 父项编码：0094004115，位号：LA、LB，材料名称：磁珠，材料编码：0094500914，工位：2C18，规格：3R5 ×3×1R5-N； 5. 父项编码：0094004117，材料名称：电解电容器，材料编码：0094200727，材料规格：CD110X-250V-4.7μF-M-F，位号：C816 工位：J

3.5　创维高清彩电速修与技改方案

3.5.1　D 系列机心速修与技改方案

故障现象	故障原因	速修与技改方案
34DH60 型彩电，三无但绿色指示灯亮	12V 稳压器 IC804 的引脚脱焊	对供电电路中的有关集成电路的输出电压进行检查，结果发现 IC804（7812）的引脚有脱焊现象。加锡将 IC804（7812）脱焊的引脚焊牢固后，接通电源试机，电视机启动正常，故障排除。IC804（7812）虚焊的发生率较高，脱焊不严重时，会对图像的清晰度产生影响，有时还可能损坏行输出管；脱焊严重时，就会出现如本例的这种不能开机故障

（续）

故 障 现 象	故 障 原 因	速修与技改方案
3D20、3D21 机心 21T98HT、21D9BHT 型彩电，场线性不良，图像压缩	场锯齿波形成电容 C608 开焊	数字板上场锯齿波形成电容 C608（82nF/100V）引脚松动，补焊该脚即可
3D20 机心，21D18HT 型高清小屏幕彩电，二次开机蓝灯亮无光无声，未听到高压启动声	显像管尾板视放电路 R1008 故障	开机测数字板供电端子插座引脚与主板连接处 +9V、+5V 和 STB5V 均正常，各供电块散热片上电压 +3.3V、+2.5V 和 TDA9332 供电脚 8V 正常，由此推断控制系统也工作，行扫描启动后又停止，判断保护电路启动。检查行扫描和显像管尾板电路，查 +180V 滤波电容处电压正常，测视放块供电脚无 180V，顺电路查供电插头至 TDA6108JF 处有一电阻一端电压为 180V，另一端为 0V，看来此电阻已坏。更换此电阻 R1008（1Ω/2W）后开机，光栅终于如期而至，至此本机维修终于告一段落。但并未彻底修复
3D20 机心，21D18HT 型高清小屏幕彩电，刚开机时屏幕挺亮（处于开机拉幕状态），拉幕后屏幕变得非常暗，调整加速极电压能从暗变到出现白光栅带回扫线，但图像依然很暗	总线白平衡的调整数据出错	检查 ABL 电路各元器件未见异常，怀疑是软件调整不当。进入工厂模式，进入几何失真调整菜单，再直接按下"健康互动平台"键就可进入白平衡和副亮度调整菜单。选择本菜单中第 6 项 SB 项，将副亮度值由 0A 调到最大 1F，图像亮度有变化但变化甚微，光栅仍旧不够亮。当选择 8 项 AUTO 时，发现其为 ON/OFF 两种状态，分别对应一组白平衡的调整数据。当选择 OFF 时屏幕变得透亮，图像正常。当选择 ON 时屏幕又恢复至暗淡的"正常状态"。查看有关资料得知，本机有两套白平衡的调整数据，当 7 项为 OFF 时是开机瞬间的白平衡调整数据，当 7 项为 ON 时是自动白平衡调整状态。在开机瞬间为白平衡，手动调整时光栅能正常显示，而自动白平衡时图像亮度不足，说明此故障是自动亮度调整电路在作怪，或者是白平衡调整不当。仔细检查 TDA6108JF 至数字板 TDA9332 相关阻容元器件未见异常，考虑到加速极电压不当会造成黑屏，试仔细调整加速极电位器，故障终于顺利排除
3D20 机心 21T98HT 型彩电，图像左右抖动；在某些地区，只要插上闭路天线，光栅就左右晃动	C101、C102 不良，耐压不足	更换 C101、C102，建议换为耐压为 35V 的电容
3D28 机心 21U98HT 型彩电，搜台正常，但有时黑屏。有时图像闪烁，微调也不能调到最佳位置	电路设计缺陷和软件数据出错	按照前期技改方案，将 R212 由 360Ω 改为 220Ω 无效果。升级软件后把"BANK"项的值改为"7"，"DEGISTER."项的值改为"01"，"DATA"项的值改为"5A"
3D28 机心 25T98HT 型彩电，不定时出现磁化现象	显像管内部故障	此故障为显像管内部供热问题，调低副亮度，减小显像管发射和内部温度

（续）

故障现象	故障原因	速修与技改方案
3D28 机心 25T98HT 型彩电，遥控关机后再关机，原存的频道不记忆	存储器数据出错	先清空存储器数据，若无效，则用 2008 年 5 月 17 日后的软件写入存储器即可
5D01 机心，2982-100 型彩电，重低音喇叭有交流声	丽音信号屏蔽不良	1. 将丽音解码板上 CN403 至电源板上 CN401 的 6 芯排插线改为屏蔽线；2. 在电源板 R430 及 R428 的公用地与丽音板接地跨线 J419 之间加一条跳线
5D01 机心，2982-100 型彩电接收当地有线电视节目，收不到 104.25 MHz 增补频道	微调接收 104.25MHz 增补频道	1. 将频道号打到 101（此时显示为 113MHz）；2. 进入"微调"项，按音量减调出图像（104.25MHz）；3. 进入"存台"项，按音量 +／－键，保存该节目
5D01 机心，多数电台图像正常，个别台图像扭曲	电路设计缺陷，更改电路	将 IC101（TDA9808）的 4 脚 PLL 滤波电阻 R101 的阻值由 180Ω 改为 $560\sim1200\Omega$
5D01 机心，个别电台的图像上出现网纹干扰、十字带状干扰或带状干扰现象	电路设计缺陷，更改电路	1. 在 IC301（TDA9151）的行信息输入 13 脚加 220pF 到地；2. 将 J201 J202 均改为 $100\Omega/0.25W$ 电阻；3. 将 IC1101（TC74HC157）的 4 脚外接电容 C084、C299A 均改为 47pF，C293 改为 10pF，R244 改为 $1k\Omega$，C294 改为 10pF，J108 不接；4. 将 L206 改为 $0.28\mu H$，L208 改为 $4.7\mu H$，C294A 改为 470pF 或 680pF
5D01 机心，接收图像时，屏幕上有两条 $4\sim5cm$ 宽黑道滚动并随图像扭曲且场抖	TDA9808 的 17 脚电容设计缺陷，更改电路	TDA9808 的 17 脚电容（VIF AGC 电容）C108 由 $0.22\mu F$ 改为 $0.022\mu F$
5D01 机心，遥控/按键失灵	进入菜单中锁定状态	1. 将遥控器内晶振换为 4MHz 晶振；2. 将菜单设置在"关"状态，若菜单中锁定状态在"开"状态，就出现遥控失灵现象
5D01 机心，重低音扬声器发出较大的交流声	电路设计缺陷，更改电路	1. 将 C432、C433 由跨接线改为 $10\mu F/50V$ 电容，将 C432、C433 负极短接，背面补加一只晶体管 C1815 和 $1.8k\Omega$ 电阻。C1815 的发射极接 C432、C433 负极，基极接 $1.8k\Omega$ 电阻，该电阻另一端再接至 CN603 的静音脚 1 脚，集电极接地；2. 在 R432、R433 交汇处接 C1815 的发射极，在静音时无干扰，但取消重低音后会延续 $4\sim5s$ 才出现
5D20 机心，2005 年 5 月 30 日以前生产的机型，发生红屏幕故障	电路设计缺陷，更改电路	将数字板上 C5 并一 1500pF/50V 或 1000pF/50V 电容
5D20 机心，29TFDP、29TJP 型彩电，伴音断断续续，接收节目减少	电路设计缺陷，更改电路	1. C108 碰到声表面外壳，分开可解决；2. 电路设计问题：将电阻 R104A 改为 $3.3k\Omega/0.25W$ 电阻，电容 C104A 改为 15nF 聚酯膜电容，CF103 改为 6.5 MHz 滤波器。将 R104A、C104A 与 R104 断开，加跳线至 IC451 的 55 脚；3. 将工厂数据 SERVICE OPTION2 中的 DK HDEV 由 OFF 改为 ON，将伴音强制在 DK 状态；4. 更换软件已更改的新版微处理器以及 MSP3410 专用块，或将 MSP3410 的 36、37 断开，33、34 两脚用 4.7pF/50V 电容连接

（续）

故 障 现 象	故 障 原 因	速修与技改方案
5D20 机心，34SDDP、29TJDP、29T1DP 型彩电，待机时有"吱吱"声	电路设计缺陷，更改电路	在光耦合器 IC601 的 1、2 脚之间焊接一个 3.3kΩ/0.25W 电阻
5D20 机心，34SDDP 型彩电，彩色闪烁	电路设计缺陷，更改电路	1. 将数字板 Y2 晶振（20.25MHz）换掉；2. 将电源板 D312 改为 2DTV32
5D20 机心，AV 无彩色，在放 DVD 时任何制式都无彩色。转台后图像向右偏 3cm，按视频切换后彩色正常	电路设计缺陷，更改电路	1. 此机心对 AV 输入信号要求较严，当 DVD 连接多台电视机时，带负载能力差造成无彩色；2. 调整数据线，属 N 制调整不当，强制 N 制重新搜台，切换晶振所接电容 C952、C953 不同，ST92196A 为 82pF，ST92196B 为 20pF
5D20 机心，光栅变为红屏幕	电路设计缺陷，更改电路	将数字板 C5 并接一个 1500pF/50V 电容
5D20 机心，冷机升机几分钟后，有绿点/亮点干扰，十几分钟后消失	电路设计缺陷，更改电路	在数字板 C115 背面并一个 47μF/16V 电容即可
5D20 机心，冷开机出现黑屏现象，需关机后第二次开机，方能正常工作	电路设计缺陷，更改电路	由于数字板 5V 供电不足造成。将电源板上的 R641A 电阻 0.47Ω/3W 上再并联一 0.47Ω/3W 电阻，减小降压电阻值。也可并联 0.18Ω/3W 或 0.22Ω/3W 的电阻
5D20 机心，每次开机有光栅无图，关掉蓝屏时为黑屏，需二次开机才一切正常	数字板损坏	原因为数字板损坏所致，更换数字板即可解决
5D20 机心，遥控按键失灵	菜单中锁定在"开"状态	1. 将遥控器内 4.3MHz 晶振改为 4MHz；2. 将菜单设置在"关"状态。若菜单中锁定状态在"开"状态，就会出现遥控失灵现象
5D20 机心，遥控不灵，自动搜索不停台	电路设计缺陷，更改电路	取消 C119 即可
5D20 机心，遥控不灵并伴有不停台现象	电路设计缺陷，更改电路	取消 C119 即可
5D20 机心 29TFDP、29TPDP、34TJDP 型彩电，数码电路伴音断断续续而且少台	改进伴音电路，调整伴音项目数据	先对伴音处理电路进行如下改进：将电阻 R104A 改为 3.3K，电容 C104A 改为 15n，滤波器 CF103 改为 6.5MHz，将 RA104 与 C104A 与 R104 断开。再按遥控器上的"工厂"键，进入维修调试模式，将工厂数据 SERVICE OPTION2 中的 DK HDEY 项目数据，由 OFF 改为 ON，调整完毕再按"工厂"键退出调试菜单。进入用户调整菜单，将伴音制式强制在 D/K 状态。如此改进和调整后，伴音恢复正常
5D25 机心，个别机型自动搜索存台进入死循环状态	存储器数据出错	对于 5D25 机心，将存储器地址 172H、173H 中的数据都改为 7H。对于个别机型，将地址 19F 中的数据改为 14H
5D26 机心，伴音时有时无，断断续续	伴音制式设置问题	将蓝屏关掉，并且将伴音制式强制在 DK 制

故 障 现 象	故 障 原 因	速修与技改方案
5D2X 机心，29 英寸显像管跳火	电路设计缺陷，更改电路	将显像管板上 J501、J502 割断，C522 处割断
5D2X 机心，34 英寸机型易发枕形失真故障	S 校正电容容量问题	将 C322 改为 0.47μF 的 S 校正电容
5D2X 机心，AV/S-V 输入正常，TV 输入无彩色左下角蓝屏回扫线	R739 设计缺陷，更改电路	将 R739 改为 56kΩ 即可
5D2X 机心，STV9379 损坏引起三无	C362 问题	将 C362 改为 500V 磁片电容即可
5D2X 机心，VGA 状态时屏幕出现红场现象	电路设计缺陷，更改电路	将数字板上的 C135 并联一 0.1μF 电容
5D2X 机心，按"节目 +／-"键有时会跳三个频道	微处理器故障	更换微处理器即可
5D2X 机心，伴音调在 1～3 之间时有交流"嗡嗡"声	CN450 音信屏蔽不良	将 CN450 用扎线固定在前支架上，2003 年 3 月后出厂的机器已全部改为屏蔽线
5D2X 机心，伴音中高音部分过强，声音发尖	C483、C486 容量过小	将主板 C483、C486 由 102/50V 改为 4.7nF/50V，对高频进行衰减
5D2X 机心，场同步范围窄，非标信号引起的场不同步	R105 电路设计缺陷，更改电路	5D20 机心将 R105 由 0.56kΩ 改为 0.68～1kΩ 之间。5D25、5D26 机心将 R105 由 0.15kΩ 改为 0.39kΩ
5D2X 机心，交越失真，引起蓝屏中间一条竖直白线	电路设计缺陷，更改电路	将电源板上 FB301 由磁珠改为跳线可以避免
5D2X 机心，冷开机困难	复位电路 C954 问题	更换 C954（复位）即可
5D2X 机心，显像管引起不定时出现彩斑	C501 容量过大	将显像管尾板上的 C501 由 100μF/16V 改为 47μF/16V
5D2X 机心，右上黑角	K736 设计缺陷，更改电路	将 K736 改为 8.2kΩ 或 9.1kΩ 即可
5D60 机心，29TBDA 型彩电，无图像，有伴音	数字板问题	更换数字板（可检查 R9、DVTV 是否虚焊或是 FB14 连接的 F2 过孔开路）
6D35 机心，29T68HT 型彩电，部分电台信号无规律中断	电路设计缺陷，进行技改	1. 将 R295 改为 10kΩ；2. ZD804 改为 5.6V 的稳压管；3. L205、L206 改为 10μH 电感；4. 电容 C205 的容量改为 0.1μF
6D50 机心 29D98HT、29D9BHT 型彩电，个别台有杂音	声表面滤波器 LB9352 不良	声表面滤波器 LB9352 不良，换新即可
6D50 机心 29D98HT 型彩电，开机十多分钟后才有声音	电路设计缺陷	将 C953 和 C940（均是 2200μF/16V）换为 2200μF/50V 即可

（续）

故障现象	故障原因	速修与技改方案
6D50 机心 29D98HT 型彩电，开机十多分钟后才有声音	电路设计缺陷	将 C953 和 C940（均是 2200μF/16V）换为 2200μF/50V 即可
6D50 机心 29D9AHT、29D98HT 型彩电，无伴音，严重时出现不开机现象	滤波电容 C940 容量减小	更换滤波电容 C940（2200μF/16V）即可
6D50 机心 29D9AHT 型彩电，遥控关机后再遥控开机，花屏	R947 变质	将 R947 换新即可
6D50 机心 29D9BHT 型彩电，自动关机	行输出变压器不良	开机瞬间测得 +B 电压输出电压基本正常，但几秒钟后马上自动关机。断开行输出负载，接上假负载试机还是自动保护停机。测量数字电路板上的待机引脚上的电压为 2V 左右，但马上又变为 0V，且机器又自动关机。将待机控制晶体管 VT925（2SC1815）的 c 与 e 极短接强制开机，此时测得电源电路输出端输出的各组电压均恢复正常。怀疑电源负载电路有故障。测行输出电流约为 750mA，大于正常值。怀疑行输出变压器不良，用同规格的行输出变压器换上后，故障排除
6D66、6P18 机心高清彩电，开机保护或行中心偏移	行逆程脉冲形成电路中的电容 C422 漏电	查保护电路元器件组成，查引起保护的行逆程脉冲形成电路中的电容 C422 漏电，更换后故障排除
6D66 机心 29D18HT 型彩电，个别台不定时出现图像拖尾、发白现象	电路设计缺陷，进行技改	将中放 IC 的 6 脚外接电阻 R235 由 220Ω 改为 150Ω
6D66 机心 29T88HT 型彩电，AV/TV 伴音均失真，有些发闷，少数几个台伴音稍微正常一点	电路设计缺陷，进行技改	1. 去掉 Q701、Q702、C720、C721；2. 将 C707 的负极与 C720 的负极短接，C708 的负极与 C721 的负极短接
6D66 机心 32D98HP、28T17HT 型彩电，跑台	中放电路 Q809 不良	换中周 L110（20038904）无效，测 33V 电压正常，中放 LA75503 的 5V 供电为 2.8V，偏低，经查 Q809（C1815）不良，更换 Q809 故障排除
6D66 机心 32D98HT 型彩电，图像行幅小，且枕形失真	电路设计缺陷，进行技改	行幅小：把 NR401 改为 2kΩ，把 R467 改为 5kΩ（1/4W），把 R465 改为 75kΩ（1/4W） 枕形失真：将主板上的 D404 由导线改为二极管 1N4148，并去掉 R468
6D66 机心 32D98 型彩电，图像上有干扰，输入 VGA 信号时行幅余量小，输入高清信号时亮度大	电路设计缺陷，进行技改	该机配用 32 英寸 LG 管 W76ERS270XV1。其技改方案如下：1. 将 Q405（TIP122）换为 D1499，L404（131μH）换为 205μH 的电感，R465（100kΩ1/4W）改为 15Ω（1/4W）； 2. 进入总线，更改如下工厂数据：VCONTRAST-BACKEND：0，40，80，90，100；VBKIGHTNESS-BACKEND：0，64，128，156，170

故 障 现 象	故 障 原 因	速修与技改方案
6D66 机心 32D9BHP 型彩电，开机图像暗，搜台不存台，AV/TV 均没有伴音	滤波电容 CS60 不良	测量 8V 供电电压仅为 6.5V，低于正常值，查 8V 的滤波电容 CS60（1000μF/25V）容量不足，更换 CS60 后，8V 电压恢复正常，故障排除
6D66 机心 32D9BHP 型彩电，冷机枕形失真，并且图像扩大；进入总线调试有效，但过一两天故障又复发	电路设计缺陷，进行技改	按前期技改（将主板上的 D404 由导线改为 IN4148，再去掉 R468）无效，现将 NR401 改为 2kΩ，467 改为 5.6kΩ/0.25W，R465 改为 75kΩ/0.25W 后，故障排除
6D66 机心 32D9BHP 型彩电，冷态开机后行幅小。枕形失真，过几分钟后自动恢复正常	电路设计缺陷，进行技改	1. 行幅不稳定：把数字板上面的 RAM148 由 470kΩ 改到 200kΩ 左右；2. 枕形失真，将主板上的 D404 由导线改为二极管 1N4148，并去掉 R468
6D66 机心 32D9BHP 型彩电，热机后行中心严重偏移。枕形失真严重，换台时出现乱码	24C32 的 6 脚外接元件漏电	测得 24C32 的 6 脚（SCL）电压只有 2V，测其对地阻值明显变小，但 6 脚（SCL）线路上无元器件损坏，怀疑为主板漏电，板号为 5800-Y6D660-02（070923）VEK01.12。挑起 24C32 的 6 脚，用飞线接一只 100Ω 电阻至 RM172 的 CPU 端，故障排除
6D66 机心 32D9BHP 型彩电，行不起振，没有高压	软件数据出错	开机后消磁继电器动作，测量 +B 主电压 140V 正常，但行不启动。测量行扫描电路元器件组成，最后更换 UM3，重新给 24C32 写入对应的数据，故障排除
6D75 机心 29T83HT 型彩电，开机就烧阻尼二极管 VD409（BY457）、VD407（FMLG16）	C406、R403、C417（561/2kV）变质损坏	检查 C406（224J/630V）、R403（2.2Ω）、C417（561/2kV）的值是否变化
6D78 机心，34T60HT、34T66HT 型机型，播放一个小时后有"嗡嗡"声	电路设计缺陷，更改电路	拆除跳线 J938。在靠近存储器的 5V 焊孔和 J938 靠近 VD604 负极焊盘处的焊盘之间连一根导线。V862 由 C1815 更改为 C2235。FR803 和 FR806 由 0.68Ω/2W 更改为 0.33Ω/2W
6D78 机心，34T66 型彩电，有时候没有伴音	电路设计缺陷，更改电路	伴音块的 14V 供电不稳定，14V 稍微一抖动，就静音，可以把 R823 去掉，就近接数字板上的 +5V
6D78 机心，不开机或开机后光栅压缩	C417 损坏，C811（3.3μF/100V）变质	C417 坏，电源电路中的 C811（3.3μF/100V）变质
6D78 机心，音量自动变大	电容 C923 损坏	屏显也是音量格自动上涨，不受控，是 N901 的 10 脚外接电容 C923 损坏
6D78 机心，正常收视过程中，声音突然变大	电路设计缺陷，更改电路	V601 的基极加一个 103 电容，若不行更换开关变压器
6D78 机心 29T86HT 型彩电，屏幕上的图像收缩	场输出集成电路相关 R615 的引脚出现虚焊	测量场扫描的供电电压正常，更换场输出集成电路故障依然存在。测量场输出集成电路各引脚电压在故障出现时电压不变，最后查出 R615（1.2Ω/2W）的一只引脚出现虚焊，加锡补焊后，故障排除

（续）

故 障 现 象	故 障 原 因	速修与技改方案
6D78 机心 29T88HT 型彩电，屏幕上半部分无图像，下半部分图像正常	二极管 VD302 开路	测量提供给场输出集成电路 LA7846 的 +／-15V 供电电源基本正常。测量 LA7846 的 7 脚上的 15V 电压正常，但 4 脚上的 15V 电压为 0V。检查相关电路，发现二极管 VD302 开路，更换配件后，故障排除
6D78 机心彩电，花屏或绿屏，且字符抖动	三端稳压块 U3 损坏	数字板上背面的三端稳压块 U3（2.5V）损坏。实修时，可以从 U2（3.3V）上接一只二极管到 U3′的输出端上，并去掉 U3
6D79 机心，29T88HM 型彩电，重低音效果差	RT16 设计缺陷，更改电路	主板上的重低音小板电阻 RT16 由 33kΩ（1/8W）改为 200kΩ（1/4W）
6D79 机心，在收看 5 频道时有噪声现象，其他均正常	夏普产高频头不良	故障元件为夏普产高频头不良，更换优质高频头即可
6D81/91/92 机心 29T66HT 型彩电，三无但有"吱吱"声	基色的信号处理电路 LM1246 损坏	检查发现行输出管表面变色，检查确已击穿短路。改用耐压为 1700V、功耗为 200W 的 2SC5144 型晶体管代替后，接通电源试机，电视机的伴音恢复正常，但仍然无光栅。测量尾板视放输出电路中的 190V 工作电压基本正常，但发现显像管的三枪处于截止状态，测量三基色输入电压只有 0.1V 左右。测量 LM1246 的 24 脚上的 5V 电压只有 3V 左右，且 LM1246 温度较高，估计 LM1246 已经损坏。更换 LM1246 后，故障全部排除
6D81/91/92 机心 29T66HT 型彩电，常烧行输出管	IC201 的 8 脚上有关元件 R207A 电阻值变大	断开行负载，用灯泡作为假负载，开机长时间监测该 +135V 电压稳定。对行逆程电容器、行偏转线圈、行输出变压器的各个焊接点进行仔细的观察，未发现有虚焊现象。对行/场扫描信号处理集成电路 IC201（STV6888）4～6、8～10 脚上的电压进行测量，结果发现其 8 脚上的 1.4V 电压上升为约 4V。检查 8 脚有关的元器件，发现 R207A 电阻器变大为约 11kΩ。用 2.2kΩ 电阻器换上后，IC201 的 8 脚电压恢复正常，故障排除
6D81/91/92 机心 29T66HT 型彩电，遭雷击后出现三无	电源电路 STR-G9656、光耦合器 TLP621、三端稳压电路 IC921 不良	检查交流进线熔丝未熔断，通电测量 +300V 直流电压正常，但测 +B 输出端的 145V 电压却为 0V。测量开关电源电路 STR-G9656 的 4 脚上的 21V 的启动电压在 12.5～14.5V 之间有不稳定的变化。对 STR-G9656 的 4 脚外接的有关元器件进行检查，发现光耦合器 TLP621 的 3 与 4 脚之间击穿短路，VD901（HZ16V）不良。更换上述损坏的元器件后，通电试机测量 STR-G9656 的 4 脚上的电压仍在 12.5～14.5V 之间不稳定的变化，怀疑 STR-G9656 本身不良。用新 STR-G9656 换上后，通电试机 +B 端的 +145V 电压恢复正常，扬声器中的伴音出现，但屏幕上出现了缩小的异常光栅。测量开关电源二次侧的 +B（+145V）、+33V、+25V、+5VS、+5VM 电压均基本正常，但 +12V 电压只有 8.5V 左右。怀疑三端稳压电路 IC921（AN7812）不良。用 W7812 三端稳压电路换上后，故障排除

故障现象	故障原因	速修与技改方案
6D81/92 机心 29T61HT 型彩电，三无	电容器 C715 失效引起大面积元器件损坏	断开行输出负载，在 +B 电压输出端接上 60W 的白炽灯泡作假负载接通电源试机，检查 +B 输出端上的 138V 电压正常且稳定。断电，测量发现行输出管 VT703（J6920）、枕形失真校正放大管 VT708（DD2603）击穿短路，更换新的配件后，屏幕上的光栅出现，但行幅度较窄，不久又呈现三无，且机内有"吱吱"声传出。又对有关电路进行检查，发现 VT708 损坏、VD705 ~ VD707 击穿，C713 开裂，C715 无充放电能力。估计 C715 失效引起大面积元器件损坏，更换上述所有损坏的元器件后，接通电源试机，"吱吱"响声消失，电视机恢复正常，故障排除
6D81 机心 29T61HT 型彩电，出现单色图像，但没有回扫线	LA76931 的 12 ~ 14 脚上的电感 L111 ~ L113，数字板的 11 ~ 13 脚上的电感 L501 ~ L503 损坏	把色饱和度调到"0"时为黑白图像，调到"1"时为单色图像。检查 LA76931 的 12 ~ 14 脚上的电感 L111 ~ L113，以及数字板的 11 ~ 13 脚上的电感 L501 ~ L503，如有损坏，换新即可
6D81 机心 29T61HT 型彩电，行幅小	S 校正电容 C715 失效	S 校正电容 C715（0.22μF/630V）失效，并且 C713（1μF/250V）、R711（10kΩ）及校正二极管 D704 也易连带损坏
6D82 机心 34T98HT 型彩电，不定时出现枕形失真故障	数字板上的存储器 UD8 没有安装写保护控制电路	该机数字板上的存储器 UD8 写保护控制直接接地，存在误写操作的可能。解决方法：将数字板 UD8 的 7 脚与地断开，并飞线到数字板反面 R187 的下端，并升级软件
6D82 机心 34T98HT 型彩电，不定时出现枕形失真故障	电路设计缺陷	将数字板上存储器 UD8 的 7 脚与地断开，并飞线到数字板反面 R187 的下端，然后升级软件
6D82 机心 34T98HT 型彩电，二次开机困难，有时在开机后出现厂家开机画面时黑屏，连续开/关几次能正常	数字板上稳压块 UD11 性能不良	测量数字板 1.8V 不足，其原因为稳压块 UD11（输出 1.8V）低温性能不良，导致 CPU 工作不稳定。解决方法：在数字板 C211 上并联一只 100μF/16V 的钽电解电容，内部编号 4300-GC107E-T1，也可用耐压为 6.3V 或 10V 的，此电容有标识的一端为正极，另一端为负极
6D82 机心 34T98HT 型彩电，交流开机后黑屏，有时行不起振或出现开机画面后黑屏	数字板上 1.8V 稳压块 UD11 在低温下性能不良	开机反复出现 LOGO 画面，反复几次后可正常开机。查起原因为数字板上稳压块 UD11 在低温下输出 1.8V 性能不良。导致 CPU 工作不稳定 解决方法：在数字板上电容 C211 两端并联一只 100μF/15V 的钽电解电容。此电容有标识的一端为正极，另一端为负极
6D85、6D50 机心 29D98HT、29D9AHT 型彩电，冷机无伴音，或开机后继电器"咯嗒"响	8.5V 滤波电容 C940 损坏	电容 C940（2200μ/16V）损坏，导致 8.5V 电压滤波不良。换上优质的 2200μF/25V 电解电容即可。后期产品已在 C940 前增加了磁珠 FB902，以避免 C940 提前失效
6D85 机心 29D08HT、29D98HT 型彩电，接收机顶盒信号时，图像上有重影，或出现负像	软件数据出错，对相关项目数据进行调整	进入总线，把"7E2"的值改为"10"，"7E5"的值改为"20"，"7DB"的值改为"03"（亮度数据），"7BE"的值改为"3A"（清晰度数据）

（续）

故 障 现 象	故 障 原 因	速修与技改方案
6D85 机心 29D98HT 型彩电，刚开机机内异响，十分钟后图像、声音才慢慢出来	滤波电容 C936 不良，耐压低	将滤波电容 C936 由 2200μF/25V 改为 2200μF/35V
6D85 机心 29D98HT 型彩电，换台不静噪	静噪电路 C450 容量小	即从一个频道换到另一个频道时扬声器中有噪声，将静噪控制电路 C450 由 22μF 改为 10μF 或 4.7μF
6D85 机心 29D98HT 型彩电，开机后，只要高压一启动，就马上停振	高频头故障	查行输出和电源未见异常，查高频头引脚电压异常，更换高频头后故障排除。该高频头可用 380W18-00 型高频头代替
6D85 机心 29D98HT 型彩电，图像上有水平干扰波纹	电容 C617 容量减小	查退耦滤波电容 C617（474）容量减小，更换 C617 故障排除
6D85 机心 29D98HT 型彩电，图像收缩，枕形失真	电容 C940 质量不良，耐压偏低	查电感 L705 过电流损坏，并同时损坏枕校晶体管，查故障原因是电容 C940（2200μF/16V）质量不良，换用耐压值不低于 25V 的同容量电容即可。后期产品已经更改
6D85 机心 29D98HT 型彩电，在 AV 状态下，屏幕下部有 5cm 的雪花状静止图像带	彩色制式设置出错	影碟机输出制式为 PAL 50 时出现此故障，将影碟机改为其他制式输出即可
6D85 机心 29T68HT、29D98HP、29D98H 型彩电，画面偏黄，白平衡不良，个别台彩色淡，对比度也淡，调节效果不明显，调白平衡不起作用	软件数据出错，重新对白平衡相关项目数据进行调整	进入总线，确认以下项目的数据对不对：7BA：38，7BC：38，7BE：28，7C6：83，7E1：1C，7E2：90，7E4：40，7E5：60。另外，确认白平衡是否正常，并将白平衡菜单下的"SBR"（副亮度）的值改为"30"；将用户菜单"高级设置"中的黑电平延伸和速调都置于"开"状态
6D85 机心 29T68HT、29T88HT 型彩电，图像层次感差，边缘细节不清晰，接收数字机顶盒的 AV 信号，图像上有重影	软件数据出错，对相关项目数据进行调整	1. 进入工厂模式，启动本机的 Service 功能，并将一直处于 Service 状态，此时屏幕上出现版本号。在 Service 状态下，按一次遥控器的菜单键，接着按"频道 +"键即可进入调试菜单 2. 进入地址项参数调整，在工厂模式下输入 852 进入地址项调试菜单，然后将地址项 7E2 的参数改到"10"或"00"；7E5 的参数改为"10"或"003" 3. 退出工厂模式。选择 Adjust 菜单中的 Shipment 项后，按"音量 +"键即可
6D85 机心 29T68HT 型彩电，换台时，喇叭中发出"砰砰"声	C450 的容量偏小	将 C450 的容量由 22μF 改为 10μF 或 4.7μF
6D85 机心 29T68HT 型彩电，冷机开机困难	数字板上的 ICM13 设计电压偏低	故障原因为数字板上的 ICM13（1.8V 稳压管）设计电压偏低，使复位电路上电压不够，导致冷机开机困难，技改方案如下：将 ZDM1 改为 3V9，DM17 改为导线

故障现象	故障原因	速修与技改方案
6D85 机心 29T99HT 型彩电，伴音时有时无	伴音功率放大电路 IC401（TDA7266SA）的散热片固定引脚焊接不良	在故障出现时，用螺钉旋具塑料柄部敲击电路板，发现伴音有时可以出现，由此怀疑故障可能是接触不良引起的。采用 AV 输入影碟机的音频信号声音有时也会消失。判断故障发生在 TV/AV 之后的公用部分，对伴音功率放大电路进行检查，结果发现伴音功率放大集成电路 IC401（TDA7266SA）的散热片固定引脚焊接不良。拆下功率放大集成电路的散热片对其进行重新焊接牢固后，长时间接通电源试机，伴音不再消失，故障排除。也可以采用将 IC401（TDA7266SA）的 8 脚与 10 脚连接在一起的方法来解决
6D85 机心 33D98HT 型彩电，图像缺绿色	LM1269 集成电路本身不良	测量显像管的电压为 KG = 175V，KR = KB = 130V 左右；测量数字板输出的 R、G、B 电压只有 0.5V 左右；测量三基色放大电路 LM1269 的 9 脚上的 5V 电压正常，但 18、19、20 脚输出的电压为 0.5V，异常。怀疑 LM1269 集成电路本身不良，更换配件后，故障排除
6D85 机心彩电，TV/AV 无图像	电阻 R70、R71 损坏	查数字板上的切换电路，发现 ICM3（4052）及耦合电阻 R70、R71 损坏，更换后故障排除
6D85 机心彩电，热机后出现磁化现象	软件数据出错，对相关项目数据进行调整	进入总线，把地址号为 7BA 的值减小 3～5，或者把束流电阻 R720 改为 10kΩ，但是更改后图像会变暗
6D85 机心 29D98HT 型彩电，在 H 频段中，有两个台出现垂直彩条，关闭伴音后彩条消失	软件数据出错	进入工厂模式后。继续按遥控器上的数字键"852"，选择"MEMOKY"，将第一项"BANK2-47"的值由"17"改为"19"或"1A"、"10"即可
6D90/92 机心，29T68HT/66HT 因云母片不良造成死机	电路设计缺陷，更改电路	临时的更改方案在此位置再增加一个同样的云母片，后期产品改为厚度为 0.2mm 的云母片
6D90 机心，29T61HT 型彩电，收看非标信号时图像左右晃动，闪烁严重	调谐菜单内"相位处理"功能关闭	将调谐菜单内"相位处理"功能打开
6D90 机心，29T68HT 型彩电，开关板漏电	电路设计缺陷，更改电路	在开关板固定螺钉到显像管地线间增加一根导线，增加的导线和螺钉间用一个垫片固定
6D90 机心，29T68HT 型彩电，三无	IC901 的 3 脚外部 18V 稳压管 ZD901 击穿	测量电源 IC901 的 3 脚电压为 0V，启动电阻 R905、R906 正常，3 脚外部的 18V 稳压管 ZD901 击穿
6D90 机心，TV 状态，图像较亮时层次感不好	7BE BIT3 项目数据出错	进入工厂模式后，输入密码 852，就看到存储器地址编辑菜单，将 7BE BIT3 改为 1（如：03 改为 43、0C 改为 4C）
6D90 机心，易发显像管切颈故障	电路设计缺陷，更改电路	1. 增加保护小板，此小板为通用型，但小板上的电阻 R10 在不同机心上阻值不同，具体参数：6D90 机心 R10 为 3kΩ，6D96 机心 R10 为 100Ω，4P36 机心 R10 为 30kΩ； 2. 保护小板的四根连接线焊接如下：插座 CN1 的 IN 接场输出 5 脚，VCC 接 5V 电源，OUT 接电源光耦的 2 脚，GND 接地； 3. 导线点胶固定，小板固定在 AV 支架上

（续）

故 障 现 象	故 障 原 因	速修与技改方案
6D90 机心，在高端 471～523MHz 之间的台有斜纹干扰	降噪功能增强	将降噪打到"强"
6D90 机心 29T61HT 型彩电，遭雷击后 TV/AV1/AV2 无图像	5147 贴片元器件损坏	检查 AV1 输入电路，发现输入二极管击穿损坏。更换新件后，仍无图像。测量视频切换集成电路 5147 外接晶体振荡器两端电压为 0V，怀疑 5147 贴片元器件损坏。更换新件后，故障排除
6D90 机心 29T66HT 型彩电，开机烧行管	D704 和 D705 不良，C709 与 C714 不良	一般都是 D704（BY459）和 D705（G160）这两个管子损坏（注：这两管不能用同一型号，要与原型号相同。还有 C709（332/2kV）与 C714（562/2kV）的尖峰吸收电容坏，它们是并联的）。高清电视用的行管需要质量好一点的，差的容易烧
6D90 机心 29T66HT 型彩电，开机烧行管	阻尼管 D705、D704 坏或尖峰吸收电容 C709 与 C714 损坏	一般是阻尼管 D705、D704（BY459）和 DTOS（G160）坏（这两只管子不能换用同一种型号，最好换用原型号），或尖峰吸收电容 C709（332/2kV）与 C714（562/2kV）损坏
6D90 机心 29T66HT 型彩电，图像右偏约 3cm，且不稳定，并有向左移动的白条	行反馈电路有问题	一般都是行反馈电路有问题，无极性电容 C708（2200pF/2kV）与 C707（4700pF/500V）易坏，用同规格优质电容更换即可
6D90 机心 29T66HT 型彩电，枕形失真	D706 与 D707 损坏	一般是 D706 与 D707（BA158）坏。另外 C713（11μF/250V）容易爆，R711 的阻值实测为 18kΩ 不是图标的 100kΩ
6D90 机心 29T66HT 型彩电，图像行不稳定，图像向右偏 3cm 左右，抖动，有白条向左移动	行反馈电路 C708、C707 不良	一般都是行反馈电路有问题，C708（221/2kV）无极性电容，C707（472/500V），这两个电容在高压包散热片里面，容易烧坏，从外面看不清，只能取下来查看，此故障为通病
6D90 机心 29T66HT 型彩电，枕形失真	D706、D707 或 C713、R711 损坏	主要是 D706 与 D707（BA158）坏，C713（1μF/250V）容易爆，R711 实测 18kΩ，此故障为通病
6D91/92 机心 25T86HT 型彩电，图像右侧出现一条竖黑带	IC101（LA76931）的 44 脚行逆程脉冲信号输入端 C137 电容器有漏电现象	接通电源开机，测量行、场扫描信号处理集成电路 STV6888 的 4～6、8～10 脚外围的有关元器件，未发现有明显的异常现象。进入总线调整模式，打开 Horizontal 菜单，对"Hpos（行中心）"、"Hsize（行幅度）"参数进行调整，可以使图像行中心、行幅度发生变化，但始终无法消除图像右侧出现的这条竖黑带。测量 IC101（LA76931）44 脚（行逆程脉冲信号输入端）上的 1.2V 电压上升到 2.5V 左右，检查该脚外围的有关元器件，发现电容器 C137 有漏电现象存在。用一只 220pF 瓷片电容换上后，接通电源试机，图像右侧的竖黑带消失，故障排除
6D91/96 机心 29T68HT 型彩电，三无	数字电路板接口电路 LN1 的 26 脚行脉冲信号输入端外部电容器 C422 不良	按压待机键时 +B 电压上升到 145V 左右，但不久又下降到约 70V 左右。断开 +B 电压的行输出负载，用一只白炽灯泡代替行负载，接通电源试机，故障依然存在。检查数字电路板接口电路 LN1 的 26 脚（行脉冲信号输入端）处的行脉冲信号消失，顺着该信号路线查找有关元器件，结果发现 C422 电容不良。用 680pF/2kV 电容换上后，+B 电压恢复正常，电视机也不再保护，故障排除

故 障 现 象	故 障 原 因	速修与技改方案
6D91/96 机心 29T68HT 型彩电，图像杂乱无章，但伴音正常	数字信号处理电路 IV0302 不良	测量数字信号处理电路 IV0302 的供电电压基本正常，检查该集成电路的外接元器件及晶体振荡器均正常。检查 IVM11（KM432S2031C）组成的电路未发现问题，怀疑 IV0302 不良，更换新件后，故障排除
6D92 机心，非标信号出现白色拉丝	电路设计缺陷，更改电路	1. 如果 IC101 使用 76930，则需将 IC101 由 76930 改为 76931，然后按下面进行改动：增加 R170：470Ω，增加 C024：1μF/50V，将 C134 由 1μF/50V 改为 0.47μF/50V，将 R106 由 1kΩ 改为 680Ω，去掉 R160； 2. 更改完之后，进入人工厂模式（UOC）调整以下参数：VIDEO LEVEL 设置为 4，OVER. MODE. LEVEL 设置为 5，OVER. MODE. SW 设置为 1，CVCO ADJ 设置为 5，CONTRAST 设置为 89； 3. 如果 IC101 使用的是 76931，则只需去掉电阻 R160（330kΩ）即可
6D92 机心 25T86HT 型彩电，图像右侧有一条竖黑带	IC101 的 44 脚行逆程脉冲输入端外围电路 C137 漏电或软件数据出错	从检查行、场信号处理块 STV688 的 4～6 脚、8～10 脚外围元器件，未发现异常，怀疑总线数据有误，进入总线后，打开 Horizontal 菜单，调节 "Hpos"（行中心）及 "Hsize"（行幅）参数，图像行中心、行幅均有变化，但右侧黑条始终不能消除。测得 IC101 的 44 脚行逆程脉冲输入端电压为 2.3V，高于正常值 1.2V。检查其外围电路，发现电容 C137 漏电，换新后故障排除 提示：在创维 6D92 机心彩电中，25 英寸机型及采用北松、永新显像管的彩电，行频为 35kHz；采用 LG、三星显像管的彩电行频为 33.75kHz。在与之对应的存储器中，地址数为 "57" 的数据分别为 "1F"、"17"。因此，在换用存储器时，需注意此数据是否与行频对应，若不对应，会在图像顶部出现亮线
6D92 机心 29T66HT 型彩电，光栅左右呈严重枕形失真	枕校电路多个元器件损坏	直观检查发现 C713 电容炸裂，R711、R736 开路，VD705～VD707 击穿，VTT08 击穿损坏，C712 开路。更换损坏的元件后，故障排除
6D92 机心 29T66HT 型彩电，无图像、无伴音	集成电路 IC301（CD4053BE）损坏	AV 状态接入 DVD 影碟机也是无图像、无伴音。测量 IC301（CD4053BE）的工作电压均正常，检查其外围的有关元器件也未发现异常，判断 IC301（CD4053BE）集成电路损坏，更换新件后，故障排除
6D92 机心高清彩电，屡烧行管	电路设计缺陷	该机行推动变压器二次侧的冷端没有直接接地，而是用一只二极管 D702 与一只电阻 R707 并联后接地，短路这两只元件后故障排除
6D95 机心，行幅度无规律变小	Q901（D1640）引脚开焊	测量行幅度变小时，电源输出电压下降，经查 Q901（D1640）引脚开焊

(续)

故 障 现 象	故 障 原 因	速修与技改方案
6D95 机心 34TIHT 型彩电，工作突然一声响后无光栅	场输出 IC601 短路损坏，整流二极管 VD712 与 VD709 击穿	直观检查发现 IC601（TDA8177A）引脚有黑色烟痕，测量各引脚有短路损坏。更换新件后，测量其 2 与 4 脚（±15V 电压输入端）对地之间电阻值仍较小。测量整流二极管 VD712 与 VD709（均为 FR157 型）均已经击穿短路，更换损坏的配件后，故障排除
6D96 机心，28T88HT 型彩电，重低音伴音失真	电路设计缺陷，更改电路	1. 将 RA07 由 9.1kΩ 改为 5.6kΩ，将 RA08 由 680Ω 改为 4.3kΩ；2. 进入软件数据调整模式，将存储器地址为 439 的数据，由原来的 23 改为 37 以上更改只针对 6D96-28T88HT-00 的小板进行
6D96 机心，29T68HT 型彩电，光栅暗淡，对比度差	LM1269 的 23 脚 Q501 击穿	预视放电路 LM1269 的 23 脚钳位电压低于正常值，外围电路的 Q501 击穿
6D96 机心，部分电视台节目有杂音	电路设计缺陷，更改电路	将 C213（10pF）容量减小
6D96 机心 29T68HT 型彩电，TV 与 AV 图像不同步	TVP5147 的 40 脚外接 14.318MHz 晶体不良	检查模拟视频处理电路 TVP5147 与数字处理 IV0302 接口电路，未发现有虚焊现象。测量 TVPS147 的工作电压基本正常，怀疑 TVP5147 的 40 脚外接的 14.318MHz 振荡晶体不良，更换新件后，故障排除
6D96 机心 29T68HT 型彩电，图像淡，有回扫线	钳位端 VTM21 损坏	测量 ICM09（LM1269）9 脚上的 5V 供电电压基本正常。测量 ICM09 的 23 脚（钳位端）上的 4.5V 电压只有 2.3V 左右，检查钳位端 VTM21 损坏，更换新件后，故障排除
6D96 机心 29T68HT 型彩电，图像缺红色	集成电路 IC501 内部局部损坏	测量视放电路板显像管红枪阴极电压为 175V，说明红枪未工作。测量 IC501（LM1269）20 脚（红基色信号输出端）上的约 2V 电压为 0V，怀疑 IC501 集成电路内部局部损坏，更换新件后，故障排除
6D96 机心 29T68HT 型彩电，图像无规律瞬间收缩	行振荡电容 CM84 不良	断开数字电路板输出的行频信号后，故障依然存在。测量行小信号处理电路 STV6888 的 29 脚上的 12V 供电基本正常，怀疑行振荡电容器 CM84 不良。用一只 1000pF 的电容换上后，故障排除
6D96 机心 34SIHT 型彩电，图像行中心偏左	行逆程脉冲输入电路故障	微处理器的 26 脚无行逆程脉冲输入，查行输出变压器的附近的 R517 与 R709 之间的铜箔开裂
换台或按"音量 –"键，声音又正常	电路设计缺欠，更改电路	6D92 机心，29T66HT 型彩电，不定时出现断音，把 LV1116 总线上电容改为 240pF
微调后伴音正常但图像不良	电路设计缺欠，更改电路	6D92 机心，个别台伴音有杂音，类似频偏，去掉 C102，C107 由 18pF 改为 270pF

3.5.2 P 系列机心速修与技改方案

故 障 现 象	故 障 原 因	速修与技改方案
6P18 机心 33T88HT 型彩电，收看过程中自动关机	C317 异常，待机控制管 VT603 击穿，R631 断裂，行逆程电容 C312 漏电	直观检查发现电容 C317 变色，更换后仍然会自动关机。检查待机控制管 VT603（2SA1930）击穿损坏、R631（56Ω）电阻断裂，更换后自动关机速度加快。经查行逆程电容 C312 漏电，用一只 680pF/2kV 电容换上后，故障排除

故 障 现 象	故 障 原 因	速修与技改方案
6P18 机心 29T92HT 型彩电，光栅左边逐渐收缩，而后自动关机	行扫描部分的 C312 裂纹损坏	试机时发现，开机数十秒后，光栅左边逐渐收缩。开始是左边图像少 5~8cm，少的部分光栅为黑色，约几分钟后自动关机，但在关机前缺失光栅的左边处出现类似于正弦波状的锯齿，呈垂直分布状态。检查行扫描部分的有关电容，发现 C312 出现明显的裂纹，显然已经损坏。用一只新的 681pF/2kV 的电容换上后，故障排除
6P28 机心 29T92HT 型彩电，三无但指示灯亮	逆程电容 C317 短路，R307 开路	通电开机测量开关电源各路电源输出端输出的电压均基本正常，但测量行输出管上的 140V 电压为 0V。断电，检查行 140V 供电电阻 R307 变色开路，测量行输出管集电极对地电阻值趋近于 0Ω，检查行输出管未损坏，但发现行逆程电容 C317 变色短路。用一只 0.22Ω/2W 线绕电阻和 560pF/2kV 电容更换 R307 与 C317 后，接通电源试机，故障排除
6P28 机心 29T92HT 型彩电，三无且指示灯不亮	数字电路板上的电路有短路漏电故障	直观检查发现电阻 R631（56Ω）开裂，检查 VT603（2SA1930）已击穿短路。重换同规格的配件后，接通电源试机，发现 R631 冒烟烧开路。在不接 R631 与 VT603 的情况下，通电迅速测量 IC604（L7805）输出电压只有约 1.5V，手摸 IC604 表面发热严重。断开微处理器（CPU）的引脚与线路板的连接，IC604 输出的 5V 电压恢复正常，将电流表串接在数字板的引脚中，得到的电流高达 850mA，显然数字板有短路处。用同规格的数字电路板换上后，接通电源试机，电视机工作正常，故障排除
6P18 机心 29T88HT、29T60HT、34T60HT 型彩电，部分台出现彩色时有时无故障，无彩色时通过切换频道可出现彩色	数字板上电容 C60、C61 设计缺陷，更改电路	将 6D78 机心的数字板上电容 C60、C61 由原来的 33pF 更改为 22pF/24pF，电容原是贴片元件，更改时可用瓷片元件代替
6P18 机心，屏幕上移或下移，损坏场输出电路	电路设计缺陷，更改电路	在激励信号输入端，将 R324、R325 的跳线改为 100~220Ω 的电阻
6P30 机心，29T98HP 型彩电声音较小时，交流声干扰	电路设计缺陷，更改电路	拆除跳线 W608、W609，在 W608 位置上加上 2.2nF/100V 电容
6P30 机心，侧面 AV 输入端子输入时，图像上部扭曲	电路设计缺陷，更改电路	将电容 C807 短路，或把 C807 用导线连接起来即可
6P18 机心 25T98HT、29T88HT 型彩电，黑屏或不开机	稳压电路 UN103、UN304、UN400 不良	此故障大多是 UN103、UN304、UN400 这三只稳压 IC 不良所致。另外，此数字板上的 CN509、CN510、CN512 这三只电容也坏得较多，这三只电容主要是漏电引起缺色
6P18 机心 29T88HT 型彩电，伴音时有时无	伴音功放散热片接地不良	经检查伴音电路无元件损坏，查伴音功放 TDA7266 散热片接地不良，将 8 脚和 10 脚相连，故障排除

故 障 现 象	故 障 原 因	速修与技改方案
6P18 机心 29T92HT 型彩电，个别台有杂音	软件数据出错	进入工厂模式，将第一个菜单内的第三项"OPE"的值由"D1"改为"D3"，第五个菜单内的"PI-CEB"的值由"50"改为"5C"或"58"
6P20 机心 29D9AHT、29D16HN 型彩电，热机时，光栅下半部出现细黑线干扰，严重时烧坏场输出块	场输出块温度很高	由于该机采用短管颈显像管，场偏转角度大，所需场电流较大，故对场输出块的质量要求较高 方案 1：如果场块是 TDA4863，应选用标有 Yn★★★字样的场块，以满足要求 方案 2：换用 TDA4865 型场输出块 方案 3：适当减小场正程供电电压，即加大 R331 阻值，可在 0.68Ω/2W ~ 4.7Ω/2W，但必须保证换台时不出现回扫线
6P20 机心 32D9BHP 型彩电，图像呈锯齿状闪烁，或开机一两个小时后自动关机	D603、D604 不良	经查二极管 D603、D604 温度偏高，将 D603、D604 换成 G16 型二极管后，故障排除
6P20 机心 32D9BHP 型彩电，图像上有黑线或黑带干扰，接着自动关机，红灯也不亮	F16 不良	在故障出现时，测量开关电源输出 + B 电压由 140V 降到 90V，检查相关元器件，发现 F16 不良，更换后故障排除
6P28 机心 29D9AHT 型彩电，不开机	二极管 D627 损坏	经查二极管 D627（IN4007）损坏，该二极管高频特性较差，建议换用 BA158 型二极管
6P28 机心 29T92HT 型彩电，图像严重发白，彩色不鲜艳	显像管与电路和软件匹配问题，进行技改	首先明确该机所用显像管是三星管还是华飞管 方案一：将 CRT 板上的电阻 R564 由 3.9kΩ（1/6W）改为 4.7kΩ（1/6W）。此方案需要重新调帘栅电压； 方案二：将工厂菜单中的"CL"项的值调到"08"（三星管原来是"07"，改为"08"；华飞管本来就是"08"），"PWL"项值调到"04"（如果出现热拱现象则调到"03"）
6P28 机心 29T92HT 型彩电，图像忽明忽暗，有时在 1h 后，图像逐渐变暗	软件数据出错	进入维修模式，把"OP8"项目数据改为"24"即可
6P28 机心 29T92HT 型彩电，开机正常，不定时出现短暂偏色现象，但一二秒后又恢复正常	AKB 功能引发的故障	取消 AKB 功能，即进入工厂模式，将"OP7"的值由"74"改为"7C"（"OP7"的 bit3 是 AKB 位）。但此时需重调帘栅电压
6P28 机心 29T92HT 型彩电，伴音时大时小，有时出现较大的噪声	软件数据出错	进入工厂模式，将 PE-1 页中的"OP3"项的值由"D1"改为"D3"；将 PE – 5 页中的"PICIB"项的值由"00"改为"08"（或"04"、"0C"）
6P28 机心 29T92HT 型彩电，开机黑屏，没有图像和声音，各项操作无效	存储器 UN102 故障	开机检测有高压，无图无声，查电源供电和总线正常。更换 UN102（24C16）或重新写入相应数据，故障排除

（续）

故 障 现 象	故 障 原 因	速修与技改方案
6P28 机心 29T92HT、29T98HT 型彩电，图像闪烁几下后黑屏，随后又正常	显像管内部打火	故障原因为显像管内部打火，保护电路起控而黑屏。进入工厂模式，将"OP8"项的值改为"00"，以取消打火检测功能，或将 P-CHK 脚接地
6P28 机心 29T98HT、29T92HT、29D9AHT 型彩电，有时断音，有时开机后无音	功放 IC401 散热片接地不良	原因是功放 IC401（TDA7266SA）散热片固定端松动，使功放接地不良。解决方案：将 IC401 的 8 脚和 10 脚短接，使功放良好接地
6P28、6P29 机心彩电，场幅过大或过小而出现保护，其现象是黑屏	换用不同品牌显像管时，引发的故障	进入工厂模式，将场幅调至正常位置。如调试不能使场幅正常，就需更改 R327（偏转到地的采样电阻）的阻值，场幅过大则加大阻值，场幅过小则减小阻值。另外，换不同的显像管时，其他参数也须重调，如灯丝电压、高压、束电流等，否则会影响彩管使用寿命和图像效果
6P29 机心 29D16HT 型彩电，开机约半小时后，在屏幕中间出现黑斑，亮背景时尤为明显	显像管热拱所致	经查为显像管热拱所致，可进入工厂菜单。将第 PE-2 页中的"PWL"值减小，来加以改善
6P30 机心 29T98HP 型彩电，个别台彩色不良	软件数据出错	在工厂模式下，按 3 次"屏保"键进入 E2P1~OM 修改界面，再按一次菜单键，调整以下 4 项参数："PAGE0X00"改为"0XODADDRESS"，"0X00"改为"0X35VALUE"，"0X00"改为"0XBBSAVE"，"NOTSAVED"改为"AVED"。注："频道+/-"键上下选择；"音量+/-"键修改参数
6P39 机心 29D18RM 型彩电，冷态开机出现自动关机现象	保护电路灵敏度过高	显像管内部打火或静电使数字板的 P-CHK 脚受干扰引起行瞬间停振，此时高压消失，指示灯为绿色。解决方案：将数字板上插座 CN200 的 P-CHK 脚和相邻的 NC（供电的地）直接相连即可
6P50 机心 29T16HN 型彩电，开机工作一段时间后，不定时出现自动开/关机的现象	二极管 D603、D604 不良	查二极管 D603、D604 温升过高，坚强换成 G16 型二极管后，温升降低，收看失效时未自动关机，故障排除
6P18 机心，25T98HT 型彩电，扬声器发出沙沙声，音量小时尤为明显	电路设计缺陷，更改电路	1. 划开功放散热片的接地；2. 划开 J404；3. 把 J404 靠功放一边加一飞线接到 D420 正极；4. 把功放 8、9、10 脚短接；5. 把开关变压器 11 脚 17V 旁的地线划开，串入 2.2nF/100V 电容

3.5.3 I 系列机心速修与技改方案

故 障 现 象	故 障 原 因	速修与技改方案
5I01 机心，在 VGA 状态下，荧屏的 2/3 处有一条竖直黑线，类似阻尼条	电路设计缺陷，更改电路	短接数字板上 R288、C263 两接地点
5I01 机心，场幅压缩	场散热片接地不良	检查场输出电路未见异常，后来发现场输出电路通过散热片接地，而场散热片接地不良

（续）

故 障 现 象	故 障 原 因	速修与技改方案
5I01 机心，电源发出"吱吱"声	桥堆上的三个电容不良	将桥堆上的三个电容全改为 4700pF/2kV
5I01 机心，屡损行输出管	电路设计缺陷，更改电路	1. 将跳线 J622 改为 2kΩ/0.25W 电阻；2. 将 IC603 由原 SF140 改为 SE130；3. 将 R340A 改为 1.5Ω/2W；4. 将行管换为 28C5144
5I01 机心，25NDDV 型彩电，使用数小时后自动关机	R326 不良或行输出变压器故障	将 R326 短接，并更换行输出变压器
5I01 机心，声音关小时，能听到轻微的交流声	电路设计缺陷，更改电路	将跳线 J037、J038 均改为 1kΩ/0.25W 电阻
5I30 机心，29SI9000 型彩电，伴音断断续续而且少台	伴音设置项目数据出错	进入维修模式。按遥控器上的"频道 +/－"键选择 NVM：ADDRESS = 256；DATA = 15 项目，按遥控器上的"音量 +"键到 NVM：ADDRESS = 509；DATA = 0，改变 DATA 值；再按图像模式键，使 DATA = 1，出现 NVM：ADDRESS = 509；DATA = 1，调整关机重新开机，观察伴音是否恢复正常，如果伴音仍不正常，再重新进入维修模式，将 DATA 的数据改为 2 或 3 试试
5I01 机心，29SDDV 型彩电，屏幕左边有一条垂直亮带	HORBLANKING 项目数据存储	蓝屏关掉时，在屏幕左边有一条垂直亮带，AV 时最明显。进入维修状态，将 HORBLANKING 改为 180
5I01 机心，交流声大，节目少	ADDRESS：353 的 DATA 的数据出错	自动搜台时比电视台播出的节目缺一套节目。将数据 ADDRESS：353 的 DATA 改为小于 128。可以用手动选出后记忆再进行自动搜台即可

3.5.4　M 系列机心速修与技改方案

故 障 现 象	故 障 原 因	速修与技改方案
5M10 机心，8000、8000T 型彩电，屏幕有网纹干扰	电路设计缺陷，更改电路	1. 将中放板上 J6 改为 10μH 电感；2. 在显像管极 IC501、IC502、IC503 的 1、4 脚之间各并联一个 150pF 或 220pF 的瓷片电容；3. 将 L302 由 10μH 改为 6μH
5M10 机心，数字板易坏	电路设计缺陷，更改电路	1. 主板 W114 改为 10μH 电感，XS17M 的 +5V 供电端口对地加 0.01μF/50V 瓷片电容；2. 电源板上 J638、J329 均改为 10μH 电感，C633 并接一个 0.01μF 瓷片电容；3. 电源板以下位置背部分别加焊一个 0.01μF/500V 的瓷片电容：L618 与 C625 的地之间；L614 与 C620 的地之间；C623 的 +、－ 极之间；C635 的 +、－ 极之间；C635 的 +、－ 极之间；C630 的 +、－ 极之间
5M10 机心，29TJDP 型彩电，当进行卡拉 OK 演唱时，伴奏声音随演唱者的声音减小或消失	存储器 288H 的地址数据出错	进入维修模式，按"菜单"键进行调试菜单的切换，按"频道 +/－"键进行换行选择调整项目，按"音量 +/－"键进行参数调整。在 E²PROM 状态下，将 288H 的地址数据改为 00，去掉对输入音频信号的限幅功能，调整完毕，遥控关机退出维修模式，伴奏声音的音量恢复正常

故 障 现 象	故 障 原 因	速修与技改方案
5M10 机心, 2922DP 型彩电, 彩条中有竖条干扰现象	存储器 290H 的地址数据出错	进入维修模式, 在 E²PROM 状态下, 将 SDA9280 的 LFBF 控制字 290H 的地址数据由 4F 改为 40, 或将 2C 改为 29C, 29D 改为 29E, 29F 改为 2A0, 调整完毕, 遥控关机退出维修模式, 竖条干扰现象排除
5M10 机心, 29TIPP 型彩电, 接收 TV 信号时, 图像暗淡, 对比度不足	存储器地址 286H 的地址数据出错	进入维修模式, 在 E²PROM 状态下, 将存储器地址 286H 的地址数据由 66 改为 77, 遥控关机退出维修模式, 接收 TV 信号时, 图像对比度得到很大改善
5M10 机心, 输入卡拉 OK 信号, 说话或唱歌时, 伴奏音乐减小, 无话筒时正常	288H 的地址数据出错	进入软件数据调整模式, 将 288H 的地址数据改为 00, 即去掉对音频信号的自动限幅功能
5M10 机心, 29TFDP 型彩电, 在转台或 AV、VGA 切换过程中, 黑屏幕时显像管上部 1/4 处有一条白色亮线	26CH、272H、276 等数据出错	所见亮线为三束电流检测线。为保护场输出电路, 机心软件将扫描电流减小使三束电流检测线由显像管颈部压缩到 1/4 处。可将 E²PROM 地址 26CH 内的数据由 41 改为 49, 272H 由 09 改为 14, 276 由 14 改为 09, 或 000 数据改为 55, 100 数据改为 FF, 101 数据改为 CC
5M10 机心, 彩条中有竖条干扰	SDA9280LFBF 控制字 29H、290、29E 数据出错	将 SDA9280LFBF 控制字 29H 由 4F 改为 40, 或 2C 改为 29C, 290 改为 29E, 29F 改为 2A0
5M10 机心, 在 TV 模式下, AUDIO 输出幅度不够	286H 地址数据出错	将 286H 地址数据由 66 改为 77
5M10 机心, 短期使用后, 出现无光、无声现象	电路设计缺陷, 更改电路	1. 将 C311 换为 0.01μF/10V 聚酯电容; 2. 将 C309 换为 0.01μF/100V 聚酯电容; 3. 把跳线 J351 改为 56μH 电感
5M10 机心, 字符抖动, 换台时或 AV 状态出现亮线	场脉冲输入脚的电容不良	把微处理器场脉冲输入脚的电容加大或减小
5M10 机心, 图像扭曲	电阻 R121 过小	将 TDA9808 的 4 脚外接 PLL 环路滤波电阻 R121 由 180Ω 改为 1kΩ 左右
5M10 机心, 29TGDP 型彩电, 在 100Hz 或自动状态 (转台或切换扫描方式), 不定时出现图像闪动, 播放 DVD 有反白现象	电路设计缺陷, 更改电路	将 C4004 电容由 10μF/10V 改为 47μF/10V, C4007 电容由 10μF/10V 改为 47μF/50V 的无极性电容, C4030 电容由 10μF/10V 改为 47μF/10V, C4034 电容由 10μF/10V 改为 10μF/50V 的无极性电容, C4003 电容由 4.7μF/10V 改为 47μF/50V, C4013 电容由 10μF/10V 改为 47μF/50V 的无极性电容
5M10 机心, 29TFDP 型彩电, 无光栅、有伴音	电路设计缺陷, 更改电路	在电路板上标注 C311 的插孔上补装 0.01μF/100V 涤纶电容, D520 插孔上补装 4505-28TW36-00 稳压管, C309 插孔上补插装 0.01μF/100V 涤纶电容
5M10 机心, 29TGDP 型彩电, 图像较暗时, 出现字符蓝色拖展现象	电路设计缺陷, 更改电路	1. 重调帘栅电压至 600 +/-20VDC; 2. 如仍不满意, 将 R021、R022、R023 都改为 560Ω; 3. 在后 AV 板上的 CN146 的 Y-S1 端口对地加一个 100Ω 电阻
5M10 机心, 在 AV 时图像右边 1/3 处有 15cm 亮带	VM、AV 线有干扰	将 VM、AV 线分开绑扎, 相离越均匀越好。再将 AV 板上的两组排线也分开绑扎

（续）

故障现象	故障原因	速修与技改方案
5M10 机心，29TG、29TF 型彩电，不开机或出现回扫线	电路设计缺陷，更改电路	将 W59、W100 改为 1kΩ 电阻
5M10 机心，接收 TV 时伴音中断，转台或重新开机后正常	电路设计缺陷，更改电路	1. 把中放供电由 5.3V 改为 5.1V，即是拆除 W20 跳线，把 W76 靠近微处理器方向的焊盘与 R121 靠近中放板插座的焊盘用导线连接起来；2. 检查中放板插座 CN121 的 RES 脚 15 脚与 IC401（MSP3410）的 24 脚之间的线路；3. 将 Q601 晶体管由 D1640 均改为 3DD3853
5M10 机心，改善行、场同步	电路设计缺陷，更改电路	R392 由跳线改为 1.8kΩ 电阻
6M20 机心 34T60HD 型彩电，有时光栅会自动消失	+12V 与 R436 电阻器相连接的铜箔有裂纹出现	接通电源开机后，在故障出现时，观察显像管灯丝仍然点亮，测量加速极电压也正常，但三阴极电压大幅度上升。测量 IC501 的 53 脚上的 5.5V 电压下降为 2V 左右，测量电阻器 R436 与 R428 连接点处的 8V 电压也下降，仔细检查发现 +12V 与 R436 电阻器相连接的铜箔有裂纹出现。将上述裂纹处的铜箔表面刮干净后，用锡将其焊连通后，长时间接通电源试机，光栅再未自动消失，故障排除
6M23 机心 34T86HT 型彩电，工作一段时间出现竹帘式的竖条干扰	数字电路板不良	用螺钉旋具绝缘柄部轻轻敲打数字电路板时，图像时好时坏，但伴音一直正常。对数字电路板上的怀疑有虚焊的焊点重焊一遍后，故障有时还会出现。数字电路板不良，更换新的配件后，故障排除。在更换新的数字板时，最好将原数字板上的存储器换到新的数字板上，这样就可以不用调整总线的数据了
6M23 机心 34T86HT 型彩电，在部分地区，当接收较弱的信号时，伴音中会出现杂音	高频头旁边的瓷片电容 C218 不良	经查高频头接收电路，发现高频头旁边的瓷片电容 C218 不良，一是用优质同规格电容更换，二是干脆去掉 C218 不用
6M31 机心 32T88HS 型彩电，开机不静噪，或待机时喇叭中有杂音	静噪控制电路 Q604 不良	查静噪控制电路 Q604（C1815）不良，更换成 2482 型晶体管即可
6M31 机心 32T88HS 型彩电，不能开机	C403 不良	将电容 C403 换新，电视机启动恢复正常

3.5.5 T 系列机心速修与技改方案

故障现象	故障原因	速修与技改方案
6T18 机心 29T83HT 型彩电，工作一段时间图像扭曲行不同步	IC801（TDA9116）的 6 脚电容 C114 引脚松动	测量 IC801（TDA9116）6 脚上的 3.8V 电压只有约 0.5V。检查 IC801（TDA9116）的 6 脚外围元器件，发现电容 C114 的一只引脚松动。更换一只同规格的电容器后，故障排除

故障现象	故障原因	速修与技改方案
6T18 机心 29T83HT 型彩电，黑屏，但伴音正常	TDA9116 的 6 脚外接行振荡独石电容容量值不稳定	测量灯丝的 3.5V 电压只有 1.5V，调高加速极电压，光栅行幅只有正常屏幕的 1/3 左右。断开行输出管集电极，在电源输出端接上假负载，检查整机的各路电压均正常。对行振荡形成集成电路 TDA9116 的 6 脚外接的元器件进行烘烤时，电视机可以恢复正常。怀疑 6 脚外接的行振荡独石电容容量值不稳定，更换一只 102/16V 优质涤纶电容后，故障排除
6T18 机心 29T83HT 型彩电，黑屏，但伴音正常	S 校正电容 C322 失效，二极管 VD308 击穿短路	测量显像管 RGB 三阴极电压为 75V 左右，加速极电压为 90V 左右，均偏低。测量行激励管 VT302 基极电压为 0.3V，集电极电压为 4V 左右，显然异常，但测量 VD310 正极端电压正常。检查 S 校正电容 C322 失效，更换新件后，出现了枕形失真的图像，进入总线调整状态调整有关数据，不能使枕形图像恢复正常。测量电容 C348 两端电压为 0V，VT308 的 c-e 极电压也为 0V，经查二极管 VD308 击穿短路，用一只新的 FMLG16 型二极管换上后，故障排除
6T18 机心 29T68HT 型彩电，工作一段时间伴音出现尖叫声	电感器 L702 磁心顶部断裂	将电视机置于静音状态，尖叫声不能消失。螺钉旋具碰触行线性电感 L702（4.5μH）时，尖叫声消失。仔细检查电感 L702 磁芯顶部断裂，引起的伴音出现尖叫声。用 502 胶水将断裂处粘牢，外部用胶带缠绕好，故障排除
6T18 机心 29T66HT 型彩电，黑屏，但伴音正常	集成电路 LM1246 损坏	测量显像管尾板三枪电压为 190V，说明三枪已经截止。测量三基色输入端电压只有 0.1V，测量 LM1246 的 24 脚上的 5V 电压只有 3V 左右，摸该集成电路表面温度较高。怀疑 LM1246 集成电路损坏，更换配件后，故障排除
6T19 机心 32D98HP 型彩电，不能开机但绿灯亮	二极管 VD631 的正极弯曲处与其附近的地线碰在一起	接通电源开机，测量 IC604（7805）集成电路输入端的电压只有 3.5V 左右，输出端电压只有 0.5V 左右。测量 R625 限流电阻器上的压降为 5V 左右，该电阻的电阻值只有 8Ω，其上有如此大的压降显然是不正常的。对 IC604 及其外围的有关元器件进行检查，结果发现二极管 VD631 的正极弯曲处与其附近的地线碰在一起了。将二极管 VD631 的正极弯曲处与地线相碰处用塑料皮隔开后，接通电源试机，故障排除
6T18 机心 29T95HT 型彩电，三无且指示灯不亮	行输出电路 VD307、VD308 击穿，行逆程电容 C318 容量变小。枕校电路 VT308 击穿、R373 开路、C620 发热，VD612 击穿	测量 +B 电压输出端对地之间的电阻值近于 0Ω，检查行输出电路的有关元器件，发现 VD307（BY495）与 VD308（FMLC16）击穿短路，行逆程电容 C318（4700pF/2kV）容量值变小。检查枕形校正电路中的 VT308（TIP122）击穿、限流电阻 R373（2.2Ω/2W）开路。将上述损坏的元器件更换后，通电试机，图像与伴音均恢复正常，但电源发出"吱吱"的响声，电容 C620 严重发热，检查吸收回路二极管 VD612（BA158）击穿。更换 C620 与 VD612 以后，故障排除

（续）

故障现象	故障原因	速修与技改方案
6T18 机心 29T83HT 型彩电，无光栅但伴音正常	IC801 的 25 脚相关电容 C313 漏电	开机测量开关电源各路输出端电压基本正常，但测量 ICS01（TDA91181）26 脚（行激励信号输出端）上的电压为 11.5V 左右，显然行振荡电路已经停止振荡。测量 IC801 的 25 脚（Xray 功能端）有 0.7V 左右的电压，正常在行振荡停振状态应无电压。怀疑 C313 电容器漏电，用 22pF/2kV 换上后，故障排除
6T18 机心 29T83HT 型彩电，无光栅	阻尼管 VD307 与 VD308、枕校管 VT308 击穿，行输出供电熔断电阻 R301 与枕校供电电阻 R373 开路，S 校正电容 C322 失效	测量行输出管 VT301（J6920）集电极对地电阻值趋近于 0Ω，拆下 VT301 检查并未损坏。对其他元器件进行检查，发现阻尼管 VD307（BY459）与 VD308（FST05A60）、枕形校正晶体管 VT308（TIP122）均已击穿短路，行输出供电熔断电阻 R301（0.68Ω/2W）与枕形校正晶体管供电电阻 R373（2.2Ω/2W）均已开路，检查 S 校正电容 C322 无充放电能力。用 FMLG16 代换 FST05A60（VD308）、用 2SD1266A 代换 TIP122（VT308），其他元器件用原配件换上后，接通电源试机，故障排除
6T18 机心 29T83HT 型彩电，三无且不工作	行振荡电路 RC 时间常数设置电路 C341 失效	测量行输出管 VT301（J6920）已经击穿短路，VD307（BY459）与 VD308（FST05A60）、枕形校正晶体管 VT308（TIP122）均已击穿短路。检查行场扫描信号处理电路 IC801（TDA9118）及其外部电路，发现电容 C341 已经失效。用优质的 102/2kV 的电容换上后，接通电源试机，电视机恢复正常，故障排除。 C341 与 R354 共同构成的 RC 时间常数确定了行振荡电路的频率，该频率被设定为 28kHz，当 C341 损坏以后，就会导致开机后行频不对而损坏行输出管
6T18 机心 29T83HT 型彩电，收看中突然出现三无	C325 容量减小，R317 电阻值变大，VT308 损坏	直观检查发现电容 C325 爆裂，电阻 R317 表面变色，检查其电阻值已经开路，检查电容 C322 的充放电能力很小。换上述损坏的元件后，接通电源试机屏幕上的光栅与图像出现，但发现屏幕左右两边呈枕形失真。测量晶体管 VT308 各电极之间的电阻值均较小，拆下进行检查已经损坏。VT308 的型号为 2SD1499，用一只同型号的新管换上后，接通电源试机，电视机恢复正常，故障排除
6T18 机心 28T90HT 型彩电，三无，红灯微亮 + B 无电压，继电器响	L604 引脚脱焊	L604 的一只引脚脱焊（常见），造成熔断电阻 R622 和晶体管 Q606（C1815）损坏。另外，此机 + B 滤波电容 C639（100μF/160V）易坏，造成三无
6T18 机心 29T83HT 型彩电，击穿 Q606	电阻 R622 阻值变大	开机 + B 电压为 103V 左右，且多次击穿 Q606（2SC1815），查电阻 R622（0.3Ω/2W）阻值变大，应急时可短接
6T18 机心 29T83HT 型彩电，屡损待机管	电容 C636 短路或漏电	待机控制管 Q673 和电容 C636 短路或漏电，换新即可

3.6　厦华高清彩电速修与技改方案

3.6.1　MT、HT 系列速修与技改方案

故障现象	故障原因	速修与技改方案
MT2926 型（MT-C 机心）彩电，屏幕下半部分黑屏，上半部分有局部亮带，且场幅时大时小	存储器数据出错	检查 TDA8177 场输出集成电路与 STV9118 行场振荡集成电路的外围元器件均正常。更换场定时电容与 AGC 滤波电容均无效。测量场输出电路使用的 ±16V 电压正常，但测量 TDA8177 的 3 脚电压为 13V，偏高较多，怀疑存储器数据出错。用一只 24C16 型空白存储器换上后，进入总线调整状态，对数据进行适当的调整后，故障排除
MT2935A 型彩电，黑屏，仅在关机瞬间有一闪的光栅	高压打火引起的存储器数据出错	调高加速极电压有带回扫线的暗光出现，但无图像与字符。测量解码板 RGB 输出电压只有 0.8V，显像管的三个阴极电压均为 198V。怀疑由于高压打火引起的存储器数据出错，存储器 IC702（AT24C08）内数据破坏，重新写入数据
MT-2935A 型彩电，三无但红色指示灯闪烁	启动稳压电路中电容 C510 充放电能力变小	接通电源开机，测量 +B 的 135V 电压有轻微的抖动，断开二极管 VD526（HZ6.3C）与电感 L503（LG101C）的引脚，用 40W 的白炽灯泡作假负载连接在 +B 电压输出端，接通电源测量 135V 电压仍然不稳定。测量开关电源电路 IC502（G9656）4 脚上的 18V 电压与二极管 VD510（IN4148）负极上的约 30V 的电压，均出现波动现象。对启动稳压电路中的各个相关的元器件进行检查，结果发现电容 C510 的充放电能力很小，用一只 100μF/63V 的电解电容换上后，上述的各点上的电压恢复稳定，电视机恢复正常，故障排除
MT2935A 型彩电，光栅枕形失真，图像轻微扭曲，机内有"吱吱"响声	场保护电路的旁路电容 C482（10μF/16V）开路	测量 132V 的 +B 电压约为 128V，用假负载代替 +B 负载，132V 电源恢复正常，"吱吱"响声也消失。测量场保护电路中二极管 VD483 负极电压为 0.25V 左右，正常应为 0.02V 左右，检查相关电路，发现电容 C482（10μF/16V）开路。C482 是场保护电路的旁路电容，用来抗干扰并防止场保护电路误动作的。重换 C482 故障排除
MT2935A 型彩电，光栅左右方向枕形失真	晶体管 T302 击穿、R328 表面烧焦、VT303 断路	测量 IC301 的 24 脚上的场频抛物波信号正常，但测 VT303 集电极上无放大后的信号输出。测量枕形失真校正电路的 +12V 电压正常，但测量 VT301 与 VT302 发射极电压均为 0V，检查相关电路，发现晶体管 T302（2SA1015）击穿、R328 表面烧焦、VT303（2SC3852）断路，更换新的配件后，故障排除
MT2935A 型彩电，图像偏暗	滤波电容 C499 开路	加速极电压调到最大，不能出现带回扫线的亮图像。测量视放的 208V 电压上升到 275V 左右，检查相关滤波电容 C499 开路，重换新件

（续）

故 障 现 象	故 障 原 因	速 修 与 技 改 方 案
MT2935A 型彩电，无光栅、无图像、无伴音，但待机指示灯亮	解码板的 5V 供电限流电阻 R550 的电阻值变大	测量 +B（130V）电压；B5V 的 5V 电压正常，但测量其他低压供电均偏低。观察显示管灯丝不亮，测量 IC301 的 29、26 脚电压均为 10.5V，检查解码板的 5V 供电只有 2.8V 左右，测量 IC552（7805）输入端的电压只有 4.5V，检查相关供电电路，发现限流电阻 R550 的电阻值变大为 12Ω 左右，换上一只 0.33Ω 的电阻
MT2935A 型彩电，无光栅、无图像、无伴音，但红色指示灯闪烁	R506 电阻值变大为 20Ω 左右	+B 及其他供电电压均不稳定，B5 的 5V 电压也不稳定。断开 VT552 的 c 极，直接进入开机状态，测量 +B 电压仍然不稳定。测量 IC502 的 4 脚电压在 11～13.5V 间波动，检查相关电路，发现 R506（5.6Ω）电阻值变大为 20Ω 左右，更换同规格的电阻
MT2935A 型彩电，行幅度很大	枕形失真校正电路晶体管 VT303 特性不良	进入工厂调整菜单状态，调整行幅度数据至最小时，行幅度仍然很大。测量行枕形失真校正电路中的 VT303 的 c 极上的 17.5V 电压下降为 6.8V 左右，检查发现 VT303 特性不良，更换新的 2SC3852 型管
MT2968 型彩电，三无，电源指示灯不亮，有"吱吱"响声	行逆程电容 C314 损坏	检查行输出管击穿，换一只 2SC5422 型管后，又对各有关元器件进行检查，发现行逆程电容 C314 变色漏电，用一只 5.6nF 电容换上
MT2968 型彩电，工作一段时间图像上出现细密的斜横网纹	IC301 的 73 脚对地电容 C2303 失效，78 脚对地电容 C3030 与 C3814 容量减小	用放大镜观察倍频/逐行数据处理组件板电路中有关集成电路的引脚，未发现有虚焊现象。测量 IC301（VPC3230D）73 脚对地电容 C2303（10μF/16V）失效，78 脚对地电容 C3030（10μF/16V）与电容 C3814（4.7μF/16V）容量值均减小，更换损坏或不良的电容后，故障排除。由于电容器 C2303（10μF/16V）失效引起数字信号滤波不良，致使干扰信号串入了 IC301 组成的电路中，从而引起了本例故障
MT2968 型彩电，图像色彩偏紫色且图像也不清晰	软件数据出错	检查与色彩有关的电路及元器件的焊接情况，未发现有虚焊现象。进入总线调整菜单状态，检查"SUBADDR"项目数据 33H，"DATA"为 FFH。说明总线出现了错误，将"SUBADDR"项目数据 33H 改为 78H，"DATA"改为 45，图像恢复正常
MT29F1 型彩电，黑屏无图像，但伴音正常	VT401 集电极、电阻 R436 开路	测量 VT401 集电极上的 180V 电压为 0V。测量电阻 R436 的一端电压为 180V 左右，而靠 VT401 的这一端电压为 0V，测量 R436 电阻开路，用一只 1.8Ω/1W 的电阻换上后，故障排除
MT-2968 高清彩电，大部分功能正常，图像偏紫	存储器数据出错	判断 CPU、高频头、中频通道正常，故障在彩色处理和 Y 板及显像管视频电路上，但检查上述电路未见异常。用本机 RC-Q19 遥控器，按菜单键，再按 1225 键，进入维修状态，对相关数据进行调整无效；再按菜单键，然后按 8888 键，进入工厂模式，对白平衡项目进行调整无效。后来获知该机软件数据调整妙法：只要将"SUB ADDR"调整到 78H，将"DATA"调整到 45H，电视机恢复正常

故障现象	故障原因	速修与技改方案
MT 系列，MT-34F1 型彩电，有声音，黑屏	行激励变压器 T401 不良	开机马上进入保护状态，查看灯丝不亮，行扫描没起振。检查行管 V401 的集电极无电压，查电阻 R436（1.8Ω/1W）开路，行管 C5144 短路，更换后开机仍不工作，怀疑行激励变压器 T401（SE362）不良，更换后，故障排除
HT29F1 型彩电，三无，指示灯闪烁	17V 整流滤波电路限流电阻 R540 开路	测量主开关电源各个输出端输出的电压均升高，185V 的主电源上升到 245V 左右。测量 VT507 工作电压近于 0V，测量主开关电源输出端输出的 17V 电压也近于 0V，检查 17V 整流滤波电路，发现限流电阻 R540 开路，用一只 0.27Ω/1W 的电阻换上后，故障排除，由于 17V 电源消失，一稳压环路的误差采样放大器 VT507 无法工作，电压不能工作导致一光耦合器 N501 也不能工作，稳压反馈功能失去，从而引起稳压失控，造成了输出端输出的电压均升高
HT29F1 型彩电，三无，指示灯不停地闪烁	集成块 IC500（KA3842B）的 7 脚上相关滤波电容 C511 漏电	测量主开关电源各个输出端输出的电压均为 0V。测量开关管 VT501（K1358）上的整流滤波约 300V 电压基本正常，但测量开关控制集成块 IC500（KA3842B）7 脚上的 16V 电压只有 7.5V 左右，检测相关电路，发现滤波电容 C511 漏电，用一只 47μF/50V 电解电容换上后，故障排除
HT3281 型彩电，黑屏无图像，但伴音正常	R436 烧黑炸裂、VD419、VT407 和 VT402 均击穿	直观检查发现 R436（1.8Ω/1W）已经烧黑炸裂。测量 R436 有一端的电阻值为 0Ω，进一步检查发现 VD419（UF5408）与 VT407（IRF640）和 VT402（2SA1015）均击穿，L404（实际安装的是套上磁环的 1Ω/1W 的电阻）与 R415（2.2Ω/0.25W）已损坏，更换同型号的配件后，接通电源试机，故障排除
HT3281D 型彩电，黑屏无图像，但伴音正常	IC802 的 8 脚内部电路短路	拆下显像管尾板，测量加速极上的 630V 左右的电压只有 1.5V 左右。测量 IC802（TDA4856）的 6、8 脚电压均偏离正常值，且 8 脚（行激励脉冲信号输入端 1）电压为 0V。测量 IC802 的 8 脚正反向对地电阻均只有约 50Ω 左右，而正常红表笔接 8 脚应为 6.5kΩ，对换表笔为 7.5kΩ，怀疑 IC802 的 8 脚内部电路短路，重换一块同型号的集成电路装上后，故障排除
HT3681 型彩电，工作一段时间图像缺红色	电阻 R443 热稳定性不好，受热后电阻值会变大	进入 SERVICETV 工厂维修菜单的 WHITE 子菜单，发现相关数据未发生变化。测量 IC402（TDA4886）的 23 脚（红基色反馈输入端）上的 2.9～4V 电压只有 0.3V，怀疑电阻 R443 热稳定性不好，受热后电阻值会变大。用一只 150kΩ/1W 金属膜电阻更换后，故障排除
HT3681D 型彩电，无光栅、无图像，无伴音，电源指示灯也不亮	开关电源多个元器件损坏	检查熔丝 FU500（5A/250V）已经熔断，且管内发黑，C521（10μF/400V）鼓包。测量 VD501（DF06）、VD506（RGP15J）、IC502（INY255）均已击穿，更换同型号的配件后，接通电源试机，故障排除

（续）

故 障 现 象	故 障 原 因	速修与技改方案
HT3681D 型彩电，图像行幅变得很大	变压器 T301 特性不良	进入总线调整模式，进入工厂维修菜单。对与行幅有关的总线数据进行调整，无法调整到正常状态。测量 二次 + B 电压升高了许多，测 IC802（TDA4856）的 6 脚输出的电压正常，测量 T301 一次侧波形正常，二次侧 + B 驱动波形中夹杂有许多干扰波，怀疑 T301 特性不良，更换同规格的变压器
HT3681D 型彩电，无图像	IC802（TDA4856）损坏	接上有线电视信号，发现叠加了许多扭曲网纹和杂波的图像。断开 IC802（TDA4856）的 18 脚 SCL、19 脚 SDA，故障依然存在，怀疑 IC802 损坏，更换一块 TDA4856 后，故障排除
HT3681D 型彩电，不定时的无图像	x 射线保护电路的灵敏度过高	试机发现在屏幕高亮度状态时故障发生率较高。测量 R405 与 R406 连接点处电压在 4.5 ~ 5V 波动，而正常值小于 4.5V，x 射线保护电路处于灵敏的临界状态，在 R406 两端并接一只 100kΩ 电阻，人为地降低 x 射线保护电路的灵敏度，故障排除

3.6.2　S、V 系列机心速修与技改方案

故 障 现 象	故 障 原 因	速修与技改方案
S2955 型彩电，二次不能开机，但红色指示灯亮	聚焦盒与行输出变压器局部短路	检查熔丝完好，但测行输出管 VT302（2SC5143）集电极对地之间的正反向电阻值均近于 0Ω。检查 VT302 损坏、R330、R313、R610 均已烧黑，行线性电感 L304 一脚虚焊、R312 烧裂。更换上述损坏的元器件后，用假负载调试开关电源输出的 115V 正常。恢复负载后，接通电源测量 ABL 端电压为 2.4V，随后发现 R330、R313 冒烟，迅速关机，究其原因是聚焦盒与行输出变压器局部短路，更换新件后，故障排除
S 系列变频彩电，三无，用遥控器无法二次开机	变频板上的 C9、C25 损坏	故障原因多为变频板上的 C9、C25 两只贴片电容损坏，可用 20pF 的瓷片电容代换
V3426 型彩电，光栅暗、无图像，无伴音，指示灯也不亮	限流熔断电阻 R502 开路	检查熔丝 FUF01（5A/250V）完好。测量 C507（10μF/400V）正极上的约 300V 电压为 0V，检查相关供电，发现限流熔断电阻 R502 开路，用 0.33Ω/2W 熔断电阻换上后，故障排除
V3426 型彩电，光栅暗、无图像，但伴音正常	保护二极管 VD17 击穿短路	测量 IC5（SDA9380）的 55、56、57 脚 R、G、B 端输出的电压均只有 1V 左右。测量 IC5 的 31 脚无行脉冲信号输入；检查相关电路，发现保护二极管 VD17 击穿短路，用一只新的 5V1 型的管子换上，故障排除
V3426 型彩电，无光栅、无图像，无伴音，但指示灯亮	副电源的开关变压器 T501 不良	测量主板 CPU 组件供电的 B 的 17 脚上的 5V 电压只有 1.5V 左右。测量副电源 C514 两端的电压也只有 1.7V 左右。断开副电源的负载 5V 电压可以恢复正常。检查副电源的负载未发现有异常现象，怀疑副电源的开关变压器 T501 不良，更换同规格的开关变压器，故障排除

（续）

故 障 现 象	故 障 原 因	速修与技改方案
V3426 型彩电，无光栅、无图像、无伴音	场效应晶体管 VT525 短路	测量主开关电源电路输出的 +140V 电压正常。测量 C5S1（220μF/400V）正极处的电压也为 +140V；检查相关电路，发现场效应晶体管 VT525 短路，用一只 IRF640A 型管换上，故障排除
V3426 型彩电，三无，指示灯快速闪烁	3.3V 电压供电电路稳压管 VD21 短路，R147 阻值变大	测量 IC5（SDA9380）的 10、17、19、22、28、41、61 脚上的 3.3V 电压均为 0V。测量 IC10（FQ3RD23）的 2 脚上的 3.3V 电压也为 0V，其 4 脚始终为低电平，检查相关电路，稳压二极管 VD21（BYZ55-6V2）短路，R147（22kΩ）阻值变大为 85kΩ，重换新件后，故障排除
V2951 型彩电，图像枕形失真	枕形校正晶体管 VT3904 不良	测量枕形失真校正电路有关电压时，发现二极管 VD306（F5KQ60）有一只引脚脱焊。重焊后，故障依然存在，发现枕形校正晶体管 VT3904 不良；更换同规格的晶体管后，故障排除
V2951 型彩电，无光栅、无图像，但伴音正常	行激励放大管 VT301 引脚虚焊	测量开关电源电路输出的各路工作电压基本正常；测量行输出管与行激励极的供电电压也基本正常；检查行激励放大管 VT301（BSN304），三只引脚有不同程度的虚焊，加锡补焊后故障排除
V2951 型彩电，无光栅，指示灯闪烁	稳压二极管 VD522 漏电	测量 CRT 电路板上的加速极电压只有 12.5V，行输出管 VT302（2SC5422）集电极上的 +140V 电压只有 4V 左右。测量 IC508 的 12 脚与 VT523（2SC2383）集电极上的 12V 电压只有 0.5V；检查相关电路，稳压二极管 VD522 漏电，用 HZ12A3 型管换上即可
V2951 型彩电，收看电视节目"沙沙"声较大	调谐器组件内部不良	采用 AV 与其他方式时，声音均正常。TV 状态进行制式切换，无论什么制式均有较大的"沙沙"声。检查调谐器组件各引脚的控制电压基本正常，怀疑调谐器组件内部不良，更换同规格的配件后，故障排除

3.6.3 TC、TF 系列速修与技改方案

故 障 现 象	故 障 原 因	速修与技改方案
TC3468 型彩电，图像出现亮点干扰	集成电路 IC802 不良	采用 AV、DVD、高清晰度 YPbPr、VGA 方式输入图像信号均有亮点干扰。断开 IC802（STV9211）的 1、3、5 脚仍有干扰。断开 IC802 的 11 脚还有干扰，怀疑集成电路 IC802 不良，重换新件故障排除。IC802 外围元器件与 5V 供电的滤波电容不良也会导致这类故障
TC3468 型彩电，光栅、字符和图像均较亮，图像无层次感	为三个射极限随器 VT804、VTS05、VT806 提供偏置电压的滤波电感 L804 开路	三个射随器 VT804、VT805、VT806 的 b-e 极之间的正偏置电压基本相等（正常射极限随器的 b-e 极之间应有 0.7V 的正向偏置电压）。电感 L804 一端电压仅为 3.5V 左右，经查为三个射极限随器 VT804、VTS05、VT806 提供偏置电压的滤波电感 L804 开路，重换新件故障排除

故障现象	故障原因	速修与技改方案
TF 系列，TF2955 型彩电，行幅度收缩，进入总线系统，调整行幅度无变换	枕形校正电路 V302 的基极上偏流电阻 R325 开路	怀疑存储器和枕形校正电路故障。并测量枕形校正电路中的 V302 的基极电压为 0V，调整行幅度和枕形校正项时电压不变，检查 V302 的基极电路，发现上偏流电阻 R325（47kΩ）开路，换新后故障排除
TF2955 型彩电，行幅收缩	V302 上偏置电阻 R325 开路	首先进入总线调整行幅，无变化；测得 V302 基极电压为 0V，而且在调整行幅数据时电压不变，经查 V302 上偏置电阻 R325 开路，换新即可

3.7 TCL 高清彩电速修与技改方案

3.7.1 DPTV、GU21 机心速修与技改方案

故障现象	故障原因	速修与技改方案
DPTV 机心 HID2992i 型彩电，电源无法启动	电路设计缺陷	将电源振荡反馈回路中的 D800 由 FR104 改为 IN4148
DPTV 机心，AT2935I 型彩电，打火次数多时，菜单由中文变为英文	电路设计缺陷，更改电路	L022A 由飞线改为 $100\mu H$ 的电感，增加电容 C1423、C1425（100pF）、C1425（$0.01\mu F$）
DPTV 机心，AT2935I 型彩电，进入音响状态后伴音断续	R601 阻值偏大	R601 由 470kΩ 改为 150kΩ
DPTV 机心，AT2970i、AT2970E 型彩电，AV1. S 端子有杂音	IC901 隔离度不够	IC901 隔离度不够，集成电子开关由 ST 公司的 4052 改用飞利浦公司的 4052
DPTV 机心，AT2970i、AT2970E 型彩电，图像收缩	R417 阻值偏小	R417 由 2.7MΩ1/6W 改为 4.7 MΩ
DPTV 机心，AT2970i、AT2970E 型彩电，图像收缩卷边	添加 M428，更改电路	增加二极管 M428（IN4004），此管在电路板上留有位置
DPTV 机心，AT2970i、AT2970E 型彩电，枕校量不足	R417 阻值偏大	R417 由 33kΩ1/16W 改为 18kΩ1/16W
DPTV 机心，AT2970I 型彩电，在护眼状态时，彩色有轻微闪动	L101 电感量偏小	L101 由 $10\mu H$ 改为 $220\mu H/330\mu H$ 的电感
DPTV 机心，HID2992I 型彩电，电源无法启动	电源振荡反馈回路问题	电源振荡反馈回路有问题，D800 由 FR104 改为 IN4148
DPTV 机心 AT29351 型彩电，进入音响状态后伴音断续	电路设计缺陷	将 R601 由 470kΩ 改为 150kΩ

（续）

故 障 现 象	故 障 原 因	速修与技改方案
DPTV 机心 AT29701 型高清彩电，无光栅和图像，但该机伴音一直正常	稳压器 IC201（7805）输入端电感 L883 接触不良	开机可以听到高压启动的声音，显像管灯丝也点亮。试调高加速极电压，屏幕上可以出现带回扫线的光栅。测量显像管尾板上三个视放管的工作电压均在 200V 左右，均处于截止状态。测量数字电路板上的 XA 插接件 2 脚上的 5V 电压只有约 3V，测量 IC201（7805）输出端上的电压也只有 3V 左右，对 IC201 输入端电压进行测量时，发现电感 L883 的一只引脚有接触不良现象。加锡将电感 L883 引脚焊牢固后，故障排除
DPTV 机心 AT2970I、AT2970E 型彩电，输入 AV1、S 端子信号后伴音中有杂音	电子开关 IC901 隔离度不够	电子开关 4052（IC901）隔离度不够，原机采用的是 ST 公司的产品，改用飞利浦公司的即可
DPTV 机心 AT2970I、AT2970E 型彩电，图像收缩卷边	电路设计缺陷	增加二极管 M428（IN4004），此二极管在电路板上预留有位置
DPTV 机心 AT2970i 型彩电，图像轻微闪动	电路设计缺陷	将 L101 由 10μH 改为 220μH
DPTV 机心 AT3486I 型彩电，声音调大后图像收缩	电路设计缺陷	将 R829 由 0.18Ω/2W 改为 0.15Ω/2W
DPTV 机心 AT3486I 型彩电，图像拉丝	电路设计缺陷	C468 容量偏小，由 0.18μF 改为 0.22μF
DPTV 机心 AT3486I 型彩电，声音开大图像收缩	R829 阻值偏大	将 R829 由 0.18Ω/2W 改为 0.15Ω/2W 的电阻
DPTV 机心 AT3486I 型彩电，图像横线分叉	C468 容量偏小	将 C468 由 0.18μF/50V 改为 0.22μF/50V 的电解电容
DPTV 机心，HID 2988I 型彩电，黑屏幕	视频处理电路 KA2500 故障	提高加速极电压屏幕上有回扫线，测量 KA2500 的 21、24、26 脚的 RGB 三基色输出端电压只有 0.3V，正常时应为 2.8V。测量 KA2500 的供电和外部元器件未见异常，更换 KA2500 后，故障排除
DPTV 系列高清机心，AT2927I 型彩电，收看个别台时，出现闪蓝屏的现象	电路设计缺陷，更改电路	1. 确认机心板底是否背焊有 VT012 电路，更改该电路的偏置电阻；2. 将 R018 改为 330kΩ1/6W 的电阻；3. 取消 R015（560kΩ1/6W）的电阻，R013 改为 2.2MΩ1/6W 的电阻，R014 改为 1.2kΩ1/6W，C012 改为 470pF/50V 的电容
GU21 高清机心，HiD29158H 型彩电，图像正常，无伴音	Q604 的集电极到发射极之间漏电	检查伴音功放电路 TDA8946J 的 3、16 脚供电正常，从 6、8 脚与 9、12 脚注入信号仍无声，判断功放处于静音状态，检查 10 脚外部静音电路，发现 Q604 的集电极到发射极之间漏电，更换后故障排除
GU21 高清机心，HiD29A81H 型彩电，收看时部分台场不同步	VCR 选项设置问题	进入工厂菜单将 VCR 选项设置为"开"

（续）

故障现象	故障原因	速修与技改方案
GU21 高清机心，HiD34158H 型彩电，使用喇叭有噪声，静音状态仍不能消除	电路设计缺陷，更改电路	将电容 C635、C633 由 0.022μF 改为 0.1μF
GU21 机心，更换数字板后按键错位	存储器中有关按键设置的项目数据存储	从现象分析来看，应该是由于数字板软件版本不匹配引起的问题。首先对数字板上的存储器、CPU 代换为原来数字板上的存储器及 CPU，开机故障依旧，怀疑存储器数据出错。进入工厂模式，对比存储器的数据，发现按键设置码不一致，由于 GU21 机心的按键有两种；一种是面板按键；另一种触摸式按键。如果出现更换 GU21 机心数字板后按键错位现象可以重抄存储器数据或进入工厂模式后按数字键 "8" 选择 A17，把 A17 设置成 OFF 即可。如果采用的是触摸式按键，此时应设置成 ON，否则按键也无效
GU21 机心，无光栅，但插入信号后有声音	高压包损坏	可能是由于行、场、视放板电路的某部分有故障。通过目测，发现电阻 R419、R424、R425 发黑，这几个电阻属于 ABL 电路，试换上同型号的 R419、R424、R425 后开机，并用表监测 12V 电压，看到电阻又冒烟，高压包有严重异响。更换高压包后，故障排除
GU21 机心，指示灯亮，开机无光无声	TDA16846 电源集成电路的 2 脚外接 C814 不良	开机测主电源有 140V，但行启动后马上跳到 110V。经检查场供电、行枕校电路、伴音供电都没有发现有负载短路，因此确定问题出在电源部分。断开 140V 主电源后，接上 60W 的灯泡开机，只有 107V。空载的时候电源比较正常，说明它的振荡电路、稳压回路都是正常的。检查由 TDA16846 集成电路组成的开关电源，2 脚起限制一次电流的作用，外接 R808（1MΩ）电阻和 C814（1800pF）电容。拆下电阻 R808 测量是好的，于是更换 C814，开机电源 140V 恢复正常，故障彻底排除

3.7.2 HY11、IV22 机心速修与技改方案

故障现象	故障原因	速修与技改方案
HY11 机心 HD25V18P 型高清彩电，三无，屡损行管	TB1307FG 的 8 脚外接的晶体振荡器 X901 不良	打开机盖，检查行输出管 SC5422 又击穿，熔丝 FU801 也熔断，但管内不发黑。换新件后试机，观察行推动管 VT401（SC3807）基极上的行激励脉冲幅度有些波动，测量扫描与预放电路 TB1307FG 的 11 脚输出的行激励脉冲也不稳定。怀疑 TB1307FG 的 8 脚外接的晶体振荡器 X901 不良。用 500kHz 的晶体振荡器换上后，经长时间试机，行管再未损坏，故障彻底排除

故障现象	故障原因	速修与技改方案
HY11 机心 HD25M62 型高清彩电，红色指示灯亮，不能开机	STV9388 场输出集成电路损坏	按压开机按键后，指示灯一闪一闪后恢复为待机状态。检查行电路各个电路负载，发现 +16V 电压低于正常值。断开 STV9388 场输出集成电路的供电引脚后，+16V 电压恢复正常，怀疑 STV9388 场输出集成电路损坏，更换新件后，故障排除
IV22 机心，AV/TV 均无图像	外围电路 ICM04 晶振 14.318MHz 不良	开机观察无信号，自动搜台也不出图像，试 AV 也无信号，将故障范围缩小在 ICM04（TVP5147）及其外围电路上。对其正常工作的条件进行逐一测量，发现晶振两端电压偏低，用示波器观察无振荡波形输出，更换同型号晶振（14.318MHz）后开机，TV、AV 图像均恢复正常，故障排除
IV22 机心，AV 正常，TV 搜不到电视台	调谐用的 33V 电压 RM801 到数字板反面的 RM107 开路	开机搜索不到电视节目，查高频头的供电、总线电压正常，测量 VT 端电压始终为 0V，查调谐用的 33V 电压也为 0V。该机的 33V 电压由 45V 电压降压和稳压后获得，查 45V 电压正常，经由 RM801（3.3kΩ）的 33V 电压正常，但数字板反面的 RM107（3.9kΩ）无电压，用导线直接相连后，自动搜索恢复正常
IV22 机心，伴音正常，无图像	ICM301 的 1 脚 G/Y-IN 输入耦合电容 CM310 漏电不良	经更换数字板后，故障排除，故重点检查数字板电路。调高加速极电压后还能看到白色回扫线，判断视放部分故障。检查 ICM301（TB1307FC）的供电、总线、振荡情况，未发现故障；更换 ICM301 后通电，故障依旧；最后测 ICM301 的 R、G、B 三基色输入，发现 G 基色无电压输入，经检测发现 ICM301 的 1 脚的 G/Y-IN 输入耦合电容 CM310 漏电不良。更换 CM310 后故障排除。检修总结：此机三基色有一路故障时，IC 检测故障保护起控，关闭了输出，引起回扫线，故障就没有直观表现出来
IV22 机心，调整地磁校正数值，在某点会出现开机有干扰	旋转线圈工作发出的电磁辐射引起的干扰，进行技改	接收频率在 288.25～328.25MHz，调整地磁校正数值在不固定的某点会出现开机有干扰，原因为旋转线圈工作发出的电磁辐射引起的干扰。解决方案如下：一是改变地磁校正数值；二是将旋转线圈接插座 XM712 的两焊脚对地各加一只 0.1μF 瓷片电容，可改善
IV22 机心，光栅枕形失真	数字板 IC301 的 6 脚枕形信号外接 R318 开路	首先进入总线，数据可调但图像没有变化，测枕形校正电路 Q408、D405 等器件，未见异常，查 Q405 没有枕形信号，追随枕校信号向前查，发现数字板 IC301 的 6 脚外接 R318 开路。更换 R318 后，故障排除
IV22 机心，机内有异响	高压包产生的较强行频磁场影响此电感	打开电源几十分钟后机内有较响的声音，一般是行枕校电感或行线性电感松动而发出声响，拆机检查是 L402（L5R2）放一段时间有声响。更换电感 L402 后，机器正常，但一周后机内又有声响，又是此 L402 发出，分析此电感离高压包较近，是高压包产生的较强行频磁场影响此电感，于是用线将此电感引到离高压包较远的地方，故障彻底解决

（续）

故 障 现 象	故 障 原 因	速修与技改方案
IV22 机心，开机出现图像不良，然后自动关机	视频解码器 ICM04 （TVP5147）损坏	判断为数字板异常或行场故障导致保护。首先检查行场保护电路未发现异常，怀疑 ICM301（TB1307）不良，试更换 ICM301 后故障依旧。检查微处理器 ICM01（ENME0509）工作条件，也未发现问题，然后更换存储器和微处理器，故障依旧。检查数字板的视频解码器 ICM04（TVP5147），发现 3.3V 供电偏低，断开 ICM04 后供电恢复正常。这说明 TVP5147 损坏，更换 ICM04 后故障排除
IV22 机心，开机的瞬间有高压产生的声音，然后三无	TDA8177 场输出电路故障	高压建立说明行扫描已经工作，但又立刻停振，估计是保护电路启动。首先测量电源各组电压输出正常，更换好的数字板，但故障依旧，判断故障点在行、场部分的电路，检查行输出电路未见异常，在路检测场输出电路也未见异常，试更换 TDA8177 场输出电路后，故障排除
IV22 机心，开机黑屏幕，并自动关机	ICM01 的 3.3V 供电电感 LN33 开路	根据故障现象判断，问题应该在 MCU 控制部分或者外围电路（异常引起保护）。首先更换记忆 IC 无效。仔细检查微处理器 ICM01 的总线，各组供电均正常，晶振也正常，试换 ICM01 故障依旧，那么问题只能是外挂 IC 工作不正常引起保护。于是检测 ICM01 的各组供电，发现 3.3V 为 0V，经仔细测得 3.3V 供电电感 LN33 开路，更换后开机，一切正常
IV22 机心，开机后，只听到继电器来回吸合的声音，但不能开机	9V 稳压电路 ICM801 （LA7809）短路	强行开机后，主板的输出电压都有，说明问题出在数字板上。更换过存储器也不正常，怀疑是 ICM301（TB1307）没有正常工作，首先检查了 TB1307 的供电，发现 6 脚无 3.3V 供电电压，3.3V 是从 9V 稳压得到的，检查 9V 电压也没有。测 9V 稳压电路 ICM801（LA7809）的输入有 12V，却没有输出。经测 LA7809，发现其短路，更换 LA7809 后，故障排除
IV22 机心，开机马上就关机，然后又开机，在关机时发现有回扫线，且不均匀	音效块 ICM703 损坏	怀疑控制系统或程序有问题，更换 CPU 和记忆 IC 后故障一样，测 CPU（ICM01）和 ICM10（CF1080C）供电、总线、复位、接地、振荡都正常，更换了 ICM10 后，故障依旧。怀疑 CPU 的数据交换有问题，测总线的对地电阻，SAL 为 520Ω 正常，但 SCL 为 180Ω，低于正常值 520Ω，说明 SCL 有软击穿。分别断开各路，发现音效块 ICM703 损坏，更换 ICM703 后故障排除
IV22 机心，开机三无	CQ1265 的 3 脚供电电阻开路，二极管 D807 漏电	检测电源各组输出为 0V，电源负载无短路，查电源一次电压 310V 正常，关机后电压不下降，怀疑电源没起振。查 CQ1265 的 3 脚为 10V 过低，发现供电电阻开路，换后还不正常。测量 CQ1265 的 3 脚电压仅为 3.5V。将供电二极管 D807 挑开发现反向漏电，换之开机正常
IV22 机心，蓝屏幕，无图像	ICM18 供电电感 LM33 开路	通过框图可以看出 VGA 信号不经过 TVP5147 处理，可以输入 VGA 信号确定是公共通道还是 TV 通道故障。检修过程：输入 VGA 信号试机也没有信号输出，故障确定在 ICM18 CF1080 工作不正常所引起，逐步检查 ICM18 工作条件，发现供电电感 LM33 开路，更换 LM33 后故障排除

故 障 现 象	故 障 原 因	速修与技改方案
IV22 机心，屏幕出现波纹干扰，而且菜单和字符的边缘呈锯齿状闪动	行场扫描电路电容 C405（560pF）漏电	测量 200V 电压正常，更换视放滤波电容无效，更换视放 ICLM2451 也无效。测量电源各组电压正常，更换数字板无效，确定故障在扫描板上。但测行场各关键点电压与正常机器一样，维修陷入困境。分析应该是行或场脉冲异常引起的，更换行场部分的电容，当更换到 C405（560pF）的时候故障消失，测量拆下来的电容发现已经漏电
IV22 机心，声音正常，图像黑屏，字符菜单正常	数字板上的 ICM301（TB1307FG）故障	IV22 机心处理图像等功能都在数字板上完成，用万用表检查数字板上的 ICM301（TB1307FG）的 1、2、48 脚的电压基本正常，然后用示波器测量 ICM301 的 1、2、48 脚的波形时发现 1 脚波形不正常，但测量电阻 RM364 两端波形正常，更换 ICM310 后图像正常
IV22 机心，通电后出现黑屏、有回扫线故障	25V 输出端熔断电阻 R846 烧断	首先更换好的数字板，故障依旧，然后测视放板 R、G、B 三枪电压都达到了 210V，测三基色输入电压正常，都是 1.8V 左右，怀疑是视放集成电路 IC501（LM2451）损坏，更换后故障依旧。查主板 ABL 电路正常，测各路供电电压发现 25V 电压只有 8V 左右，经查发现 25V 输出端一个熔断电阻 R846 烧断，因主板输出一个 25V 电压供给数字板，到数字板后分两路：一路供给伴音功放，另一路通过 QM801 输出一个 5V 电压供给按键和 CPU。由于主板上的 25V 电压输出不正常，导致 CPU 的供电电压不正常，从而导致 CPU 工作不正常，出现黑屏的故障现象。更换保险电阻 R846 后故障排除
IV22 机心，图像不良且自动关机	视频解码器 ICM04（TVP5147）故障	自动关机时检查微处理器 ICM01 的 9 脚开关机控制电压为低电平，检查 5V 供电正常，更换晶体振荡器 ZM01（22.1184MHz）无效，测 ICM01 的 26、27 脚总线电压偏低，SCL 电压只有 2.5V。后来开机瞬间仔细测 ICM01 的 9 脚，输出了高电平，证明 CPU 控制部分正常，故障应在外挂总线器件上。试断开 RM81、RM82，总线电压恢复正常，于是更换 ICM04（TVP5147，视频解码器），故障排除
IV22 机心，图像呈负像状	数字处理芯片 ICM10（CF1080C）失效	近景时人的面部就像长了"白癜风"，而且图像上有不规则的长黑线条在蠕动。分析是数字处理时图像细节丢失。首先补焊数字处理芯片 ICM10（CF1080C）及 ICM03（DDR），开机故障依旧。测量这两个芯片的供电、复位、总线、振荡四个工作条件都正常。怀疑 ICM10（CF1080C）失效，将 ICM10 换新后故障排除
IV22 机心，图像出现行/场不同步	TVP5147 晶振 ZM02（14.318MHz）频率偏	该机器工作一段时间后出现行/场不同步的现象。用热风枪吹机器数字板的解码部分，机器能正常工作，但是一不会又出现行/场不同步，怀疑是数字板有虚焊或者有元器件性能不良。经仔细观察未发现有虚焊现象，测 TVP5147 供电未发现异常，怀疑是晶振频率偏。试换晶振 ZM02（14-318MHz）后，故障排除

（续）

故障现象	故障原因	速修与技改方案
IV22 机心，图像偏色	TB1307 的 48 脚外部的 CM309	开机有蓝屏声像均正常，热机后图像偏色。问题是在数字板测 TB1307 的供电正常，更换过 TB1307 问题还是一样。拿来一块好板比较一下 TB1307 的 1、2、48 脚耦合电容两端，另外还有 TB1307 的 35、37、39 脚外接过滤电容 M351、M350、M29 及 RGB 输出在正常与不正常时的电压都是正常的，没有办法只能一个个电容来更换了，当更换 48 脚外部的 CM309 后故障排除
IV22 机心，图像有拉丝干扰，类似于高压打火	行振荡相关电路 ICM301 的 11 脚外围 RM312 阻值变大	图像伴音正常，分析问题应该在 ICM01（CPU）及行扫描部分。检查 ICM301（TB1307FG）的 17 脚、33 脚供电正常，于是怀疑 ZM4 损坏。更换晶体振荡器无效，于是更换 ICM301，但故障依旧。后经仔细检查行振荡相关电路，发现 ICM301 的 11 脚对地阻值偏大，检查外围发现 RM312 阻值变大，换 RM312 后，故障排除
IV22 机心，图像枕形失真	数字板 ICM301 的 18 脚 RM331 开路	首先进入总线工厂模式，调出枕形失真项目，数据可调但图像没有变化，测枕形电路 Q408、D405 等没发现问题，又向前查 Q405 周围工作状态，好像没有枕形信号，最后查出数字板 ICM301 的 18 脚 RM331 开路，更换后正常
IV22 机心，遥控不开机，指示灯闪烁	场输出电路 IC301（TDA8177）故障	测 +B 电压在 0～65V 跳动，断开行负载，电压正常，说明故障在负载电路，测负载各端对地阻值未见异常。更换高压包 T403 后试机，故障依旧，分别断开高压包次级输出的各路电压试机，当断开场 IC301 正负供电时，+B 电压恢复正常。测 IC301 各脚对地电阻，与正常机器对比未见异常，更换 IC301（TDA8177）后试机，故障排除，原因是 IC301 内部短路
IV22 机心，有声无图，中间有一条2cm黑带	行偏转电路瓷片电容 C406 损坏	开机后测各电压均正常，仔细观察图像，右边台标有点稍稍偏出。在行偏转电路附近逐一排查，当拆下行偏转电路的一个小瓷片电容 C406 时，发现 C406 商标处有一条裂痕，估计 C406 失效。更换电容 C406 后，图像正常，故障排除
IV22 机心，有时图像缺蓝色	IC501（LM2451）故障	由于是偶尔出现故障，无法用测量方法寻找故障点，仔细观察视频放大板上元器件无开焊现象，考虑到视频放大电路贴片元件工作时温度高，容易引发开焊接触不良故障，补焊后故障没再出现，但几天后故障再现，果断把 IC501（LM2451）换新后，故障排除。注意更换前一定要把 200V 视放供电泄放掉，避免损坏 IC501
IV22 机心，在 TV 信号下搜台时有雪花，有台时出现行不同步。输入 AV 信号时无图像，无声音；但输入 YUV 信号时有图像	视频解码器 ICM04（TVP5147）有问题	检测 ICM04（TVP5147 视频解码器）的工作条件：3.3V、1.8V 供电均正常，总线电压为 3.2V 左右正常，用示波器测 ZM04 晶振正常。输入 AV 信号，用示波器测 ICM04（TVP5147）的 8 位 Y 信号输出正常，检测信号已送到图像信号处理器 ICM10（CF1080C），考虑到字符菜单都正常，说明 ICM10 这部分电路工作应该是正常的。检测 ICM04 的 40 脚输出 13.5/27MHz 的图像时钟信号，用示波器测量为 11.8MHz 不准确，导致图像信号处理器 ICM10 不能正常工作，从而出现无图无音现象，怀疑 ICM04（TVP5147）有问题，更换 ICM04 后，测其频率恢复为 27MHz，图像声音均正常

故障现象	故障原因	速修与技改方案
IV22 机心，指示灯亮，不开机	ICM601（HDMI 处理 IC）供电 ICM502（1.8V 稳压 IC）不良	首先检测主板上的电源各路电压正常，经更换数字板后，故障排除，故判断是数字板有问题。测数字板总线，发现 SDA1（数据）电压低于正常值，逐路断开数据线输入电阻，当断开 RM629 与 ICM601 的 27 脚数据线控制脚（HDMI 数字接收器）后，SDA1 电压恢复正常，但开机出现蓝屏后又自动关机，判断可能是 ICM601 内部不良，更换 ICM601 后故障依旧。重新检查 ICM601（HDMI 处理 IC）供电时，发现 1.8V 电压为 1.3V 左右，在确认后级无问题后，更换 ICM502（1.8V 稳压 IC），电压正常，开机后图像声音正常，故障排除
IV22 机心，指示灯亮，不开机	HDMI 丽音 IC 有问题	开机测 CPU（ICM01）总线 SDA、SCL，SCL 为 5V，SDA 为 1V，总线电压不正常。总线电压不正常有两个原因：一为 CPU 有问题；二为 HDMI 丽音 IC 有问题。断开高频头、视频解码 IC（ICM03）、丽音 ICM03 的总线，当断开 HDMI 的总线时电压正常，然后恢复已断开的各线路的总线，开机正常。分析应该是用户使用 HDMI 时静电击穿了 ICM601，造成了灯亮不开机的故障，更换 ICM601 后，故障排除
IV22 机心，指示灯亮，不能二次开机	数字板上的存储器数据出错	首先检查 CPU 的工作是否正常。检查 ICM01（ENME0509）的供电、复位、键盘、晶振正常，各路时钟、数据线电压也正常，检查 ICM01 的 9 脚（待机控制脚）电压为零点几伏，说明 CPU 没有开机。更换 CPU（ENME0509）后机器故障依旧，于是找一块新的数字板代替，机器工作正常。这说明故障是在数字板，但考虑到 CPU 没有工作，问题点肯定是在软件部位，通过抄写数字板上的存储器后，开机正常，故障排除
IV22 机心，指示灯亮，有时不开机，开机后有时自动关机	记忆 IC 数据有问题	通电灯亮不开机，按键开机无效，用遥控器开机，可开机十几分钟后又自动关机，分析可能是按键线路有问题。根据线路图查未发现可疑元器件，最后怀疑记忆 IC 数据有问题，重抄记忆 IC 后故障排除，证明确为记忆 IC 数据不良。后来又有多台机器出现此故障，原因都是记忆 IC 不良，有时表现为自动关机后按键不能开机
IV22 机心，自动搜索时收到图像不记忆，搜台少	ICM702D 的调谐晶振 ZM704（4MHz）不良	逐一代换高频头、声表面波滤波器 ZM707（VIF）和集成电路 CM702（TDA9881TS），故障依旧。后怀疑 AGC 电路有问题，更换了 CM766 等元器件无效。最后用示波器测 ICM702D 的调谐晶振波形，与好板对比波形有点不同，怀疑 ZM704（4MHz）不良，更换 ZM704（4MHz）后，故障排除，故障原因为晶振

3.7.3　MS21、MS22 机心速修与技改方案

故障现象	故障原因	速修与技改方案
MS21 高清机心，HID29158HB 型彩电，伴音正常，无图像	视频放大集成电路 1 脚电 R522 开路	有高压，灯丝亮，三个视频放大均截止，测量视频放大集成电路 IC501～IC503（TDA6111Q）电压，发现 1 脚电压均高达 11V，检查 1 脚的外部电路，分压作用的 R522 开路，补焊后图像恢复正常

（续）

故障现象	故障原因	速修与技改方案
MS21机心，HD29A71I型彩电，开机指示灯亮，不开机	存储器内部软件数据出错	遥控和面板按键均不能开机，测量微处理器UD1（TDA12063H）控制部分的工作条件正常，检查矩阵电路未见异常，怀疑总线数据出错，试验断开存储器UD3（24C32）后，开机正常出现光栅，说明软件故障。用写入该机心数据的存储器更换后，一切正常。该机的TDA12063H有几个版本，维修时一定要更换版本号相同的存储器或写入版本号相同的程序数据
MS21机心，HD29A71I型高清彩电，开机后自动关机，指示灯亮	逆程电容C411失效	自动关机时，测量开关电源输出电压降低，同时测量连接器P202的1脚PROT保护检测电压由开机瞬间的低电平变为高电平，2脚ST开关机控制电压由开机瞬间的高电平变为低电平，判断PROT保护电路启动。采取解除保护的方法，将P202的1脚外部断开，开机不再发生自动关机故障，测量开关电源输出电压正常。再拆除假负载，恢复行输出电路，并联6800pF逆程电容，开机后光栅和图像恢复正常，特别是光栅的尺寸并未增大多少，说明原逆程电容有开路、失效故障，造成行输出电压升高，引起行输出过电压保护电路启动而自动关机。对逆程电容进行检测，发现C411（6800pF）失效，更换C411，恢复保护电路后，故障排除
MS21机心，HD29A71I型高清彩电，开机时，指示灯亮后即灭，整机三无	采样电路VR801落满灰尘，接触不良	指示灯亮，说明开关电源已起振，亮后即灭，很可能是FSCQ1265进入保护状态所致。断开负载连接100W灯泡做假负载，测量+B电压开机瞬间突升为160V左右，然后降为0，说明稳压环路存在开路失控的故障。对采样电路VR801、R851、R849进行检测时，发现VR801落满灰尘，怀疑其接触不良，造成开关电源输出电压不稳定，引发保护电路启动。更换VR801并进行电压调整后，故障排除
MS21机心，HID29A711型彩电，指示灯亮，二次开机又保护	场保护电路元件C338漏电，引起误保护	原来收看中偶尔中途停机，后来开机后就自动关机。经查断开D207后，图像声音正常，说明时场扫描异常引起保护。重点检查C325、R327、D305、C338、Q301、Q204组成的场保护电路，发现电容C338（100nF）漏电，引发保护电路误动作。另外该机的TDA8177场输出电路发生故障，也会引起保护
MS21机心HD28B03I型高清彩电，光栅逐渐缩小后自动关机	三端稳压器IC845（LA7812）特性变劣	断开行负载，接上假负载，测量电源+B输出电压为140V左右正常。测量IC301（S6888）17与18脚上的电压在故障出现时会逐渐降低，测量IC845（LA7812）输入端的电压正常，但输出端的电压在故障出现时会逐渐降低，判断IC845（LA7812）特性变劣，更换一只配件后，故障排除
MS21机心HD29A711型高清彩电，二次不能开机但指示灯点亮	存储器中存储的软件数据出错	开机对微处理器ICD1（TDA12063H）正常工作的三个必备的电源电压、复位信号、时钟振荡信号进行检查，未发现有明显的异常现象。拔掉ICD3（24C32），接通电源开机后，屏幕上有光栅出现，怀疑存储器中存储的软件有故障。重新对存储器中的程序进行编写以后，重新安装好ICD3（24C32），接通电源试机，故障排除。该机ICD1（TDA12063H）有几个版本，在进行程序重新编写时，要编写与版本号对应的程序，不然电视机无法正常工作

故障现象	故障原因	速修与技改方案
MS21 机心 HD29A71I 型高清彩电，二次开机即保护，指示灯点亮	场保护电路电容 C338 漏电	检修保护电路，断开二极管 VD207 引脚，开机不再保护，且有伴音出现，判断场保护启动。检查由 VT301、VT204 等组成的场保护电路，发现电容 C338 漏电，用 100nF 电容换上后，将 VD207 焊好，故障排除
MS21 机心 HID29158HB 型高清彩电，开机黑屏而后自动进入待机	电容 C325 损坏	断开行负载，接上假负载，测量开关电源输出的各组电压均正常，说明电源正常。断开二极管 VD211 的任一引脚，接通电源故障依然存在。测量 IC302 的 3 脚上的 -13V 电压正常，但测量 C325 正极处的 0.5V 电压为 0V，检查电容 C325 损坏，引起保护电路启动。更换同规格的配件后，故障排除
MS21 机心 HiD34181 型高清彩电，工作一段时间图像闪烁、蓝屏也闪	三端固定稳压集成电路 IC845（LA7812）的特性变劣	对 ABL 电路中的有关元器件进行检查，未发现有异常。检查 ICD1（TDA12063H）的 +12V 供电电压不稳定，故障出现时波动较大，IC845（LA7812）的特性变劣，更换配件后，故障排除。IC845 是一种三端固定稳压集成电路，如无原型号的更换，也可以采用 W7812、HA7812 等型号的来代替
MS21 机心 HID34B06 型高清彩电，黑屏，有伴音	MST5C16A 集成电路损坏	测量整机的各组供电电压均基本正常。工作一段时间后，用手摸各个集成电路表面的温度，发现 MST5C16A 没有温度，而正常情况下工作一段时间后应有一定温度，估计 MST5C16A 集成电路损坏，更换新件后，故障排除
MS22 机心 HD29276 型彩电，冷机时难开机	滤波电容 C873 容量不足	即使开了机也会出现满屏的彩色线条，数分钟（时间越来越长）后一切正常。测量主电压 145V 正常，可是行不工作。这时测得开关电源板上 C873 两端电压不足 10V，随着开机时间增长缓慢升高，当升到 13V 时就会产生高压，更换 C873 后故障排除
MS22 机心，AV 信号图像声音正常，接收 TV 信号无图无声	U5（TDA9881）内部不良	本机心的图像信号全都在数字板上处理，伴音功放电路在主板上。同时出现无图无声，故障肯定在数字板上。测试 AV 信号图像声音正常，主要检查 TV 部分，因为本机的 TV 信号处理只是由 U5（TDA9881）来处理的，检测关键点电压都正常。怀疑 U5 内部不良引起 TV 无图无声，更换 U5 后，故障排除
MS22 机心，HD28H61 型彩电，不定时自动关机	场扫描电路电容 C325 虚焊	怀疑是保护电路出现了问题，因为此款机器保护电路比较多，先把保护去掉，发现故障不再出现，重点就应该放在保护电路上，当检查到场扫描电路时，发现 C325 虚焊，补焊后故障消失
MS22 机心，HD28H61 型彩电，不定时自动关机，指示灯亮	CQ1265 的 5 脚外接电容不良	当出现故障时，测 +B 有而其他电压都没有了，这说明是电源问题，此机电源用的是 CQ1265 集成块，CQ1265 的 5 脚是过电压保护，测此脚电压发现电压在波动且上升，试更换外接电容后故障排除

(续)

故 障 现 象	故 障 原 因	速修与技改方案
MS22 机心，HD29C06 型彩电，开机即保护	测行脉冲电路 R404 一端 D403 击穿	根据经验 MS22 机心 Flash 异常，易引起此种现象，更换后故障依旧。根据理论分析场电路异常也会引起此种故障，将场电路零件全部更换无效。测场输出电位时发现一端高达 8V，而场供电为 −14V 和 +9V，更换数字板，故障依旧。将场保护 D207，X 射线保护 D214，串流保护 D211，EW 保护 D414 全部脱开，还是高压开机起一下就停。用示波器在开机瞬间测行脉冲，发现 R404 一端有波形而一端无波形，用电表测 D403 击穿，更换后故障排除
MS22 机心，HD29C06 型彩电，指示灯亮，不开机	待机控制电路稳压管 D826 不良	开机测 5V 供电偏低为 4.3V；测复位电压为 2V，正常为 5V，断开 IC201 复位脚仍然是 2V，测 +B 供电正常，测 12V 为 9V，判断本机应该为电源本身有问题，用导线连接 Q824 强制开机，图像一切正常，判断应该是待机控制线路有问题，用万用表测光耦合器供电时发现电压不稳定，因为强制开机时电压正常，所以测待机稳压管 D826（7.5V），用 10kΩ 档测反向电阻值不正常，更换稳压 D826 后故障排除
MS22 机心，HD29C41 型彩电，开机保护自动关机	U9 的 10 脚相关 DD14 击穿短路	开机保护自动关机，可能是 U8 程序损坏，或是 U9 及周边元器件引起。检修过程：更换 U8 后故障依旧，怀疑 U9 损坏，逐步检测各脚电压，发现 U9（TB1307）10 脚电压达 8V，比正常 1.6V 高，测 DD14 已击穿短路，更换 DD14 后故障排除
MS22 机心，HD29C41 型彩电，蓝屏不正常	尾板消亮点电路的 R527、R558 同时开路	蓝屏幕时，上半部有蓝屏、下半部无蓝屏，此故障为尾板消亮点电路的 R527、R558 两个 330kΩ 电阻同时开路所至
MS22 机心，HD29M73 型彩电，热机自动关机	Q844 采用 DA1273，稳定性不好，改用 D1273	看两个小时后关机，关机后有时自己可开机，有时不会开机。行扫描启动，光栅闪一下，马上停止，间断性工作。将待机控制管 Q845 脱开检修。当故障出现时，发现 IC846 稳压块非常烫手，测输出电压基本正常，输入电压高达 45V，这明显不对，正常工作的电压由 IC845 输出的 12V 提供。待机时由 Q844 输出 8V 左右的电压。现在 IC846 输入电压为 45V，说明 Q844 没有进行稳压调整。测 D845、R853 正常，Q844 阻值基本正常，当用烙铁对其加热后，其 CE 结电阻只有几千欧，说明 Q844 失效。用 D1273 更换后，试机故障不再出现。观察 Q844 用的是 DA1273，其稳定性没有 D1273 好，长时间工作性能变差，而出现本故障
MS22 机心，HD29M73 型彩电，指示灯不亮，不开机	稳压电路 Q844 击穿，稳压管 D845 击穿，IC864 断路	开机指示灯不亮，判断是电源的问题，测电源次级整流输出正常，没有 5VSTB 电压，CPU 没有工作，重点查 5VSTB 的形成电路。D830 整流输出 12V，经 Q844 输出 8V 后，再经 IC846 稳压输出 5V。测得 D830 输出 11.6V 正常，测 Q844 的 B 极电压为 0V，C 极电压为 10V，E 极电压也为 10V，而 IC864 无 5V 输出。测其阻值 Q844 的 C 极与 E 极已击穿，B 极对地稳压管 D845 也击穿，IC864 断路。更换后故障排除

故障现象	故障原因	速修与技改方案
MS22 机心，HD34C41 型彩电，开机几秒后保护关机	电容 C202（470μF/16V）短路	测主板 P202 脚 PROT 电压为高电平，断开各路检测电路，当断开场电路保护电路后，机器工作正常，问题出在场保护电路误保护造成的故障，后查出为电容 C202（470μF/16V）短路造成的故障，更换后机器正常。该故障是王牌 MS22 通病
MS22 机心，HID29A71I 型彩电，指示灯亮，二次开机又保护	场输出电路 IC302 故障	自动关机时，测量 P202 的 1 脚保护脚 PROT 电压为高电平，判断保护电路启动。采取解除保护的方法，将 P202 的 1 脚外部断开，开机屏幕上显示一条水平亮线，判断场输出电路发生故障，引起保护电路启动。对 IC302（STV8172A）进行检测，发现输出端 5 脚与正供电端 2 脚之间短路，更换场输出电路 IC302 后，恢复保护电路的 D 点连接，开机不再发生自动关机故障，故障排除
MS22 机心，HID29A71I 型彩电，指示灯亮，收看中经常发生自动关机故障	ABL 电路电阻 R426 一端虚焊	自动关机时，测量 P202 的 1 脚保护信息 PROT 电压为高电平，判断保护电路启动，引起自动关机。测量各路保护检测隔离二极管的两端电压，发现 D211 的两端有 0.7V 电压，由此判断束电流过大保护电路引起的保护。对 ABL 电路进行检测，发现电阻 R426 的一端虚焊，引发 ABL 电路的 A、B 两点电压降低，造成束电流过大保护电路启动，引发自动关机故障。将 R426 焊好后，故障彻底排除
MS22 机心，待机时电源正常，开机时 +B 电压在 100～180V 跳动	开待机电路 D847 漏电，在开机时 Q843 导通，分压采样电阻被 D847 分流，故影响到 +B 电压	此机器电源采用 KA5Q1265（也可用 FSCQ1265 代替），待机时电源正常（+85V），开机时 +B 电压跳动，故障应在开待机控制和取样稳压部分。开机时 CPU 控制脚为高电平，晶体管 Q843（DTC144）导通，二极管 D847 不起作用；待机时 Q843 截止，变压器 12 脚电压经电阻 R855、D847 加到 IC841（TL431），光耦导通加强，+B 电压降低转为待机。测量发现 Q843 集电极电压在开待机时可以正常变化，影响到电压变化的只有电阻 R855 和 D847，更换 D847 后故障排除。因 D847 漏电，在开机时 Q843 导通，分压采样电压被 D847 分流，故影响到 +B 电压
MS22 机心，刚开机图像正常，开机数分钟电视机发热后图像场不同步	U9（TB1306AFG）的 23 脚、24 脚外围元器件 CD320 不良	此机心将解码、变频、MCU、图像缩放处理都集成于 MST5C26 中。行、场信号处理由数字板上的 U9（TB1306AFG）完成，判断故障应该出在数字板上。从故障现象来看，热机出场不同步，判断场振荡电路相关元器件不良。为了将范围进一步缩小至更小，将 U9（TB1306AFG）进行更换故障依旧。查看电路图，将 U9 的 23 脚、24 脚外围元器件跟场处理有关的两个电容 CD319、CD320 进行更换试之，当更换电容 CD320 后，故障排除
MS22 机心，画面朦胧，发暗	ABL 电路 D411 性能不良	调整加速极和聚焦极无效，且调整加速极点位器该电压匀速增减，没闻到因管座受潮打火所散发出来的臭氧味。更换 CRT 故障依旧，最后检查 ABL 电路，发现 D411 性能不良，更换该稳压管故障排除

（续）

故 障 现 象	故 障 原 因	速修与技改方案
MS22 机心，开机后黑屏幕	LM2451 的 7 脚 12V 电源保险电感 L500 熔断	查 RGB 输出激励电压 2.6V 正常，说明视放 IC（LM2451）没有工作，对 LM2451 各脚电压进行检测，发现 7 脚 12V 工作电压（VBB）为 0V，往前查发现 L500 前端电压有 12V，保险电感 L500 熔断，更换 L500 后，故障排除
MS22 机心，开机后几分钟才出图像	存储器 U8 程序出错	首先在开机时测量发现 CPU（U6）没有发出开机指令，判断是 U6（MST5C26）工作不正常。检查 CPU 的供电、复位、晶振、总线电压都正常，判断是 CPU 内部损坏，但更换 CPU 故障依旧，怀疑存储器程序出错，造成 CPU 无法正常调出数据，使 CPU 无法正常工作，更换 FLASH 程序存储器 U8 后，故障排除
MS22 机心，开机蓝屏，2 秒后自动关机	灯丝过电压保护电路 Q205 损坏	更换数字板后故障依旧，确定为主板保护线路损坏引起的故障。分析主板的保护电路一共有 5 路：一是束电流保护电路；二是 ABL 保护电路；三是 X 射线保护电路；四是灯丝电压保护电路；五是场保护电路。首先用万用表测 P202 排插 1 脚 PROT 为高电平，确定保护功能启动。逐个断开各个保护检测电路进行开机试验，当断开 X 射线灯丝保护电路时故障消失，但测灯丝电压正常，分析应该是保护电路自身出现故障。检测 Q205 的 C 极时发现电压偏高，取下晶体管检测正常，再测 C 极为 11V。测稳压管两端的正反向阻值均为 10kΩ 左右，证明此管已损坏，更换晶体管 Q205，故障排除
MS22 机心，开机屏幕上显示带回扫线绿屏，然后自动关机	LM2451 视放 IC 损坏	绿屏回扫线说明是视放电路有问题，并引起自动关机。查视放电压为 200V 正常。绿屏回扫线一般都是视放管损坏引起的，而此机使用 LM2451 视放 IC，更换 LM2451 后开机，自动关机现象
MS22 机心，绿色淡，字符正常	TB1306AF 的 36 脚外部的晶体管 QD19 损坏	绿色淡应该重点检查 G 信号通道的元器件和电路。经示波器检测发现数字板输出的 G 信号不正常，向前检查 TB1306AF 的 36 脚输出 G 信号正常，检查更换 36 脚外部的晶体管 QD19 后，故障排除
MS22 机心，缺蓝色，无蓝屏	B 信号耦合电容 C300 不良	在 TV/AV/VGA/HDTV 状态下都缺蓝色。本机的彩色解码、画质改善等主要是由 U6（MST5C26）和 U9（TB1306AFG）来处理完成的。由前到后测电压，当测到 U9 的 2 脚（输出蓝基色信号）时发现只有 0.2V，比 48 脚（红基色信号）和 1 脚（绿基色信号）的电压低，正常为 2.4V。测量 48、1、2 脚的对地电阻也基本正常，用示波器测 48、1、2 脚外部测试点 ZD304、D305、ZD306 的 R、G、B 波形，发现 ZD306 无 B 信号波形，而测量耦合电容 C300（0.47μF）前面信号正常，后面没有信号。怀疑其 C300 不良，更换 C300 后，故障排除

故 障 现 象	故 障 原 因	速修与技改方案
MS22 机心，声音时有时无，图像正常	静音控制管 Q601、Q604 故障	该故障问题可能出现在数字板或者伴音功放部分。更换数字板后开机，故障依旧，判断伴音功放电路故障。检查功放电路 IC601（TDA7495SSA），测功放供电为 25V 正常，静音电路工作电压为 12V 也正常，但测 IC601 的 10 脚（静音控制脚），无声音时电压在 2～3V 波动，有声音时为 0V，判断静音电路有问题。检测 D603、D604、D607、D609 等未发现问题，更换静音控制管 Q601（A1015）、Q604（C1815）后故障排除
MS22 机心，图像不良，行不同步	U9 的 14 脚外部 CD310 不良	故障应该在显示处理电路 U9（TB1306AFG）上，用示波器检测 U9 行同步信号，发现输出波形不对，试更换 U9 外部与行同步相关的外部元件，当更换 U9 的 14 脚外部的 H AFC 外接的滤波电容 CD310（0.01μF）时，开机图像恢复正常，分析是 CD310 容量变化引起行不同步的故障
MS22 机心，图像亮度低	ABL 电路稳压二极管 D411 反向漏电	图像亮度低，测数字板 ABL 引脚为 0.86V，明显不正常，故障应该在 ABL 电路本身或数字板 ABL 处理部分。先查 ABL 电路，测 D411（9.1V 稳压二极管）反向漏电，更换 D411 后，测数字板引脚 ABL 为 5.6V 左右，图像恢复正常，故障排除
MS22 机心，图像正常，不定时出现自动关机	程序专用 IC（FLASH）U8 故障	此机有几路保护电路：束电流保护电路、ABL 保护电路、X 射线保护电路、场保护电路，产生的保护触发电压经主板 P202 脚送入控制系统，高电平保护；另外，数字板 CPU 程序有问题也会发生保护，先判断是主板保护还是数字板保护。测主板 P202 脚 PROT 电压，呈低电平正常，判断是数字板有问题。因故障出现时图像声音正常，而且出现不定时自动关机，所以认为应该是 CPU 的程序出问题，更换本机程序专用 IC（FLASH）U8 后，故障排除 本机 FLASH 不可二次抄写，后来确认本故障是此机心的通病，抄写完程序后会导致字标不正常。另外，同时要重新抄写存储器 U7（M24C32）
MS22 机心，有图像，无伴音，屡损伴音功放电路	伴音功放电路 IC601 击穿，供电限流电阻烧断	测量伴音功放电路 IC601（TDA7496）的各脚电压，发现 13 脚的 16V 供电电压为 0V，检查供电电路发现供电限流元件烧断，测量 IC601 的各脚对地电阻偏小，判断 IC601 内部击穿损坏，更换 IC601 和供电保险元件后，伴音恢复正常。但半个月后故障复发，IC601 再次损坏，屡损 IC601 值得注意。但对 IC601 及其外部元器件进行排查未见异常，故采取保护措施，在输出端 12 脚和 14 脚分别接两个保护二极管，两个二极管的负极分别接 16V 供电和地线，未再发生损坏 IC601 故障
MS22 机心，指示灯亮，不开机，机内有异响	8V 稳压电路 Q844 的 b-e 结击穿，Q844 基极稳压管 D845（8.2V）击穿	观察发现此现象很接近高压包损坏的情况。开盖测 +B 供电，发现该电压一直在 40～75V 跳变，断开高压包供电，接一个 100W 灯泡后试机，+B 电压为 138V 正常，找一个同型号高压包更换后试机，故障依旧。再次仔细检查，发现在 +B 电压跳变的时候 8V 稳压电路 Q844 发射极始终没有电压，问题肯定出在这里。断电检查 8V 稳压电路，发现 Q844 的 b-e 结击穿，Q844 基极的稳压管 D845（8.2V）击穿。更换 Q844 和 D845 后开机，故障排除

（续）

故障现象	故障原因	速修与技改方案
MS22 机心，指示灯亮，二次不开机	枕校电路电阻 R430 阻值变大	二次开机时能听到高压的工作声，首先检查 +B 电压，发现二次开机时，+B 电压正常，但几秒钟后就回到待机状态，把待机电路断开再开机，会出现黑屏的故障现象。提高加速极电压，出现满屏回扫线，这说明 CPU 保护没有工作。用户反映问题时，说过在观看过程中有时图像左右不正常，按电路图分析保护电路，发现枕校电路也有保护，于是首先检查枕校电路，最后发现电阻 R430 阻值变大，更换 R430 后，故障排除
MS22 机心 HD29DC41 型高清彩电，无光栅，有伴音	与消亮点电路相关的电阻 R525 虚焊	观察显像管灯丝已经点亮，测量其 R、G、B 三阴极电压均为 200V 左右截止。测量视放板 R、G、B 三基色输入端电压分别为 2V、2V、2.5V。测量 IC501（B 通道 TDA6111Q）的 1 脚（同相信号输入端）电压为 10V 左右，3 脚（反相输入端）电压为 3.5V，两者差异较大，检查相关电路，发现与消亮点电路相关的电阻 R525（330kΩ/2W）有一引脚出现虚焊现象，引发黑屏幕故障。加锡重焊后，故障排除
MS22 机心，满屏白光，自动关机	视频放大电路 U501（LM2451）损坏	开机发现满屏白光珊，有回扫线，随后自动关机，判断此故障肯定在视频放大电路。打开机器测量显像管的三个阴极电压为 0，测量视频放大电路的 200V 供电正常，检查视放板相关元器件发现 U501（LM2451）的 R、G、B 的三个输出端 13、14、15 脚全部对地短路，更换该 IC（LM2451）后故障排除

3.7.4　MV22、MV23 机心速修与技改方案

故障现象	故障原因	速修与技改方案
MV23 机心 HD29A41 型高清彩电，二次不能开机但指示灯亮	保护电路 VT202 外围 R203 引脚脱焊	断开主电源各路负载，在 +B 电压输出端并接一只 100W/220V 的白炽灯泡，通电测量 +B 电压 140V 正常稳定。测量行输出部分没有明显的短路现象，怀疑保护电路启动。用镊子将主板到数字板接插件 S202 的 31 脚 VFB 保护电压接地，然后开机，电视机不再保护，说明故障属于保护电路误动作。分别断开二极管 VD207 与 VD211 的任一引脚的方法，当断开 VD211 后，电路不再保护。对 VT202 管外围的有关元器件进行检查，结果发现 R203 引脚脱焊，造成 VT202 基极为低电平而导通，12V 电压就会经 R202、VT202、VD211 使数字板接插件 S202 的 31 脚处为高电平，使保护电路启动工作。加锡将 R203 引脚焊牢后，故障排除
MV22 高清机心，HiD29286P 等系列高清彩电，音量等调整功能受到限制	进入酒店模式所致	TCL 以 HiD29286P、HiD2970i、HiD34286P 为代表的数字高清系列彩电，设有酒店模式设置功能，需进入工厂维修模式方能进行设置。进入工厂模式，按 "SRS" 键屏幕显示酒店功能菜单，按 "节目 +/－" 键选择调整项目，用 "音量 +/－" 键调整所选项目数据

故障现象	故障原因	速修与技改方案
MV22 高清机心，HID34286PL 等高清彩电，按"音量 +/-"键调整音量，伴音不是平滑的上升，时大时小，且调整到 30 以后，伴音全没了	音量各档次的项目数据出错	首先将 RC - E04T 型或 D 系列遥控器进行改装，拆开遥控器，在电路板的 J03 位置插上补装 1N4148 二极管，安装的极性方向与 D03 相同，然后按"音效"键进入音量线形调整菜单。经检查音量各档次的项目数据出错，根据该机的总线资料，把"V10"音量 10 设置调整为"16H"，"V20"音量 20 设置调整为"24H"，"V30"音量 30 设置调整为"36H"，"V40"音量 40 设置调整为"4EH"，"V100"音量 100 设置调整为"7FH"后，再次按"音效"键退出工厂模式，音量调整恢复正常
MV22 高清机心，HID34181HB 型彩电，屏幕四角闪烁甚至出现色斑	消磁电阻问题	将消磁电阻由 9Ω 改为 20Ω 进行处理
MV22/ MV23 高清机心，在某些地区接收，出现场抖或有横带干扰	调谐电压输出电路中的 R208 取值偏大	将调谐电压输出电路中的 R208 的阻值由 10kΩ 改为 4.7kΩ 即可

3.7.5 N21、N22 机心速修与技改方案

故障现象	故障原因	速修与技改方案
N21/N22 高清机心，搜索和音量调整等功能受到限制	进入酒店模式所致	TCL 以 HID25181H、HID29189H、HID29158SP、HID29A21、HID34189H、HID34158PB 为代表采用 N21/N22 机心的数字高清系列彩电，设有酒店模式设置功能。先输入密码进入维修调整模式，按"显示"键进入 H13V01 菜单，选择"HOTEL SW"酒店模式开关项目，对酒店模式功能进行设置，ON 为启用酒店功能，OFF 为关闭酒店功能
N21/N22 机心 HID34189PB 型高清彩电，无光栅但有强烈的放电声	行输出变压器高压包处凸起变形损坏引发打火，造成 ABL 电路元件和数字板损坏	直观检查发现行输出变压器处的 ABL 电路电阻 R425（470Ω）、R424（4.7kΩ）、R419（1kΩ）表面烧黑，行输出变压器高压包处凸起变形损坏。更换损坏的行输出变压器和 3 只电阻后，通电试机，跳火现象不再出现，但屏幕上仍然无光栅。沿着行输出变压器的 8 脚对与之有关的电路进行检查，发现 IC805（HA7812）与数字电路板上的 IC（UN）401（KA2500）均已经击穿短路。更换新的数字板与三端稳压电路 IC805 后，屏幕上出现了异常的光栅，估计存储器中的数据受跳火的冲击发生改变。对存储器中的数据重新进行复制，并对行与场扫描及白平衡的数据进行适当的调整后，电视机工作恢复正常，故障排除
N21 变频机心，搜索和音量调整等功能受到限制	进入旅馆模式所致	TCL 以 HiD29206P、HiD34276PB 为代表的系列数字变频彩电，设有旅馆模式设置功能，需进入维修调整模式进行设置。先输入密码进入维修调整模式，按遥控器"显示"键进入 H13V01 E2P VER 9 菜单，选择"HOTEL SW"旅馆模式设置项目，对旅馆功能进行设置，ON 为启用酒店功能，OFF 为关闭酒店功能

（续）

故 障 现 象	故 障 原 因	速修与技改方案
N21 高清机心 HiD29189PB 型高清彩电，搜索和音量调整等功能受到限制	进入酒店模式所致	TCL 以 HiD29189PB 为代表的高清系列彩电，设有酒店模式设置功能。需先输入密码，进入维修调整模式，按"显示"键进入 H13V01 其他调整菜单，选择"HOTEL SW"酒店模式开/关项目，对酒店模式功能进行设置，ON 为启用酒店功能，OFF 为关闭酒店功能
N21 机心 HID29189 型高清彩电，三无且指示灯不亮	IC808 与 IC807 引脚虚焊	测量 IC801（TDA16846）2 脚（启动端）电压在 10～14.5V 间波动，14 脚（供电端）电压在 9.5～14V 间波动，13 脚电压为 0V，11 脚电压为稳定的 2.9V，其他引脚电压均为 0V。更换 IC801 后，+B 电压为 120V 左右，但仍然无图像与伴音。进一步检查，发现 IC808（LA7805）与 IC807（LA7805）的引脚均有虚焊现象，加锡对 IC808 与 IC807 虚焊的引脚重焊牢固后，电视机工作正常，故障排除
N21 机心 HID29189 型高清彩电，三无指示灯闪烁	稳压电路精密可调三端基准稳压器 C804（TL431）特性变劣	测量 +B 电压在 0～35V 之间波动，开关电源其他各组电压也作相应的波动，测量 IC801 各引脚上的电压均出现不同程度的波动，测量待机控制晶体管 VTS06 基极电压也在 0～0.6V 之间波动。检查稳压电路，发现精密可调三端基准稳压器 IC804（TL431）特性变劣，更换配件后，故障排除
N21 机心 HiD29206P 型高清彩电，无光栅、无图像、无伴音	行输出管击穿，电源一次侧 C808 虚焊	测量开关电源输出的电压很低。测量行输出管已经击穿短路，电源一次侧无极性电容 C808 虚焊，造成电源输出电压升高，击穿行输出管。加锡重焊牢固后，故障排除
N22 高清机心,HID34189H 型彩电，热机开机后主声道时有时无，重低音正常	电路设计缺陷，更改电路	1. 将 D602（+）到 D604（+）增加一个 20kΩ 的电阻；2. 将 R617 由 10kΩ 改为 5.6kΩ；3. 将 D601 改为串接两只 IN4148 处理
N22 机心 HiD25181H 型高清彩电，光栅闪烁几次后无光栅、无图像、无伴音	行推动管 VT402 不良	测量行输出管击穿短路，更换后，有时还会出现光栅闪烁现象，严重时屏幕显示无信号。长时间监测行推动管 VT402 输出端的电压，发现有时波动，怀疑该管不良，用一只 K2201 管换上后，光栅闪烁现象消失，故障排除
N22 机心 HiD29189H 型高清彩电，有时呈水平亮线，有时黑屏，有伴音，但不久伴音消失	PCB 上 TMPA8829 引脚虚焊，开关电源多处虚焊	测量 +B 的 130V 电压正常，但测量视放的供电也为 130V，说明行扫描电路未工作。测量行输出管基极电压为 0V，检查 PCB 上 TMPA8829 引脚有虚焊现象，加锡将 TMPA8829 虚焊的引脚重新焊好，故障有时还会出现。测量 +B 的 130V 电压又变为 0V，检查开关电源也有多处虚焊，将开关电源出现的虚焊处加锡重新焊好后，故障排除

3.7.6 NDSP、P21 机心速修与技改方案

故障现象	故障原因	速修与技改方案
NDSP 机心 HID29276P 型高清彩电，三无且有"吱吱"声	行偏转线圈有故障	检查行输出管已经损坏，更换新的 2SC5144 型行输出管后试机，仍然为三无，但待机指示灯可以点亮。拔下行偏转线圈插头后，屏幕上呈垂直一条亮线，伴音恢复正常，由此判断行偏转线圈有故障。更换同规格的行偏转线圈后，接通电源试机，光栅和伴音均恢复正常，故障排除
NDSP 机心 HiD299D 型高清彩电，无光栅、无图像、无伴音，指示灯也不亮	+5VB 电压供电电路电容 C035 严重漏电	测量电容 C852 上的 +12V 电压基本正常。测量 VT006 发射极无 +5VB 电压输出，检查相关电路，发现电容 C035 严重漏电，更换配件后，故障排除。VT006、VT007、R084、C035、R091、C086、VD005 等元器件不良时，也会引起本例的这种故障
NDSP 机心 HiD348SK 型高清彩电，无光栅、无图像、无伴音	电容 C475 漏电，VT412 热击穿损坏	测量 VT415 集电极上的 +B 电压为 0V。测量主开关电源除 +95V 电压异常外，其他电压均基本正常。测量 VT412 的漏－源极之间击穿，电容 C475 漏电，使加到 IC402 的 3 脚充电电压无法加到 1 脚内部电压比较器反相输入端，故而 R－S 不能复位，VT412 亦由于导通时间过长而热击穿损坏。更换新的配件装在 VT412 与 C475 的位置后，故障排除
P21 高清机心，选台等功能受到限制	进入童锁模式所致	TCL 以 HID29168H、HID29207P、HID29208P、HiD29A51、HiD34A51、HiD34286H 为代表采用 P21 机心的数字高清系列彩电，设有童锁模式设置功能。先输入密码进入维修调整模式，按遥控器"节目"键选择 ADDR，然后按遥控器数字键选择寄存器地址"ADDR 207"的"BIT4"童锁功能设置项目，"1"为童锁开，"0"为童锁关，选择后按遥控器"节目"键选择 WRITE，再按"音量"键选择 OK，进行确认
P21 机心 HiD29208P 型高清彩电，图像时有时无，但字符显示正常	视频信号 CVBS 射随放大管 VT202 内部接触不良	测量声表面波滤波器 SAW101 的 1 脚上的全电视信号正常，测量 IC101 的 1、2 脚（均为图像中频信号输入端）和 9 脚上的信号也正常。测量视频信号 CVBS 射极跟随并放大 VT202 基极输入的信号正常，但发射极输出的信号有时会消失，判断 VT202 接触不良，用一只 2SC1815 型晶体管换上后，故障排除
P21 机心 HID29286 型高清彩电，无光栅、无图像、无伴音	电容 C417 击穿短路	测量行扫描电路电容 C417 两端电阻值近于 0Ω，电容 C417 击穿短路，更换新件后，故障排除。C417 属于高频电容，不能使用一般的电容代替
P21 机心 HID29286 型高清彩电，无光栅、无图像、无伴音	VD409 损坏的发生率较高	测量 VD409 两端的电阻值近于 0Ω，测量 VD409 击穿短路，更换新件后，故障排除。该机属于逐行扫描 60Hz 高清彩电，VD409 损坏的发生率较高，应注意对其进行检查
P21 机心 HID29286 型高清彩电，无光栅、无图像、无伴音	行输出变压器 T444 内部局部损坏	测量 +B 的 +130V 电压只有 40V 左右，但断开行负载后，+B 电压可以恢复正常。测量行输出管及其外围的有关元器件未发现有明显的损坏现象，怀疑行输出变压器 T444 内部局部损坏，更换新件后，故障排除

第4章　高清彩电总线调整方法速查

高清彩电都采用 I^2C 总线控制方式，对功能设置、图像和伴音的调整，需要进入维修模式。当电视机更换存储器、微处理器、被控集成电路，或电视机总线系统数据发生错误时，都需要进入维修模式，对出错的项目数据进行调整。

为了防止用户随意调整造成故障和电视机图像、声音质量的改变，其总线维修模式的进入，往往采用密码的方式进行，并且对电视机用户保密。为了防止工厂设置数据被维修人员调乱，造成电视机功能丢失或死机，有的电视机将维修模式分为两种：一种是维修模式，一般简称为"S"模式，该模式下主要显示和调整与光栅、图像质量有关的维修调整项目；另一种是工厂模式或工程师模式，一般简称为"D"模式，该模式下主要显示与功能设置有关的工厂设置项目。厂家一般只将维修"S"模式的调整方法透漏给维修人员，对工厂"D"模式的调整方法保密，或只能使用工厂调试专用遥控器，方能进行工厂设置数据的调整。由于总线彩电的调整密码由各个彩电生产厂家自行设置，各种品牌和型号的总线彩电总线调整的密码各不相同，必须从厂家技术部门和相关书籍中查找被调电视同型号或机心的总线调整方法和调整项目的数据，方能进行调整。

为了满足上门维修高清彩电时调整总线彩电的需要，本章广泛收集了国产高清彩电的总线调整方法，供维修调整时参考。有关各品牌、机心的电路配置和同类机型，请参见本书的第一章。

4.1　长虹高清彩电总线调整方法

4.1.1　CDT-1/CHD-1 高清机心总线调整方法

调整步骤	调整方法
进入调整模式	用型号为 KDT6A 的遥控器进行调整，按"音量 -"键将音量关到最小，先按遥控器的"静音"键，松一下，再按住遥控器的"静音"键不放，同时再按本机"菜单"键，直至在屏幕上出现"S MODE"字符，表示进入了维修模式
项目选择和调整	进入维修模式后，屏幕上显示调整菜单，操作遥控器上的"菜单"键，可对菜单进行翻页，按遥控器上的"上/下方向"键或"频道 +/-"键选择调整项目，按遥控器上的"左/右方向"键或"音量 +/-"键调整所选项目的数据
退出调整模式	调整完毕，按遥控器上的"待机"键遥控关机退出维修模式，调整后的数据存储

4.1.2　CDT-2/CHD-2 高清机心总线调整方法

调整步骤	调整方法
进入调整模式	使用本机 KDT6H 型遥控器进行调整，先将电视机的音量减小到最小 00，按住遥控器上的"静音"键不放（持续 5s 以上），然后快速松开该键，迅速按下电视机控制面板上的"菜单"键，屏幕上显示"S"字符及总线数据表时，表示已经进入维修模式

（续）

调 整 步 骤	调 整 方 法
项目选择和调整	进入维修模式后，按遥控器上的"菜单"键进行翻页，选择调整菜单，在白平衡模式下，按数字键"3421"或"0816"，还可进入设计模式，可对音频处理电路、高频头调谐器参数进行选择 进入各个调整菜单后，按遥控器上的"上/下方向"键或"频道 +/-"键选择调整项目，按遥控器上的"左/右方向"或"音量 +/-"键调整所选项目的数据
退出调整模式	调整完毕，按遥控器上的"待机"键遥控关机退出维修模式，调整后的数据存储

4.1.3 CHD-2B 高清机心总线调整方法

调 整 步 骤	调 整 方 法
进入调整模式	分为"S"模式和"D"模式两种模式，S 模式包括白平衡调整、几何失真校正和总线自检显示菜单；"D"模式包含图像画质调整、功能预置菜单 使用 K22A 型或 CHD-6、CHD-8 机心遥控器进行调整，先将电视机的音量减小到最小 00，然后按住遥控器上的"静音"键持续 5s 后快速松开，迅速按下电视机控制面板上的"菜单"键，即可进入"S"维修模式 在"S"模式下，选择在白平衡调整状态处，按数字"0816"，可进入工厂设计"D"模式
项目选择和调整	进入维修"S"模式和工厂"D"模式后，屏幕上显示维修模式主菜单，显示各个子菜单名称，按"上/下方向"选择子菜单，被选中的菜单名称变为红色，按"右"键进入子菜单。每个子菜单的下半部都有信号输入源以及输入信号格式显示。输入源即指信号输入端口，根据本机配置，输入源显示内容包括 TV、AV、SVHS、YPbPr、VGA 共 5 种；输入信号显示内容指 YPbPr 和 VGA 端口输入信号的格式 进入子菜单后，按遥控器上的"上/下方向"键和"左/右方向"键选择项目，调整数据。相关内容调整完毕后，按遥控器"菜单"键退出相应子菜单，进入维修模式主菜单
退出调整模式	调整完毕，选中"退出菜单"，按右键退出调整状态，遥控关机即可退出维修模式，并自动记忆存储数据
总线自检	主菜单中包括芯片自检菜单，进入该菜单后，屏幕上显示控制系统直接控制的所有集成电路和部件，自检后屏幕上显示"OK"字符，表示相应集成电路或部件工作正常，屏幕上显示"ERR"字符表示相应集成电路或部件工作失常。显示的 E^2PROM 为存储器、TUNER 为调谐器、TDA933X 为显示信号集成电路、AUDIO 为音频处理电路。失常状态下不能进行调整，需排除故障后进行

4.1.4 CHD-3 高清机心总线调整方法

调 整 步 骤	调 整 方 法
进入调整模式	使用 K22A 型遥控器进行调整，选择时钟设置选项，将当前时间设置为 08：16，然后按"菜单"键确认时钟设置。按住遥控器上的"静音"键不放（持续 6s 以上），然后快速松开该键，迅速按下电视机控制面板上的"菜单"键，屏幕上显示"S"字符时，表示已经进入维修模式
项目选择和调整	进入维修模式后，屏幕上显示调整菜单，操作遥控器上的"菜单"键，可对菜单进行翻页，按遥控器上的"上/下方向"键或"频道 +/-"键选择调整项目，被选中的项目数据变为红色，按遥控器上的"左/右方向"键或"音量 +/-"键调整所选项目的数据
退出调整模式	调整完毕，遥控关机退出维修模式

4.1.5 CHD-5 高清机心总线调整方法

调整步骤	调整方法
进入调整模式	使用 KPT3A 型遥控器进行调整，先将电视机的音量减小到最小 00，然后按遥控器上的"静音"键不放，迅速按下电视机控制面板上的"菜单"键 1 次，屏幕上显示红色"S"字符时，表示已经进入维修"S"模式。如果将电视机的音量减小到最小 0，然后按遥控器上的"静音"键不放，迅速按下电视机控制面板上的"菜单"键 2 次，屏幕上显示"M"字符时，表示已经进入工厂设计"M"模式
项目选择和调整	进入维修"S"模式后，按遥控器上的"菜单"键或"点播"键进行翻页，选择调整菜单。按遥控器上的"频道 +/−"键选择子菜单和调整项目，按"音量 +/−"键调整所选项目数据进入工厂设计"M"模式后，按遥控器上"频道 +/−"键，对屏幕显示"TINT、Sharp、Rotate…"等项目名称进行前后翻项；按"音量 +/−"键改变所选项目参数值。如屏幕显示"TINT 50"，按"音量 +"键后，其值将变为"51"；再按"音量 −"键，"TINT"数据参数恢复"50"
退出调整模式	调整完毕，按遥控器上的"待机"键遥控关机，退出维修模式，调整后的数据存储

4.1.6 CHD-6 高清机心总线调整方法

调整步骤	调整方法
进入调整模式	使用本机 K22A 型遥控器进行调整，先将电视机的音量减小到最小 0，然后按遥控器上的"静音"键约 6s 后松开，迅速按下电视机控制面板上的"菜单"键，即可进入维修"S"模式 进入维修"S"模式后，按遥控器上的数字键"0816"便可进入设计"D"模式
项目选择和调整	进入维修"S"模式后，屏幕上显示主菜单，几何失真、白平衡调整时，各调整项均以中文参数项出现，这是此机心总线调整的特点。按遥控器上的"上/下方向"键选择数据写保护、几何失真、白平衡调整子菜单，按"左/右方向"键作数据的调整。调整完按"菜单"键进入下一项调整，相关操作可根据屏幕下方的提示进行。 进入设计"D"模式后，屏幕上显示主菜单，除了包括"S"模式的调整子菜单外，还增加了功能设置、图像设置、声音设置、软件版本子菜单，按遥控器上的"上/下方向"键选择调整子菜单，按"左/右方向"键作数据的调整
数据写保护	当屏幕上出现"先关后调，调后再开"时。选中"数据写保护"子菜单，并设为"关"，调试完毕，再设为"开"。维修模式下选中数据保护状态，按遥控器的"右"键几秒钟后，屏显数据写保护为"开"。数据写保护设为"开"，可避免电视机在使用过程中数据丢失而出现光栅几何失真。此功能是将调整后的数据存入 FLASH 集成电路中。这样电视机工作时就不会出现因更换存储器或使用过程中丢失数据而影响电视机工作的情况。新换存储器无需作几何失真参数调整，电视机也能正常显示光栅 在总线调试过程中，数据保护项必须设置在关状态，当数据调整完毕后需将数据保护设置为"开"，这样可避免电视机在使用过程中丢失关键数据
几何失真校正	按遥控器的"上/下方向"键选中"几何调整"子菜单，此时屏幕上将显示几何失真校正子菜单。CHD-6 机心彩电因接收信号源种类较多，几何失真校正模式有 8 种，即 60p、90i、120i、60i、VGA60 P、100i、75i、50i 等。其中 60p 为基本模式，其他模式为偏移模式。只要将 60p 模式下几何失真校正好，其他模式在此基础上做校正即可。调整 60p 几何失真时，将电视机设置在全屏状态，且复位设置菜单中为几何调整。然后按表 1 − 10 输入相应信号，顺序调整几何模式
白平衡调整	按遥控器的"上/下方向"键选中"白平衡"子菜单，此时屏幕上将显示白平衡调整子菜单。按遥控器的"上/下方向"键选中调整项（分 TV、YPbPr、VGA 三种），TV 为基本调整，YPbPr、VGA 为偏移量调整，调整时先调好 TV 状态，再作 YPbPr 和 VGA 状态校正

调整步骤	调 整 方 法
维修提示	本机心在二次开机时软件会检测 CX12 和 TB1307 的复位状态，如果复位错误次数超过 100 次，则背光灯会快速闪烁 15 次，机器进入待机状态 在数据写保护设为开的情况下，换上新存储器，软件会自动取出备份在 FLASH 中的调试数据，来初始化存储器，从而减少调试工作量 在数据写保护设为开的情况下，若存储器坏，软件会从 FLASH 中读出调试数据来保证整机基本正常运行（当然不能保存普通用户操作数据）
退出调整模式	调整完毕，按遥控器上的"待机"键遥控关机，退出维修"S"模式，调整后的数据自动存储

4.1.7　CHD-7 高清机心总线调整方法

调整步骤	调 整 方 法
进入调整模式	使用 KDT6E、KDT6D 型遥控器进行调整，先将电视机的音量减小到最小 0，然后按遥控器上的"静音"键不放，持续约 2s 后，按下电视机控制面板上的"菜单"键，屏幕上显示红色"S"字符时，表示已经进入维修模式
项目选择和调整	进入维修模式后，屏幕上显示调整菜单，按遥控器上的"菜单"键进行翻页，选择调整菜单。按遥控器上的"频道 +/-"键选择调整项目，被选中的项目数据字符变为红色，按遥控器上的"音量 +/-"键调整所选项目的数据
退出调整模式	调整完毕，按遥控器上的"待机"键遥控关机，退出维修模式，调整后的数据存储

4.1.8　CHD-8 高清机心总线调整方法

调整步骤	调 整 方 法
进入调整模式	使用 CHD-2B、CHD-6 机心遥控器或用户遥控器进行调整，先将音量减小到最小 0，然后按住遥控器上的"静音"键约 4s 后松开，迅速按下电视机控制面板上的"菜单"键，即可进入维修模式 进入维修"S"模式后，按遥控器上的数字键"0816"便可进入设计"D"模式
项目选择和调整	进入维修模式后，屏幕上显示调整主菜单，主菜单中显示 GEMO-MENU（几何失真校正）和 WBC-MENU（白平衡调整）两个子菜单名称，按遥控器上的"上/下"键选择子菜单，按"左/右"键进入子菜单。按遥控器上的"上/下"键选择调整项目，按遥控器上的"左/右"键调整所选项目的数据 进行几何模式调整时，显示模式有逐点、健康和数字三种，加之信号又分 PAL 和 NTSC 制，故几何失真校正有四种：即 60p、120i、100i、75i 模式。调试时将电视机置于全屏状态，接收 TV-PAL 制式信号，分别在逐点（60p）、健康（75i）、数字（100i）状态下调试完毕后，再接收 TV-NTSC 制式信号，将电视机置于全屏、数字模式（120i）下调试完毕，这样电视机便基本上满足接收 PAL 或 NTSC 制的 TV、AV 信号显示。当接收 HDTV 信号、VGA 信号时，只需微调即可 进入设计"D"模式后，屏幕上显示主菜单，除了包括"S"模式的两个调整子菜单外，还增加了功能设置 OPTION 子菜单和非线性调整 NLV 子菜单，按遥控器上的"上/下"键选择子菜单，按"左/右"键进入子菜单；按遥控器上的"上/下"键选择调整项目，按遥控器上的"左/右"键调整所选项目的数据
退出调整模式	调整完毕，按遥控器上的"待机"键遥控关机，退出维修模式

4.1.9 CHD-10 高清机心总线调整方法

调整步骤	调整方法
进入调整模式	按电视机上的"音量 –"键将音量关到最小 0,按住遥控器的"静音"键 5s 以上,并确保电视机屏幕上显示红色"静音"符号,然后松开"静音"键,再按电视机上的"菜单"键,即可进入"S"模式
项目选择和调整	进入维修模式后,屏幕上显示调整菜单,按遥控器上的"上/下方向"键和"右"键选择和进入"S"模式子菜单,按遥控器上的"上/下方向"键选择调整项目,按遥控器上的"左/右方向"键调整所选项目的数据
退出调整模式	调整完毕,按遥控器上的"菜单"键退出相应的子菜单,回到"S"模式主菜单,按遥控器上的"上/下方向"键选择"退出"项,按"右键"退出维修模式

4.1.10 DT-1 高清机心总线调整方法

调整步骤	调整方法
进入调整模式	用本机 K9E 遥控器或 TDA 机心所用 K9D 遥控器。按遥控器上的"音量 –"键,使音量减为 0,再按遥控器上的"静音"键不放,此时屏幕上的静音字符由红色变为白色后,按本机"菜单"键 MENU,屏幕上显示"CHANG HONG V07"黄色字符,表明已进入维修模式
项目选择和调整	按遥控器上的"节目 +/–"键,进行翻页选项,按遥控器上的"音量 +/–"键改变项目数据。该机心需在接收不同的信号情况下,分别调整各项参数,必须遥控关机,再次启动电视机。同时让电视机工作在调试的信号源下(如 TV-PAL、TV-NTSC、DVD-PAL、DVD-NTSC、VGA 信号源下),并重新进入维修模式。用不同制式的信号源进行总线数据调整
退出调整模式	调整完毕,遥控关机即可退出维修模式

4.1.11 DT-2 高清机心总线调整方法

调整步骤	调整方法
进入调整模式	长时间按住遥控器上的"F"键,同时依次按遥控器上的数字键"3230",即可进入总线"S"模式
项目选择和调整	按"性能"键向下翻页,按"设置"键向上翻页选择调整项目,或遥控器上的"节目 +/–"键,进行翻页选项,按遥控器上的"音量 +/–"键改变项目数据。调整后按"画中画"键进行数据存储
退出调整模式	调整完毕,按遥控器上的"显示"键,即可退出"S"模式

4.1.12 DT-5 高清机心总线调整方法

调整步骤	调整方法
进入调整模式	在电视机正常收视状态下,首先将其声音调至最小,然后按住遥控器上"静音"键的同时,按机箱控制面板上的"菜单"键,屏幕上显示字符"S"时,表示已进入了维修调整模式。若屏幕正上方未出现红色字符"S",应重复上述操作
项目选择和调整	电视机进入维修调整模式后,按遥控器上的"菜单"键翻页,按"节目 +/–"键选择调整项目,按"音量 +/–"键调整所选项目的数据,按"AV"键选择测试信号
退出调整模式	调整完毕,遥控关机再开机,存储调整后的数据并退出维修调整模式

4.1.13 DT-6 背投高清机心总线调整方法

调整步骤	调整方法
进入调整模式	使用 K9E 型用户遥控器，首先将背投影彩色电视机的"音量 –"键，将音量调整到最小值 0，然后按住遥控器上的"静音"键不放，当屏幕上显示的"静音"字符由红变白时，接着按电视机面板上的"菜单"键，即可进入维修调整模式，屏幕上显示"CHANG HONG V. DPXX2"
项目选择和调整	进入维修调整模式后，按遥控器上的"节目 +/–"键选择调整项目，按遥控器上的"音量 +/–"键调整所选项目的数据
退出调整模式	调整完毕，按遥控器关机或按一下遥控器上的"静音"键，即可退出维修调整模式

4.1.14 DT-7 高清机心总线调整方法

调整步骤	调整方法
进入调整模式	在电视机正常收视状态下，首先将其音量调整到最小，然后按住遥控器上的"静音"键不放，同时按下电视机控制面板上的"菜单"键，最后同时松开两按键，待屏幕上出现红色字符"S"时，表明已进入了维修调整模式。若屏幕上未出现红色"S"字符，可重复上述操作，直到出现红色"S"字符为止
项目选择和调整	电视机进入维修调整模式后，按遥控器上的"菜单"键进行调整菜单翻页，按遥控器上的"节目 +/–"键或电视机控制面板上的"节目 +/–"键选择调整项目，按遥控器上的"音量 +/–"键或电视机控制面板上的"音量 +/–"键调整所选项目的数据
退出调整模式	调整完毕，遥控关机再开机即退出维修调整模式

4.2 康佳高清彩电总线调整方法

4.2.1 AS 系列高清彩电总线调整方法

调整步骤	调整方法
进入调整模式	使用用户 KK – Y295M 遥控器进行调整，按遥控器上的"MENU"（菜单）键打开主菜单，连续按"回看"键 5 次，即可进入维修调整模式
项目选择和调整	进入维修调整模式后，屏幕上主菜单上显示 10 个子菜单名称，按数字 0~9 键，可进入相应的子菜单。按遥控器上的"频道 +/–"键选择调整项目，按"音量 +/–"键调整所选项目数据
退出调整模式	调整完毕，按遥控器上的"TV/AV"等其他功能键，即可退出维修调整模式

4.2.2 MK9 机心高清彩电总线调整方法

调整步骤	调整方法
进入调整模式	使用工厂调试专用遥控器，按遥控器上的"SERVICE"键，打开工厂调试菜单，即可进入维修模式。也可将用户遥控器的贴片撕开，可见到两个空闲键位，在左边空闲键位安装导电橡胶按键，即可代替工厂调试专用遥控器的"SERVICE"键
项目选择和调整	进入维修模式后，按"SERVICE"键可顺序选择调试菜单，也可用数字键"12345678"直接选择相对应的分菜单，按"AVC"（自动音量控制）键，进入选定的分菜单；按"频道 +/–"键选择要调整的项目；按"音量 +/–"键改变所选项目数据
退出调整模式	调整完毕，按"AV/TV"切换键，即可退出维修模式

4.2.3 TG 系列高清彩电总线调整方法

调整步骤	调整方法
进入调整模式	使用用户 KK-Y295K 遥控器进行调整，按遥控器上的"MENU"（菜单）键一次，在屏幕上显示的菜单消失前，连续按遥控器上的"回看"键五次，即可进入维修模式
项目选择和调整	进入维修模式后，屏幕上主菜单上显示 8 个子菜单名称，按数字键"12345678"，可进入相应的子菜单。进入子菜单后，按遥控器上的"频道 +/−"键选择调整项目，按"音量 +/−"键调整所选项目数据 调试时应分别选择健康模式、运动模式、VGA 和 YPbPr 项目进行调试
退出调整模式	全部调整完毕，按遥控器上的"菜单"键，即可退出维修模式

4.2.4 TM 系列高清彩电总线调整方法

调整步骤	调整方法
进入调整模式	使用用户 KK-Y295K 遥控器进行调整，按遥控器上的"菜单"键一次，在屏幕上显示的菜单消失前，连续按遥控器上的"回看"键 5 次，屏幕上显示"FACTORY MENU1"字符，表示进入维修模式
项目选择和调整	进入维修模式后，有 FACTORY1 ~ FACTORY4 共 4 个调整菜单，按"回看"键翻页，顺序选择调整菜单；按数字键"1234"直接选择相应的调整菜单。进入各个菜单后，用"频道 +/−"键选择调整项目，用"音量 +/−"键改变所选项目数据
退出调整模式	全部调整完毕，按遥控器上的"菜单"键，即可退出维修模式

4.2.5 TT 系列高清彩电总线调整方法

调整步骤	调整方法
进入调整模式	使用用户 KK-Y295L 用户遥控器，先按压"菜单"键，屏幕上显示调整菜单，在菜单未消失之前连续按遥控器上的"回看"键 5 次，便可进入维修模式，屏幕上显示调试菜单
项目选择和调整	进入维修模式后，屏幕上显示调整菜单，主菜单显示的内容为："FACTORY V00.0.05（工厂调试号），DATA：2007-11-23（时间），FACTORY DDP（工厂 DDP 子菜单）、FACTORY DDP2（工厂 DDP2）子菜单，FACTORY RGB（工厂三基色子菜单），FACTORY VIDEOLIMIT（工厂视频范围子菜单），FACTORY DEBUG（工厂调试程序子菜单）"等字符。按遥控器上的"频道 +/−"键选择子菜单和调整项目，按"音量 +/−"键进入子菜单和调整所选项目数据。调试时应分别选择 PAL 60Hz 逐行，PAL 100Hz 倍场、PAL 50Hz 逐行和 VGM、YPbPr 项目进行调试
退出调整模式	调整完毕，连续按两次遥控器上的"菜单"键即可退出维修模式

4.2.6 ST 系列高清彩电总线调整方法

调整步骤	调整方法
进入调整模式	使用用户 KK-Y274 遥控器进行调整，按遥控器上的（菜单）键，屏幕上显示调整菜单，在菜单未消失之前，连续按遥控器上的"回看"键 5 次，即可进入维修模式
项目选择和调整	进入维修模式后，用"频道 +/−"键选择调整菜单 DDP、DDP2、RGB、Videolimit，按"音量 +"键进入所选菜单。进入菜单后，用"频道 +/−"键选择调整项目，选中的项目变为红色，用"音量 +/−"键改变所选项目数据。按"菜单"键返回上一级菜单和退出调试菜单
退出调整模式	全部调整完毕，再按一次遥控器上的"菜单"键，即可退出维修模式

4.2.7　FG 系列高清彩电总线调整方法

调整步骤	调整方法
进入调整模式	使用用户遥控器进行调整，先按一下"MENU"（菜单）键，在屏幕上显示用户调整菜单未消失之前，快速连续按"回看"键 5 次，即可进入维修模式
项目选择和调整	进入维修模式后，有 6 个调整菜单，按遥控器上的数字键"123456"，可选择 FACTORY1 ~ FACTORY6 调整菜单，进入菜单后，用"频道 +/−"键选择调整项目，选中的项目变为红色，用"音量 +/−"键改变所选项目数据。 工厂菜单 1 和工厂菜单 2 的各种显示模式的行、场扫描及几何校正参数，需要输入相应的测试信号，根据各种显示模式需要分别进行调试，行、场重显率调整为 92% ±2%。
退出调整模式	全部调整完毕，再按一次遥控器上的"回看"键，即可退出维修模式

4.2.8　FT 系列高清彩电总线调整方法

调整步骤	调整方法
进入调整模式	使用用户遥控器进行调整，先按一下"MENU"（菜单）键，在屏幕上显示用户调整菜单未消失之前，快速连续按"回看"键 5 次，即可进入维修模式
项目选择和调整	进入维修模式后，有 6 个调整菜单，按遥控器上的数字键"123456"，可选择 FACTORY1 ~ FACTORY6 调整菜单，进入菜单后，用"频道 +/−"键选择调整项目，选中的项目变为红色，用"音量 +/−"键改变所选项目数据 工厂菜单 1 和工厂菜单 2 的各种显示模式的行、场扫描及几何校正参数，需要输入相应的测试信号，根据各种显示模式需要分别进行调试，行、场重显率调整为 92% ±2%
退出调整模式	全部调整完毕，再按一次遥控器上的"回看"键，即可退出维修模式

4.2.9　FM 系列高清彩电总线调整方法

调整步骤	调整方法
进入调整模式	使用用户遥控器，先按一下"MENU"（菜单）键，此时屏幕上出现用户调整菜单，在菜单未消失之前，连续按"回看"键 5 次，即可进入维修模式
项目选择和调整	进入维修模式后，有 4 个调整菜单，按遥控器上的数字键"1234"，可选择 FACTORY MENU1 ~ FACTORY MENU4 调整菜单，进入菜单后，用"频道 +/−"键选择调整项目，选中的项目变为绿色或红色，用"音量 +/−"键改变所选项目数据 应先选择和进入 FACTORY MENU3 菜单，将 DEBUG MODE 蓝屏幕和无信号关机功能设置项目数据设置为"ON"，取消蓝屏幕和无信号关机功能，再对其他项目进行调整；调整完毕，将 DEBUG MODE 蓝屏幕和无信号关机功能设置项目数据设置为"OFF"。菜单 1 几何失真校正和菜单 2 行、场扫描参数，需在 11 种显示模式下分别调试，根据需要设置合适的数据
退出调整模式	全部调整完毕，按遥控器上的"静音"键，即可退出维修模式

4.2.10　M 系列高清彩电总线调整方法

调整步骤	调整方法
进入调整模式	使用用户遥控器，先按一下"MENU"（菜单）键，此时屏幕上出现用户调整菜单，在菜单未消失之前，连续按"回看"键 5 次，即可进入维修模式

（续）

调 整 步 骤	调 整 方 法
项目选择和调整	进入调整模式后，有 4 个调整菜单，按遥控器上的数字键"1234"，可选择 FACTORY MENU1 ~ FACTORY MENU4 调整菜单，进入菜单后，用"频道 +／-"键选择调整项目，选中的项目变为绿色或红色，用"音量 +／-"键改变所选项目数据 应先选择和进入 FACTORY MENU3 菜单，将 DEBUG MODE 蓝屏幕和无信号关机功能设置项目数据设置为"ON"，取消蓝屏幕和无信号关机功能，再对其他项目进行调整；调整完毕，将 DEBUG MODE 蓝屏幕和无信号关机功能设置项目数据设置为"OFF"。菜单 1 几何失真校正和菜单 2 行、场扫描参数，需在 PAL 60P、PAL75I、PAL100I 三种模式下分别调试，每种模式列有两组数据，其中左边的数据为存储器空白芯片时的基准值，无须调整；右边的数据为调试参考值
退出调整模式	全部调整完毕，按遥控器上的"静音"键，即可退出维修模式

4.2.11　MV 系列高清彩电总线调整方法

调 整 步 骤	调 整 方 法
进入调整模式	使用用户遥控器进行调整，先按一下"MENU"（菜单）键，屏幕上显示调整菜单，在菜单未消失之前，连续按"回看"键 5 次，即可进入维修模式
项目选择和调整	进入维修模式后，有 7 个调整菜单，按遥控器上的数字键"1234567"，可选择 FACTORY 1 ~ FACTORY 7 调整菜单；进入菜单后，用"频道 +／-"键选择调整项目，选中的项目变为红色，用"音量 +／-"键改变所选项目数据
退出调整模式	全部调整完毕，再按一次遥控器上的"回看"键，即可退出维修模式

4.2.12　T 系列高清彩电总线调整方法

调 整 步 骤	调 整 方 法
进入调整模式	使用用户遥控器，先按一下"MENU"（菜单）键，此时屏幕上出现用户调整菜单，在菜单未消失之前，连续按"回看"键 5 次，即可进入维修模式
项目选择和调整	进入维修模式后，有 6 个调整菜单，按"MENU"菜单键可依次选出 FACTORY1 ~ FACTORY6 调整菜单，进入菜单后，按遥控器上的"频道 +／-"键选择调整项目，选中的项目变为红色，用"音量 +／-"键改变所选项目数据
退出调整模式	全部调整完毕，再按一次"回看"键，即可退出维修模式

4.2.13　I 系列高清彩电总线调整方法

调 整 步 骤	调 整 方 法
进入调整模式	使用用户遥控器，先按一下"MENU"（菜单）键，此时屏幕上出现用户调整菜单，在菜单未消失之前，连续按"回看"键 5 次，即可进入维修模式，屏幕上显示行场调整菜单
项目选择和调整	进入维修模式后，有 5 个调整菜单，按"MENU"键可依次选出行场调整菜单、白平衡调整菜单、大中小调整菜单、声音调整菜单、图像调整菜单。进入菜单后，用"频道 +／-"键选择调整项目，选中的项目变为红色，用"音量 +／-"键改变所选项目数据
退出调整模式	全部调整完毕，再按一次"回看"键，即可退出维修模式

4.2.14 P2919 高清彩电总线调整方法

调整步骤	调整方法
进入调整模式	使用用户遥控器，先按一下"MENU"（菜单）键，此时屏幕上出现用户调整菜单，在菜单未消失之前，连续按"回看"键5次，即可进入维修模式
项目选择和调整	进入调整模式后，有6个调整菜单，按"MENU"键可依次选出 FACTORY1～FACTORY6 调整菜单，进入菜单后，按遥控器上的"频道＋/－"键选择调整项目，选中的项目变为红色，用"音量＋/－"键改变所选项目数据
退出调整模式	全部调整完毕，再按一次"回看"键，即可退出维修模式

4.2.15 98 系列倍频彩电总线调整方法

调整步骤	调整方法
进入调整模式	使用工厂调试专用遥控器，按遥控器上的"SERVICE"键，打开工厂调试菜单，即可进入维修模式
项目选择和调整	进入维修模式后，按"SERVICE"键可顺序选择调试菜单，也可用数字键"123456"直接选择相对应的分菜单按自动音量控制"AVC"键，进入选定的分菜单；按"频道＋/－"键选择要调整的项目，按"音量＋/－"键改变所选项目数据
退出调整模式	调整完毕，按"AV/TV"转换键，即可退出维修模式

4.3 海信高清彩电总线调整方法

4.3.1 USOC＋HY 高清机心总线调整方法

调整步骤	调整方法
进入调整模式	使用 USOC 机心用户遥控器进行调整，先按"音量－"键将音量减到最小，再按住"菜单"键4s以上，屏幕上显示输入密码菜单后，按数字键"0398"输入密码，屏幕左上角显示"M"字样，表示已经进入维修 M 状态
项目选择和调整	进入维修模式后，按"－/－－"键后出现副亮度选项，再按"频道＋/－"键可轮流出现几何线性等调整项，按"音量＋/－"键可进行调整；按"菜单"键出现总线中其他项目，再按"菜单"键可向后翻页，按"图像"键可向前翻页，按"音量＋/－"键可进行调整。调整时，按"MENU"键进入"ADJUST"状态，用"MUTE"键向前翻页或用"DISPLAY"键向后翻页，选择调整菜单页面。进入菜单后，按"频道＋/－"键选择调整项目，也可用数字键"0123456789"直接快速选择调整项目，按"音量＋/－"键调整所选项目数据 调试项和设置项从"MENU0"到"MENU20"共分21页，实际上生产时多数项目只需在母片设定好，对于同一批产品只需复制 E^2PROM 而不需调整，只有少数项目必须调整
高清 VGA 数据调整	15K 高清机心显示场频只有50/60Hz 两种，在高清和 VGA 下线性随 PAL/NTSC 调整。工厂数据中不需要单独调整。在用户菜单中，分量信号和 VGA 下均有行、场中心位置调整和场幅的偏移量调整。在数据调整过程中。屏幕上有一些闪烁，属正常现象。这是因为在刷新寄存器的过程中，16bit 的数据需分成高8位和低8位两次传送所致
白平衡调整	在分量信号（50/60Hz）和 VGA（60Hz）下，工厂数据中分别单独设置了白平衡调整项。HDP2908D：YPP Cr/YPP Cb/VGA Cr/VGA Cb，HDP2188D：YUV B-Y DC/YUV R-Y DC
退出调整模式	进行至少一次调整操作后，遥控或交流关机退出"M"状态。如果不进行调试操作，关机后再开机仍显示"M"状态

4.3.2 G2 + VSOC + HY158 高清机心总线调整方法

调整步骤	调整方法
进入调整模式	先进入"音量菜单"项,再按遥控器数字键"0532"输入密码,即可进入维修模式,屏幕上显示调整菜单
项目选择和调整	进入维修模式后,屏幕上显示调整菜单,按遥控器上的"频道 + / −"键选择子菜单和调整项目,按"音量 + / −"键调整所选项目数据
退出调整模式	调整完毕,遥控或交流关机,即可退出维修模式

4.3.3 PHILIPS 高清机心总线调整方法

调整步骤	调整方法
进入调整模式	使用用户遥控器进行调整,首先按遥控器上的"菜单"键,进入日历显示菜单,然后按遥控器上的数字键"7128",即可进入维修模式,通用密码:7118
项目选择和调整	进入维修模式后,有三个调整菜单,连续按压"菜单"键可选择并进入不同的调试菜单。进入调整菜单后,按"频道 + / −"键选择调整项目,按"音量 + / −"键调整所选项目数据 图像调整菜单 1 需要输入 NTSC 制、PAL 制、HDTV、CDTV、VGA 多种信号,对 100Hz、1250、P60、75Hz 增强几种显示模式分别进行调整
存储器数据调整	当进入 E^2PROM 调整菜单 3 时,屏幕上显示四行字符,其中:第一行 E^2PROM V3.3 为软件版本,第二行 ADDR 200 为地址,第三行 DATA 为数据,第四行 WRITE 为进行更改确认操作。按"频道 + / −"键选择到第二行 ADDR,按"音量 + / −"键选择要调整的地址项,再按"频道 + / −"键选择到第三行 DATA,按"音量 + / −"键调整所选项目的 DATA 数据。调整完毕后,用"频道 + / −"键选择到 WRITE 项,按"音量 + / −"将数据存储到 E^2PROM 内此时 WRITE 旁出现"OK"字符,表示存储成功
退出调整模式	调整完毕,交流关机退出维修模式,调整后的数据被记忆到存储器中。如果重复进入调整模式的操作或遥控关机,也可退出维修模式,但不记忆调整数据

4.3.4 TRIDENT 高清机心总线调整方法

调整步骤	调整方法
进入调整模式	使用用户遥控器进行调整,首先进入需要调整的制式状态,如 PAL/NTSC/VGA/高清等制式模式,然后顺序按压遥控器上的"静音"、"− / − −"、"重低音"键,即可进入维修模式
项目选择和调整	进入维修模式后,屏幕上显示主菜单,有 10 项子菜单。按"频道 + / −"键选择相应的子菜单,按"音量 + / −"键可进入该子菜单。在子菜单中,按"频道 + / −"键选择调整项目,按"音量 + / −"键调整所选项目的数据 菜单 1、2 应对 1250、60Hz、100 Hz、833 显示模式分别调整,菜单 4 应对 NTSC 制、PAL 制、VGA 制式分别调整
存储器数据调整	当进入 E^2PROM 调整菜单 7 时,屏幕上显示五行字符,其中:第一行显示 E^2PROM edit,第二行显示 E^2PROM edit-addr(hex)为地址,第三行显示 E^2PROM-edit data(hex)为数据,第四行 WARAING:Editing may causedefects,第五行显示 E^2PROM-data dxxx bxxxxxxx。按"频道 + / −"键选择到第二行 addr,按"音量 + / −"键选择要调整的地址项;再按"频道 + / −"键选择到第三行 data,按"音量 + / −"键调整所选项目的数据,也可直接输入,"0 ~ 9"的数据直接对应遥控器上的相应按键,"A ~ F"数据对应屏幕下方的按键提示。调整完毕后,遥控关机或者交流关机,即可写入已经修改的数据
退出调整模式	调整完毕,按遥控器上的"待机控制"键遥控关机或用电视机电源开关交流关机,均可退出维修模式

4.3.5 HISENSE 高清机心总线调整方法

调整步骤	调整方法
进入调整模式	先按遥控器上的"菜单"键，选择并进入日历显示菜单，接着按遥控器上的数字键"5147"输入密码，即可进入维修模式
项目选择和调整	在维修模式下，有 3 个调整菜单，连续按"菜单"键，可选择调整菜单。按"频道 +/−"键，选择调整项目，按按"音量 +/−"键调整所选项目数据 需对 PAL 制的 1250、60P、75Hz 增强及 NTSC 制的 60P 几种模式分别调整：高清 1080P、1080i/60、1080i/50、720P/60 四种模式需分别调整；VGA 只需调整 800 ~ 600 模式；逐行 DVD 信号只需调整 480P 模式
E^2PROM 数据调整	在维修模式下，进入菜单 1 "E^2PROM"数据调整后，屏幕上显示数据调整步骤：第一行 E^2PROM V2.1 为软件版本，第二行 000 为地址，第三行 020 为数据，第四行 CONFIRM 进行更改确认操作 操作方法：用"频道 +/−"键选择到第二行，用"音量 +/−"选择要调整的地址项；用"频道 +/−"键选择到第三行，用"音量 +/−"调整数据；调整完毕后，用"频道 +/−"键选择到 CONFIRM 项，按"音量 +"键将数据存储到 E^2PROM 内
退出调整模式	调整完毕，按遥控器上的"待机控制"键直流关机或用电源开关交流关机，均可退出维修模式

4.3.6 IDREAMA 高清机心总线调整方法

调整步骤	调整方法
进入调整模式	先按遥控器上的"菜单"键，选择并进入日历显示菜单，接着按遥控器上的数字键"1265"输入密码，即可进入维修模式
项目选择和调整	在维修模式下，有 9 个调整菜单，按"上/下"键选择调整菜单，按"右"键进入所选菜单。在菜单中，按"上/下"键，选择调整项目，按"左/右"键调整所选项目数据。在 RGB 子菜单下，选择 R/G/B CUT 任意一个项目，按数字键"1"，屏幕显示一条水平亮线，配合调整暗平衡和加速极
退出调整模式	调整完毕，按遥控器上的"待机控制"键直流关机或用电源开关交流关机，均可退出维修模式

4.3.7 MST 高清机心总线调整方法

调整步骤	调整方法
进入调整模式	先按遥控器上的"菜单"键，选择并进入日历显示菜单，接着按遥控器上的数字键"6126"输入密码，即可进入维修模式
项目选择和调整	在维修模式下，有三个调整菜单，连续按"菜单"键，可选择调整菜单。按"频道 +/−"键选择调整项目，按"音量 +/−"键调整所选项目数据 需对 NTSC 制的 P 60、PAL 制的 100Hz、1250、P60、75Hz 增强几种模式分别调整，高清需要调整 1080I/60 模式，VGA 只需调整 800 × 600，逐行 DVD 信号不需调整
退出调整模式	调整完毕，重复进入调整模式的操作或按遥控器上的"待机控制"键遥控关机进入待机状态，即可退出维修模式

4.3.8 GENESIS-1 高清机心总线调整方法

调整步骤	调整方法
进入调整模式	调试遥控器型号为 HYDFSR-0111。首先按遥控器上的"菜单"键，选择并进入日历显示菜单，然后按遥控器上的数字键"5147"，即可进入维修模式
项目选择和调整	进入维修模式后，有三个调整菜单，连续按压"菜单"键可选择并进入不同的调试菜单。进入菜单后，按"频道 +/−"键选择调整项目，按"音量 +/−"键调整所选项目的数据。调整时，菜单 2 图像调整中：(1) PAL 制的 100Hz、1250、P60、75Hz 增强及 NTSC 制式的 P60 几种模式需分别调整；(2) 高清 1080P、1080I/60、1080I/50、720P/60、720/50 几种模式需分别调整；(3) VGA 只需调整 800×600 模式；(4) 逐行 DVD 信号只需调整 480P 模式
栅压调整	该机心具有栅压调整功能，其调整方法是：将图像模式置于标准，进入总线调整模式，打开 E^2PROM 数据调整的菜单，调整行输出变压器的栅压旋钮，直到屏幕上出现"VG2 OK"字符，表示调整正确
存储器数据调整	当进入 E^2PROM 调整菜单 3 时，屏幕上显示四行字符，其中：第一行 E^2PROM V1.1 为软件版本，第二行数字为地址，第三行数字为数据，第四行 CONFIRM 进行更改确认操作。按"频道 +/−"键选择到第二行数字，按"音量 +/−"键选择要调整的地址项；再按"频道 +/−"键选择到第三行，按"音量 +/−"键调整所选项目的数据。调整完毕后，用"频道 +/−"键选择到 CON FIRM 项，按"音量 +/−"将数据存储到 E^2PROM 内
退出调整模式	调整完毕，遥控关机或用开关交流关机，均可退出维修模式

4.3.9 GENESIS-2 高清机心总线调整方法

调整步骤	调整方法
进入调整模式	使用用户遥控器进行调整，先按遥控器上的"菜单"键，进入日历显示菜单，然后按遥控器上的数字键"8125"输入密码，即可进入维修模式
项目选择和调整	进入维修模式后，屏幕上显示调整菜单，有四个调整菜单，连续按压"菜单"键可选择并进入不同的调试菜单。进入菜单后，按遥控器上的"频道 +/−"键选择调整项目，按"音量 +/−"键调整所选项目数据 进入菜单 1 时，PAL 制的 100Hz、1250、60P、833 增强及 NTSC 制的 60P 几种模式需分别调整；高清状态只需要调整 1080i/60 模式；VGA 只需调整 800~600 模式；逐行 DVD 信号只需调整 480P 模式 进入菜单 2 调整 VG2 项时，在选择该项后，按"音量 +"键，屏幕变为水平亮线状态，再按一下"音量 +"键，光栅恢复正常 进入菜单 3 时，通过按"频道 +/−"键选择要调整的项目，然后按"音量 +"键进入相应的数据调整子菜单；E^2PROM、FLI2300、FL18125、TB1306 四个数据调整子菜单不得随意进行调整。调整完毕后按"菜单"键退出，返回数据调整主菜单 进入图形模式调整菜单时，可以设定三种图像模式下的数值；菜单中下部显示程序的版本号及软件完成时间；ADC 校正功能：选择菜单中"标准"选项，然后按遥控器"定时"键即可。若菜单消失，ADC 校正成功；若不消失，ADC 校正不成功，需要重新校正。注意，YCbCr/YPbPr/VGA 信号输入时，必须输入特定的信号才可以校正，否则会出现偏色现象
存储器初始化	如果开机后行有启振的声音，无图像，指示灯快速闪紫色，则说明在开机过程中微处理器没有能够从存储器中读取到正确的信息，可能是存储器损坏、数据出错及总线数据传输电路故障。对于存储器数据不正确或者存储器损坏更换空白存储器后，可以在闪灯时按遥控器上的数字键"8125"两遍输入密码，对存储器进行初始化，等待约半分钟后再关机，然后重新开机，即可为存储器写入新数据
退出调整模式	调整完毕，按遥控器上的"待机"键遥控关机或用选择交流关机，均可退出维修模式

4.3.10 GS50 高清机心总线调整方法

调整步骤	调整方法
进入调整模式	使用用户遥控器进行调整，先按遥控器上的"菜单"键，进入日历显示菜单，然后按遥控器上的数字键"8125"输入密码，即可进入维修模式
项目选择和调整	有四个调整菜单，连续按压"菜单"键可选择并进入不同的调试菜单。进入菜单后，按"频道+/-"键选择调整项目，按"音量+/-"键调整所选项目的数据 选择 VG2 项目后，按"音量+"键，屏幕变成一条水平亮线，再按"音量+"键，光栅恢复正常 进入菜单2调整"Pattern"项时，设置为1时，8120直接发出灰阶图像；选中 EEPReset 项时，按数字键"8125"输入密码，当选中项自动跳到上一行菜单时，说明输入密码生效，此时退出菜单并关机，再次开机即可恢复出厂时所有初始设置，同时机器将自动搜台；选中 VG2 项后，按"音量+"键，屏幕变为水平亮线状态，再按一下"音量+"键，光栅恢复正常 进入菜单3后，通过按"频道+/-"键选择要调整的项目，然后按"音量+"键进入相应的数据调整子菜单：E²PROM、FLI8125、TB1306 三个数据调整子菜单不得随意进行调整；调整完毕后按"菜单"键退出。返回数据调整主菜单 进入图形模式菜单时，可以设定3种图像模式下的数值，菜单的下部显示程序的版本号及软件完成时间。ADC 校正功能：选择菜单中"标准"选项，然后按遥控器"定时"键即可，待菜单消失，ADC 校正成功；如果菜单不消失，ADC 校正不成功，需要重新校正 注意：YCbCr/YPbPr/VGA 信号输入时，必须输入特定的信号才可以校正，否则会出现偏色现象
退出调整模式	调整完毕，按遥控器上的"待机"键遥控关机或用选择交流关机，均可退出维修模式

4.3.11 HY60 高清机心总线调整方法

调整步骤	调整方法
进入调整模式	使用本机遥控器，按"菜单"键打开主菜单，按"频道+/-"键选中"声音"选项，然后按"音量+/-"键进入声音菜单。再按"频道+/-"键选择"平衡"选项。在此状态下依次按数字键"0532"输入密码，屏幕显示总线调整菜单，表示已进入总线调整状态。个别机型在"声音"菜单中无"平衡"项，此时可在"音量"选项下，依次按数字键"0532"输入密码，即可进入维修状态
项目选择和调整	进入维修模式后，屏幕上显示调整菜单，在总线主菜单下，按"频道+/-"键可选中不同的子菜单，按"音量+/-"键进入相应的子菜单。在子菜单状态下，按"频道+/-"键选择调整项目，按"音量+/-"键调整所选项目数据，按"菜单"键返回上一级菜单。进入菜单1调整时，PAL 制多种扫描模式线性需要分别调整，PAL 制调好后，N 制不需再调整；高清、标清、VGA 信号只调整任意一种模式即可
存储器数据调整	进入菜单5的存储器数据调整时，先按"频道+/-"键选择到第2行，按"音量+/-"键选择要调整的地址项；再按"频道+/-"键选择到第3行，按"音量+/-"键对该项地址的寄存器数据进行调整；调整完毕后，按"菜单"键进行确认，寄存器数据才能被改写
退出调整模式	调整完毕，遥控直流关机或用电源开关交流关机后，即可退出维修状态

4.3.12 SVP 高清机心总线调整方法

调整步骤	调整方法
进入调整模式	使用本机 CN-21626 型遥控器进行调整，按"菜单"键打开主菜单，按"音量+/-"键进入"声音"菜单，再按"频道+/-"键选择"平衡"选项。在此状态下依次按数字键"0532"输入密码，屏幕显示总线调整菜单，表示已进入维修状态

（续）

调整步骤	调整方法
项目选择和调整	进入维修模式后，屏幕上显示主菜单，按"频道 +/-"键可选中不同的子菜单，按"音量 +/-"键进入相应的子菜单。在子菜单状态下，按"频道 +/-"键选择调整项目，按"音量 +/-"键调整所选项目数据，按"菜单"键返回上一级菜单 共有 10 个调整菜单，其中菜单 1 为 I^2C off，是 I^2C 总线关闭控制，不得进行调整；菜单 2 为 Clear E^2PROM，是清空 E^2PROM 存储器数据，也不能随意进行调整 进入菜单 5 调整时，PAL 制多种扫描模式线性需要分别调整，PAL 制调好后，N 制不需再调整；高清只需要调整 1080i/60、1080i/50；VGA 只需调整 800×600
退出调整模式	调整完毕，遥控直流关机或用电源开关交流关机后，即可退出维修状态

4.3.13　HDTV-1 高清机心总线调整方法

调整步骤	调整方法
进入调整模式	使用用户遥控器进行调整，先按遥控器上的"菜单"键，进入日历显示菜单，再按遥控器上的数字键"1316"输入密码，即可进入维修模式
项目选择和调整	进入维修模式后，分为工厂菜单和设计菜单，按"画中画交换"键可在两种菜单之间切换。按遥控器上的"上/下方向"键选择调整项目，按遥控器上的"左/右方向"键调整所选项目的数据
退出调整模式	调整完毕，按遥控器上的"待机控制"键遥控关机，即可退出维修模式

4.3.14　HDTV-2 高清机心总线调整方法

调整步骤	调整方法
进入调整模式	依次按遥控器上的"屏显"、"视频"、"静止"键，然后按遥控器上的数字键"8052"输入密码，即可进入维修模式，同时屏幕上显示"M"字符和 KA2500 调整菜单
项目选择和调整	进入维修模式后，按"定时"键可进入和取消菜单，按"菜单"键向前翻页，按"附加"键向后翻页选择菜单。进入菜单后，按"频道 +/-"键选择调整项目，按"音量 +/-"键调整所选项目数据
退出调整模式	调整完毕，按"待机控制"键遥控直流关机，即可退出维修模式

4.3.15　PHILIPS 倍频机心总线调整方法

调整步骤	调整方法
进入调整模式	使用用户遥控器进行调整，先按用户遥控器上的"菜单"键，选择并进入日历显示菜单，接着按遥控器上的数字键"3215"输入密码，即可进入维修模式
项目选择和调整	在维修模式下，有三个调整菜单，连续按"菜单"键，可选择调整菜单。按"频道 +/-"键，选择调整项目，按"音量 +/-"键调整所选项目数据
存储器数据调整	当进入 E^2PROM 调整菜单 3 时，屏幕上显示四行字符，其中：第一行 EEPROM 0810 为软件版本，第二行 ADDR 200 为地址，第三行 DATA 04 为数据，第四行 WRITE 为进行更改确认操作。按"频道 +/-"键选择到第二行 ADDR，按"音量 +/-"键选择要调整的地址项；再按"频道 +/-"键选择到第三行 DATA，按"音量 +/-"键调整所选项目的 DATA 数据。调整完毕后，用"频道 +/-"键选择到 WRITE 项，按"音量 +/-"键将数据存储到 E^2PROM 内，此时 WRITE 旁出现"OK"字符，表示存储成功
退出调整模式	调整完毕，遥控关机进入待机状态或重复进入无线模式的方法，均可退出维修模式

4.3.16 TRIDENT 倍频机心总线调整方法

调整步骤	调整方法
进入调整模式	使用用户遥控器进行调整,首先依次按遥控器上的"屏显"、"视频"、"静止",然后按遥控器上的数字键"8052",即可进入维修模式,同时屏幕左上角显示字符"M"和KA2500调试菜单
项目选择和调整	进入维修模式,屏幕上显示KA2500调试菜单时,按"定时"键,可以进入菜单和取消菜单,按"菜单"键可以向前翻页,按"附加"键可以向后翻页,按"频道+/−"键可选择调试项目,按"音量+/−"键可调整所选项目的数据
退出调整模式	调整完毕,按遥控器上的"待机控制"键遥控关机,即可退出维修模式

4.3.17 NDSP 高清机心总线调整方法

调整步骤	调整方法
进入调整模式	先按用户遥控器上的"菜单"键,选择并进入日历显示菜单,接着按遥控器上的数字键"3215"输入密码,即可进入维修模式
项目选择和调整	在维修模式下,有三个调整菜单,连续按"菜单"键,可选择调整菜单。按"频道+/−"键,选择调整项目,按"音量+/−"键调整所选项目数据
存储器数据调整	当进入E^2PROM调整菜单3时,屏幕上显示四行字符,其中:第一行E^2PROM 0810为软件版本,第二行ADDR 200为地址,第三行DATA 04为数据,第四行WRITE为进行更改确认操作。按"频道+/−"键选择到第二行ADDR,按"音量+/−"键选择要调整的地址项;再按"频道+/−"键选择到第三行DATA,按"音量+/−"键调整所选项目的DATA数据。调整完毕后,用"频道+/−"键选择到WRITE项,按"音量+/−"键将数据存储到E^2PROM内,此时WRITE旁出现"OK"字符,表示存储成功
退出调整模式	调整完毕,重复进入调整模式的操作或按遥控器上的"待机控制"键遥控关机进入待机状态,即可退出维修模式

4.3.18 三洋 PW 高清机心总线调整方法

调整步骤	调整方法
进入调整模式	使用用户遥控器进行调整,将遥控器拆开,在遥控器的最左下角"静像"键的正下面,会看到一个隐藏按键,该按键为"工厂"键,按"工厂"键,在屏幕的右上角会出现"M1"字样,表示进入工厂维修模式
项目选择和调整	进入工厂模式,按"图像模式"键,屏幕上出现工厂调试的内容,连续按"图像模式"键,可顺序选择调整菜单。进入菜单后,按"频道+/−"键,可在菜单中选择调整项目,按"音量+/−"键,调整所选项目的数据
退出调整模式	调整后,交流关机后重新开机,即可退出工厂模式

4.3.19 SIEMENS 倍频机心总线调整方法

调整步骤	调整方法
进入调整模式	使用HY-2001遥控器进行调整,在正常收视状态下,依次按遥控器上的"环绕声"、"屏幕显示"和数字"9090",屏幕左上角显示绿色字符"M",表示已进入维修模式

（续）

调整步骤	调整方法
项目选择和调整	按遥控器最下方的"字幕"键，即可出现工厂调整菜单，按"分页显示"键可向前翻页，按"锁定"键可向后翻页，按"频道 +/-"键，选择调整项目，按"音量 +/-"键调整所选项目数据。对暗平衡调整有 3 个快捷键：按"解隐"键直接选择 RCUT，按"自动翻页"键直接选择 GCUT，按"索引"键直接选择 BCUT
退出调整模式	调整完毕，按遥控器上的"待机"键遥控关机进入待机状态，即可退出维修模式

4.4 海尔高清彩电总线调整方法

4.4.1 TDA9808 高清机心总线调整方法

调整步骤	调整方法
进入调整模式	按电视面板上的"音量 -"键，将音量调整到最小，且不放手，同时按电视机面板上的"频道 +"键 3s 以上，屏幕即显示出"factory on"字样，表明已进入维修模式
收视计时清零	在工厂模式下进入 E^2PROM 调整菜单，选择"208"单元。并对"208"单元确认"OK"（按频道"+/-"键二次进入操作，再按"音量 +"键），这时显示的时间为零
项目选择和调整	进入维修模式后，有四个调整菜单，按"菜单"键可顺序进入四个子菜单。进入子菜单，按遥控器上的"频道 +/-"键选择调整项目，按"音量 +/-"键调整所选项目数据
退出调整模式	调整完毕，遥控关机即可退出维修模式，并自动记忆存储数据

4.4.2 TDA9808T 高清机心总线调整方法

调整步骤	调整方法
进入调整模式	按下"F"键，再按"AV/TV"键，按遥控器上的数字键"1048"依次输入密码，屏幕即显示出"MAKE"字样，表示已进入维修模式
项目选择和调整	进入维修模式后，有 3 个调整菜单，按住 F 键，再按压菜单 1 键，可进入菜单 1，依此类推到进入菜单 3。进入子菜单，按遥控器上的"频道 +/-"键选择调整项目，按"音量 +/-"键调整所选项目数据
退出调整模式	调整完毕，遥控关机即可退出维修模式，并自动记忆存储数据

4.4.3 MK14 高清机心总线调整方法

调整步骤	调整方法
进入调整模式	一是使用工厂调试专用遥控器进行调整，直接按工厂调试遥控器上的"工厂"键，即可进入维修模式 二是先按电视机控制面板上的"音量 -"键，将音量调整到最小，同时按电视机面板上的"频道 -"键 3s 以上，也可进入维修模式
项目选择和调整	按"菜单"依次选择和进入调整菜单；按"频道 +/-"键选择调整项目，按"音量 +/-"键调整所选项目数据
退出调整模式	调整完毕，遥控关机即可退出维修模式，并自动记忆存储数据

4.4.4 TDA9332H 高清机心总线调整方法

调整步骤	调整方法
进入调整模式	将音量减到最低，先按一下"静音"键，然后快速按遥控器上的"慢放"键，即可进入维修模式
项目选择和调整	进入维修模式后，按"MENU"（菜单）键循环选择调整菜单，进入各调整菜单后，按遥控器上的"频道 +/−"键，选择调整项目，按"音量 +/−"键调整所选项目的数据
退出调整模式	调整完毕，再次按"慢放"键，即可退出维修模式

4.4.5 PW1225 高清机心总线调整方法

批 次	调整步骤	调整方法
技改前	进入调整模式	用40A新型遥控器进行调整，按遥控器上的"静止"键，进行总线系统调整。第一次按"静止"键，即可进入"FACTRY"维修模式
	项目选择和调整	进入维修"FACTRY"模式后，第二次按"静止"键进入白平衡等调整菜单，按"频道 +/−"键进行项目选择，按"音量 +/−"键调整被选定的项目数据。当处于"BALANCE"状态时，按"MUTE"键，则可进入一条亮线状态，再次按"MUTE"键时，则可由亮线状态退回到全屏状态。第三次按"静止"键，进入行场重显率等菜单，按压"屏显"或"静音"键翻页，按"频道 +/−"键进行项目选择，按"音量 +/−"键调整被选定的项目数据
	退出调整模式	全部调整完毕，第四次按"静止"键退出维修模式
技改后	进入调整模式	更换LA76930（新软件）后，进入总线方法：使用用户的35L遥控器，将音量减至0，并持续按"菜单"键5s以上，待屏幕出现"密码……"字样，接着按遥控器上的数字键输入密码"9443"，即可进入"FACTORY"维修模式
	项目选择和调整	重复进入维修模式步骤可依次进入"ADJ B/W"及"OPTION"调整菜单。按"频道 +/−"键进行项目选择，按"音量 +/−"键调整被选定的项目数据。注：一般维修只需调整 TDA9116 项和 LA76930 项目数据
	退出调整模式	遥控关机即可退出维修模式

4.4.6 3D 高清机心总线调整方法

调整步骤	调整方法
进入调整模式	采用31P（或31N）遥控器进行调整，先按遥控器上的"TIME"（时间）键，待屏幕出现时间的 OSD 后，再连续按压数字键"1229"输入密码，即可进入维修状态
项目选择和调整	进入维修模式后，屏幕上显示调整菜单，然后按"MENU"键翻页。按遥控器上的"频道 +/−"键选择子菜单和调整项目，按"音量 +/−"键调整所选项目数据
（G2）电压调整	在维修模式状态下，按"BASS"（重低音）键，进入帘栅极（G2）电压调整状态，屏幕上显示一条水平亮线。调整 CRT 板上的电位器 RN901，使屏幕上水平亮线刚好出现为止
几何调整方法	在维修模式下，按"MENU"键翻页进入 MENU0 菜单，对光栅几何校正项目进行调整。先在 TV/AV 下接收 PAL 60Hz 的信号，扫描模式置 P60，按要求调整好几何参数。在此基础上再调100Hz（PAL），P60（NTSC），120Hz（NTSC）；VGA 下 640 × 480/60Hz；SVGA 下 800 × 600/60Hz@75Hz、1080i/50Hz@60Hz；YUV 下 480i/50Hz@60Hz、480P/50Hz@60Hz、1080i/50Hz@60Hz、720P/50Hz 几何调整以输入信号为 PAL50Hz。扫描模式置 P60 时为基准调整几何参数。调 PAL 50Hz P60 时会影响其他所有模式的几何值，而调其他模式时不会影响 PAL 50Hz P60 的参数。其模式为：TV/AV P60（PAL 和 NTSC）100Hz（PAL）120Hz（NTSC）；VGA 640 × 480/60Hz，SVGA 800 × 600/60Hz/75Hz；DVD 720P/60Hz，1920 ×1080I 28.1kHz@50Hz；1920 ×1080I 33.75kHz@60Hz；480P/50Hz、480P/60Hz；4801/50Hz，480U60Hz

（续）

调整步骤	调整方法
白平衡调整	在维修模式下，按"MENU"静音键翻页进入 MENU1 菜单，对白平衡项目进行调整。白平衡分为 TV/AV 和 VGA/YUV 两部分，必须先调好 TV 的白平衡，再调 VGA/DVD 的白平衡，在调 AV/AV 的白平衡时会影响 VGA/YUV 的白平衡，但调 VGA/YUV 的白平衡时不影响 TV/AV 的白平衡
退出调整模式	调完后，按"MUTE"（静音）键退出总线维修模式

4.4.7 PW1230 高清机心总线调整方法

调整步骤	调整方法
进入调整模式	先按"音量 -"键将音量减小到 0，再按一下遥控器上的"静音"键，紧接着按一下"慢放"键，即可进入工厂模式
项目选择和调整	进入工厂模式后，按"菜单"键屏幕上显示调整菜单，按遥控器上的"频道 +/-"键选择调整项目，按"音量 +/-"键调整所选项目数据 接收 PAL 制式信号，按"菜单"键使整机屏幕显示图像菜单，调整中周 T601，使得 OSD 在屏幕上左右宽度适中。进入工厂模式，按数字键"4"调节 OSD HORIZON 参数，使得 OSD 在屏幕上左右对称 调整时，根据需要接收 625 数卡信号或方格信号，分别在以下几种情况下调试：TV/AV PAL 输入 PAL 制信号；TV/AV NTSC 输入 NTSC 制信号；VGA 输入 VGA 信号，其格式为：640×480@60Hz，800×600@60Hz，Y/Pb/Pr 输入 Y/Pb/Pr 信号，分别选择 1080i-60Hz、1080i-50Hz、480P-50Hz、480P-60Hz、720P-60Hz
背景灯检查	连续按遥控器上"MENU"键至屏幕上出现背景灯功能项，按"频道 -"键选择"背景灯"项，按"音量 +"键控制背景灯开关，检查背景灯功能是否正常
退出调整模式	调整完毕，再次按下"慢放"键，退出工厂模式

4.4.8 PW1235 高清机心总线调整方法

调整步骤	调整方法
进入调整模式	使用 HYF-40B、HYF-40E、HYF-31P 遥控器，先按"菜单"键，再按数字"1269"键输入密码，即可进入维修模式。在图像菜单中，按数字键"9527"输入密码，可直接进入 DESIGN MENU 菜单；在图像菜单中，按数字键"1235"输入密码，可直接进入 CUSTOM MENU 菜单；在图像菜单中，按数字键"1269"输入密码，可直接进入 TDA9116 ADJ 菜单
项目选择和调整	进入维修模式后，屏幕上显示主菜单，主菜单中显示各个子菜单的名称。按"声音模式"键进行行场扫描调整，按"图像模式"键进行白平衡调整，按遥控器上的"频道 +/-"键选择调整项目，按"音量 +/-"键调整所选项目数据
退出调整模式	调整完毕，按"交替回看"键，即可退出维修模式

4.4.9 PW1210 高清机心总线调整方法

调整步骤	调整方法
进入调整模式	进入工厂模式的方法是：在静音状态下，按"菜单"键后迅速按"图像静止"键
项目选择和调整	遥控器上的"0"到"9"键可以在"信息状态"下用来输入数字或对应的字符。如输入字母 B，如果目前的输入状态是在"电视"状态，则需按"切换"键转到"信息输入状态"，然后连续按数字"2"键 3 次，中间不要停顿过长时间，屏幕上将依次显示"2"、"A"、"B"。按"开始"键可以屏幕显示主菜单 调整时，因输入信号的格式及显示模式的不同，本机需要在以下 5 种状态下分别调整：①TV/AV P60：输入 PAL 制信号，60Hz 逐行显示；②TV/AV NTSC：输入 NTSC 制信号，60Hz 逐行显示；③VGA 输入 VGA 信号，其格式为 640×480，刷新频率为 60Hz；④Y/Pb/Pr 50Hz：输入 Y/Pb/Pr 信号，其帧频为 50Hz；⑤Y/Pb/Pr 60Hz：输入 Y/Pb/Pr 信号，其帧频为 60Hz
退出调整模式	调整完毕，退出工厂模式方法是在工厂模式下按"静音"键

4.4.10 NDSP 高清机心总线调整方法

调 整 步 骤	调 整 方 法
进入调整模式	海尔 NDSP 机心高清彩电代表机型的电路配置和功能设置不同，软件数据调整方法也不同： 29F8A-N 型彩电进入维修模式的方法是：按"菜单"键后再迅速按"开关"键，即可进入维修模式。32F3A-N 型彩电进入维修模式的方法是：将电视机音量减为零后，先按一下"静音"键，然后再迅速按一下工厂遥控器下部中间 6 个键的右上角按键，即可进入维修模式 36F9K-ND 型彩电进入维修模式的方法是：使用 HTR-030 遥控器，将电视机音量减为零后，先按一下"静音"键，然后再迅速按一下遥控器上的"慢放"键，即可进入维修模式
项目选择和调整	进入维修模式后，屏幕上显示调整菜单，可按遥控器上的"菜单"键选择调整菜单，按遥控器上的"频道 +/-"键选择调整项目，按"音量 +/-"键调整所选项目数据 要在各种模式下，分别输入响应的 PAL、NTSC 制式信号，分别进行调整
退出调整模式	29F8A-N 型彩电调整后，遥控关机或重复进入维修模式的方法，即可退出维修模式 32F3A-N 型彩电调整后，再次按一下工厂遥控器下部中间 6 个键的右上角按键，即可退出维修模式 36F9K-ND 型彩电调整完毕，再次按遥控器上的"慢放"键，即可退出总线维修模式

4.4.11 ST 机心 V6 系列高清彩电总线调整方法

调 整 步 骤	调 整 方 法
进入调整模式	D29FV6-A 型机进入工厂调试模式的方法：先按本机键"音量 -"使音量减至 0 或最小，再同时按下"音量 +"键持续 3s 以上，即可进入工厂模式
项目选择和调整	工厂调整内容有三个菜单（即三屏）。菜单一为几何调整。在该菜单下，按遥控器的"HDM"键，可以在 HDTV50/60/YPbPr/TV 进行高清信号源的切换；按声音模式键可在 100Hz/50P/60P/1250 线下切换扫描模式使用；在工厂模式下，10 个数字键和数位键可以换台；按"MENU"键在三个工厂菜单中循环切换 进入各个菜单后，按遥控器上的"频道 +/-"键选择调整项目，按"音量 +/-"键调整所选项目数据
白平衡调整	工厂在生产时已调整好，一般亮平衡数字 RDRV、GDRV、BDRV 在"31"上下；暗平衡数据 RCUT、GCUT 在"7"上下。通过评审为增加屏幕透亮度，亮平衡基本参考值定为"40、35、50"
几何失真校正	在工厂模式下，进入几何失真校正菜单，可在 PAL 制、NTSC 制、HDTV50Hz、HDTV60Hz、YPbPr、VGA 状态下，按 100Hz、1250 线、60P、75I 四种扫描方式分别进行平行四边形、帧中心、帧幅度、行中心、行幅度、梯形失真，上、下角失真，枕形失真等项调整
退出调整模式	调整完毕后，可以通过遥控待机或交流关机，退出工厂模式

4.4.12 MST5C16 高清机心总线调整方法

调 整 步 骤	调 整 方 法
进入调整模式	先按电视机控制面板上的"音量 -"键，将音量减小到 0，按住"音量 -"键不松手，同时按遥控器上的"呼号"键，即可进入 S 模式。按"呼号"键后，再按面板"音量 -"键不松手，同时按"呼号"键即可进入工厂 D 模式
项目选择和调整	进入工厂模式后，屏幕上显示调整菜单，按遥控器上的"频道 +/-"键或"上/下方向"键选择子菜单和调整项目，按"音量 +/-"键或"左/右方向"键调整所选项目数据
退出调整模式	调整完毕，遥控关机即可退出工厂模式，并自动记忆存储数据

4.4.13 华亚高清机心总线调整方法

调整步骤	调整方法
进入调整模式	使用 HTR-114、HTR-096 遥控器调整,先将音量减小到 0,同时按压面板上的"频道 –"键,并持续 15s 以上,即可进入维修模式
项目选择和调整	进入维修模式后,按"菜单"键选择调整菜单,按遥控器上的"频道 +/–"键选择调整项目,按"音量 +/–"键调整所选项目数据 几何失真校正菜单,需要在 PAL、NTSC、YpbPr、RGB 状态下,按逐点扫描、逐点晶晰、100Hz 三种扫描方式分别进行调整
数字板初始化操作	首先进入维修模式状态,连续按压遥控器上的数码相册键 8 次,出现菜单 Debug Menu 菜单。选择 Device 项目,按"音量 –"键选择 E^{2}PROM;按"频道 –"键到 Page 项,再按音量" +/–"键将数值设定为 6;按"频道 –"键选择 Regifter 项,再按"菜单"键选中要更改的地址,按频道" +/–"键将地址设定为 30,设定好后按"菜单"键。Data 项显示为 66;按"菜单"键选中 Data 项,按频道" +/–"键设定为任意值,完成后按"菜单"键。最后按上述步骤对 31 地址中的数值 AA 修改为任意值。上述设定完成后,选中 Exit 项,按"菜单"键退出,关机后重新开启即可完成数字板的初始化
退出调整模式	在正常收视工厂模式开的状态下,连续按"菜单"键 4 次,选出"OUT Factory"项目,按"音量 +"键,即可退出维修模式

4.4.14 883 高清机心总线调整方法

调整步骤	调整方法
进入调整模式	一是使用工厂调试遥控器,直接按遥控器上的"工厂"键即可进入工厂模式 二是使用 HYF-40A、HYF-4D、HTR-072、HTR-046 遥控器调整,按"音量 –"键将音量调整到 0,同时按下电视机上的"频道 –"和"音量 –"键约 3s,即可进入工厂模式
项目选择和调整	进入工厂模式后,按"菜单"键选择调整菜单,按遥控器上的"频道 +/–"键选择调整项目,按"音量 +/–"键调整所选项目数据 在工厂模式下,进入几何失真校正菜单,可在 PAL、NTSC、HDTV50Hz、HDTV60Hz、YPbPr、VGA 状态下,按 100Hz、1250 线、逐点扫描、逐点晶晰 4 种扫描方式分别进行平行四边形、帧中心、帧幅、行中心、行幅、梯形失真、上、下角失真、枕形失真等调整
退出调整模式	调整完毕,在正常收视工厂模式开的状态下,遥控关机即可退出工厂模式

4.4.15 MST5C26/AKM 高清机心总线调整方法

调整步骤	调整方法
进入调整模式	遥控器型号:HIF-39A。依次按遥控器上的"屏显"键、"图像模式"键、"伴音模式"键、"万年历"键,即可进入维修模式
项目选择和调整	进入维修模式后,按"静音"键翻页选择调整菜单,按遥控器上的"频道 +/–"键选择调整项目,按"音量 +/–"键调整所选项目数据 按压工厂键进入到工厂调试菜单 MENU0,进行图像几何调整时,分为 PAL、NTSC 逐点扫描、VGA、YPbPr (480P)、YPbPr (720P/1080P/1080i) 几种模式,需要在切换到相应的维修模式状态下来完成
退出调整模式	调整完毕,按遥控器上的"菜单"键退出维修模式

4.4.16 36F9K-ND 高清彩电机心总线调整方法

调整步骤	调整方法
进入调整模式	将电视机的音量调至最小后，按一下"静音"键。然后再快速按遥控器上的"慢放"键，即可进入维修模式
项目选择和调整	进入维修模式后，有 4 个调整菜单，按遥控器上的"菜单"（MENU）键，可循环选择调整菜单 MENU 00 ~ MENU 04。进入各个调整菜单后，按遥控器上的"频道 + / -"键选择调整项目，按"音量 + / -"键调整所选项目数据 对扫描和图像调整菜单，要在 TV/AV 模式下分别输入 PAL 制、NTSC 制信号；在 VGA 模式下输入 640×480/60Hz，800×600/60Hz 格式的 VGA 信号；在 YPbPr 模式下输入 YPbPr 信号，并选择 1080i-60Hz、1080i-50Hz、480p-50Hz、480p-60Hz、720p-60Hz，分别进行调整
退出调整模式	调整完毕，再次按遥控器上的"慢放"键，即可退出维修模式

4.5 创维高清彩电总线调整方法

4.5.1 6T18 高清机心总线调整方法

调整步骤	调整方法
进入调整模式	6T18 机心有以下两种方法可以进入工厂调试模式： 一是用随机遥控器进行调整，首先按住"音量 -"键，将音量减到 0，再按住电视机面板上的"音量 -"键不放，同时按遥控器上的"屏显"键，即可进入工厂模式 二是使用工厂遥控器进行调整，按工厂遥控器上的"菜单"键，直接进入工厂模式
项目选择和调整	进入工厂模式后，按随机遥控器上的"日程安排"或"屏显"键，按工厂遥控器上的"菜单"键选择调整菜单 1、2、3，按"频道 + / -"键选择调整项目，按"音量 + / -"键调整所选项目数据。在工厂模式下，按"静像"键显示菜单 4，屏幕上显示软件版本内容。OSD 调整和行场扫描调整，需要在逐行扫描、隔行扫描 PAL、隔行扫描 NTSC 三种模式下，接收相对应的 P 卡信号、N 卡信号或数字卡信号进行调整，调整时图像置于标准状态。其他 DTV、RGB 调整，一共需要调整 8 个模式，分别是 DTV 的 720P 信号的 16：9 和 4：3，DTV 的 1080i/60 信号的 16：9 和 4：3，RGB 的 720P 信号的 16：9 和 4：3，RGB 的 1080i/60 信号的 16：9 和 4：3
功能设置调整	E^2PROM 功能的 OPTION 设置方法是：进入工厂调试模式，反复按"降噪"键，选择 DebugMenu 菜单；按"频道 + / -"键选择 Device 项，再按"音量 + / -"键选择 E^2PROM；按"频道 + / -"键选择 Page 项，再按"音量 + / -"键设定为 6。按"频道 + / -'键选择 Register 项，先按"菜单"键，该项数值的低位变红色并且不停闪烁，此时按"频道 + / -"键把其设为 4，再按"音量 + / -"键选择高位，让其变红并闪烁，然后按"频道 + / -"键将其设为 3，最后再按"菜单"键确定。按"频道 + / -"键选择 Data 项，如上述方法调整其数据，即可设定功能 OPTION 的值
退出调整模式	调整完毕，有 3 种方法可以退出工厂调试模式：一是直接按随机遥控器上的"清除"键，即可退出工厂模式。二是按随机遥控器上的"待机"键，再重新开机即退出工厂模式。三是按工厂遥控器上的"菜单"键，可直接退出工厂模式

4.5.2　6T19 高清机心总线调整方法

调整步骤	调整方法
进入调整模式	一是使用用户遥控器进行按调整，先按电视机上控制面板上的"音量－"键，将音量减小到0，再按电视机上的"音量－"键不松手，再按遥控器上的"屏幕显示"键，即可进入工厂模式 二是使用工厂调试专用遥控器进行调整，按工厂遥控器上的"工厂"键，即可进入工厂模式
项目选择和调整	进入工厂模式后，屏幕上显示调整菜单，按"日程安排"键或"降噪"键，可顺序选择调整菜单，按遥控器上的"频道＋／－"键选择调整项目，"音量＋／－"键调整所选项目数据 TV 行场线性调整，需在 PAL 制式 16：9 和 4：3 模式下，图像置为"标准状态"，扫描模式设为"逐行扫描"，接收数字卡信号分别进行调整 DTV 行场及线性调整，接收 1080/60Hz 的 DTV 信号，图像置为标准状态，调整项目数据，使图像的行场线性达到最佳。在调整 DTV 之前，应确保 DTV 和 RGB 用户菜单中的"几何调整"项的"行中心"、"帧中心"、"行幅"、"帧幅"、"梯形"、"枕形"均为中间值 0
老化模式	在工厂模式下，按普通遥控器上的"万年历"键或者工厂遥控器上的"万年历"键，可以进入老化模式。老化模式下，除普通遥控器上的"万年历"键或者工厂遥控器的"万年历"键外，按其他键均不响应，需先退出老化模式方可进行其他操作
附加功能调试	在工厂模式状态下，具有工厂调试附加功能调试，按普通菜单"互动平台"键，可以马上进入手动搜台状态，每按一次将往下搜台，直到有台为止。按普通菜单"静像"键可以马上进入本机条形码菜单
退出调整模式	调整完毕，按用户遥控器上的"消除"键或"待机"键关机，或按工厂遥控器上的"工厂"键，均可退出总线调整状态

4.5.3　6T30 高清机心总线调整方法

调整步骤	调整方法
进入调整模式	使用用户遥控器进行调整，先按电视机上控制面板上的"音量－"键，将音量减小到 0，再按电视机上的"音量－"键不松手，再按遥控器上的"屏幕显示"键，即可进入工厂模式
项目选择和调整	进入工厂模式后，屏幕上显示调整菜单，按"菜单"键可顺序选择调整菜单，按"屏显"键可快速清除调试菜单，进入其他功能操作，按"频道＋／－"键选择调整项目，"音量＋／－"键调整所选项目数据
帘栅、聚焦调整	帘栅调整：先将图像模式设为"标准"，在工厂模式调试菜单下，按遥控器的"静像"键进入水平亮线显示状态，进入帘栅调整项，调节高压包下面的电位器，直到亮线隐约看见 聚焦电压调整：分双聚焦和单聚焦两种机型。对于双聚焦机型聚焦电压调整，接收格子信号，并将图像模式设置在"标准"状态，调整 FOCUS-1 电位器，将水平线调到最细最清晰，调整 FOCUS-2 电位器，将垂直线调到最细最清晰，重复 FOCUS-1、FOCUS-2 电位器的调整，使图像的水平、垂直线最清晰。对于单聚焦机型聚焦电压调整，接收格子信号，并将图像模式设置在"标准"状态，调整 FOCUS-1 电位器，将水平线、垂直线调到最细最清晰，现在有的显像管里面只有一个聚焦，这种管只需调整 FOCUS-1 电位器，使图像的水平和垂直线都最清晰即可

调整步骤	调整方法
图像线性调整	本机需要调整的线性参数共有 4 套：分别为 PAL 制 60Hz 逐行、NTSC 制 60Hz 逐行、YPbPr、VGA PAL 制 60Hz 逐行扫描模式的线性调整和 NTSC 制 60Hz 逐行扫描模式的线性调整：按"音量－"和"屏显"键进入工厂模式，选择 CRT 调节项，进入线性调整菜单 提示：在工厂模式里，遥控器上的"0~9"、"-/--'和"视频"键对应相应的调试项。接收相应的 PAL 制信号，将图像模式设置为"标准状态"，调整相关的项，将线性调至最佳状态 YPbPr 模式的线性调整方法与 PAL 制 60Hz 逐行扫描模式的线性调整相同，本机在调线性前必须对 YPbPr 进行颜色自动调整，方法为先将信号源设为 TVBAR100 信号，模式设置为 1080i/60Hz；然后按"音量－"与"屏显"键进入工厂模式，选择颜色自动调整项，按"音量＋"键进入调整，完成后屏幕显示"颜色调整成功"字符 VGA 模式线性调整以 800×600（SVGA）为基准，其调整方法与 PAL 制 60Hz 逐行扫描模式的线性调整相同 本机在调线性前必须对 VAG 进行颜色自动调整，方法为先将信号源设为 COLORBAR 信号，模式设置为 800×600（SVGA）；然后按"音量－"与"屏显"键进入工厂模式，选择颜色自动调整项，按"音量＋"键进入调整，完成后屏幕显示"颜色调整成功"字符
进入老化模式	按"音量－"和"屏显"键进入工厂模式，选择老化模式，按"音量＋"键进入老化模式状态，按"健康平台"键退出老化模式。在老化模式状态下将不响应遥控器上的其他按键（健康平台除外），电源关机不会退出老化模式
E^2PROM 初始化	按"音量－"和"屏显"键进入工厂模式，选择初始化，按"音量＋"键进行初始化，E^2PROM 的值被清除
退出调整模式	调整完毕，按"万年历"键或"待机"键即可退出工厂模式，在工厂菜单中关闭电源不会退出工厂模式

4.5.4　3D20/3D21 高清机心总线调整方法

调整步骤	调整方法
进入调整模式	按遥控器或电视机上的"音量－"键，将音量调为 0，再按住遥控器上的"静音"键 4s，便可进入工厂调整模式。调整完毕，按"万年历"键或"待机"键，即可退出维修模式
项目选择和调整	进入维修模式后，屏幕上显示调整菜单，按遥控器上的"频道＋/－"键选择子菜单和调整项目，按"音量＋/－"键调整所选项目数据 E^2PROM 内存储有频道频率值、AFT、HTV025、CAT9883、EE24C16、HV206、TDA9332 等功能设定和状态控制的数据。建议不同型号的显像管，在整机上调好后，批量复制 E^2PROM 后，再插入 PCB。而整机调整时，以上数据需对应每部整机细调。E^2PROM 中存放内容，除非有必要，否则生产线不可随意改动调试说明中没提及的 E^2PROM 地址所存放的数据，即必须保留 E^2PROM 初始化时的默认值
E^2PROM 初始化	出厂后，维修时若没有写好数据的存储器（E^2PROM），可用空的存储器，这时能够开机但图像几何尺寸需要重新调节
退出调整模式	在工厂调试模式的调整几何线性菜单和调整图像曲线菜单下，按"V12"键一次，可进入维修模式，再按一次"V12"键可退出维修模式。在维修模式下，可修改存储器中的数据

4.5.5　5D01 倍频机心总线调整方法

调整步骤	调整方法
进入调整模式	首先对用户遥控器进行改造，在遥控器的空闲键位上安装上导电橡胶，作为"维修调整"按键（工厂模式调整键）。在电视正常收视状态下，按下新添置的"维修调整"键，即进入维修调整模式

(续)

调整步骤	调整方法
项目选择和调整	电视机进入维修调整模式，连续按动"维修调整"键，顺序选择调整菜单，电视机屏幕上会依次出现6个调整菜单；进入某个菜单后，按遥控器上的"频道+/−"键选择所要调整的项目，按"音量+/−"键调整所选项目的数据
退出调整模式	调整完毕，按遥控器上的"TV/AV"键退出维修调整模式

4.5.6 5D20 倍频机心总线调整方法

调整步骤	调整方法
进入调整模式	按遥控器上的"工厂"键，即可进入维修调试模式。调整完毕再按"工厂"键，即可退出调试菜单
项目选择和调整	进入维修调试模式后，按"菜单"键直到进入"SERVICE. FACTORV"调整菜单，按遥控器上的"频道+/−"键选择想要进行初始化的项目，按遥控器上的"音量+/−"键执行初始化操作
退出调整模式	调整完毕，按遥控器上的"待机"键退出维修调整模式

4.5.7 5D25/5D26 高清机心总线调整方法

调整步骤	调整方法
进入调整模式	在关机的状态下，同时按住电视机上的"频道+/−"键不放，再按电视机的电源开关开机，即可进入维修模式
项目选择和调整	进入维修模式后，按"菜单"键翻页选择调整菜单，按遥控器上的"频道+/−"键选择调整项目，按遥控器上的"音量+/−"键改变被选项目数据
退出调整模式	调整后，关闭电视机的电源开关，交流关机，即可退出维修模式

4.5.8 5D28 高清机心总线调整方法

调整步骤	调整方法
进入调整模式	首先按遥控器上的"--/---"多位数键，使屏幕显示"---"后，按数字2键，使百位的数字为2，个位和十位上的数字不变；再按"菜单"键，进入声音调整菜单，选择重低音项目，然后按数字键"6879"输入密码，即可进入维修状态
项目选择和调整	进入维修模式后，屏幕上显示调整菜单，按数字键"0~9"，进入0、1、2、3、4、5、6、7、8、9调整菜单，按遥控器上的"频道+/−"键或"上/下方向"键选择调整项目，按遥控器上的"音量+/−"键或"左/右方向"键改变被选项目数据
退出调整模式	调整完毕，按遥控器上的"待机"键遥控关机，即可退出维修模式

4.5.9 5D30 高清机心总线调整方法

调整步骤	调整方法
进入调整模式	按遥控器上的"屏显"键，使屏幕右上角出现"OSD"字符显示。同时按下机器面板上的"频道+"和"视频"键，即可进入维修菜单。调整完毕，按遥控器上的"屏显"键即可退出维修模式

调整步骤	调 整 方 法
项目选择和调整	进入维修调试模式后，按"菜单"键，可选择调整菜单，按遥控器上的"频道 +／-"键选择调整项目，按遥控器上的"音量 +／-"键改变被选项目数据
退出调整模式	调整完毕，按遥控器上的"待机"键退出维修调整模式

4.5.10 5D60/5D66 高清机心总线调整方法

调整步骤	调 整 方 法
进入调整模式	在电视机正常收视状态下，首先按遥控器上的多位数键"-/--"使屏幕显示"---"后，按电视机面板上的"菜单"键、"待机"键，然后按遥控器上的数字键，输入密码"777"，即可启动维修模式，屏幕上显示软件日期，再按"菜单"键调出菜单选项，最后按"频道 +"键即可进入维修调整模式
项目选择和调整	电视机进入维修调整模式后，按"频道 +／-"键选择调整项目，按"音量 +／-"键进入子菜单或调整所选项目的数据。当调整其项目的数据时，相应的子菜单项后会显示" + "号。在确认某子菜单中各项数据调整完毕，按"静音"键存储调整后的数据，同时" + "号消失
退出调整模式	调整完毕，按遥控器"菜单"键逐级退出维修调整模式

4.5.11 5D70 高清机心总线调整方法

调整步骤	调 整 方 法
进入调整模式	使用用户遥控器进行调整，按住电视机上的"音量 -"键，将音量减小到 0，再按遥控器上的"万年历"键 3s 以上，然后依次先松开"万年历"键后，再松开"音量 -"键进入维修模式。注意：若松开顺序相反，彩电将立即返回收视状态
项目选择和调整	电视机进入维修调整模式后，有三个主要调整菜单，按遥控器上的"定时"键进入或退出光栅调整菜单，按"健康平台"键可进入或退出显像管白平衡调整菜单。进入菜单后，按"频道 +／-"键调整项目，在光栅调整菜单中，按遥控器上的功能键，可直接选择调整项目，按"音量 +／-"键调整所选项目的数据
存储器初始化	创维 5D70 机心具有存储器初始化功能，维修中若换用了空白 E^2 PROM 存储器，开机后能自动进行初始化操作。若使用了写有其他数据的 E^2 PROM 应重新进行初始化操作：首先使电视机进入维修调整模式，然后按"菜单"键，进入 E^2 PROM 初始化菜单。先选择 010 地址，将其数据由"AC"改为非"AC"，再选择"WRITE"项、将其显示"OK"后，关闭主电源开关后再开机，即完成对 E^2 PROM 的初始化
退出调整模式	调整完毕，按遥控器上的"待机"键退出维修调整模式。若电视机处在线性调整菜单或白平衡菜单时，按"万年历"键，显示"FACTORY OFF"也能退出维修调整模式

4.5.12 5D76 高清机心总线调整方法

调整步骤	调 整 方 法
进入调整模式	有两种方法进入维修模式： 一是先按"音量 -"键，将音量减到 0，再同时按住电视机上的"音量 -"键和遥控器上的"万年历"键，即可进入维修模式，可以对扫描线性和光栅白平衡等项目进行调整 二是先将音量减到 0，再同时按住本机的"音量 -"键和遥控器上的"静音"键，即可进入工厂调试模式，不但可进行方法一的扫描线性和光栅白平衡项目调整，还可以更改寄存器的地址

（续）

调整步骤	调整方法
项目选择和调整	进入维修模式后，按菜单键选择调整菜单，屏幕上显示光栅线性调整的图形菜单和白平衡调整菜单，按"上/下方向"键或"频道+/−"键选择调整项目，按"左/右方向"键或"音量+/−"键调整所选项目的数据。改完数据后要交流关机一次，寄存器的地址数据不能随意更改
存储器初始化	存储器内部存储有频道频率值、AFT 值及 TDA7439、VPC3230D、PW1235、TDA9332 等功能设定和状态控制数。需要注意的是存储器中存放内容除非有必要，不可随意改动调试说明中没有提及的存储器地址所存放的数据，必须保留存储器初始化时的默认值 维修时若没有写好数据的存储器，会发生开机图像不正常，但能显示 OSD 的现象，必须进行存储器初始化操作：按上面介绍的第二种方法进入工厂模式，按"菜单"键，进入 E^2PROM 调整菜单，屏幕上显示 4 行字符：第一行显示存储器序号"E^2PROM 3321"，第二行显示地址"ADDR 00"，第三行显示数据"DATA 10"，第四行为写入确认"WRITE OK"。按"频道+/−"键和"音量+/−"键，将 010 地址的数据改为"AF"，并使 WRITE 后有"OK"显示。切断主电源后再开机即完成初始化
退出调整模式	调整完毕，一是在工厂调试菜单的模式下按"万年历"键即可退出维修模式。二是在开机状态下按下"待机"键即可退出维修模式 需要注意的是：两键同时按住的时间大约在 3s 左右，松开按键时要先放开遥控器上的"万年历"或"静音"键，再放开本机的"音量−"键，以防止退出维修模式

4.5.13　5D90 高清机心总线调整方法

调整步骤	调整方法
进入调整模式	按遥控器上的"--/---"键切换到三位数输入状态"---"，按住电视机上的"菜单"键不放，用遥控器上的数字键"777"输入密码，屏幕下方会显示软件版本日期，再依次按遥控器上的"菜单"、"频道+"，即可进入维修模式
项目选择和调整	进入维修模式后，按"频道+/−"键或"上/下方向"键选择调整项目，按"音量+/−"键或"左/右方向"键调整项目的数据，调整后，按"静音"键使被调整项目名称旁边的"+"号消失，将调整后的数据存储
退出调整模式	调整完毕，返回主菜单，选中菜单中的"SHIPMENT"项目，按遥控器上的"音量+"键，即可退出维修模式

4.5.14　6D35 高清机心总线调整方法

调整步骤	调整方法
进入调整模式	使用用户遥控器进行调整，按遥控器上的"万年历"键，然后按数字键"369"输入密码，即进入工厂调试界面
项目选择和调整	进入工厂模式后，屏幕下方均有 CPU 和 E^2PROM 版本号及 CRT 显示。此时按一下"菜单"键，再按遥控器"←"键快速进入调试模式。按"菜单"键翻页，可选择 Factory［RBG］、Factory［DDP］或 Factory［adjust］，按"上/下/左/右方向"键可选择或者调试各项参数 本机的行场幅度一定要在 16∶9 的模式下调整，其他模式不能调整，如在全景模式下不能调整此项 连续按"菜单"键或者直接按"-/--'键可退出相应调试设置界面，此时再按"菜单"键，屏幕只显示 CPU/E^2PROM 版本号"CPU 6M35VXX XXXX（CPU 版本号）、EEPXXXXXXXX（E^2PROM版本号）"，该页面下接着按"菜单"键，依次出现深层菜单 Factory［1imit］、Factory［dsvm］、Factory［option］、Factory［File］菜单，按"上/下/左/右方向"键可选择或者调试各项参数

（续）

调整步骤	调整方法
总线关开设置	在工厂模式下，按"童锁"键进入总线关断模式"BUSOFF"，再按"游戏"键可退出总线关断模式 注意：除非有必要，否则生产线不可随意改动调试说明中没有提及的 E^2PROM 地址所存放的数据（即必须保留 E^2PROM 初始化时的默认值）。若必须改动，方法如下：先按"万年历"键，随后连续按"369"数字键进入工厂调试菜单，在线性调整工厂菜单中，再按"万年历"键，接下来依次按"369"键，就进入深层菜单。按"菜单"键切换，按"上/下方向"键调节选项，按"左/右方向"键更改数据
退出调整模式	当调试完毕后，进入工厂模式的第 3 页，选择"factory mode"选项，选择"关"，可退出工厂模式

4.5.15　6D50 高清机心总线调整方法

调整步骤	调整方法
进入调整模式	按遥控器上的"-/--"键切换到三位数输入状态"---"，按住电视机上的"菜单"键不放，用遥控器上的数字键"978"输入密码，即可进入 SERVICE 维修调整模式
项目选择和调整	在屏幕上显示"SERVICE"时，按一次"菜单"键，接着按"频道 +"键，即可进入维修调整菜单。按"频道 +/-"键选择需调整的项目，按"音量 +/-"键改变所选项目的数据或状态，按"菜单"键返回主菜单
老化状态	蓝屏和自动关机均打到"关"，存储器已处于 Service 状态，并已把蓝屏和自动关机均打到"关"；在所有调试工作完成后，再退出 Service 状态；退出后电视机会自动把蓝屏和自动关机打到"开"，并返回到 0 频道
总线的开/关设置	在 Service 状态下，按住"游戏"键三秒钟，可启动 BUS-OFF 调整状态，在该状态，CPU 会让出对总线的控制权；按一次"待机"键可退出 BUS-OFF 调整状态
退出调整模式	调整完毕，在工厂模式下选择"ADJUST"菜单中的"SHIPMENT"项目，即可退出维修调整模式

4.5.16　6D66 高清机心总线调整方法

调整步骤	调整方法
进入调整模式	按遥控器上的"-/--"键切换到三位数输入状态"---"，按住电视机上的"菜单"键不放，用遥控器上的数字键"978"输入密码，即可进入 SERVICE 维修模式
项目选择和调整	在屏幕上显示"SERVICE"时，按一次"音量"键，接着按"频道 -"键，即可进入维修调整菜单。在工厂下按数字键"852"输入密码，可进入技术调试菜单 按遥控器上的"频道 +/-"键选择调整项目，按"音量 +/-"键调整所选项目数据或状态。按"菜单"键返回主菜单
老化状态	蓝屏和自动关机均打到"关"的状态，存储器已处于 Service 状态，并已把蓝屏和自动关机均打到"关"。建议在所有调试工作完成后，再退出 Service 状态；退出后电视机会自动把蓝屏和自动关机打到"开"，并返回到 0 频道
总线关断	在 Service 状态下，按"童锁"键，进入总线关断模式"BUSOFF"，再按"游戏"键可退出总线关断模式
退出调整模式	调整完毕，选择"ADJUST"菜单中的"SHIPMENT"出厂设定项目，即可退出维修模式

4.5.17 6D72/6D76 高清机心总线调整方法

调 整 步 骤	调 整 方 法
进入调整模式	进入与退出维修调整模式有以下两种方法，可进入两种模式： 一是进入维修模式，在正常收视状态下，先将音量减到最小，再同时按住电视机上的"音量-"键和用户遥控器上的"万年历"键约 4s 后松开，即进入维修调整模式，可对光栅线性和显像管白平衡的调整 二是进入工厂调试模式，在正常收视状态下，先将音量减到最小，再同时按住本机控制面板的"音量-"键和遥控器上的"静音"键约 4s 后松开，即进入工厂调试模式，除了可作维修模式的光栅线性和显像管白平衡调整外，还可以更改寄存器的地址
项目选择和调整	进入维修调整模式后，按"定时"键进入光栅线性调节菜单，按"健康平台"键进入显像管白平衡调节菜单，按"精彩扫描"键输入 VGA 信号；按"屏保"键输入 DTV 信号。在光栅线性调节菜单下，按遥控器上的数字键"1~9"选择菜单的 1~9 项，按"-/--"键选择第 10 项，按"0"键选择第 11 项，按"切换"键选择第 12 项；按"音量 +/-"键调整所选项目的数据，其快捷键对应的项目与 6D70 机心相同，参见 6D70 机心相关调整方法和数据。
存储器初始化	创维 6D72、6D76 机心具有存储器初始化功能，电视机维修中，若换用了空白存储器或已有其他数据的存储器时，应进行初始化操作。具体方法如下： 首先进入工厂调试模式，然后按"频道 +/-"键和"音量 +/-"键，将 010 地址的数据改为"AF"，待屏幕上显示的字符"WRITE"后有"OK"显示后，将主电源关机后再开机即完成了初始化
退出调整模式	调整完毕，一是按遥控器上的"万年历"键即退出维修调整模式；二是按遥控器上的"待机"键即退出维修调整模式

4.5.18 6D81/6D90/6D83/6D85 高清机心总线调整方法

调 整 步 骤	调 整 方 法
进入调整模式	按遥控器上的"-/--"键切换到三位数输入状态"---"，按住电视机上的"菜单"键不放，用遥控器上的数字键输入密码"978"，即可进入 SERVICE 维修调整模式
项目选择和调整	进入维修模式后，在屏幕上显示"SERVICE"时，按一次"菜单"键，接着按"频道加"键，即可进入维修调整菜单。按遥控器上的"频道 +/-"键选择调整项目，按"音量 +/-"键调整所选项目数据。按"菜单"键返回主菜单
退出调整模式	调整完毕，选择"ADJUST"菜单中的"SHIPMENT"项目退菜单，即可退出维修调整模式

4.5.19 6D82 高清机心总线调整方法

调 整 步 骤	调 整 方 法
进入调整模式	按住电视机上的"音量-"键将音量减小到 0，按住该"音量-"键不放，同时按遥控器上的"静音"键约 3s，即可进入维修模式
项目选择和调整	进入维修模式后，连续按"菜单"键，依次选择主菜单页、线性调整菜单页、白平衡调整菜单页、特殊功能设置页。按"频道 +/-"键选择调整项目，按"音量 +/-"键改变所选项目数据或状态，按"菜单"键返回主菜单
退出调整模式	调整后，在工厂模式调整菜单页，按"静音"键显示提示；或按"待机"键进入待机状态，即可退出维修模式

4.5.20　6D86 高清机心总线调整方法

调整步骤	调整方法
进入调整模式	按住电视机上的"音量 –"键将音量减小到0，再同时按遥控器上的"切换"键或"静音"键，即可进入维修模式
项目选择和调整	进入维修模式后，工厂生产模式时，建议用"音量 –"键和"切换"键组合进入菜单，按"频道 +/–"键选择调整项目，按"音量 +/–"键调整所选项目数据或状态。按"菜单"键返回主菜单
退出调整模式	调整后，在工厂主菜单时按"童锁"键，显示"FACTORY OFF"，即可退出维修模式；或按"待机"键退出维修模式

4.5.21　6D88 高清机心总线调整方法

调整步骤	调整方法
进入调整模式	用随机遥控器进行调整，首先按住"音量 –"键，将音量减到0，再按住电视机面板上的"音量 –"键不放，同时按遥控器上的"屏显"键，将会起到本机的 SERVICE 功能，并将一直处于 SERVICE 调试状态
项目选择和调整	进入工厂模式后，按随机遥控器上的"菜单"再按"频道 +"键，即可显示和选择调试菜单。按"频道 +/–"键选择调整项目，按"音量 +/–"键调整所选项目数据
退出调整模式	调整完毕，选择"ADJUST"菜单中的"SHIPMENT"项目，可退出工厂调试模式

4.5.22　6D91/6D92 高清机心总线调整方法

调整步骤	调整方法
进入调整模式	使用用户遥控器进行调整，按住电视机控制面板上的"菜单"键不放，再按电视机电源开关开机，约4s后松开"菜单"键，再用遥控器上的数字键输入密码"3510"，几秒钟后，屏幕上显示机心型号和生产日期，表示已经进入维修调整模式
项目选择和调整	进入调整维修模式后，按一次"菜单"键，接着按"频道 +"键，即可在屏幕上显示"SERVICE"主菜单，主菜单中显示6个子菜单的名称。按"频道 +/–"键选择子菜单，按"音量 +/–"键进入子菜单；按"频道 +/–"键选择需调整的项目，选中的调整项目后会显示"+"号，按"音量 +/–"键改变所选项目的数据或状态；按"静音"键调整后的数据被存储，同时"+"号消失。调整中，按"菜单"键可以返回调整项目菜单；在调整过程中，按"屏显"键恢复原始数据 进入"TESTING"菜单时，屏幕上显示一条水平亮线。进入"DESIGN"菜单的 IIC R/W 项目屏幕显示 E^2PROM 数据，按菜单键进行翻页。进入 BUS-OFF 时，所有按键失效，按待机键退出
存储器初始化	首先按照进入工厂模式的步骤接通电源，然后输入密码"3511"，即可进行初始化。初始化后，线性、平衡、行频（地址57）等数据将会变化，应注意调整。此外，设计（Design）菜单用于寄存器调整，生产过程中不使用此菜单
退出调整模式	调整完毕，选择"SERVICE"菜单中的"SHIPMENT"项目（出厂设定），再按"音量 +"键，即退出维修调整模式

4.5.23　6D95 高清机心总线调整方法

调整步骤	调整方法
进入调整模式	使用用户遥控器进行调整，在正常收视状态下，按遥控器上的"-/--"键切换到三位数输入状态"---"，按住电视机控制面板上的"菜单"键和"频道 +"键不放，用遥控器上的数字键"777"输入密码，即可进入维修调整模式，屏幕上显示"SERVICE（维修）"主菜单

（续）

调整步骤	调整方法
项目选择和调整	在屏幕上显示"SERVICE"菜单时，按一次"菜单"键，接着按"频道+"键，即可进入维修调整模式。按"频道+/－"键选择需调整的项目，相应的子菜单项后会显示"+"号，按"音量+/－"键改变所选项目的数据或状态；按"菜单"键可以返回调整项目菜单；在调整过程中，按"静音"键存储，同时"+"号消失；按"屏显"键恢复。聚焦调整时，电视输入方格信号；白平衡调整时输入 PAL 制式黑白信号或接收彩色信号将色度调整到 0；画面调整时，TV 和 AV 状态输入80db、50Hz 的 P 卡信号，HDTV 4：3 和 HDTV 16：9 状态输入 1080i/60Hz 的 HDTV 信号；VGA 状态输入 640×480（60Hz）的 VGA 信号。进入各个模式状态，对图像的行场幅度、线性和各种失真校正分别进行调整
E^2PROM 数据调整	按遥控器上的"-/--"键切换到三位数输入状态"---"，用遥控器上的数字键"978"输入密码，即可进入"Design"状态。按一次"菜单"键，接着按"频道+"键，即可进入调试菜单。选中"Design"项，按"音量+"键，即可进入 E^2PROM 数据相应的调试 在 Service 状态下，快速按两次"屏显"键可启动 Bus-Off 调整状态（在该状态下，CPU 不会对总线控制），再按一次"待机"键可退出 Bus-Off 调整状态。
退出调整模式	调整完毕，选择"SERVICE"菜单中的"SHIPMENT"项目（出厂设定），再按"音量+"键，即退出维修调整模式，电视机会自动把蓝屏幕和自动关机功能置于打开状态，并返回的 0 频道

4.5.24　6D96 高清机心总线调整方法

调整步骤	调整方法
进入调整模式	在正常收视状态下，按遥控器上的"-/－"键切换到三位数输入状态"－－－"，按住电视机控制面板上的"菜单"键和"频道+"键不放，用遥控器上的数字键"777"输入密码，屏幕上显示"SERVICE（维修）"主菜单表示进入维修模式
项目选择和调整	进入调整维修模式后，在屏幕上显示"SERVICE"菜单时，按一次"菜单"键，接着按"频道+"键，即可进入维修调整模式。按"频道+/－"键选择需调整的项目，相应的子菜单项后会显示"+"号，按"音量+/－"键改变所选项目的数据或状态；按"菜单"键可以返回调整项目菜单；在调整过程中，按"静音"键存储，同时"+"号消失。按"屏显"键恢复 画面调整应当在 TV 和 AV（NTSC 制无需单独调整）、HDTV（4：3）、HDTV（16：9）、VGA 四种制式下分别调整。TV 和 AV 状态下输入 80dB、50Hz 的 P 卡信号。HDTV（4：3）平面调整：输入 1080I、60Hz 的 HDTV 信号，图像画面为 4：3 在屏幕上显示"SERVICE"菜单状态下，快速按两次"屏显"键可启动 BUS—OFF 调整模式。在该模式，CPU 会让出对总线的控制权；按一次"待机"键可退出 BUS—OFF 调整模式
E^2PROM 数据调整	在屏幕上显示 S 04 05 06 时，按遥控器上的"-/--"键切换到三位数输入状态"---"，用遥控器上的数字键"9、7、8"输入密码，按一次"菜单"键显示主菜单，接着按"频道+"键，选择"Design"项目，按"音量+"键进入"Design"中的 E^2PROM 项，屏幕上显示 E^2PROM 项目数据，按"菜单"键翻页
退出调整模式	调整完毕，选择"SERVICE"菜单中的"SHIPMENT"项目（出厂设定），即退出维修调整模式

4.5.25　6D97 高清机心总线调整方法

调整步骤	调整方法
进入调整模式	在正常收视状态下，按遥控器上的"-/--"键切换到三位数输入状态，按住电视机控制面板上的"菜单"键和"待机"进入密码输入状态，用遥控器上的数字键"978"输入密码，最后，依次按一下"菜单"键和"频道+"键，即可进入维修模式

（续）

调整步骤	调整方法
项目选择和调整	按"频道 +／-"键选择需调整的项目，相应的子菜单项后会显示"+"号，按"音量 +／-"键改变所选项目的数据或状态；按"菜单"键可以返回调整项目菜单；在调整过程中，按"静音"键存储，同时"+"号消失。按"屏显"键恢复
退出调整模式	调整完毕，选择"SHIPMENT"项目（出厂设定），再按"音量 +"键，即退出维修模式

4.5.26 6M20/6M21/6M22/6M23 高清机心总线调整方法

版 本	调整步骤	调整方法
2003 年 11 月前 产品	进入调整模式	首先按一下遥控器的"万年历"键，等出现万年历图案之后，再依次按遥控器上的数字键"369"即可进入工厂模式
	项目选择和调整	进入工厂模式后，屏幕上显示调整菜单，按"万年历"键选择调整菜单。按遥控器上的"频道 +／-"键调整项目，按"音量 +／-"键调整所选项目数据
	退出调整模式	调整完毕，按一下"菜单"键，即可退出工厂模式
2003 年 11 月后 产品	进入调整模式	首先按一下遥控器的"万年历"键，等出现万年历图案之后，再依次按遥控器上的数字键"369"，即可进入第一层工厂调试菜单。如果需要进入子菜单，则先按一下"菜单"键，紧接着按数字键"369"，即可进入子菜单
	项目选择和调整	进入工厂模式后，屏幕上显示调整菜单，按"菜单"键切换子菜单，按遥控器上的"频道 +／-"键选择调整项目，按"音量 +／-"键调整所选项目数据
	退出调整模式	调整完毕，按"待机"键，遥控关机即可退出工厂模式

4.5.27 6M31 高清机心总线调整方法

调整步骤	调整方法
进入调整模式	首先按住电视机的"菜单"键不放，然后按遥控器上的数字键"978 输入密码，即可进入工厂模式
项目选择和调整	进入工厂模式后，屏幕上显示调整菜单，按遥控器上的"频道 +／-"键调整项目，按"音量 +／-"键调整所选项目数据 如需返回上级菜单，则按"菜单"键，即可退出相应的设置。除非必要，不可随意改动调试说明中没有提及的 E^2PROM 中的数据（即必须保留 E^2PROM 初始化时的默认值）
帘栅电压调整	进入工厂模式 ADJUST 子界面，进入 Vline，调到刚见水平亮线为止
线性调整	TV（AV）模式的线性调整，32T88HS 设在 16∶9 模式下，29T81HS 和 34T86HS 设在 4∶3 模式下，接收 4 台信号或"格+圆"信号，图像模式设置在"标准"状态，检查图像上中下在水平、垂直方向是否均匀和对称，竖直线不能有弯曲或倾斜，否则需做相应的调整。转到 1 台，同时检查 1 台（P 卡信号）线性是否良好，图像不能漏边。转到 6 台，检查行幅、场幅是否正常。连续按"菜单"键，退出相应的设置 高清模式的线性调整，输入 YPbPr"格子+圆"信号。检查图像上中下在水平、垂直方向是否均匀和对称。竖直线不能有弯曲或倾斜。线性需良好，否则需要调整。其他高清模式调节相应菜单下的行中心数值。连续按"菜单"键，退出相应的设置 影院模式的线性调整，输入 16∶9 信号，在影院模式下，将场幅调至满屏（也可输入 4∶3 信号，将场幅调至 P 卡信号的字母 A 顶部刚好可见为止）。连续按"菜单"键，退出相应的设置

（续）

调 整 步 骤	调 整 方 法
白平衡调整	接收"R＋COLOR"白平衡调试信号，把图像调节在"亮丽"状态。进入工厂模式的白平衡调试界面。运行白平衡调试程序，至电脑有白平衡调试准确的提示，拔掉XS23M，调"S-B"副亮度，使图像中的灰度阶梯刚刚可区分开为止。白平衡调整时，需将电脑、PM5518信号源、被调电视之间的地线相连，以防止静电损坏CPU，连续按"菜单"键，退出相应的设置 备注：个别信号行抖动，请打开菜单中"相位处理"项。出厂时，该项统一为"关闭"状态。长时间按住"游戏"键，将进入BUS—OFF模式，按"待机"键取消
E^2PROM 数据调整	按遥控器的"-/--"键，待出现"---"后，再输入"852"，即进入寄存器调整模式。要想进入深层菜单，按"右"键，即可进入。进入寄存器调整模式后，"左/右"键用于调节位置，"上/下"键用于更改数据；每个地址的数据在更改之后，需要按"静音"键保存数据（保存后"＊"标记消失）。例如：6M31机心的29T81HS和34T86HS软件相同（4∶3），将E^2PROM地址7BE所存放的数据由47改为C7，则变为6M31机心32T88HS的软件（16∶9）
退出调整模式	调整完毕，在工厂模式的主菜单"ADJUST"中，选择工厂设定"SHIPMENT"项，按"音量＋"键，即可退出工厂模式

4.5.28 6M35/6M50 高清机心总线调整方法

调 整 步 骤	调 整 方 法
进入调整模式	首先按一下遥控器的"万年历"键，等出现万年历图案之后，再依次按遥控器上的数字键"369"即可进入工厂模式
项目选择和调整	进入工厂模式后，屏幕上显示调整菜单，按"菜单"键选择调整菜单。按遥控器上的"频道＋/－"键调整项目，按"音量＋/－"键调整所选项目数据
总线开关设置	进入工厂模式后，按"童锁"键进入总线开关模式BUSOFF，再按"游戏"键即可退出总线开关模式
E^2PROM 数据调整	首先按一下遥控器的"万年历"键，等出现万年历图案之后，再依次按遥控器上的数字键"369"键，在线性调试菜单，再按一下"万年历"键，紧接着按"369"键，即可进入深层次菜单。按"菜单"键切换，按遥控器上的"上/下方向"键调整项目，按"左/右方向"键调整所选项目数据。除非必要，E^2PROM数据不要进行调整
退出调整模式	调整完毕，进入工厂模式第三页，选择FACTOR YMODE选项，选择"关"，即可退出工厂模式

4.5.29 6P16 高清机心总线调整方法

调 整 步 骤	调 整 方 法
进入调整模式	一是使用工厂遥控器，按"SERVICE"键，进入工厂模式；二是使用用户遥控器，按住电视机控制面板上的"音量－"键，将音量减小到0后不松手，再按遥控器上的"屏显"键，即可进入维修模式
项目选择和调整	进入维修模式后，有2页调整菜单，第一页为线性调整、失真校正、幅度调整菜单，第二页为帘栅极电压调整、白平衡调整、字符位置调整及进入隐藏工厂调试菜单PW项。按遥控器"菜单"键进行翻页选择菜单，按遥控器上的"频道＋/－"键选择调整项目，按"音量＋/－"键调整所选项目数据 进入第二页选择PW项目后，将其数据改成133，再按"菜单"键即可进入隐藏的2页菜单，分别是TDA1370调试菜单和E^2PROM调试菜单。隐藏菜单在维修过程中切勿随便调整，一般系统默认值即可 帘栅电压调试时，进入"G2ADJUST"调试项，再按一下"音量＋/－"键，调整帘栅电位器，使此项显示为"GWADJUST"；在不同的扫描模式下字符位置要适当调整，能看见所有调整项即可 由于该机采用的是CCC白平衡自动调整，自动跟踪电路，故该机白平衡不需调整

（续）

调整步骤	调整方法
存储器初始化	用菜单键翻到 E²PROM 调试页，用"频道 +／－"键将调试项移到"EPINIT"，按"音量 +／－"键，当显示"PLEASE WAIT"时，稍等一会儿屏幕显示"PLEASE RESTART"说明初始化操作成功，直接关机后再重新开机即可
退出调整模式	调整完毕，按"屏显"键，屏幕上显示 FACTORY OFF，遥控关机即可退出维修模式

4.5.30 6P18 高清机心总线调整方法

遥控器	调整步骤	调整方法
工厂遥控器	进入调整模式	按遥控器上的"工厂"模式键，即可进入"D"模式工厂调试模式，屏幕上显示版本号
	项目选择和调整	按"工厂"键显示调整菜单，要想进入后两个核心菜单，必须在外围菜单中输入密码"789"。外围菜单通过"频道 +／－"键切换，核心菜单通过"菜单"键切换。进入各菜单后，遥控器上的"频道 +／－"键选择调整项目，按遥控器上的"音量 +／－"键改变被选项目数据
	退出调整模式	调整后，按工厂专用遥控器上的"工厂"模式键退出工厂模式
用户遥控器	进入调整模式	按住机器面板上的"音量 －"键使之为 0 后不松手，再按遥控器上的"屏显"键，即可进入维修模式
	项目选择和调整	进入维修模式时，按遥控器上的"菜单"键进入第一大项，如果直接按遥控器上的"频道 +／－"键可进入第二大项，不停地按"频道 +／－"键将循环显示所有选项，按"音量 +／－"键调整数据。按数字键"6"进入密码项 P-MOD，输入密码"789"后，再按"菜单"键进入核心选项
	退出调整模式	调整完毕，按"消除"键或关闭电源，即可退出维修模式

4.5.31 6P28 高清机心总线调整方法

调整步骤	调整方法
进入调整模式	按住机器面板上的"音量 －"键使之为 0 后不松手，再按遥控器上的"屏显"键，即可进入维修模式
项目选择和调整	进入维修模式时，按遥控器上的"菜单"键选择菜单，按"频道 +／－"键选择调整项目，按"音量 +／－"键调整数据。按"6"键进入密码项 P-MOD，输入密码"789"后，再按"菜单"键进入核心选项
栅电压的调整	进入维修模式后，再按一次遥控器上的屏显键，进入调整状态；旋转帘栅电位器，先屏显"VG2：OUTSIDE HIGH"，然后向下调节帘栅电位器，使屏上显示为"VG2：OK"，最后按清除键退出即可
聚焦调整	接收方格信号，将电视机图像模式设为标准后，慢慢旋转聚焦电位器使图像中心和四周都达到最清晰状态
地磁调整	如果是 29 英寸及其以上机型，应进行地磁调整，其方法如下：按四次菜单键，进入设置菜单，通过"频道 +／－"键选择"旋转"选项，调整数据使图像水平
几何调整	进入工厂菜单界面后，按"菜单"键选择几何调试菜单。不管是 TV、AV、DTV，还是 RGB 通道，只需将设置菜单中的扫描模式项设置为 60P，调试一套几何参数即可，其他通道和格式基本上免调。在 TV 状态 PAL 制下，将图像模式设为标准，按菜单顺序逐项调，调完第一页再调第二页。在 100i（TV/AV）、DTV、电脑模式下，进入几何调试菜单，只能调试偏移量，其初始值都为 0，并且调试这些偏移量不会影响 TV、PAL、60P 下调试好的基准值 一定要调试第一页 V-SLP、V-SC 项使垂直和水平都对称成正圆后才去调试第二页；第二页中 PHASE 项只有 DTV/RGB 下才出现，用来调试相位

（续）

调整步骤	调整方法
ADC 校正调整	在 TV 通道下，输入 7 阶灰阶信号，然后进入工厂菜单，按"均衡器"键进入 ADC 自动校正状态，按"音量 +"键进行自动校正，如果总线调整菜单 2 中最后一项的数据由"0x00"变为"0x88"，则校正成功；否则失败，需重新进行校正 　在 AV 和 DTV 通道下，ADC 校正需分别调整。在 AV 下，输入标准 7 阶灰阶信号，按"音量 –"将音量减到零，然后按"屏显"键进入工厂模式。在工厂模式下，按"均衡器"键进入"ADC AUTO"项，然后按"音量 +"或者"音量 –"进行 ADC 校正，ADC 校正成功后，"ADC AUTO"项对应的值应为"88"，调整完成后 ADC 值自动存入 E^2PROM 中，AV 通道调整完毕后，需按上述步骤在 DTV 通道下再做一次调整。在更换 E^2PROM 后，数据错误，虽可以开机，但会在屏幕上显示："存储器错误，请初始化"几个字，此时需进入工厂菜单进行初始化
初始化方法	进入工厂模式后，输入"6"，再输入"789"，即可进入 PE – 2 菜单。选择 PE – 2 页中的"INIT"项，按"音量 +"键将数值由"00"变为"FF"后，关闭电源重启即可
退出调整模式	调整完毕，按"消除"键或关闭电源，即可退出维修模式

4.6　厦华高清彩电总线调整方法

4.6.1　HT-T 系列高清彩电总线调整方法

调整步骤	调整方法
进入调整模式	使用厦华 RC – C02 遥控器进行。每次主电源开机后依次按遥控器上的"睡眠"键、"静音"键、"视频"键、"菜单"键，即可进入维修模式
项目选择和调整	进入维修模式后，屏幕上显示调整菜单，按遥控器上的"上/下方向"或"频道 +/–"键选择子菜单和调整项目，按"左/右方向"或"音量 +/–"键进入子菜单和调整所选项目数据
退出调整模式	按遥控器上的"睡眠"键或"0"键退出菜单，按"静音"键进行出厂预置

4.6.2　HT 系列高清彩电总线调整方法

调整步骤	调整方法
进入调整模式	在 TV 收视状态下，按遥控器上的"––/–––"键，切换到"–––"状态，按住电视机上的"TV MENU"菜单键不放，按遥控器上的数字键"777"输入密码，屏幕左下方显示该机的软件版本号；此时，先按遥控器或电视机上的"TV MENU"菜单键，再按"频道 +"键，即可进入"SERVICE"主菜单
项目选择和调整	进入维修模式后，按"频道 +/–"键在主菜单中选择调整子菜单，按"音量 +/–"进入该子菜单，按遥控器上的"频道 +/–"键选择调整项目，用"音量 +/–"键改变选定项目的数据。用遥控器上的"静音"键存储调整后的数据，用遥控器上的"屏显"键可恢复原存储数据。按"菜单"键返回上级菜单 　注意：原则上不要进入"SERVICE"菜单的"DESIGN"子菜单中的工厂测试四项，更不要进入"DESIGN"菜单的 E^2PROM 项修改数据，也不要进入"DESIGN"菜单的 RESET 项，否则微处理器将对存储器数据进行复位
退出调整模式	调整完毕，按"TV MENU"菜单键返回"SERVICE"主菜单，选择"SHIPMENT"项目，按"音量 +/–"键便可退出维修模式

4.6.3 MT 系列高清彩电总线调整方法

调整步骤	调整方法
进入调整模式	在 TV 收视状态下，按遥控器上的"---/---"键，切换到"---"3 位数状态，按住电视机上的"TV MENU"菜单键，按遥控器上的数字键"777"输入密码，屏幕下方显示该机的软件版本号；此时，先按遥控器或电视机上的"TV MENU"菜单键，再按"频道 +"键，即可进入"SERVICE"主菜单
项目选择和调整	进入维修模式后，按"频道 +/-"键在主菜单中选择调整子菜单，按"音量 +/-"进入该子菜单，按遥控器上的"频道 +/-"键选择调整项目，用"音量 +/-"键改变选定项目的数据。用遥控器上的"静音"键存储调整后的数据，用遥控器上的"屏显"键可恢复原存储数据。按"菜单"键返回上级菜单 注意：原则上不要进入"SERVICE"菜单的"DESIGN"子菜单中的工厂测试四项，更不要进入"DESIGN"菜单的 $E^2 PROM$ 项修改数据，也不要进入"DESIGN"菜单的 RESET 项，否则微处理器将对存储器数据进行复位
退出调整模式	调整完毕，按"TV MENU"菜单键返回"SERVICE"主菜单，选择"SHIPMENT"项目，按"音量 +/-"键便可退出维修模式

4.6.4 S 系列变频彩电总线调整方法

调整步骤	调整方法
进入调整模式	使用 K21、K45、D58 遥控器进行调整，按遥控器上的"制式"键，屏幕右上角显示 CPU 版本号 PWV1.1R 或 75LPWL0 等，后期生产的新版本微处理器彩电，按"制式"键，屏幕上显示 75I.PW1.0（微处理器不同，显示的版本号也会不同）；在显示的版本未消失之前，依次按遥控器上的数字键"369"，便可在屏幕上显示工厂调整菜单
项目选择和调整	进入工厂模式后，按"制式"键可进入 2~6 菜单。进入各个菜单后，按"频道 +/-"键选择调整项目，按"音量 +/-"键调整所选项目数据
退出调整模式	调整完毕，按一下除频道和伴音键以外的任何按键，便可退出工厂调整模式，屏幕上显示的菜单消失

4.6.5 TF 系列高清彩电总线调整方法

调整步骤	调整方法
进入调整模式	先将音量减小到 0，再依次按遥控器上的"睡眠"键、"图像模式"键、"屏幕显示"键、"菜单"键，屏幕上显示 FACTORY，表示已经进入维修模式
项目选择和调整	进入维修模式后，按"睡眠"键，屏幕上显示 B/W BALANCE 子菜单名称，按"音效模式"键，切换冷暖色温，按"节目 +/-"键选择调整项目，按"音量 +/-"调整项目数据；再按"睡眠"键，屏幕上显示 OPTION MENU1 子菜单，按"音效模式"键，切换测试页，按遥控器上的"节目 +/-"键选择调整项目，用"音量 +/-"键改变选定项目的数据。再按"静音"键，选择 OPTION MENU 其他调整菜单，按遥控器上的"节目 +/-"键选择调整项目，按"音量 +/-"键改变选定项目的数据
退出调整模式	调整完毕，按两次"频道往复"键，即有两个弯曲箭头的按键，即可退出维修模式

4.6.6　TR 系列高清彩电总线调整方法

调整步骤	调整方法
进入调整模式	进入维修菜单可以使用厦华公司 RC – C07 遥控器进行，开机后依次按遥控器上的"视频"键和数字"2580"键，此时屏幕显示"F"，表示即可进入维修调整模式
项目选择和调整	按遥控器上的"静音"键进行菜单翻页，按"频道 +/－"键选择调整项目，按"音量 +/－"键调整项目数据。按"常看频道"键可进行出厂预置，按"视频"键可关闭菜单，但是不能退出调整模式，再按"静音"键继续进入工厂菜单
退出调整模式	调整后，按遥控器上的"睡眠"键，退出维修模式，并自动记忆存储数据

4.6.7　TU 系列高清彩电总线调整方法

调整步骤	调整方法
进入调整模式	使用随机用户遥控器进行调整，依次按下遥控器上的"菜单"键、数字"258"键"，即可进入维修调整模式
项目选择和调整	进入维修模式后，屏幕上显示调整菜单，按遥控器上的"频道 +/－"键选择子菜单和调整项目，按"音量 +/－"键进入子菜单和调整所选项目数据
退出调整模式	调整完毕，再按用户遥控器上的"菜单"键，即可退出维修调整模式

4.6.8　TW 系列高清彩电总线调整方法

调整步骤	调整方法
进入调整模式	使用随机用户遥控器进行调整，依次按遥控器上的"AV"键和数字"2580"键，即可进入维修模式，屏幕上显示调整菜单
项目选择和调整	进入维修模式后，屏幕上显示调整菜单，按遥控器上的"频道 +/－"键选择子菜单和调整项目，按"音量 +/－"键进入子菜单和调整所选项目数据
退出调整模式	调整完毕，在工厂调整菜单下，按用户遥控器上的"菜单"键，即可退出维修模式

4.6.9　U 系列变频彩电总线调整方法

调整步骤	调整方法
进入调整模式	按遥控器上的"--/---"键，切换到"---"状态，按住电视机上的"菜单"键不放，按遥控器上的数字键"777"输入密码，再依次按电视机上的"菜单"键和"频道 +"或"频道 –"键，即可进入"SERVICE"主菜单，内含 6 个子菜单 进入 DESIGN 的方法是：先从"SERVICE"主菜单中选中"DESIGN"，再按"--/---"键，选择"---"，按遥控器上的数字键"978"输入密码，再按"菜单"键、"频道"键返回到"SERVICE"主菜单，再按"频道 +/－"键即可进入 DESIGN 子菜单
项目选择和调整	进入维修模式后，按"频道 +/－"键在主菜单中选择调整子菜单，被选中的子菜单名称由绿色变为红色，按"音量 +/－"进入该子菜单；进入子菜单后，按"频道 +/－"键选择调整项目，用"音量 +/－"键改变选定项目的数据。用遥控器上的"静音"键存储调整后的数据，用遥控器上时的"屏显"键可恢复原存储数据。按"菜单"键返回上级菜单 注意：原则上不要进入"SERVICE"菜单的"DESIGN"子菜单中的工厂测试四项，更不要进入"DESIGN"菜单的 E^2PROM 项修改数据，也不要进入"DESIGN"菜单的 RESET 项，否则微处理器将对存储器数据进行复位

（续）

调整步骤	调整方法
退出调整模式	调整完毕，按"菜单"键返回主菜单，选择"SHIPMENT"项目，按"音量 +/−"键便可退出维修模式

4.6.10　V 系列高清彩电总线调整方法

调整步骤	调整方法
进入调整模式	使用用户遥控器进行调整，按遥控器上的"菜单"键，电视屏幕上享受主菜单，用"音量 +/−"键选择"维修"子菜单，再按遥控器上的"确认"键，出现一个要求输入密码的界面，依次按下遥控器上的数字键"12345"，就可进入工厂总线调整模式
项目选择和调整	进入工厂调整模式后，再按"菜单"键可进入下一个维修总线菜单。进入总线菜单后，用"频道 +/−"键进行菜单项目的选择，用"音量 +/−"键调整所选项目的数据
退出调整模式	调整完毕，按用户遥控器里的"退出"键即可退出工厂调整模式

4.6.11　MT-2935A 高清彩电总线调整方法

调整步骤	调整方法
进入调整模式	先将音量减小到 0，再依次按遥控器上的"睡眠"键、"图像模式"键、"屏幕显示"键、"菜单"键，屏幕上显示 FACTORY，表示已经进入维修模式
项目选择和调整	进入维修模式后，按"睡眠"键，屏幕上显示 B/W BALANCE 子菜单名称，在该菜单里有 7 个小项目，按"音效模式"键，切换冷暖色温，按"频道 +/−"键选择调整项目，按"音量 +/−"调整项目数据；再按"睡眠"键，屏幕上显示 OPTION MENU1 子菜单，按"音效模式"键，切换测试页，按遥控器上的"频道 +/−"键选择调整项目，用"音量 +/−"键改变选定项目的数据。再按"静音"键，选择 OPTION MENU 其他调整菜单，按遥控器上的"频道 +/−"键选择调整项目，用"音量 +/−"键改变选定项目的数据
退出调整模式	调整完毕，按两次"频道往复"键，即有两个弯曲箭头的按键，即可退出维修模式

4.6.12　MT-2968 高清彩电总线调整方法

调整步骤	调整方法
进入调整模式	用本机 RC-Q19 遥控器进行调整，先按"菜单"键，再按遥控器上的数字键"1225"输入密码，即进入维修模式。如果按"菜单"键，再按遥控器上的数字键"8888"输入密码，即进入维修模式
项目选择和调整	进入维修模式后，屏幕上显示 DESIGN MENU 菜单，在该页的 IC NAME PW1225 项，按"音量 +"键可出现以下项目：AD9883、STV9211、M61264；在 EEP ADJ 项下按"音量 +"键可出现菜单 进入维修模式后，主菜单中显示 9 个子菜单名称，按"频道 +/−"键选择子菜单名称，按"音量 +"键选择进入菜单，按遥控器上的"频道 +/−"键选择调整项目，按"音量 +/−"键调整所选项目数据
退出调整模式	调整完毕，遥控关机即可退出维修模式，并自动记忆存储数据

4.6.13　MT-3468M 高清彩电总线调整方法

调整步骤	调整方法
进入调整模式	使用用户遥控器，依次按下"菜单"键和遥控器上的数字键"0808"输入密码，就可以看见一个界面，也就是一个菜单，在该菜单的最右面，有一个"工厂"的字样在闪烁。此时就进入了工厂菜单
项目选择和调整	进入工厂模式后，屏幕上显示调整菜单，按遥控器上的"频道 + / −"键选择子菜单，按"音量 + / −"键进入子菜单；进入子菜单后，按遥控器上的"频道 + / −"键选择调整项目，按"音量 + / −"键调整所选项目数据
退出调整模式	遥控关机退出维修模式

4.6.14　TF-2955 高清彩电总线调整方法

调整步骤	调整方法
进入调整模式	使用本机用户 RC-Q20 遥控器进行调整，将整机音量设置为 0。连续按遥控器"睡眠"键、"图像模式"键、"屏显"键、"菜单"键，间隔不可超过 2s，便可进入工厂菜单
项目选择和调整	进入工厂模式后，在"B/W ALANCE"状态下，按"音效模式"键切换冷、暖色温。按"频道 + / −"键翻页选择要调试的项目；其中有调试项的 OSD 显示时，用 0 ~ 7 键，则可以快速直接选到"S-BPI"~"C. B/W"项；按"音量 + / −"键对所选择的项目进行增减调整 在"OPTION MENU1"状态下，按"音效模式"切换调试页"OPTION MENU1"、"TDA9116 MENU1"、"TDA9116 MENU2"、"TDA9116 MENU3"。按"频道 + / −"键选择调整项目，有调试项的 OSD 显示时，用 0 ~ 7 键，则可以快速直接选到相关项目；按"音量 + / −"键调整所选项目数据 在"OPTION MENU1"状态下，用"静音"键向上翻页或用"屏显"键向下翻页到其他要调试项目所在的页面，在批量生产时无需调整 进入"BUS OPEN"状态：在"B/W BALANCE"或"OPTION MENU1（AD - JUST）"状态时按住"图像静止"键两秒钟便可进入，此状态根据需要可用于自动白平衡调试。按"屏显"可返回当前工厂状态，其余按键都不起作用 工厂调试时切换信号：如需换台，按"--/---"键直接切换到需要的信号台；其中"伴音制式"、"彩色制式"、"视屏"、"图像模式"、"扫描模式"几个键可照常使用；换完频道后，约 5s，频道号屏显消失可自动返回当前调试项 OSD 显示状态，按"屏显"可快速返回当前调试项 OSD 显示状态
退出调整模式	退出工厂菜单：按遥控器上的"回复（RECALL）"键可以退出工厂菜单

4.6.15　100Hz 变频机心总线调整方法

调整步骤	调整方法
进入调整模式	使用夏华 K20 或 K32 遥控器，按"暂停"键，再依次按遥控器上的数字键"369"，便可进入工厂调整模式，在屏幕上显示工厂调整菜单
项目选择和调整	按"暂停"键与"丽音"键可进入"VERTICAL"菜单，按"暂停"键与"调整"键，可进入"HORIZONTAL"菜单，按"暂停"键与"制式"键可进入"C-TEMP"菜单，按"暂停"键可直接进入"SINGAL PRO"菜单，按"暂停"键与"子页"键可进入"CTI-LTI"菜单，按"暂停"键与"图文"键可进入"DS MODULE"菜单，按"暂停"键与"交换"键可进入"DATA SET"菜单 进入各菜单后，按"△"、"▽"键或"频道 + / −"键选择调整项目，按"→"、"←"键或"音量 + / −"键调整所选项目数据

(续)

调 整 步 骤	调 整 方 法
退出调整模式	调整完毕，按一下除节目和伴音键以外的任何按键，屏幕上显示的菜单消失，遥控关机便可退出工厂调整模式

4.7 TCL 高清彩电总线调整方法

4.7.1 DPTV 高清机心总线调整方法

调 整 步 骤	调 整 方 法
进入调整模式	使用用户遥控器进行调整，首先将 RC-E04T 型或 D 系列遥控器进行改装，拆开遥控器，在电路板的 J03 位置插上补装二极管 IN4148，板面方向与 D03 相同，然后按相应键进入相应的工厂菜单
项目选择和调整	进入工厂模式，按"美化画面"键，屏幕显示图像几何调整菜单，按"音效"键，屏幕显示音量线性调整菜单，按"SRS"键，屏幕显示酒店功能菜单，按"红外耳机"键，屏幕显示暗白平衡调整菜单，按"美化画面"之右键，屏幕出现水平亮线，再按此键光栅恢复正常按"美化画面"之下键，屏幕出现图像模式调整菜单，按"超重低音"键，屏幕显示图像状态设定菜单，按"超重低音"之下键，屏幕显示整机功能菜单。进入各工厂菜单后，按电视机面板上的"频道＋/－"键或本机遥控器上的"频道＋/－"键选择调整项目，用电视机面板上的"音量＋/－"键或本机遥控器上的"音量＋/－"键调整所选项目数据 注意：不得用改制遥控器上的"频道＋/－"、"音量＋/－"键选择和调整项目；调整图像几何调整菜单时，一定要 PAL 制和 NTSC 制分别调整，否则会出现某一制式几何失真
退出调整模式	调整完毕，按相应的工厂模式键退出工厂模式，调整后的数据才会记忆到存储器中

4.7.2 GU21 高清机心总线调整方法

调 整 步 骤	调 整 方 法
进入调整模式	使用用户遥控器进行调整，先按面板按键将"音量－"键，将音量减小到 0，然后按"音量－"键不能松手，紧接着连续按三下遥控器上的数字"0"键，就能进入工厂模式，屏幕上显示工厂菜单 1 页。工厂模式开时，按"工厂菜单"键，进入工厂模式
项目选择和调整	进入工厂模式后，按遥控器上的"数字"键选择调整菜单，"频道十/－"键选择调整项目。用"音量＋/－"键调整所选项目的数据 几何调整分垂直部分调整和水平部分调整，本机分 21 套模式分别记忆。为简化生产过程，生产中只调整 TV PAL 60P 一种模式，其他依偏移量作自动跟随
退出调整模式	调整完毕，按遥控器上的"菜单"键，退出工厂模式

4.7.3 GU22 高清机心总线调整方法

调 整 步 骤	调 整 方 法
进入调整模式	在工厂调整模式"关"状态下，按电视机控制面板上的"音量－"键，将音量减小到 0 不释放，在 2s 内快速按遥控数字"0"键 3 次。在工厂调整模式"开"状态下，按遥控器右下角的"工厂设定"键即可进入工厂模式

（续）

调整步骤	调整方法
项目选择和调整	进入工厂模式后，按遥控器上的"1"键进入垂直调整页，按"2"键进入水平调整页，按"6"键进入 OSD 调整页，按"7"键进入"INITIAL SETTING"调整页，按"5"键进入声音调整页，按"4"键进入图像调整页，按"显示"键屏显版本页菜单 屏幕上显示各页菜单时，按遥控器上的"频道 + / −"键选择调整项目，按"音量 + / −"键调整所选项目数据
退出调整模式	调整完毕，退出工厂模式的方法：按"菜单"键即可退出

4.7.4　HY11 高清机心总线调整方法

调整步骤	调整方法
进入调整模式	首先将音量调整为 0，再打开用户调整菜单，将光标停留在图像调整菜单对比度项目上，在 3s 内依次输入"9735"，即可进入工厂调整 P-MODE 模式 在工厂调整模式下，按"数字 4"键，进入 PRODUCT 工厂设计师菜单，将 DM HOTKEY 工厂模式快捷键标志设为 ON，以后按"回看"键即可进出工厂设计师 D 模式
项目选择和调整	进入工厂调整 P-MODE 模式后，按"数字"键进入相应的菜单；进入工厂设计师 D 模式，用"频道 + / −"键选择调整菜单。按"频道 + / −"键选择调整项目，按"音量 + / −"键调整所选项目数据 在工厂 P-MODE 模式下，按数字"0"键关断场扫描，屏幕显示一条水平亮线，配合加速极电压调整、聚焦调整和暗平衡调整。再按数字"0"键，场扫描恢复正常
白平衡调整	在工厂模式下，按数字"2"键进入白平衡调整菜单。生产时只调整 AV/60Hz 模式下的白平衡，电脑和 HDTV 状态下的白平衡与 AV 共用，其白平衡纠正值在其相应模式下的工厂菜单第 5 页里，电脑和 HDTV 白平衡对应的模式是：PC 为 640×480/60Hz；HDTV 为 480p。白平衡调整均要将图像、色温设在"标准"状态下进行，调整时亮暗平衡间会相互影响，要反复进行调整。工厂生产调试时需先进入工厂菜单，按"9"键进入"BUS OFF"状态，然后进行自调。当选择工厂 D 模式主菜单中的"NUMKEY"项时，按数字"0"键关断场扫描，配合暗平衡调整
图像几何参数调整	在工厂模式下，按遥控器上的数字"1"键进入图形几何调整菜单，60p 几何调试方法如下：接收飞利浦测试卡信号，扫描方式设为 60p，在标准的图像状态下进行调试 在工厂 P-MODE 状态下，试产时需调整以下模式：TV 模式的 PAL 制式 60p/100i，N 制式不用调；VGA 模式的 640×480/60Hz；HDTV 模式的 480p；HDTV 16：9 模式的 720p，1080i 50/60Hz，1080p 生产时只调 TV 60p，其他模式使用偏移量，偏移量直接显示在相应的几何菜单里，工厂在量产前设置好
存储器初始化	在工厂模式下，按遥控器上的数字"4"键，进入"PRODUCT"菜单，选择"SHOP INIT"后按右键执行即可
退出调整模式	调整完毕，在工厂设计师 D 模式下，再按"回看"键退出工厂设计师 D 模式，执行 PRODUCT 菜单里的"SHOP INIT"出厂初始化，也可退出工厂设计师 D 模式

4.7.5　HY80 高清机心总线调整方法

调整步骤	调整方法
进入工厂模式	1. 使用用户遥控器进行调整，先按"音量 −"键将音量值设为 0，将光标停在用户菜单的图像菜单"对比度"项上，3s 内按顺序按遥控器上的数字键"9735"输入密码；2. 快捷标志 Factory Hot Key 为"开"时，按"工厂快捷"键，Q 款遥控器最下面一行的中间按键，即可进入工厂菜单

调 整 步 骤	调 整 方 法
进入工程师模式	1. 在 Factory Hot Key 为"开"的情况下，选择光标停在用户菜单的图像菜单"对比度"项上，3s 内快速按遥控器上的数字键"1950"输入密码；2. 快捷标准 Design Hot Key 为"开"时，按遥控器上的"频道记忆"键，即可进入工程师模式
项目选择和调整	进入工厂调试模式后，屏幕左下角会显示字母"P"和软件版本号，此模式下几个特殊按键及其功能如下：0 键：场关断，显示水平亮线，再按一下将场打开；1 键：进入白平衡调整菜单，按确认键退出；2 键：进入几何调整菜单，按确认键退出；4 键：进入系统设置菜单，按确认键退出；9 键：进入/退出 BUS—FREE。按遥控器上的"频道 +／-"键选择子菜单和调整项目，按"音量 +／-"键调整所选项目数据 进入工程师模式后，选择子菜单名称进入子菜单调整项目，按遥控器上的"频道 +／-"键选择调整项目，按"音量 +／-"键调整所选项目数据。按"菜单"键返回主菜单，按"确认"键显示内容消失，屏幕左下角会显示字母…D 和软件版本号
SCREEN 电压调整	进入工厂模式，按数字"0"键将场关断，然后调整高压包 SCREEN 旋钮，使屏幕中间水平亮线刚好看见
聚焦调整	用黑底方格信号，将图像设置在标志状态，调 FBT 的聚焦电位器，同时监视屏幕，兼顾中间和边角，使线条最清楚
几何特性调整	本机心共有 3 套几何数据：TV 模式，HDTV（720p/60Hz）4：3 和 16：9 模式，电脑模式（VGA640×480/60Hz）。用飞利浦测试卡信号进行几何调整。TV 模式下只需对 PAL 制信号进行几何调整，NTSC 制信号与之共用几何数据。生产时只调 TV PAL 制模式，其他模式使用偏移量，偏移量的调整由 PE 在生产前设置好
白平衡的调整	本机心有 3 套白平衡数据：TV/AV，VGA（640X480 60Hz）和 HDTV（720P/60Hz）3 套调整。进入工厂菜单，按数字"1"键进入白平衡调整菜单，此时图像模式和色温自动切换到标准状态
退出工厂模式	1. 调整完毕，快捷标志 Factory Hot Key 为"开"时，按工厂快捷键；2. 选择 Producting 菜单中的 Shop INIT 项；3. 按住电视机控制面板上的"音量 -"键持续 3s 钟，即可退出工厂调整模式
退出工程师模式	1. 调整完毕，快捷标准 Design Hot Key 为"开"时，按"频道记忆"键退出，此时并未完全退出，屏幕左下角显示有软件版本号；2. 按遥控器上的"待机"键，遥控关机；3. 将 Factory Hot Key 或 Design Hot Key 设为"开"，选择"Producting"菜单中的 Shop INIT 项

4.7.6 HY90 高清机心总线调整方法

调 整 步 骤	调 整 方 法
进入调整模式	在开机状态，打开用户菜单，移动光标选择"对比度"项，然后连续按遥控器数字键"1950"输入密码，即可进入工厂菜单 工厂模式打开后，在正常收看时，屏幕左下角显示如下信息："V8-000 HY90-HF1 V00 *"软件版本号和"2008. ＊＊.＊＊P"软件版本日期，此时，按"回看"键可以直接进入工厂菜单
项目选择和调整	进入工厂模式后，屏幕上显示主调整菜单，主菜单显示子菜单的名称。按遥控器上的"频道 +／-"键选择子菜单和调整项目，按"音量 +／-"键调整所选项目数据
G2 帘栅电压调整	在 TV 或 AV 模式下，输入半彩条信号，"标准"图像模式。进入工厂菜单模式，按遥控器"0"键，屏幕出现一条水平亮线，调高压包的帘栅电位器，使水平亮线刚刚微微发光为止，然后按"0"键退出
聚焦调整	输入黑底格栅信号，将图像设置在标准状态。调高压包的聚焦电位器，使水平和垂直线最细，兼顾中心和边角

（续）

调整步骤	调整方法
几何调整	在工厂菜单 P 模式下，按遥控器"回看"键进入工厂菜单，选择 Geometry 项，进入如下几何菜单 本机需调试的模式如下：TV 状态下 PAL 制式 60P\100i；PC 状态下的 800×600 60Hz、800×600 60Hz；HDTV 状态下的 720P（或 1080i/60Hz）、16：9。调试流程为：TV/AV 60P 几何调整、100i 几何调整、PC 几何调整—HDTV 16：9 几何调整。调好 60P 模式后，再调其他模式，如 PAL100i、高清分量 16：9 模式和 PC 模式。其他所有模式相对于 60P 有联动，即 60P 下的任何更改，其他模式都会做同样量的更改，但其他模式的调整不会对 60P 造成影响
白平衡调整	在工厂模式下，进入工厂菜单，选择白平衡子菜单。调试流程：TV/AV 白平衡调整—PC 白平衡调整—HDTV 白平衡调整。在 TV 或 AV 模式下，输入 PAL 制的白平衡测试信号，将扫描模式设为 60P，图像模式和色温都设为标准。HDTV 调一种模式的色温 720P/60Hz（或 1080i/60Hz），PC 调一种模式下的色温 VGA 640×480 60Hz（或 SVGA）
退出调整模式	调整完毕，遥控关机即可退出工厂模式，并自动记忆存储数据

4.7.7　IV22 高清机心总线调整方法

调整步骤	调整方法
进入调整模式	1. 首先将音量调整为 0，再打开用户调整菜单，将光标停留在图像调整菜单对比度项目上，在 3s 内依次输入"9735"；2. 快捷标志 Factory Hot Key 为"开"时，按工厂快捷键进入工厂菜单。进入工厂模式后屏幕左下角会显示字母"P"和软件版本号，即可进入工厂模式
项目选择和调整	在工厂调整模式下，按数字"4"键，进入"PRODUCT"菜单，将 FACTORY HOT KEY 工厂模式快捷键标志设为"开"，按工厂快捷键进入工厂 P 菜单 进入工厂菜单后快捷键如下："0"键：场关断呈水平亮线；"1"键：进入白平衡调整菜单；"2"键：进入几何调整菜单；"4"键：进入系统设置菜单；"9"键：进入退出 SUS-FREE。在各菜单状态下，按"OK"键退出菜单 按遥控器上的"频道 +/−"键选择子菜单和调整项目，按"音量 +/−"键调整所选项目数据
SCREEN 电压调整	进入工厂模式，按数字"0"键将场关断，然后调整高压包 SCREEN 旋钮，使屏幕中间水平亮线刚好看见。此调整须在白平衡调整之前进行
聚焦调整	用黑底方格信号，将图像设置在标准状态。调 FBT 的聚焦电位器，监视屏幕，兼顾中心和边角，使线条最清楚
生产菜单的设置	进入工厂模式后，按数字"4"键进入工厂菜单中的"Producting"生产菜单
几何特性调整	进入工厂菜单，按数字"2"键进入几何调整菜单，用飞利浦测试卡信号进行几何调整。本机心几何数据共有 3 套：TV 16：9 模式、TV 影院模式、电脑模式（VGA 640~480/60Hz）。TV 模式下只需对 PAL 制信号进行几何调整，NTSC 制信号与其共用几何数据。生产时只调 TV PAL 制 16：9 模式，其他模式使用偏移量，偏移量的调整由工厂在生产前设置好。HDTV 和 T_−LINE 模式几何特性不用调整
白平衡的调整	进入工厂菜单，按数字"1"键进入白平衡调整菜单，此时图像模式和色温自动切换到标准状态。白平衡坐标：$x=0.274$，$y=0.280$，本机心只有一套白平衡数据
退出调整模式	1. 调整完毕，快捷标志 Factory Hot Key 为"开"时，按"工厂快捷"键，此时并未完全退出，屏幕左下角仍有显示软件版本号；2. 进入"PRODUCT"菜单，选择 SHOP INIT 项目；3. 按电视机上的"音量 −"键 3s，方可退出调整模式

4.7.8　MS12 高清机心总线调整方法

调整步骤	调整方法
进入调整模式	在开机状态，按"音量 –"键将音量调到 0，然后按"菜单"键屏幕上显示用户菜单，移动光标选择图像菜单"对比度"项目，在 3s 内按顺序输入密码"9735"，即进入工厂模式，屏幕左下角显示字母 P。在工厂模式下按菜单键"3"将 Factory Hot key 设为"ON"，按工厂快捷键（Q 款遥控器最下面一行的中间按键）可进入 P 模式
项目选择和调整	在工厂菜单 P 模式下，按"数字"键进入调整子菜单，按遥控器上的"频道 +/–"键选择调整项目，按"音量 +/–"键调整所选项目数据 在工厂菜单 P 模式下，按数字键"9"进行总线开关动作，当总线关时，"BUS OFF"显示在荧屏左上角，利用 BUS OFF 开关，自动白平衡仪对白平衡参数进行自动调整；按"显示"键可显示软件虚拟编号及时间
G2 帘栅电压调整	在 TV 或 AV 模式下，输入半彩条信号，选择"标准"图像模式，进入工厂模式，按遥控器数字"0"键，屏幕为一条水平亮线，调高压包的帘栅电位器，使水平亮线刚刚微微发光为止，然后按数字"0"键退出
聚焦调整	输入黑底格栅信号，将图像设置在标准状态，调高压包的聚焦电位器，使水平和垂直线最细，同时兼顾中心和边角
几何调整	在工厂菜单 P 模式下，按遥控器数字"1"键进入几何菜单。需调试的模式如下：TV 状态下 PAL 制式的 60p、75i、100i，NTSC 制式的 60p；PC 状态下的 604×480/60Hz；HDTV 状态下的 720p（或 1080i/60Hz）、4：3 和 16：9 在 TV/AV 模式下输入 PAL 制信号，进入几何菜单，将光标停留在"GEOMET TYPE"上，按音量键选择 PAL 60p，按下表要求调整各参量。其他模式，如 PAL 75i、PAL100i、NTSC 60p、高清分量模式和 PC 模式只调偏移量 OFF SET。YPbPr 下需调 4：3 和 16：9（退出 P 模式按画面比例键切换 4：3 和 16：9），再进行几何调整
白平衡调整	在工厂菜单 P 模式下，按数字"2"键进入白平衡调整菜单。色温坐标：X = 0.274 ±10、Y = 0.280 ±10。在 TV 或 AV 模式下，输入 PAL 制的白平衡测试信号，将扫描模式设为 60p，图像模式和色温都设为标准 调试流程：TV/AV 白平衡调整、PC AUTO ADC 操作、PC 白平衡调整、HDTV 白平衡调整 HDTV 调一种模式的色温偏移量 720p/60Hz（或 1080i/60Hz）、PC 调一种模式下的色温偏移量 VGA640×480/60Hz（或 SVGA） 在 VGA640×480/60Hz 模式下，输入只有黑白方块图形的信号，在 P 模式下，按数字"2"键进入白平衡调整菜单，选择"AUTO ADC"项，按遥控器"音量 +/–"键，AUTO ADC 操作有效
退出调整模式	调整完毕，在 P 模式下，按遥控器数字"3"键进入出厂初始化操作项，进行初始化操作可退出 P 模式

4.7.9　MS21 高清机心总线调整方法

调整步骤	调整方法
进入调整模式	按住电视机面板上的"音量 –"，将音量减到 0，再按住电视机面板上的"音量 –"键不放，同时按遥控器上的数字"0"键 3 次，必须在 1.5s 内完成，即可进入维修模式
项目选择和调整	进入维修模式后，按"1"键选择 V ADJ 场扫描菜单；按"2"键选择 H ADJ 行扫描菜单；按"3"键选择 WHITE TONE 白平衡菜单；按"4"键选择"CURVE ADJ"图像模式设置菜单；按"7"键选择"FAC ADJ"系统设置菜单；按"8"键选择"AVM SDJ"速度调制菜单；按"9"键选择"UOC ADJ"设定菜单；按"菜单"键选择"DISPLAY MENU"菜单。进入各菜单后，按"上/下"方向键选择调整项目，按"左/右"方向键调整项目数据

（续）

调整步骤	调整方法
TV 状态几何特性调整	进入工厂菜单，按遥控器上 "1" 键或 "2" 进入 V ADJ 场特性调整或 H ADJ 行特性调整菜单。TV 状态下 PAL 制和 NTSC 制信号的几何特性调整分别输入 PAL 制信号和 NTSC 制信号（用 PHILIPS 测试卡），进行以下调整
PC、HDTV 状态几何特性调整	进入 PC 或 HDTV 模式，输入 PC 测试卡信号或 HDTV 测试信号，进入工厂模式，按遥控器上的 "1" 键或 "2" 分别进入场、行特性调整菜单，调整方法同上。在 PC 状态下要分别对 640 × 480@60Hz、800 × 600@60Hz、1024 × 768@60Hz 进行调整。在 DTV 状态下要分别对 1080i@60Hz、720P、1080i@50Hz、1080P 模式的 4：3 和 16：9 状态进行调整，625P 与 525P 只需调整 4：3 模式 在 HDTV 各模式 4：3 状态及电脑各模式下 VZOOM 均设为 25，在 HDTV 模式 16：9 状态下 VZOOM 设为 10；VSCRO 在 HDTV 4：3 模式下设为 25，在 16：9 模式下设为 0，在电脑各模式下设为 30；VWAIT 在 HDTV 4：3、16：9 除 1080P 以外的所有模式下以及电脑的所有模式下均设为 25，在 1080P 4：3、16：9 模式下设为 20
白平衡的调整	进入工厂菜单，按遥控器上 "3" 键选择 WHITE TONE 白平衡菜单，白平衡坐标为：X = 0.274，Y = 0.280。输入白场信号，将 WPB 固定在 50，对 WPR、WPG、BLOR、BLOG 四项进行调整。以下模式需要对白平衡进行分开调整：TV（在 60Hz 数字逐点模式下调整）、电脑（分为 640 × 480@60Hz、800 × 600@60Hz、1024 × 768@60Hz）、HDTV（分为 1920 × 1080i@60Hz、1920 × 1080i@50Hz、1280 × 720P@60Hz、1290 × 1080P@60Hz、525P、625P）。以上白平衡调整均要将图像、色温设在 "标准" 状态下进行
图像模式调整	进入工厂菜单，按遥控器上 "4" 键选择 CURVE ADJ 图像模式设置菜单，分别对 "对比度、亮度、色度、色调、清晰度曲线" 进行调整，本机对比度、亮度、色度、色调清晰度曲线分四种模式存储，TV、HDTV、电脑、YUV 工厂不可调整
FAC ADJ 菜单	进入工厂模式后，按遥控器上的 "7" 键进入 "FAC ADJ" 菜单，对各项功能进行选择设置
速度调制的调整	进入工厂模式后，按遥控器上的 "8" 键，进入工厂菜单第 8 页 "SVM ADJ"，此页为速度调制的参数，仅对 TV/AV/YUV/S 端子有效，工厂不可调整
退出调整模式	调整完毕，按遥控器上的 "菜单" 键，退出维修模式

4.7.10　MS22 高清机心总线调整方法

模式	调整步骤	调整方法
工厂 P 模式	进入 P 模式	首先按 "音量 −" 键将音量调整为 0，再打开 "用户调整" 菜单，将光标停留在 "图像调整" 菜单 "对比度" 项目上，在 3s 内快速按遥控器上的数字键 "9735" 输入密码，即可进入工厂 P 模式，屏幕左下角显示 "P"，并将该状态记忆在 NVM
	项目选择和调整	在 P 模式下，按 "频道 +/−" 键和 "音量 +/−" 键，选择菜单和项目数据调整 在工厂菜单 P 模式下，按数字键 "9" 进行总线开关动作。当总线关时，"BUS OFF" 显示在荧屏左上角，利用 BUS OFF 开关。适合自动白平衡仪对白平衡参数的自动调节 在工厂菜单 P 模式下，按 "显示" 键可显示软件虚拟编号及时间
	几何调整	在工厂菜单 P 模式下，按遥控器 "1" 键进入几何菜单。输入 PAL 制信号，将光标停留在 "GEOMET TYPE" 上，按音量键选择 PAL 60P，按要求调整各量量。其他模式，如 PAL 75i、PAL 100i、NTSC 60P 只调偏移量 OFF SET。同样，高清分量各模式 VGA 的 800 × 600/60Hz、YPbPr 的 1080i/60Hz 和 1080i/50Hz，PC 各模式也只调偏移量。偏移量由 PE 工程师在作 E^2PROM 数据时调好，生产线调试只调 PAL 60P 模式

模　式	调整步骤	调整方法
工厂 P 模式	白平衡菜单	在工厂菜单 P 模式下，按数字"2"键进入 C. WB 白平衡调整菜单，色温坐标：$X = 0.274$、$Y = 0.280$。在 TV/AV 模式下，输入 PAL 制白平衡测试信号，将扫描模式设为 60P，图像模式设为标准，肤色校正设为关。HDTV 色温偏移量在 1080i/60Hz 下调整，PC 色温偏移量在 SVGA（800X600/60Hz）下调整
	退出 P 模式	调整完毕，按"待机"键或"出厂初始化操作"键，可退出工厂 P 模式
工厂 D 模式	进入 D 模式	在开机状态，按"菜单"键，将光标停在图像菜单对比度项上，且快捷标志 FACTORY HOTKEY（在 PRODUCTING 菜单中）为 ON 时，在 3s 内快速按遥控器上的数字键"1950"输入密码，可进入 D 模式主菜单。当快捷标志 DESIGN HOTKEY 为 ON 时。按"回看"键可进入 D 模式主菜单。交流关机，即可退出 D 模式菜单
	项目选择和调整	在 D 模式下，按"频道 +/−"键选择菜单和项目，按"音量 +/−"键进入子菜单和进行数据调整。D 模式下的几何菜单、白平衡菜单的调试内容及各参数值与工厂菜单 P 模式下的内容及设置参数一样，不需重复调试。D 模式下的 VOL CURVE 菜单的伴音曲线和 PICTURE CURVE 菜单的图像画质调整参数曲线，均免调整，参数写入 E^2PROM。D 模式下调整项目与数据表中相关的"X"对应菜单刻度为 X0 − 0、X1 − 30、X2 − 50、X3 − 80、X4 − 100；配不同的 CRT 管，图像曲线（主要是对比度、亮度）需要重调，由 PE 工程师完成，设计师协作，保证标准模式的束流、最大束流满足 CRT 管的要求，标准模式下的 8 级灰度 1、2 级刚刚能分辨；HDTV、TV/AV 模式下的色饱和度、锐度共一组曲线
	退出 D 模式	

4.7.11　MS23 高清机心总线调整方法

调整步骤	调整方法
进入调整模式	首先按"音量 −"键将音量调整为 0，再打开用户调整菜单，将光标停留在"图像调整"菜单"对比度"项上，在 3s 内快速按遥控器上的数字键"9735"输入密码，即可进入工厂 P 模式，屏幕左下角显示"P"，并将该状态记忆在 NVM 进入 P 模式后，按遥控器上的数字"3"键进入工厂设置菜单，选择"FACTORY HOT KEY"后将设置改为"ON"，按工厂快捷键（Q 款遥控器最下面一行的中间按键）可进入 P 模式
项目选择和调整	进入工厂模式后，按数字"123"键进入相应的调整菜单，按遥控器上的"频道 +/−"键选择调整项目，按"音量 +/−"键调整所选项目数据 进入工厂菜单 P 模式，按遥控器数字"0"键，屏幕为一条水平亮线，调高压包的帘栅电位器，使水平亮线刚刚微微发亮为止，然后按数字"0"键退出
BUS OFF 开关	在工厂菜单 P 模式下，按数字"9"键进行总线开关动作，当总线关时，"BUS OFF"显示在荧屏左上角，利用 BUS OFF 开关，适合自动白平衡仪对白平衡参数的自动调节。在工厂菜单 P 模式下，按"显示"键可显示软件虚拟编号及时间
几何调整	在工厂菜单 P 模式，按遥控器数字"1"键进入几何菜单。在调整几何进入 P 模式前，先按照 PARAMETER SETUP 菜单的操作选择 4：3（或 16：9）显像管 在 TV/AV 模式下输入 PAL 制信号，进入几何菜单，将光标停留在"GEOMET TYPE"上，按"音量"键选择 PAL 60p，按下表要求调整各参量。其他模式，如 PAL 75i、PAL 100i、NTSC 60p 只调偏移量 OFF SET。同样，高清分量各模式、PC 各模式也只调偏移量
白平衡调整	在工厂菜单 P 模式下，按数字"2"键进入白平衡调整菜单。色温坐标：$X = 0.274$、$Y = 0.280$ 在 TV/AV 模式下，输入 PAL 制的白平衡测试信号，将扫描模式设为 60p，图像模式设为标准 在 VGA 模式下，输入只有黑白方块图形的信号，P 模式下，按数字"2"键进入白平衡调整菜单，选择"AUTOADC"项，按遥控器"音量 +/−"键，AUTOADC 操作有效
退出调整模式	调整完毕，在 P 模式下，按遥控器数字"3"键进入工厂初始化操作项，进行初始化操作可退出 P 模式

4.7.12 MS25 高清机心总线调整方法

调整步骤	调整方法
进入调整模式	按住电视机面板上的"音量－",将音量减到 0,再按住电视机面板上的"音量－"键不放,同时按遥控器上的数字"0"键 3 次,必须在 1.5s 内完成,即可进入工厂模式
项目选择和调整	进入工厂模式后,按"7"键选择"FAC ADJ 系统设置"菜单;按"1"键选择"V ADJ 场扫描"菜单;按"2"键选择"H ADJ 行扫描"菜单等;进入各菜单后,按"上/下"方向键选择调整项目,按"左/右"方向键调整项目数据
模式选择	进入工厂模式后,按遥控器上的数字键"5"键,进入"SELECT"菜单,进行模式选择,可供选择的模式有:P50p、P75p、P75i、P100i、N120i、HDMI、HDTV、PC
系统菜单设置	进入工厂模式后,按遥控器上的数字键"7"键进入"FAC ADJ"菜单,对开机状态、蓝屏幕、菜单语言、副亮度等功能进行设置。在工厂进行老化时将 POWER MODE 项设为 FAC。调试的最后一个工位将此项设为 LAST
几何特性调整	在调整几何特性前,先按遥控器的"画面比例"键把画面调到 16∶9 模式。然后进入工厂菜单,按遥控器上"1"键进入场特性调整菜单"V ADJ" TV 状态下 PAL 制和 NTSC 制信号的几何特性调整,分别输入 PAL 制信号(PHILIPS 测试卡)和 NTSC 制信号(N 测试卡),模式调到 60p 数字逐点,进入工厂菜单,按数字键"7",确认"SCREEN TYPE"设置为 16∶9。如需重新设置,必须设置完成后关机再开机,进行调整 在 TV 模式几何需要调整 PAL 制的:60Hz 数字逐点,100Hz 数字倍频;NTSC 制的:60Hz 数字逐点。VZOOM 在各扫描模式下定为 25,VSCRO 在各扫描模式下定为 30,VWAIT 各扫描模式下定为 25V。SLOPE 调整的标准是测试卡信号水平中心线刚好看不见 进入工厂菜单,按数字键"2"键进入行特性调整菜单"H ADJ",CKT 存在离散性,观看 PHILIPS 测试卡,如果右边明显大于左边,则向左拨动一挡内枕板上的 SW701 开关来调整。并重调行中心工厂数据;如果还发现右边明显大于左边,继续向左拨动一挡 SW701 开关来调整
PC、HDTV 状态几何特性调整	进入 PC 或 HDTV 模式,输入 PC 测试信号或 HDTV 测试信号,进入工厂模式。按遥控器上的"2"或"1"键分别进入行、场特性调整菜单,调整方法同上。在 PC 状态下要分别对 640 × 480/60Hz、800 × 600/60Hz、1024 × 768/60Hz 进行调整。在 HDTV 状态下要分别对 1080i/60Hz、720p/60Hz、1080i/50Hz、1080p/60Hz、625p、525p、576i、480i 模式 16∶9 状态进行调整。HDTV 及电脑模式下的 D6、D7 的值参见调整项目与数据表 在 HDTV 各模式及电脑各模式下 VZOOM 均设为 25,在电脑各模式下设为 30;VWAIT 在 HDTV 所有模式下以及电脑的所有模式下均设为 25,VSCRO 各种模式下都设定为 30
白平衡的调整	输入白场信号,进入工厂菜单第 3 页"WHITE TONE",白平衡坐标:X = 0.265,Y = 0.280。将 WPB 固定在 50,对 WPR、WPG、BLOR、BLOG 四项进行调整。白平衡需在下列模式分别调整:TV(在 60Hz 数字逐点模式下调整);电脑分为 640 × 480/60Hz、800 × 600/60Hz、1024 × 768/60Hz;HDTV 分为:1920 × 1080i/60Hz、1920 × 1080i/50Hz、1280 × 720p/60Hz、1920 × 1080p/60Hz、525p、625p、576i、480i,以上白平衡调整均要将图像、色温设在"标准"状态下进行
图像调整	在工厂菜单第 4 页"CURVE ADJ",对比度、亮度、色调、清晰度曲线分四种模式存储:TV、HDTV、电脑,YUV 工厂不可调整
速度调制的调整	进入工厂菜单第 8 页"SVM ADJ",此页为速度调制的参数,仅对 TV/AV/ YUV/S 端子有效,工厂不可调整,速度调制仅对 60p 模式有效。其他模式要把 SVM PW 设定为 0
退出调整模式	调整完毕,按遥控器上的"菜单"键,退出工厂模式

4.7.13　MS36 高清机心总线调整方法

调整步骤	调整方法
进入调整模式	在开机状态，打开主菜单，将光标停在图像菜单"对比度"项上，3s 内按顺序按遥控器上的数字键"9735"输入密码，即可进入工厂模式，屏幕左下角显示字母"P"，并将该状态记忆在 NVM 进入 P 模式后，按遥控器上的"3"键进入工厂设置菜单，选择"FAC-TORY MODE HOT-KEY"，设置为"ON"，在工厂设置菜单可以选择老化模式 WARM-UP STATUS 开关，当设为"ON"时，在屏幕的左下角显示字母"PW"，按工厂快捷键（遥控器"主题功能"键）可进入或退出 P 模式
项目选择和调整	进入工厂模式后，按数字键选择调整菜单，按遥控器上的"频道 +/−"键选择调整项目，按"音量 +/−"键调整所选项目数据
G2 帘栅电压调整	在工厂菜单 P 模式，按遥控器数字"4"键进入"G2 ADJUST"菜单，在 TV 或 AV 模式下，输入半彩条信号，设为"标准"图像模式。调整高压包的帘栅电压电位器，当菜单中"＊＊＊＊＊＊＊＊＊"数字由红色变为绿色时，表示调整完毕
聚焦调整	输入黑底格栅信号，将图像设置在标准状态。调高压包的聚焦电位器，使水平和垂直线最细，兼顾中心和边角
几何调整	输入 TV 或 AV PAL 制信号（方格或飞利浦测试卡图像），扫描模式设为 60P。在工厂菜单 P 模式下，按遥控器"1"键进入几何菜单，该菜单调整的是 CRT 光栅几何参数
白平衡调整	在工厂菜单 P 模式下，按遥控器数字"2"键进入白平衡调整菜单黑、白平衡调整（色温坐标：$X=0.274$，$Y=0.280$）在 TV 或 AV 模式下，输入 PAL 制的白平衡测试信号，将扫描模式设为 60P，图像模式设为标准
出厂初始化	在工厂菜单 P 模式下，按遥控器数字"3"键进入如下菜单，选择"INIT"，按遥控器音量键，"DO"变成"OK"，初始化完成，按遥控器"待机"键或直接电源关机退出
退出调整模式	调整完毕，需退出工厂 P 模式和 PW 模式：在 P 模式下，按遥控器数字"3"键进入出厂初始化操作项（INIT DO），进行初始化操作可退出 P 和 PW 模式

4.7.14　MV22 高清机心总线调整方法

调整步骤	调整方法
进入调整模式	使用用户遥控器进行调整，先按"音量 −"键，将音量减小到 0，然后按住"音量 −"键不松手，同时连续按遥控器的"0"键 3 次，即可进入工厂调试模式
项目选择和调整	进入工厂调试模式后，有 10 个调整菜单。分别按遥控器上的数字进入各个投资菜单。进入菜单后，用遥控器上的"频道 +/−"键和"音量 +/−"键，选择调整项目和调整所选项目的数据。进入工厂模式，按遥控器上的"0"键，使场停振、屏显一条水平线，配合暗平衡和加速极电压调整 按"数字 1"键进入行场特性调整时，应分别对 PAL 制式行场特性、NTSC 制式行场特性、HDTV 模式行场特性、电脑信号模式行场特性四种行场扫描特性分别进行调整，每一种行场扫描特性又分为逐点清晰显示模式、数字增密显示模式、数字逐点显示模式。输入 PHILIPS 测试卡或图像信号，按遥控器上的"变频"键选择显示模式，按"频道 +/−"键和"音量 +/−"键，选择调整项目和调整所选项目的数据。先调整场扫描特性参数，再调整行扫描特性参数，调整摩尔时应改变多波群信号 注意：初始化菜单中的各项设置不能随意更改，否则将可能引起整机无法正常工作
退出调整模式	调整完毕，按"菜单"键退出工厂调试模式，自动进入用户模式

4.7.15　MV23 高清机心总线调整方法

调整步骤	调 整 方 法
进入调整模式	使用用户遥控器进行调整，先按面板按键将"音量 −"键，将音量减小到 0，然后按"音量 −"键不能松手，紧接着连续按遥控器上的数字"0"键 3 次，就能进入维修模式
项目选择和调整	进入调整模式后，分别按数字"123490"键，可分别选择并进入"行场扫描特性菜单"、"酒店设置菜单"、"白平衡调整菜单"、"伴音曲线及其副模拟量调整菜单"、"系统设置选项菜单"、"加速极调整菜单"。进入菜单后，用遥控器上的"频道 +/−"键和"音量 +/−"键，选择调整项目和调整所选项目的数据。按"0"键，屏显一条水平线
行场特性调整	PAL 制式的行场特性调整：测试调整信号选择 PHILIPS 测试卡，图像模式选择自然图像。进入工厂模式后，再选择"1"行场特性调整菜单，先调整场特性参数，再调整行特性参数。"逐点清晰"模式按用户遥控器上"变频"键选择变频模式为逐点清晰模式；"数字增密"模式按用户遥控器上的"变频"键选择变频模式为数字增密模式，调整上述各项偏移量；"数字逐点"模式按用户遥控器上的"变频"键选择变频模式为数字逐点模式，调整上述各项偏移量 NTSC 制信号行场特性调整：分别改变变频模式为"逐点清晰、数字逐点、数字增密"，调整各项偏移量 HDTV 信号行场特性调整：输入 720P@60Hz、1080i@60Hz HDTV 信号，调整各项偏移量 VGA 信号行场特性调整：输入 VGA −640×480 信号，调整各项偏移量
伴音曲线及副模拟量设定	进入工厂模式后，再按"4"键进入伴音曲线及副模拟量设定菜单，对各个项目参数进行设定
系统选项设定	进入工厂模式后，再按"9"键进入系统选项设定菜单，对电视机的各项功能进行设定选择
白平衡调整	白平衡调整的信号源可以选用阶梯信号或自然图像。进入工厂模式后，按"3"键进入白平衡调整菜单。生产线上使用自动调试设备调试白平衡时，应先进入工厂模式，再按"静音"键关闭 I²C 总线，然后接电脑连接线（必须通过连接线把 SDAE 与 SDA 短接，SCLE 与 SCL 短接）。再按一次"静音"键重新回到工厂模式。调试信号必须带色度副载波，并把色饱和度关至 0
退出调整模式	调整完毕，按遥控器上的"菜单"键，退出维修模式

4.7.16　N21 高清机心总线调整方法

调整步骤	调 整 方 法
进入调整模式	使用用户遥控器进行调整，先按面板"音量 −"键将音量减少到"0"，按住面板"音量 −"键不释放，然后快速按数字"0"键 3 次，即可进入工厂菜单调整模式，屏幕上显示工厂菜单的"1"页。也可使用工厂调整专用遥控器进行调整，按"工厂菜单"键，打开工厂调整菜单
项目选择和调整	进入工厂设定模式后，按数字"1~7"键，进入相应菜单。按"频道 +/−"键选择调整项目，按"音量 +/−"键调整所选项目的数据大小。按数字"0"键，显示水平亮线，再按此键，光栅恢复正常。按"显示"键，进入调整快捷键设定和酒店模式设定菜单，按"频道 +/−"键选择调整项目，按"音量 +/−"键进行设定
暗平衡调整	输入彩条信号，进入工厂菜单，按数字"8"键进入 ADC RGB 调整页，数字板 A-D 转换 IC（U0007）为 AD9883（13-0AD988-3AB），将 AD80058 08 设定为 239，AD8005809 设定为 166，AD80058 0A 设定为 100，AD80058 1D 设定为 132，然后将 YCBCR/RGB 设定为 0。数字板 A-D 转换 IC（UN700）为 MST9883（13-T9883B-80B），工厂菜单的数据按照下表中的白平衡调整数据检查，不需调整 用示波器测数字板 UN401 第 8 脚（亮度 Y）波形，调整 AD80058 0C 数据，使得亮度 Y 的同步头消失，波形符合要求为止。再用示波器检测数字板 UN401 第 10 脚（色差 U）波形，调整 AD80058 0D 数据，使得色差 U 的同步头消失，波形符合要求为止。用示波器检测数字板 UN401 第 5 脚（色差 V）波形，调整 AD80058 0B 使得色差 V 的同步头消失，波形符合要求为止。调整后再将 YCBCR/RGB 设定为 1 最后输入八级灰度或黑白场调试信号，按数字"3"键进入 KA2500 RGB AD-JUST 调整页。亮平衡调整 SUB CONT R 和 SUB CONT G 两项，暗平衡调整 BLACK R 和 BLACK G 两项。工厂模式下按数字"0"键，显示水平一条亮线，再按此键，光栅恢复正常
退出调整模式	调整完毕，按遥控器上的"待机"键，遥控关机即可退出工厂模式

4.7.17　N22 高清机心总线调整方法

调 整 步 骤	调 整 方 法
进入调整模式	采用用户遥控器进行调整，首先按彩色电视机面板按键"音量 –"键，将音量减小至 0，并且保持按住"音量 –"键不放，然后再按遥控器上"0"键连续 3 次，即可进入工厂调试模式
项目选择和调整	进入工厂调试模式后，按遥控器上的"数字"键选择调整菜单，按遥控器上的"频道 +/–"键选择调整项目，按"音量 +/–"键调节项目的数据。按数字键"0"，显示水平一条亮线，配合暗平衡调整和加速极电压调整 按数字"1、2"键进入行场特性调整时，需对 PAL 制图像五套和 NTSC 制图像 60P 数字逐点模式一套，VGA 模式一套共 7 套模式，分别进行调整和记忆
退出调整模式	调整完毕，按"工厂菜单"键，退出工厂调试模式

4.7.18　NDSP 高清机心总线调整方法

调 整 步 骤	调 整 方 法
进入调整模式	使用用户遥控器进行调整，正常观视情况下，先关闭画中画功能，再依次按遥控器上的"对调"、"移位"、"静止"、"菜单"键，即可进入调整模式，屏幕上显示调整菜单
项目选择和调整	进入工厂模式后，屏幕上显示调整菜单，连续按"菜单"键进行翻页，顺序选择调整菜单；进入各调整菜单后，按遥控器上的"频道 +/–"键选择调整项目，用"音量 +/–"键调整所选项目的数据
退出调整模式	调整完毕，按遥控器上的"待机"键遥控关机或按遥控器上的"显示"键，均可退出调整模式。调整完毕，遥控关机或按遥控器上的"显示"键，均可退出工厂调整模式

4.7.19　NU21 高清机心总线调整方法

调 整 步 骤	调 整 方 法
进入调整模式	使用用户遥控器进行调整，首先按彩色电视机面板按键"音量 –"键，将音量显示减小到 0，并且保持按住"音量 –"键不放，然后再迅速连续 3 次按遥控器上"0"键，即可进入工厂模式
项目选择和调整	进入工厂调试模式后，直接按遥控器上的"数字"键选择相应的工厂菜单，进入菜单后，再配合遥控器上的"音量 +/–"和"频道 +/–"键对每个项目进行调整 进入工厂菜单"1"页进行光栅几何调整时，分垂直部分调整和水平部分调整。本机分以下九套模式分别记忆：TV 状态 PAL 制式的 60Hz 数字逐点模式、75Hz 数字逐点模式、1350 线逐点增密模式、75Hz 逐点清晰模式、100Hz 数字倍频五种模式；还有 VGA 模式、SVGA 模式、HDTV（4∶3）模式、HDTV（16∶9）模式，需分别进行调整 进入工厂菜单"3"页进行白平衡调整时，本机需要调节 TV、HDTV2、HDTV6、525P、SVGA 等 5 套白平衡参数 进入工厂菜单"6"页进行 OSD 调整时，通过调整 OSD H、OSD V 使菜单位于屏幕的中间，八种模式分别对应不同的 OSD 值
退出调整模式	调整完毕，按"工厂菜单"键，退出工厂调试模式

4.7.20　P21 高清机心总线调整方法

调 整 步 骤	调 整 方 法
进入调整模式	使用用户遥控器进行调整，首先按彩色电视机面板按键"音量 –"键，将音量显示减小到 0，并且保持按住"音量 –"键不放，然后再迅速连续 3 次按遥控器上"0"键，即可进入工厂模式

（续）

调整步骤	调整方法
项目选择和调整	进入工厂调试模式后，直接按遥控器上的"数字"键选择相应的工厂菜单，进入菜单后，按遥控器"变频"键改变显示模式，再配合遥控器上的"音量 +/−"和"频道 +/−"键对每个项目进行调整
数字板检查与调整	包括彩色数字解码，四种数字变频处理方式：50P 逐行或 1250 线模式、60P 逐行、75Hz 加行、100Hz 倍频，HDTV 同步处理、同步分离，VGA 接口，RGB 显示处理等功能。在 HDTV1080i/60Hz、1080i/50Hz、YPbPr（525P）模式下，分别接入三种制式的高清信号，检查是否有正常的图像输出；在 VGA 模式下，接入 VGA 电脑信号，检查是否有正常的电脑图像输出。必要时，进行适当调整
存储器数据调整	按遥控器"频道"键选择 ADDR，然后按遥控器"数字"键选择寄存器地址百位数（如 200 以上地址按数字 2），再按"音量"键进行增减，选择地址；按遥控器"频道"键选择 DATA，再按"音量"键进行数据调整；按遥控器"频道"键选择 WRITE，再按"音量"键选择 OK，进行确认；全部调完后，用电源开关关机，再开机调整后的数据被存储。存储器数据与功能有关，其数据只能按照出厂数据恢复，不能随意调整
退出调整模式	调整完毕，按"工厂菜单"键，退出工厂调试模式

4.7.21　PH73D 高清机心总线调整方法

调整步骤	调整方法
进入调整模式	在工厂调整模式关状态下，按本机"音量 −"键至音量为 0，在 2s 内快速按遥控器数字"0"键 3 次。在工厂调整模式开状态下，按遥控器右下角的"工厂设定"键。均可进入工厂模式
项目选择和调整	进入工厂模式后，按"数字"键进入相应的调整菜单，按"频道 +/−"键选择调整项目，按"音量 +/−"键调整所选项目数据 在 SCREEN 电压调整时，按"0"键场幅关闭，屏幕显示一条水平亮线，调整后再按"0"键，场幅度恢复正常
行场特性调整	PAL/NTSC 制信号行场特性调整：在输入相应制式的信号下（PAL 制使用飞利浦测试卡信号，N 制使用虎头信号），按数字"1"键进入场特性调整菜单，按数字"2"键进入行特性调整菜单，对各个项目数据进行调整 YPbPr、VGA 信号行、场特性调整 YPbPr 格式下的几何偏移量为固定值，无须调整
白平衡调整	按数字"3"键进入白平衡调整菜单，调整暗、亮白平衡相关值至色温 11500K − 1MPCD。暗白平衡默认值为 31，亮白平衡默认值均为 31 时，若满足色温坐标值范围则无须调整，否则调整 R/G − 偏置、R/G − 驱动两项，使之达标
初始值复位	工厂模式下按数字"8"键进入 CLEAR INFO 项，按"音量 +"键设定值由 NO 变为"请等待…"。当显示 OK 并变为 NO 时，表明节目导航、图像音量设定等用户信息已被复位等待（同时工厂模式置关，开机模式置 LASTSTATE）。此过程中不能断电
退出调整模式	调整完毕，按遥控器上的"菜单"键退出工厂模式

4.7.22　PW21 高清机心总线调整方法

调整步骤	调整方法
进入调整模式	先将用户音量值调整到 0，选择光标停在图像菜单"对比度"选项上，3s 内按序按遥控器上的数字键"9735"输入密码。快捷标志 FA Mode Key 为"开"时，按工厂快捷键进入工厂菜单

调 整 步 骤	调 整 方 法
项目选择和调整	进入工厂模式后屏幕左下角会显示字母"P"，此模式下几个特殊按键如下："0"键：场断，显示水平亮线，再按一下将场打开；"1"键：进入场几何调整菜单，按"菜单"键退出；"2"键：进入行几何调整菜单，按"菜单"键退出；"3"键：进入白平衡调整菜单，按"菜单"键退出；"4"键：进入系统设置菜单，按"菜单"键退出；"9"键：进入/退出 BUS-FREE 进入各个调整菜单后，按遥控器上的"频道 +/－"键选择调整项目，按"音量 +/－"键调整所选项目数据
几何特性调整	本机心几何数据有 3 套共 8 组参数，TV：PAL 制式的：60Hz 数字逐点、75Hz 逐点清晰、100Hz 数字倍频，PC 模式的 VGA640×480/60Hz，HDTV 模式的 1080i/60Hz（4∶3 和 16∶9）、1080i/50Hz（4∶3 和 16∶9）。NTSC 制式不用调整 电视机输入 TV PHILIPS 测试卡（PAL/50Hz）信号。图像状态为"标准"，"60Hz 数字逐点"扫描模式。进入工厂模式后，再按遥控器数字键"1、2"分别调整下列行场特性，对相关项目数据进行调整 "75Hz 逐点清晰"、"100Hz 数字倍频"、电脑模式、HDTV 1080i/50Hz 和 1080i/60Hz 模式分别重复上述步骤，即完成相应场、行特性偏移量调整。HDTV 1080i/50Hz 和 1080i/60Hz 模式，先调 4∶3，后调 16∶9 格式。生产时只调 TVPAL60Hz 数字逐点模式
白平衡调整	TV/AV 状态，图像状态为"标准"，色温为"标准"。进入工厂模式后，再按遥控器数字键"3"进入白平衡调整菜单，色温标准：$X=274$，$Y=280$ 生产线上使用自动调试设备调试白平衡时，应进入工厂模式按"9"键 BUS OFF，信号必须带色副载波。电脑信号（用 SVGA 800×600/60Hz）和 HDTV（用 1080i/50Hz），调整白平衡偏移量。上述项目由工厂 PE 完成，生产线只调 TV/AV 状态
存储器初始化	出厂初始化在工厂模式下按遥控器数字键"4"，进入出厂初始化菜单，对"工厂快捷键"、"老化模式"、"出厂初始化"项目进行调整
退出调整模式	调整完毕，快捷标志 FA Mode Key 为"开"时，按工厂快捷键，选择"Shop INIT"菜单中的"INIT"项，即可退出工厂模式